Hermann Salmang, Horst Scholze, Rainer Telle (Hrsg.)
Keramik

Weitere empfehlenswerte Titel

Keramik
Band 1: Strukturen, Thermochemie, Sinterkinetik, Gefüge und Untersuchungsmethoden
Hermann Salmang, Horst Scholze, Rainer Telle (Hrsg.), 2022
ISBN 978-3-11-074234-3, e-ISBN (PDF) 978-3-11-074235-0,
e-ISBN (EPUB) 978-3-11-074252-7

Keramik
Band 2: Thermische, mechanische, tribologische, optische, elektrische und magnetische Eigenschaften
Hermann Salmang, Horst Scholze, Rainer Telle (Hrsg.), 2022
ISBN 978-3-11-074236-7, e-ISBN (PDF) 978-3-11-074237-4,
e-ISBN (EPUB) 978-3-11-074253-4

Keramik
Band 4: Silicatkeramik, feuerfeste Werkstoffe, Hochleistungskeramik und keramische Verbundwerkstoffe
Hermann Salmang, Horst Scholze, Rainer Telle (Hrsg.), 2022
ISBN 978-3-11-074240-4, e-ISBN (PDF) 978-3-11-074241-1,
e-ISBN (EPUB) 978-3-11-074255-8

Glass
Selected Properties and Crystallization
Jürn W. P. Schmelzer (Ed.), 2014
ISBN 978-3-11-029838-3, e-ISBN (PDF) 978-3-11-029858-1,
e-ISBN (EPUB) 978-3-11-036810-9

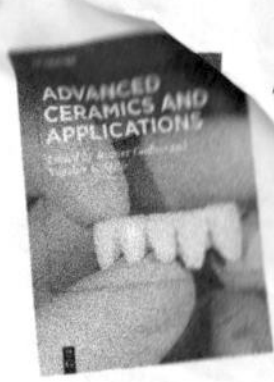

Advanced Ceramics and Applications
Rainer Gadow, Vojislav V. Mitic (Eds.), 2021
e-IS... 978-3-11-062513-4, e-ISBN (PDF) 978-3-11-062799-2,
...PUB) 978-3-11-062516-5

Glass Fibre-R...
Materials, Man... d Polymer Composites
Jalumedi Babu, J. ... *and Engineering*
ISBN 978-3-11-06082... m (Eds.), 2020
e-ISBN (EPUB) 978-3-11-... N (PDF) 978-3-11-061014-7,

Keramik

Band 3: Technologie von den Rohstoffen bis zur Hartbearbeitung

Herausgegeben von
Hermann Salmang, Horst Scholze und Rainer Telle

8. Auflage

DE GRUYTER

Herausgeber
Professor Dr. rer. nat. Rainer Telle
Institut für Gesteinshüttenkunde,
Lehrstuhl für Keramik und feuerfeste Werkstoffe
RWTH Aachen University
Forckenbeckstr. 33
52074 Aachen
Deutschland
telle@ghi.rwth-aachen.de

Professor Dr. Hermann Salmang†
Institut für Gesteinshüttenkunde
RWTH Aachen
Aachen
Deutschland

Professor Dr. Horst Scholze†
Fraunhofer-Institut für Silikatforschung
Würzburg
Deutschland

ISBN 978-3-11-074238-1
e-ISBN (PDF) 978-3-11-074239-8
e-ISBN (EPUB) 978-3-11-074254-1

Library of Congress Control Number: 2022932903

Bibliografische Information der Deutschen Nationalbibliothek
Die Deutsche Nationalbibliothek verzeichnet diese Publikation in der Deutschen Nationalbibliografie; detaillierte bibliografische Daten sind im Internet über http://dnb.dnb.de abrufbar.

Coverabbildung: Sprühgranulat aus Aluminiumoxidpulver, REM-Aufnahme; Quelle: Ph. Gingter, Institut für Gesteinshüttenkunde, RWTH Aachen
Satz: VTeX UAB, Lithuania
Druck und Bindung: CPI books GmbH, Leck

www.degruyter.com

Vorwort zur achten Auflage, Band 3

Seit Erscheinen der 7. Auflage beim Springer-Verlag sind nunmehr fünfzehn Jahre vergangen; es ist eine Neue Deutsche Rechtschreibung eingeführt und teilweise wieder verworfen worden; gedruckte Exemplare sind vergriffen und müssen „on demand“ nachproduziert werden, wobei die Publikation als E-Book im Vordergrund des Marketings steht. Daher bietet sich jetzt wieder eine 8. gedruckte Auflage an. Viele der zuvor in Urform belassenen Kapitel sind erneut grundlegend überarbeitet worden, wie z. B. die Bruchmechanik, neue Themen kamen hinzu wie die optischen Eigenschaften und das Verschleißverhalten. Im Detail sind auch viele kleine Fehler getilgt, auch dank aufmerksamer Leser, die den Mut hatten, Verbesserungsvorschläge zu machen und wertvolle Hinweise zu geben. Über 800 neue Literaturstellen sind recherchiert und eingearbeitet worden und erschließen zahlreiche brandaktuelle Kapitel wie z. B. über Additive Fertigungsverfahren.

Das Werk ist sowohl als Lehrbuch als auch als Nachschlagewerk für eine schnelle Übersicht gedacht. Es soll detaillierter informieren, wo Routine eingetreten ist, und weiterführende Hinweise auf umfassendere oder speziellere Literatur geben, soweit man den Forschungsstand der letzten fünfzig Jahre überhaupt verantwortlich aufarbeiten kann. Fehler, Unterlassungen und Ungenauigkeiten im Detail sind daher also unvermeidbar, wie bereits Salmang selbst in seinem Vorwort zur ersten Auflage anklingen ließ. Es gibt aber heute ein Hilfsmittel, dessen sich der Herausgeber gerne im Hinblick auf die fortlaufende Edition bedienen möchte:

salmangscholze@ghi.rwth-aachen.de

heißt der „Kummerkasten“ bzw. die Anlaufstelle für Anregungen und Hinweise, aber auch für konstruktive Kritik. Der Leser ist eingeladen, sich seiner zu bedienen.

Für wertvolle Hinweise, die in der 8. Auflage berücksichtigt wurden, sei den Herren W. Bender, Fa. ECT Händle, Mühlacker, F. Gansert, Mülheim, J. Keiling, G. Müller, Freiberg, Th. Walter, Freiberg, und Frau I. Hofer-Maksymiw ganz herzlich gedankt. Mein ganz besonderer Dank ebenso wie meine ausdrückliche Hochachtung gilt darüber hinaus Herrn F. Mertz-Peiffer, Useldange, Luxembourg, der meine gesamten Texte äußerst kritisch und genau nicht nur gelesen, sondern geradezu durchgearbeitet hat. Herr Mertz-Peiffer hat Querverweise geprüft, Formeln nachgeschlagen und sogar nachgerechnet. Seine fachlich fundierten Fragen, Bemerkungen und Empfehlungen sowie seine konstruktive Kritik an ausnahmslos berechtigter Stelle haben mich angespornt, noch präziser zu recherchieren und zu formulieren. Dass man dabei übrigens auf reichliche Fehler, auch Plagiaturen früherer Autoren stößt, verstärkt den Spaß an der Arbeit. Herr Mertz-Peiffer hat dies alles unaufgefordert, völlig selbstlos, ohne jede Vergütung und nur aus Freude am Fachgebiet Keramik geleistet. Leider hat die Transskription des Textes von Microsoft Word zu LaTeX reichlich neue Fehler eingebracht, vor allem im Bereich der Sonderzeichen und Kursiv-/Aufrechtschreibung von Varia-

https://doi.org/10.1515/9783110742398-201

blen und Konstanten in den Formeln. Der Herausgeber ist sich nicht sicher, ob es gelungen ist, alle neuen Fehler bei der Durchsicht der Druckfahnen zu berichtigen.

Den Mitautoren sei für die wertvollen Fachbeiträge und – wie auch dem Verleger – für die Geduld ganz herzlich gedankt. Dank gebührt ferner Frau M.Ch. Debougnoux und Frau C. Schmitz für die abschließende Formatierung sowie in besonderem Maße Frau MA H. Wildfang, die sich mit unglaublicher Geduld der „Übersetzung" des Textes der 7. Auflage in die Neue Deutsche Rechtschreibung gewidmet hat.

Ein besonderer Dank gilt auch allen denjenigen, die der Zitation ihres Bildmaterials zugestimmt haben. Ohne die Widergabe authentischer Darstellungen wissenschaftlicher Sachverhalte in Graphiken oder Fotografien würde nicht nur ein solches Werk an Wert verlieren, sondern auch manch wertvolle Erkenntnis im Chaos des Internets untergehen. Falls trotz aller Sorgfalt und Bemühungen dennoch Abbildungen fehlerhaft zitiert oder Rechte verletzt erscheinen sollten, bitten wir freundlich um Mitteilung, um unverzüglich Klärung und Abhilfe zu schaffen.

Das Werk war bereits im September 2018 druckreif. Leider haben die aufwändigen Vertragsverhandlungen mit dem Springer-Vieweg-Verlag wegen des neuen Urheberrechtes und des schwerfälligen juristischen Apparates des Großverlags über drei Jahre gedauert. Als schließlich verkündet wurde, dass Springer zukünftig Fachbücher nur noch in englischer Sprache herausgeben werde, fiel der Wechsel zu Walter de Gruyter, Berlin, sehr leicht. Dem Springer-Verlag sei jedoch ausdrücklich dafür gedankt, dass er alle Rechte am „Salmang-Scholze" dem Herausgeber überschrieben hat. Frau Karin Sora von De Gruyter sei hier für den „Empfang mit offenen Armen" ebenfalls herzlich gedankt. Den Mitarbeiterinnen und Mitarbeitern der Firma VTeX UAB, Litauen, möchte ich für ihre Aufmerksamkeit und Lernfähigkeit bei der Drucklegung meinen Dank aussprechen.

Der Wechsel zu einem anderen Verlag hat es allerdings erforderlich gemacht, das Werk mit seinen insgesamt 1845 Seiten in vier Bände aufzuteilen. Dies dient zwar einerseits der Handlichkeit sowie einer besseren Vermarktung; andererseits ist es schwierig geworden, Querverweise aufrecht zu erhalten. Auf Doppelung von Inhalten wurde jedoch verzichtet, so dass man gelegentlich in einem anderen Band Grundlagen oder verfahrenstechnische Dinge oder Anwendungsfälle separat nachschlagen muss.

Die Aufteilung der Bände erfolgte thematisch von den Grundlagen bis hin zu speziellen Werkstoffen bzw. Werkstoffgruppen:

Band 1 umfasst die Kristallstrukturen keramisch-technologisch wichtiger Phasen, ihre Thermochemie mit Phasendiagrammen, die Sinterkinetik, Gefüge-, Oberflächen- und Grenzflächeneigenschaften sowie die Untersuchungsmethoden hierzu.

Band 2 behandelt die thermischen, mechanischen, elektrischen, magnetischen, chemischen, optischen und tribologischen Eigenschaften mit ihren Grundlagen und anwendungstechnischen Gesichtspunkten sowie der erforderlichen Prüftechnik.

Band 4 umfasst die einzelnen Werkstoffgruppen der Silicatkeramik, Feuerfesten Werkstoffe, Hochleistungskeramik und keramischen Verbundwerkstoffe von ihren spezifischen Eigenheiten und Anwendungen her.

Der hier vorliegende *Band 3* ist der Technologie beginnend bei den natürlichen und synthetischen Rohstoffen, ihrer Aufbereitung und Formgebung, dem Brand bis zur Hartbearbeitung gewidmet. Die Technologie der Keramik ist seit jeher das schwierigste Kapitel, da diese einerseits einem sprunghaften Wandel unterworfen ist und sich andererseits unzählige Irrwege apparativer Entwicklung auftun, die zwar in der Literatur ausführlich behandelt werden, in ihrer Nutzung aber nur zu kurzlebigen Erfolgen führen. Beispiel für sprunghaften Wandel sind z. B. die Nutzung der Lasertechnik in der Keramik, das rasch fortschreitende Verständnis der Hartbearbeitung mit völlig neuen Instrumentierungen sowie zuletzt das Aufkommen der Additiven Fertigung.

Schaut man sich frühere Werke der keramischen Technologie an wie z. B. das „Handbuch der Thonwarenindustrie" von Bruno Kerl, Vieweg (1907), 1553 Seiten, oder „Die Keramik im Dienste von Industrie und Volkswirtschaft" von Felix Singer, Vieweg (1923), 1044 Seiten, so sind diese zwar ganz hervorragend aufgemacht und ein umfassender technologischer Spiegel ihrer Zeit, heute aber z. B. wegen der Elektrifizierung, Automatisierung und Digitalisierung der meisten Abläufe nahezu völlig veraltet. Die Reihe „Technologie der Keramik" von Eberhard Krause, Iris Berger, Wolfgang Schulle u. M., VEB Verlag für Bauwesen (1986), 4 Bände, insgesamt ca. 1000 Seiten, bleibt aufgrund ihrer sehr guten Schilderung der Grundlagen industrieller Produktionsprozesse und Energieflüsse weitgehend aktuell, während der „Klassiker" von Heinrich Schubert, „Aufbereitung fester mineralischer Rohstoffe", VEB Verlag für Bauwesen (1989), 3 Bände mit über 1200 Seiten, derart viele elementare physikalisch-chemische bis thermomechanische Grundlagen liefert, dass er heute in zahlreichen nachfolgenden Neuauflagen immer noch als Standardwerk für den Teilbereich der Aufbereitung gelten kann.

Es war daher nicht einfach, sich hier für einen Weg zu entscheiden, dauerhaft relevantes keramisches Wissen zu präsentieren. Neben den physikalisch-chemischen Zusammenhängen werden daher insbesondere Prüfverfahren dargestellt, die als universell angesehen werden, während Produktionsmethoden nur schematisch mit ihren wichtigsten Prinzipien und Charakteristika behandelt werden. Völlig neu bearbeitet wurde das Kapitel der rheologischen Eigenschaften und die Plastizität keramischer Massen; neu eingefügt sind auch die Kapitel über die Additiven Fertigungsverfahren sowie die Hartbearbeitung. Dass immer noch eigene Kapitel über z. B. die Herstellung elektronischer Werkstoffverbunde oder Beschichtungsverfahren fehlen, ist dem Herausgeber schmerzhaft bewusst.

Die Beschäftigung mit diesem fast widersprüchlichen und schwierig zu beherrschenden Werkstoff erweist sich immer wieder als geradezu spannend und stets überraschend. Möge das Buch in gewollter Konkurrenz zum beliebten „Internet" dazu beitragen, altes Wissen zu bewahren, aktuelles zusammenhängend darzustellen und neue Erkenntnisse anzuregen und zu fördern.

Aachen, im April 2022 R. Telle

Aus dem Vorwort zur ersten Auflage

Das vorliegende Buch entstand aus dem Bedürfnis heraus, dem Praktiker und dem Studierenden der Keramik eine kritische Darstellung der Ergebnisse der keramischen Forschung zu geben. Dieses Bedürfnis wurde seit vielen Jahren stark empfunden und dem Verfasser von verschiedenen Seiten gegenüber geäußert, da die Verästelung der Forschung die Übersicht über ihre Ergebnisse immer mehr erschwert.

Da es an guten Büchern und Monographien über die keramische Technik nicht fehlt, sind alle Ausführungen über die keramische Technologie sehr kurz gehalten und die Beschreibung der Apparatur, Maschinerie und Ofenanlagen vollständig fortgelassen worden. Der Forderung des Tages ist weiterhin dadurch Rechnung getragen worden, dass gegenüberstehende Anschauungen nur dann eingehend behandelt wurden, wenn sie noch nicht geklärt waren oder die unterlegene Anschauung hohen wissenschaftlichen Wert hatte. Im Übrigen hat sich der Verfasser bemüht, nur die obsiegende Ansicht anzuführen. Die selbst auferlegte Beschränkung brachte es mit sich, dass längere geschichtliche Übersichten über die Entstehung der modernen Anschauung meist vermieden werden mussten. So kam es dazu, dass manche Arbeiten unserer Altmeister nicht entsprechend den Anregungen, die sie gaben, behandelt werden konnten. Mögen die Manen von Seger und anderer Meister dies dem Verfasser vergeben.

Aachen, im September 1933 H. Salmang

https://doi.org/10.1515/9783110742398-202

Aus dem Vorwort zur ersten Auflage

Das vorliegende Buch entstand aus dem [illegible]

[illegible]

Autorenliste zur achten Auflage, Band 3

Prof. Dr. rer. nat. Dr.-Ing. h. c. Peter Quirmbach
Universität Koblenz-Landau, Institut für Integrierte Naturwissenschaften, Abteilung Chemie, Arbeitsgruppe Technische Chemie, Koblenz:
Abschnitt 1.3 *(unter Mitarbeit von: W. Geist, M. Hölzgen, W. Weiand)*

Prof. em. Dr. Jürgen Heinrich
ehemals TU Clausthal, Institut für Nichtmetallische Werkstoffe:
Abschnitte 2.3, 2.3.1, 2.3.2 *(unter Mitarbeit von R. Telle)*

Prof. em. Dr. K.-H. Schüller
ehemals Georg-Simon-Ohm Fachhochschule Nürnberg, Fachbereich Werkstofftechnik:
Abschnitt 1.1 *(unter Mitarbeit von R. Telle)*, 1.1.1.5

Prof. Dr. rer. nat. Rainer Telle
RWTH Aachen University, Institut für Gesteinshüttenkunde
Abschnitte 1.1.1.2, 1.1.1.3, 1.1.1.4, 1.1.2, 1.1.3, 1.2, 2.1, 2.2, 2.3.1.1.4, 2.3.1.2, 2.3.1.3, 2.3.2.6, 2.5, 2.6, 2.7, *Anhang*

https://doi.org/10.1515/9783110742398-203

Warnungen und rechtliche Hinweise

Dieses Buch enthält chemische Reaktionsgleichungen, die nicht dazu vorgesehen sind, in dieser Form experimentell nachgestellt zu werden, da ernsthafte Verletzungen an Personen oder Sachschäden durch Stoff-, Licht- oder Wärmeemissionen bei unsachgemäßer Anwendung nicht auszuschließen sind. Vor entsprechenden Versuchen wird daher dringend gewarnt; jede Haftung ist ausgeschlossen. Ferner enthält das Werk nichts, was religiösen oder rassistischen Hass hervorrufen, Terrorismus oder rechtswidrige Handlungen fördern oder welches diffamierend sein könnte oder arglistige Falschdarstellungen enthält oder das diesbezüglich anderweitig rechtlich belangbar sein könnte, einschließlich, aber nicht beschränkt auf Tatbestände im Zusammenhang mit Verletzungen, die sich aus der Verwendung einer in dem Werk genannten Handlungsanweisung oder Formel ergeben könnten. Es wird ferner versichert, dass alle im Werk genannten angeblichen Tatsachen nach dem aktuellen Stand und Verständnis der Wissenschaft nach bestem Wissen und Gewissen wahrheitsgemäß und korrekt sind.

https://doi.org/10.1515/9783110742398-204

Inhalt

Über die Herausgeber

Prof. Dr.-Ing. Hermann Salmang

Geboren 1890 in Aachen, Studium der Chemie in Aachen und Berlin, Abschluss 1913; 1914 Promotion in Aachen im Fach Chemische Technologie über Kohlevergasung, Assistent am selben Institut, 1918 Heirat, 1925 Habilitation mit der Schrift „Über die Feuerfestigkeit der Tone“; Venia Legendi in „Technische Silikatchemie“, 1926 Dozent und Leiter des Silicatabteilung am Institut für Eisenhüttenkunde, RWTH Aachen, 1928 Gründung des zunächst privaten Institutes für Gesteinshüttenkunde, 1930 Berufung zum außerordentlichen Professor, 1932 Ernennung zum Wissenschaftlichen Mitglied des Kaiser-Wilhelm-Institutes für Silikatforschung. 1933 Aberkennung der Lehrbefugnis, 1935 Abschiedsgesuch und Übersiedlung nach Maastricht, Leiter des Labors der Firma „De Sphinx“; 1948 Ablehnung des Rückrufes an die RWTH Aachen, ab 1953 Lehrtätigkeit am Institut für Gesteinshüttenkunde als o. Professor em.; 1954 Ernennung zum Auswärtigen Wissenschaftlichen Mitglied der Max-Planck-Gesellschaft; 1955 Verleihung der Seger-Plakette der Deutschen Keramischen Gesellschaft; 1960 Verleihung der Otto-Schott-Denkmünze der Deutschen Glastechnischen Gesellschaft; verstorben 1962 durch Unfall. Arbeitsgebiete: Bildsamkeit der Tone, Feuerfestigkeit von Tonen, Verschlackung feuerfester Stoffe, Konstitution von Silicatschmelzen, feuerfeste Werkstoffe für die Eisenmetallurgie, Hochtemperatureigenschaften feuerfester Erzeugnisse, insbesondere Wärmedehnung; keramische Schlicker; 70 Veröffentlichungen und zwei Bücher, seit 1933 Herausgabe des Werkes „Die physikalischen und chemischen Grundlagen der Keramik“, Übersetzungen ins Französische und Spanische. Bildquelle: Archiv des Instituts für Gesteinshüttenkunde, Aachen

Prof. Dr. rer. nat. Horst Scholze

Geboren 1921 in Sohland an der Spree, 1946–1951 Studium der Chemie in Würzburg, 1953 Promotion zum Dr. rer. nat. bei Prof. Brieglab, Heirat 1955 in Würzburg; Habilitation 1959 mit dem Thema „Einbau des Wassers in Gläsern“, Venia Legendi in „Physikalischer Chemie der Silikate“, 1953–1961 Wissenschaftlicher Assistent am Max-Planck-Institut für Silikatforschung in Würzburg, 1962–1963 Dozent für Glas und Keramik an der TU Clausthal, 1963–1971 Ordentlicher Professor und Direktor des neuen Institutes für Silikattechnik, später Institut für Glas, Keramik und Bindemittel an der TU Berlin; 1971–1986 Direktor des neu gegründeten Fraunhofer-Institutes für Silikatforschung in Würzburg; 1972–1988 Vorstandsmitglied der Deutschen Glastechnischen Gesellschaft, 1972 Fellow der

https://doi.org/10.1515/9783110742398-205

American Ceramic Society, 1978–1984 Vizepräsident und Präsident der International Commission on Glass, 1986 Honorary Fellow der Society of Glass Technology, 1988 Verleihung der Otto-Schott-Denkmünze der Deutschen Glastechnischen Gesellschaft; verstorben 1990 in Würzburg.
Arbeitsgebiete: Grundlagen der Strukturen und Eigenschaften von Glas, Keramik und Bindemitteln, u. a. Einfluss von Gasphasen auf den keramischen Brand, Glasurbildung unter Wasserdampfeinfluss, erste Forschung über die Herstellung von Festkörpern nach der Sol–Gel-Methode (1962), erste Einführung organischer Komponenten und damit Begründung der Ormosil-Forschung; 130 Veröffentlichungen, vier Bücher; seit 1968 Betreuung der Herausgabe des Werkes H. Salmang, H. Scholze, Die physikalischen und chemischen Grundlagen der Keramik.
Bildquelle: Privatbesitzt Frau Gisela Scholze, mit freundlicher Genehmigung

Prof. Dr. rer. nat. Rainer Telle

Geboren 1956 in Pforzheim, 1976–1982 Studium der Mineralogie, Kristallchemie und Petrologie-Lagerstättenkunde an der Universität Stuttgart, 1983–1985 Studium der Metallkunde und Metallphysik an der Universität Stuttgart und Doktorand am Pulvermetallurgischen Laboratorium des Max-Planck-Instituts für Metallforschung, Stuttgart, bei Prof. Dr. G. Petzow und Dr. N. Claussen. Promotion zum drucklosen Sintern von Borcarbid; 1985–1987 Wissenschaftlicher Mitarbeiter, Leitung der Hartstoffgruppe und der Keramographie. 1988–1992 Gruppenleiter und Stellvertreter des Direktors des PML. Forschungen zur Tribologie und Hartbearbeitung von Hochleistungskeramiken. Initiierung von DFG-Schwerpunktprogrammen mit Prof. Dr. Petzow, Prof. Dr. Härdtl, Karlsruhe, und Prof. Dr. Tönshoff, Hannover. Geschäftsführer des Keramik-Verbundes Karlsruhe-Stuttgart. 1992–2019 ordentlicher Professor auf dem Lehrstuhl für Keramik und Feuerfeste Werkstoffe und Direktor des Instituts für Gesteinshüttenkunde der RWTH Aachen. Lehr- und Forschungsaufenthalte an der Tohoku-Universität, Sendai, dem Nat. Inst. Research in Inorganic Materials (NIRIM), Tsukuba, und der Tokyo Science University, Tokyo. 1998 Honorarprofessor der Anhui University of Technology (AHUT), Maanshan, Anhui, VR China. 1994–2019 Vorstand der Deutschen Keramischen Gesellschaft, 1994–2007 Leiter der wissenschaftlichen Arbeiten, 2007–2011 Präsident der DKG. 1985 Francis B. Lukas Award, ASM Intern., 1987 Roland B. Snow Award, ACS, 1997 Distinguished Lecturer Award der Japan Mat. Res. Soc., Tokyo; 2012 Verleihung des Rieke-Ringes der Deutschen Keramischen Gesellschaft. 2019 Ernennung zum Ehrenmitglied der DKG. Bildquelle: Archiv des Instituts für Gesteinshüttenkunde, Aachen

1 Rohstoffe

Rohstoffe sind Vorstufen von Werkstoffen. Sie können natürlicher oder synthetischer Herkunft sein. Für keramische Werkstoffe lassen sich die Rohstoffe nach den typischen Industriezweigen gliedern. In der technischen Keramik, insbesondere in der *Hochleistungskeramik* werden fast ausnahmslos synthetische Rohstoffe verwendet, die ihrerseits über chemische Prozesse aus natürlichen Rohstoffen hergestellt werden. So ist z. B. Aluminiumoxid in Form des Korundes aus der Natur bekannt, dort jedoch relativ selten und – von Edelsteinen abgesehen – stark verunreinigt. Gleiches gilt für den Baddeleyit (ZrO_2). Nichtoxide wie SiC und Si_3N_4 sind nur in Spuren aus Meteoriten bekannt. Der Syntheseprozess garantiert hier die ausreichende Reinheit und ermöglicht darüber hinaus die Kontrolle der Korngröße und der Dotierungsstoffe. Qualität und Abnahmemenge bestimmen die Zielanwendung und damit den Preis.

Feuerfeste Werkstoffe bestehen meist aus sehr reinen oder definiert dotierten synthetischen Rohstoffen, wenn es um hochwertige Produkte geht, die korrosiven Medien ausgesetzt sind. Bei feuerfesten Baustoffen, die eher eine mechanische Stabilität bei hohen Temperaturen aufweisen müssen, greift man auf Naturstoffe zurück, die durch eine entsprechende Aufbereitung, Veredlung und Wärmebehandlung (Tempern, Sintern, Erschmelzen) in die Werkstoffe umgesetzt werden. Beispiele sind gebranntes Chromerz, Serpentin, Bauxit, Quarz, Sillimanit, Disthen, Andalusit, die sich in entsprechende Chromspinelle, Magnesiumsilicate, HT-Modifikationen des SiO_2 oder Mullit umsetzen. Durch Aufschmelzen und Erstarren einiger Rohstoffe erzielt man ferner eine chemische Reinigung (Verunreinigungen bleiben in Restschmelzen zurück). Natürliche Rohstoffe (z. B. Tone) werden ferner als Binder für Nichtoxid- und Oxidkeramiken verwendet, wobei sie beim Brand zu Mullit und Schmelze reagieren.

Die *Silicatkeramik* basiert fast ausschließlich auf natürlichen Rohstoffen wie Kaolin, Ton, Quarz, Feldspat, Calcit und Apatit (Calciumphosphat). Die Preise für diese Rohstoffe hängen ebenfalls von der Reinheit und Korngröße ab, liegen jedoch um einige Zehnerpotenzen unterhalb der der synthetischen Rohstoffe. Der Umsatz ist dafür allerdings auch einige Zehnerpotenzen größer als der der technischen Keramik. Die Menge bestimmt also den Erlös.

Nach der Gewinnung werden die natürlichen Rohstoffe meist einer Aufbereitung unterworfen, in der durch Sieben, Sichten, Schlämmen, Mahlen, Flotation und/oder magnetische Abscheidung der gewünschte Mineralbestand in geeigneter Korngröße abgetrennt wird. Oft bestehen die in den Handel kommenden Rohstoffe bewusst aus Mineralmischungen, die bekannt sein müssen, da sie das Verhalten des Rohstoffs in der Aufbereitung, Formgebung und im Brand bestimmten. Daneben ist auf Verunreinigungen zu achten, die entweder beigemengt oder in das Kristallgitter eingebaut sein können. Weiterhin ist für die Beurteilung der Rohstoffe oft ihre Kristallform und die Ordnung bzw. Fehlordnung der Struktur wichtig. Es wird deshalb im Abschnitt über die natürlichen Rohstoffe auf einige Methoden zu deren Charakterisierung hingewiesen.

https://doi.org/10.1515/9783110742398-001

Eine ausführlichere Zusammenstellung der keramischen Rohstoffe findet man bei Reumann [1]. In der Monographie von Singer und Singer [2] kann man viele ältere Erfahrungen kennenlernen. Ein Werk in englischer Sprache stammt von Worrall [3]. Werkstoffspezifische Probleme werden bei den betreffenden Werkstoffen behandelt.

1.1 Natürliche Rohstoffe

Bearbeitet von H. Schüller, Nürnberg, R. Telle, Aachen

Von natürlichen Rohstoffen macht überwiegend die Silicatkeramik direkten Gebrauch. Es handelt sich dabei um *Festgesteine* (z. B. Quarzit, Pegmatit) oder *Lockergesteine* (Sand, Ton), in denen sich aufgrund ihrer Entstehung, dem Transport und der Ablagerung die nutzbaren Komponenten (*Industrieminerale*) zu abbauwürdiger Konzentration (*Lagerstätten*) angereichert haben. Vorgänge, die über der Erdoberfläche ablaufen wie Abtragung, Verwitterung, Transport, Zerkleinerung, Ablagerung (Sedimentation) und Verfestigung (Diagenese) rechnet man der sog. exogenen Dynamik zu (Abb. 1.1).

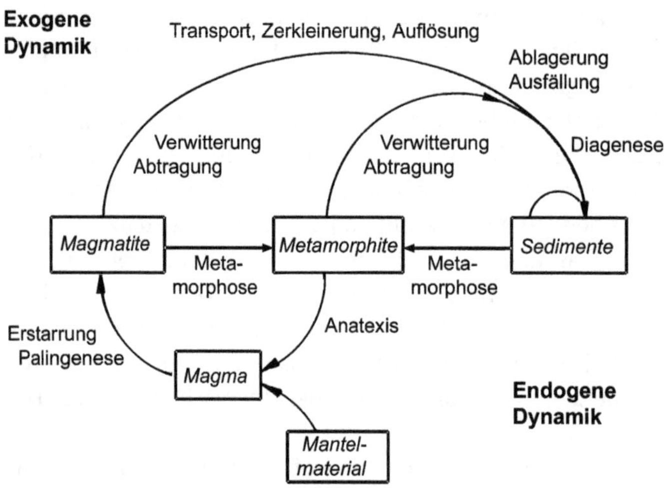

Abb. 1.1: Kreislauf der Gesteine.

Prozesse, die unterhalb der Erdoberfläche wirksam sind, also in der Erdkruste und im Erdmantel, wie die Veränderung des Mineralbestandes durch hohe Temperaturen und Druck (Metamorphose) bis hin zum Aufschmelzen (Anatexis) und zum Aufstieg als Gesteinsschmelze (Magma) nebst Wiedererstarrung (Palingenese) zählt man zur endogenen Dynamik. Bei der Magmenerstarrung unterscheidet man zwei Prinzipien: Die langsame Kristallisation von Gesteinsschmelzen innerhalb der Erdkruste (Plutonismus) führt zu *Tiefengesteinen* (Magmatiten) wie z. B. Granit, Diorit, Gabbro und

Syenit (mit sinkendem SiO_2-Gehalt); die Magmenerstarrung oberhalb der Erdkruste erfolgt sehr schnell eruptiv oder effusiv und führt zu *Ergussgesteinen* (Vulkaniten) wie z. B. Rhyolith, Quarzporphyr, Dazit, Andesit, Basalt und unzähliger anderer Gesteinsvarianten.

Wie Abb. 1.1 schematisch zeigt, sind alle Gesteine gleichermaßen der Verwitterung unterworfen, können aber auch durch Verlagerung in die Tiefe (z. B. in Meeresbecken oder Tiefseegräben) der Metamorphose ausgesetzt werden. Es entsteht so ein Kreislauf der Gesteine, wobei lediglich Material aus dem Erdmantel für eine gewisse „neue" Stoffzufuhr sorgt.

Da die Gesteinsnamen historisch entstanden sind und in der Regel nur dem Fachmann Hinweise auf ihre chemische und mineralogische Zusammensetzung geben, sei in Abb. 1.2 für die Tiefen- und Ergussgesteine eine grobe Einteilung gegeben. Im sog. Streckeisendiagramm oder QAPF-Diagramm werden zwei Konzentrationsdreiecke in Volumen-% gegeneinander gestellt, bei welchen die vertikale Achse, die die Spitzen verbindet, ein Maß für den SiO_2-Gehalt darstellt, die horizontale Achse den Übergang von Alkalifeldspäten (Orthoklas, Sanidin, Albit) in Kalkfeldspat (Anorthit) angibt. Nicht explizit gelistet ist der Gehalt an sog. mafischen Mineralbestandteilen, die aufgrund ihrer starken Eigenfärbung den Charakter eines Gesteins maßgeblich bestimmen, wie Glimmer, Hornblenden, Pyroxene und Olivin. Unter Akzessorien versteht man untergeordnete Spurenmineralien wie Zirkon, Apatit, Spinelle, Titanit und ähnliche meist hochschmelzende Verbindungen. Aufrechte Schrift benennt dabei die Tiefengesteine, kursive die Vulkanite. Darüber hinaus gibt es noch eine Vielzahl von Ganggesteinen, die aber meistens für die Keramikherstellung unbedeutend sind, jedoch wichtige Metallerze enthalten können. Die Nomenklatur von Abb. 1.2 wurde in vielen Bereichen verfeinert; da sich aber die lokalen Gesteinsnamen vor allem in den Steinbrüchen und verarbeitenden Firmen erhalten haben, wird hier auf wissenschaftlich aktuelle Bezeichnungen bewusst verzichtet. Genauere Informationen zur Gesteinsklassifizierung finden sich in der geowissenschaftlichen Literatur, z. B. bei [4, 5].

Die Lagerstätten der keramisch nutzbaren Rohstoffe stammen aus allen genannten geologischen Prozessen. Die Tiefengesteine liefern in einer spät differenzierten Form sog. Pegmatite, in welchen sehr große und reine Feldspat-, Quarz- und Apatitkristalle auftreten; alkalireiche Syenite werden für Flussmittel abgebaut. Die Metamorphite bieten z. B. Korund-, Spinell-, Disthen-, Sillimanit- und Andalusitlagerstätten, aus Vulkaniten lassen sich Tuffe, Lapilli oder Aschen als Porosierungs- oder Bindemittel gewinnen; in den Sedimenten finden sich letztendlich Sand-, Kaolin- und Tonlagerstätten, ferner Bauxit-, Kalk-, Gips- und Salzvorkommen.

Unter Seifenlagerstätten versteht man teilweise sehr konzentrierte Mineralanreicherungen nahezu unveränderter primärer Mineralien wie z. B. Korund, Spinell, Baddeleyit (ZrO_2), Zirkon ($ZrSiO_4$), Cassiterit (SnO_2) und Diamant, die aufgrund ihrer hohen Härte, Bruchzähigkeit und chemischen Beständigkeit die Verwitterung überdauern und sich nach der Korngröße und dem spezifischen Gewicht ablagern (Schwermineralseifen).

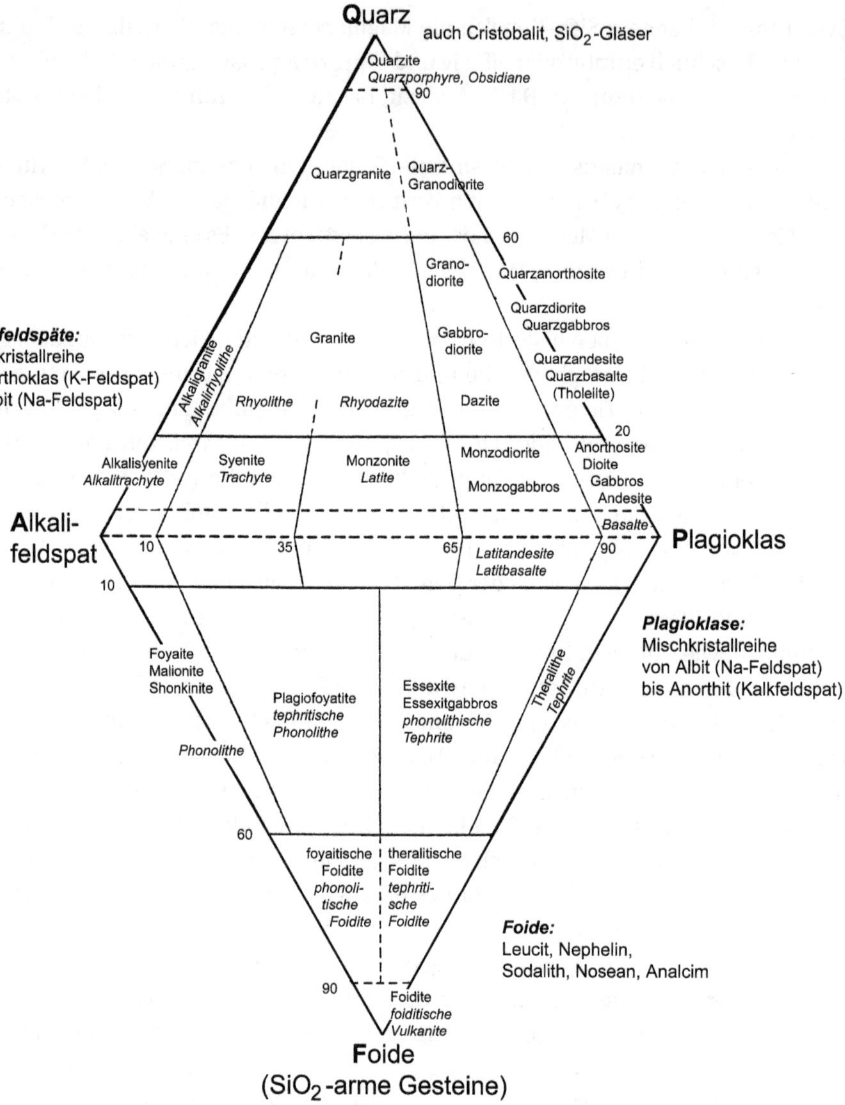

Abb. 1.2: Streckeisen- oder QAPF-Diagramm zur Nomenklatur der Tiefen- und Ergussgesteine. Angaben in Volumen-%; aufrechte Schrift: Plutonite, in kursiver Schrift: Vulkanite.

Die für die Keramik wichtigen Sedimentgesteine lassen sich einteilen nach der Art ihrer Entstehung und ihrer Ablagerung. Tabelle 1.1 zeigt ein Klassifizierungsschema mit Beispielen. Das Zusammenwirken von mechanischer und chemischer Verwitterung ist in Abb. 1.3 dargestellt.

Tab. 1.1: Einteilung der Sedimente

Einteilung nach	Mechanismus/Ablagerung	Beispiele
Entstehungsweise		
Klastische Sedimente:	mechanischer Verschleiß	Sand, Kies, Geröll
Pyroklastische Sedimente:	Thermoschock	vulkanische Aschen, Tuffe
Chemische Sedimente:	Auflösung, Ausfällung	Salze, Gips, Tone, Kalke
Biogene Sedimente:	Ende von Lebenszyklen:	Muschelkalke, Riffkalke, Guano
Entstehungsort		
Terrestrische Sedimente:	Festlandablagerungen	Moränen, Bauxit
Äolische Sedimente:	Windablagerungen	Dünensande, Löß, Tone
Limnische Sedimente:	Seeablagerungen, Moore	Eisenerze, Kaoline, Tone
Fluviatile Sedimente:	Flusssedimente, Mäander, Altwasserarme, Mündungen, Überschwemmungsbereiche	Sande, Seifen, Tone
Brackische Sedimente:	Deltaschüttungen, Lagunen, Watt	Watt, Sande, Tone
Marine Sedimente:	Meeresablagerungen, Watt, Kontinentalhänge, Tiefseeboden	Riffkalke, Sande, Seifen, Tone, Diatomeenerde, Kieselgur

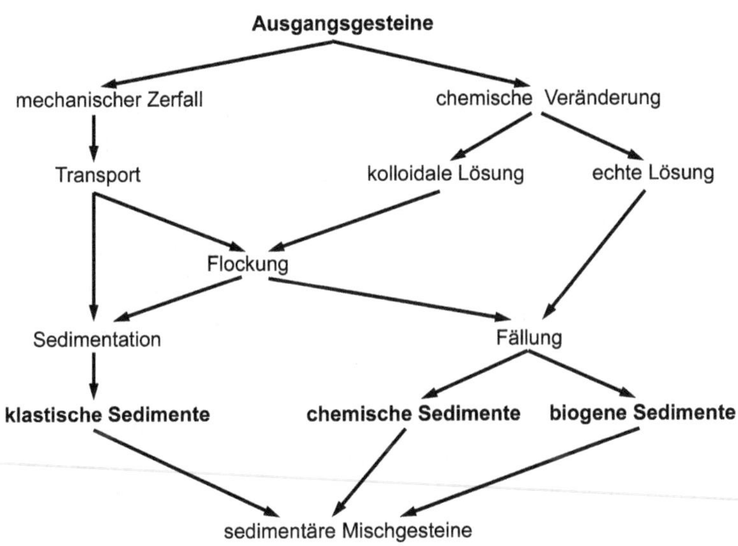

Abb. 1.3: Schema der Gesteinsumwandlung bei der Verwitterung.

Die Beschreibung der natürlichen Rohstoffe soll hier nach technologischen Gesichtspunkten erfolgen. Da die plastische Verformung von Massen ein typisches Formgebungsverfahren der klassischen Keramik ist, werden die Rohstoffe nach ihrem Verarbeitungsverhalten in plastische, gering plastische und nicht plastische Rohstoffe (Hartstoffe) eingeteilt und in den nächsten Kapiteln in dieser Reihenfolge behandelt.

1.1.1 Plastische Rohstoffe

Die Träger der Plastizität sind die Tonminerale Kaolinit, Illit und Montmorillonit neben einigen weiteren Tonmineralen, die aber eine untergeordnete praktische Bedeutung haben. Ihre Strukturen, Zusammensetzungen und Mineraleigenschaften sind in Band 1 ausführlich behandelt worden. Der Plastizität als Eigenschaft keramischer Massen und ihrer Bestimmung ist das Kapitel 2.3.1.2 gewidmet. Im Folgenden werden neben den Begriffsbestimmungen die Entstehungsbedingungen, Lagerstätten, Eigenschaften und Charakterisierungsverfahren besprochen.

1.1.1.1 Begriffsbestimmung für Tone und Kaoline

Kaolinitische Rohstoffe auf *primärer Lagerstätte* bezeichnet man im Allgemeinen als *Kaoline*, auf *sekundärer Lagerstätte* als *Tone*. Durch den Transport vom Ort ihrer Entstehung ist die Korngröße der Tone in der Regel geringer als die der Kaoline. Die keramisch verwerteten Kaoline sind allerdings immer aufbereitet. Will man nicht aufbereitetes Material eindeutig kennzeichnen, empfehlen Kromer und Schüller [6] dafür die Bezeichnung *Rohkaolin*. Sie weisen außerdem auf Abgrenzungsschwierigkeiten zu den Tonen hin, denn es gibt sowohl primäre Vorkommen, in denen Kaolinit als Bestandteil in den Hintergrund tritt, als auch Kaoline auf sekundärer Lagerstätte. Mit Ausnahme dieser Einschränkungen hat sich obige Begriffsbestimmung bewährt.

Besonders im älteren Schrifttum wird für die ganze Gruppe dieser Rohstoffe oft nur die Bezeichnung Tone gebraucht. Davon leiten sich dann Unterteilungen ab, die sich u. a. nach der Korngröße (Grob-, Fein- oder Kolloidton mit Korngrößen 2 bis 20 µm, 0,2 bis 2 µm oder <0,2 µm) oder dem Verwendungszweck richten. Hier gibt es z. B. die Bezeichnungen Töpfer-, Ziegel-, Steinzeug-, Steingut-, Engobe-, Glasur-, Kapsel- oder feuerfester Ton, obwohl es sich nicht immer um Tone in obigem Sinn handelt.

Die Ursache dieser Vielfalt liegt einmal in der Art der vorliegenden Tonminerale, zum anderen in der Art und Menge der sonstigen Bestandteile des betreffenden Rohstoffs. Die wichtigsten Begleitminerale in den Kaolinen und Tonen sind Quarz, Feldspat, Glimmer und Calcit. In letzterem Fall kennt man einen kontinuierlichen Übergang vom Ton zum Kalk. Bei Gehalten (in Gew.-%) bis zu 4 % Kalk spricht man noch von Ton; die weiteren Rohstoffe heißen bei Tongehalten von 4 bis 10 % mergeliger Ton, 10 bis 40 % Tonmergel, 40 bis 75 % Mergel, 75 bis 90 % Kalkmergel, 90 bis 96 % mergeliger Kalkstein und > 96 % Kalkstein. Natürlich sind die Letzteren keine plastischen Rohstoffe mehr.

Recht häufig findet man auch einige englische Begriffe. *Fireclay* stellt ein kaolinitisches Mineral mit stark gestörtem Gitter dar (Band 1). Fast immer sind die kaolinitischen Anteile in Tonen in diesem Zustand, also als Fireclay anzusprechen. Gelegentlich werden unter Fireclay aber auch feuerfeste Tone verstanden, die als harte Masse vorkommen und erst gemahlen werden müssen, um plastisch zu werden. *Ball Clays* sind sekundäre und damit feinkörnige kaolinitische Ablagerungen, die vor allem in Südengland abgebaut werden. Sie sind weiß brennend mit starker Fehlordnung der Kristalle und enthalten oft, manchmal bis zu 30 Gew.-%, organische Substanzen. Dies verleiht ihnen das hohe Kationenaustauschvermögen und ihre hohe Plastizität [7]. Die *China Clays* entsprechen den Kaolinen.

Bentonite können bereits in kleinen Anteilen mageren Massen plastische Eigenschaften verleihen. Sie verdanken diese herausragende Eigenschaft den Gehalten an Montmorillonit und dessen hoher Quellfähigkeit. In der Natur werden sie meist als Ca-Bentonite gefunden.

Art und Menge der *Begleitminerale und Verunreinigungen* hängen von der Entstehung der betreffenden Lagerstätte ab. Kaoline sind Verwitterungsprodukte feldspathaltiger Gesteine. Sie können demnach Reste von Feldspat sowie meist noch Quarz und manchmal Glimmer enthalten. Sie sind meist reiner als die Tone, wenn man als Maßstab für die Reinheit den für die Brennfarbe wichtigen Eisengehalt wählt, denn auf ihrem Transport sind die Tone oft von Verunreinigungen begleitet gewesen. Da Letztere dabei ebenfalls feinkörnig gewesen sein müssen, sind Tone frei von Feldspat. Ihr in der chemischen Analyse meist nachzuweisender K_2O-Gehalt ist auf Illit zurückzuführen. Dieser braucht nicht als getrenntes Mineral vorzuliegen, sondern kann in Wechsellagerungsstrukturen mit Montmorillonit eingebaut sein. Mit solchen Strukturen ist auch bei Kaolinen zu rechnen [8]. Häufig findet man die Verunreinigungen in bestimmten Fraktionen angereichert, z. B. bei Kaolinen den Quarz und Feldspat meist in den gröberen, bei Tonen den Fe_2O_3-Gehalt in den feineren Fraktionen. Man sollte aber kleine Gehalte an fremden Mineralen nicht immer als Verunreinigung bezeichnen, da dieser Begriff auf eine Wertminderung schließen lässt; kleine Gehalte an Fremdstoffen können nämlich durchaus eine wichtige Wirkung entfalten [9].

Neben diesen Bestandteilen findet man manchmal in Tonen organische Beimengungen, wie Holz- oder Braunkohlenreste, meist aber Humusstoffe. Solche Tone sind sehr plastisch und haben eine intensive Färbung, wovon auch die manchmal verwendete Bezeichnung Blauton spricht. Die Humusstoffe sind in ihrer Zusammensetzung nicht konstant [10]. In gewissen Lagerstättenhorizonten sind auch Spuren von Dioxinen natürlicher Herkunft nachgewiesen worden. Es handelt sich jedoch nur um sehr gering toxische Molekülvarianten, die möglicherweise im Zuge von erdgeschichtlichen Waldbränden oder Vulkanaktivitäten entstanden sind [11, 12]. Neuerdings wird auch die natürliche Neubildung durch Tätigkeiten von Organismen diskutiert. So bildet der Schwamm *Dysidea dendyi* das bromierte Spongiadioxin A, und in den Torfsümpfen der kanadischen Provinz New Brunswick entsteht bei der Pflanzenzersetzung das Dioxin 1,3,6,8-TCDD [13, 14].

Wichtig für die Färbung der Kaoline und Tone ist das in ihnen enthaltene Eisen, das entweder in die Struktur eingebaut sein kann oder in Form von Eisenverbindungen vorliegt, z. B. als Pyrit bzw. Markasit (beides FeS_2), als Hämatit (Fe_2O_3) oder als Limonit (FeOOH) u. a. Hydroxide. Es beeinflusst beim späteren Brand wesentlich die Brennfarbe (Kapitel 2.5.2.3) besonders dann, wenn auch noch TiO_2 (z. B. in Form von

Rutil, Anatas, Ilmenit, Perowskit oder als Ersatz von Eisen oder Aluminium im Gitter eingebaut) vorhanden ist.

1.1.1.2 Entstehung der Tonminerale

Tonminerale sind Neubildungen aus der mechanischen und chemischen Verwitterung primärer gesteinsbildender Silicate, deren Produkte mehr oder minder weit transportiert werden, bevor es zu Reaktionen und zur Ablagerung kommt. Je nach Entfernung des Entstehungsortes der Tonmineralien zum Liefergebiet und nach physikalisch-chemischer Umgebung lassen sich nach Millot [15] drei geologische Hauptreaktionsräume unterscheiden, der Verwitterungsreaktionsraum, der sedimentäre Reaktionsraum und der diagenetisch-hydrothermale Reaktionsraum, die von Jasmund ebenso wie die Thermodynamik der Umwandlungen und die Syntheseversuche zusammenfassend dargestellt worden sind [16]. Eine weitere detaillierte Darstellung der Genese der Tonmineralien stammt von Meunier [310].

Verwitterung

Der Vorgang der Verwitterung ist gekennzeichnet durch eine *chemische Auflösung* insbesondere magmatisch gebildeter Silicate wie Feldspäte, Hornblenden, Pyroxene oder Inselsilicate, wobei die *mechanische Zerkleinerung* aufgrund von Temperaturwechseln und verschleißender Einflüsse wie Erosion oder Abrasion die chemischen Prozesse durch die Schaffung größerer spezifischer Oberflächen beschleunigt. Als Liefergesteine (*Edukte*) lassen sich dabei zwei Gruppen mit chemisch unterschiedlichem Mineralbestand unterscheiden, die zur Bildung verschiedener Tonmineralien führen: Die „sauren" Magmatite enthalten bei hohem SiO_2-Anteil als Hauptkomponenten Feldspäte, Quarz und Glimmer (meist Muskovit und Biotit) und sind damit relativ arm an unterschiedlichen Kationen. Die „basischen" Vulkanite mit geringerem SiO_2-Anteil bestehen überwiegend aus Hornblenden, Pyroxenen, Olivin und Feldspatvertretern (siehe Band 1) und enthalten damit eine Vielzahl verschiedener Elemente. In beiden Fällen schreitet die Auflösung der Primärmineralien voran, indem zunächst die großen Kationen wie K^+ und Na^+ durch Angriff von Niederschlagswasser, Oberflächen-, Grundwasser oder aufsteigendes Thermalwasser mit Hydrathüllen umgeben und aus ihrem Gitterplatz entfernt werden (*Hydratisierung*). Sogar bei Feldspäten kann an ihrer Stelle H_3O^+ nach Gardner [17] in das Gitter eingebaut werden. Dies führt zu einer relativen Anreicherung von Al_2O_3 und SiO_2 und zu einer Schwächung der Struktur. Im Falle der elementreichen Mineralien kann die *Oxidation* durch Umgebungssauerstoff oder durch gelöste oxidierende Stoffe zu einer Wertigkeitserhöhung der Kationen führen und damit zu einer Abnahme der Ionenradien. So beträgt der Ionenradius von Fe^{3+} in oktaedrischer Koordination nur 84 % des Radius von Fe^{2+}. Das Ion wird zu klein für seinen Gitterplatz, wird leicht hydratisiert und wandert aus dem Kristallgitter aus. Eine typische Erscheinung dieser Abreicherung an färbenden Ionen ist die Bleichung von vulkanischen Gesteinen. Die verbliebenen Al_2O_3–SiO_2-Struktureinheiten sind dann je nach *p*H-Verhältnissen ebenfalls einer langsamen Auflösung durch *Hydrolyse* unterworfen, wobei sich das polare Wassermolekül an den Brückensauerstoff der Si–O–Si-Bindung anlagert und sie unter OH-Gruppenbildung trennt. Insbesondere bei der Verwitterung der Schichtsilicate können dabei Strukturteile erhalten bleiben. Die Neubildung von Tonmineralien erfolgt im nächsten Schritt in unmittelbarer Umgebung durch Ausfällung aus der Porenlösung der verwitternden Edukte. Ihre Struktur und Zusammensetzung bleiben allerdings nicht konstant, sondern sind einer sehr langsamen Anpassung an das wässerige Milieu unterworfen. Aus basischen Ausgangsgesteinen bilden sich bei geringen Niederschlagsmengen bevorzugt Smectite, die gelöstes Ca^{2+}, Mg^{2+}, Fe^{2+}, Na^+ u. a. in ihr Gitter aufnehmen. Untersuchungen von Barshard an 400 Tonproben der Sierra Nevada haben gezeigt, dass erhöhte Wassermengen unter sonst gleichen Bedingungen eher eine Bildung von Kaolinit und Halloysit zur Folge haben [18]. Verantwortlich für die Bildung der Smectite sind also erhöhte *p*H-Werte (8–10) und stagnierende Bedingungen, sodass auch $Mg(OH)_2$ und $Ca(OH)_2$ ausgefällt werden. Auch im Falle saurer Ausgangsgesteine ist nach diesen Untersuchungen die Bildung von Smectiten aus Feldspäten zunächst bevorzugt, solange keine *p*H-Werterniedrigung durch gelöstes CO_2 eintritt, sodass sich erst wieder vermehrt Halloysit und dann Kaolinit bilden. Kaolinit ist geprägt durch eine langsame Keimbildung und das Weiterwachsen auf Kosten des Halloysits, sodass Kaolinit schließlich überwiegt. Die Verwitterung von Glimmern (z. B. Muskovit) geschieht durch Hydratation des Kaliums, das aus der Zwischenschicht herausgelöst und durch H_3O^+ ersetzt wird. Es bilden sich Illit, bei Veränderung der Oktaederschicht auch Vermiculitderivate [19, 20] und letztendlich wiederum Kaolinit. So ist der Kaolinit das stabile Verwitterungsprodukt der Feldspäte und Glimmer. Die Bruttoreaktion aus Orthoklas, die sich bei Anwesenheit von H_2CO_3 oder Huminsäuren um das Drei- bis Zehnfache beschleunigt, kann wie folgt formuliert werden:

$$\underset{\text{Orthoklas}}{2KAlSi_3O_8} + 8H_2O \xrightarrow{pH\ 4-5} \underset{\text{Hydroxidgel}}{2Al(OH)_3} + \underset{\text{Metakieselsäure in Lösung}}{2H_4Si_3O_8 + 2KOH},$$

$$2Al(OH)_3 + 2H_4Si_3O_8 + 2KOH \xrightarrow{pH>5} \underset{\text{Kaolinit}}{\tfrac{1}{2}Al_4[(OH)_8Si_4O_{10}]} + \underset{\text{Kieselsäure in Lösung}}{4SiO_2 + 5H_2O + 2KOH}.$$

Die Umwandlung von Illit in Kaolinit erfordert eine Kaliumabfuhr und erfolgt nach:

$$\underset{\text{Illit}}{4KAl_4[(OH)_4Si_7AlO_{20}]} + 30H_2O + 2CO_2 \rightarrow \underset{\text{Kaolinit}}{5Al_4[(OH)_8Si_4O_{10}]} + \underset{\text{Kieselsäure in Lösung}}{4KHCO_3 + 8H_4SiO_4}.$$

Da andere gelöste Stoffe ebenfalls abtransportiert werden, entstehen durch die relative Anreicherung sogenannte *Residuallagerstätten* der Kaoline. Da auch Eisen in Form von gelösten Hydroxiden entfernt wird, sind solche Kaoline reinweiß.

Trotz zahlreicher Laborarbeiten zur Tonmineralbildung gelingt es bisher nicht, die geologischen Zeiträume zufriedenstellend nachzuvollziehen. Oftmals werden nur amorphe oder gelförmige Zwischenphasen beobachtet. Transmissionselektronenmikroskopische Untersuchungen zur Verwitterungskinetik von Feldspäten und Muskovit liegen von Benfield and Eggleton [21] vor.

Sedimentärer Reaktionsraum

Während des Transportes und der Ablagerung (*Sedimentation*) findet nur in geringem Umfang Tonmineralneu- oder -umbildung statt. Die Tonmineralteilchen werden aus dem Verwitterungsreaktionsraum durch Oberflächenwasser wegtransportiert, werden an Flussläufen, in Seen oder im Meer abgelagert. Nur bei wechselnden *p*H-Werten und bei hoher Salinität wie im Meer findet ein erneuter Ionenaustausch statt, wobei bevorzugt Na^+ anstelle von Ca^{2+} eingebaut wird. Es bilden sich dann wechsellagige Montmorillonit–Illit-Phasen. Echte Neubildungen erfolgen möglicherweise durch Ausflockung von Aluminiumhydroxiden, Eisenhydroxiden und Kieselsäure beim Vermischen von Fluss- und Meerwasser [22]. Hierher gehören wahrscheinlich auch die Fe^{2+}-reichen Glaukonite [23], die in fossilen Deltaschüttungen beobachtet werden. Palygorskit und Sepiolith entstehen in hochsalinen, vom Wasseraustausch abgeschnürten Meeresbecken mit hoher Verdunstungsrate [15]. Ferner bilden sich Tonmineralien in Tiefseebecken neu, wo mit zunehmender Tiefe der im Meerwasser gelöste Sauerstoffanteil sinkt und die Ca^{2+}-Konzentration durch die Auflösung von biogenem Kalk ansteigt. Eine weitere Umbildung findet statt, wenn es am Meeresboden zu einer Vermischung des Meerwassers mit aufsteigenden magmatischen Thermen kommt, die meist elementreich und sauer sind.

Diagenetisch-hydrothermaler Reaktionsraum

Unter *Diagenese* versteht man die zunehmende Verfestigung von lockeren Sedimenten unter dem Druck der auflastenden Schichten mit zunehmender Temperatur. Durch das Schließen von Porenraum wird der Stoffaustausch verringert, es bilden sich lokale Lösungsgleichgewichte. *Hydrothermale Bedingungen* herrschen, wenn aufsteigende hoch temperierte Lösungen magmatischen Ursprungs poröses Gestein infiltrieren und dabei Mineralien beim Abkühlen ausscheiden. Dies kann auch in Reaktion mit dem umgebenden Gestein erfolgen. Eine Folge von Diagenese und hydrothermalem Einfluss ist die Umbildung von Smectit in Illit, die immer noch Gegenstand der Forschung ist [24, 25]. Zunächst erfolgt die K^+-Aufnahme in die Smectit-Zwischenschichten sowie eine Substitution von Si^{4+} durch Al^{3+}. Es folgen die Dehydratation der K^+-Ionen sowie ein Austausch von Mg^{2+} und Fe^{2+} durch Al^{3+} in der Oktaederschicht. Im Zuge der Reaktion bleibt Kieselsäure übrig. Eine ausführlichere Schilderung der Problematik gibt Jasmund [16].

1.1.1.3 Lagerstätten der Kaoline und Tone

Art, Aufbau und Gehalt an Mineralien und Elementen der Lagerstätten hängen in charakteristischer Weise von ihrer Entstehung ab. Hiermit sind nicht nur die Ablagerungsbedingungen der Tonmineralien bzw. die Art der verwitterten Ausgangsgesteine gemeint, sondern auch die Art und Weise des Transportes an den Sedimentationsort sowie die Bodenbildung. Im Zuge des Transportes finden nämlich Zerkleinerungs- und Sortiervorgänge statt, die über den Gehalt an weiteren Mineralien und deren Korngröße entscheiden. Über die Bodenbildung schließlich werden organische Bestandteile von Mikroben bis zu (fossilen) Wurzeln in den Rohstoff eingetragen, die maßgeblich die plastischen Eigenschaften beeinflussen können. Übersichtsdarstellungen über Lagerstättentypen geben Störr [26] und über den Beitrag zur Bodenbeschaffenheit Schwertmann und Niederbudde [27]. Für Deutschland legten Krakow und Schunke eine umfassende Studie zu den Ziegelton-Lagerstätten unter Berücksichtigung der Genese und Verbreitung in den unterschiedlichen Erdzeitaltern vor [28–33]. Besonders wertvoll an dieser Betrachtung ist der Bezug zur Paläogeographie und der Verortung der Lagerstätten in die zur Zeit der Genese herrschenden Klimazonen sowie Angaben über Vorräte und Gewinnung.

Kaolinlagerstätten

Kaoline können residualer, hydrothermaler oder sedimentärer Herkunft sein. Wie unter 1.1.1.2 diskutiert, entstehen *residuale Kaolinlagerstätten* durch relative Anreicherung von Umwandlungsprodukten der chemischen Verwitterung saurer Magmatite. Die Lagerstätten sind daher in der Regel mit dem Eduktgestein verzahnt, wobei die Kaolinitisierung der Feldspäte je nach dessen Zerklüftung in die Tiefe fortgeschritten ist. Ihre Entstehung ist an feuchtwarme tropische bis subtropische Klimazonen gebunden. Die räumliche Erstreckung der Lagerstätten hängt von der Ausdehnung des Eduktgesteines, der Ausprägung der fossilen Verwitterungsfläche und ihrer Erosion bis zur Gegenwart ab. Üblicherweise sind die Körper von relativ geringer Flächenausdehnung und wannenförmig mit wechselnden Mächtigkeiten bis zu 30...50 m.

Zeitlich ist die Lagerstättenbildung an die Wenden von Kambrium/Silur, Karbon/Perm, Keuper/Lias und Kreide/Tertiär gebunden, wo Perioden der Sedimentation durch Abtragung unterbrochen wurden. In Mitteleuropa (im Tertiär tropischer Regenwald) werden über 100 Residuallagerstätten abgebaut. In der Umgebung von Kemmlitz/Sachsen, Halle und Meißen sitzen sie orthoklasreichen Rhyolithen auf und sind daher besonders hochwertig. Im Bereich Karlsbad lassen sie sich von Graniten ableiten, bei Hirschau-Schnaittenbach (Oberpfalz) und Pilsen von Feldspatsandsteinen, die ihrerseits klastische Sedimente von nahen Granitmassiven (Naabgebirge) darstellen (Abb. 1.4). Störr, Schwerdtner, Anger, Plüschke und Valtin haben besonders sorgfältig die Vorkommen der ostdeutschen Bundesländer aufgearbeitet und präsentieren neben den geologischen Verhältnissen auch historische, erschließungs-, gewinnungstechnische und wirtschaftliche Daten [34–36].

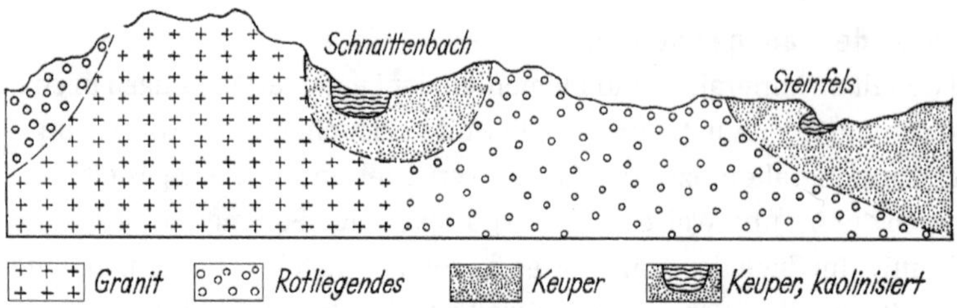

Abb. 1.4: Querschnitt durch die Kaolinlagerstätte Hirschau-Schnaittenbach.

Weitere Kaolin-Lagerstätten auf der Basis saurer Magmatite liegen im Westerwald, der Wetterau und im Bayerischen Wald. Auf der Verwitterung varistischer Gebirge basieren auch die Lagerstätten von Limoges und Echassieres (französ. Zentralmassiv), Ploemeur und Quessoy (armorikanisches Massiv) und Paranos, Burela und Lugo (iberisches Massiv).

Hydrothermale Kaolinlagerstätten entstehen durch chemische Veränderung von meist sauren Tiefengesteinen durch Thermen, die als Restlösungen der erstarrenden Gesteinsschmelze aufsteigen. Die Reaktionen finden in Klüften und Spalten des primären Gesteins statt, sodass solche schlauchförmigen Vorkommen eine geringe Flächenerstreckung aufweisen, aber bis in große Tiefen verfolgt werden können. Hierher gehören die Lagerstätten von Cornwall, die auf die Kaolinitisierung des St. Austell-Granitmassivs auch durch Oberflächenwässer zurückzuführen sind. Der Kaolin ist eng mit dem zersetzten Eduktgestein verzahnt (Abb. 1.5) und wird in dieser Form selektiv mit Wasserstrahlkanonen gewonnen. Diese Schlämmung führt zu einer Aufkonzentration des Kaolinits, was den Rohstoff auch für die Papierindustrie nutzbar werden lässt. Im Tertiär waren die Lagerstätten im Zuge der Gebirgshebung der Erosion ausgesetzt, weshalb sich in der näheren Umgebung nach kurzem Transport Ablagerungen in sumpfigen Seen finden. Auch das von Böttger ausgebeutete Vorkommen von Aue/Erzgebirge ist eine primäre, aus der Granitpegmatit-Verwitterung heraus entstandene Kaolinitlagerstätte (Abb. 1.6).

Sedimentäre Kaolinlagerstätten bilden sich durch Umlagerung primärer Kaoline über kurze Distanzen. Die Orte der Ablagerung sind in Tabelle 1.1 aufgeführt. Kaolinit wird dabei im kontinentalen Süßwasserbereich ausgeflockt, während die Dreischichtmineralien erst in marinem Milieu ausfallen. Die Lagerstätten sind in der Regel mit anderen Sedimenten (Quarzsand, Feldspatsand) wechselgelagert und enthalten einen deutlichen Anteil an Schwermineralien. Sie sind linsenförmiger Gestalt, da sie ehemalige Bodensenken (Seen, Mulden, Mäanderbiegungen gefällearmer Flüsse) füllen.

An Lagerstätten unterscheidet man Fire Clays bzw. Kaolinittone mit Smectit-Anteil, Illit, Glimmer, Quarz und Anatas (Westerwald, Sachsen, Lausitz, Aquitanien, Pariser Becken) und eisen- bzw. titanarme Ball Clays (Egerbecken, Oberpfalz, Westerwald). Flint Clays sind unplastische Kaolinittone, in der Entstehung den Ball Clay ähnlich, jedoch diagenetisch überprägt. Mineralneubildungen aus Aluminiumhydroxidgelen wie Böhmit, Gibbsit und Diaspor vernetzen die Tonteilchen miteinander und verursachen somit den Plastizitätsverlust, machen aber das Material für die Feuerfestindustrie interessant. Besonders reine sedimentäre Kaoline kommen an der Grenze von Georgia und South Carolina (Südosthang des Piedmont Plateaus/Appalachen) in Sandschichten von Oberkreide und Tertiär in Form ausgedehnter Linsen vor. Sie sind aus der Erosion des tiefgründig kaolinitisierten Granitmassivs durch Ablagerung an der ehemaligen Küstenlinie auf einer Fläche von 30×500 km entstanden. In Brackwasserseen und Lagunen haben sich mehrere Quadratkilometer große Linsen von bis zu 15 m Mächtigkeit mit mehr als 85 % Kaolinit gebildet. Fluviatile Kaoline finden sich im Amazonasgebiet. Die Kaolinit–Halloysit-Lagerstätten des östlichen Washingtons und nördlichen Idahos stehen an der Kante des Columbia River Plateaus an und lassen sich auf tertiäre Basalte sowie auf Granodiorite und Intrusivkörper des Idaho-Batholithen aus der Kreidezeit zurückführen. Ein Teil ist aber auch durch Verwitterung auf eine sekundäre Lagerstätte verlagert [37].

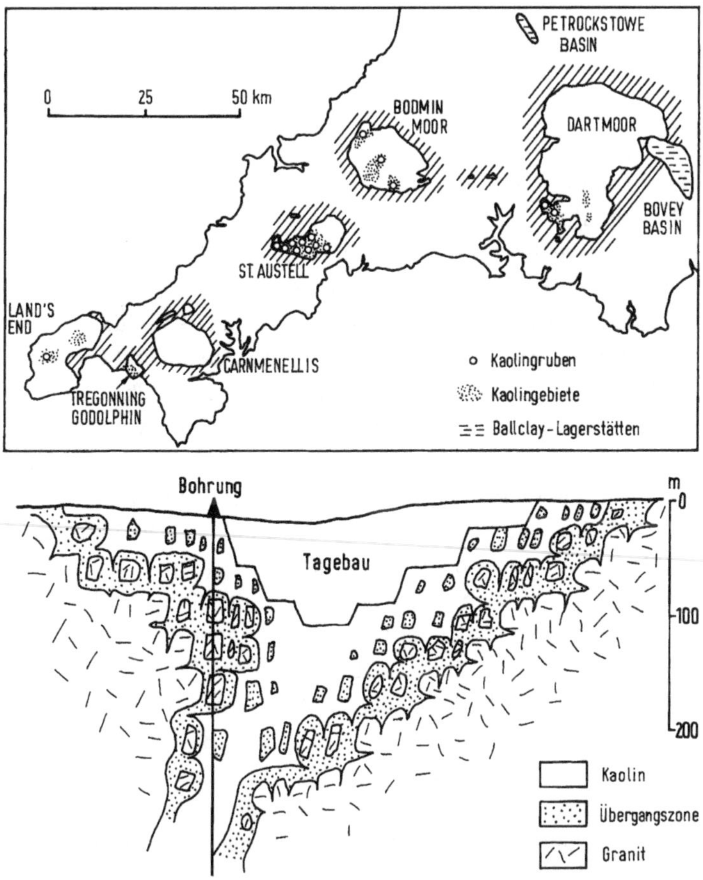

Abb. 1.5: Querschnitt durch die Residuallagerstätte des St. Austell-Granits, Südwest-England [26].

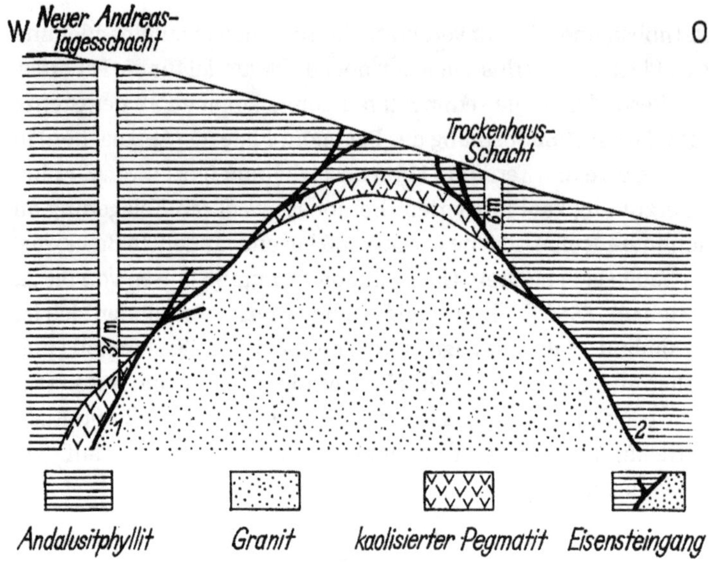

Abb. 1.6: Querschnitt durch die Kaolinlagerstätte von Aue/Erzgebirge, nach Radczewski, RWTH Aachen.

Bentonitlagerstätten

Unter Bentoniten versteht man Mischsedimente aus Dreischichtsilicaten, überwiegend aus Smectiten (Montmorillonit, Nontronit und Beidellit). Sie entstehen *terrestrisch* aus der Verwitterung oder hydrothermalen Überprägung basischer Vulkanite (Primärsilicate, Aschen, Gesteinsgläser) oder bilden sich durch Ionenaustausch im marinen Bereich aus terrestrischen Schwemmtonen oder aus kolloidalen Festlandslösungen durch den Einfluss von Meerwasser neu. Bentonite, die mit (aktivem) Vulkanismus in Verbindung stehen, enthalten neben Glimmern (Biotit, Phlogopit) oft Cristobalit und Zeolithe. Die marinen Bentonite sind reich an Natrium (Wyoming-Typ), während die limnischen und fluviatilen Smectite oft calciumreich sind (Cheto-Typ). Da vulkanische Bentonit-Lagerstätten mitunter einigen Zehntausend Quadratkilometer Fläche mit vielen Metern Mächtigkeit überdecken können, werden sie von Christidis und Huff auf die Aktivität von sog. Supervulkanen zurückgeführt [38].

Fluviatile Lagerstätten sind im Bereich mäandrierender, feststoffreicher Flüsse angesiedelt, wo sich die Tone an Leehängen oder in abgeschnittenen Altwasserarmen absetzen. Entsprechend hoch ist die Tonmineralschüttung in ihren Deltabereichen. In Überschwemmungsgebieten des Nils, des Euphrats und Tigris sowie des Indus waren die Sedimentablagerungen ausschlaggebend für die Besiedlung (Baumaterial, Ackerbau) und Entstehung der ersten Hochkulturen.

Marine Sedimente weisen etwa 70 % Tonfraktion auf. Voraussetzung für eine Ablagerung ist die Zulieferung aus dem Festlandsbereich und geringe Bodenströmungen. Man unterscheidet Ablagerungen im Wattbereich (Überschwemmungsgebiet), an Deltahängen von Flussmündungen, in Schwellenbereichen abgetrennter Meeresbecken, Sedimentation an Kontinentalhängen, Mittel- und Tiefseebereichen. Der Nil liefert jährlich etwa 110 Mio. Tonnen Sediment in das Mittelmeer, der Ganges etwa 1,5 Mrd. Tonnen in den Golf von Bengalen. Ähnliches gilt für Mississippi und Amazonas. Die Sedimentation an Kontinentalhängen ist bis 2000 m Tiefe durch eine ausgeprägte Korngrößengradierung gekennzeichnet. Im Tiefenbereich von 2000–5000 m herrschen biogene Sedimente vor (Globigerinenschlamm, Diatomeenerde), dennoch ist dieser Bereich wegen der Calcit-Auflösung trotz niedriger Sedimentationsraten das größte Tonreservoir der Meere. Ab 4000–5000 m Tiefe herrschen rote und braune Tiefseetone vor, die 40 % der Meeresböden bedecken. Da hier Calcit völlig der Auflösung unterliegt, sind diese Tone bis zu 90 % rein. Marine Tone zeigen je nach Faziesbereich Mächtigkeiten von 0,5 bis 4 m, Tiefseetone bis 300...500 m und erreichen vor allem als ehemaliger Meeresboden Ausmaße von Tausenden von Quadratkilometern. Abbildung 1.7 zeigt die Verteilung ozeanischer Tonlagerstätten [39].

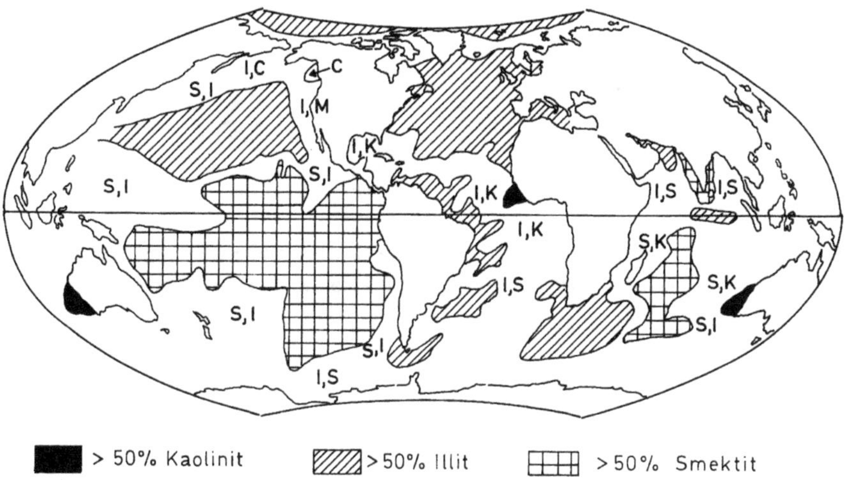

Abb. 1.7: Verteilung der Tonmineralien in ozeanischen Böden. I = Illit, S = Smectit, C = Chlorit, K = Kaolinit. Die Reihenfolge kennzeichnet Häufigkeit. Aus Heim [39], umgezeichnet nach Seibold und Berger.

Bentonite gibt es in Deutschland im Gebiet von Moosburg–Landshut–Mainburg in Form paralleler linsenförmiger Flöze im obermiozänen Molassebecken. Sie werden bis zu 5 m dick und enthalten hochwertigen Ca-Montmorillonit. Ablagerungssenken waren Seen oder Altwasserarme. Weltwirtschaftlich von Bedeutung sind die Bentonitlagerstätten der USA, die allein etwa 50 % der Weltproduktion liefern. So reichen die Western Bentonites der Oberkreide von Alberta und Saskatchewan in Canada über Montana nach Wyoming und wieder nach Norden nach South Dakota (Abb. 1.8). Diese besonders ergiebige Lagerstätte ist der linienhafte Ausbiss einer flächendeckenden

Abfolge von Schiefertonen mit Bentonit-Einlagerungen, die im Süden an den Abhängen der Black Hills und des Bighorn-Berge zutage tritt und daher „Clay Spur" genannt wird. Ihre Entstehung wird auf großflächige vulkanische Aschenauswürfe zurückgeführt [40]. Die mineralogische Zusammensetzung ändert sich je nach Überdeckung örtlich sehr stark und enthält auch untypische Mineralien wie Gips und andere Sulfate [41, 42]. Im schematischen Querschnitt von Williams (Abb. 1.9) ist die Einbettung in nahezu horizontal gelagerte Schiefertone zu erkennen [41].

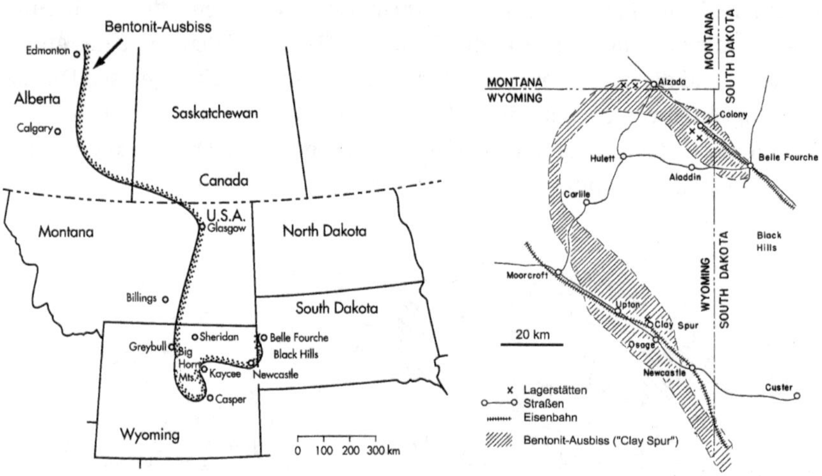

Abb. 1.8: Bentonit-Lagerstätte Clay Spur. Links: Verlauf von Saskatchewan nach South Dakota. Rechts: Kartenausschnitt an der Grenze Wyoming–South Dakota zwischen den Ortschaften Belle Fourche und Clay Spur nach [40].

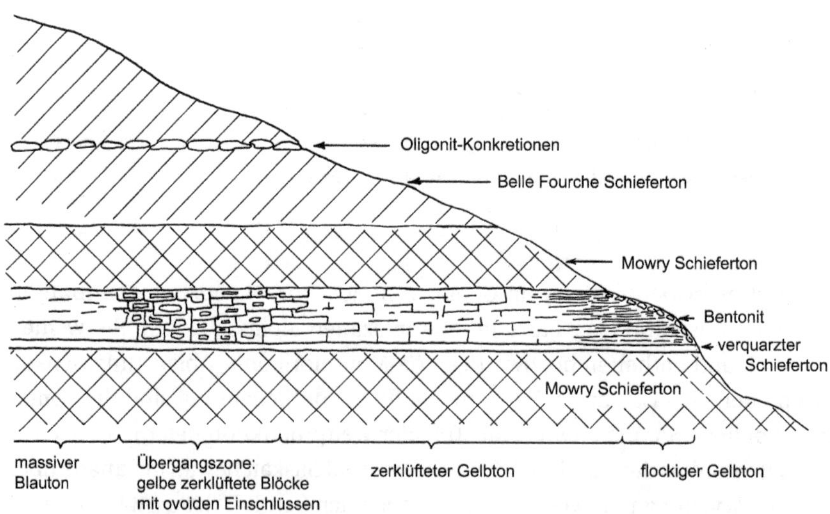

Abb. 1.9: Schematischer Querschnitt durch die Bentonit-Lagerstätte Clay Spur [41].

Andere US-amerikanische Lagerstätten sind die Southern Bentonites aus der Oberkreide und dem Tertiär: Florida, Mississippi, Texas, Cheto in Arizona, Amargosa-Tal in Nevada). Eine Übersicht über die mitteleuropäischen Kaolin-, Bentonit- und Ziegeltonlagerstätten gibt Abb. 1.10 [26, 28].

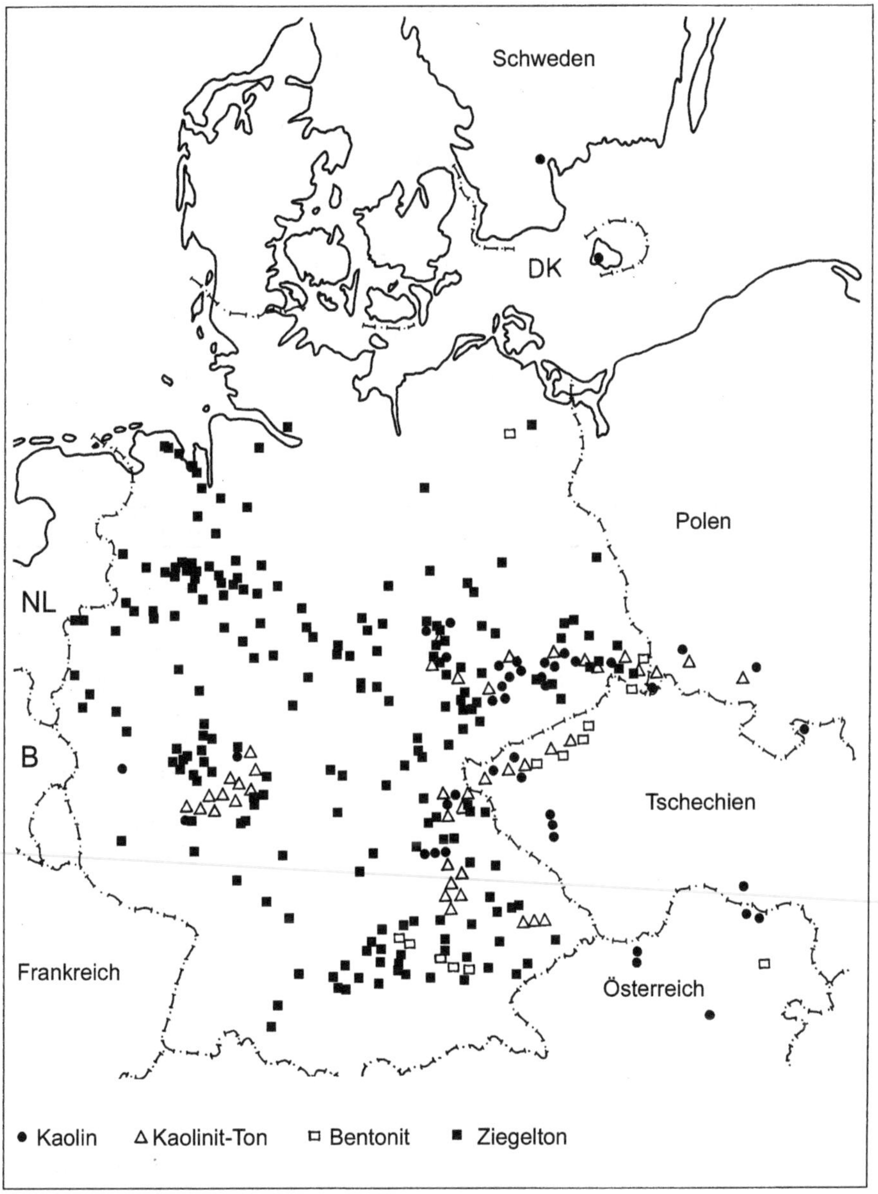

Abb. 1.10: Tonminerallagerstätten in Mitteleuropa nach Störr [26] sowie Krakow und Schunke [28].

1.1.1.4 Nomenklatursysteme

Die große Vielfalt der Zusammensetzungen der Kaoline und Tone erfordert eine Bezeichnungsmöglichkeit für jeden Rohstoff. Die alten Bezeichnungen wie z. B. Steingut oder Ziegelton sind viel zu ungenau. Ernst u. M. [43] haben ein Nomenklatursystem ausgearbeitet, das eine Kurzbezeichnung zulässt, aber auch beliebig vervollständigt werden kann. Voraussetzung zur Anwendung dieses Systems sind genügend Daten über den Rohstoff. Ausgangspunkt ist die Aufteilung aller vorkommenden Minerale in Hauptgruppen, deren Bezeichnung mit einem großen Buchstaben (Tabelle 1.2) zu entnehmen ist. In Analogie zur Bezeichnung „Kaolingruppe" werden hierbei die Smectite unter „Montmoringruppe" geführt. Die Reihenfolge dieser Hauptgruppensymbole richtet sich nach den Mengen, denen nach einem Bindestrich das Schlusswort folgt, z. B. KIQ-Ton = Ton mit Mineralen aus der Kaolin-, Glimmer- und SiO_2-Gruppe. Damit erhält man die Kurzbezeichnung für diese Rohstoffe. Die jeweiligen Mengen setzt man in Gew.-% in Klammern dahinter, z. B. $K(\overline{60})I(\overline{20})Q(\overline{20})$-Ton, wobei die Querstriche ungenaue Angaben kennzeichnen. Hauptgruppen mit Gehalten < 8 Gew.-% werden durch einen Bindestrich von den größeren Anteilen abgesetzt. Vor dem Bindestrich sollen höchstens vier Hauptgruppensymbole stehen, z. B. KIQ-Y-Ton.

Tab. 1.2: Symbole des „Vollständigen Nomenklatursystems der Tone" von Ernst, Forkel und v. Gehlen [43].

Hauptgruppensymbol		Untergruppensymbol		Mineralsymbol	
K	Kaolingruppe			ka	Kaolinit
				dc	Dickit
				fc	Fireclay-Mineral
		HL	Halloysit		
M	Montmoringruppe			mo	Montmorillonit
	(Smectite)			nt	Nontronit
	(Gitter quellfähig)			sa	Saponit
I	glimmerartige Minerale	IL	Tonminerale der	hm	Hydromuskovit
	(Gitter nicht quellfähig)		Glimmergruppe	il	Illit
				ld	Ledikit
				mu	Muskovit, Sericit
				bt	Biotit
				ph	Phlogopit
				gl	Glaukonit
X	übrige silicatische			tc	Talk
	Tonminerale			pg	Palygorskit, Attapulgit
		ML	Wechsellagerungs-	co	Corrensit
			strukturen	hb	Hydrobiotit
		VM	Vermiculitgruppe	vm	Vermiculit
		CH	Chloritgruppe		
		SP	Serpentingruppe		
A	Aluminiumoxide und			gi	Hydrargillit, Gibbsit
	-hydroxide			di	Diaspor
				bo	Böhmit

Tab. 1.2 (Fortsetzung)

Hauptgruppensymbol		**Untergruppensymbol**		**Mineralsymbol**	
Q	SiO_2-Minerale			qz	Quarz, Chalcedon
				cr	Cristobalit
				op	Opal
F	Feldspatgruppe			or	Orthoklas
				pl	Plagioklas
S	Salze, relativ leicht löslich	CL	Chloride		
		SF	Sulfate	gy	Gips
C	Carbonate			cc	Calcit
				do	Dolomit
				ak	Ankerit
				sd	Siderit
Y	sonstige Begleitminerale			fe	Goethit, Nadeleisenerz, Limonit
				hm	Hämatit, Eisenglanz
				mt	Magnesit
				il	Ilmenit
				ru	Rutil
				at	Anatas
				zr	Zirkon
				tm	Turmalin
				gr	Granat
				ap	Apatit, Phosphorit
				pr	Pyrit
O	organisches Material				
Z	ungetrennte Aggregate, Gesteinsfragmente, Fossilreste usw.				

Die nähere Kennzeichnung erfolgt durch Untergruppen oder Mineralsymbole als Indizes. Sie sind ebenfalls in Tabelle 1.2 enthalten. Treten Minerale auf, die in Tabelle 1.2 nicht erwähnt sind, so sind diese auszuschreiben. Durch $K_{\mathrm{ka+K}}$ $(63 + x)$ kennzeichnet man z. B. einen Kaolin mit 63 Gew.-% Kaolinit und einem unbekannten Anteil eines weiteren Minerals der Kaolingruppe.

In der Klammer mit dem Gewichtsanteil kann man noch weitere Angaben machen, z. B. über die Art der Kationenbelegung und die Größe des Kationenaustauschvermögens. Solche Angaben sind mit den entsprechenden Einheiten zu versehen, z. B. M_{mo} (55; Na^+; 95 mval/(100 g)). Bezieht sich die Angabe auf den ganzen Ton, dann wird sie dahinter gesetzt, z. B. MIQ-Ton (Ca^{2+}, K^+; 65 mval/(100 g)).

Die Korngrößen, die man meist nur für den gesamten Rohstoff kennt, setzt man vor den ganzen Ausdruck. Durch zwei Kennzahlen soll eine Aussage über die Korngrößenverteilung gemacht werden, indem die erste Zahl den Halbgewichtsdurchmesser in Mikrometern, d. h. denjenigen Korndurchmesser, für den 50 Gew.-% größer und 50 Gew.-% kleiner als dieser sind, angibt, während die zweite Zahl die direkt bestimmte spezifische Oberfläche in m^2/g bezeichnet. So ist z. B. beim 0,5/40 KQ1-Ton der Halbgewichtsdurchmesser 0,5 µm, und die spezifische Oberfläche beträgt 40 m^2/g.

Weitere Verfeinerungen dieses Nomenklatursystems sind der Originalarbeit zu entnehmen. Es ist sehr variabel und wird auch in den Rohstoffmerkblättern der Deutschen Keramischen Gesellschaft verwendet, die bis etwa 1980 erschienen sind und viele Daten über eine Reihe von Tonen und Kaolinen brachten. Einige Beispiele zeigen die Tabellen 1.3 und 1.4 [44]. Durch die Kurzbezeichnung wird jedoch untergeordneten Bestandteilen zu wenig Aufmerksamkeit geschenkt, die einen wesentlichen technologischen Einfluss ausüben können. Dies gilt meistens bei Anteilen von Montmorillonit ≥1 %, Wechsellagerungsstrukturen ≥2 %, Feldspat ≥3 % und Eisenmineralen ≥3 %.

Tab. 1.3: Eigenschaften einiger Kaoline und Tone (Mittelwerte nach Rohstoff-Merkblättern der Deutschen Keramischen Gesellschaft).

Eigenschaft	**Kaoline**				**Tone**					
	1	**2**	**3**	**4**	**5**	**6**	**7**	**8**	**9**	**10**
Korngrößen in Gew.-%										
Kornklasse in µm > 63	0,0	0,1	0	1,4	0,3	3,3	1,3	1,0	0,1	25,0
63–20	0,2	3,4	1	10,4	0,6	1,3	3,9	4,7	0,2	24,1
20–6,3	18,3	20,6	11	23,6	0,6	6,5	8,1	13,8	1,0	15,6
6,3–2,0	36,5	31,9	24	21,6	2,6	14,4	18,5	13,9	1,8	13,7
<2,0	45,0	44,0	64	43,0	95,9	74,5	68,2	66,6	96,9	21,6
Chem. Analyse (getrocknet bei 110 °C)										
Gew.-% SiO_2	48,5	47,1	46,9	51,9	50,4	57,7	57,0	55,5	44,6	71,8
Al_2O_3	36,0	37,3	37,3	34,3	31,1	24,6	26,0	23,3	36,0	18,6
TiO_2	0,4	0,5	0,3	0,1	1,3	1,9	1,4	0,9	0,7	1,1
Fe_2O_3	0,5	0,9	0,9	0,5	3,3	4,2	3,2	9,5	1,5	0,5
$CaO + MgO$	0,4	0,7	0,7	0,3	1,0	0,4	1,4	0,7	0,4	0,4
$K_2O + Na_2O$	2,1	1,5	1,1	1,0	1,5	2,6	0,9	2,5	0,6	4,3
Glühverlust	12,1	12,0	12,8	11,9	11,4	8,6	10,1	7,6	16,2	3,3
Mineralanalyse (nach verschiedenen Methoden)										
Gew.-% Kaolingruppe	80	90	90	72	76	48	62	32	85	7
glimmerartige	11	2–3	7	11	8	14	10	28	9	30
Minerale										
Montmoringruppe	–	–	–	1–2	5–8	12	5	Sp.	3	–
Quarz	2	2	2	14	6	19	20	27	3	55
Feldspatgruppe	6	5–6	–	1–2	1–2	3–4	–	1–2	Sp.	8
sonstige Minerale	Sp.	–	–	–	2–3	3	3	11		–
Anmachwasserbedarf in g H_2O/100g getrockneter Rohstoff	42	·	47	49	45	41	31	34	54	24
Plastizitätszahl nach Pfefferkorn	44,7	33,6	33,2	52,1	48	44,5	33,2	35,6	58	26,2
Trockenschwindung in %	4,4	5,3	4,6	7,3	7,5	7,8	10,2	6,7	6,9	3,6
Trockenbiegefestigkeit in N/mm^2	1,6	1,4	1,2	1,0	3,9	3,9	5,0	1,9	0,9	0,4
Nach Brand bei 1200 °C										
% Brennschwindung	5,7	6,3	9,4	6,2	11,7	8,9	7,4	10,2	13,5	5,0
% offener Porenraum (Wasseraufnahme)	32,0	26,1	15,4	36,7	0,8	0,3	2,4	0	23,1	19
Segerkegelfallpunkt SK	35/36	36	36	34	32	27	28/29	26	35/36	23

Tab. 1.4: Bezeichnungen der in Tabelle 1.2 enthaltenen Rohstoffe

Nr.	Name	Bezeichnung nach DKG-Merkblatt	Bezeichnung nach Kromer und Schüller [9]
1	Porzellankaolin 25	$K_{ka}(80)I_{mu+il}(11)F_{or+pl}(6)Q_{qz}(2)Y(Sp.)$	K(80)I(Il)-F(6)-Keramikkaolin
2	Reinkaolin S 113 F	$K_{ka+HL}(88+2)$-F(5)I(2)Q(2)	K(90)-F(5)-Keramikkaolin
3	Standard-Kaolin Ia von Zettlitz	$1{,}4/\overline{2{,}8}$ K(90)-IQ	K(90) Keramikkaolin
4	Burela-Kaolin 201	$K_{ka}(72)I_{il+mu}(\sim 11)X_{ML}(1\text{-}2)Q_{qz}(114)F_{or}(l)$	K(72)Q(14) I(11)-Keramikkaolin
5	Keramikton Kg	K(76)I(8)-M(5-8)	K(76)I(8)-M(5-8)-Keramikton
6	Ton Fr gelb	$K_{ka}(48)I_{il}(14)X_{ML}(12)Q_{pz}(19)F_{or}(4)Y(3)$	K(48)Q(19)I(14)X(12)-F(4)Y(3)-Keramikton
7	Ton GFU	K(62)Q(20)I(10)-X(5)Y(3)	K(62)Q(20)I(10)-X(5)Y(3)-Keramikton
8	Ton KRBI rotbrennend	$K_{fc}(32)I_{il+mu}(28)Q_{qz}(27)F_{or}(1\text{-}2)Y_{fe}(11)$	K(32)I(28)Q(27)Y(11)-Keramikton
9	Ponholzer Hochfeuerfest-Ton VI	$K_{fc}(85)I(9)X_{ML}(3)Q(3)$	K(85)I(9)-X(3)-Keramikton
10	Kreuzton von Niederdresselndorf	$Q_{qz}(55)I_{mu,il}(30)F_{pl}(8)K(7)$	Q(55)I(30)-F(8)-Keramikton

1.1.1.5 Untersuchungsmethoden

Voraussetzung für die Kennzeichnung eines tonmineralhaltigen Rohstoffs ist die Kenntnis der Art und Menge der darin enthaltenen Minerale und ihrer spezifischen Beiträge zum technologischen Verhalten einer Masse. Hierfür stehen viele Untersuchungsmethoden zur Verfügung, von denen jedoch nur wenige besonders aussagekräftig für einen bestimmten Verwendungszweck sind [45–48]. Bei der qualitativen Bestimmung der Tonminerale kann man die Genauigkeit erhöhen, wenn man vorher die Nebenbestandteile entfernt. Nach Kohler und Wewer [49] gelingt dies schonend durch deren Auflösung mit einem chelatbildenden Komplexbildner wie Di- oder Trinatriumsalze der Ethylendinitrilotetraessigsäure (EDTE, engl.: *EDTA*).

Im Band 1 wurde bereits über einige Nachweismöglichkeiten der Tonminerale berichtet. Wegen der geringen Korngröße eignet sich gut die *Elektronenmikroskopie* [12], die aber bei den Tonen oft auch ihre Grenzen hat [50]. Eine Möglichkeit zur Untersuchung der Mineralien in feuchter Atmosphäre bietet die ESEM (Environmental Scanning Electron Microscopy), mit der auch der Trocknungsprozess verfolgt werden kann [51]. Mit der Elektronenstrahlmikrosonde (EPMA) oder der energiedispersiven Röntgenfluoreszenzanalytik (EDX) kann man die chemische Zusammensetzung bestimmen [52]. Die *Röntgenbeugung* hat den Vorteil, nahezu alle Bestandteile qualitativ und auch quantitativ zu erfassen. Letzteres mit einer Genauigkeit von ±5 %, womit sie die genaueste aller Methoden ist. Durch eine selektive Einlagerung von Dimethylsulfoxid (DMSO), Solvation mit Ethylenglycol, Glycerin oder KCl-Lösung lassen sich ferner die Schichtabstände so beeinflussen, dass die einzelnen Mineralphasen röntgenographisch unterscheidbar werden. Eine ausführlichere Beschreibung liefern Hofmann und Weiss [53], Moore and Reynolds [54], Brindley und Brown [55] und Wilson [47]. Zu den physikalischen Methoden ist auch die *Infrarotspektroskopie* zu rechnen, die auf den Quarzgehalt und den Kaolinitgehalt angewandt werden kann [56].

Die quantitative Bestimmung der Tonmineralien mithilfe *thermischer Verfahren* stützt sich dabei auf die unterschiedlichen Wassergehalte und Entwässerungstemperaturen der verschiedenen Minerale. Empfehlenswert sind dabei dynamische, d. h. mit ständig ansteigender Temperatur arbeitende Verfahren. Am einfachsten ist die *Bestimmung des Gewichtsverlustes mit einer Thermowaage*. Abbildung 1.11 zeigt einige dieser Thermogramme. Man kann dabei natürlich nur die Reaktionen erkennen, die mit einer Gewichtsänderung verbunden sind. Aus Band 1 ist bekannt, dass Kaolinit ab 470 °C zu Metakaolinit entwässert (Kurve 2). Dickit (Kurve 1) ist demgegenüber etwas stabiler. Montmorillonit erkennt man an der starken und frühzeitigen Gewichtsabnahme durch Abgabe des Zwischenschichtwassers (Kurve 3) und der bei etwas höheren Temperaturen liegenden Abgabe des Strukturwassers. Im Unterschied dazu beginnt beim Illit diese Stufe früher (Kurve 5).

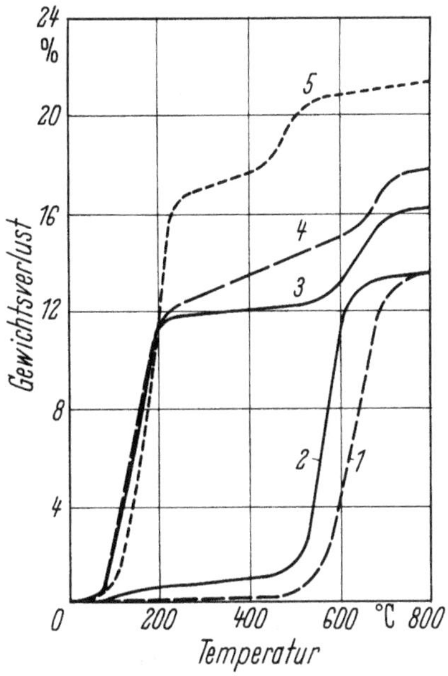

Abb. 1.11: Thermogramme von Tonmineralen nach Radczewski und Rath [57] (Aufheizgeschwindigkeit 7 K/min), *1* Dickit von Neurode, *2* Kaolinit von Schnaittenbach (Fraktion < 2 µm), *3* Montmorillonit von Wyoming (Fraktion < 2 µm), *4* Nontronit von St. Andreasberg, *5* Illit von Sàrospatak (Fraktion < 2 µm)

Während des Aufheizens findet zunächst eine Dehnung, später – nach dem Einsetzen des Sinterns – eine Schwindung statt. Die Effekte sind nicht sehr unterschiedlich, aber man kann das Dilatometer gut einsetzen, um den Quarzgehalt an dessen Volumensprung bei 573 °C (siehe Band 1) zu erkennen. Abbildung 1.12 zeigt die *Dilatometerkurven* der wichtigsten Bestandteile von tonmineralhaltigen Rohstoffen. Eine quantitative Auswertung bedarf jedoch großer Erfahrung; denn die Messergebnisse werden durch den Feuchtigkeitsgehalt und die Korngröße stark beeinflusst. So ist der Quarzsprung umso geringer, je kleiner die Korngröße des Quarzes ist. Außerdem kann sich die Orientierung der Kaolinitplättchen bemerkbar machen, da die Schwindung zwischen 500 und 600 °C senkrecht zur Plättchenebene größer als parallel dazu ist.

Die ebenfalls in Band 1 beschriebene *Differenzialthermoanalyse* (DTA) zeigt alle die Reaktionen an, die Wärme verbrauchen oder freisetzen, wodurch sich endotherme oder exotherme Effekte in den Diagrammen ergeben. Abbildung 3.74 in Band 1 vergleicht z. B. die Kurven von Kaolinit, Illit und Montmorillonit. Zum Nachweis eignet sich besonders der Strukturentwässerungsbereich bei 500 bis 700 °C. Beispiele geben Köster und Schwertmann [48].

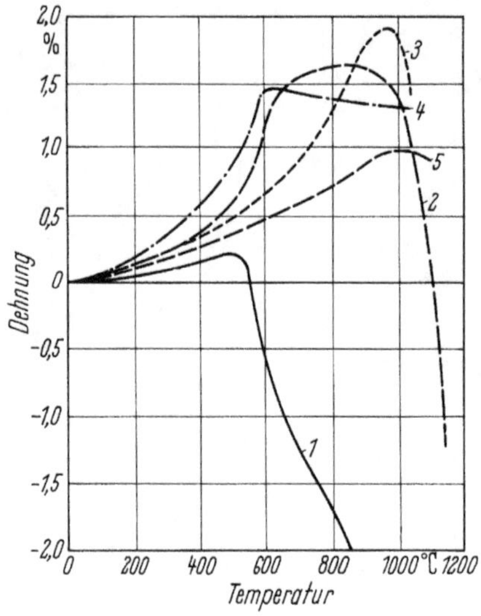

Abb. 1.12: Dilatometerkurven einiger keramischer Rohstoffe nach Zwetsch [58] *1* Kaolin (Hirschau), *2* Illit (Sàrospatak), *3* Sericit (Le Boulou), *4* Quarzmehl (Dörentrup), *5* Feldspat (Skandinavien)

Rationelle Analyse

Wesentliche Aufschlüsse über die Rohstoffe erhält man auch durch die chemische Analyse. In der nasschemischen Untersuchung nutzt man die gute Löslichkeit der Tonmineralsubstanz in heißer Schwefel oder Phosphorsäure. Durch das schnelle und gezielt gestufte Verfahren kann ähnlich wie bei einem Trennungsgang auf Tonmineralien sowie die Beimengungen geschlossen werden. Aron und später Hirsch und Dawihl entwickelten hierfür die rationelle Analyse [59–61]. Wie aus Tabelle 1.3 hervorgeht, bestehen Kaoline und Tone neben den plastischen Schichtsilicaten auch aus anderen Restmineralien der Verwitterung wie Quarz und Feldspäten sowie akzessorischen Bestandteilen, die mit diesen Analyseverfahren identifiziert und quantifiziert werden können. Abbildung 1.13 illustriert die Zusammensetzungen zweier Almatheentone aus Mistelgau und Spardorf, Franken, nach Krumm [62], wobei die Summenkurven der jeweiligen Mineralien gegen die Korngröße aufgetragen ist. Die Zugehörigkeit der Begleitmineralien Quarz und Calcit bzw. Dolomit zu der Korngrößenklasse 10–20 µm ist gut abzulesen, während Kaolinit und Glimmer jeweils eine mehr oder minder ausgeprägte bimodale Korngrößenverteilung aufweisen.

Das bekannteste Verfahren der rationellen Analyse ist das nach Kallauner und Matejka [63], das die Erscheinung ausnutzt, dass nach dem Glühen bei 700 °C der Al_2O_3-Gehalt von Kaolinit in HCl löslich wird. Dieser Anteil wird auf Kaolinit, ein in der Lösung befindlicher K_2O-Gehalt auf Glimmer umgerechnet. Im Aufschluss des Rückstandes bestimmtes Al_2O_3 wird als Feldspat berechnet, der Rest wird wieder als Quarz angesehen. In einfachen Fällen erhält man gute Ergebnisse; zu falschen Ergebnissen können Illit- und Montmorillonitgehalte führen.

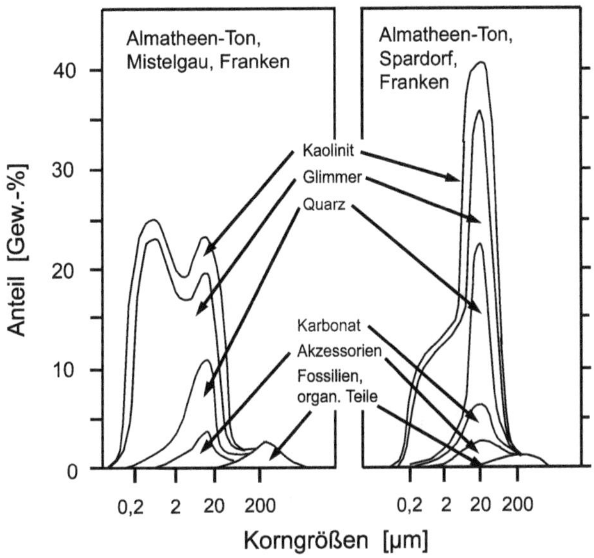

Abb. 1.13: Tonzusammensetzungen aus Franken mit Mineralbestand nach Korngröße aufgeschlüsselt, nach Krumm [62].

Kritisch ist bei diesen Verfahren der rationellen Analyse die Ermittlung des Quarzgehaltes, da er als Differenz bestimmt wird und somit mit allen anderen Fehlern behaftet ist. Hier hilft die direkte Quarzbestimmung nach Schmidt [64] weiter, bei der die Beobachtung von Hirsch und Dawihl [60] ausgenützt wird, dass sich die Tonminerale und Glimmer verhältnismäßig schnell und vollständig in wasserfreier Phosphorsäure auflösen, während der Quarz praktisch ungelöst zurückbleibt. Mit zunehmender Fehlordnung, d. h. bei sehr geringer Korngröße oder z. B. Opalen, ist aber auch die Löslichkeit des SiO_2 zu berücksichtigen. Mit Kenntnis des Quarzgehaltes kann man die rechnerische Bestimmung der Kaolinit- und Illitgehalte verbessern. Urban [65] erreicht unter einigen plausiblen Annahmen Fehler von weniger als 5 Gew.-%.

Wie erwähnt, lässt sich aus dem Metakaolinit das Al_2O_3 mit HCl leicht herauslösen. Die Abhängigkeit dieses Verhaltens von der Vorbehandlungstemperatur zeigt Abb. 1.14 nach Messungen von Sokoloff [66] im Vergleich zur Wasserabgabe. Man erkennt, dass schon unterhalb 400 °C eine deutliche Al_2O_3-Löslichkeit vorhanden ist. In dem Augenblick, in dem der Metakaolin in die stabilere Spinellphase übergeht, hier bereits etwas unterhalb 900 °C, geht die Al_2O_3-Löslichkeit auf Null zurück.

Die Löslichkeit von SiO_2 aus dem Metakaolin ist gering, auch in heißer Na_2CO_3-Lösung. Wenn man aber zunächst Al_2O_3 in Säure löst, kann man anschließend nach Colegrave und Rigby [67] in heißer Na_2CO_3-Lösung das restliche SiO_2 auflösen. Ein ähnliches Verhalten zeigen nach Mitra u. M. [68] auch Bentonite. Es macht sich dabei auch die Kationenbelegung bemerkbar, indem die Mg-Bentonite die höchsten Löslichkeiten zeigen.

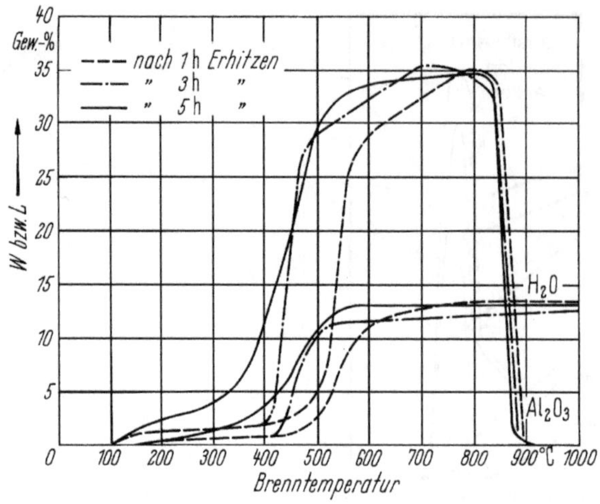

Abb. 1.14: Wasserabgabe *W* und Al_2O_3-Löslichkeit *L* (2 h in 6-%iger HCl auf dem Wasserbad) von bei verschiedenen Temperaturen gebranntem Kaolin.

Berechnung des Mineralbestandes

Man hat oft versucht, aus den chemischen Analysen den Mineralbestand der Tonsubstanz zu berechnen. Dies war früher insbesondere deshalb erforderlich, weil Röntgenbeugungsmethoden noch nicht so weit verbreitet waren wie heute. Dennoch ist diese Rückrechnungsmethode auch heute noch gängig, zumal mittels Röntgenfluoreszenzanalyse oder Atomabsorptionsspektroskopie die Zusammensetzung schneller und in vielen Fällen auch genauer zu ermitteln ist. Ausgangspunkt hierfür ist die Überlegung, dass die vorhandenen Oxide einer relativ kleinen Gruppe von Mineralien zugeordnet werden können. Das Ergebnis ist auch für die Versatzberechnung wichtig, da die in den Kaolinen und Tonen enthalten Quarz-, Feldspat- und Carbonatanteile Bestandteile eines keramischen Versatzes sind, also nur noch die fehlenden Gehalte hinzugemischt werden müssen. Dabei werden zunächst der Na_2O- und der K_2O-Gehalt auf Feldspat umgerechnet. Da Feldspäte in einem festen Verhältnis Al_2O_3 und SiO_2 enthalten, können diese Anteile von der Al_2O_3- und SiO_2-Analyse angezogen werden. Das restliche Al_2O_3 wird als Kaolinit angesehen. Die dann feststehende Kaolinitmenge ergibt einen weiteren SiO_2-Abzug von der Gesamtanalyse. Das verbleibende SiO_2 dem Quarz zugeordnet. Da aber die Kaoline nur wenig und die Tone nie Feldspat enthalten, sollte der K_2O-Gehalt eher auf Glimmer bezogen werden. Auch dann sind die Ergebnisse noch fraglich, weil meist Illite vorliegen, die einen variablen K_2O-Gehalt haben. Man hat deshalb versucht, die Berechnungen mit anderen Messungen zu kombinieren.

Hofmann und Haacke [69] gehen davon aus, dass Kaolinit, Fireclay und Metahalloysit sowie die dioktaedrischen eisenarmen Glimmer nahezu den gleichen Al_2O_3-Gehalt von rund 38,5 Gew.-% besitzen, während der Glühverlust des Kaolinits etwa 14 Gew.-% und der des Glimmers etwa 4,5 Gew.-% beträgt. Bestimmt man den Glühverlust *GV* (in Gew.-%) durch Glühen der getrockneten Probe bei 700 °C bis zur Gewichtskonstanz und den Al_2O_3-Gehalt A chemisch, dann ergeben sich die Kaolinit- und Glimmergehalte K bzw. G mit obigen Werten nach Gl. (1.1):

$$\begin{aligned} K &= \frac{1}{0{,}095}\left[GV - \frac{4{,}5}{38{,}5}A\right]\text{Gew.-\%} \quad \text{und} \\ G &= \frac{1}{0{,}095}\left[\frac{14}{38{,}5}A - GV\right]\text{Gew.-\%}, \end{aligned} \tag{1.1}$$

während der Rest als Quarz angesehen wird. Die Übereinstimmung dieser einfachen Methode mit anderen Verfahren ist recht gut, wenn der Eisengehalt gering ist und nur wenig andere Stoffe wie Montmorillonit oder Humusstoffe enthalten sind.

Ein Beispiel für einen Rechengang, viele Angaben zur Umrechnung von Gew.-% in Mol-% und Aufgaben enthält der Band zum keramischen Rechnen von Lehnhäuser [70]. Weitere Daten und Dateien enthalten Werke zur Rückberechnung von gesteinsbildenden Mineralien aus Gesteinsanalysen, die vor allem in Form von Tabellenkalkulationsprogrammen frei verfügbar sind. Diese lassen sich leicht auf die rationelle Analyse erweitern, indem man die Angaben zu den Tonmineralien einfügt. Grundlage für diese petrologischen Berechnungen ist die sog. CIPW-Norm, die nach ihren Entwicklern C. W. Cross, J. P. Iddings, L. V. Pirsson und H. S. Washington [71] benannt ist. Auch hier wird von normativen Mineralzusammensetzungen ausgegangen und nach einem festgelegten Schema aus den „Resten" der ermittelten Spezies die jeweils nächste bestimmt und der Rest dem Quarz zugeschlagen [72, 73].

Korngröße und Wassergehalt

Für die Charakterisierung der plastischen Rohstoffe ist weiterhin deren *Korngröße* sehr wichtig. Die verschiedenen Bestimmungsmethoden wurden bereits Band 1 beschrieben. Da meist der größte Anteil eine Korngröße < 2 µm hat, haben die üblichen Sedimentationsanalysen nur eine begrenzte Aussagekraft. Manchmal erhält man zusätzliche Informationen über die Bestimmung der Oberfläche (Band 1). Es bewähren sich dabei besonders die Adsorptionsmethoden, vor allem mit H_2O-Dampf. Letzteres ist allerdings experimentell schwierig zu handhaben. Keeling u. M. [74] empfehlen deshalb die Adsorption aus einer Atmosphäre mit 75 % relativer Feuchte, die man über einer NaCl-Lösung einstellen kann. Dabei entspricht eine Gewichtszunahme von 10 % einer spezifischen Oberfläche von etwa 330 m^2/g. Mit speziellen Ansätzen lassen sich Sonderprobleme lösen, so z. B. nach White und Michael [75] die Bestimmung von Smectit-Gehalten von 2 Gew.-% durch die Adsorption von Methylenblau.

Geringe Korngrößen bedingen eine große Oberfläche und damit ein großes Wasserbindevermögen der Haufwerke. Man misst dieses Wasserbindevermögen nach Enslin [76], indem man die getrocknete Substanz auf eine Glasfritte mit angeschlossener Kapillare bringt, durch die von unten Wasser angesaugt wird.

Das Volumen V der angesaugten Wassermenge lässt sich an der Kapillare ablesen. Mit der Einwaage m ergibt sich dann der *Enslin-Wert* zu $E = 100\,V/m$ (in cm^3/g). Bei einem körnigen Haufwerk werden bei dieser Methode durch die Kapillarwirkung die Porenräume gefüllt. Nimmt man ein relatives Porenvolumen von 50 % an, so ergibt sich bei einer Reindichte des Materials von 2,5 g/cm^3 ein Enslin-Wert von $E = 40$, der bei Sanden auch gefunden wurde. Die plastischen Rohstoffe zeigen dagegen höhere Werte, z. B. betragen nach Lehmann und Koltermann [77] die Enslin-Werte für Rohkaolin 60 bis 80, für geschlämmte Kaoline 80 bis 120 und für Bentonite über 500. Die Ursache für diesen hohen Wert sind die in den Bentoniten enthaltenen quellfähigen Tonminerale. Man kann sie deshalb mit dem Enslin-Gerät gut erkennen. Es ist mehrfach versucht worden, die Enslin-Werte zu anderen Eigenschaften der plastischen Rohstoffe in Beziehung zu setzen, was nur in wenigen Fällen gelungen ist [78].

Viele *weitere Prüfmethoden* bestimmen das technologische Verhalten der plastischen Rohstoffe, z. B. Plastizität, Kationenaustausch-, Trocken- und Brennverhalten, was in den entsprechenden Kapiteln behandelt wird. Hier sei nur kurz die *Ionenaustauschkapazität* angesprochen, die eng mit den Strukturen zusammenhängt und im Band 1 bereits beschrieben ist. Aus der dortigen Tabelle 2.15 erkennt man, dass besonders der Montmorillonit hohe Werte aufweist. Aber auch Wechsellagerungsstrukturen können zu hohen Werten führen. Außerdem ist auf die organischen Beimengungen zu achten, die ebenfalls Kationenaustauschvermögen bis zu 100 mval/(100 g) ergeben können.

Abschließend sei noch die *Brennfarbe* erwähnt. Im Allgemeinen brennen Kaoline aufgrund der unterschiedlichen Eisen- und Titangehalte hell und Tone dunkel, weshalb heller brennende Tone wertvoller sind. Aber auch farbig brennende Tone sind als gute Rohstoffe für die Keramik zu betrachten. Kromer und Schüller [79] zeigen, dass sie durchaus Vorteile bringen können, denn sie brennen schon frühzeitig dicht und verbessern auch einige andere Eigenschaften. Weitere Informationen zur Brennfarbe bringt Kapitel 2.5.2.3.

1.1.2 Gering plastische Rohstoffe

Die Gruppe der gering plastischen Rohstoffe ist recht klein. Praktische Bedeutung haben der Pyrophyllit in geringem, der Talk in größerem Ausmaß erreicht. Die Strukturen dieser beiden Minerale sind in Band 1 beschrieben.

Pyrophyllit mit der Zusammensetzung $Al_2O_3{\cdot}4SiO_2{\cdot}H_2O$ bzw. $Al_2[(OH)_2/Si_4O_{10}]$ kommt in der Natur in blättriger, strahlenförmiger und kompakter Form (Agalmatolith, Pagodit) vor. Seine Lagerstätten sind durch hydrothermale Umwandlung lokalmetamorph überprägter saurer, aluminiumreicher Gesteine (z. B. Rhyolithe, Dazite) entstanden. Sie sind linsenförmig, dann viele Meter mächtig, oder aber gangförmig. Als Nebengemengteile finden sich Kaolinit, Dickit, Chlorit, Glimmer, Rutil, auch Korund, Diaspor, Andalusit und andere Mineralien der Metamorphose, nach denen Pyrophyllit auch Pseudomorphosen bildet. Etwa die Hälfte der Weltproduktion stammt aus Japan (Mitsuisi, Shokozan, Goto), weitere Lagerstätten befinden sich in den USA (Arkansas, Georgia, North Carolina), Kanada, Südafrika, China (Agalmatolith), Korea und Indien.

Pyrophyllit zeichnet sich durch seine geringe Brennschwindung aus. Die Entwässerung beginnt bei 500 °C, ohne dass in der DTA-Kurve deutliche Effekte auftreten. Die Hauptverunreinigung ist Quarz, der röntgenographisch gut erkannt werden kann. Pyrophyllit dient als Rohstoff für die Herstellung feuerfester Produkte. Als besondere Anwendung sei die Verwendung als Dichtungsmaterial in der Hochdrucktechnik erwähnt, da er unter mehreren Kilobar Umgebungsdruck sein Kristallwasser auch bei Temperaturen oberhalb 1200 °C nicht verliert und plastisch wird. Ohne Pyrophyllit-Dichtungen wäre heute noch die Diamantsynthese undenkbar.

Der Ersatz von zwei Al-Ionen des Pyrophyllitgitters durch drei Mg-Ionen führt zum *Talk*, $3MgO{\cdot}4SiO_2{\cdot}H_2O$ bzw. $Mg_3[(OH)_2/Si_4O_{10}]$, der in der Natur als weiches, blättriges Material vorkommt und sich in typischer Weise fettig anfühlt. Die Edukte der ebenfalls lokalmetamorph entstandenen Lagerstätten sind Dolomite oder magnesiumreiche Ultrabasite. Erstere Vorkommen sind meist sehr rein und mehrere hundert Meter mächtig, z. B. Johanniszeche bei Göpfersgrün/Fichtelgebirge, Zöblitz/Erzgebirge, Steiermark, Cole de Trimouns bei Luzenac/französ. Pyrenäen, Madoc/Ontario, in Texas, Montana und Kalifornien. Begleitmineralien sind Dolomit oder Magnesit, Calcit und Quarz. Die Umwandlung von Ultrabasiten führt demgegenüber eher zu inhomogenen, fremdmineralreichen Lagerstätten wie Vermont/USA, Quebec/Canada und Finnland. Der Talk findet sich hier in Gesellschaft von Chlorit, Tremolit, Diopsid, Serpentin, Antophyllit und Spinellen.

Als Beispiel für eine typische Lagerstätte sei das Specksteinvorkommen in Göpfersgrün näher erläutert. Ursache der Lagerstättenbildung ist die stoffliche und temperaturmäßige Umwandlung der präordovizischen Wunsiedler Kalke und Dolomite durch eine Granitintrusion sowie die nachfolgende Infiltration der Gesteine durch Quarzporphyrgänge und basische Gangdiabase (Abb. 1.15).

Da im Zuge der varistischen Gebirgsbildung die Kalke nahezu senkrecht (70–80 ° Einfallen) aufgefaltet wurden, trat im Zuge der späteren Verwitterung das Vorkommen an die Erdoberfläche (Abb. 1.16). Für die Umwandlung der Kalke und Dolomite können nach Stettner [80] drei Kontaktzonen unterschieden werden: Granit-Marmor, Gangdiabas-Marmor und Quarzporphyr-Marmor. Neben der druck- und temperaturbedingten Umkristallisation der Carbonatgesteine zu Marmoren kommt somit die Zufuhr von Magnesium und Silicium über die magmatischen Aktivitäten bzw. durch die Zersetzung von Olivin für die Specksteingenese infrage (Metasomatose). Die auffällige Anreicherung des Magnesiumsilicats an den Kreuzungspunkten der Ganggesteine mit den Dolomiten legt dies nahe (Abb. 1.17). Allerdings finden sich nach Stettner u. a. Untersuchungen keine Hinweise auf eine Magnesiumabreicherung in den Intrusiva. Es muss daher angenommen werden, dass das Magnesium aus dem anstehenden Dolomit selbst stammt, durch hydrothermale Einflüsse mobilisiert worden ist und in Reaktion mit SiO_2 das reiche Vorkommen gebildet hat. Dies konnte später durch

Isotopenuntersuchungen von Hecht u. M. bestätigt werden [81], die eine Dolomitentsäuerung durch nachfließende saure hydrothermale Lösungen annehmen, sodass zur Specksteinbildung nur CO_2 abgeführt und SiO_2 zugeführt werden musste.

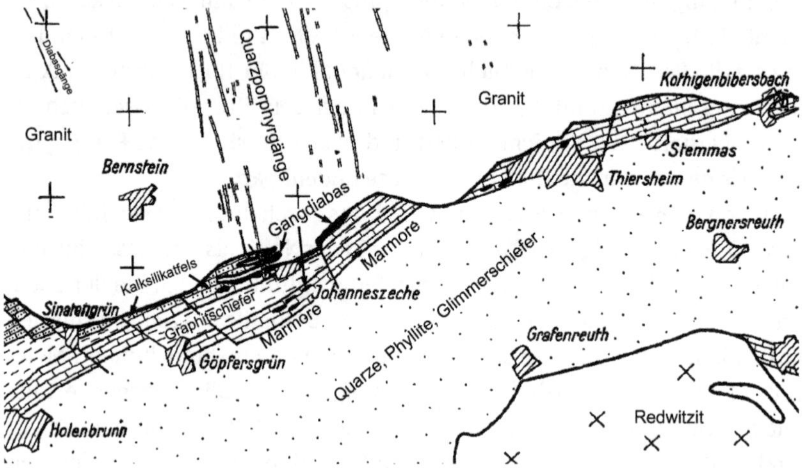

Abb. 1.15: Geologische Umgebung der Talklagerstätte Johanniszeche bei Göpfersgrün, nördl. Marktredwitz. Durch Metasomatose eindringender postgranitischer Diabase sind die umgebenden Dolomite zu Marmoren, Schieder und Kalksilicatfels umgewandelt. Ergänzter Ausschnitt aus der geologischen Aufnahme von Wurm und Stettner aus [80]. © Bayerisches Geologisches Landesamt München, Abdruck mit freundl. Genehmigung.

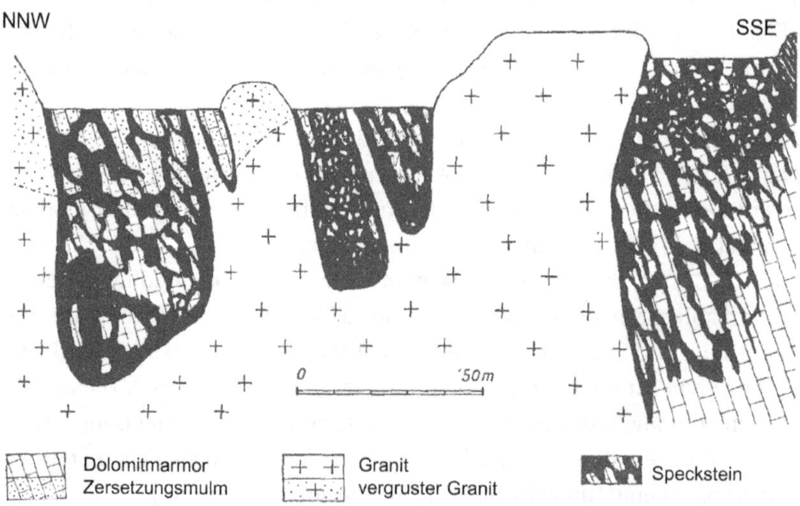

Abb. 1.16: Riss durch die Talklagerstätte Johanniszeche bei Göpfersgrün, nördl. Marktredwitz. Talk ist an der Reaktionszone zwischen Granitausläufern und zerrütteten Dolomitmarmoren (Mulm) gebildet [80]. © Bayerisches Geologisches Landesamt München, Abdruck mit freundl. Genehmigung.

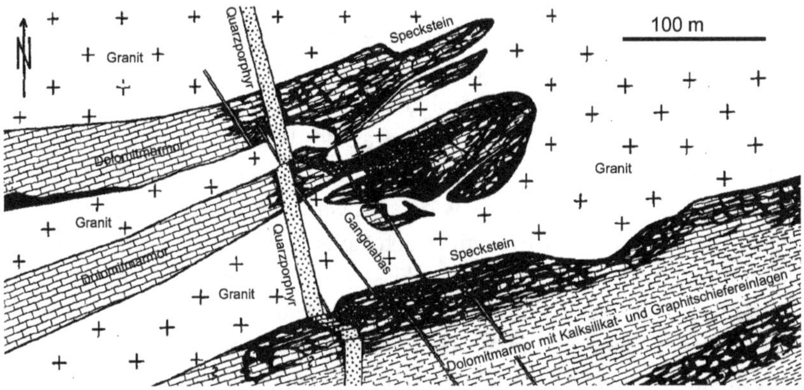

Abb. 1.17: Kreuzung postgranitischer Quarzporphyr- und Diabasgänge mit Dolomitmarmorbänken und Graniten. Johanniszeche bei Göpfersgrün, nach [80]. © Bayerisches Geologisches Landesamt München, Abdruck mit freundl. Genehmigung.

Ein weiteres Beispiel für eine rohstofflich wichtige Talklagerstätte ist Luzenac. Auch hier treffen Kalke auf metasomatische Einflüsse, die von partiell aufgeschmolzenen Metamorphiten (Metatexite) ausgehen (Abb. 1.18). In einem ersten Stadium erfolgt die Umkristallisation der Kalke zu Marmoren, es folgt die Eindiffusion von SiO_2 und MgO. Einschlüsse von pegmatitischen Linsen weisen ferner auf eine hydrothermale Überprägung hin.

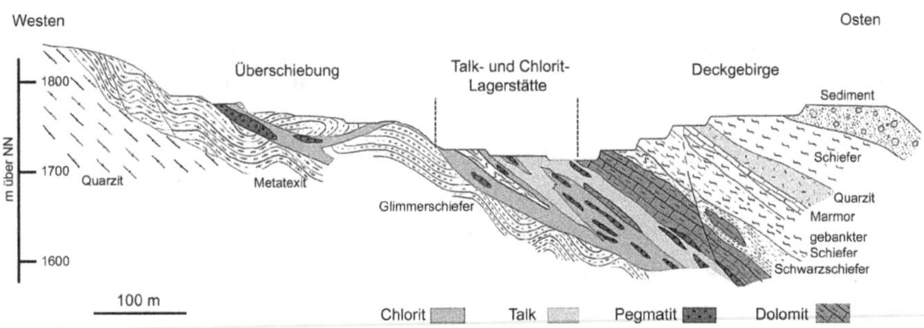

Abb. 1.18: Riss durch die Talklagerstätte Col de Trimouns bei Luzenac, französ. Pyrenäen. Talk ist neben Chlorit zwischen Dolomit und verschiedenen Schiefern eingeschlossen. Die Lagerstätte enthält ferner Pegmatit-Linsen mit Mineralien der Seltenen Erden. Unter Verwendung von Daten der Fa. Imerys, Luzenac [82] mit freundlicher Genehmigung.

Im Talk (oder Talkum) liegen relativ große Kristalle vor, weshalb er beim Brennen zu Texturen neigt. Es gibt aber auch Vorkommen mit sehr kleinen regellos angeordneten Kristallen, die *Specksteine* oder *Steatite* genannt werden. Sie werden in der Keramik bevorzugt, da sie weniger Texturen erzeugen. Diese Orientierung ergibt sich nach

Schüller [83] auch bei dilatometrischen Messungen zu erkennen. Bei sehr feinkristallinen Specksteinen ist mit $\alpha_{20/600}$ = (3,8 bis 4,4) · 10^{-6}/K nur eine geringe Anisotropie gegeben, eine große dagegen bei grobkristallinen Specksteinen mit $\alpha_{20/600}$ = (6,2 bis 9,8) · 10^{-6}/K, wobei auch der Absolutbetrag der Wärmedehnung größer ist. Das weist auf zusätzliche strukturelle Unterschiede hin. Der in der Struktur eingebaute Wassergehalt ist mit theoretisch 4,7 Gew.-% sehr gering, was eine geringe Brennschwindung zur Folge hat. Die Härte ist mit 1 nach Mohs ebenfalls sehr gering, sodass sich Speckstein direkt mechanisch bearbeiten lässt und z. B. durch Abdrehen.

Die Hauptanwendungsgebiete des Talkes oder Specksteins liegen in der Herstellung von Steatitmassen (Band 4). Dabei wird aber eine bestimmte Reinheit des Rohstoffes gefordert. Zum Nachweis der wichtigsten Begleitminerale wie Chlorit, Ca- und Mg-Carbonate und Quarz bietet die chemische Analyse einen Anhalt, reicht aber allein nicht aus. Die Durchschnittsanalyse eines Specksteins lautet in Gew.-% 61,0 % SiO_2, 31,4 % MgO, 1,1 % Al_2O_3, 1,0 % Fe_2O_3, 0,2 % CaO und 5,3 % Glühverlust, was etwas von der theoretischen Zusammensetzung abweicht, sodass Berechnungen ungenau werden. Besonders geeignet für den Nachweis von Chlorit sind die DTA (2) und Thermowaage (2), von Carbonaten das Mikroskop (<1), speziell von Magnesit auch die DTA (2) und Thermowaage (1) und von Quarz das Mikroskop (2) (Nachweisgrenzen in Gew.-% in Klammern [84]). Die meist vorhandenen Eisengehalte bewirken, dass weiß brennende Talke selten sind.

1.1.3 Nicht plastische Rohstoffe

Die Gruppe der nicht plastischen Rohstoffe ist sehr groß. Es ist daher notwendig, auch hier eine Auswahl zu treffen, die sich auf die wichtigsten und interessantesten Rohstoffe beschränken muss.

Häufig wird in der Keramik von *Magerungsmitteln* und *Flussmitteln* gesprochen, wobei diese Bezeichnungen im ersteren Fall den Einfluss auf die Plastizität und im letzteren Fall den auf das Brennverhalten beinhalten. Eine Einteilung der Rohstoffe nach diesem Prinzip ist aber nicht eindeutig, weshalb hier der Chemismus in den Vordergrund gestellt werden soll. Quarz und Schamotte sind typische Magerungsmittel und Feldspäte typische Flussmittel. Außerdem ist es möglich, einigen nichtplastischen Substanzen, z. B. Al_2O_3, durch Mahlen in verdünnter HCl gewisse plastische Eigenschaften zu vermitteln, bedingt durch Veränderungen der Oberfläche.

Nach dieser Einteilung steht das *Siliciumdioxid*, SiO_2, am Anfang, das als Rohstoff in der Keramik eine wichtige Rolle spielt. Seine Modifikationen, Strukturen und Umwandlungsverhalten sind in den Bänden 1 und 4 bei den feuerfesten Werkstoffen beschrieben. Das Vorkommen von SiO_2 in der Natur ist äußerst vielseitig. Die größte Verwendung in der Keramik finden die Quarzite und Sande. Wichtig für ihren Einsatz ist einmal ihre Reinheit, vor allem in Bezug auf den Eisengehalt, zum anderen ihr Umwandlungsverhalten. Letzteres wird vorwiegend von der Korngröße und Kornform bestimmt. Damit ergeben sich zugleich als wichtigste Prüfverfahren die chemische Analyse und das Mikroskop. Bezüglich des Umwandlungsverhaltens sind oft Brennversuche notwendig. Eine Übersicht über Prüfverfahren und Rohstoffe hat Weiss [85, 86] vorgelegt.

Quarzite gibt es in mehreren Formen, die sich in der Art der Entstehung unterscheiden. Hydrothermal sind die *Gangquarzite* entstanden, die – wie ihr Name sagt – in Gängen oder Kluftfüllungen vorkommen. Wegen ihrer großen Reinheit und ihres guten Umwandlungsverhaltens finden sie in der Porzellanindustrie Verwendung. *Felsquarzite* haben sich aus Sanden unter der Einwirkung von hohem Gebirgsdruck (Diagenese, Metamorphose) gebildet. Sie enthalten immer geringe Beimengungen an Glimmer, oft auch an Feldspat. Ihre Umwandlungsgeschwindigkeit ist meist gering im Vergleich zu der der *Zementquarzite*. Diese ebenfalls aus Sanden hervorgegangenen Gesteine wurden durch kolloidal gelöste Kieselsäure des Grundwassers verfestigt. Ihr Haupteinsatzgebiet ist in der Feuerfestindustrie (Band 4).

Quarzsande treten meist in Korngrößen von 0,1 bis 0,3 mm auf, werden aber oft vor dem Einsatz in Massen gemahlen. Ihr Vorzug ist die große Reinheit. Die häufig vorhandene gelblich-graue Färbung ist durch organische Verunreinigungen bedingt und verschwindet beim Brennen. Neben reinen Sandvorkommen gibt es noch solche, wo der Quarzsand vergesellschaftet mit Kaolin und Feldspat auftritt und erst aufbereitet werden muss.

Quarzmehle sind in unterschiedlicher Körnung im Handel. Bei den feinsten Quarzmehlen beträgt der Kornanteil 16 µm über 99 Gew.-%. Reine Quarzmehle haben SiO_2-Gehalte von 99,2 bis 99,8 Gew.-%. Die restlichen Bestandteile sind vor allem Al_2O_3 und Glühverlust neben deutlich geringeren Gehalten an Alkalien und Erdalkalien. Die Fe_2O_3-Gehalte liegen meist bei 0,02 %. Das Umwandlungsverhalten, bestimmt nach Brennen bei 1425 °C, ist sehr unterschiedlich. Nach einstündigem Brennen sind noch 5 bis 70 % Restquarz vorhanden.

Während die Dichte der bisher genannten Rohstoffe mit 2,65 g/cm^3 der des reinen Quarzes entspricht, zeigt die Dichte der *Flinte* oder *Feuersteine* mit Werten bis herab zu 2,5 g/cm^3, dass Anteile aus amorpher Kieselsäure enthalten sind. Sie wandeln deshalb besonders schnell um. Bereits durch Brennen umgewandelte und gemahlene Quarzsande stellen die *Cristobalitmehle* dar, deren Dichte bei 2,32 g/cm^3 liegt. Ihr Einsatz liegt z. B. bei Steingutmassen. Da der Cristobalit erst durch einen Brennprozess entsteht, zählen einige Autoren die Cristobalitmehle bereits zu den synthetischen Rohstoffen.

Eine weitere wichtige Gruppe stellen die *alkali- und erdalkalikaltigen Rohstoffe* dar. Mit ihnen führt man Komponenten in die keramischen Massen ein, die das Brennverhalten entscheidend beeinflussen. Bei der Besprechung der entsprechenden Systeme in Band 1 wurde bereits gezeigt, dass Eutektika bei relativ tiefen Temperaturen auftreten, sodass bei höheren Temperaturen mehr oder weniger große Anteile an Schmelzphase entstehen. Dieses Verhalten wird oft beim keramischen Brand zur Flüssigphasensinterung und für chemische Reaktionen benötigt. Da aber bei der Herstellung der Massen die Rohstoffe meist mit Wasser in Berührung kommen, müssen die Alkalien in einer wasserunlöslichen Form vorliegen.

An erster Stelle stehen die *Feldspäte*, die nach Band 1 in vielfältiger Form vorkommen können. Aufgrund ihrer Entstehung treten die Feldspäte in der Natur nie rein auf, was sowohl in Bezug auf die eigentlichen Feldspatminerale Orthoklas/Mikroklin, Albit und Anorthit und deren Mischkristalle als auch für das Vorhandensein von Begleitmineralien gilt, deren wichtigste Quarz und Glimmer (Muskovit, Biotit, Sericit) sind. Die Strukturen der Feldspäte wurden Band 1 behandelt. Weitere Angaben finden sich in [87–89].

In *Pegmatiten* kann man Feldspat neben Quarz in großen Kristallen hoher Reinheit antreffen. Eigentliche Pegmatite sind Bildungen aus Restschmelzen erstarrter Magmenkörper. Sie entstehen im Temperaturbereich zwischen 500 und 600 °C und enthalten seltene Elemente und gelöste Gase. Das langsame Abkühlen und die Öffnung von Hohlräumen durch unter hohem Druck entweichender Gase führt zur Bildung von Kristallen mit manchmal mehreren Metern Länge. Ferner scheiden sich Elemente mit sehr kleinen oder sehr großen Ionenradien, die bisher in die Magmenkristallisate nicht eingebaut werden konnten, in Form von seltenen Erzen (Zinnstein, Wolframit, Niobit, Tantalit, Molybdänit) oder Edelsteinen (Turmalin, Topas, Beryll, Spodumen) aus. Weitere Begleitmineralien sind Muskovit oder Lepidolith (Li-Glimmer) in großen Tafeln oder feinschuppiger Sericit, Apatit und andere Phosphatmineralien. Die Pegmatitkörper sind in der Regel nach der Abkühlungsreihenfolge zonar aufgebaut. Am Rande zum Nebengestein finden sich relativ feinkörnige Feldspat–Quarz-Verwachsungen, die nach innen in eine Plagioklas-reiche Zone übergehen; es folgt eine Eutektzone mit gerichtet verwachsenen Orthoklas-Quarz-Aggregaten mit sehr großen Kristallen; den Kern eines Pegmatits bildet häufig eine große dichte Quarzmasse, die an der Grenze zur Eutektzone mit den Erzen überzogen ist, sodass die genannten Industriemineralien selektiv gewonnen werden können. Typische auf Feldspat und Quarz abgebaute Lagerstätten sind in Deutschland Hagendorf und Pleystein/Oberpfalz sowie Zwiesel/Bayerischer Wald. Bei den Pegmatiten des Erzgebirges stand eher die Erzgewinnung im Vordergrund. Von hier stammen aber hochwertige Kaoline im Zusammenhang mit der hydrothermalen Zersetzung der Pegmatitkörper. Weitere wesentliche Vorkommen finden sich in Norwegen, Schweden, Südafrika, Namibia und Brasilien. Feinkörnigere Auskristallisationen der verschiedenen Pegmatit-Minerale nennt man *Aplite*.

In der Keramik werden unter Pegmatiten allerdings meist Feldspatsande verstanden, die durch Verwitterung von Gesteinen, z. B. Granit oder Gneis, entstanden sind. Dadurch kommt als weiteres häufiges Begleitmineral Kaolinit hinzu. Man findet sie auf primären und sekundären Lagerstätten, wobei Letztere auch als *Arkosen* bezeichnet werden. Durch den Transport hat sich der Anteil an unerwünschten Begleitmineralen bei den Arkosen meist stark erniedrigt.

Die Anwendbarkeit dieser Rohstoffe wird häufig durch deren Eisengehalt begrenzt. Aus diesem Grund sind viele alkalihaltige Gesteine für keramische Zwecke nicht brauchbar. Man hat aber in den SiO_2-armen und alkalireichen *Nephelinsyeniten* ein Gestein gefunden, das oft den Anforderungen genügt. Sie bestehen meist aus etwa 50 Gew.-% Nephelin neben K- und Na-Feldspat und anderen Mineralen wie Aegirin, Titanit, Apatit, Zirkon und Erzen. Untergeordnet wurden früher auch eisenreichere syenitähnliche Gesteine wie der Nephelinshonkinit (Katzenbuckel/Odenwald) oder der Selbergit (Eifel) abgebaut. Als *Phonolith* (z. B. Kaiserstuhl/Baden) wird die Ergussgesteinsform des Nephelinsyenits bezeichnet.

Die chemischen Analysen einiger Rohstoffe bringt Tabelle 1.5. Dabei stellen einige bereits aufbereitete Produkte dar. An der Tabelle kann man erkennen, dass die eigentlichen Feldspäte relativ rein sind. Die Aussagefähigkeit der chemischen Analyse über das keramische Verhalten der Feldspäte ist jedoch begrenzt. Wichtige Elemente wie Bor, Phosphor und Beryllium, die in pegmatitischen Feldspäten im Gitter eingebaut sein können, werden nur selten erfasst. Am ehesten ist noch eine Aussage über die Viskosität der Feldspatschmelzen möglich, wobei zu bedenken ist, dass sich Feldspatschmelzen durch eine hohe Viskosität auszeichnen, wie bei der Besprechung der Gläser in Band 1 gezeigt wurde. Dabei zeigen die Kalifeldspäte deutlich höhere Werte als die Natronfeldspäte [90]. Die *Rinnenschmelzprobe* gehört bereits zu einer Gruppe von Untersuchungsmethoden, die in der Praxis leicht durchführbar sind und gute Aussagen über das Schmelzverhalten von Feldspäten erlauben [90].

Tab. 1.5: Chemische Analysen einiger alkalihaltiger Rohstoffe* in Gew.-%

Rohstoff	SiO_2	Al_2O_3	Fe_2O_3	CaO	MgO	K_2O	Na_2O	GV
Theoretische Zusammensetzung								
Mikroklin	64,8	18,3	–	–	–	16,9	–	–
Albit	68,8	19,4	–	–	–	–	11,8	–
Anorthit	43,3	36,6	–	20,1	–	–	–	–
Nephelin	42,3	35,9	–	–	–	–	21,8	–
Feldspäte								
Feldspat 90/10	65,7	18,4	<0,1	<0,1	<0,1	14,8	0,7	0,2
Feldspat 412	65,9	18,9	<0,1	0,2	<0,1	11,6	2,9	0,4
Feldspat K30	70,6	17,9	0,2	1,3	<0,1	2,4	7,2	0,3
Feldspatsande								
Tirschenreuther Pegmatit	82,5	9,6	<0,1	<0,1	<0,1	6,9	0,3	0,4
Weiherhammer Pegmatit	82,3	10,4	0,1	0,1	0,1	5,2	0,2	1,6
Nephelinsyenit M325	58,6	23,4	0,1	1,1	<0,1	9,0	7,0	0,7
Nephelinsyenit, Låven	59,7	19,2	4,2	0,3	0,2	6,2	8,4	1,5
Vulkanische Rohstoffe								
Obsidian	74	13	1	<1	<1	5	4	2
Andesit	61	18	5	6	<1	4	3	2

*Z. T. den Rohstoff-Merkblättern der Deutschen Keramischen Gesellschaft unter Mittelwertbildung entnommen.

Ferner wird in der Praxis die *Kegelschmelzprobe* durchgeführt, bei der nach dem Brand bei verschiedenen Temperaturen das Aussehen der Oberfläche, der Schmelzgrad, die Kegelform, die Transparenz und die Blasenbildung beurteilt werden. Im Allgemeinen sind nach solchen Schmelzversuchen die Proben nicht klar, sondern je nach Probe mit mehr oder weniger feinen Blasen durchsetzt, sodass sie opak erscheinen. Einen wesentlichen Einfluss darauf haben das Gefüge und die Art der Entmischung der Feldspäte. Diese Gastrübung kann von eingeschlossener Atmosphäre, aber auch von einer Gasabgabe während des Brandes herrühren. Die hohe Viskosität der Feldspatschmelzen verhindert das Entweichen der kleinen Bläschen. Für die Gasabgabe sind Verunreinigungen im Feldspat verantwortlich, an erster Stelle die O_2-Abspaltung vom meist vorhandenen Fe_2O_3-Gehalt. Es sind in Feldspäten aber auch chemisch gelöster Stickstoff, Phosphor und Bor vorhanden [91], die in O_2-haltiger Atmosphäre bei höheren Temperaturen entgasen können. Diese Erscheinungen werden erst bei Temperaturen ab etwa 1300 °C deutlich beobachtet. Sie können in extremen Fällen zu Aufblähungen der Proben führen. Als Untersuchungsmethode eignet sich dafür gut das *Erhitzungsmikroskop*, mit dem man den Schattenriss der zylindrischen Proben während des Aufheizens beobachten kann. Ab 1100 bis 1200 °C setzt das Schmelzen ein, das zunächst eine deutliche Schwindung der Probe bewirkt. Hat sich genug Schmelzphase gebildet und ist deren Viskosität nicht mehr zu hoch, dann nimmt die Probe aufgrund der Oberflächenspannung eine Kugelform an. Bei noch höheren Temperaturen verbreitert sich die Probe auf der Unterlage, um schließlich ganz auszufließen (*Spreitung*).

Es wurde oben gezeigt, dass Na_2O die Viskosität der Schmelzphase stärker erniedrigt als K_2O. Noch mehr wird die Viskosität durch Li_2O herabgesetzt. Li_2O-haltige Rohstoffe sind deshalb sehr wirkungsvolle Flussmittel. In der Keramik haben als Rohstoffe Spodumen, Petalit und der lithiumhaltige Glimmer Lepidolith Eingang gefunden, die alle Alumosilicate sind, während der ebenfalls eingesetzte Amblygonit, $LiAl[PO_4]F$, ein Phosphat ist. Er enthält wie auch Lepidolith Fluor, was die Flussmittelwirkung noch erhöht.

Die wesentliche Wirkung der eben genannten Rohstoffe geht von deren Alkaligehalt aus, weshalb es naheliegt, noch *weitere Rohstoffe mit hohen Alkaligehalten* einzusetzen. Für diese Zwecke dienen vor allem die nach Vulkanausbrüchen glasig erstarrten *Obsidiane*. Tabelle 1.5 zeigt eine mittlere Analyse. Es gibt weitere Vorkommen mit ähnlicher Zusammensetzung jedoch höheren Wassergehalten von 3 bis 7 Gew.-%, die *Perlite*, die ebenfalls Verwendung in der Keramik finden können. Damit ist der Weg zu den Abfallscherben der üblichen Natronkalkgläser nicht weit. Für einige Zwecke haben sie aufgrund ihrer niedrigen Erweichungs- und damit auch niedrigen Dichtbrenntemperaturen interessante Einsatzmöglichkeiten. Wiegmann [92] beschreibt, dass man aus gemahlenem Glas mit nur Quarz gute Produkte erhalten kann.

Nicht nur die Alkalien, sondern auch die *Erdalkalien* wirken als Flussmittel. Als ein solches Mineral ist in Tabelle 1.5 der Anorthit angeführt, der aber als Rohstoff in dieser reinen Mineralform nicht zur Verfügung steht. Es gibt aber Gesteine, *Anorthosite* genannt, die zu wesentlichen Anteilen aus Plagioklas bestehen (siehe Band 1). Die mittlere Zusammensetzung solcher Vorkommen beträgt (in Gew.-%) 54 SiO_2, 29 Al_2O_3, 13 CaO und 4 Na_2O und kann als Mischung aus Labradorit und Oligoklas aufgefasst werden [93].

Das meiste CaO wird jedoch als $CaCO_3$ in Form von gemahlenem Kalkstein, Kreide oder Marmor in die Massen eingeführt. Daneben gibt es auch entsprechende tonmineralhaltige Rohstoffe. Ein besonderer, traditionsbehafteter Rohstoff zur Herstellung des *Knochenporzellans* (Band 4) ist die *Knochenasche*. Sie besteht im Wesentlichen aus $Ca_3(PO_4)_2$ neben geringen Gehalten an $CaCO_3$, $Mg_3(PO_4)_2$ und CaF_2. Man ersetzt sie jetzt durch den natürlichen Rohstoff Apatit, $Ca_5(PO_4)_3(OH,F,Cl)$, oder Calciumphosphat der chemischen Industrie. Neben Calciumphosphaten kommen auch Calciumsilicate in der Natur vor, wovon der Wollastonit, $CaSiO_3$, nur geringe Anwendung gefunden hat, da er aufbereitet werden muss und dann noch relativ hohe Fe_2O_3-Gehalte von über 0,2 Gew.-% zeigt. Deswegen ist auch bei diesem Rohstoff die Synthese üblich (Kapitel 1.2). Einen wesentlich preiswerteren Rohstoff für CaO stellt die Hochofenschlacke dar, die allerdings höhere Fe_2O_3-Gehalte (bis 3 Gew.-%) aufweist, aber bei der Herstellung von Fliesen und Spaltplatten eingesetzt werden konnte [94]. Bei einigen Werkstoffen wird MgO in der Masse benötigt. Hierzu können als Rohstoffe Dolomit $MgCa(CO_3)_2$ oder Magnesit $MgCO_3$ dienen.

1.2 Synthetische Rohstoffe

Bearbeitet von R. Telle, Aachen

Mit fortschreitender Entwicklung keramischer Werkstoffe bezüglich spezieller, vor allem mechanischer, korrosiver und elektronischer Eigenschaften wurden die Anforderungen an die Rohstoffqualität immer größer, sodass für einige Bereiche der Wunsch nach Homogenität, Reinheit und zuverlässiger, gleichbleibender Verfügbarkeit nicht immer erfüllt werden konnte. Darüber hinaus gibt es neue keramische Werkstoffe mit speziellen Eigenschaften, die auf Rohstoffen aufbauen, die sehr selten oder gar nicht in der Natur vorkommen bzw. nicht wirtschaftlich gewinnbar sind. In diesen Fällen ist es notwendig, die erforderlichen Rohstoffe synthetisch herzustellen.

Die Gliederung dieses Kapitels richtet sich nach den verschiedenen Synthesewegen. Es können allerdings nicht alle Rohstoffe behandelt werden, vor allem dann, wenn sie auf sehr spezielle Weise hergestellt werden, wie z. B. ZrO_2, SiC, das Si_3N_4, Carbide und Boride. Auf diese Synthesewege wird in den jeweiligen Kapiteln über diese Werkstoffe in Band 4 näher eingegangen. Andere Syntheseverfahren hängen unmittelbar mit dem Sinterprozess zusammen und sind in Band 1 genauer beschrieben, wie z. B. das Reaktionssintern mit und ohne flüssige Phase.

Der wesentliche Vorteil der synthetischen Rohstoffe ist ihre genau bekannte und gleichbleibende chemische Zusammensetzung, wobei bestimmte kleine Gehalte an Nebenbestandteilen prozessbedingt möglich sind. Meist fallen die erhaltenen Pulver in geringer und gleichmäßiger Korngröße und Kornform an, sodass keine Mahlung erforderlich ist. Bei einigen keramischen Werkstoffen hängen spezielle Eigenschaften von den Herstellungsbedingungen dieser Rohstoffe ab, auf die besonders zu achten ist. Übersichtsartikel liegen u. a. von Inzenhofer [95], Hausner [96], Joger [97], Mazdiyasni [98], Gopalakrishnan u. M. [99], Yoshimura [100], Segal [101] und Corriu [102] vor, um nur einige zu nennen.

Wirtschaftlich gesehen hat die rasante Entwicklung der Hochleistungskeramiken zwischen 1980 und 1990 mit den darauf folgenden optimistischen Umsatzprognosen dazu geführt, dass sich die chemische Industrie mit der Synthese von Vorläuferverbindungen in großem Maßstab befasste. Zeitweise wurde die Keramik daher auch als ein Teil der Chemiebranche verstanden. Es wurden viele Synthesewege erschlossen, die zuvor nicht rentabel erschienen; insbesondere hat die Molekülchemie schnelle Fortschritte erzielt und wesentlich zur Erschließung neuer und nanoskaliger Werkstoffsysteme beigetragen [103, 104].

1.2.1 Aufschluss natürlicher Rohstoffe, Raffination, Fällung und Umkristallisation

Keramische Massenprodukte wie Al_2O_3 sind in zahlreichen Varianten hinsichtlich Korngröße, Kornform und Reinheit erhältlich. Je nach Ansprüchen lohnt es sich, die natürlichen Rohstoffe auf chemischem Wege zu konzentrieren, zu reinigen (*Raffination*) oder über vollständige Auflösung (*Laugung*) der Industriemineralien und nachfolgende Fällung (*Präzipitation*) in Form von Pulvern definierter Reinheit zu synthetisieren. So beruht beispielsweise das *Bayer-Verfahren*, das in Band 4 ausführlich behandelt wird, auf der steigenden Löslichkeit von mineralisch gebundenem Al_2O_3 bei hohen *p*H-Werten (Abb. 3.61 in Band 1), indem aus dem natürlichen Rohstoff Bauxit über einen wässerigen Druckaufschluss mit NaOH und nachfolgender Eindickung der Natriumaluminat-Lösung mittels Keimzugabe das Aluminiumhydroxid als *Bayerit*, α-$Al(OH)_3$, gefällt wird. Durch Calcinieren des Hydroxides entsteht Al_2O_3, das 0,02 bis 0,60 Gew.-% Verunreinigungen an Na_2O enthält. Die natürlichen Begleitmineralien wie Eisenoxide und -hydroxide, Quarz, Titanverbindungen, Carbonate und Silicate werden entweder als unlöslicher Rotschlamm abgetrennt oder verbleiben bei der Al-Hydroxidfällung in Lösung und werden vor der Rückführung der Lauge entfernt [105–110]. Der so gewonnene Bayerit lässt sich erneut lösen und nach weiterer Reinigung der Lauge fällen (*Umfällung*) und waschen, bis nach entsprechender Wiederholung des Vorganges ein Produkt gewünschter Reinheit entstanden ist.

Da mineralisch gebundenes Al_2O_3 bei niedrigen *p*H-Werten ebenfalls eine sehr gute Löslichkeit aufweist, lässt sich auch ein saurer Aufschluss, z. B. mit Salzsäure, Salpetersäure oder Schwefelsäure, durchführen. Neben dem Bauxit eignet sich hierfür auch Kaolinit als Rohstoff. Nach Abtrennung der Verunreinigungen liegen als Erzeugnis Aluminiumchlorid $AlCl_3{\cdot}6H_2O$ oder Aluminiumsulfat $Al_2(SO_4)_3{\cdot}18H_2O$ vor, welches nach weiterer Umkristallisation calciniert oder mit wasserfreiem Ammoniak zu Ammoniumalaun $NH_4Al(SO_4)_2{\cdot}12H_2O$ umgesetzt und dann calciniert wird (*Alum-Prozess*). Zur Herstellung weniger reiner Pulver kann man auch „trocken" arbeiten, indem der saure Aufschluss in Anwesenheit von Natriumsulfat in einem Drehrohrofen bei 1100–1200 °C durchgeführt wird. Bei diesem sog. *pyrogenen Aufschluss* entsteht ebenfalls Aluminiumsulfat, das zur Reinigung wiederum in Lösung gebracht und umgefällt wird. Der pyrogene Aufschluss lässt sich auch mit Soda, Na_2CO_3, im Alkalischen durchführen, wobei wiederum festes Natriumaluminat entsteht, das erneut gelöst und als Bayerit gefällt wird. Dieser Soda-Aufschluss wird auch auf Anorthosit, ein anorthitreiches Tiefengestein, angewandt.

Prinzipiell laufen also alle genannten Verfahren nach demselben Schema ab: Das im natürlichen Rohstoff enthaltene Metalloxid wird trocken oder nass in ein lösliches Salz überführt, das über die erwähnten Lösungs- und Fällungsprozesse einer Reinigung unterzogen wird. Auf ähnlichem Wege erhält man durch chemischen Aufschluss von Baddeleyit oder Zirkonsand Zirconiumtetrachlorid in der Form von $ZrCl_4{\cdot}2H_2O$ oder wasserfreiem $ZrCl_4$, das durch fraktionierte Destillation oder Sublimation gereinigt wird. Auch lässt sich aus einer Zirconiumoxiddichloridlösung ($ZrOCl_2$) durch alkalischen Sturz das Hydroxid $ZrO(OH)_2$ ausfällen, umkristallisieren, wiederholt waschen und zu ZrO_2 calcinieren.

Seewasser kann als natürliche Lösung einer Vielzahl von Metallsalzen angesehen werden. Da es in großen Mengen verfügbar ist, lassen sich diese Salze entweder durch Eindampfen gewinnen (Abtrennung von löslichen Chloriden, Sulfaten und Carbonaten erforderlich) oder durch Verdrängung von Rohstoffen höherer Löslichkeit aufkonzentrieren. So wird der sog. *Seewasser-Magnesit* durch langsame Reaktion von Meereswasser mit Kalk oder Dolomit gewonnen, indem das Mg^{2+}-Ion aus der Lösung nach und nach das Ca^{2+}-Ion aus dem Carbonat verdrängt. Durch nachfolgende Calcination wird MgO synthetisiert. Auch Lithiumcarbonat wird auf diese Weise aus den Salzseen der Atacama-Wüste oder in Nevada gewonnen.

1.2.2 Festkörperreaktionen und Sinterverfahren

Die gleiche Methode, die zur Herstellung eines keramischen Werkstoffs dient, kann auch verwendet werden, um ein bestimmtes Zwischenprodukt herzustellen, das dann einen synthetischen Rohstoff darstellt. Man kann dabei nach der Art der beteiligten Phasen zwischen Reaktionen im festen und im flüssigen Zustand unterscheiden, wobei es auch hier fließende Übergänge gibt. In Band 1 ist das *Reaktionssintern* in Einzelheiten abgehandelt. Die frei werdende Bildungsenthalpie des neuen Stoffes wird zur inneren Temperaturerhöhung des Sinterkörpers und als Triebkraft für die weitere Konsolidierung der Pulverpackung verwendet. Unter Reaktionssintern wird insofern die bewusste Überlagerung eines Sintervorgangs mit einer chemischen Reaktion verstanden.

Ein Beispiel für das Reaktionssintern unter Bildung einer neuen Phase ist Spinell, der nach $MgO + Al_2O_3 \rightarrow MgAl_2O_4$ hergestellt werden kann, eine Reaktion, die Schmalzried [407] näher untersucht hat und die bei feuerfesten Werkstoffen von besonderer Bedeutung ist. Auch Aluminiumtitanat lässt sich aus den Oxiden nach $Al_2O_3 + TiO_2 \leftrightarrow Al_2TiO_5$ herstellen. Die Reaktionen beginnen am Korn-Korn-Kontakt der Ausgangsphasen, wobei auf dem Weg zum Gleichgewicht alle intermediären Verbindungen oder Mischkristallzusammensetzungen nacheinander entstehen. Falls sich kein Gleichgewicht einstellen kann, sind die Ausgangs- und Übergangsphasen teilweise im Gefüge noch zu erkennen. Dies ist gelegentlich bei feuerfesten Erzeugnissen zu beobachten. Das thermodynamisch stabile Material bildet sich dann erst im Betrieb bei hohen Temperaturen aus. Auf Änderungen der physikalischen Eigenschaften (Dehnungen usw.) muss entsprechend geachtet werden. Sogenannte *Kern–Mantel-Strukturen* mit unreagierten Resten der Ausgangsphasen sind aber auch bei Hartmetallen und Cermets zu beobachten. Reaktionssintersysteme mit Phasenneubildungen sind aufgrund des Verschwindens der Ausgangsphasen üblicherweise mit einer Kornfeinung verbunden.

Im Bereich der Nichtoxide ist die sogenannte *Hochtemperatur-Reaktionssynthese* (auch *SHS*, von engl. *self-propagating high-temperature combustion synthesis*) entwickelt worden [111, 112]. Dieses Verfahren wird erfolgreich auf Carbide und Boride angewandt, indem man von den Elementen ausgeht [113–117]. Ebenso können Mischungen von Metalloxiden und Borcarbid oder $Al–TiO_2–B_2O_3$-Mischungen verwendet werden, bei denen die Oxide *aluminothermisch* reduziert werden [116]. Die Kinetik solcher Reaktionen, die oft zu einer Temperaturerhöhung auf über 2000 °C führen, wurde von Munir u. M. sowie von Holt u. M. genauer untersucht [112, 118, 119]. Letztendlich sind diese Methoden aber nur Varianten des in der Chemie üblichen *Thermit-Prozesses* zur Synthese von Si aus SiO_2 durch Reduktion mit metallischem Aluminium.

Ein weiteres Beispiel für das Reaktionssintern ist das *reaktionsgebundene* Si_3N_4, *RBSN*, da sich reines Si_3N_4 allein wegen seines relativ hohen Dampfdruckes bei den benötigten Temperaturen nicht sintern lässt (siehe Band 4). Man stellt deshalb einen schlickergegossenen oder vorgesinterten Formkörper aus Si-Pulver her, der anschließend in N_2- oder NH_3-Atmosphäre fertig gesintert wird, wobei nach der Reaktion $3Si + 2N_2 \rightarrow Si_3N_4$ entsteht.

Weitere Ausgangsstoffe zum Reaktionssintern sind *reziproke Salzpaare*, wie z. B. in den Reaktionen $ZrB_2 + TiO_2 \rightarrow ZrO_2 + TiB_2$ und $2ZrSiO_4 + 3Al_2O_3 \rightarrow 2ZrO_2 + 3Al_2O_3{\cdot}2SiO_2$. Durch solche Sinterreaktionen im festen Zustand werden auch andere Oxide (Bariumtitanate, Strontiumtitanate, Bleizirconate, Ferrite, usw.), Silicate (Mullit, Wollastonit) und Carbide (WC–TiC–TaC-Mischkristalle) hergestellt. Im Falle der Mischoxide hat sich auch der Begriff *Mixed-Oxide-Process* eingebürgert.

Die genannten Reaktionen lassen sich natürlich auch unabhängig von einem Sintervorgang durchführen. Die entsprechenden Pulvermischungen werden dann geglüht, bis die Reaktion mehr oder minder vollständig abgelaufen ist. Gerade bei hoch schmelzenden Oxiden ist dies aufgrund der geringen Diffusionsgeschwindigkeiten sehr zeitaufwendig und bedarf wegen der hohen Aktivierungsenergien hoher Temperaturen, wobei einzelne Komponenten wie z. B. PbO oder MgO verdampfen können. Man geht dann gerne von Chlorid-, Sulfat-, Hydroxid-, Carbonat- oder Nitratpulvern aus, die als chemische Produkte sehr rein erhältlich sind und teilweise aufgrund anderer Anwendungszwecke, z. B. in der Lebensmittel- oder Waschmittelindustrie sehr kostengünstig sind. Die leichtflüchtigen Anionengruppen werden durch Calcination oder während der Reaktion abgespalten. Resultat sind sehr feinkörnige Mischkristallpulver oder Verbundpulver, bestehend aus Phasenmischungen, die allerdings bei stark exothermen Prozessen teilweise versintert sind und daher nochmals aufgemahlen werden müssen. Ähnliche Reaktionen lassen sich auch in organischer oder wässeriger Lösung mit Salzen durchführen, wie weiter unten ausgeführt wird.

1.2.3 Schmelzverfahren

Wesentlich kürzere Reaktionszeiten als die diffusionskontrollierten Prozesse erlauben die *Schmelzverfahren*, z. B. für Mullit und Spinell. Oxidmischungen oder natürliche Rohstoffe werden als grobes Pulver oder stückig in feuerfesten Tiegeln im elektrischen Lichtbogen unter Plasmabedingungen aufgeschmolzen. Die Tiegelgrößen können bis zu einigen Kubikmetern betragen. Die Schmelze wird danach entweder in gekühlte Kokillen abgegossen, um großformatige Feuerfesterzeugnisse, z. B. Palisadensteine (ZrO_2) oder Gittersteine (Na-Aluminat) für Glaswannen bzw. Rekuperatoren herzustellen (*schmelzgegossene Erzeugnisse*, Band 4). Hierbei entstehen die aus der Schmelzmetallurgie bekannten Erstarrungsgefüge mit einer feinkörnigen, da schnell erstarrten Randschicht, einer grobkristallinen Zwischenschicht und in Lunkern frei gewachsenen Kristallen im Zentrum des Gussstücks. Man kann auch den Schmelztiegel langsam abkühlen, wobei die Schmelze erstarrt und sich Verunreinigungen in Form von eutektischen Restschmelzen in mehr oder minder großen Bereichen ansammeln, die separiert werden können. Das Material wird herausgebrochen, was bedingt durch die Schrumpfungsrisse nicht schwierig ist, und weiter zermahlen. Es kommen damit grobkristalline Stücke oder Pulver aus den synthetisierten Phasen in den Handel, die als *Schmelzmullit*, *Schmelzkorund*, *Schmelzzirkon* usw. bezeichnet werden. Anwender sind neben der Feuerfestindustrie die Schleifscheibenhersteller, aber nach entsprechend sorgfältiger Aufbereitung auch die Keramiker. Weitere auf diese Weise hergestellte Produkte sind CaO und MgO, Forsterit, Chromit und Magnesium-Spinell.

Eine Besonderheit der Tiegelschmelzverfahren stellt das *Skull-Melting* dar, das insbesondere zur Herstellung sehr hoch schmelzender Erzeugnisse wie dotierter ZrO_2- oder HfO_2-Kristalle angewandt wird, die sowohl Edelsteinqualität besitzen als auch zermahlen als Pulver vermarktet werden. Die Rohstoffe werden als Pulvermischung oder stückig in einen korbähnlichen Behälter aus wassergekühlten Kupferrippen gefüllt. Die Beheizung erfolgt von außerhalb durch eine Hochfrequenzspule. Zur Ankopplung der an sich nicht metallisch leitenden Oxide wird im Zentrum der Schüttung Metallpulver (Zirconium usw.) platziert. Nach Einschalten des Feldes erhitzt sich zuerst diese Metallseele, die über Konvektion und Wärmeleitung die Oxidpulver erwärmt. Als gute Ionenleiter koppeln die Oxide bei hoher Temperatur ebenfalls an, bis im Zentrum nach Oxidation der Metalle eine Schmelze entsteht. Die durch die randliche Kühlung bei niedrigen Temperaturen verweilenden Pulver versintern nach innen zunehmend und bilden auf diese Weise selbstständig einen dichten Tiegel aus arteigenem Material, den „Skull" (Abb. 1.19). Beim langsamen Abkühlen erstarrt die Schmelze, wobei von den Rändern und vom Boden aus mehrere Zentimeter große stängelige Kristalle wachsen. Diese werden herausgebrochen und weiterverarbeitet, während der Tiegel für die nächste Rohstoff-Füllung erhalten bleibt.

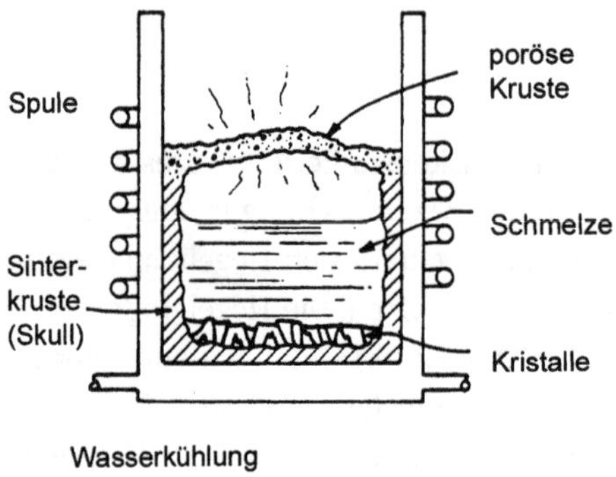

Abb. 1.19: Der Skull-Melting-Prozess zur Herstellung großer ZrO_2-Kristalle.

Zur Herstellung von *Glasuren*, die in Kapitel 2.6 behandelt werden, werden neben natürlichen Rohstoffen auch weitere Rohstoffe benötigt, vor allem um die häufig eingesetzten Komponenten B_2O_3 und PbO einzubringen. Es gibt einige Lagerstätten von Bormineralen, z. B. Colemanit, $2CaO{\cdot}3B_2O_3{\cdot}5H_2O$ oder Borax, $Na_2O{\cdot}2B_2O_3{\cdot}10H_2O$; reinere Verbindungen liefert jedoch die chemische Industrie. Als Bleirohstoff stehen die chemischen Produkte Bleiglätte, PbO, Mennige, Pb_3O_4 und Bleisilicat, $PbSiO_3$, neben einigen weiteren Verbindungen zur Verfügung. Zum Erschmelzen von Glasuren werden meist noch Alkalien benötigt, die in Form der Carbonate eingesetzt werden, was z. T. auch für einige Erdalkalien gilt, z. B. für $BaCO_3$, obwohl im letzteren Fall manchmal auch $BaSO_4$ verwendet werden kann.

Oft sind Glasuren getrübt und/oder gefärbt. Im letzteren Fall werden Farbkörper eingesetzt, die in großer Auswahl von der Industrie angeboten werden. Auch für die Trübungsmittel gibt es eine große Auswahl. Man kann sie gliedern in Oxide (SnO_2, ZrO_2, TiO_2), Fluoride (CaF_2, Na_3AlF_6, Na_2SiF_6) und Silicate ($ZrSiO_4$). Das Mineral Zirkon ist aufgrund seiner Aufnahmefähigkeit von Seltenen Erden in das Kristallgitter und seiner thermischen Stabilität besonders als stark färbendes Pigment bekannt.

Die Glasurrohstoffe werden in der Regel zusammen eingeschmolzen, abgeschreckt und vermahlen und kommen als fertige *Fritten* auf den Markt. Zur Einstellung einer bestimmten Reaktionskinetik werden auch unreagierte oder teilreagierte Mischungen der Rohstoffe angeboten.

Den Glasurrohstoffen ähnlich sind die keramischen Bindemittel für *Schleifscheiben*. Auch sie bestehen aus Mischungen glasiger oder kristalliner, teilweise natürlicher und synthetischer Rohstoffe.

1.2.4 Reduktions- und Oxidationsverfahren

Die *Reduktionsverfahren* spielen bei der Herstellung nichtoxidischer Rohstoffe, insbesondere bei Carbiden eine große Rolle. Das wichtigste Verfahren ist die *carbothermische Reduktion* und Aufkohlung von Quarzsand, SiO_2, mit Petrolkoks und elektrischer Energie zu SiC nach der Brutto-Gleichung (1.2):

$$SiO_2 + 3C \xrightarrow{1800\text{–}2500\,°C} SiC + 2CO. \tag{1.2}$$

Die tatsächlich ablaufenden Reaktionen sind wesentlich komplizierter. Produkte sind grobkristallines α-SiC, Graphit, flüchtiges Kohlenmonoxid und Schwefelverbindungen aus dem Petrolkoks. CO und S können aus den Abgasen wiedergewonnen werden. Dieses sog. *Acheson-Verfahren* wird wegen seiner Besonderheiten und technischen Bedeutung für diesen Werkstoff in Band 4 ausführlich behandelt. Es wird aber auch in kleinerem Maßstab zur Synthese von Borcarbid B_4C aus Borsäure H_3BO_3 bzw. Boroxid B_2O_3 angewandt. Wiederum kommen Graphit oder Petrolkoks als Reduktionsmittel zum Einsatz:

$$2B_2O_3 + 7C \rightarrow B_4C + 6CO\uparrow. \tag{1.3}$$

Der Prozess wird in großen Lichtbogenöfen oder Widerstandsöfen bei Temperaturen zwischen 1500 und 2500 °C durchgeführt und ist wie die SiC-Synthese stark endotherm. [120, 121]. Ähnlich, aber mit geringer Produktivität verläuft die Synthese von hochreinem B_4C mit definierter Stöchiometrie, wenn Borsäure mit Acetylen-Ruß, hochreinem Zucker oder Ethylenglycol bei 1600–1800 °C in einem schutzgasgespülten Rohrofen umgesetzt wird [122]:

$$4H_3BO_3 + 7C \rightarrow B_4C + 6H_2O + 6CO. \tag{1.4}$$

Die Herstellung von Übergangsmetallcarbiden wie WC, TiC, TaC, NbC usw. und deren Mischkristallen, die wichtige Bestandteile der *Hartmetalle* darstellen, erfolgt aus dem sog. Rohoxid durch Vermahlung der Roherze, z. B. Wolframit, (Fe,Mn)WO_4, zusammen mit oxidiertem Hartmetallschrott. Danach wird mit NaOH oder Soda im Autoklaven gelaugt, die erzeugte Na-Wolframatlösung wird von festen Rückständen filtriert, gefolgt von einer weiteren Raffination von Sb, Si, As, P und Mo. Die Wolframextraktion aus der Lösung wird mit organischen Ionenaustauschern durchgeführt, nach einer Aufkonzentration mit Ammoniak wird die Lösung zu Ammoniumwolframat, $(NH_4)_{10}W_{12}O_{41}\cdot 5H_2O$ eingedampft und in Drehrohröfen zu WO_3 calciniert. Es entstehen dabei gelbes Oxid, WO_3, sowie die grünen bis tiefblauen oder violetten „Blauoxide" WO_{3-x} mit einer Stöchiometrie von $WO_{2,98}$ über $WO_{2,90}$ zu $WO_{2,72}$. Diese werden nun in Wasserstoffatmosphäre bei 750–1200 °C zum β-W-Metall reduziert. Das Metallcarbid wird über eine *Carburierung* mit Ruß unter H_2 in Kohledrehrohröfen oder unter Vakuum in Induktionsöfen bei 1400–1600 °C erzeugt. Die je nach Temperatur stark versinterten Carbid-Kuchen werden aufgebrochen, gemahlen und gesiebt. Ungebundener Kohlenstoff wird aufoxidiert.

WC kann auch über eine Direktreduktion und gleichzeitige Carburierung der Oxide nach den Gleichungen (1.5) und (1.6):

$$WO_3 + CH_4 + H_2 \rightarrow WC + 3H_2O, \tag{1.5}$$

$$W + 2CO \rightarrow WC + CO_2 \tag{1.6}$$

oder nach einem an der Technischen Universität Wien entwickelten Verfahren aus dem Scheelit bei 1800 °C in Induktionsöfen erfolgen:

$$CaWO_4 + 4C \rightarrow WC + CaO + 3CO. \tag{1.7}$$

CaO wird mit HCl herausgelöst. Die Synthese von TiC aus den Oxiden (TiO_2) erfolgt ebenfalls mit Ruß unter H_2 in Kohledrehrohröfen oder unter Vakuum in Induktionsöfen bei 2000–2200 °C. Eine Abtrennung von Rest-Kohlenstoff ist danach wie zuvor erforderlich. Verbleibender Sauerstoff und Stickstoff lösen sich im TiC und bilden einen Ti(C,N,O)-Mischkristall.

Auch die Synthese von großen Mengen an Roh-ZrO_2 erfolgt in der Regel durch einen reduktionsunterstützten Prozess. Grundlage für die Verhüttung von Zirconiumsilicat, dem billigsten und best verfügbaren ZrO_2-Rohstoff, ist dessen thermische Zersetzung (*Dissoziation*) bei 2000 °C im Lichtbogenofen nach der Brutto-Gleichung (1.8):

$$ZrSiO_4 \rightarrow ZrO_2 + SiO_2. \tag{1.8}$$

Das SiO_2 liegt danach als erstarrtes Quarzglas vor, das chemisch oder durch mechanische Aufbereitung abgetrennt werden muss. Besser ist daher der Einsatz von Kohlenstoff, der das SiO_2 zu flüchtigem SiO reduziert, das absublimiert:

$$ZrSiO_4 + C \rightarrow ZrO_2 + SiO\uparrow + CO\uparrow. \tag{1.9}$$

Eine weitere Herstellungsmöglichkeit von ZrO_2 ist die Umsetzung von $ZrSiO_4$ im Schachtofen bei 800–1200 °C unter Chlorgas. Dabei läuft folgende Reaktion ab:

$$ZrSiO_4 + 3C + 4Cl_2 \rightarrow ZrCl_4 \uparrow + SiCl_4 \uparrow + 4CO \uparrow. \tag{1.10}$$

Die flüchtigen Zirconium- bzw. Siliciumtetrachlorid lassen sich durch fraktionierte Sublimation trennen. Ebenfalls weitgehend abtrennbar sind Hafnium, Thorium und Seltene Erden, die immer als teilweise beträchtliche Verunreinigungen in den natürlichen Mineralien vorkommen.

Neben der carbothermischen Reduktion eines Oxides mit Kohlenstoff sind auch aluminothermische, silicothermische und magnesiothermische Reduktionsprozesse möglich, die auf der starken Sauerstoffaffininität dieser Elemente basieren. Nach diesen Prinzipien werden gerne Übergangsmetallcarbide oder -boride hergestellt, die einen entsprechend hohen Anteil an z. B. Magnesiumboriden enthalten. So kann Borcarbid aus Boroxid und Ruß bei 1000–1800 °C synthetisiert werden [123]:

$$2B_2O_3 + 6Mg + C \rightarrow B_4C + 6MgO. \tag{1.11}$$

Das Reaktionsgemisch wird, wie bei Thermit-Prozessen üblich, lokal elektrisch gezündet. Auch ist die Umsetzung unter Wasserstoff in einem Graphitrohrofen möglich. Ein Problem ist die Abtrennung von Magnesiumoxid, Magnesiumborid und unreagiertem metallischem Magnesium, die üblicherweise mit Salzsäure oder Flusssäure herausgelaugt werden, was jedoch nicht vollständig geschieht [124, 125].

Auch *Oxidationsprozesse* kommen zur Herstellung besonders reiner Oxidpulver aus Metallen zum Einsatz. So werden beispielsweise nach dem *Iwatani-Verfahren* metallische Aluminium-Pellets in einem Lichtbogen unter reinem Wasserdampf erschmolzen und verdampft. Dabei bildet sich Aluminiumhydroxid-Staub, der noch im Lichtbogen oder bei einer Nachbehandlung zu Al_2O_3 umgesetzt wird. Die Reinheit des Al_2O_3 richtet sich dabei ganz nach der Reinheit des eingesetzten Aluminiums, die nach der üblichen Herstellungsmethode über Schmelzflusselektrolyse über 99,999 % liegen kann. Auch Zirconiumdioxidpulver lässt sich so in nahezu beliebigen Reinheiten herstellen.

Schwindungsfreie, endkonturnahe Formkörper können durch Oxidation von Metallsilicid-Grünteilen hergestellt werden. Als Keramik erhält man entweder ein SiO_2-gebundenes ZrO_2 oder $ZrSiO_4$:

$$ZrSi_2 + 3O_2 \rightarrow ZrO_2 + 2SiO_2, \tag{1.12}$$

$$ZrSi_2 + 3O_2 \rightarrow ZrSiO_4 + SiO_2. \tag{1.13}$$

Die mit der Reaktion einhergehende Volumenvergrößerung um etwa 100 % kompensiert die porenbedingte Schwindung des Bauteils. Verwendet man Polymethylsilsesquioxan als in SiO_2 umwandelbaren Binder, kann der axial oder isostatisch gepresste

Grünkörper vor dem Oxidationssintern auch durch Drehen, Fräsen, Schleifen usw. bearbeitet werden [126, 127].

1.2.5 Lösungs- und Fällungsprozesse aus wässeriger Lösung

Die bisher beschriebenen Verfahren gehen von einzelnen Körnern aus, die eine ideale, d. h. atomare Mischung der Ausgangskomponenten nicht erlauben, wodurch die Homogenität des gewünschten Produkts beeinträchtigt werden kann. Ferner sind Festkörperreaktionen diffusionsabhängig und benötigen daher hohe Temperaturen und eventuell lange Reaktionszeiten. Eine ideale Mischung und schnelle Synthesen bei geringen Temperaturen sind aber in Flüssigkeiten möglich, was voraussetzt, dass man die benötigten Komponenten in flüssiger oder gelöster Form zu Verfügung hat. Bei den nasschemischen Verfahren geht man oft von löslichen Salzen aus; auch metallorganische Verbindungen werden eingesetzt. Probleme bereitet häufig die Entfernung des Lösungsmittels, meist des Wassers, wobei keine Entmischung der vorgelegten Komponenten eintreten darf. Für diesen Zweck wurden einige Verfahren entwickelt, die unten angeführt sind.

Ein Vorteil dieser Verfahren liegt in der Möglichkeit, bestimmte chemische Zusammensetzungen, auch mit kleinen Anteilen, genau einzustellen, weshalb sie nach Stuijts [128] und Koppens [129] besonders Eingang in die Elektro- und Magnetokeramik (Band 4) gefunden haben. Ein weiterer Vorteil liegt auch darin, sehr feindisperse und damit reaktive Pulver zu erhalten, die interessante Sintereigenschaften aufweisen [130].

Die älteste dieser Methoden ist die *Mischfällung* (*Kopräzipitation*). Das klassische und zugleich meist genutzte Beispiel sind die Ferrite. Man löst dazu z. B. Ni- und Fe-Nitrat oder -Chlorid und fällt gemeinsam durch Na_2CO_3 die entsprechenden Carbonate, die nach Filtration und Waschen zum Oxid verglüht werden. Auch Fällungen der Hydroxide oder Oxalate sind üblich. Wichtig dabei ist, dass die Fällungseigenschaften der eingesetzten Komponenten ähnlich sind, damit keine Phasentrennung eintritt. Am günstigsten ist die Fällung von Mischkristallen. Der Prozess wird darüber hinaus durch die Art des Lösungsmittels, *p*H-Wert und Temperatur bestimmt. Zur Erzielung besonders feiner Pulver muss die *p*H-Wert-Änderung möglichst schnell durchgeführt werden (*alkalischer* bzw. *saurer Sturz*). Hierzu wird die salzhaltige Lösung langsam in einen Behälter mit der *p*H-Flüssigkeit eingetropft. Für den schnellen Mischungsprozess verwendet man Hochgeschwindigkeitsrührer. Allerdings sollten möglichst keine sonstigen unerwünschten Ionen der Lösung mitgefällt werden, da dadurch die Eigenschaften der Produkte beeinflusst werden können. Beispiele für solche Fällungsreaktionen sind:

$$Al_2(SO_4)_3 + 6NH_4OH \xrightarrow{\Delta pH\uparrow} 2Al(OH)_3 + 3(NH_4)_2SO_4, \qquad (1.14)$$

$$NaAlO_2 + HCl + H_2O \xrightarrow{\Delta pH\downarrow} Al(OH)_3 + NaCl, \tag{1.15}$$

$$6NaAlO_2 + Al_2(SO_4)_3 + 12H_2O \xrightarrow{\Delta pH\uparrow} 8Al(OH)_3 + 3Na_2SO_4. \tag{1.16}$$

Eine andere Gruppe von Verfahren verdampft das Lösungsmittel, was den Vorteil hat, dass keine Fremdionen zur Fällung benötigt werden, was aber auch Probleme aufwerfen kann, wenn das Lösungsverhalten der Komponenten unterschiedlich ist. Besonders bewährt haben sich die Gefrier- und die Sprühtrocknung.

Die *Gefriertrocknung* ist ein Verfahren aus der Lebensmitteltechnik und kann ebenfalls zur Fällung keramischer Pulver herangezogen werden. Für die Herstellung eines homogenen keramischen Rohstoffs ist es erforderlich, eine Entmischung beim anfänglichen Gefrieren zu vermeiden. Schnettler u. M. [131] rühren deshalb ihre Lösung aus Al- und Mg-Sulfat in auf −60 °C vorgekühltes Hexan ein, wobei einzelne Kügelchen mit Durchmessern um 0,3 mm entstehen. Die gefrorenen Kügelchen werden abgesiebt und im Vakuum gefriergetrocknet, wobei das H_2O absublimiert. Das verbleibende Gefüge ist durch viele Porenkanäle gekennzeichnet. Man erhält anschließend durch Tempern Spinell. Diese Methode eignet sich auch für Ferrite.

Die *Sprühtrocknung* (Kapitel 2.2.3.1) findet Einsatz bei der Trocknung von Nitrat- oder Chloridlösungen, wenn man für 10 bis 20 µm große Tröpfchen und eine rasche Verdampfung des Wassers sorgt. Dann tritt keine Entmischung ein, und es bilden sich meist Hohlkugeln in Größe der Tröpfchen. Ist im Sprühturm die Temperatur so hoch und die Verweilzeit so lang, dass sich die Salze zersetzen, dann entstehen bei diesem *Sprührösten* oder Sprühbrennen bzw. Pyrohydrolyse genannten Verfahren gleich die Oxide. Diese Methode geht auf ein Patent von Aman aus dem Jahre 1956 zurück, der damit MgO aus dem salzhaltigen Wasser des Toten Meeres gewann [132]. Ausgangspunkt sind metallische Reststoffe oder Schrotte, die mit HCl gelaugt werden. In der Hochleistungskeramik werden Chlorid-, Oxychlorid-, Nitrat- oder Sulfat-Lösungen der entsprechenden Metalle in hochreiner Form verwendet [133–135]. Die Lösungen werden unter hohem Druck in einen Behälter versprüht und bei Temperaturen von 700–900 °C spontan verdampft und aufoxidiert (Abb. 1.20). Dabei wird das Anion in Form von Säure, z. B. HCl, wieder frei. Die einzelnen Reaktionen sind sehr komplex und aufgrund der hohen Geschwindigkeit noch Gegenstand der Forschung. Nach Kladnig [135] werden in der Lösung zunächst Hydrathüllen um die Ionenkomplexe gebildet, dann entsteht im Tropfen während des Verdampfens von Wasser ein Addukt $MeCl_x{\cdot}yH_2O$. Dies reagiert weiter zu einem Hydroxid $Me(OH)_x{\cdot}(y-x)H_2O + x HCl$. Durch Sauerstoffzutritt erfolgt die weitere Oxidation unter Abspaltung von Wasser. Je nach Prozesskinetik werden kugelförmige Aggregate erzeugt, die oft innen hohl sind, aber auch nanoskalige Pulver. Als Metalle kommen infrage: Be, Mg, Al, die Übergangsmetalle, Y, Zr sowie die Lanthaniden. Die wichtigsten Produkte sind neben Fe_2O_3 zur Ferrit-Synthese [136] Al_2O_3, MgO, TiO_2, Cr_2O_3, NiO, CoO und Y-TZP. Durch die gemeinschaftliche Röstung mehrerer Oxide kann man Mischkristalle oder Nano-Komposit-Pulver erhalten.

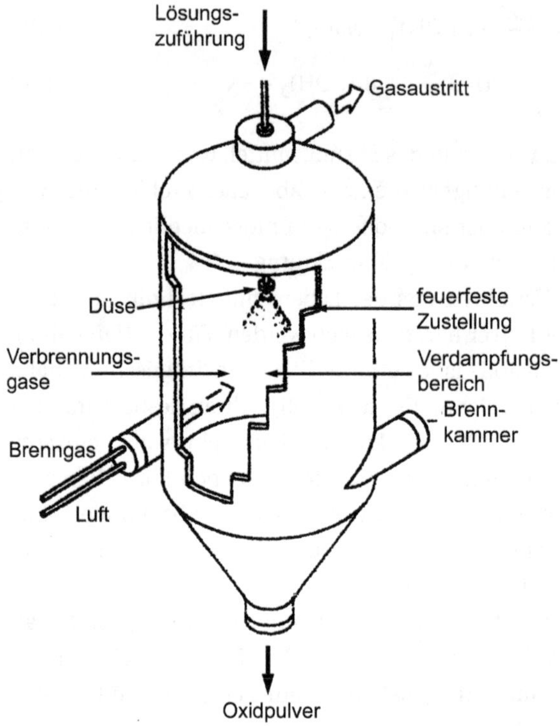

Abb. 1.20: Pyrohydrolyse- oder Sprühröst-Prozess zur Herstellung von Oxidpulvern aus Metallsalz-Lösungen nach Kladnig [133].

1.2.6 Hydrothermalverfahren

Bei der Hydrothermalsynthese keramischer Pulver handelt es sich im Prinzip um eine druckunterstützte Auflösung der eingebrachten Rohstoffe über Hydroxid-Zwischenstufen und die Ausfällung der unter den gewählten Druck- und Temperaturbedingungen stabileren neuen Phasen ebenfalls als Hydroxide. Bezüglich der Drucklaugung entspricht das Hydrothermalverfahren also der ersten Stufe des Bayer-Prozesses (Kapitel 1.2.1 und Band 4). Die Fällung des Reaktionsproduktes erfolgt entweder spontan oder im Zuge einer gezielten Druck-, Temperatur- oder *p*H-Wert-Änderung, die die Existenzbereiche der Phasen verschieben. Nach dem Abkühlen und Herunterfahren auf Normaldruck wird die Suspension filtriert, das Pulver mehrmals gewaschen, in Tunnel- oder Drehrohrtrockner bzw. durch Sprühtrocknen getrocknet und ggf. noch zum Oxid calciniert. Die Reinheit der Pulver ist je nach Rohstoffeinsatz und Fällungsbedingungen sehr hoch, die Kopräzipitation eng verwandter Ionenspezies kann allerdings nicht ausgeschlossen werden. Prinzipiell können jedoch minderwertigere Rohstoffe eingesetzt werden, wenn die Verunreinigungen in Lösung bleiben.

Das Verfahren ist großtechnisch für die Herstellung von Quarz-Einkristallen für Piezo-Schwinger entwickelt worden, die sehr langsam in der Lösung bei etwa 375 °C und 150 MPa Druck wachsen, während die Temperaturen am Bodensatz zur Sättigung der Lösung 425 °C betragen. Die industrielle Übertragung des Verfahrens auf nichtmetallisch-anorganische Pulver wurde in der Waschmittelbranche durchgeführt, die auf diese Weise Zeolithe als Ionentauscher (Weichmacher) herstellt.

Nach diesem Prinzip lässt sich beispielsweise der feuerfeste Wollastonit, $CaSiO_3$ oder Diopsid, $CaO{\cdot}MgO{\cdot}2SiO_2$, herstellen, indem man im Autoklaven eine feuchte Masse aus Weißfeinkalk oder gebranntem Dolomit und Quarzmehl 7 bis 16 h bei 200 bis 250 °C behandelt [137]. Es bilden sich dann nach Gl. (1.17)

$$6SiO_2 + 6Ca(OH)_2 \rightarrow 6CaO \cdot 6SiO_2 \cdot H_2O + 5H_2O \tag{1.17}$$

oder

$$\begin{aligned} &12SiO_2 + 6Ca(OH)_2 + 6Mg(OH)_2 \\ &\quad \rightarrow 6CaO \cdot 6SiO_2 \cdot H_2O + 6MgO \cdot 4SiO_2 \cdot 4H_2O + 2SiO_2 + 7H_2O \end{aligned} \tag{1.18}$$

die Silicathydrate Xonotlit, C_6S_6H, oder Serpentin, $M_6S_4H_4$, wobei zuletzt für die Formeln die in der Zementchemie übliche Schreibweise mit folgenden Abkürzungen verwendet wurde: $SiO_2 = S$, $Al_2O_3 = A$, $Fe_2O_3 = F$, $CaO = C$, $MgO = M$ und $H_2O = H$.

Für den Einsatz in der Keramik ist eine Entwässerung üblich, die bei Xonotlit schon ab 650 °C einsetzt, aber meist durch Calcinieren bei 865...1150...1350 °C durchgeführt wird, wobei nach

$$6CaO \cdot 6SiO_2 \cdot H_2O \rightarrow 6CaSiO_3 + H_2O \tag{1.19}$$

direkt Wollastonit entsteht. Die Bildung von Diopsid erfordert nach der Entwässerung noch eine Festkörperreaktion nach

$$C_6S_6H + M_6S_4H_4 + 2S \rightarrow 6CMS_2 + 5H_2O, \tag{1.20}$$

was aber wegen der hohen Feinkörnigkeit der Silicathydrate keine Schwierigkeiten bereitet. Ausreichende Reaktionsgeschwindigkeiten erreicht man bei 1200 bis 1250 °C. Der Xonotlit selbst ist ein wichtiger Füllstoff in Pasten und Kunststoffen, aber auch ein Stabilisator für Schlicker.

Im Bereich der Hochleistungskeramiken können in großem Maßstab komplexe Mischkristallpulver für Elektrokeramiken hergestellt werden, zum Beispiel Titanate für Kondensatoren, Aktoren, Sensoren usw. Gegenüber dem Mixed-Oxide-Weg (siehe Kapitel 1.2.2) besitzt das Hydrothermalverfahren den Vorteil einer besseren Kontrolle der Homogenität, Stöchiometrie, Korngröße und Kornform der Produkte, da die Diffusion und Vermischung der Spezies über die Lösung stattfindet. Die in der Regel geringere Korngröße und die manchmal amorphe oder schlecht kristallisierte Struktur der Hydrothermalpulver machen diese auch reaktiver im Sinterprozess. Beispiele sind neben reinem $BaTiO_3$ auch Dotierungsvarianten mit SrO, CaO, ZrO_2, PbO oder Seltenen Erden [138], auch Niobate des Bleis, Zinks, Magnesiums und Bariums [139]. Ferner werden Ionenleiter wie Na-β-Aluminat und ZrO_2 aller Dotierungen gefällt, für optische Anwendungen Al_2O_3, Blei–Lanthan–Titanat–Zirconat, für mechanische Anwendungen ebenfalls ZrO_2 (Y-TZP), Cordierit, Aluminiumtitanat, Mullit und vieles mehr.

Im Bereich der Pigmente werden mittels Hydrothermalverfahren feinstes Fe_2O_3 (rot), Fe_3O_4 (schwarz), Cr_2O_3 (grün), CrOOH (blaugrün), $ZnFe_2O_4$ (rotbraun), FeOOH (gelb), $CoAl_2O_4$ (blau) usw. synthetisiert.

Insofern die thermodynamischen Daten für die Stabilitätsbereiche der einzelnen Oxide und Hydroxide unter den gegebenen Bedingungen bekannt sind, lassen sich die Hydrothermalreaktionen mit rechnergestützten Methoden vorhersagen. Dies ist insbesondere für die Wahl geeigneter *p*H-Werte von Bedeutung [140, 141]. Nach dem Prinzip der heterogenen Gleichgewichte und dem Hebelgesetz (Band 1) lassen sich die erzielbaren Ausbeuten berechnen.

1.2.7 Sol–Gel-Verfahren

Bei der *Sol–Gel-Methode*, englisch auch *Colloidal Processing* genannt, wird eine *hydrolytische Polykondensation* durchgeführt. Ausgangsstoffe sind lösliche Salze wie Halogenide, Sulfide, Nitride, Alkoxide oder metallorganische Verbindungen, sog. *Vorstufen* (lateinisch: Praecursores, engl.: *Precursors*), deren anionische Gruppen durch den Angriff von Wasser durch OH^--Gruppen ersetzt werden. Dabei entstehen zunächst Metallhydroxide, die über Homo- oder Heterokondensation unter Wasserabspaltung zu Metalloxidverbindungen vernetzen (Gln. (1.21)–(1.23)):

$$\text{Hydrolyse:} \quad H_2O + R_nMR \rightarrow R_nM{-}OH + RH, \tag{1.21}$$

$$\text{Homokondensation:} \quad R_nMOH + R_nMOH \rightarrow R_nM{-}O{-}MR_n + H_2O, \tag{1.22}$$

$$\text{Heterokondensation:} \quad R_nMOH + R_nMR \rightarrow R_nM{-}O{-}MR_n + RH. \tag{1.23}$$

Der Buchstabe R bezeichnet dabei die anionischen bzw. organischen Restgruppen und M das Metall. Unter einer *Homokondensation* versteht man die Reaktion zwischen artgleichen Molekülen, bei einer *Heterokondensation* gehen verschiedene Partner eine Verbindung ein, hier die Ausgangssubstanz und ein bereits durch Hydrolyse entstandenes Hydroxid. Solche Reaktionen sind für Siliciumverbindungen gut untersucht [142, 143] und laufen selbst bei der einfachen SiO_2-Bildung über sehr komplizierte Zwischenstufen ab [144], die teilweise in Konkurrenz zueinander stehen. Abbildung 1.21 zeigt nach [102] am Silicium-Alkoxid $Si(RO)_4$ die Mechanismen der Hydroxidbildung an einer, zwei und drei Restgruppen, der Homokondensation zu Dimeren oder polymeren Ketten und Ringen. Ketten können sich weiterhin verzweigen, zwei- oder dreidimensional anlagern, Ringe können sich öffnen und Netzwerke ausbilden.

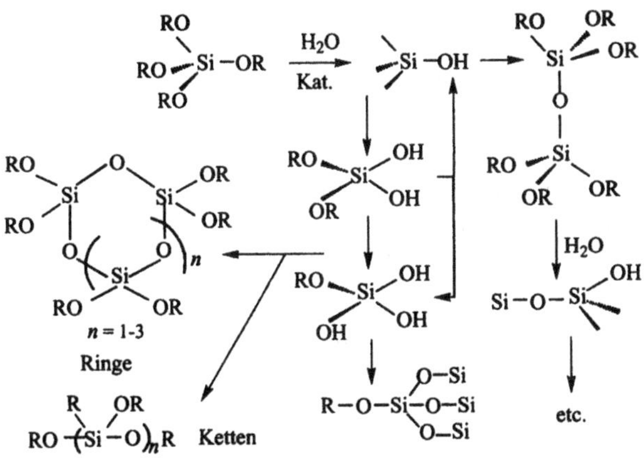

Abb. 1.21: Polykondensation von Si-Alkoxiden zu Dimeren, Ketten und Ringen [102].

Werden die Moleküle größer, so bilden sich *Kolloide* (griechisch: leimähnlich), also Aggregate oder Moleküle aus 1000 bis 10^9 Atomen und Durchmessern von 1–1000 nm. Die kolloidale Suspension wird *Sol* genannt. Durch Koagulation, d. h. weitere Vernetzung und Zusammenlagerung der Kolloide tritt unter weiterer Wasser- bzw. Restgruppenabspaltung eine Gelierung ein, es entstehen *Gele* und schließlich nach Entwässerung *Xerogele* (griechisch: xeros = trocken). Man erhält so feste, hochporöse amorphe oder teilkristalline Hydroxide, die durch Calcination in die entsprechenden Oxide überführt werden müssen, oder direkt die Metalloxide. Die Eigenschaften der Stoffe sind schwer vorhersagbar, da Reaktionsweg, Vernetzungsgrad usw. noch kaum zu kontrollieren sind. Auch ist es schwierig, die in der Literatur beschriebenen Experimente zu vergleichen, da die meisten Autoren den *p*H-Wert als Kriterium für die Säure- bzw. Basecharakter der Lösungsmedien verwenden, obwohl bekannt ist, dass in wässrig-organischen Medien nur die H_0-Funktionen von Bedeutung sind [145].

In der Praxis werden die Sole z. B. durch Dispergieren frisch gefällter Hydroxide von Al, Mg, Fe, Si, Ti usw. hergestellt. Man kann das Sol auch direkt durch Hydrolyse der Chloride, z. B. von $AlCl_3$ oder $SiCl_4$, erhalten. Dieses Sol wird in ein festes Gel überführt, indem man es in eine Flüssigkeit tropft, die mit ihm wenig oder nicht mischbar ist. Nach dem anschließenden Trocknen erhält man das Produkt durch Calcinieren. Diese Methode ist vielseitig anwendbar. So kann ein sehr reines und feinkörniges Si_3N_4 hergestellt werden, indem in ein SiO_2-Sol feinkörniger Kohlenstoff zu einem homogenen Gel eingerührt wird, das dann sprühgetrocknet und im N_2-Strom bei 1500 °C zu Si_3N_4 umgesetzt wird [146].

Für die eben geschilderte Methode finden in zunehmendem Maße organische Verbindungen der betreffenden Elemente Einsatz, meist die in Alkoholen leicht löslichen Ester, z. B. Si-Tetramethyl- oder -ethylester, $Si(OCH_3)_4$, oder Tetraethoxysilan (TEOS), $Si(OC_2H_5)_4$, oder Al-Triisopropylester $Al(OC_3H_7)_3$. Weitere oft verwendete Vorstufenverbindungen des Siliciums sind in ihrer Struktur in Abb. 1.22 gezeigt. Alkalien oder

Erdalkalien sind als Alkoholate, Acrylate oder im betreffenden Lösungsmittel lösliche Salze wie Nitrate einsetzbar. Die erhaltenen Xerogele sind so aktiv, dass ausgehend von obigem Al-Ester transparentes Al_2O_3 hergestellt werden kann [147]. Dabei ist die Prozessführung sehr wichtig, um das notwendige feinkörnige Zwischenprodukt in Form von AlO(OH)-Partikeln mit Durchmessern von 20 bis 40 nm zu erhalten. Aus MgO- und Al_2O_3-Vorstufen bildet sich beim Sintern bereits ab 620 °C Spinell [148].

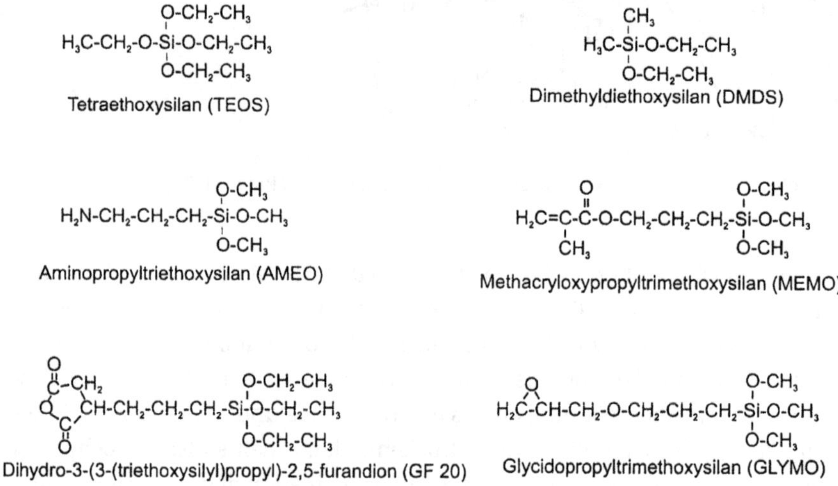

Abb. 1.22: Beispiele für Vorstufenverbindungen auf der Basis von Silan-Derivaten.

Die Variationsbreite der nasschemischen Verfahren ist sehr groß. Trotz der oft kostspieligen Verfahrensschritte zeigen diese synthetischen Rohstoffe wesentliche Vorteile und erlauben damit Fortschritte in der Herstellung von keramischen Werkstoffen mit besonderen Eigenschaften [149]. Von Vorteil ist z. B. die Verfahrenstechnik nach konventionellen chemischen Methoden bei Raumtemperatur. Ferner sind Beschichtungen oder die Herstellung von Fasern, die aus den Gelen unter Trocknung gezogen und gesponnen werden, möglich. Letztendlich stellt der Sol–Gel-Prozess einen der wesentlichen und industriell sinnvoll beschreitbaren Wege zur Herstellung nanokristalliner Werkstoffe dar [150–154]. Der chemische Weg zur Pulversynthese wird wegen seiner Umweltfreundlichkeit auch als „*sanfte Chemie*" oder englisch *soft solution processing* bezeichnet [99, 101, 155].

Lässt man den Gelierungsprozess weiter in einer Hohlform fortschreiten, so erhält man einen formstabilen Körper, der nach dem langsamen Trocknen als Grünkörper gesintert werden kann. Problem dieses *Gel-Casting*-Prozesses ist allerdings die hohe Schwindung [155], die Entstehung von Schwindungsrissen und die möglicherweise inhomogene Materialverteilung im Grünkörper, die wiederum zu Schwindungsrissen beim Sintern führt.

1.2.8 Synthese aus reaktiven Lösungen

In den letzten Jahren wurde die *Verbrennungssynthese* (engl.: *combustion synthesis*) zu einem Herstellungsprozess sehr feiner, homogener, kristalliner und unagglomerierter keramischer Pulver aus multikomponentigen Oxiden ohne die Zwischenaufspaltung und/oder das Calcinieren entwickelt. Die Methode stammt aus der Treibstoff- und Explosivmitteltechnik und nutzt eine exotherme, normalerweise sehr schnelle und sich selbst aufrechterhaltende chemische Reaktion [156–162]. Die Erwärmung, die zum Start der Reaktion benötigt wird, erfolgt dabei über eine externe Heizung.

Die Verbrennungssynthese wird mit einer gesättigten wässrigen Lösung durchgeführt, die die gewünschten Metallionen in Form von beispielsweise wasserlöslichen Nitraten sowie einen passenden organischen Kraftstoff, wie Harnstoff, $CO(NH_2)_2$, enthält. Die richtige Stöchiometrie der Mischung kann aus den Wertigkeiten der Ionen nach bestimmten Regeln ermittelt werden [163]. Die Lösung wird unter Gelierung zum Kochen gebracht, bis sich die Mischung selbst entzündet und eine fortdauernde Verbrennungsreaktion stattfindet. Produkt ist ein trockenes und normalerweise kristallines, feines Oxidpulver, manchmal in Form eines Schwammes. Die großen Mengen der bei der Reaktion gebildeten Gase aus CO_2, H_2O und N_2 können zu einer Flamme führen, die Temperaturen im Bereich von 1000 °C erreichen kann.

Der Vorteil dieses Verfahrens liegt einmal in der molekularen Mischung der Ausgangssubstanzen, was z. B. das Einbringen einer genau definierten Menge von Magnesium- bzw. Calciumionen und deren homogene Verteilung im ZrO_2-Pulver sicherstellt, sowie in seiner hohen spezifischen Oberfläche bzw. Korngrenzendichte, was für eine hohe Sinteraktivität und für eine schnelle heterogene Keimbildung bei Phasenumwandlungen sorgt.

Beispiele für wasserlösliche Salze sind $Ca(NO_3)_2{\cdot}4H_2O$, $Al(NO_3)_3{\cdot}9H_2O$ oder $Zr(NO_3)_4{\cdot}5H_2O$. Neben den Nitraten werden auch Metall-Carboxylate eingesetzt, SiO_2 kann entweder in Form von Metakieselsäuren, Tetraethoxysilan oder Mikrosilica mit hoher spezifischer Oberfläche eingebracht werden, was aber die Reaktionskinetik stark beeinflusst, da sich Letzteres erst lösen muss. Als Brennstoffe kommen neben dem Harnstoff auch Carbohydrazin ($H_3N_2CON_2H_3$), Tetraformtriazin, Maleinsäure oder Zitronensäure infrage.

So lässt sich beispielsweise Yttriumoxid-Pulver aus einer in Wasser aufgelösten Mischung aus Yttriumnitrat und Zitronensäure herstellen, indem man sie unter Rühren bei 85 °C geliert und zur Reaktion bringt [164, 165]. Das entstandene Pulver besitzt eine Korngröße von etwa 20 nm und eine spezifische Oberfläche von etwa 55 m^2/g. Ein anderes Beispiel ist die Synthese von Bleimagnesiumniobat-Pulver aus Blei- und Niob-Carboxylat-Gelen. Die entstehenden Temperaturen müssen im Bereich von 700–750 °C eingestellt werden, sodass sich der Niobat-Mischkristall direkt bildet, ohne dass Pyrochlor entsteht (Bildungstemperatur < 650 °C) oder PbO verdampft ($T > 800$ °C). Eine ausführliche kinetische Diskussion dieser Reaktion findet sich bei [166].

1.2.9 Lösungs- und Fällungsprozesse aus Schmelzen

Lösungs- und Fällungsprozesse aus Schmelzen gehorchen denselben physikalisch-chemischen Gesetzen wie diejenigen aus Lösungen, da Wasser ebenfalls eine Schmelze darstellt. Technisch gesehen laufen Schmelzreaktionen bei sehr viel höheren Temperaturen ab, sodass die Schmelzen nach dem Abkühlen erstarrt vorliegen. Beispiele für eine Werkstoffsynthese nach dem sog. *Hilfsbadverfahren* (engl.: *auxiliary bath method*) sind daher selten. So werden bestimmte Übergangsmetallcarbide und -boride in Pulverform synthetisiert, indem die meist metallischen Ausgangsstoffe in einer Metallschmelze auf der Basis von Aluminium-, Silicium-, Kupfer-, Zinn-, Blei- oder Eisenlegierungen aufgelöst werden und die neuen Substanzen entweder aufgrund der höheren thermodynamischen Stabilität spontan kristallisieren oder erst während der Verdampfung oder Abkühlung des Hilfsbades. Nach diesem Verfahren lassen sich komplexe Mischkristalle von (W,Ti,Ta,Nb...)-Carbiden oder (Ti,Zr,Cr,Ta...)-Boriden herstellen. Der Vorgang ist ferner gut für die Aufbereitung von Recycling-Material geeignet, das kaum separierbare Refraktärmetall-Zusammensetzungen aufweist. So werden z. B. Ferrotitan, Wolframschrott u. a. Übergangsmetalle in einer Fe–Ni-Schmelze unter Zugabe von Ruß gelöst, der Reaktor langsam abgekühlt und die Metallmatrix mit Säuren herausgelöst. Nach dem Prinzip der Ostwald-Reifung (Band 1) wachsen die Körner als Funktion der Ausgangsgrößenverteilung, natürlich auch der Übersättigung und der Zeit, weshalb man die erwünschte Korngröße und Kornform gut einstellen kann. Durch entsprechende Dotierung ist es beispielsweise möglich, äquiaxiale oder plattenförmige TiB_2-Partikel zu züchten. Die Gewinnung der Pulver erfolgt durch Auflösen der erstarrten Schmelze auf chemischem Wege. Die freigelegten Partikel werden konventionell weiterverarbeitet.

1.2.10 Synthese durch Kondensation und Pyrolyse metallorganischer Vorstufen

Die Herstellung von Keramikfasern sowie die Abscheidung von metallorganischen Verbindungen aus der Gasphase sind die ersten Versuche, Materialien aus molekularen Vorstufen (lateinisch: Praecursores, engl.: *Precursors*) herzustellen. Verbeeck und Winter sowie Yajima et al. haben erstmals versucht, Materialien ausgehend von einem einzigen Molekül aufzubauen. So gelang die Synthese von Schichten und Fasern aus SiC und Si_3N_4 und ihrer Oxynitride [167–172].

1.2.10.1 Carbid-Synthesen

Nahezu alle SiC-Synthesen basieren auf dem Umstand, dass in der Vorstufe der Methylsilane, $(CH_3)_xSiH_{4-x}$, bzw. der Polycarbosilane, $[-(CH_3)_xSiCH_{4-x}-]_n$, Kohlenstoff bereits mit tetraedrischer Anordnung kovalent an Silicium gebunden ist. Nach Abspaltung von Restgruppen (je nach Molekülaufbau also Wasserstoffe, Chlor oder Methylgruppe) entsteht also gemäß Vernetzungsgrad eine Si–C–Si-C…-Kette bzw. ein zwei- oder dreidimensionales Si–C-Netzwerk mit einer Si:C-Stöchiometrie von nahezu 1:1, das gut zu SiC umgewandelt werden kann. Aufgrund der strukturellen Vielfältigkeit der chlorierten Methylsilane als Ausgangsstoffe ergeben sich allerdings unzählige Möglichkeiten zur Polykondensation zu Polycarbosilanen. Eine Übersicht geben Fritz und Matern [173], eine strukturelle Darstellung gibt Abb. 1.23.

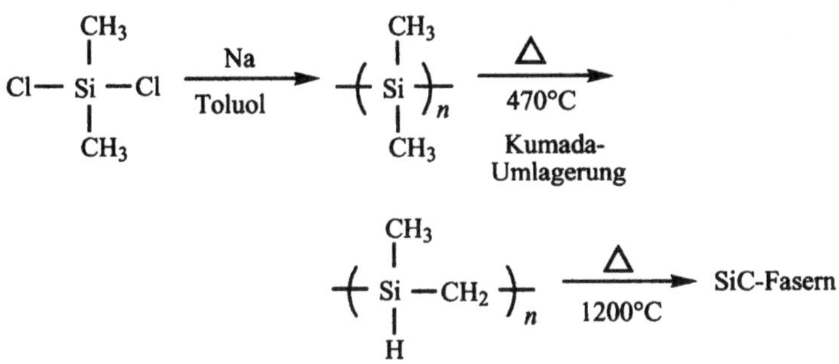

Abb. 1.23: Yajima-Verfahren zur Herstellung von SiC-Fasern [102].

Geeignete Prozesse sind die direkte Pyrolyse von Di- oder Trichlormethylsilan in Wasserstoff, Inertgas oder Vakuum:

$$CH_3SiHCl_2 \xrightarrow{1000\text{–}1500\,°C} SiC + 2HCl + H_2, \tag{1.24}$$

$$CH_3SiCl_3 \xrightarrow{>1100\text{–}1900\,°C} SiC + 3HCl + H_2. \tag{1.25}$$

Unterhalb von 1400 °C erhält man ein polykristallines Material oder Schichten, oberhalb dieser Temperatur können stöchiometrische Einkristalle oder Whisker gezüchtet werden [174–176]. Erfolgreich, allerdings mit sehr unterschiedlichen Ausbeuten, sind auch Pyrolysen von Silanen, die andere Restgruppen enthalten wie z. B. Phenyl-, Vinyl-, Propenylgruppen oder deren Kombinationen [177].

Die Herstellung von SiC-Fasern wurde mit der Entwicklung eines schrittweisen Syntheseverfahrens realisiert, bei dem von Dichlordimethylsilan, $(CH_3)_2SiCl_2$, ausgegangen wird (Abb. 1.23). Das Polydimethylsilan lagert sich beim Erhitzen unter Kondensation und Abspaltung von Chlor zu Polycarbosilan um. Bei weiterer Erwärmung entsteht ein zähflüssiges Polymer, dessen rheologische Eigenschaften es ermöglichen, Fasern zu ziehen und durch Pyrolyse in Siliciumoxycarbidfasern umzuwandeln. Dieses Verfahren muss als großer Syntheseerfolg gewertet werden, da auf diese Weise ein Material in Faserform erhältlich ist, das thermomechanisch enorm stabil ist (*Nicalon-Fasern*, bis 1200 °C stabil, siehe auch Band 4). Aus chemischer Sicht liegt allerdings ein stöchiometrisches Verfahren vor, bei dem metallische Natrium- oder Kaliumschmelzen verwendet werden, die das Chlor als NaCl bzw. KCl binden.

Die Synthese von SiC gelingt auch unter Verwendung katalytischer Reaktionen nach Abb. 1.24. Das Polycarbosilan wird zunächst katalytisch hergestellt (Schritt a). Bei der direkten *Pyrolyse* dieses Polymers, d. h. der thermischen Abspaltung der restlichen Methylgruppen, kann die Ausbeute an SiC allerdings sehr gering sein [178]. Erst eine Quervernetzung (Schritt b) ergibt ein präkeramisches Polymer, das mit guter Ausbeute und mit kontrollierbarer Morphologie zu SiC-Schichten oder Fasern umgesetzt werden kann (Schritt c) [179].

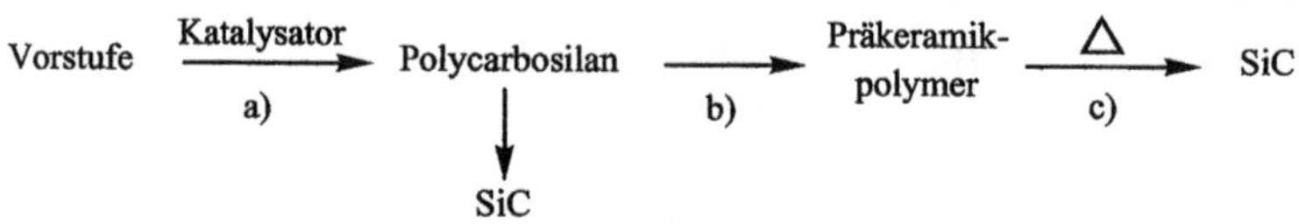

Abb. 1.24: Allgemeine katalytische Darstellung von SiC über Polycarbosilan.

Weitere Syntheseverfahren beruhen auf der Vernetzung von Hydrosilanen (Abb. 1.25). Bei den in (1) und (2) gezeigten Reaktionen läuft die Quervernetzung nicht separat, sondern während der Pyrolyse ab. Bei der Reaktion (1) entsteht ein teilweise quer vernetztes Polymer, das eine Ausbeute von 77 % SiC ergibt. Bei der Reaktion (2) findet die Quervernetzung während der Mineralisierung statt, die Ausbeute an SiC beträgt 96 %. Als Katalysatoren kommen Platin-Komplexe oder Titanocen (Titancyclopentadienyldimethyl, Cp_2TiMe_2, sog. *Harrod-Katalysator*) zur Anwendung.

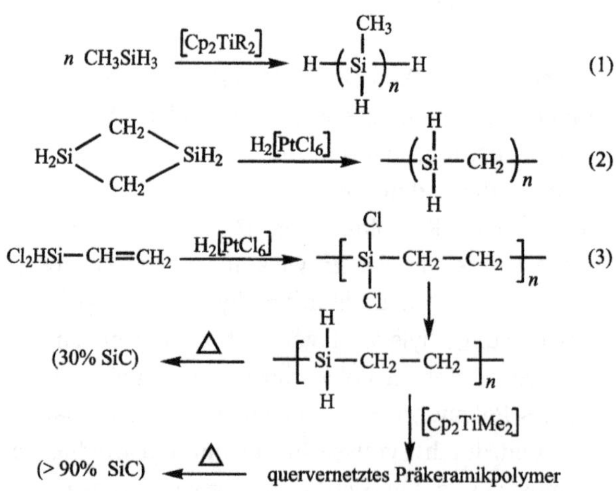

Abb. 1.25: Katalytische Synthese von SiC [102].

Die Ausbeuten an SiC bei der Reaktion (3) unterscheiden sich hingegen deutlich in Abhängigkeit vom Quervernetzungsgrad während der Pyrolyse. Das Polymer $(SiH_2{-}CH_2CH_2)_n$ ist ein lösliches Polymer mit SiH_3- und $SiH_2CH{=}CH_2$-Endgruppen, die Polymerisationsgrade liegen je nach den experimentellen Bedingungen zwischen 20 und 95. Die Ausbeute an SiC ist nach der Pyrolyse mit etwa 30 % gering und noch niedriger, wenn keine Vinyl-Endgruppen vorliegen [180]. Lineare, nicht quer vernetzbare Polymere zersetzen sich bei der Pyrolyse, ohne dass keramisches Material in akzeptablen Ausbeuten entsteht. Vernetzt man aber unter Verwendung des Harrod-Katalysators [181], wird reines SiC in guten Ausbeuten erhalten.

Außer Pulvern oder Schichten lassen sich über weitere Quervernetzung zähflüssige, aber gieß- oder extrudierfähige Polymere herstellen, deren weitere Erstarrung zu endkonturnahen pyrolysierbaren Formkörpern führt. Die Herstellung eines rissfreien keramischen Bauteils aus Polycarbosilan wurde mithilfe der Umsetzung von Dichlordimethylsilan und Dichlormethylvinylsilan in einer eutektischen Na–K-Schmelze bei 68 °C mit 94 %iger Ausbeute erreicht. Das Erzeugnis besteht aus einem unlöslichen und unschmelzbaren Polycarbosilan mit vernetzten Vinylgruppen, das mechanisch nachbearbeitet werden kann und bei 1100 °C nahezu schwindungsfrei pyrolysiert wird. Ergebnis ist ein monolithischer Formkörper aus amorphem SiC mit einer Vickershärte von HV_1 = 18,5 GPa [182]. Die gegenüber keramischem SiC geringere Härte weist auf einen Restgehalt an Kohlenstoff hin.

Eine andere Synthesemethode geht von Polysilylsesquioxanen aus mit der generellen Zusammensetzung $(RSiO_{1.5})_n$ mit R = H, CH_3, C_6H_5 oder $CH{=}CH_2$, die mit reaktiven Füllern wie metallischem Titan oder Siliciden versehen sind. Da solche Metalle mit Kohlenstoff zu Carbiden reagieren, wird somit der nach der SiC-Bildung übrige Restkohlenstoff abgebunden. Die Formkörperherstellung geschieht nach Vermengung des Polymers mit den Füllerpartikeln durch eine Vorformgebung bei 200 °C, wobei innerhalb von 60 min die Vernetzung eintritt. Der Grünkörper ist porenfrei und kann leicht bearbeitet werden. Bei der Pyrolyse bei 900–1400 °C entsteht innerhalb einer Stunde ein SiC–MC-Mischcarbid. Da außer leicht diffundierendem H_2 kaum gasförmige Reaktionsprodukte auftreten, sind die pyrolysierten Formkörper bereits dicht und lassen sich schwindungsarm keramisieren [183]. Weitere verstärkend wirkende Partikel wie Fasern oder Plättchen aus Übergangsmetallcarbiden oder -boriden lassen sich einlagern. Dieser Prozess wurde „*Active Filler Controlled Pyrolysis*“, AFCOP, genannt. Einen ähnlichen Syntheseweg für Übergangsmetallcarbide und -silicide beschreiben Seyferth u. M. [184].

Die Herstellung von Mischmetallcarbiden aus präkeramischen Polymeren über die *carbothermische Reduktion* von Oxiden nutzt ebenfalls den im Ausgangsmaterial im Überschuss vorhandenen Kohlenstoff [185]. SiC-Bildung und carbothermische Reduktion laufen bei deutlich unterschiedlichen Temperaturen ab, nämlich bei 450–750 °C bzw. oberhalb von 1200 °C. Nach [186] verläuft z. B. die Synthese von SiC-TiC-Mischungen aus Polydimethylsilylbisalkinylen und TiO_2-Pulver nach folgendem Schema. TiO_2-Pulver von 1–5 µm Korngröße wurde mit einer Tetrahydrofuran-

Lösung (THF) des Polymers gemischt. Nach dem Verdampfen des Lösungsmittels wurde der Rückstand unter Argon pyrolysiert. Die exotherme Umwandlung läuft bei 210 °C unter Bildung einer Kohlenstoffmatrix ab. Zwischen 450 und 800 °C entstehen CH_4 und H_2. Diese Gasentwicklung weist auf die Bildung von SiC aus den $SiMe_2$-Gruppen hin, die kovalent an die Kohlenstoffmatrix gebunden sind. Oberhalb von 800 °C entsteht SiC, während noch TiO_2 anwesend ist. Die Freisetzung von CO, die auf die carbothermische Reduktion hinweist, findet zwischen 1200 und 1400 °C statt und damit bei viel niedrigeren Temperaturen als üblich (Kapitel 1.2.4). Als Zwischenstufen der Reaktion lassen sich bei 1200 °C TiO_2, Ti_3O_5 und Ti_2O_3 sowie wenig Titanoxycarbid ($Ti_xO_yC_z$) nachweisen. Nach der Pyrolyse entspricht das Erzeugnis einem SiC/TiC-Mischcarbid, dessen Partikel alle dasselbe Si:Ti-Verhältnis von 3:4 aufweisen.

Solche carbothermischen Reduktionen laufen generell und unabhängig vom vorliegenden Oxid zwischen 1200 und 1400 °C ab, sogar wenn besonders hochschmelzende Materialien wie ZrO_2 und HfO_2 als Ausgangsstoffe vorliegen, die sich gewöhnlich erst bei Temperaturen zwischen 2000 und 2500 °C reduzieren lassen. Die Tabelle 1.6 zeigt einige Mischcarbidsynthesen aus Polydimethylsilylbisalkinylen und den entsprechenden Oxiden [102].

Tab. 1.6: Beispiele für SiC-Metallcarbid-Synthesen durch Pyrolyse

Polymer [$SiMe_2C_4$] (Äquivalent)	Metalloxid (Äquivalent)	Ausbeute an Keramik [%][a]	Stöchiometrie der Keramik [b] (MC in [%])
3	TiO_2 (4)	56 (56,5)	3 SiC/4TiC (66,7)
3	ZrO_2 (4)	62 (65,5)	3 SiC/4ZrC[c] (77,4)
3	HfO_2 (4)	71 (76.0)	3 SiC/4HfC[d] (86,4)
13	V_2O_5 (8)	52 (52,2)	13 SiC/4V_4C_3 (64,8)
7	Nb_2O_5 (4)	62 (62,1)	7 SiC/8NbC (74,9)
7	Ta_2O_5 (4)	72 (72,6)	7 SiC/8TaC (84,6)
7	MoO_3 (8)	59 (58,7)	7 SiC/4Mo_2C (74,4)
1	WO_3 (1)	69 (69,8)	SiC/WC (85,0)
7	B_2O_3 (8)	35 (38,6)	7 SiC/4B_4C (44,1)
3	SiO_2 (4)	49 (50,0)	SiC (–)

[a] Theoretische Werte in Klammern. [b] IR-spektroskopisch oder röntgendiffraktometrisch bestimmt. (MC = Metallcarbid-Analysenergebnis). [c] Nach 5 h Pyrolysezeit. [d] Nach 7 h Pyrolysezeit.

1.2.10.2 Nitrid-Synthesen

Die Synthese von Nitriden des Siliciums, Aluminiums, Titans und anderer Elemente gelingt prinzipiell nach denselben Verfahren wie die SiC-Darstellung durch Synthese von monomeren Vorstufen, deren Polykondensation und Pyrolyse zu keramischen Werkstoffen.

Als grundlegende Verfahrensvarianten zur Verknüpfung von Element-Stickstoff-Bindungen nennen Baldus und Jansen [104] folgende Reaktionen:

$$\text{Dehydrohalogenierung:} \quad \text{E-X} + 2\text{HNRR}' \rightarrow \text{E-NRR}' + \text{H}_2\text{NRR}'\text{X}, \tag{1.26}$$

$$\text{Salzeliminierung:} \quad \text{E-X} + \text{LiNRR}' \rightarrow \text{E-NRR}' + \text{LiX}, \tag{1.27}$$

$$\text{Silazan-/Stannazanspaltung:} \quad \text{E-X} + \text{Me}_3\text{Si(Sn)-N(R)M} \rightarrow \text{E-N(R)M} + \text{Me}_3\text{Si(Sn)X}, \tag{1.28}$$

$$\text{Wasserstoffabspaltung:} \quad \text{E-H} + \text{H-N(R)M} \rightarrow \text{E-N(R)M} + \text{H}_2, \tag{1.29}$$

$$\text{Transaminierung:} \quad \text{E-NR}_2 + \text{HNR}_2' \rightarrow \text{E-NR}_2'\text{HNR}_2. \tag{1.30}$$

Hierbei bedeuten E das Edukt, X Halogene, R und R′ unterschiedliche Restgruppen und M andere Metalle. Ausgangsstoffe sind meist chlorierte Silane, die durch *Ammonolyse* (Gl. (1.26)) in chlorierte Silazane, $(H_2SiCl)_2NH$, überführt werden, in denen die Siliciumatome über Stickstoff kovalent verknüpft sind. Die von Verbeek und Seyferth u. M. [187–189] entwickelte Polymerisation zu Polysilazanen geschieht durch Abspalten von Chlorwasserstoff:

$$\text{H}_2\text{SiCl}_2 + \text{NH}_3 \rightarrow (\text{–SiH}_2\text{–NH–})_x + \text{HCl} \rightarrow \text{Si}_3\text{N}_4 + \text{HCl}. \tag{1.31}$$

Eine weitere Synthesemethode verwendet die vollständige *Aminolyse* von Siliciumtetrachlorid mit Methylamin zu Silazan sowie dessen Transaminierung mit Ammoniak zu einem chlorfreien, hochreinen Si_3N_4 [190]:

$$\begin{aligned} \text{SiCl}_4 + 8\text{MeNH}_2 \rightarrow\ & \text{Si(NHMe)}_4 + 4\text{MeNH}_3\text{Cl} \\ & \downarrow \\ & 3\text{Si(NHMe)}_4 + \text{NH}_3 \rightarrow \text{Si}_3\text{N}_4 + 12\text{MeNH}_2. \end{aligned} \tag{1.32}$$

Je nach Reaktionsweg können aber auch Methylgruppen in den Oligomeren bzw. Polymeren erhalten bleiben, sodass eine Darstellung von Carbonitriden mit nahezu beliebigen N:C-Verhältnissen auf molekularer Ebene möglich wird. Die Vielfalt der Vorstufen und die daraus ableitbaren Polymere ist zu groß, als dass hier eine sinnvolle Übersicht gegeben werden könnte. Als Beispiel mag ein Prozess dienen, nach welchem Riedel u. M. ein kommerzielles Polysilazan bei 350 °C 3 h lang zu einem unschmelzbaren Polysilazan über Vernetzung hergestellt und keramisiert haben [191]. Das Zwischenprodukt wurde zu einem Pulver vermahlen, kaltisostatisch gepresst und bei 1000 °C in Argon zu einem amorphen Siliciumcarbonitrid der Zusammensetzung $Si_{1,5}N_{1,35}C_{1,0}$ pyrolysiert. In Ammoniakatmosphäre wird ein farbloses Si_3N_4 erhalten, das bei 1200 °C kristallin wird.

Die Herstellung von AlN aus Trimethylsilazan beschreiben Riedel u. M. [192]. Das Silazan wird zunächst mit $AlCl_3$ zu einem zyklischen $(Me_3SiNHAlCl_2)_2$ umgesetzt, welches bei 300 °C vollständig $ClSiMe_3$ abspaltet und zu $(ClAlNH)_n$ polymerisiert. Das $ClSiMe_3$ kann zur Darstellung von $(Me_3Si)_2NH$ wiederverwendet werden. Die Pyrolyse bei >1200 °C erbringt nach HCl-Abtrennung reines AlN, allerdings mit einer Ausbeute von 18 %. Das AlN liegt als Pulver mit einer spezifischen Oberfläche von über 150 m^2/g vor und kann auf dem Pulverweg ohne Additive zu 99 % Dichte heißgepresst werden. Ein AlN-Darstellungsverfahren aus anodisch in einer Propylamin–Acetonitrid–Tetrabutylammoniumbromid-Mischung aufgelöstem metallischem Aluminium stellen Rüssel u. M. vor. Als metastabiles Zwischenprodukt tritt wahrscheinlich Aluminiumaminoalan $Al(NHR)_3$ auf, das bereits bei Raumtemperatur unter Amin-Abspaltung polykondensiert [193, 194]. Das Produkt wird nach der Pyrolyse bei < 1400 °C auf dem Pulverweg weiter aufbereitet und versintert.

1.2.10.3 Synthesen borhaltiger Verbindungen

Auch Borverbindungen lassen sich über den Weg der Pyrolyse metallorganischer Vorstufen herstellen. Dabei wird die Synthese reiner Boride wenig verfolgt, weil sowohl die Vorstufen als auch die erzeugten nanoskaligen Pulver extrem pyrophor sind und in Anwesenheit kleinster Sauerstoffmengen explosiv abbrennen. Boride wie TiB_2 lassen sich ebenfalls aus den Chloriden in Umsetzung mit Lithiumboran zu Titan(III)triboran, $Ti(BH_4)_3$, und nachfolgende Diboran-Abspaltung in Xylen herstellen:

$$\begin{aligned} &2TiCl_4 + 8Li\,BH_4 \rightarrow 2Ti(BH_4)_3 + 8LiCl + B_2H_6 + H_2), \\ &2Ti(BH_4)_3 \rightarrow 2TiB_2 + B_2H_6 + 9H_2. \end{aligned} \tag{1.33}$$

Eher von Interesse ist die Verknüpfung von Bor mit Kohlenstoff oder Stickstoff. So lässt sich Hexamethyldisilazan $(Me_3Si)_2NH$ in einer ersten Reaktionsstufe mit $SiCl_4$ unter Abspaltung von Me_3SiCl zu Trimethyltrichlordisilazan $(Me_3Si{-}SiCl_3)NH$ umsetzen, in einer zweiten Stufe wird mit Bortrichlorid wiederum unter Abspaltung von Me_3Si-Cl quantitativ ein Pentachlorborosilazan $(Cl_2B{-}SiCl_3)NH$ erzeugt [195]. Vorstufen zu SiC–B_4C-Mischungen auf molekularer Ebene sind Carboransiloxane mit 60–65 %iger Ausbeute oder Poly(borodiphenyl)siloxane (43 % Ausbeute) bzw. borhaltige Polysilane [196].

Über die Pyrolyse der vielfältigen Polymere erhält man bei 900–1500 °C kristalline oder teilkristalline Si–B–C-, Si–B–N- oder Si–B–N–C-Verbundpulver unterschiedlichster Stöchiometrie. Ebenso ist die Herstellung von Beschichtungen oder Fasern möglich. Die thermische oder aminolytische Umwandlung von Aminoboranen führt zu Aminoborazinen, die bei 1000 °C zu einer amorphen Masse und bei 1700 °C zu teilkristallinem hexagonalen BN umgewandelt werden können [197], das als Beschichtung für Kohlefasern zur Anwendung kommt.

Auch thermisch bemerkenswert stabile amorphe Verbindungen der Zusammensetzung $Si_3B_3N_7$ oder $SiBN_3C$ wurden hergestellt. Letztere Verbindung, die aus Methylpolyborosilazan synthetisiert wird, zeigt bis 1900 °C keinerlei Zersetzungs- oder Kristallisationsneigung. Erst nach 60 h Auslagerung in Stickstoff bei 1940 °C bildet sich nanokristallines Si_3N_4, während sich keramisches Si_3N_4 bereits bei 1850 °C in Si und N_2 zersetzt. Bei etwa 2000 °C zerfällt das $SiBN_3C$ in SiC, N_2 und BN. Entgegen aller Erwartungen ist auch die Oxidationsbeständigkeit an Luft sehr gut, es ist sogar Si_3N_4 und BN bei 1550 °C überlegen, was auf die Bildung einer 1–2 µm dicken Schutzschicht aus SiO_2, B und C zurückgeführt wird [195]. Die Herstellung von 8–14 µm dicken $SiBN_3C$-Fasern ist bereits im technischen Maßstab gelungen. Mit einer maximalen Einsatztemperatur von 1500 °C, einer Zugfestigkeit von 3–4 GPa bei Raumtemperatur und 2,3 GPa bei 1500 °C, einer Dichte von $< 2\,g/cm^3$ und einem E-Modul von 200–350 GPa ist dieses Material besser als die bekannte Nicalon-Faser. Weitere Synthesewege und Eigenschaften von Si–B–N–C-Werkstoffen und Fasern bringt [198].

1.2.11 Synthese aus der Gasphase

Die Herstellung keramischer Schichten und Pulver aus der Gasphase bzw. über Gasphasenreaktionen ist eine alte und bewährte Technik, die zu sehr reinen und meist auch sehr feinen Partikeln führt. Im Falle von Schichten, die hier nicht weiter verfolgt werden sollen, gelingt die Darstellung thermodynamisch metastabiler oder gar instabiler Verbindungen mit großem Erfolg.

Ausgangsstoffe der Gasphasensynthese sind meistens leicht verdampfbare Metallchloride, die mit gasförmigen Kohlenstoffträgern zu Carbiden reagieren. Ein Beispiel ist die Synthese von Titancarbid unter Wasserstoff bei 1600–2200 °C nach:

$$TiCl_4 + CH_4 \rightarrow TiC + 4HCl, \quad (1.34)$$

$$2TiCl_4 + C_2H_2 + 3H_2 \rightarrow 2TiC + 8HCl. \quad (1.35)$$

Alle Reaktionen sind stark endotherm. Die Bildung der Carbide erfolgt über CH-Radikale aus der Methan- bzw. Acetylenpyrolyse. Die Reaktion des Tetrachlorids mit Bortrichlorid führt bei etwa 1500 °C zum Diborid:

$$TiCl_4 + 2BCl_3 + 5H_2 \rightarrow TiB_2 + 10HCl. \quad (1.36)$$

Über diese Reaktion werden üblicherweise die meisten Übergangsmetalldiboride in technischem Maßstab hergestellt.

Ein Weg zur Borcarbidsynthese ist die Umsetzung von Bortrichlorid mit Kohlenstoff in Wasserstoff bei 900–1800 °C:

$$4BCl_3 + 6H_2 + C \rightarrow B_4C + 12HCl. \quad (1.37)$$

Anstelle von festem Kohlenstoff lässt sich auch Methan verwenden und statt des Chlorides auch andere Halogenide. Eine Reaktion von Bortriiodid, BI_3, mit Tetraiodkohlenstoff, CI_4, liefert schon bei 900–1100 °C reinstes B_4C, allerdings mit 20 % Ausbeute.

Diese Synthesen sind vor allem deshalb interessant, weil die Stöchiometrie des Borcarbides von $B_{15,8}C$ bis $B_{3,9}C$ einstellbar ist [199, 200]. Bornitrid und Siliciumnitrid sind ebenfalls über Gasphasenreaktionen der Chloride mit Ammoniak bei 1500–1800 °C bzw. bei 900 °C in Elektroöfen darstellbar:

$$4NH_3 + BCl_3 \rightarrow BN + 3NH_4Cl, \tag{1.38}$$

$$4NH_3 + 3SiCl_4 \rightarrow Si_3N_4 + 12HCl. \tag{1.39}$$

Allerdings enthalten die Pulver stets eine geringe Menge an Chlor, die das Sintern und die mechanischen Eigenschaften der Bauteile negativ beeinflusst.

Üblicherweise wird die Synthese in Reaktoren unter Gasströmung durchgeführt, wobei sich die Pulver in kälteren Bereichen abscheiden. Keimbildung, Kornwachstum usw. lassen sich dann nur schlecht kontrollieren. Demgegenüber bietet das *Chemical-Vapor-Reaction-Verfahren* (CVR) den Vorteil, in einem Plasmabrenner mit strömungsdynamisch kontrollierter Zuführung die Verweildauer der Reaktanden bei der gewünschten Temperatur definiert einzustellen. So lassen sich bei Temperaturen bis zu 3000 °C nanometergroße Partikel mit sehr enger Korngrößenverteilung in großen Mengen kontinuierlich herstellen. Neben Carbiden sind auch Nitride und Verbundpulver erzeugbar. Allerdings sind die entstehenden Pulver so pyrophor, dass sie unter Schutzgas gepackt und gehandhabt werden müssen.

1.3 Organische und anorganisch-polymere Additive

Bearbeitet von P. Quirmbach, Koblenz, W. Geis, M. Hölzgen, W. Weiand, Bonn

In vielen Bereichen der keramischen Aufbereitung, Formgebung und Dekoration werden chemische Additive eingesetzt, deren Aufbau und Wirkungsweise in diesem Kapitel beschrieben werden sollen.

Prinzipiell können diese Hilfsmittel aus einem oder mehreren Funktionsträgern (d. h. uni-, bi-, tri- usw. funktionelle Additive) aufgebaut sein. Die Hilfsmittel werden chemisch grob in organische sowie anorganische unterteilt und können natürlich oder synthetisch sein. Ein weiteres Kriterium der Unterscheidung ist das für die optimale Funktionalität des Additivs notwendige Lösungsmittel, wobei hier zwischen wässrigen und nichtwässrigen Lösungsmittelsystemen (z. B. Alkohole, Ester, Ketone, Kohlenwasserstoffe usw.) differenziert wird. In den meisten Fällen ist der Einsatz von wässrigen Systemen unter den Aspekten der Umweltverträglichkeit, Recyclierbarkeit, Arbeitsmedizin und Anlagenschonung zu bevorzugen. Ein weiteres Einsatzkriterium stellt das Ausbrennverhalten der Komponenten der Additive dar. Hierbei gibt es Typen, die schon bei niedrigen Temperaturen ($T \leq 250$ °C) und kurzen Zeiten pyrolysieren bzw. depolymerisieren, sog. temporäre Hilfsmittel, ferner Typen, die sich erst bei höheren Temperaturen ($T \leq 600$ °C) zersetzen, wie z. B. thermoplastische Spritzgussmedien [201], oder solche (z. B. carbonisierende Stärken), die gezielt Rückstände in Form von z. B. Kohlenstoffverbindungen im keramischen Gefüge hinterlassen, welche für weiterführende Prozessschritte (z. B. in Funktion eines Sinteradditivs) hilfreich sind. Daneben werden anorganische Bindemittel (Silicate, Phosphate) verwendet, die nach erfolgter Dissoziation in die keramische Bindematrix eingebaut werden.

Im Folgenden werden die am häufigsten eingesetzten Hilfsmittel im chemischen Aufbau, in der Wirkungsweise und anhand von Beispielen aus der industriellen Nutzung charakterisiert. Es gilt aber zu beachten, dass darüber hinaus eine Vielzahl von „Sonderlösungen" existiert, indem für spezielle technologische oder werkstoffspezifische Anforderungen entsprechende Produkte maßgeschneidert wurden [202–205].

1.3.1 Additive für die Aufbereitung keramischer Massen

Verflüssigungsmittel

Dieser Additivtypus wird eingesetzt, um das rheologische Verhalten von Schlickern gezielt einzustellen. Eine Verflüssigung erfolgt nach den Prinzipien der Komplexierung und Ioneneinbau. Unter Komplexierung versteht man, dass ungebundene Ionen innerhalb der Suspension in einer chemischen Verbindung immobilisiert werden; Ioneneinbau bedeutet, dass über einen Ionenaustausch eine Ladungskompensation und hiermit verbunden Abstoßungseffekte zwischen den dispergierten Feststoffpartikeln erzielt werden. Eine Suspension gilt als verflüssigt, wenn sich die Feststoffteilchen entweder sterisch oder elektrostatisch derart abstoßen, dass sich unter Schwerkraftwirkung im optimalen Fall kein Dichtegradient über den Flüssigphasenquerschnitt bei längeren Standzeiten (mehrere Tage) aufbaut (Kapitel 2.3.1.1). Allerdings gibt es in der Realität keinen absolut langzeitstabilen Schlicker.

Die natürlichen anorganischen Basisstoffe der verflüssigenden Additive sind Carbonate, Phosphate und Silicate, die vor dem Einsatz einer speziellen Aufbereitung unterzogen werden, gleichermaßen wie die Huminate [206], die hier als Vertreter der natürlichen organischen Rohstoffe genannt seien. Bei den organischen Varianten werden als natürliche Basisstoffe Fischöle oder deren Raffinationsprodukte sowie als synthetische Ausgangsstoffe Acrylate, Citrate oder Kombinationen aus Carbonsäuren, die z. T. mit Ammonium oder Aminen neutralisiert wurden, angeboten. Hierunter fallen auch solche Typen, die völlig rückstandsfrei bei einer thermischen Nachbehandlung verbrennen.

Die verflüssigenden Additive werden hauptsächlich zur Schlickeraufbereitung für die Sprühkornherstellung eingesetzt und finden sowohl bei silicat- als auch oxid- und nichtoxidkeramischen Massen Anwendung [207]. Als Beispiele sei die Produktion von Trockenpressgranulaten in der Baukeramik für das uniaxiale Pressen oder die Herstellung von Axial- und Isotatpressmassen für Al_2O_3-Produkte genannt [208]. Die Dispergatoren oder Verflüssiger werden auch bei wässrigen Formgebungsvarianten wie dem drucklosen Gießen, z. B. in der Zier- und Gebrauchskeramik oder bei der Geschirrproduktion, dem Druckguss in der Sanitärkeramik oder dem Vibrationsgießen für Feuerfesterzeugnisse mit hydraulischer Bindung, allerdings hier kombiniert mit Thixotropier- und Bindemittel, eingesetzt.

Netzmittel

Der Einsatz von Netzmitteln hat zum Ziel, eine Reduzierung der Oberflächenspannung des Wassers zu erreichen. Durch die Ausbildung einer monomolekularen Oberflächenschicht mit Anreicherung von Anionen wird eine verbesserte Benetzung der Partikeloberflächen erzielt, was es dem Wasser ermöglicht, leichter in die kapillaren Räume der Partikelhaufwerke einzudringen. Bedingt durch die Reduzierung der Oberflächenspannung bilden sich sehr leicht haltbare Schäume aus. Das in Suspensionen entstehende Schaumvolumen hängt dabei insbesondere von der eingetragenen Mischenergie ab. Der für einige Fertigungsverfahren störenden Schaumbildung wirkt der Zusatz von *Entschäumern* entgegen, welche eine nachträgliche Erhöhung der Oberflächenspannung bewirken. Eine weitere Anwendung finden Netzmittel als Zusatz zu teilplastischen keramischen Massen, indem sie durch die Reduktion der „inneren Reibung" eine verbesserte Plastifizierung hervorrufen.

Der chemische Aufbau dieser Additivtypen lässt sich in zwei Funktionsschwerpunkte gliedern. Das Hauptmolekül, auch bezeichnet als organischer Rest (z. B. Alkyl- oder Arylrest), bestimmt durch seine Primärkettenlänge die physikalisch-chemischen Eigenschaften des Additivs wie die Löslichkeit oder die Oberflächenaktivität. An dieses Molekül binden sich an bestimmten Stellen funktionelle Gruppen an. Entsprechend der chemischen Beschaffenheit der aufbereiteten Keramikpartikel wird zwischen kationischen (z. B. quaternäre Amingruppe), anionischen (z. B. COOH, HSO_3) und nichtionischen (z. B. Polyalkoholresten, Polyolen, Polyether) Gruppen ausgewählt. In Abb. 1.26 ist die Entstehung eines Netzmittels aus einem Carboxyl durch Umsetzung mit Ammoniumhydroxid dargestellt. Nach der Verseifung der Carbonsäure mittels Neutralisation initiiert das sehr bewegliche H^+-Ion zwischen Carboxyl- und Ammoniak-Gruppe in Verbindung mit Wasser ein Hydrolysegleichgewicht, dessen Einfluss die Oberflächenspannung des Wassers reduziert.

Das gleiche Prinzip wird in Abb. 1.27 an der Verseifung einer Sulfo-Gruppe mit NaOH gezeigt.

Der Zusatz der Netzmittel erfolgt während des Homogenisierungsprozesses z. B. beim Kneten von Extrusionsmassen (Ziegel). Hierdurch kann in vielen Fällen bei gleichbleibender Plastizität die Anmachwassermenge reduziert, bzw. bei konstantem Wasserzusatz die Plastizität gesteigert werden. Nachteilig wirkt sich die durch den Trocknungsprozess hervorgerufene Migration des Additivs an die Scherbenoberfläche aus, wodurch ein wasserabweisender Effekt erzielt wird. Aufgrund der Hydrophobierung ist ein Glasurauftrag nach dem Trocknungsvorgang nur dann bedingt möglich.

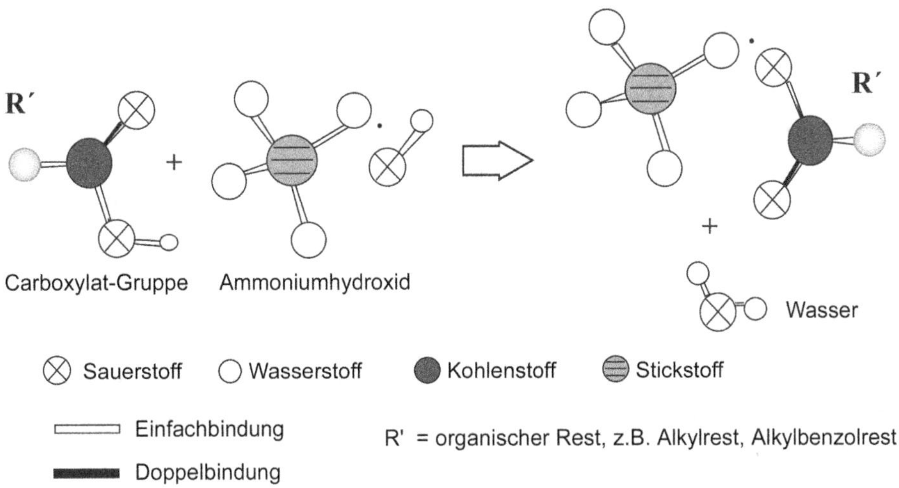

Abb. 1.26: Entstehung eines Netzmittels durch die NH_4OH-Neutralisation einer Carboxylat-Gruppe.

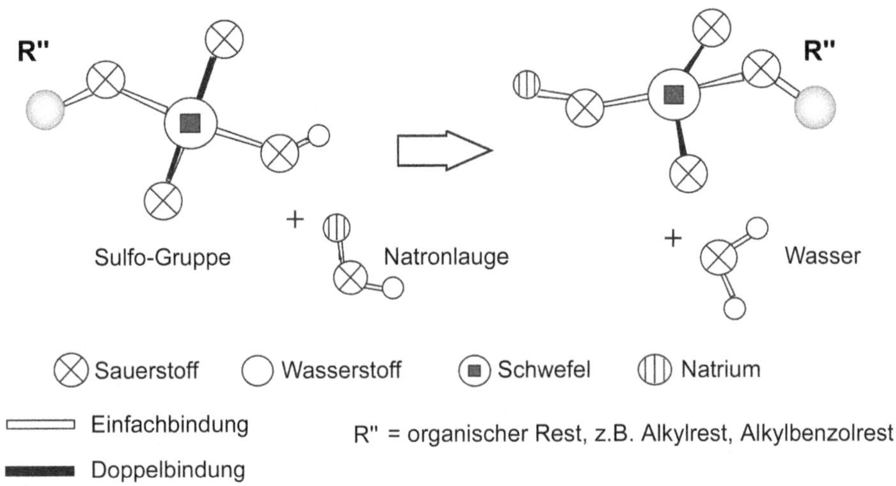

Abb. 1.27: Entstehung eines Netzmittels durch die NaOH-Neutralisation einer Sulfo-Gruppe.

Temporäre Bindemittel

In wässrigen Suspensionen können durch die Zugabe von temporären Bindemitteln adhäsive Kräfte zwischen den Keramikpartikeln herbeigeführt werden, z. B. um eine optimale Bindung zwischen den Teilchen beim Granulataufbau während der Sprühtrocknung zu erreichen. Dies erfolgt nach zwei Prinzipien. Einerseits wird durch filmbildende Eigenschaften, wie z. B. beim Einsatz von Polyvinylalkoholen, ein flächiger Kontakt durch die Ummantelung der Einzelpartikel hergestellt. Andererseits kann durch Zugabe von kolloidal löslichen Polysacchariden ein Punktkontakt aufgebaut werden. Beide Bindungsmechanismen wirken sich auf die Reißdehnung und Reißfestigkeit der Granulate aus. Die Flexibilität der Bindung korreliert mit dem Kornaufbau bzw. der Korngrößenverteilung in der keramischen Masse.

Ein weiteres Auswahlkriterium stellt das Ausbrennverhalten der temporären Binder dar. Darunter ist die Oxidation, d. h. die Verbrennung der organischen Bestandteile, bzw. deren Aufspalten in kurzkettige und damit flüchtige Produkte zu verstehen. Unzureichend zugeführter Sauerstoff lässt eventuell nur eine partielle Pyrolyse zu. Dies führt im keramischen Endprodukt zu Fehlern wie z. B. zur Entstehung größerer Gasaustrittsporen auf der Scherbenoberfläche oder zur Ausbildung von „schwarzen Kernen". Es kann im Ausbrennverhalten zwischen einer vollständig rückstandsfreien Verbrennung und dem Aufbau eines nichtbinderaktiven Kohlenstoffgerüsts variiert werden. Für spezielle Anwendungsfälle wird durch die Verwendung von Teer, Pech, Phenolharzen, usw. ein binderaktives Kohlenstoffgerüst geschaffen. Tabelle 1.7 gibt eine Übersicht über das Eigenschaftsspektrum einiger Bindemittel.

Tab. 1.7: Eigenschaften temporärer Binder

gut	⟵	Ausbrennverhalten				⟶	schlecht
PAC	Stärken	PVAc		PVA	CMC	Zucker	Ligninsulfonate
hoch	⟵	Reißdehnung				⟶	niedrig
					⟼ ab hier entstehen spröde Filme		
PVAc	PVA	PAC	Ligninsulfonate		Stärken	CMC	Zucker
hoch	⟵	Reißfestigkeit				⟶	niedrig
PVA	Stärken		Zucker		Ligninsulfonate		PVAc

Die Polyacrylate zeigen bei der Reißfestigkeit ein Verhalten von hoch bis niedrig entsprechend dem eingestellten Molekulargewicht und dem Einsatz der funktionellen Gruppen. Als temporäre Bindemittel werden Polysaccharide wie Stärken, Zucker, Cellulosederivate und Ligninsulfonate verwendet, wobei die anionenaktiven unter ihnen Na^+, NH_4^+, Ca^{2+} und Mg^{2+} als Kationen enthalten können. Darüber hinaus kommen Polymere auf der Basis von Polyvinylacetaten, Polyvinylalkoholen sowie Polyacrylaten zur Anwendung. Als Beispiel für ein konfektionierbares temporäres Bindemittel wird eine Polyacrylsäure angeführt (Abb. 1.28), welche ihrerseits durch die variable Zusammensetzung (Molekulargewicht, funktionelle Gruppen) unterschiedlichen Anforderungen (Ausbildung der Bindekraft) im technischen Einsatz gerecht wird.

Prinzipiell dienen die temporären Binder dem Zweck besserer Formgebungseigenschaften sowohl bei der homogenen Einarbeitung in die wässrige Phase (Schlickeraufbereitung) als auch als Zusatz zu trocken aufbereiteten Massen z. B. bei der Aufbaugranulation von Pressmassen. Die temporären Bindemittel führen zu einer Festigkeitssteigerung von Grünkörpern und getrockneter Formkörper aus nass geformten

Massen. Hierdurch wird die Handhabung beim Transport ebenso wie die Bearbeitbarkeit verbessert. Darüber hinaus werden diese Binder als Zusatz in Glasuren eingearbeitet, wobei einige die Nasszeit regulieren, das Anbinden der Glasur an den Scherben fördern und die Grifffestigkeit steigern.

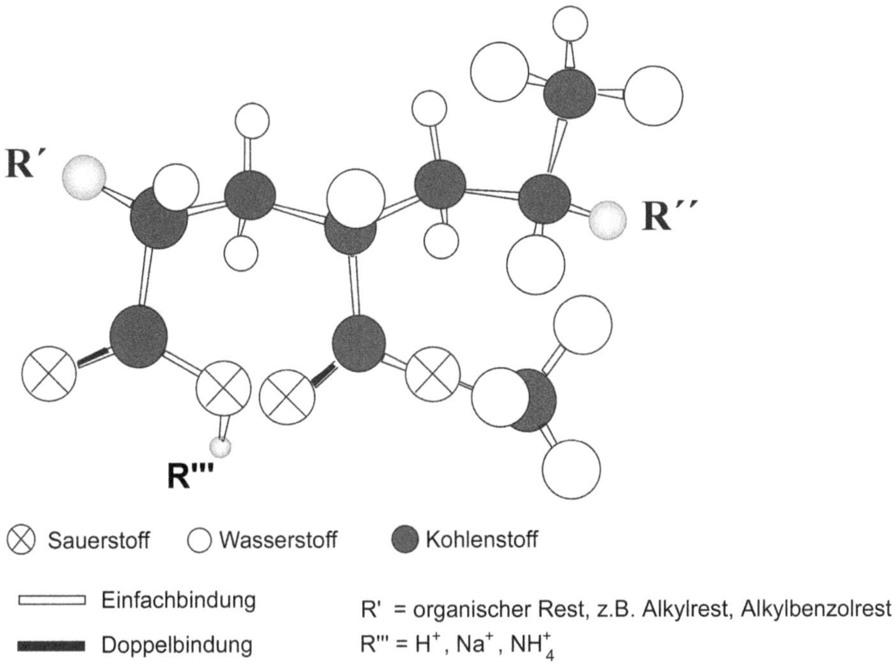

Abb. 1.28: Modell einer copolymeren Polyacrylsäure mit unterschiedlichen funktionellen Gruppen.

Chemische Bindemittel (anorganische Polymere)

Dieser Typ von Hilfsmitteln wird vorzugsweise aus Rohstoffen auf der Basis von Silicaten und Phosphaten hergestellt. Um zu einer chemischen Reaktion und Bindung zu gelangen, ist zunächst die Dissoziation des Zuschlagsstoffes in Wasser oder in der Schmelze notwendig. Im Weiteren findet über Ionenaustausch, Polymerisation, Polykondensation und Reaktion mit den keramischen Rohstoffen (z. B. Al_2O_3) eine Umwandlung des eingesetzten Binders statt. Aufgrund der Komplexität einer keramischen Masse ist eine genaue Beschreibung des exakten Reaktionsverlaufs nur schwer möglich. Beispielhaft seien hier die Reaktionen von Monoaluminiumphosphat unter Temperatureinwirkung erwähnt (Abb. 1.29):

$$\text{bei } T = 280\,°\text{C: } 2Al(H_2PO_4)_3 \longrightarrow 2Al_2(H_2P_2O_7)_3 + 3H_2O, \qquad (1.40)$$

$$\text{bei } T = 500\,°\text{C: } n \cdot Al_2(H_2P_2O_7)_3 \longrightarrow [Al(PO_3)_3]_n + H_2O \qquad (1.41)$$

sowie die Reaktion von Na-Polyphosphat mit Magnesia:

$$Na(PO_3)_n + n \cdot H_2O \longrightarrow n \cdot NaH_2PO_4, \tag{1.42}$$

$$2NaH_2PO_4 + MgO + H_2O \longrightarrow Mg(H_2PO_4)_2 + 2NaOH. \tag{1.43}$$

Die chemische Reaktion zwischen den Reaktionspartnern führt zum Einbau von Kationen aus der keramischen Phase in das Kristallgitter des Zuschlagstoffes.

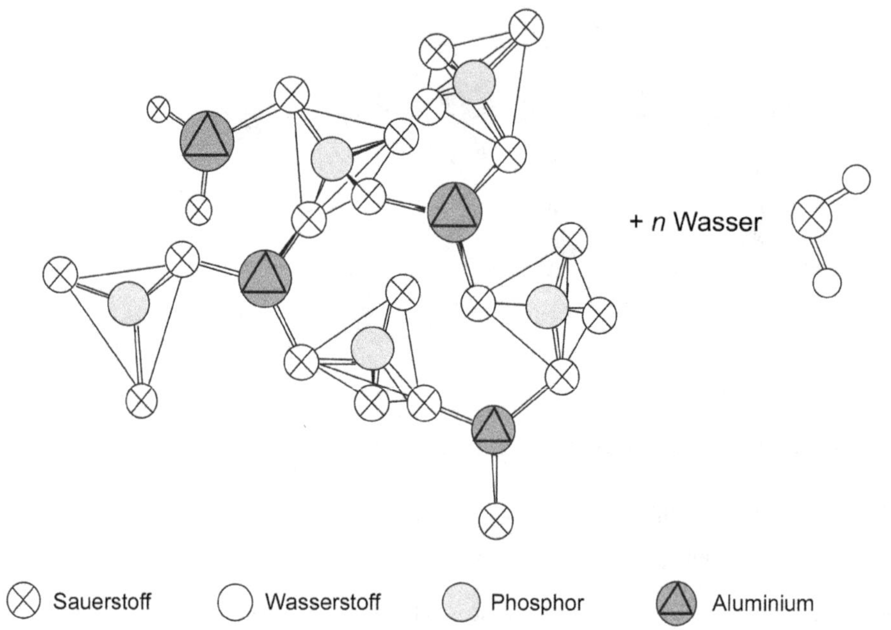

Abb. 1.29: Aufbau eines $[Al(PO_4)]_n$-Bindemittels.

Für die Herstellung von chemischen Bindemitteln werden Ausgangsrohstoffe aus zwei großen Mineralgruppen verwendet, den Silicaten und den Phosphaten. Bei den Silicaten kommen in der Hauptsache Na-Silicate mit unterschiedlichen Molverhältnissen von Na_2O zu SiO_2 zur Anwendung. Gebräuchlich sind daneben, wenn auch in wesentlich geringerem Umfang, K- und Li-Silicate sowie kolloidale Kieselsäuren. Bei den Phosphaten sind je nach Einsatzzweck Typen mit unterschiedlichen Kationen wie Na^+, Ca^{2+}, Mg^{2+}, B^{3+}, Al^{3+} usw. im Einsatz. Diese stehen entweder in flüssiger mit unterschiedlichen *p*H-Werten oder in Pulverform zur Verfügung. Für viele Anwendungsfälle ist eine Binderkombination (anorganisch-chemisch mit organisch-chemisch) zur Einstellung bestimmter Verarbeitungsparameter notwendig.

Die chemischen Bindemittel werden vorzugsweise im Bereich feuerfester Baustoffe bei der Herstellung geformter als auch ungeformter Erzeugnisse eingesetzt. Als Beispiel für silicatisch gebundene Produkte seien hier basische Spritzmassen für den

Konverter und Tundish sowie die Herstellung verarbeitungsfertiger Mörtel und Kitte genannt. Die chemische Bindung über Phosphate findet vielfach Anwendung bei Produkten im System SiO_2–Al_2O_3.

1.3.2 Additive für Formgebungsprozesse

Plastifizierungsmittel

Dieser Additivtypus erhöht aufgrund seiner Quellfähigkeit, wie z. B. bei der Verwendung von Cellulosederivaten, die Bildsamkeit silicatischer als auch oxid- und nichtoxidkeramischer Massen. Plastifizierungsmittel gelangen dann zum Einsatz, wenn aus versatztechnischen Gründen die tonigen Anteile einer Masse nicht weiter erhöht werden können oder die keramischen Rohstoffe durch einen Zusatz von Tonen eine Minderung der technischen Eigenschaften (z. B. verringerte Feuerfestigkeit) erfahren würden. Wird das im Aufbereitungsprozess beigemischte Wasser im anschließenden Trocknungsvorgang ausgetrieben, so wirken die meisten Plastifizierungsmittel gleichermaßen als temporäre Binder.

Rohstoffgrundlage sind z. B. Cellulosederivate wie Methylcellulosen, Methylhydroxymethylcellulosen, Ethylcellulosen usw. sowie Polysaccharide wie Stärken und Zucker. Darüber hinaus werden Polyole, Polyethylenglycol sowie Polyethylenaddukte für diesen Zweck verwendet. Die Plastifizierungsmittel werden vorzugsweise in kontinuierlichen Produktionsprozessen eingesetzt, wie z. B. beim Strangpressen von Wabenkörpern, Ziegeln, elektrokeramischen Bauteilen, Al_2O_3-Ofenrollen usw. Auch bei diskontinuierlichen Fertigungsschritten werden Plastifizierungsmittel eingesetzt, z. B. bei der Herstellung von Steinzeugrohren durch Kolbenpressen oder zur Plastizitätsverbesserung trocken oder halbtrocken gepresster tonhaltiger und/oder oxid- bzw. nichtoxidkeramischer Produkte. Die Herstellung komplizierter Bauteile in Großserie durch Spritzguss wäre ohne Plastifizierungsmittel nicht möglich.

Presshilfsmittel

Presshilfsmittel werden vornehmlich im Prozessschritt der Aufbereitung in die keramischen Massen eingearbeitet. Durch die Verwendung dieser Additive wird eine Ummantelung der Keramikpartikel erzielt, welche zur Ausbildung von Gleitschichten führt. Die daraus resultierende Reduzierung der inneren Reibung der keramischen Masse beim Pressvorgang führt zu einer homogenen Verdichtung und in vielen Fällen zu einer Steigerung der Gründichte. Mit Wasser mischbare Additive können den über den Sprühturm zu entwässernden Schlickern beigemischt werden, sodass eine homogene Verteilung im Sprühgranulat gewährleistet ist. Nicht wassermischbare Produkte wirken als Trennmittel zwischen Pressling und Formgebungswerkzeug. Die Presshilfsmittel werden hergestellt aus Rohstoffen auf der Basis von Fettsäuren und Kohlenwasserstoffen wie z. B. Wachsen, Mineralölen oder Petroleum. Darüber hinaus sind auch Ethylenoxid(EO)-Addukte bzw. quaternäre Ammoniumverbindungen als Basisstoffe einsetzbar.

1.3.3 Additive für Dekorationsverfahren

Glasurhilfsmittel

Unter Glasur versteht man einen dünnen, glasartigen i. a. silicatischen Überzug auf einem keramischen Scherben mit funktionellen Eigenschaften, die eine Verbesserung der Einsatzmöglichkeiten des Endprodukts gewährleisten (z. B. Glättung und Verzierung der Oberfläche, erhöhte mechanische Festigkeit, Abriebwiderstand usw.).

Zur Verbesserung der Glasuraufbereitungs- und Auftragseigenschaften dienen Verflüssiger, temporäre Binder, Stellmittel, Verlaufsmittel, Konservierungsmittel und Fixative, wobei das optimierte Mischungsverhältnis der Einzelkomponenten für den jeweiligen Anwendungsfall einzustellen ist. Ihre Wirkung und die eingesetzten Komponenten sind in Tabelle 1.8 aufgelistet. Prinzipiell gilt für sämtliche Glasurhilfsmittel, dass ein geringer Sauerstoffbedarf im Ausbrand zur Vermeidung von Fehlern im Endprodukt führt. Es wird zudem eine rückstandsfreie Verbrennung ohne die Freisetzung von Schadstoffen gefordert. Gleichermaßen anzustreben sind niedrige Gehalte an organischen Halogenverbindungen und chemischem Sauerstoffbedarf zur Reduzierung stärkerer Abwasserbelastung. Eine geringe Grenzflächenaktivität sorgt zudem für eine Herabsetzung der Schaumbildungsneigung.

Tab. 1.8: Komponenten und Funktionen von Glasurmitteln

Glasurhilfsmittel	Funktion	Chem. Komponenten
Verflüssiger	Regulierung der Viskosität, Optimierung der Feststoffkonzentration, Einstellung definierter Thixotropie	organisch-synthetische Acrylate, anorganisch-natürliche Phosphate, Silicate, Huminate
Temporäre Binder	Erhöhung der Haftung und Abriebfestigkeit der ungebrannten Glasur	Polysaccharide, wie Stärken, Zucker und Cellulosederivate; Polymere auf Basis PVAl, PAC, PVAc
Stellmittel	Antisedimentationsmittel, Verhinderung der Entmischung	Dreischichtminerale (z. B. Bentonit), Salze wie $CaCl_2$
Verlaufsmittel	Erniedrigung der Oberflächenspannung	PAC, PVAc, CMC (niedrigviskos), Tenside (nicht schäumend)
Konservierungsmittel	Unterdrückung der Bakterien-, Pilz- und Hefebildung; Steigerung der Lagerungsfähigkeit der Glasur	Bakterizide, Fungizide
Fixative (Glasurfestiger)	Regulierung der Ansaugzeit, Verzahnung zwischen Scherben und Glasurschicht	Zubereitungen natürlicher und synthetischer Polymere

Glasuren werden im Gegensatz zum Dekor großflächig aufgetragen und besitzen z. T. Schutzcharakter gegenüber dem keramischen Scherben. Die Auswahl der Glasurhilfsmittel innerhalb der Gesamtzusammenstellung steht in direktem Zusammenhang zum Auftragsverfahren. Einige exemplarische Anwendungsfälle sind in Tabelle 1.9 genannt.

Tab. 1.9: Auftragsverfahren von Glasuren

Produkt	Auftragsverfahren
Wand- und Bodenfliesen	Schleudern, Spritzen, Gießen über Wasserfall, Glocke, Kaskade, Aufstreuen (trocken)
Sanitärkeramik	Spritzen und Glasieren von Hand und mit Roboter, Auslaufglasierung (innen)
Geschirr	Tauchen, Spritzen (von Hand und mit Roboter)
Grobkeramik	Tauchen, Spritzen
Zierkeramik	Tauchen, Spritzen

Dekorhilfsmittel

Dekorhilfsmittel werden als Trägermedien zur Dekoration und Veredelung keramischer Gegenstände eingesetzt. Sie sollen es durch ihre variabel einstellbare Thixotropie ermöglichen, Dekore sowohl im Flach- als auch Runddruck in Abhängigkeit der Gewebestärke auf eine Unterlage (keramischer Scherben, Glasur oder eine bereits aufgedruckte Schicht = Teildruck) aufzutragen. Darüber hinaus werden diese Hilfsmittel als Malmedien zur Dekoration auf ungebrannten und gebrannten Scherben und Glasuren eingesetzt [209]. Diese Additivtypen sind oft aus einer Verflüssiger-, Binder- und Trägerkomponente aufgebaut. Hierbei stellt der Binder die Viskosität und Trocknungszeit des Siebdruckmediums ein, während der Verflüssiger das Fließ- bzw. Rheologieverhalten der Paste reguliert. Die Trägerkomponente hat die Aufgabe, ein Eintrocknen der Paste auf dem Sieb zu verhindern und damit einen kontinuierlichen Fertigungsablauf bei wechselnden Fliesentemperaturen von $40 \leq T \leq 100\,°C$ zu ermöglichen. Bei der Mehrfachdekoration von Fliesen im Siebdruckverfahren kann die notwendige Bindung durch das Medium selbst oder in einem Zwischenschritt durch den Auftrag eines Fixativs erfolgen. Als verflüssigende Komponenten dienen organisch-synthetische Acrylate, Polycarbonsäuren; bindende Komponenten sind Acrylate, Polysaccharide (Cellulosederivate, Stärken); als Trägerkomponente kommen Alkylenoxidaddukte zum Einsatz. Es wird dabei grundsätzlich zwischen zwei Auftragsverfahren unterschieden, dem Direkt- und dem Indirektdruckverfahren. Die Unter- und Aufglasurdekoration im Direktdruckverfahren wird vorzugsweise bei der Wand- und Bodenfliesendekoration oder auch beim Einbrand/Schnellbrand sowie beim Zweitbrand/Schnellbrand eingesetzt. Hierbei kommt der Siebdruck als Flach- oder Runddruck zur Anwendung. Weitere Formen sind die Walzendekoration sowie artverwandte Verfahren. Im Bereich der Geschirrherstellung werden wasserunlösliche Produkte im Indirektdruckverfahren eingesetzt. Die Dekoration erfolgt im Tampondruck, mit thermoplastischem Siebdruck und auch durch Handmalerei.

1.3.4 Additive für die Umwelttechnik

Flockungsmittel

Flockungsmittel werden in der Abwasseraufbereitung verwendet, um die Effizienz von Fest-Flüssigtrennungsschritten zu erhöhen, wertvolle Schwebstoffe zurückzugewinnen, eine Gewässer- und Umweltverschmutzung zu vermeiden oder grundsätzlich einen geschlossenen Brauchwasserkreislauf zu ermöglichen. Prinzipiell können mithilfe verschiedener Maßnahmen entweder einzeln oder miteinander kombiniert feste Bestandteile aus einem wässrigen Medium herausgetrennt werden. Verfahren sind Filtration, Zentrifugierung, Eindickung und Klärung. Die ersten drei Verfahren werden bei geringen bis mittleren Flüssigkeitsmengen angewendet. Bei großen konstanten Flüssigkeitsmengen lässt sich eine sinnvolle Wasseraufbereitung nur durch Klärung ökonomisch durchführen. Hierbei wurden bisher sog. Primärflocker wie z. B. Kalk, Eisensulfat, Eiweiß und Alginate eingesetzt, die allerdings eine hohe eigene Dosierung erfordern. Hierdurch wird die anfallende Schlammenge in unwirtschaftlicher Weise erhöht. Durch den neueren Einsatz von hochpolymeren, synthetischen Flockungsmitteln, den sog. Sekundärflockern, wird eine wirksamere Ausflockung nach geringer primärer Flockung erzielt, indem sich nahezu sämtliche Feststofftypen bei unterschiedlichen Salzgehalten und *p*H-Werten trennen lassen. Die Stärke der Flockung wird durch die Adsorptionsintensität des Polymers an der Teilchenoberfläche und die mechanische Bewegung des Abwassers während und vor allem nach dem Flockungsvorgang beeinflusst. Eine zu heftige Durchwirbelung der Fällung kann eine Zerstörung der Flockung zur Folge haben. Um den abgesetzten Schlamm aus dem Absetzbecken austragen zu können, muss der Schlamm eine pumpbare Konsistenz aufweisen.

Für den Einsatz als Sekundärflocker werden entweder alleine oder in Kombination Polyacrylamide, Polyethylenimine oder auch Polyalkylenpolyamine eingesetzt. Die Wirksamkeit dieser Flockungsmittel beruht darauf, dass die langen Kettenmoleküle (Molekülgewicht 10^6–10^8) die Schwebstoffe aufgrund unterschiedlicher Ladungen adsorbieren. Je nach Hydrolysegrad und der Anzahl funktioneller Gruppen wird nach schwach und stark ionischen Flockungsmitteln unterschieden. Beim chemischen Aufbau wird zwischen anionischen, nichtionischen und kationischen Flockern unterschieden. Abbildung 1.30 zeigt schematisch den typischen Aufbau von Flockungsmittel mit unterschiedlichen funktionellen Gruppen (Carboxy → anionisch; Amin → kationisch; Hydroxy → nichtionisch), um entgegengesetzt geladene Partikel zu größeren Aggregaten zu binden.

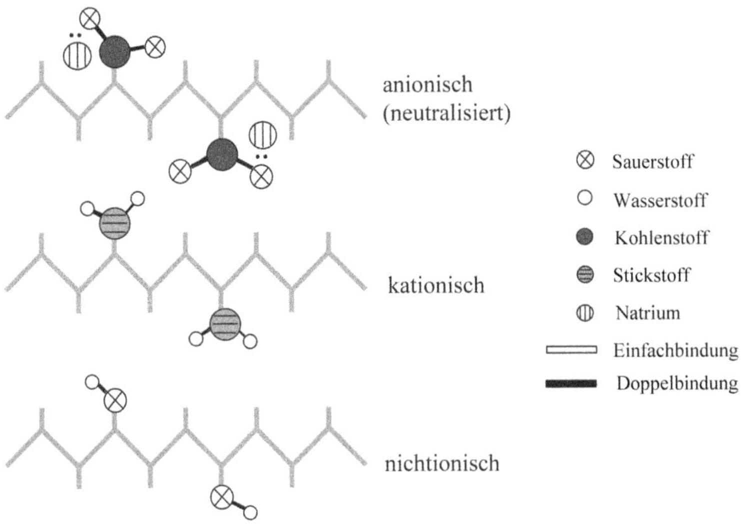

Abb. 1.30: Modell des Aufbaus unterschiedlicher Flockungsmittel.

2 Keramische Prozesstechnik

Unter *Verfahrenstechnik* versteht man die Lehre von den Gesetzmäßigkeiten der Herstellung geometrisch unbestimmter, also formloser Stoffe. Im Gegensatz hierzu befasst sich die *Fertigungstechnik* mit der Herstellung von Formteilen (Bauteilen, Werkstücken). Die Verfahrenstechnik lässt sich untergliedern in die chemische Verfahrenstechnik (z. B. Syntheseverfahren), die thermische Verfahrenstechnik (thermische Prozesse ohne Stoffumwandlung, z. B. Trocknen, Schmelzen, Diffundieren) und die in der Keramik besonders bedeutsame mechanische Verfahrenstechnik, die sich z. B. mit der Zerkleinerungstechnik, der Dispergierung und Trennung befasst, Techniken also, die auch unter dem Begriff „Aufbereitung" erfasst sind. Das Kapitel 2 wird sich zwischendurch aber auch Formgebungsprozessen widmen und so wichtige Exkurse in die Fertigungstechnik machen, weshalb es mit dem Überbegriff der Prozesstechnik bezeichnet ist.

2.1 Entwicklung und Bedeutung

Bearbeitet von R. Telle, Aachen

Die keramische Verfahrenstechnik hat sich historisch aus drei verschiedenen Wurzeln entwickelt, wobei man die „Erfindung" der Keramik sehr dicht an die „Erfindung" des Feuers rückt. Seit dieser Zeit entwickelt sich die *traditionelle Silicatkeramik* nur sehr langsam. Ansätze zur Massenproduktion im Sinne einer Industrialisierung ergeben sich nach der Wiederentdeckung des Porzellans durch Ehrenfried Graf von Tschirnhaus und Johann Friedrich Böttger 1708 aufgrund des ungeheuren Bedarfs der europäischen Fürstenhäuser für dieses Luxusgut [210]. Erst mit der Mechanisierung zur Zeit der industriellen Revolution, der Einführung der Massenproduktion auf dem Fließband und zuletzt der Automatisierung ganzer Produktionslinien kommen Entwicklungsschübe in den Industriezweig, die überwiegend von England und Deutschland ausgehen (Tabelle 2.1). Mit der Verlagerung von Produktionsstätten in Billiglohnländer gehen heute gleichzeitig Bemühungen um eine Online-Qualitätssicherung sowie um 100 %-Recycling und eine Kostenersparnis durch optimale Energie- und Rohstoffnutzung einher.

Die *feuerfesten Werkstoffe* entwickeln sich ab dem 5. Jahrtausend v. Chr. im Zusammenhang mit der Kupfer- und Bronzemetallurgie. Die Technik ist zunächst sehr stark an die Silicatkeramik angelehnt (Verarbeitung feuerfester Tone und Schamotten), gewinnt aber seit Ende des 19. Jahrhunderts durch die Verarbeitung synthetischer Rohstoffe (vor allem ZrO_2 und MgO) rasch ein eigenes Profil. Die Verfahrenstechnik feuerfester Werkstoffe ist heute eine Domäne einer eigenständigen Industrie, die sehr eng mit der Stahl- und Eisen- sowie Nichteisenmetallurgie, ferner mit der Zement-, Glas- und Keramikindustrie, mit der Energietechnik und der thermischen Verfahrenstechnik (z. B. Müllverbrennung) zusammenarbeitet.

https://doi.org/10.1515/9783110742398-002

Tab. 2.1: Historische Entwicklung der keramischen Verfahrenstechnik (nach Reh, ergänzt).

Jahr	Verfahren/Aggregat	Anwendung	Ursprungsland
25000 v. Chr.	erster gebrannter Ton	Kultgegenstand	Tschechien
10500 v. Chr.	Terrakotta, Massenproduktion	Geschirr, Kunstgegenstände	Japan: Yomon
7000 v. Chr.	Brennöfen	Geschirrproduktion	China
7000 v. Chr.	Glasur	Geschirrproduktion	China
6000 v. Chr.	Terrakotta-Idole	Kunstgegenstände	Çatal Hüyük
4700 v. Chr.	Terrakottagefäße	Geschirr	Ungarn
4000 v. Chr.	Töpferscheibe	Geschirrproduktion	China, Persien
2200 v. Chr.	Töpferscheibe	Geschirrproduktion	Israel: Lachisch
30 v. Chr.	De architectura libri X	Handbuch der Baukeramik	Rom: Vitruvius
1709	Kapselbrand	Geschirrherstellung	Deutschland
1715	Porzellan-Schrühbrand	Geschirrherstellung	Deutschland
1719	Edelmetalldekor	Porzellanherstellung	Deutschland
1725	Aufglasur-Farbpigmente	Porzellanherstellung	Deutschland
1735	Feldspat als Flussmittel	Porzellanherstellung	Deutschland
1850	Trommelmühle	Feinaufbereitung	Deutschland
1855	Schneckenpresse	plastische Formgebung	Deutschland
1856	Ringofen	Ziegelbrand	Deutschland
1873	Tunnelofen	Baukeramik	Deutschland
1892	Acheson-Prozess	industrielle SiC-Herstellung	USA
1894	Ziegel-Absetzwagen	Baukeramik	Deutschland
1912	Mechanisierte Ziegelei	Baukeramik	Deutschland
1922	Vakuumpresse	Trockenpressen von Fliesen	USA
1952	Sprühtrocknung	Granulation	Dänemark
1956	Ziegel-Tunnelofen	Baukeramik	Deutschland
1965	Keramik-Siebdruck	Fliesendekoration	England, Italien
1965	Rollenofen	Fliesenproduktion	Italien
1967	Düsentrockner	Geschirrherstellung	Deutschland
1969	Speicherwagen	Fliesenproduktion	Italien
1970	Flachstanze	Fliesenproduktion	Niederlande
1971	Porzellan-Schnellbrand	Geschirr	Deutschland
1972	Einschluss-Pigmente	Glasurfarben, Dekore	Deutschland
1972	Keramik-Spritzguss	Technische Keramik	Deutschland
1973	Druckguss	Technische Keramik	Deutschland, Schweiz
1976	Glasier-Roboter	Sanitärproduktion	Deutschland
1980	Isostatpressen Geschirr	Geschirrproduktion	Deutschland
1981	Heißisostat. Pressen	Hochleistungskeramik	Schweden, USA
1983	Aufbaugranulation	Fliesenproduktion	Niederlande
1985	kontinuierl. Nassmahlen	Fliesenproduktion	Italien
1986	Feuerglasur	Fliesenproduktion	Italien
1987	Rollentrockner	Fliesenproduktion	Italien
1992	Mikrowellensintern	Hochleistungskeramik	
1992	Laserunterstütztes Drehen	spanende Formgebung	Deutschland
1992	Trocken-Siebdruck	Fliesenproduktion	Italien
1992	Isostatmatrizen	Fliesenproduktion	Italien
1993	Rollenofen	Schrühbrand für Geschirr	Deutschland
1993	Mikrowellentrocknung	Silicatkeramik	
1995	Schutzgasdurchschubofen	kontinuierl. Sintern Si_3N_4	USA
1996	Lasersintern	Rapid Prototyping	USA, Deutschland
2006	Direct Inkjet-Printing	Rapid Prototyping	Deutschland, USA

Die Branche bezieht ihre Prozesstechnik teilweise aus der Silicatkeramik, teilweise aus der Zementindustrie und in neuerer Zeit auch aus der technischen Keramik.

Mit der zunehmenden Beherrschung der Metalle, die sich in der wissenschaftlich begründeten Metallkunde niederschlägt, kommt es mit der Gibbsschen Phasenregel seit etwa 1880 zu einem thermodynamischen Verständnis der Metalle und ihrer Reaktionen. Eine wissenschaftlich fundierte Beschreibung von Werkstoffen wird damit möglich und dient als Vorreiter für die Entwicklung synthetischer keramischer Werkstoffe. Mit der Übertragung der Trockenaufbereitung und Formgebung von Pulverpartikeln und ihrer Versinterung gemäß dem keramischen Prozess entsteht um 1920 die *Pulvermetallurgie*, die die bislang rein keramische Verfahrenstechnik auf metallische Werkstoffe anwendet. Aufgrund der stofflichen Einfachheit von Metallen und ihres thermodynamisch vorhersagbaren Verhaltens beginnt die wissenschaftliche Durchdringung der Sinterwerkstoffe mit der Kinetik der Verfestigung vom Pulver zum Bauteil. Erst ab etwa 1970 entsteht durch Rückführung des pulvermetallurgischen Knowhows in die Keramik die wissensbasierte Verfahrenstechnik der *Hochleistungskeramik*, die auf relativ einfache synthetische Substanzen zurückgreift.

Alle drei Branchen der Keramik haben aufgrund ihrer Entwicklungsgeschichte unterschiedliche Denkweisen und Nomenklaturen hervorgebracht. So sind Begriffsentlehnungen der technischen Keramik aus dem Maschinenbau, der Metallkunde und der Chemie offenkundig. Im Bereich der Silicatkeramik besteht heute immer mehr die Notwendigkeit, Denkweisen der Hochleistungskeramik auf die Prozesse zu übertragen. Insbesondere die Automatisierung verlangt ein vertieftes Verständnis aller Prozessschritte und Zwischenprodukte mit ihren physikalisch-chemischen Eigenheiten und Wirkungsweisen. Der Übergang vom klassischen Brand (35 bis 45 Stunden) zum Schnellbrand (3 bis 5 Stunden) verlangt ferner das stoffliche Verständnis der komplexen natürlichen Rohstoffe und ihrer chemischen Reaktionen bei hohen Temperaturen.

Im Gegensatz zum metallurgischen Prozess, bei dem *nach* der Hochtemperaturbehandlung der Metalle durch Einschmelzen und Gießen eine nahezu unbegrenzte Vielfalt an Formgebungsprozessen nachgeschaltet werden kann, die auf der plastischen Verformbarkeit der Metalle beruhen, geschieht beim *keramischen Prozess* die Formgebung *vor* der Hochtemperaturbehandlung (Sintern, Brennen). Dies bedeutet, dass nach dem Sinterbrand die Gefügeausprägung und die äußere Kontur des Bauteils nahezu irreversibel feststehen, während das Gefüge bei Metallen durch eine Wärmebehandlung (Härten, Lösungsglühen) noch beeinflusst werden kann oder formverändernde oder präzisionssteigernde Umformprozesse (Walzen, Ziehen, Stanzen, Drehen, Fräsen, Schleifen, Kalibrieren) erfolgen können. Bei keramischen Werkstoffen ist die Nachbearbeitung nur noch durch aufwendiges Schleifen bzw. Polieren mit Diamantwerkzeugen („*Hartbearbeitung*") oder – im Falle der klassischen Keramik – durch Glasieren möglich.

Ein weiterer Gegensatz beider Werkstoffklassen besteht im *Recycling*. Metallische Fehlteile oder Reststoffe aus der Formgebung (Stanzabfälle) lassen sich sofort wieder dem Hochofenprozess zuführen, während einmal gebrannte Keramiken nicht sinnvoll recycelt werden können, wenn man von der Wiederverwendung silicatkeramischer Produkte in zerkleinerter Form als Magerungsmittel (Schamotte) absieht. Dagegen gibt es bei Silicatkeramiken seit jeher eine nahezu vollständige Rückführung der ungebrannten Zwischenprodukte oder Reststoffe innerhalb eines Produktionsprozesses. Ferner sind keramische Reststoffe aufgrund ihrer hohen chemischen Stabilität völlig umweltneutral.

Dementsprechend müssen in allen Synthese-, Aufbereitungs- und Formgebungs- und Nachbearbeitungsprozessen Fehler von vornherein vermieden werden, da sie sich im Nachhinein nicht wieder rückgängig machen lassen, im Gegenteil: Durch den Sinterbrand wachsen Formgebungsfehler in der Regel noch in ihrer Ausdehnung. Besonders risikoreich ist die Fehlerfortpflanzung bei Hochleistungskeramiken, bei denen die mechanischen Eigenschaften mit Gefügefehlern, insbesondere mit Inhomogenitäten korreliert sind. Der jeweils größte Gefügefehler im elastischen Spannungsfeld einer mechanischen Beanspruchung bestimmt das Versagensverhalten des Bauteils durch Bruch. Einer Wahrscheinlichkeit für die Existenz von Fehlern einer kritischen Größe, Form und Lage steht eine Wahrscheinlichkeit für die Höhe der Bauteilfestigkeit gegenüber. Beide Wahrscheinlichkeitsverteilungen werden näherungsweise durch die sog. Weibull-Statistik beschrieben, die in Kapitel 2.6.2 in Band 2 weiter ausgeführt wird. Soll die Belastbarkeit eines Konstruktionsteils jedoch gewisse Mindestwerte nicht unterschreiten, bedeutet dies bei bekannter Bruchzähigkeit des Werkstoffs unmittelbar eine Begrenzung der maximalen Ausdehnung von Gefügeinhomogenitäten. Andersherum ausgedrückt bestimmt der größte Fehler die Versagenslast. Es entscheiden also Präzision und Qualität der einzelnen Prozessschritte über das spätere Anwendungsverhalten. Abbildung 2.1 zeigt schematisch die für bestimmte Prozessschritte typischen Fehlergrößenverteilungen („Fehlerpopulationen“) und ihre Ursachen.

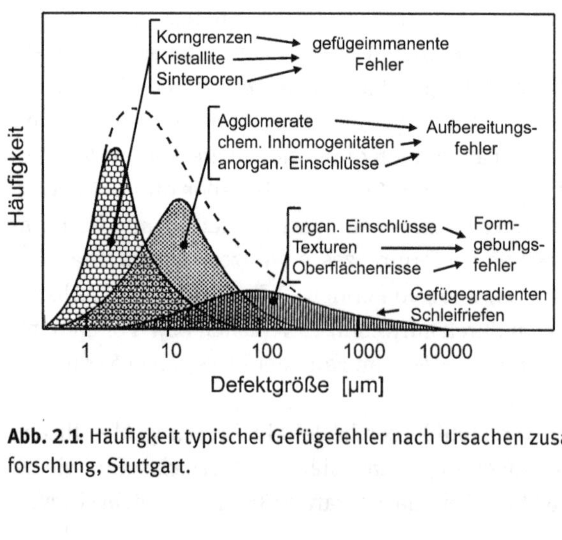

Abb. 2.1: Häufigkeit typischer Gefügefehler nach Ursachen zusammengefasst nach Greil, MPI Metallforschung, Stuttgart.

Die Rückverfolgung von Prozessfehlern in keramischen Bauteilen ist äußerst schwierig. Große Inhomogenitäten wie Poren, Risse, Agglomerate und andere Einschlüsse lassen sich ab einer Größe von etwa >50 µm durch Röntgenfeinfokusuntersuchungen bzw. rasterakustische Mikroskopie sichtbar machen. Zuverlässiger zur Vermeidung von Ausschuss sind bruchmechanische Belastungstests, deren Belastungsniveau über demjenigen des Anwendungsfalls steht (*Proof-Test*). Bauteile, die solche Tests überstehen, sind in der Regel einsatztauglich (Abb. 2.2). Sind Fehler einmal als signifikant erkannt, erfolgt ihre systematische Auswertung mithilfe der Rasterelektronenmikroskopie und, wenn möglich, die Eingrenzung des entsprechenden Prozessschrittes und seine Optimierung.

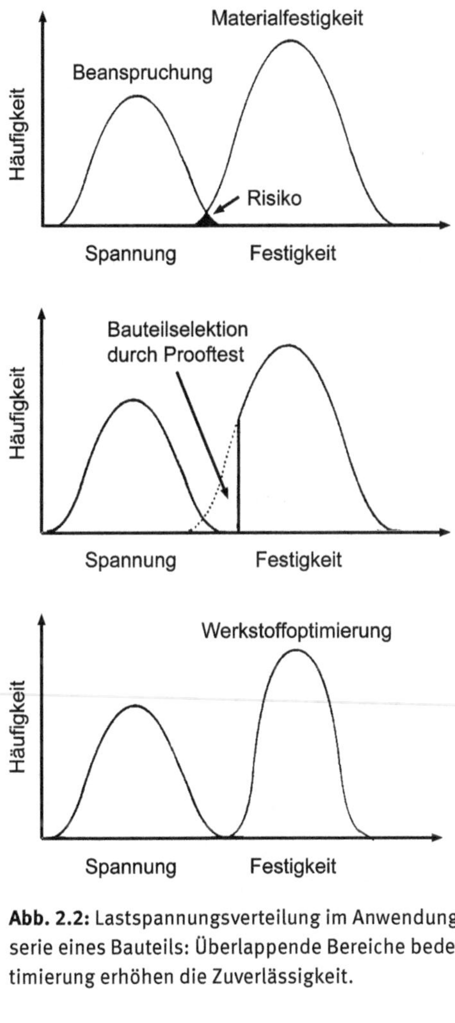

Abb. 2.2: Lastspannungsverteilung im Anwendungsfall und Festigkeitsverteilung einer Produktionsserie eines Bauteils: Überlappende Bereiche bedeuten Versagensrisiko; Prooftest und Werkstoffoptimierung erhöhen die Zuverlässigkeit.

Bei der Fehlerbehebung unterscheiden sich die Prozesse für Hochleistungskeramiken und traditionelle Silicatkeramiken stark. Aufgrund der großen natürlichen Schwankung der mineralischen Rohstoffe in Mineralbestand, Korngröße und chemischer Zusammensetzung ist in der Regel in der letzteren Branche eine Verknüpfung von Fehler und Verfahrensschritt zurzeit noch nicht nachvollziehbar, während in der Hochleistungskeramik durchaus Ursache und Wirkung schnell identifiziert werden können. Dazu muss man aber die einzelnen Prozessschritte sehr genau kennen und dokumentieren. Während eine prozessbegleitende Dokumentation bei Hochleistungskeramiken bereits bei vielen Herstellern üblich ist, vor allem bei Zulieferern der Automobil-, Luftfahrt- und Elektronikindustrie, wurde bei der Silicatkeramik erst mit Einführung der DIN ISO 9000ff ein solches Vorgehen als sinnvoll erachtet.

Eine vollständige Prozessbeschreibung könnte z. B. nach dem „*Phasenmodell der Produktion*“ aus der modernen Prozessleittechnik erfolgen, wie es exemplarisch in Abb. 2.3 für die Weiterbehandlung von Sanitärartikeln nach der Qualitätskontrolle dargestellt ist.

Hierbei bedeuten die grauen Kreise *Rohstoffe, Zwischen- bzw. Endprodukte* und die weißen Kreise Reststoffe, die dem Prozess wieder zugeführt werden können. Die Kästchen beinhalten *Prozesse*, die die Zwischenprodukte verändern, wobei die horizontalen dicken Pfeile einen *Energiefluss* anzeigen. Von oben nach unten führt also der *Materialstrom*, horizontal der Energiestrom. Alle Prozesse können nach dieser Darstellungsweise beliebig weiter untergliedert und sehr detailliert beschrieben werden, bis auch das kleinste Aggregat und dessen Einzelteile in ihrer Wirkungsweise, Auslegung und dem Energiebedarf beschrieben sind. Solche Prozessdarstellungen werden in absehbarer Zukunft die Erfassung der einzelnen Betriebsdaten der Aggregate, möglicherweise auch die Abspeicherung der Eigenschaften der Zwischen- und Endprodukte während des Prozesses kontinuierlich erlauben. Hierzu wird selbstverständlich noch eine *On-line-Qualitätskontrolle* der Produkte benötigt, die das schwierigste Stück auf dem Weg zur *ganzheitlichen Prozessdarstellung* ist. Wie bereits in der chemischen Verfahrenstechnik üblich, lassen sich dann über Datenbusse zentral die Zustände der einzelnen Geräte oder ganzer Anlagengruppen, die Zuverlässigkeit der Produktionsschritte und die Qualitäten der Zwischenprodukte abrufen und innerhalb der zulässigen Toleranzbreiten regeln. Bevor jedoch diese Vision von der Joy-Stick-gesteuerten Fabrik Wirklichkeit wird, müssen die einzelnen Prozesse wesentlich besser als bisher in ihrer ganzen Komplexität verstanden und mit – evtl. unscharfen („fuzzy“) – Algorithmen beschrieben werden. Eigenschaften wie „gut“ und „schlecht“ können dadurch zu z. B. „noch gut (2. Wahl)“ oder „brauchbar (3. Wahl)“ relativiert werden. Aus numerischen Messdaten werden nicht-numerische Qualitätsmerkmale, die heute bereits durch Computer verarbeitbar sind und über die Prozesse gesteuert werden können.

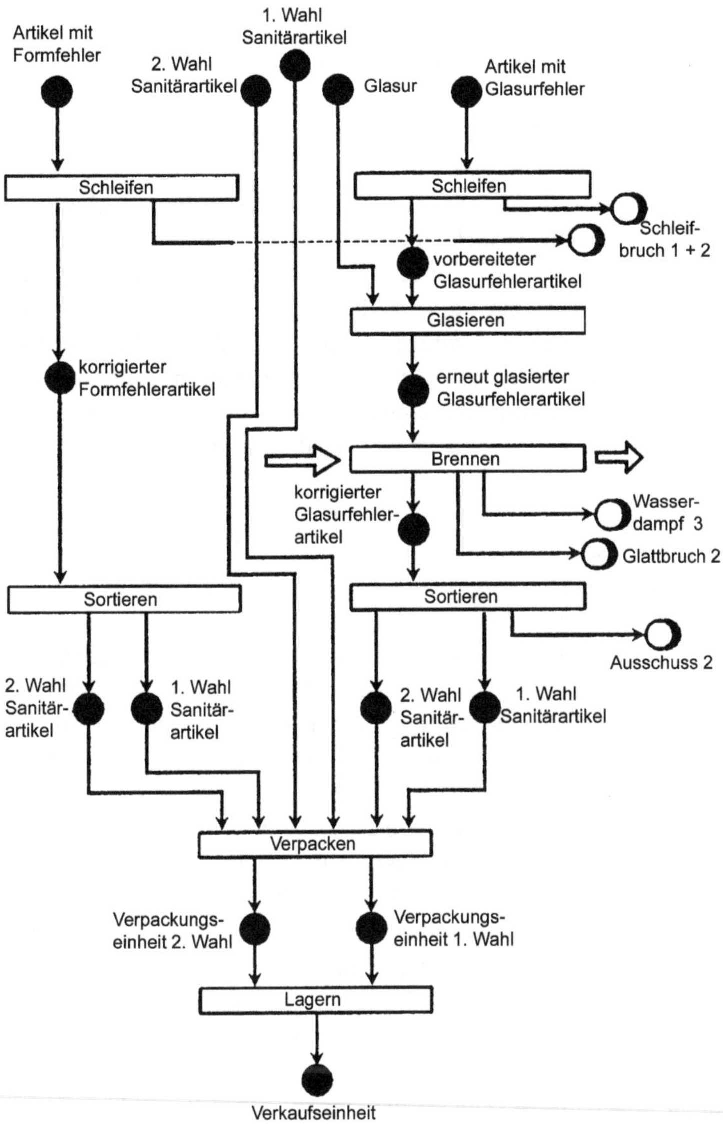

Abb. 2.3: Phasenmodell der Produktion für die Sortierung von Sanitärartikeln. Quelle: U. Werr, Inst. Gesteinshüttenkunde, RWTH Aachen.

Bei den Hochleistungskeramiken hat die Bemühung um die Herstellung homogener und extrem feinkörniger Gefüge in Zusammenwirken mit der erwarteten hohen Wertschöpfung für mechanisch extrem belastbare Bauteile dazu geführt, dass die Rohstoffherstellung immer mehr zu einem rein chemischen Prozess geworden ist. Die entsprechenden Syntheseverfahren werden in den Werkstoffkapiteln in Band 4 genauer beschrieben.

In der Tat wird die moderne Hochleistungskeramik in der Literatur immer wieder auch der Chemiebranche zugeschlagen. Nachdem seit etwa 1985 metall- und halbmetallhaltige organische Verbindungen in molekularer Form erfolgreich synthetisiert und über Pyrolyse zu keramischen Werkstoffen umgewandelt werden können, ist eine völlig neue Denkweise entwickelt worden, die mit dem Begriff „*Molecular Engineering*“ belegt ist. Aus monomeren organischen Molekülen wie z. B. dem Dichlordimethylsilan oder dem Trichlormethylsilazan können über Polykondensationsreaktionen in flüssigen Na-K-Metallschmelzen unter Abspaltung von NaCl bzw. KCl kettenförmige beziehungsweise dreidimensional vernetzte Polysilane hergestellt werden, die sich kunststoffähnlich verhalten und gießfähig bzw. spritzgussfähig sind. Solche metallorganischen Vorstufen (*Precursor*) lassen sich bei Temperaturen zwischen 900 bis 1200 °C je nach Ausgangszusammensetzungen zu Carbiden und Nitriden des Siliciums, Bors, Titans und anderer Metalle unter Abspaltung von Methan pyrolysieren.

Als anderes Beispiel mag die Synthese von Oxidpulvern aus wässerigen Lösungen durch Fällung von Hydroxidsolen und ihre Umwandlung zu Gelen mit nachfolgender Calcination zu Oxiden dienen (*Sol–Gel-Prozess*). Auf diese Weise lassen sich auf molekularer Ebene Dotierungsstoffe homogen vermischen. Durch präzise Kenntnis der Wechselwirkung zwischen organischen Molekülen und anorganischen Festkörpern lassen sich weiterhin in einer Pulverdispersion gezielt Komponenten wie Bindemittel, Plastifizierer usw. an die Oberfläche von Keramikpulvern ankoppeln. Die Wissenschaft der Keramik hat also längst ihre engen Bandbreiten überwunden und ist zu einer interdisziplinären Branche geworden.

Wie in jedem anderen Industriezweig auch, bestimmt jedoch der Markt die Anforderungen und Erlöse. Gerade die Hochleistungskeramik ist in Europa immer noch in einen „Teufelskreis“ zwischen Hersteller- und Anwenderforderungen gefangen, aus dem sie sich nur sehr schwer befreit. Der Hersteller fordert klare Aussagen über das gewünschte Eigenschaftsprofil, verlangt Rückmeldung über das Anwendungsverhalten sowie Abnahmegarantien von Mindestmengen. Der Anwender fordert Sicherung einer gleichbleibenden, sehr hohen Qualität, eine sehr gute Reproduzierbarkeit und Liefersicherheit bei geringem Preis, was aber nur bei einer Serienproduktion sichergestellt werden kann. Die hohen Entwicklungskosten und die hohen Rohstoffkosten für ultrareine und ultrafeine Pulver verhindern jedoch in der Regel die breite Anwendung von Keramikbauteilen beispielsweise im Maschinen- und Motorenbau. Im doppeltlogarithmischen Maßstab lässt sich eine lineare Relation zwischen Kosten und z. B. der Korngröße finden (Abb. 2.4). Der Druck durch weiterentwickelte Konkurrenzprodukte aus Metallen und Kunststoffen ist enorm, wie das Beispiel des keramischen Ventils beweist. Hinzu kommt bei mechanisch belasteten Bauteilen die aufwendige, zur Eliminierung fehlerhafter Teile erforderliche Prüftechnik. Letztendlich wird durch die fehlende Abnahme von großen Mengen eine wirtschaftlich sinnvolle Serienfertigung verhindert, die zu einer Kostenreduktion führen könnte.

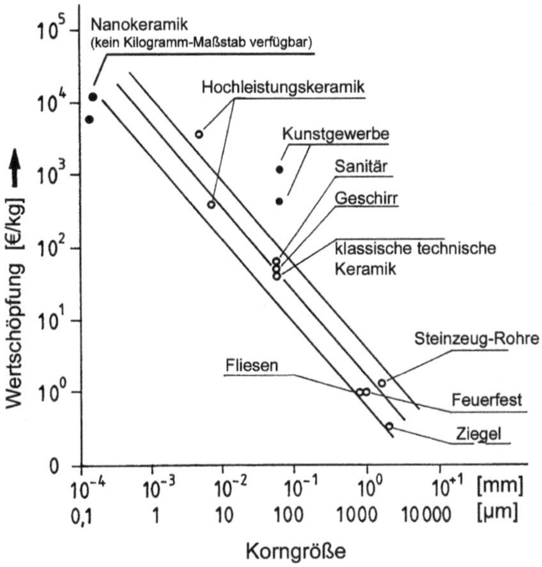

Abb. 2.4: Wertschöpfung keramischer Erzeugnisse: Kilogrammpreis als Funktion der Korngröße.

In den folgenden Kapiteln geht es also darum, die verschiedenen Verfahrenstechniken parallel für traditionelle Keramiken und technische Keramiken verständlich zu machen.

2.2 Aufbereitung

Bearbeitet von R. Telle, Aachen

Unter dem Begriff *Aufbereitung* fasst man all jene Arbeitsgänge zusammen, die zwischen der Rohstoffgewinnung und der Formgebung der Erzeugnisse liegen. Dazu gehören das Reinigen, das Zerkleinern, das Mischen zur keramischen *Masse* und deren weitere Vorbereitung für den eigentlichen Formprozess. Entsprechend gibt es drei Arten der Rohstoffaufbereitung, einmal die für sprödharte natürliche Rohstoffe, dann die für plastische natürliche Rohstoffe, die bereits sehr kleine Korngrößen aufweisen, ferner die für technische Keramiken, wobei es hier um hochreine und extrem homogene Pulverhaufwerke im Korngrößenbereich deutlich unter einem Mikrometer geht. Verwendete Maschinen, umgesetzte Mengen und Ansprüche an die Homogenität der Verteilung der Korngröße, des Mineralbestandes und der chemischen Zusammensetzung unterscheiden sich entsprechend.

Die Aufbereitung lässt sich allgemein einteilen in die Phasentrennung, die Oberflächenveränderung und die Klassierung (Abb. 2.5). Sie ist ein wesentlicher Schritt zur Erhöhung der Wertschöpfung, da sich Verarbeitungsstufen ergeben, die die

Rohstoffe entweder in aufkonzentrierter Form enthalten, einen leichteren Transport ermöglichen oder eine verbesserte Verarbeitbarkeit zeigen. Heute wird in der Keramikindustrie angestrebt, dass der Rohstofferzeuger bereits wesentliche Schritte der Massenkonditionierung in Richtung auf Formgebung oder Sinterfähigkeit unternimmt und durch entsprechende Qualitätssicherungsverfahren Garantien für eine problemlose Produktionstauglichkeit gibt. Hieraus folgt für die Silicatkeramik die Notwendigkeit, sog. „standardisierte Massen" zu entwickeln, also durch Mischen unterschiedlicher synthetischer oder natürlicher Komponenten im Hinblick auf die Weiterverarbeitbarkeit und Anwendung „veredelte" Rohstoffe, welche die erforderliche automatische Formbarkeit und Schnellbrandtauglichkeit bei konstanter Qualität versprechen und zertifizierbar sind. Für Hochleistungskeramiken bedeutet dies, dass die meisten Pulver bereits mit organischen Presshilfsmitteln oder anderen oberflächenaktiven Substanzen, mit sinterfördernden oder kornwachstumshemmenden Dotierungsstoffen versehen sind. Insbesondere die organischen Additive sind aus den Chargenspezifikationen in der Regel nicht zu entnehmen. Eine entsprechende Kennzeichnungspflicht wird zwar vom Kunden gefordert, lässt sich aber aus Wettbewerbsgründen nicht durchsetzen. So werden Massen bereits im Vorfeld auf optimale Verpressbarkeit und hohe Sinterdichte bei geringen Temperaturen konditioniert, wobei sogar auf spezielle Kundenwünsche eingegangen wird. Damit begibt sich der Hersteller von Bauteilen allerdings auch in die Abhängigkeit der Massenproduzenten und verliert einen wesentlichen Einblick in die Korrelationskette zwischen Rohstoffeigenschaften, Prozessparametern und Bauteileigenschaften.

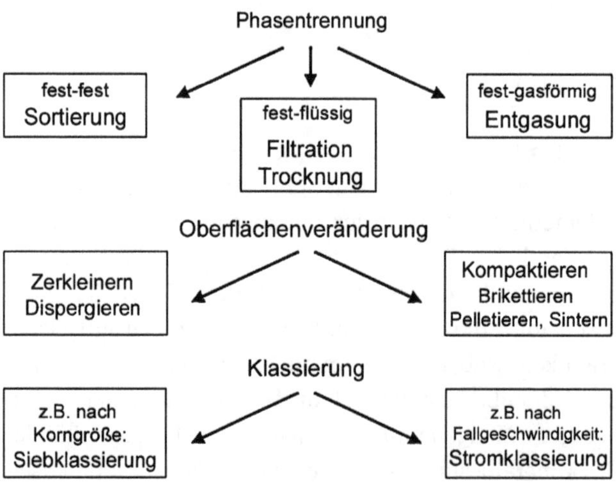

Abb. 2.5: Prinzipien der Aufbereitung.

2.2.1 Aufbereitung silicatkeramischer Massen

2.2.1.1 Gewinnung und Sortierung

Gewinnung

Die Gewinnung plastischer Rohstoffe erfolgt heute ausnahmslos im *Tagebau*. Die wenigen untertägigen Stollenbauten (z. B. Witterschlick bei Bonn) wurden aus Gründen mangelnder Sicherheit und Rentabilität eingestellt. Aufgrund der geringen Härte und der fehlenden Bruchneigung der bergfeuchten Tone kommen im Tagebau Hochlöffel-, Tieflöffel-, Schürfkübelbagger, Schaufelradbagger und Eimerkettenbagger zur Anwendung (Abb. 2.6). Vor allem die letzteren beiden eignen sich zum vertikalen Abbau ganzer Böschungen unter gleichzeitiger Materialhomogenisierung über die in der Regel horizontal verlaufenden Tonschichten. Mit Löffelbaggern lassen sich dagegen Schichten eben abziehen und damit Lagen geringer Mächtigkeit selektiv gewinnen. In manchen Lagerstätten ist der Abbau witterungsabhängig, da das plastische Verhalten der Tone bei Regen die Gruben unbefahrbar machen kann.

Abb. 2.6: Abbau durch Löffelbagger im Bergbau Anton bei Wallmerod, Westerwald. Die unterschiedlich eisenhaltigen Tonhorizonte und ihr selektiver Abbau sind gut zu erkennen. Werksfoto: Stephan Schmidt Gruppe, mit freundlicher Genehmigung.

Die untertägige Gewinnung erfolgte früher mit dem Pressluftspaten, indem der Ton einfach abgestochen wurde. Nach kurzer Zeit „floss“ der überhängende Ton nach, so dass man an der gleichen Stelle weiterarbeiten konnte. Diese personalintensive Tätigkeit ist natürlich heute nicht mehr wirtschaftlich, beträgt doch das Fassungsvermögen eines üblichen Baggerlöffels etwa 3 m^3, die größten umfassen bis zu 100 m^3, was etwa 200 t Rohstoff entspricht. Der Transport der Tonschollen erfolgt über Förderbänder oder Lastwagen zur Probennahme und zu den Bunkern. Tabelle 2.2 verdeutlicht den technischen Fortschritt bei der Tongewinnung im Westerwald. Im Vergleich dazu betrug die gesamte Tonproduktion der USA in den Jahren 1988–2000 durchschnittlich etwa 41,6 Mio. Tonnen pro Jahr.

Tab. 2.2: Tongewinnung im Westerwald.

Abbau	Jahr	Fördermenge in Tonnen pro Mann und Schicht	Arbeitsgerät
	bis ca. 1960	3–4	Pressluftspaten
	1960–1980	15	Fräslader bzw. Kleinbagger
	1980 bis heute	600–1000	Förderbagger, Radlader
Fördermengen		Jahrestonnen	Anzahl der Betriebe
	1960	20.000	76
	1988	800.000	20
	1994	5.000.000	20, davon 2 mit etwa 50 % des Umsatzes
	2004	3.500.000	
	2009	3.300.000	
	2011–2013 je	2.900.000	
	2015	4.200.000	15, davon 2 mit etwa 50 % des Umsatzes
	2016	4.400.000	

Nach Auflassung eines Gewinnungsfeldes ist eine *Rekultivierung* gesetzlich vorgeschrieben. Üblicherweise wird mit den zuständigen Behörden bereits vor Beginn der Rohstoffabbaus ein Rekultivierungsplan als Voraussetzung zur Abbaugenehmigung erarbeitet, der Aussagen über den Zeitraum, die Art der Anlage, Wiederbepflanzung und Mittelrückstellung umfasst. So wird z. B. abgetragener Boden separat gelagert und zur Abdeckung einer erschöpften Lagerstätte wiederverwendet. Wegen der wassersperrenden Eigenschaften des Tons ist die Anlage von ruhenden Gewässern besonders interessant. Gelegentlich findet ein Tagebau auch als Deponie für Sonderabfälle weitere technische Verwendung.

Der Abbau von Hartstoffen erfolgt nach den üblichen bergmännischen Verfahren ebenfalls im Tagebau (Steinbruch) oder Tiefbau, wo sich die Wertschöpfung lohnt. Hierüber informiere man sich in der einschlägigen Bergbau- und Lagerstättenkundeliteratur.

Sortieren

Das Sortieren bildet die Übergangsarbeit von der Gewinnung zur Aufbereitung und lässt sich nach Abb. 2.7 in einzelne Verfahren aufteilen. Die Sortierung ist besonders bei Tonen sehr wichtig, da sich in größeren Tonlagerstätten meist verschiedene Schichten mit wechselnder Zusammensetzung und daher auch wechselnden Eigenschaften vorfinden, die bei der Gewinnung streng auseinandergehalten werden müssen. Das Sortieren besteht in einem sorgfältigen Überprüfen der Eigenschaften (z. B. Farbe, Quarz- oder Organikgehalt) und in einer Trennung und gesonderten Lagerung der sich ergebenden Sorten. Die *Klaubung* nach makro- und mikroskopischen optischen oder mit anderen einfachen Hilfsmitteln erkennbaren Kennzeichen wird angewandt zur Charakterisierung von Sand- und Kieslagerstätten.

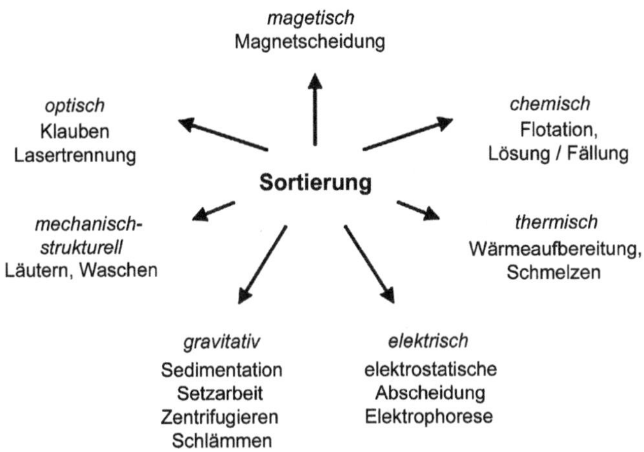

Abb. 2.7: Sortierarbeiten.

Zur Abtrennung von Hartstoffen bzw. zur Anreicherung der plastischen Komponenten werden Kaoline in dispergiertem Zustand flotiert. Die *Flotation* basiert auf dem unterschiedlichen Benetzungsverhalten der Rohstoffe mit Wasser oder organischen Agenzien. Dazu werden Rohstoffe unter 0,25 mm Korngröße in einem Becken zu einer Trübe dispergiert. Mit bipolaren Additiven („Sammlern") werden die Kornoberflächen materialspezifisch hydrophobiert. Es handelt sich dabei meistens um schwefelhaltige organische Verbindungen wie z. B. Alkalixanthogenate, Alkyl- und Aryldithiophosphate oder um Carboxylate. Mit „Reglern" lässt sich diese Moleküladsorption über *p*H-Werteinstellung, Elektrolytzusatz oder Ölzugabe optimieren. Beim Einlasen von Luft binden sich nun die hydrophoben Mineralien an die aufsteigenden Luftblasen und werden an die Oberfläche des Flotationsbeckens getragen. Durch „Schäumer" wird der Schaum stabilisiert, sodass die angereicherten Teilchen abgezogen werden können, während sich hydrophiles Material in der Trübe anreichert. Eine ausführliche Beschreibung der physikalisch-chemischen Grundlagen der Flotation findet sich z. B. bei Schubert [211].

2.2.1.2 Lagern und Sumpfen

Ein einfaches Verfahren, einen Rohton zu verbessern, ist das *Lagern* über die Wintermonate in offenen Bunkern, was man als *Auswintern* bzw. als *Wintern* bezeichnet. Die

Tonhalden werden zeitweise mit Wasser begossen, das im Winter gefriert und durch seine Ausdehnung den Ton auflockert. Während der Lagerung findet ferner durch eine spezielle Reihenfolge und Geometrie des Rohstoffeintrags und das gegensinnige Abziehen zur Weiterverarbeitung eine Homogenisierung des Materials statt. Auch eine Vergleichmäßigung der Feuchte tritt im Laufe der Zeit ein.

Abbildung 2.8 zeigt einige Haldenformen und ihre Einlagerungsabfolge im Querschnitt. Durch gezieltes Aufhalden und gegensinniges Abziehen lässt sich vorab eine gute Durchmischung des Rohstoffes erreichen. Die Abb. 2.9 und 2.10 bringen Beispiele für Längsstreifen- und Zeilenaufbau.

Abb. 2.8: Haldenformen und Haldenquerschnitte mit Einlagerungsabfolgen (Quelle: Handbuch für die Ziegelindustrie, W. Bender und F. Händle, Berlin 1982; mit freundlicher Genehmigung).

Neben der Bevorratung dient die Lagerung also der *Massenkonditionierung*. Eine gezielte Lagerung unter definierter Feuchtigkeit wird auch als *Sumpfung* bezeichnet. Sie findet üblicherweise *nach* der mechanischen Zerkleinerung und Homogenisierung statt. Die *Vergleichmäßigung der Feuchtigkeit* unter dem Druck des auflagernden Tonbestandes führt zu einer Erhöhung der Plastizität, da sich das Wasser bevorzugt zwischen den Grenzflächen der einzelnen Tonmineralplättchen anlagert („Tonaufschluss"). Eine Erhöhung der Plastizität wird ferner dem Einfluss von Bakterien, Pilzen und anderen organischen Produkten der Bodenbildung zugeordnet, die ihre

Aktivität beim Lagern der Tone entfalten (*Mauken*). Der Einfluss organischer Bestandteile auf die Plastizität ist einerseits unbestritten, andererseits haben langjährige Versuche mit definierten Bakterienstämmen nicht zu dem gewünschten Nachweis des Effektes und zu seiner gezielten Nutzung geführt.

Abb. 2.9: Rohstoffaufhaldung im Werk Maienburg der Stephan Schmidt Gruppe, Mengerskirchen, Westerwald. Links: Zeilenweiser Abwurf, rechts: Schichtaufbau der Halde. Abgetragen wird mit Eimerkettenbagger senkrecht zur Schichtung. Werksfoto: Stephan Schmidt Gruppe, mit freundlicher Genehmigung.

Abb. 2.10: Rohstoffaufhaldung und -homogenisierung durch kreuzweisen Abwurf, Werk Sandborn, Bannberscheid, Westerwald. Werksfoto: Stephan Schmidt Gruppe, mit freundlicher Genehmigung.

Dennoch werden mancherorts die Tone in sogenannten *Sumpfhäusern* (Abb. 2.11) oder *Tonsilos* (Abb. 2.12) gelagert, um die Plastizität zu erhöhen. Zumindest erfolgt während der Maukung ebenfalls eine gleichmäßige Durchfeuchtung und Homogenisierung, da die oben kegelförmig beschickten Halden unten radial durch Wendelschrauben bzw. Schnecken abgezogen werden. Die Sumpfung oder Maukung als Konditionierungsschritt nach der Zerkleinerung und Homogenisierung erfordert eine nochmalige kurze mechanische Aufbereitung der gelagerten und daher verklumpten Massen kurz vor der eigentlichen Formgebung.

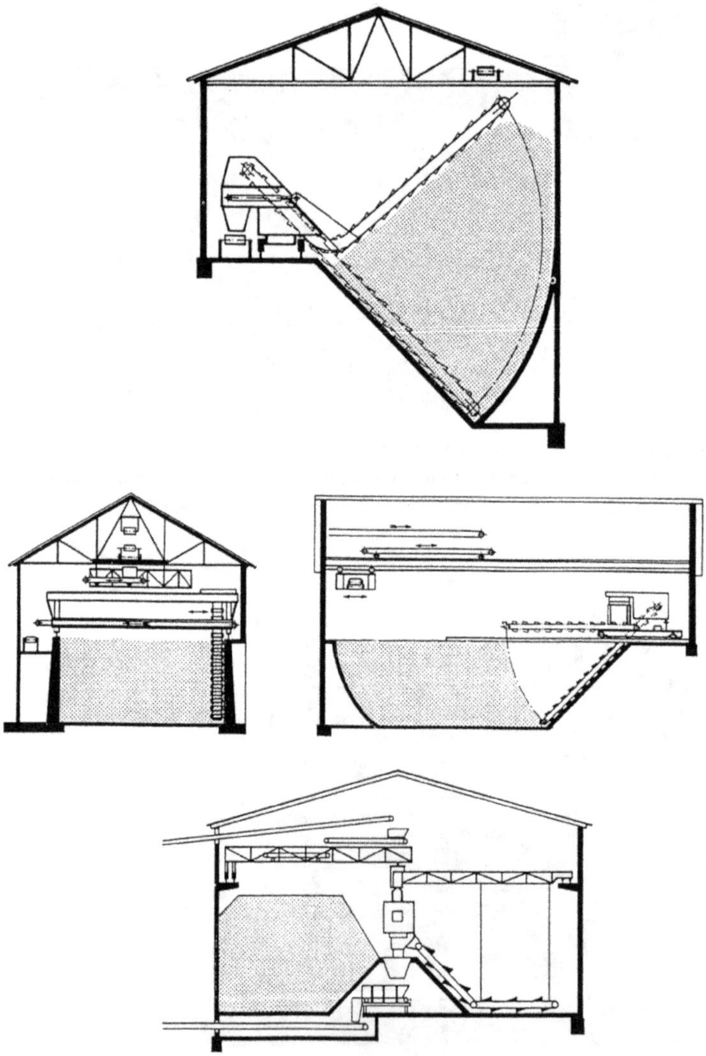

Abb. 2.11: Aufbau von Rohstofflagern, Halden und Einspeichersystemen. Quelle: Handbuch für die Ziegelindustrie, W. Bender und F. Händle, Berlin 1982.

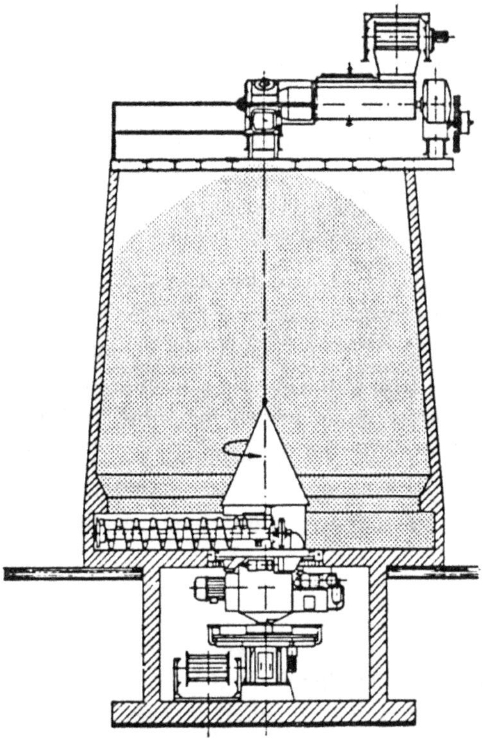

Abb. 2.12: Aufbau eines Tonsilos mit tangentialem Massenaustrag (Quelle: Handbuch für die Ziegelindustrie, W. Bender und F. Händle, Berlin 1982).

Mauken

Das Mauken als Verfahren zur Plastifizierung soll auf die chinesische Ming-Zeit (bis 1644) zurückgehen. Die chinesische Methode bestand nach alten Quellen im Vergraben der Tonmasse und ihrer Lagerung unter Luftabschluss für viele Jahrzehnte [212]. Die Römer verfuhren ebenso. Heute wird diese Art der Plastifizierung infrage gestellt. Als wirksam hat sich die Vermengung von Ton mit Harnstoff, Blut, Fäkalien etc. erwiesen, weshalb zahlreiche Autoren die Anwesenheit von Bakterien für die Plastizitätserhöhung verantwortlich machen. Einerseits wurde die Einlagerung von Harnstoff in die Kristallstruktur des Kaolinits beobachtet [213], andererseits wird die Schleimhülle um Bakterien aus Polysacchariden, die sich an den Basalflächen der Tone und auch an Feldspäte anlagern, als plastizitätsfördernd angesehen [214].

Als Mikroorganismen kommen die Bakterien *Arthrobacter uratoxydans*, *Bacillus subtilus*, *Pseudomonas acidovorans* und *Thiobacillus thioxidans* in Betracht. Glick [215] zählte über 19 verschiedene Arten, die auf einer Tonsorte siedeln. In einer alkalischen Tonmasse wurden nach [216] neun Millionen Bakterien pro Gramm beobachtet, die sich nach zweijähriger Lagerung auf 20 Millionen vermehrten. In einer neutralen Masse wurden demgegenüber nur 4–5 Millionen Bakterien pro Gramm gefunden. Die

Ergebnisse mit künstlichen Bakterienansiedlungen sind uneinheitlich. Strukturelle Veränderungen wurden an manchen Montmorilloniten nach Zusatz von *Azotobacter croococum* bzw. an Ca-Bentoniten nach Behandlung mit *Aspergillus niger* beobachtet, die bei Illiten ausblieb [217, 218]. In der Regel erfolgt aufgrund der Säurebildung eine Auslaugung von Calcium, gelegentlich auch von Aluminium. Weitere Arbeiten über die Zugabe von Pflanzenresten zeigten, dass die Wirkung sehr stark von der Mineralogie der Tone abhängt und nicht immer positiv ist; auch eine Veränderung der Trockenbruchfestigkeit wird beobachtet [219, 220]. Interessant ist noch die sulfidzersetzende Wirkung des *Thiobacillus thioxidans*, der Eisensulfide in Sulfate bzw. Schwefelsäure umwandelt. Auch mit Pilzen wurden Versuche durchgeführt; die Mycelschichten wandeln jedoch die Tone in eine krümelige Masse um [221]. Systematische Untersuchungen von Mörtel zeigten erstmals, wie wichtig eine sorgfältige Probenvorbereitung und Versuchsdurchführung für die Aussagekraft der Ergebnisse ist [222]. Generell ist zu bemerken, dass der Umgang mit Bakterien aufgrund der allergenen Wirkung nicht ungefährlich ist und auch wegen der Geruchsbelästigung besonderer Schutzmaßnahmen bedarf.

2.2.1.3 Zerkleinerung und Homogenisierung

Plastische Rohstoffe mit den typischen Kristallitgrößen von wenigen Mikrometern bedürfen eigentlich – abgesehen von Einschlüssen aus Hartstoffen – keiner weiteren Zermahlung. Die Zerkleinerung der anfallenden, oft Dezimeter großen Stücke mit ihren plastischen Eigenschaften erfordert jedoch zum Zwecke der weiteren Homogenisierung und der Mischung verschiedener Komponenten eine ganz andere Verfahrenstechnik. Ausgehend von der natürlichen Bergfeuchte oder witterungsbedingten Feuchte in Freien gelagerter *plastischer Rohstoffe* ist die Methode der *Feuchtaufbereitung* üblich, wobei die fertige Masse direkt einer plastischen Formgebung (z. B. Strangpressen) unterzogen wird. Der Weg der *Nassaufbereitung* wird gewählt, wenn ein Formgebungsverfahren mit Suspensionen (z. B. Schlickerguss) angestrebt wird. *Hartstoffe* werden für diesen Fall in der Regel einer separaten Nassaufbereitung unterzogen und später dem Tonschlicker zugemischt. Schlicker können jedoch durch Filtration oder Sprühgranulation wieder in eine feuchte oder trockne Masse überführt werden. Die *Trockenaufbereitung* wird als Alternativverfahren gewählt, wenn die Ausgangsmassen bereits sehr trocken sind oder der Trocknungsaufwand aus energetischer Sicht zu teuer ist oder das Trockenpressen als Formgebungsverfahren folgt. In der sogenannten *Hybridaufbereitung* wird ein Teil der bergfeuchten Masse nicht getrocknet, sondern nach mehreren Walzwerksdurchgängen mit einer trocken aufbereiteten Masse im gewünschten Feuchteverhältnis gemischt. Man spart auf diese Weise einen Teil der Trocknung und Wiederanfeuchtung und damit Energie ein. Alle Aufbereitungswege unterscheiden sich in der Art und Folge der benötigten Anlagen und Geräte. Abbildung 2.13 zeigt die Prozessvarianten der Feucht-, Trocken- und Nassaufbereitung in einem Verfahrensfließbild im Vergleich.

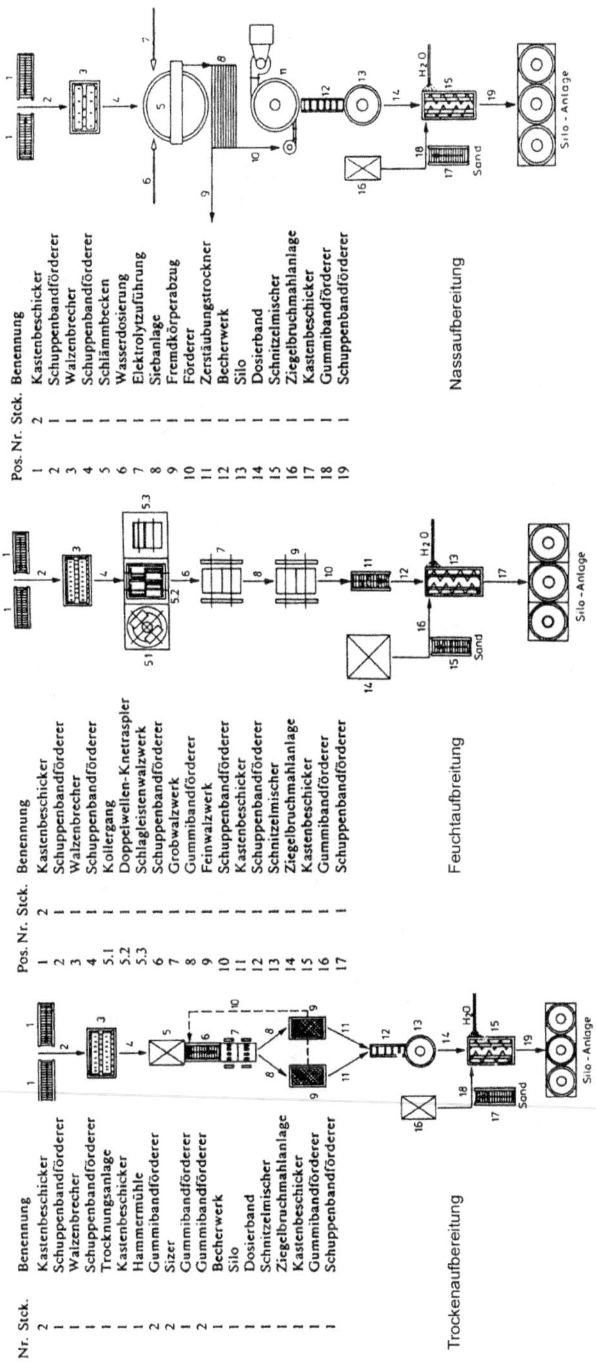

Trockenaufbereitung

Pos. Nr.	Stck.	Benennung
1	2	Kastenbeschicker
2	1	Schuppenbandförderer
3	1	Walzenbrecher
4	1	Schuppenbandförderer
5	1	Trocknungsanlage
6	1	Kastenbeschicker
7	1	Hammermühle
8	2	Gummibandförderer
9	2	Sizer
10	1	Gummibandförderer
11	2	Gummibandförderer
12	1	Becherwerk
13	1	Silo
14	1	Dosierband
15	1	Schnitzelmischer
16	1	Ziegelbruchmahlanlage
17	1	Kastenbeschicker
18	1	Gummibandförderer
19	1	Schuppenbandförderer

Feuchtaufbereitung

Pos. Nr.	Stck.	Benennung
1	2	Kastenbeschicker
2	1	Schuppenbandförderer
3	1	Walzenbrecher
4	1	Schuppenbandförderer
5.1	1	Kollergang
5.2	1	Doppelwellen-Knetraspler
5.3	1	Schlagleistenwalzwerk
6	1	Schuppenbandförderer
7	1	Grobwalzwerk
8	1	Gummibandförderer
9	1	Feinwalzwerk
10	1	Schuppenbandförderer
11	1	Kastenbeschicker
12	1	Schuppenbandförderer
13	1	Schnitzelmischer
14	1	Ziegelbruchmahlanlage
15	1	Kastenbeschicker
16	1	Gummibandförderer
17	1	Schuppenbandförderer

Nassaufbereitung

Pos. Nr.	Stck.	Benennung
1	2	Kastenbeschicker
2	1	Schuppenbandförderer
3	1	Walzenbrecher
4	1	Schuppenbandförderer
5	1	Schlämmbecken
6	1	Wasserdosierung
7	1	Elektrolytzuführung
8	1	Siebanlage
9	1	Fremdkörperabzug
10	1	Förderer
11	1	Zerstäubungstrockner
12	1	Becherwerk
13	1	Silo
14	1	Dosierband
15	1	Schnitzelmischer
16	1	Ziegelbruchmahlanlage
17	1	Kastenbeschicker
18	1	Gummibandförderer
19	1	Schuppenbandförderer

Abb. 2.13: Fließschema von Trocken-, Feucht- und Nassaufbereitung (aus: Handbuch der Ziegelindustrie).

2.2.1.3.1 Feuchtaufbereitung

Die Feuchtaufbereitung ist die traditionelle Art der Verarbeitung tonkeramischer Massen. Der Ton wird in bergfeuchtem oder in offenen Bunkern gelagertem Zustand verarbeitet, d. h. mit 17–23 % Feuchtegehalt.

Ein typisches Aggregat der Feuchtaufbereitung ist der *Kollergang*. Seine Wirkung beruht darauf, dass das Mahlgut auf einer als Mahlbahn oder Bodenstein bezeichneten harten Unterlage durch das Überrollen mit den harten, mühlsteinähnlichen Läufern zerdrückt und zerrieben wird (Abb. 2.14). Mahlbahn und Läufer sind für Zwecke der Feinkeramik (Porzellane) aus Granit oder Quarzit hergestellt, um die Rohstoffe nicht durch Eisenteilchen zu verunreinigen, während sonst Hartguss ausreicht. In manchen Fällen ist die Mahlbahn als gitterartiger Rost ausgebildet, durch den das zerkleinerte Mahlgut wie durch ein Sieb hindurchgedrückt wird. Die Läufer der Kollergänge sind meist asymmetrisch angeordnet, um eine breitere Mahlbahn zu erzielen und möglichst viel Scherfläche bereitzustellen. Um die senkrecht stehende Antriebswelle (Königswelle) sind zwei oder vier Läufer angeordnet. In anderen Konstruktionen stehen die Läufer fest und die Mahlbahn rotiert. Die Stoffaufgabe erfolgt in modernen Anlagen zentrisch. Dem Kollergang ähnlich, nur horizontal gebaut und von kleineren Abmessungen ist die *Walzenringmühle*. Drei oder mehr Rollen mit horizontaler Achse werden über Federspannung an die Innenwand einer koaxial umlaufenden Mahltrommel gedrückt und zerreiben so das Mahlgut. Mit einer Lochscheibe versehen, arbeitet auch dieses Aggregat kontinuierlich.

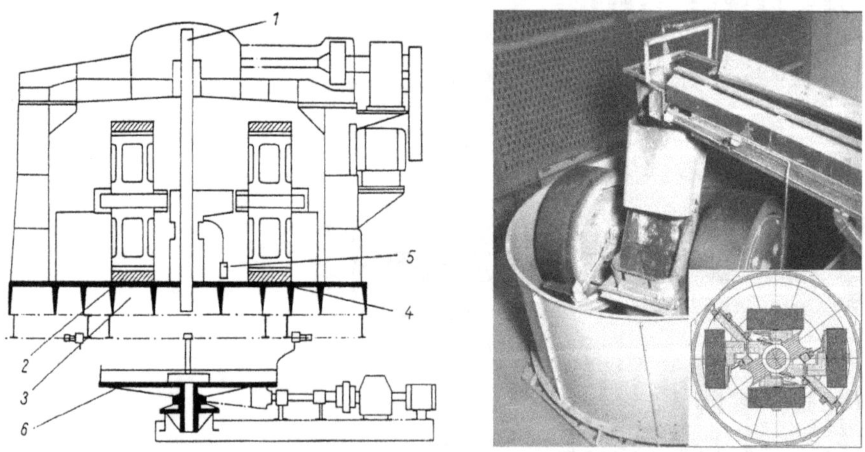

Abb. 2.14: Kollergang (Links: schematischer Querschnitt nach [223]. 1: Königswelle, 2: Läufer, 3: volle Mahlbahn, 4: Lochbahn, 5: Abstreifer, 6: Sammelteller. Rechts: Werksfoto Händle, Mühlacker).

Die als *Walzwerk* bezeichneten nachfolgenden Maschinen haben den Zweck, mitunter eingelagerte Steine zu entfernen, den Ton zu zerkleinern und Kalk- und Mergelknollen zu zerdrücken. Ferner ist es erforderlich, Pyrit bzw. Markasit (FeS_2), die gelegentlich in größeren Aggregaten oder Konkretionen im Ton vorkommen, auf <0,2 mm zu zermahlen und fein zu verteilen, da im Brand ihre Oxidation zu Eisensulfat unter Volumenausdehnung erfolgt und Abplatzungen im Formkörper zur Folge haben kann. Walzwerke bestehen aus koaxialen Walzen mit Hartgussmänteln, die gegensinnig rotieren und das aufgegebene Mahlgut in sich hineinziehen und zerdrücken (Abb. 2.15). Die Walzen sind verschiebbar gelagert, was im Notfall ein Zurückweichen der Achse gestattet. *Steinaussonderungswalzwerke* besitzen auf der Walzenoberfläche flache spiralartige Furchen, die die Steine axial weiterschieben, bis sie an der Seite der Walze ausgeworfen werden. Sollen Kalksteine oder feste Tonbatzen zerkleinert werden, kommen *Brechwalzwerke* oder *Schlagleistenwalzwerke* zum Einsatz. Je nach Spaltweite lassen sich *Brechwalzwerke* und *Glattwalzwerke* bzw. *Feinwalzwerke* unterscheiden, die so nacheinander in Reihe oder parallel geschaltet werden, dass sie die erforderliche Kapazität bereit stellen (Tabelle 2.3).

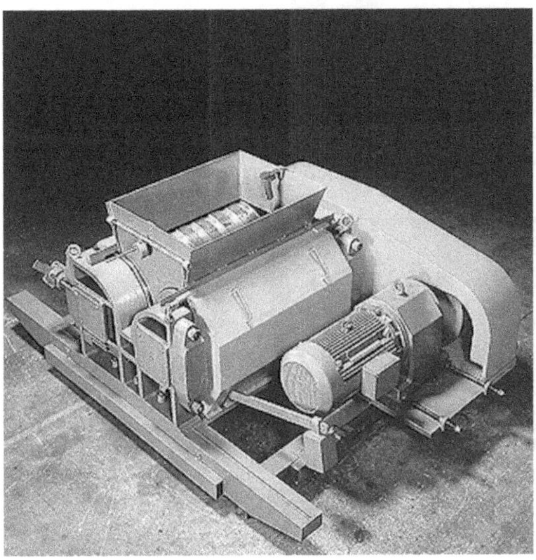

Abb. 2.15: Steinaussonderungswalzwerk (Werksfoto Händle, Mühlacker).

Tab. 2.3: Beispiel für technische Daten von Walzwerken.

Walzwerktyp	Aufgabegröße [mm]	Endkorngröße [mm]	Durchsatz [t/h]
Schlagleistenwalzwerk	350 × 250 × 200	50 × 30 × 15	130
Brechwalzwerk 12,0 mm	50 × 30 × 15	<12	120
Glattwalzwerk 2,5 mm	12	<2,5	115
Glattwalzwerk 1,0 mm	2,5	<1,0	88
Feinwalzwerk 0,7 mm	1,0	<0,7	62
Feinwalzwerk 0,5 mm	0,7	<0,5	49

Die zu fladenförmiger Form zerquetschten Massen werden anschließend zu einem *Tonraspler*, auch *Tonhobel* genannt, weiterbefördert. Tonraspler bestehen aus einem horizontal oder vertikal angeordneten, zylindrischen Siebkorb, durch dessen Schlitze bzw. Bohrungen das Aufgabegut mittels Streich- und Knetarmen kontinuierlich auf den außerhalb des Siebkorbes befindlichen Sammelteller oder ein Förderband gedrückt wird (Abb. 2.16). Dabei erfolgt erneut eine Homogenisierung und Portionierung des Tons zu etwa 5 bis 10 mm dicken und je nach Feuchte 2 bis 8 cm lagen nudelförmigen Tonsträngen. Die Tonstränge werden durch ein umlaufendes Messer vom Sammelteller abgeschabt und der plastischen Formgebung zugeführt.

Abb. 2.16: Siebkneter. Oben: Einblick in das Gehäuse; unten: Betrieb über Förderband. (Werksfoto Fa. Netzsch.)

Da der Tonraspler in der Regel auch als Zerkleinerungsaggregat nach der Sumpfung den nachfolgenden Doppelwellenmischer gleichmäßig befüllt, wird er auch als *Siebrundbeschicker* bezeichnet (Abb. 2.17). Von besonderer Bedeutung ist die Geometrie der Streicharme, deren Enden aus gehärtetem Stahl bestehen bzw. mit Hartmetalleinsätzen belegt sind, da die auftretenden Scherkräfte sehr groß werden können. Das Mischvolumen beträgt bis zu 4,5 m^3 und erbringt damit Austragsleistungen von bis zu

5 Tonnen pro Stunde. Das Aggregat dient ferner noch zur Einmischung bzw. Einbindung von Zuschlagsstoffen bzw. Hilfsstoffen wie Wasser, Wasserdampf, Veredlungston, organischer Plastifizierer und anderer Additive.

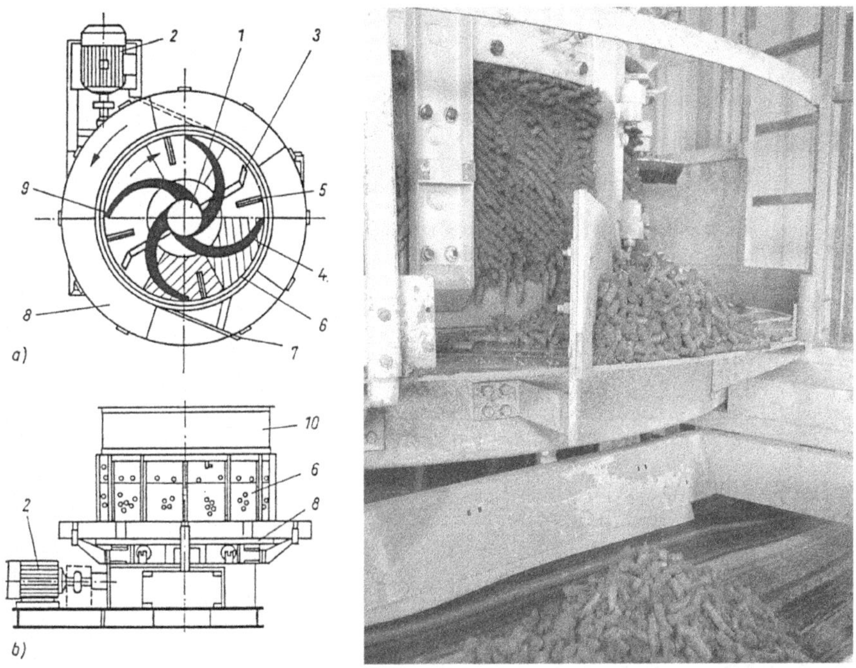

Abb. 2.17: Siebrundbeschicker (links: Schemazeichnung nach [223], 1: Welle, 2: Elektromotor, 3: Bodenabstreifer, 4: Abstreifrotor, 5: Randabstreifer, 6: Sieblochung, 7: Tellerabstreifer, 8: Sammelteller, 9: Verschleißschutz, 10: Aufgabetrichter); rechts: Austritt der Tonnudeln und der Abstreiferarm, der die Aggregate auf das Förderband zur Strangpresse schiebt. Bild: R. Telle, Aachen.

Das nachfolgende Aggregat ist der *Doppelwellenmischer*, der aus zwei koaxialen, gegensinnig rotierenden Paddelwellen, Schnecken bzw. Wendeln besteht (Abb. 2.18). Die aus dem Siebrundbeschicker stammenden Tonnudeln werden über einen Fülltrichter in das Aggregat eingezogen, unter Vorschub verdichtet und noch einmal durchgeknetet, bevor die Masse der *Strangpresse* zugeführt wird.

Dieses Aggregat ist unter dem Kapitel 2.3.2.2.2 (Formgebung) nochmals im Zusammenhang mit dem Vorgang des Extrudierens näher beschrieben. Zahlreiche Entwicklungsarbeiten befassen sich mit der Auslegung der Schnecke, je nachdem ob ihre bevorzugte Aufgabe in der Massenförderung, Homogenisierung oder im Druckaufbau besteht. Es werden Vollgewindeschnecken mit konisch verlaufendem Innendurchmesser bzw. Außendurchmesser, feine und grobe Doppelgewindeschnecken sowie Teilgewindeschnecken, bestehend aus band- bzw. paddelförmigen Gewindegängen, eingesetzt (Abb. 2.19).

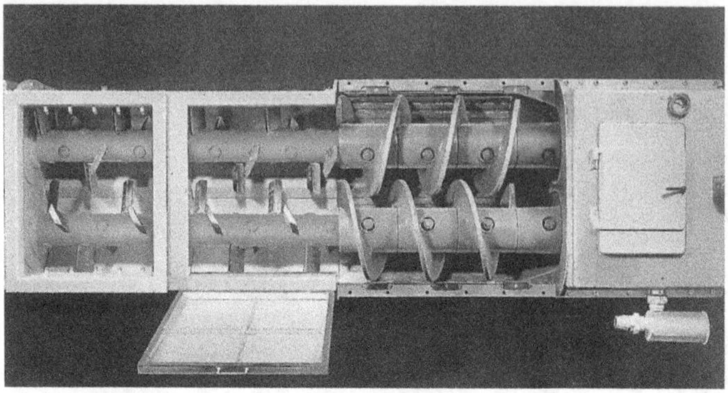

Abb. 2.18: Doppelwellenmischer (Werksfoto Händle, Mühlacker).

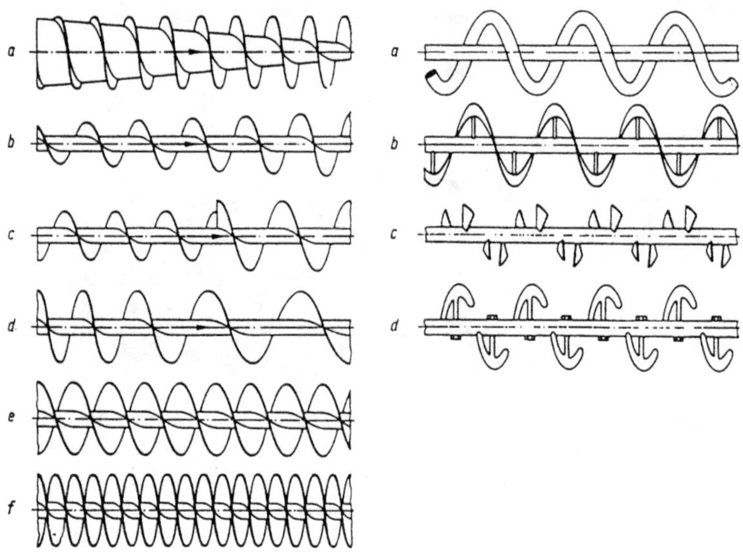

a) innenkonisch
b) außenkonisch
c) mit abgestuftem Außendurchmesser
d) mit abgestufter Gewindesteigung
e) Doppelgewinde grob
f) Doppelgewinde fein

a) Rundstabschnecke
b) Bandschnecke
c) Paddelschnecke
d) Palettenschnecke

Abb. 2.19: Schneckengeometrien für Doppelwellenmischer und Strangpresse nach [224].

Besonders wichtig ist die Gleichmäßigkeit des Förderstromes, die Möglichkeit zur Evakuierung bzw. des Transportes heißer Massen. Zu den Nachteilen zählen der hohe Verschleiß, der hohe Kraftbedarf sowie die Verstopfungsgefahr bei mageren bzw. trockneren Massen.

2.2.1.3.2 Nassaufbereitung

Die Nassaufbereitung silicatkeramischer Rohstoffe ist vor allem für die Herstellung von pressfähigen Granulaten oder von Gießschlickern erforderlich. Das Verpressen von Granulaten findet überwiegend in der Fliesenindustrie und zunehmend auch in der Geschirrindustrie Anwendung. Für dieses *Trockenpressen* sind rieselfähige und leicht verformbare kugelige Kornzusammenballungen von etwa 200 µm Durchmesser herzustellen, was in großen Mengen durch Sprühgranulation oder Aufbaugranulation wässeriger Teilchensuspensionen (*Schlicker*) erfolgen kann (siehe Kapitel 2.3.1.3 Granulation). Die direkte Formgebung aus Schlickern (*Schlickerguss*) wird im Sanitärbereich und in der Geschirrindustrie eingesetzt (siehe Kapitel 2.3.2.1 Gießverfahren). Wie Abb. 2.20 zeigt, kann jedoch auch ein Schlicker durch Filtration wieder zu einer plastisch verformbaren Masse (Filterkuchen) aufkonzentriert werden, die später manuell, durch Feuchtpressen oder durch Rollern und Überformen in Form gebracht wird. So werden gerne Hohlwaren (Tassen, Kannen, Vasen etc.) hergestellt. Auch trockene Granulate können durch Anfeuchten wieder in den plastischen Zustand überführt werden.

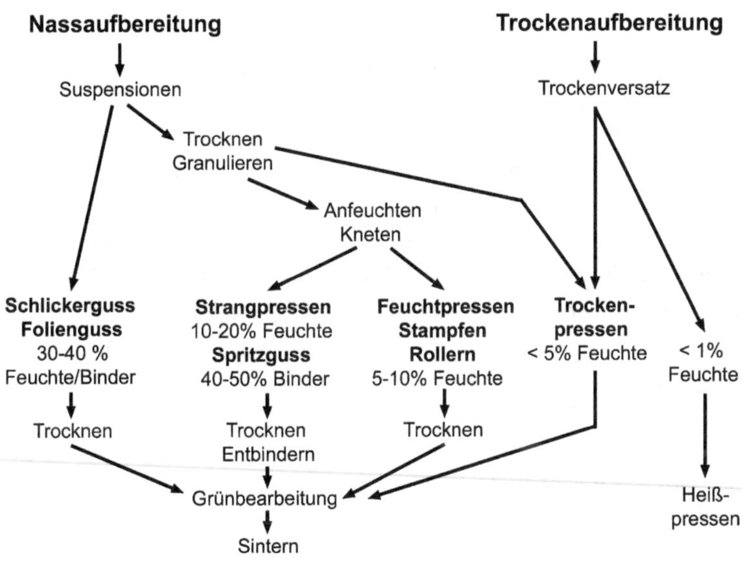

Abb. 2.20: Formgebungsverfahren mit Verarbeitungsfeuchten in Gew.-%.

Die wesentlichen Aggregate der Nassaufbereitung sind *Trommelmühlen*, in denen das Mahlgut unter Beifügung von Wasser und Mahlkörpern kontinuierlich oder diskontinuierlich zerkleinert wird. Unter dem Begriff Trommelmühle sollen sämtliche Zerkleinerungsmaschinen zusammengefasst werden, für die ein rotierender, horizontal gelagerter, zylindrischer oder zylindrisch-konischer Mahlraum charakteristisch ist

(Abb. 2.21). Bei der Drehung der Trommel wird das Gut zusammen mit den Mahlkörpern umgewälzt bzw. gestürzt. Die Zerkleinerungswirkung wird durch den Zusammenprall der Mahlkörper mit dem dazwischen liegenden Mahlgut bzw. durch ihre Scherbewegung während des Rollens hervorgerufen.

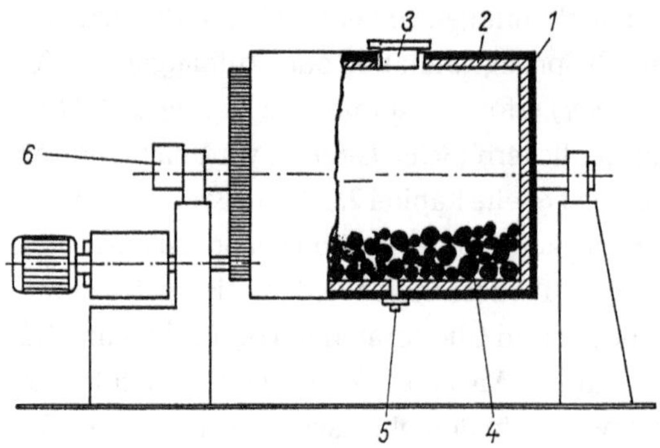

Abb. 2.21: Trommelmühle nach [223]. 1: Mahlbehälter, 2: Innenauskleidung (Verschleißschutz), 3: Stopfen, 4: Mahlkörper, 5: Verankerung der Auskleidung, 6: Welle.

Als *Mahlkörper* werden Kugeln oder Zylinder verwendet. Durch die Prall- und Scherwirkung unterliegen die Mahlkörper selbst allerdings auch einem beträchtlichen Verschleiß. Die Auswahl des Mahlkörpermaterials ist daher von ausschlaggebender Bedeutung für die chemische Qualität des Mahlgutes. Für metallische Mahlkörper werden in der Regel Stahl, Hartguss oder Hartmetalllegierungen verwendet. Ihr Abrieb trägt nicht unwesentliche Mengen an metallischen Spänen in das Mahlgut ein, insbesondere wenn die Mahlkörper noch neu sind. Nach einer gewissen Laufzeit setzen sich jedoch die keramischen Partikel an der duktilen Metalloberfläche an, sodass eine keramische Hülle entsteht. Eisenabrieb muss über Magnetscheider oder auf chemischem Wege durch Laugung vom Mahlgut abgetrennt werden. Ist Eisenabrieb kritisch – dies ist insbesondere für weißbrennende Keramik der Fall – werden arteigene Kugeln eingesetzt. Hierfür werden große Feuersteine (Flintsteine) natürlichen Ursprungs verwendet, die besonders abrasionsbeständig sind und deren SiO_2-Abrieb der Masse keinen Schaden zufügt. Andere Mahlkörperwerkstoffe sind Hartporzellan oder gesintertes Aluminiumoxid; auch hier verändert der Abrieb nur unwesentlich die chemische Zusammensetzung des Mahlgutes. Der Abrieb an Flintsteinen bei der Mahlung von Quarzsand beträgt etwa 0,5 % pro Stunde bezogen auf das Mahlgut, bei Verwendung von Aluminiumoxidkugeln etwa 0,3 % pro Stunde.

Die Relativbewegung der Mahlkugeln lässt sich durch deren Masse und die Rotationsgeschwindigkeit der Trommel in weiten Bereichen variieren. Bei geringen Drehzahlen werden die Mahlkugeln nur wenig am aufsteigenden Rand der Trommel mitgeführt und rollen dann im Hanggefälle wieder nach unten (Abb. 2.22a).

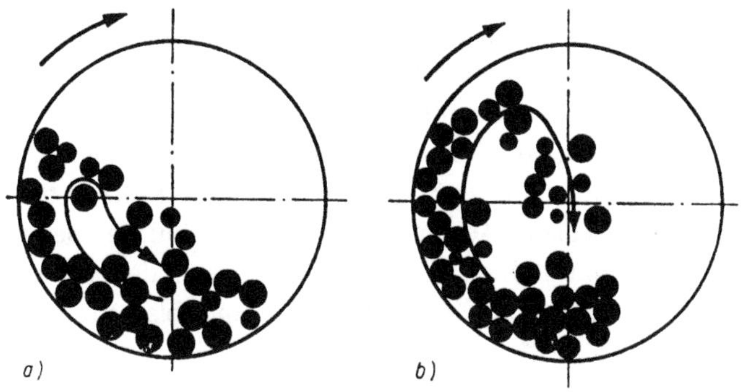

Abb. 2.22: Kinematik der Mahlkörperbewegung in Trommelmühlen nach [223].

Bei höheren Drehzahlen kommt es zu einem weiteren Mitschleppen und Stürzen (Abb. 2.22b). Gegenüber der Scherbewegung dominiert nun die Prallwirkung. Die obere Grenze der Drehzahl ist gegeben, wenn die Fliehkraft alle Kugeln an die Trommelwand drückt. Die kritische Drehzahl errechnet sich zu

$$\omega_c = \frac{60}{2\pi}\sqrt{\frac{2g}{D}} = \frac{42,3}{\sqrt{D}} \tag{2.1}$$

wobei g die Erdbeschleunigung und D den Trommeldurchmesser bedeuten. Eine ausführlichere kinematische Betrachtung der Mahlkörperbewegung findet sich bei Schubert [225] und Krause u. M. [223].

Die Dimensionen der Kugelmühlen können je nach Anforderung zwischen dem Labormaßstab zur Aufbereitung von weniger als 1 kg/h bis hin zum Fertigungsmaßstab zur kontinuierlichen Zerkleinerung von einigen 10 t/h variieren. Ein wesentliches Unterscheidungsmerkmal der Mühlentypen ist die Art und Weise des Mahlgutaustrages. Die kleinsten Mühlen arbeiten in der Regel diskontinuierlich; bei ihnen wird die Mahlgutsuspension zusammen mit den Mahlkörpern über einen Stopfen gelehrt (Abb. 2.21). Die Mahlkörper werden abgesiebt und wieder in die Mühle gefüllt. Solche Aggregate werden bis zu einer Tonne Kapazität eingesetzt. Die *Überlaufkugelmühle* arbeitet kontinuierlich und ist durch einen axial angeordneten Austragshohlzapfen gekennzeichnet, der einen etwas größeren Innendurchmesser als der Aufgabehohlzapfen aufweist. Aus dem sich ergebenden geringen Gefälle resultiert ein Trübe-Abfluss der feinkörnigeren Suspension, während die grobkörnigeren Fraktionen am Behälterboden umgewälzt werden. In der *Austragskammermühle* befindet sich am Ende der Trommel eine Sieböffnung, die die Trübe mit der gewünschten Korngrößenfraktion hindurchlässt und durch den Austragshohlzapfen abfließen lässt. Bei der *Siebkugelmühle* (Abb. 2.23) gelangt das zerkleinerte Gut durch Öffnungen in der Mühlenpanzerung auf Siebmäntel, die am Umfang der Mahltrommel angeordnet sind. Diese Art der Trommelmühle kann auch trocken betrieben werden. Überlaufmühlen und Austragskammermühlen können zu mehrkammerigen *Rohrmühlen* erweitert werden. Solche *Verbund-Mehrkammermühlen* bestehen aus nacheinander geschalteten Rohrsegmenten, die durch Siebeinsätze oder entsprechende Austragshohlzapfen voneinander getrennt sind. In den einzelnen Mahlsegmenten befinden sich dann Mahlkörper unterschiedlicher Größe bzw. Mischungsverhältnisses. In den Grobmahlkammern gelangen dann Mahlkugeln zwischen 40 und 100 mm Durchmesser zum Einsatz, in den Feinmahlkammern Kugeln zwischen 25 und 40 mm. Die Mahlkörperfüllungen betragen etwa 25 bis 40 Vol.-%. Solche Rohrmühlen werden insbesondere in der Massenfertigung von Fliesen eingesetzt und erreichen einen Durchsatz von 5 bis 20 Tonnen in der Stunde.

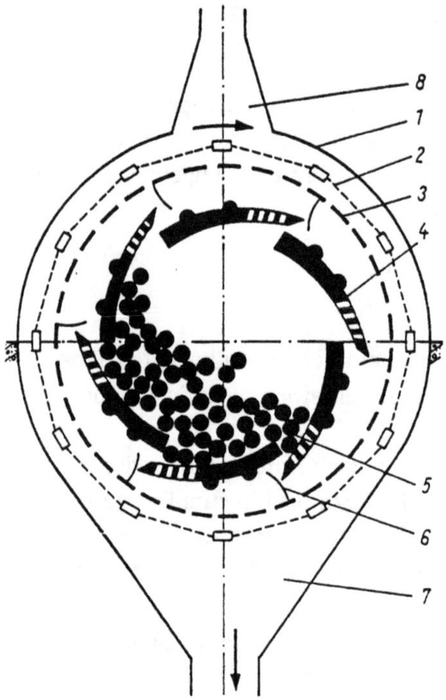

Abb. 2.23: Siebkugelmühle [223]. 1: Gehäuse, 2: Feinsieb, 3: Grobsieb, 4: Prallplatten, 5: Mahlkugeln, 6: Rückführschaufeln, 7: Austrag, 8: Feinstaubabsaugung.

Die *Mühlenauskleidungen* sind wie die Mahlkörper ebenfalls einem starken Verschleiß unterworfen. Sie sind daher je nach Anfälligkeit des Mahlgutes gegenüber Abrieb aus Stahl, Gusslegierungen oder Keramik, in der Regel aus Aluminiumoxid gefertigt. Bewährt haben sich auch Gummi- oder Polyamidauskleidungen, deren Abrieb aus der Trübe abgezogen werden kann, bzw. beim Sintern ohne Probleme ausbrennt. Gelegentlich ist es zur Mitnahme der Mahlkörper bei der Aufwärtsbewegung erforderlich, besondere wellen- und stufenförmige Erhöhungen in die Mühlenwand einzubringen.

Weitere Mahlaggregate werden im Zusammenhang mit der technischen Keramik besprochen.

Eigenschaftsänderungen von Tonmineralen durch Mahlung

Mehrere Autoren haben sich auch mit dem Einfluss der Mahlung auf Tonminerale befasst. Wiegmann und Kranz [226] fanden bei einer relativ kurzzeitigen Nassmahlung von Kaolin keine Änderungen, während bei der Trockenmahlung im Röntgendiagramm die Intensität der Basalflächeninterferenzen 001 deutlich abnahmen. Beim Mahlprozess werden die einzelnen Schichtpakete des Kaolinitgitters gegeneinander verschoben; es entsteht ein fireclayähnlicher Strukturtyp. Im Verlauf der weiteren Mahlung (bis zu 32 Tagen) tritt auch eine Kornverkleinerung auf. Immer bleiben aber die hkl-Interferenzen, insbesondere 060, nahezu konstant [226, 227]. Es ist deshalb bei der quantitativen Tonmineralanalyse günstig, die 060-Interferenzen zu verwenden (Kapitel 2.3.2.3: Nachweis der Schichtsilicate). Verfolgt man die Korngröße durch Adsorptionsmessungen, so findet man bei der Trockenmahlung ein Maximum, weil sich die feinsten Teilchen wieder zu größeren Agglomeraten zusammenballen. Durch sehr intensive trockene Mahlung kann man Kaolinit fast vollständig amorphisieren.

Die Mahlung beeinflusst auch andere Eigenschaften der Tonminerale. So wird die Entwässerungstemperatur stark erniedrigt, weshalb man den endothermen Effekt bei der DTA nach tieferen Temperaturen verschoben findet. Aber auch der exotherme Effekt zeigt eine merkliche Verschiebung zu tieferen Temperaturen. Das Kationenaustauschvermögen nimmt bei der Nassmahlung gering, bei der Trockenmahlung stark zu. Im letzteren Fall durchläuft es ein Maximum, da der vollkommen amorphisierte Zustand ein geringeres Kationenaustauschvermögen als der Fireclayzustand hat. Im amorphisierten Zustand werden auch beträchtliche Anteile HCl-löslich, vor allem an Al_2O_3, was im Hinblick auf die Al-Gewinnung mehrfach untersucht wurde. Petzold u. M. [228] zeigten, dass die Behandlung von Kaolin in einer Schwingmühle (5 h) die Al_2O_3-Löslichkeit in 3 N HCl, von 5 auf 35 % des Al_2O_3-Gehalts ansteigen ließ. Durch geeignete Wahl der Versuchsbedingungen werden über 90 % des Al_2O_3 löslich. Eine wichtige Rolle bei diesen Versuchen spielt auch der Gesamtmineralbestand, indem z. B. beigemengter Quarzanteil die Aktivierung beim Mahlen fördert [229].

Ferner findet man bei der Nassmahlung von Kaolinen eine Zunahme von Plastizität, Thixotropievolumen und Trockenbiegefestigkeit. Bei der Trockenmahlung zeigen diese Eigenschaften ein Maximum infolge der oben erwähnten Agglomeration bei langer Mahlung. Die Effekte sind bei groben Kaolinen größer als bei sehr feinkörnigen.

Klassieren, Lösen und Reinigen

Im weiteren Prozess der Nassaufbereitung vor der Weiterverarbeitung der Mahlsuspensionen als Gießschlicker, zum Sprühtrocknen oder zur Filtration erfolgen eine *Klassierung*, das *Mischen* von vor- und feinzerkleinerten plastischen und nichtplastischen Rohstoffen sowie eine weitere Dispersionsbehandlung (*Lösen*). Grundlagen der

Nassklassierung sind in Band 1 erläutert. Dort wird auch auf industrielle Aggregate eingegangen wie Nasssiebanlagen oder Hydrozyklone.

Das Homogenisieren von Suspensionen, insbesondere das Zumischen von Hartstoffschlickern zu Tonschlickern erfolgt in großen Behältern (Lösern) unter ständigem Rühren und gegebenenfalls Zugabe von Elektrolyten oder organischen Additiven. Diese Hilfsstoffe verhindern über Veränderung des *p*H-Wertes oder der Ionenkonzentration die Koagulation der Teilchen und damit ihre Sedimentation oder Entmischung. Dies ist besonders wichtig, wenn sogenannte Rückschlicker aus späteren Verarbeitungsprozessen anfallen, die recycelt werden sollen. Hierdurch kann es zu Anreicherungen von Salzen oder organischen Komponenten kommen, die langfristig die Stabilität der Suspensionen beeinträchtigen oder sich im Brennprozess negativ bemerkbar machen. Die physikalisch-chemischen Grundlagen für die Schlickerstabilisierung sind in Kapitel 2.3.1.1 erläutert.

Den Lösern nachgeschaltet sind *Magnetabscheider*, die in Form von Sieben durchströmt werden. Hierbei wird Eisenabrieb aus den vorhergehenden Prozessen aus der Suspension entfernt. Durch die Mahlung können Verwachsungen von Rohstoffen mit eisenhaltigen Mineralien aufgebrochen und letztere isoliert werden. Sie sind dann einer Abtrennung leichter zugänglich, wie z. B. Krahl u. M. [230] an granitoiden Gesteinen zeigen. Nach einer Mahlung bis <0,5 mm konnte der Fe_2O_3-Gehalt von ursprünglich 1,5 Gew.-% durch Magnetscheidung auf 0,2 Gew.-% gesenkt werden, wodurch der Einsatz als Porzellanrohstoff möglich wurde.

2.2.1.3.3 Trockenaufbereitung

Die Trockenaufbereitung toniger Rohstoffe ist kein Routineverfahren. Unter bestimmten Umständen wird sie jedoch immer mehr als kostengünstige Alternative zur Feuchtaufbereitung in Betracht gezogen. Ihre Vorteile liegen in der Bevorratung trockener, rieselfähiger Massen in Silos, was die hohen Investitionen für Winterlager und Sumpfhäuser einspart. Teuer schlagen allerdings die energieintensive Trocknung von der Bergfeuchte sowie die Mahlung zubuche. Die Trockenaufbereitung ist nach Bilanzrechnungen von Jung u. M. [231] dann vorzuziehen, wenn die Bergfeuchte der Tone unter 10–12 % liegt, der Anteil an Hartstoffen, insbesondere Pyrit, besonders hoch ist oder problematische Rohstoffe zu homogenen Massen verarbeitet werden müssen [232]. Die Massen werden in gasbefeuerten Tunnel- oder Bandtrocknern auf 120–200 °C aufgeheizt, wobei die großen Tonbrocken bereits aufgrund der Trockenschwindung zu kleineren Aggregaten zerfallen. Danach durchlaufen sie eine kontinuierlich arbeitende Mühle, z. B. eine *Walzenschüsselmühle* mit eingebautem Sichter (Abb. 2.24). In diesem Aggregat werden die Rohstoffe gleichzeitig fertig getrocknet, zu definierten Korngrößen aufgemahlen, gemischt und in Korngrößenklassen getrennt (*gesichtet*). Störende Begleitstoffe können entweder gleichmäßig verteilt oder ausgeschleust werden [233].

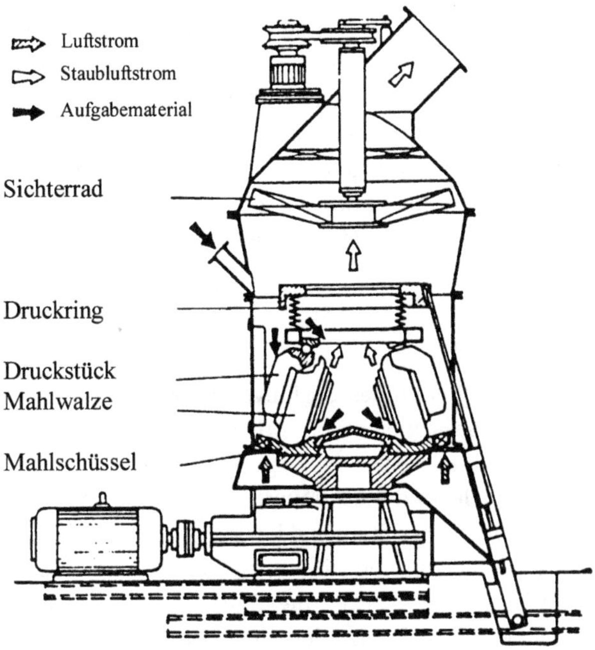

Abb. 2.24: Walzenschüsselmühle.

Die Walzenschüsselmühle besitzt eine seitliche Trockengutaufgabe, die zu einem kreisförmigen Läuferbett führt. Unter dem Andruck eines hydropneumatischen Spannsystems wird die Mahlschüssel unter drei oder vier schrägstehenden Läufern hindurchgeführt und das Mahlgut zerquetscht. Von unten eingeblasene Luft wirbelt die entstehenden Körnungen auf, die mit Unterstützung eines saugenden Ventilatorsichters bei Unterschreiten der gewünschten Korngröße nach oben ausgetragen werden, während grobkörniges Material in das Gutbett zurückfällt und erneut aufgemahlen wird. Mit warmer Zuluft kann der Trocknungsprozess vervollständigt werden. Ein Kostenvergleich mit der Feuchtaufbereitung wurde von Jung u. M. [231] am Beispiel der Dachziegelfertigung veröffentlicht. Ähnliche Berechnungen wurden über die Fliesenfertigung angestellt [234].

Die trockenen Massen werden in *Tonmehlsilos* zwischengelagert. Vor der plastischen Formgebung müssen die Pulver auf dem Transportband oder in Mischern mit Wasser oder Wasserdampf angefeuchtet werden.

2.2.2 Aufbereitung technischer Keramiken

Im Gegensatz zu Silicatkeramiken sind technische Keramiken, insbesondere Hochleistungskeramiken, mit maßgeschneiderten mechanischen, chemischen, thermischen und elektronischen Eigenschaften nahezu ausschließlich *synthetische Produkte*. Über die Syntheseverfahren gibt Kapitel 1.2 Auskunft. Für die Leistungsfähigkeit solcher speziell entwickelter Produkte sind bezüglich chemischer Zusammensetzung, Phasenbestand und Korngröße homogene und möglichst feinkörnige Ausgangspulver von ausschlaggebender Bedeutung. Einmal eingebrachte Verunreinigungen oder unzerstörte Agglomerate, Grobkorn, lokale Anhäufungen von Sinteradditiven oder organischen Hilfsmitteln führen unweigerlich zu Gefügefehler, die die Bauteileigenschaften nachhaltig verschlechtern.

2.2.2.1 Mischen

Insbesondere das Mischen (*Dispergieren*) mehrphasiger Pulver mit Korngrößen von wenigen Mikrometern, die üblicherweise agglomeriert vorliegen, bereitet enorme Schwierigkeiten, wenn nur geringste Anteile einer weiteren Komponente hinzugemischt werden sollen. Typische Beispiele sind MgO-dotierte Tonerden bzw. Y_2O_3-dotiertes Zirconiumdioxid, die aufgrund dieser Probleme heute nahezu ausschließlich auf nasschemischem Wege durch gemeinsame Fällung aus der Lösung (*Kopräzipitation*) hergestellt werden. So ist gerade im Falle des Zirconiumdioxides eine gleichmäßige Dotierung mit z. B. 3 Mol-% Y_2O_3 erforderlich, um die gewünschten Gefüge und mechanischen Eigenschaften einzustellen. Transmissionselektronenmikroskopische Untersuchungen von Schubert [235] an Pulverhaufwerken haben beispielsweise gezeigt, dass eine vollständig homogene Verteilung nicht einmal an gefällten Pulvern einzustellen ist. Einzelne Zirconiumdioxidpartikel kommen überhaupt nicht in Kontakt mit Yttriumoxid, während andere 8 Mol-% Y_2O_3 und mehr enthalten. Bei der Herstellung neuer Phasen durch Reaktionssintern (siehe Kapitel 4.6 in Band 1), z. B. durch das *Mixed Oxide*-Verfahren, führen Inhomogenitäten in der Verteilung der einzelnen Reaktanden zu unreagierten Restphasen bzw. die lokale Einstellung falscher Stöchiometrien eventuell sogar zur Schmelzebildung. Pulver mit breiter oder gezielt eingestellter bimodaler Korngrößenverteilung können sich beim Lagern entmischen, ebenso Pulver aus Komponenten unterschiedlicher Dichte. Entmischungen bezüglich der Korngröße führen beispielsweise zu nicht idealen Packungsdichten beim Verpressen und somit zu Dichtegradienten im Grünkörper. Später bei der Sinterung werden darüber hinaus Volumenelemente im Bauteil, die aus überwiegend grobkörnigen Partikeln bestehen, bei höheren Temperaturen zu verdichten beginnen und eine geringere Enddichte erreichen als Bereiche mit überwiegend feinkörnigen Teilchen. Dies führt bei den Bauteilen zum Verzug und zu Porenanreicherungen.

Besonders schwierig ist das Vermischen von Verbundwerkstoffkomponenten, wenn eine Komponente plattenförmig oder faserförmig ausgebildet ist. Hier ist das kinematische Verhalten der Teilchen im Mischbehälter so unterschiedlich, dass neben den zufälligen Platzwechseln auch systematische Verlagerungsvorgänge stattfinden können, die zu Entmischungserscheinungen führen. Dies trifft auch für Kornformen zu, die eine Verhakung mit den Nachbarteilchen ermöglichen bzw. für Kornoberflächen, die zu starker Adhäsion oder zur Ausbildung von Van-der-Waals-Bindungen mit dem nächsten Nachbarn neigen. So kann es bei Mischvorgängen nach Ablauf einer bestimmten Zeit zu einer annähernd optimalen Komponentenverteilung kommen, die bei fortdauernder Prozessführung aber durch Entmischung wieder zunichte gemacht wird. Zur Vermeidung solcher Entmischungen – auch durch die nachträgliche Lagerung des Pulverhaufwerks – werden dem Mischgut *Stabilisatoren* zugeführt, die gut benetzen und die Reibungskräfte zwischen den Teilchen vermindern sollten, aber keine neuen Bindungskräfte über Kapillarwirkung ausüben dürfen. Infrage kommen Öle oder Alkohole; gerade bei Oxiden wirkt die Zugabe von Wasser agglomerationsfördernd.

Die in der Praxis verwendeten *Mischaggregate* lassen sich einteilen in Schwerkraftmischer, Rührwerksmischer und Strömungsmischer, wobei Letztere in der Keramik kaum eine Rolle spielen. Zu den *Schwerkraftmischern* gehören solche Aggregate, bei denen das Mischgut durch eine Bewegung des Behälters angehoben und durch Fallen oder Rollen umgewälzt wird. Das einfachste Aggregat ist der *Trommelmischer*, der über einen Motor oder über eine Rollenbank angetrieben wird. Seine Kinematik ist in Kapitel 2.2.1.3.2 (Stichwort Trommelmühle) genauer beschrieben. Da die Rotationsbewegung nur um eine einzige Achse verläuft, ist die Mischwirkung relativ gering, die Agglomerationsneigung aber groß (Abb. 2.25). *Würfelmischer*, *Tetraedermischer* können wie *Taumelmischer* zusätzlich um eine weitere Achse angetrieben werden. Die teilweise recht komplex geformten Mischbehälter werden so über zwei Kreuzgelenke in eine mehrachsige Taumelbewegung versetzt. Die Dispersion des Mischgutes erfolgt durch die dauernd sich ändernde Rollrichtung und kann durch den Einbau von Leitblechen oder Ausstülpungen an den Innenflächen noch gesteigert werden.

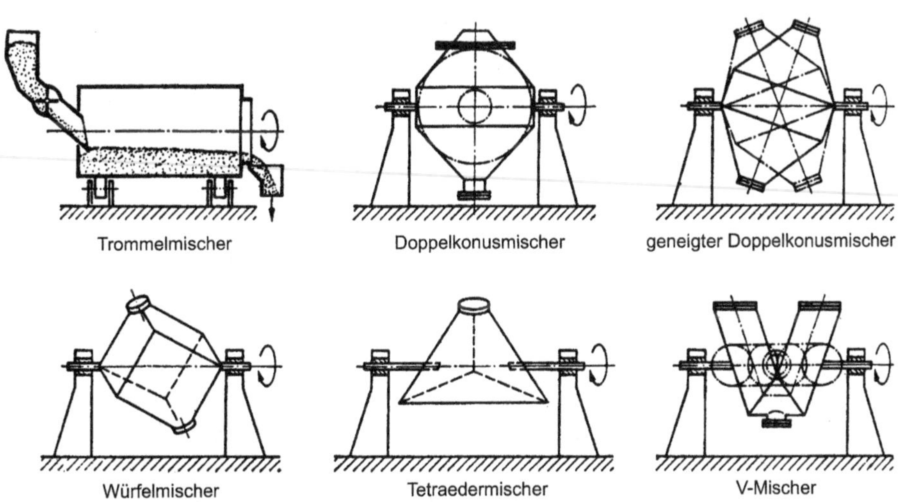

Abb. 2.25: Schwerkraftmischer mit unterschiedlicher Mischraumgeometrie [236].

Bei der Gruppe der *Rührwerksmischer* wird die Homogenisierung durch eine erzwungene Bewegung des Mischgutes mithilfe rotierender Mischwerkzeuge herbeigeführt. Als Werkzeuge kommen Schnecken, Spiralen, Paddel, Messer, Schaufeln und Stifte infrage. Je nach Fließfähigkeit des Mahlgutes und Rührerwerkstoff muss bereits hier auf eventuellen Abrieb vom Werkzeug Rücksicht genommen werden. Besonders verbreitet in der Silicatkeramik und der Feuerfestindustrie ist der *Eirich-Mischer*, dessen Konstruktionsmerkmale ein rotierender schief gestellter Behälter, ein rotierendes Mischwerkzeug, ein Rand- und Bodenabstreifer sowie eine separate Dampf- oder Additivzuführen sind (Abb. 2.26). Durch die Schrägstellung und Rotationsbewegung der Trommel wird das Mischgut nach oben transportiert und durch das Werkzeug, den sog. Wirbler, auf eine Geschwindigkeit zwischen 1 und 40 m/s beschleunigt. Hierdurch werden Entmischungen sicher vermieden. Neben einer intensiven Vermengung unterschiedlichster Partikelgrößen und Konzentrationen ist durch Einsprühen weiterer Komponenten sowie von Wasserdampf auch eine Aufagglomeration und Beschichtung der Granulate möglich. Neuere Anlagen sind ferner beheizbar, sodass feuchtes Mischgut zunächst getrocknet und dann nach der Homogenisierung auch wieder gezielt angefeuchtet werden kann [237, 238].

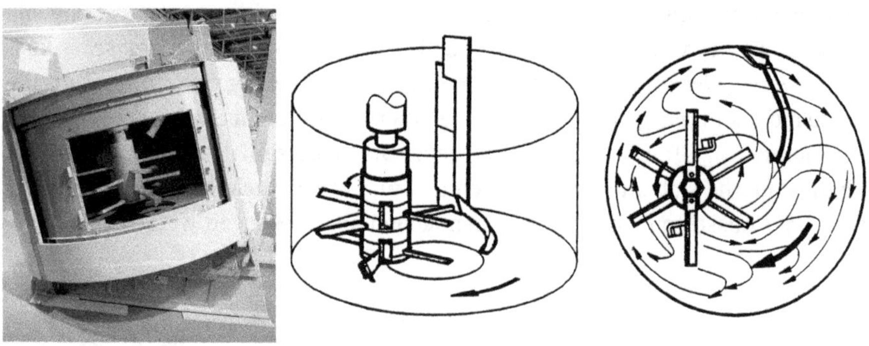

Abb. 2.26: Eirich-Mischer mit rotierendem Werkzeug. Rechts Nachstellung der turbulenten Strömung von oben gesehen. Quelle: Fa. Eirich [237] mit freundlicher Genehmigung.

Leider sind nahezu alle Mischverfahren nicht imstande, ungewollte Agglomerate aus feinen Pulverteilchen zu zerstören. Abbildung 2.27 und 2.28 zeigen typische Beispiele: In Abb. 2.27 ist eine REM-Aufnahme eines heißgepressten Haufwerkes aus ZrO_2-Agglomeraten (weiß), feinkörnigem Aluminiumoxidpulver und tabularem Siliciumcarbid mit 20 bis 40 µm Durchmesser dargestellt. Es ist offensichtlich, dass sowohl das Zirconiumdioxid als auch das SiC nicht dispergiert werden konnten. Durch das axiale Heißpressen haben sich die Zirconiumdioxid-Agglomerate zu fladenförmigen Bereichen deformiert, während das SiC-Haufwerk eine erhöhte Porosität zeigt, da das feinkörnige Aluminiumoxidpulver nicht in die Zwischenräume der Platten eindringen konnte.

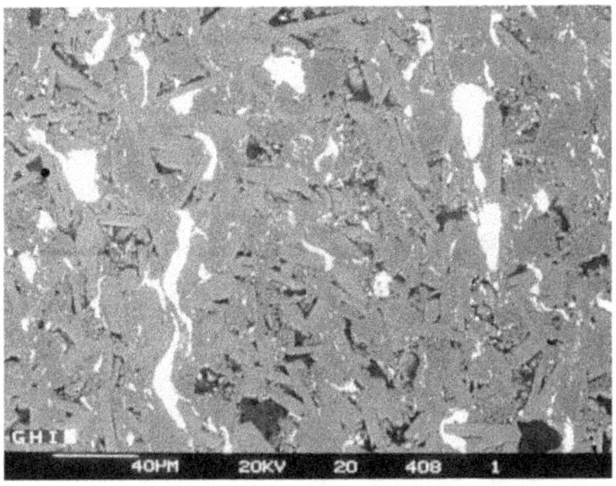

Abb. 2.27: Gefüge einer heißgepressten ZrO_2–Al_2O_3–SiC-Keramik mit flachgedrückten, undispergierten ZrO_2-Agglomeraten und SiC-Platten; Aufbereitung im Taumelmischer (REM-Aufnahme, Inst. Gesteinshüttenkunde, RWTH Aachen).

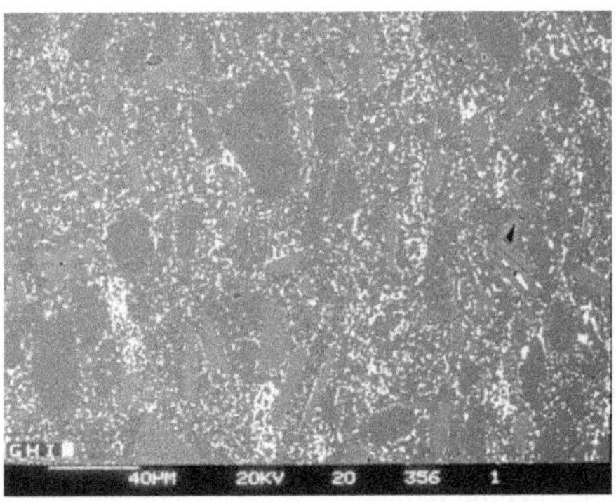

Abb. 2.28: Gefüge einer heißgepressten ZrO_2–Al_2O_3–SiC-Keramik mit unzerstörten Al_2O_3-Agglomeraten, Aufbereitung im Attritor (REM-Aufnahme, Inst. Gesteinshüttenkunde, RWTH Aachen).

In Abb. 2.28 sind die gleichen Ausgangskomponenten zu sehen. Hier wurde bei geringerem SiC-Plattengehalt eine bessere Dispersion des Zirconiumdioxides erreicht, jedoch liegt nun das Aluminiumoxid in Form von unregelmäßigen Agglomeraten vor (dunkelgraue Flächen). Die besten Dispersionseigenschaften haben daher auch diejenigen Prozesse, die gleichzeitig zerkleinernd wirken.

2.2.2.2 Mahlen

Das Mahlen technischer Keramiken dient nicht nur der Zerkleinerung grobkörniger Rohstoffe, sondern auch zur Vergleichmäßigung der Korngrößenverteilung. Dass die Korngrößenverteilung einen wesentlichen Einfluss auf das Sintergefüge ausübt, ist bereits mehrfach betont worden. Ein enges, feinkörniges Kornband führt gleichermaßen zu feinkörnigen, homogenen Gefügen, während eine breite Korngrößenverteilung in der Regel zum Wachstum der Grobfraktion auf Kosten der kleineren führt. Als Inhomogenitäten bleiben Inseln mit kleinen Korngrößen zurück. Bimodale Korngrößenverteilungen führen zu einem selektiven Wachstum der Grobfraktion, was teilweise gezielt ausgenutzt wird. Darüber hinaus erhöht der Mahlprozess die *spezifische Oberfläche* der Pulver und somit die *Triebkraft* für die Verdichtung. Abbildung 2.29 und 2.30 demonstrieren diesen Sachverhalt an Tonerdecalcinaten unterschiedlicher Korndurchmesser. Es ist deutlich, dass die höhere spezifische Oberfläche des Weichcalcinates zu einer nahezu vollständigen Verdichtung bei 1600 °C führt.

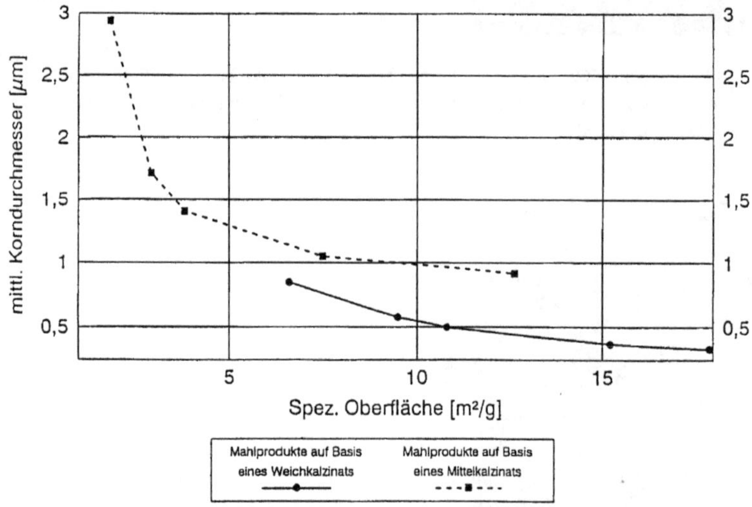

Abb. 2.29: Abhängigkeit der spez. Oberfläche von der Korngröße von Tonerden (nach H. Hofius, Martinswerk).

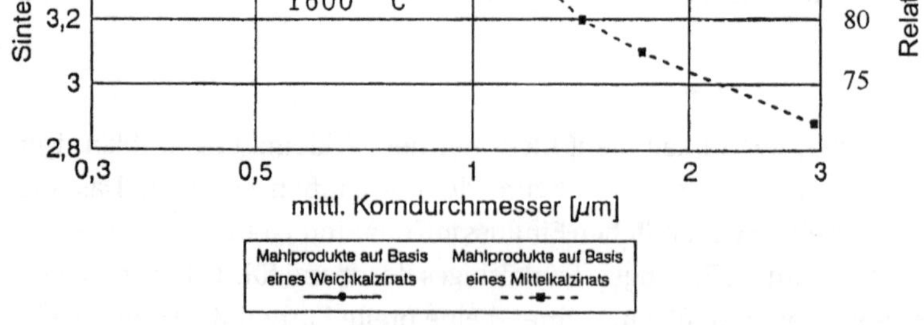

Abb. 2.30: Sinterverhalten der Tonerde aus Abb. 2.29 bei 1600 °C. Quelle: H. Hofius, Martinswerk.

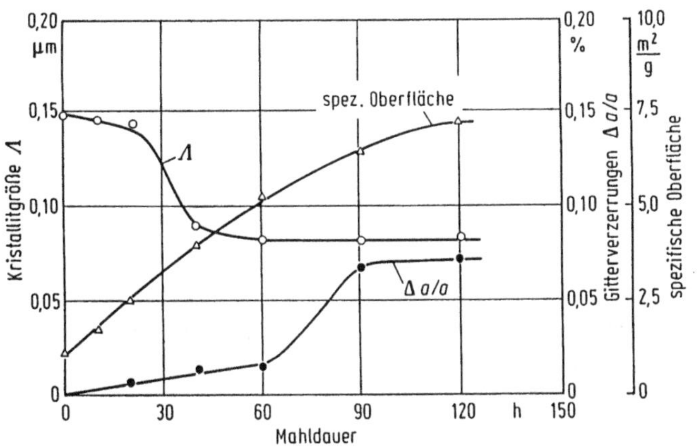

Abb. 2.31: Strukturelle Veränderungen an Al_2O_3 als Funktion der Mahldauer nach Ziegler [239].

Beim Mahlen werden nicht nur die einzelnen Körner gebrochen, sondern auch die Struktur der Oberflächenschichten der Partikel verändert. Die mechanisch durch Stoß, Schlag und Scherung eingebrachte Energie führt zu Punktdefekten, Versetzungen, Zwillingen und elastischen Verzerrungen der Struktur bis hin zur völligen Amorphisierung der einzelnen Kristallite, sodass der Fortschritt der Mahlung röntgenographisch verfolgt werden kann. Der Grad der Verformbarkeit keramischer Pulver hängt von der Kristallstruktur und der Gitterenergie der jeweiligen Phasen ab. Zur Verformung neigen insbesondere Strukturen hoher Bruchfestigkeit und relativ hoher Symmetrie, die dicht mit Ionen besetzte Gleitebenen aufweisen. So kann Quarz bei Trockenmahlung verhältnismäßig schnell amorphisiert werden, während sich Steinsalz bei schneller Belastung stets zu noch kleineren Würfeln spalten lässt.

Dass Quarz bei Nassmahlung wiederum eher zum Bruch neigt, wird durch die Verringerung der Festigkeit durch Dipolanlagerung an Rissspitzen und folgende Spannungsrisskorrosion (Rehbinder-Effekt, Joffe-Effekt) erklärt. Bedeutsam ist der Grad der Amorphisierung beim Quarz für die Kinetik der displaziven Umwandlungen zu den Hochtemperaturmodifikationen. So wandelt sich ein amorph gemahlenes Quarzmehl schneller und bei geringeren Temperaturen um.

Auch bei Aluminiumoxidpulvern sind Gitterverzerrungen als Funktion der Mahldauer gemessen worden. Ebenso wie eine erhöhte spezifische Oberfläche bringen auch Gitterdefekte mit ihrem Inhalt an elastischer Verzerrungsenergie einen Beitrag zur erhöhten Sinteraktivität mit sich. Abbildung 2.31 [239] zeigt die Eigenschaften eines vorgeglühten Al_2O_3-Pulvers als Funktion der Mahldauer. Mit zunehmender Mahldauer steigt die spezifische Oberfläche an, strebt aber einem Grenzwert zu, während die röntgenographisch ermittelte Kristallitgröße nach einer Einlaufphase abnimmt und die Gitterverzerrungen nach Erreichen einer Minimalkorngröße deutlich zunehmen. Ein ähnliches Verhalten wird auch an anderen Werkstoffen beobachtet, z. B. bei MgO, bei welchem der Übergang von Zerkleinerung zur Verformung bei einer Korngröße von 45 µm eintritt [240]. Zu erklären ist das spätere Einsetzen der Gitterdeformation dadurch, dass zunächst bei grobem Aufgabegut eine Spaltung der Körner erfolgt, bis eine Minimalkorngröße erreicht ist, die nur noch einer Scherbeanspruchung unterliegt. Kalorische Messungen zeigen, dass die Zunahme der inneren Energie durch das Mahlen um etwa 5 J/mol eine Größenordnung höher als die Zunahme an Oberflächenenergie sein kann. Man nennt dies *mechanische Sinteraktivierung*. Phasen, die keine ausgeprägte Spaltbarkeit besitzen oder eine hohe Härte aufweisen, werden zunächst durch Abrasion zerkleinert (z. B. Borcarbid, Titandiborid). Abbildung 2.32 zeigt schematisch die jeweils resultierenden charakteristischen Korngrößenverteilungen, wenn von einer monomodalen Verteilung ausgegangen wird.

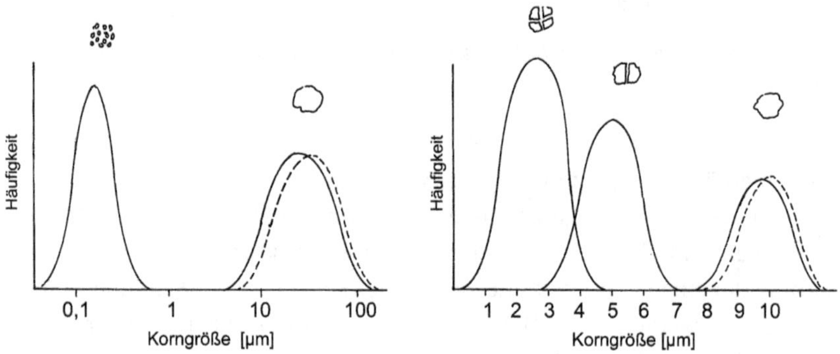

Abb. 2.32: Durch Abrasion (links) oder Spaltung (rechts) erzeugte Korngrößenverteilungen, Ausgangskorngröße jeweils gestrichelt.

Eine weitere Möglichkeit zur Beeinflussung der Pulverhaufwerke bietet das *mechanische Legieren*. Beim Mahlen von Metallpulvern kommt es neben der plastischen Verformung der Partikel auch zum Kaltverschweißen der Teilchen und – geht man von mehrkomponentigen Pulvern aus – zur Legierungsbildung. So beschreiben Hashimoto u. M. [242] die Bildung von TiAl-Pulvern durch Intensivmahlung von Titan- und Aluminiummetallpulvern. Auch bei keramischen Pulvern kann dieser Effekt, wenn auch untergeordnet, in Hochenergiemühlen beobachtet werden, insbesondere wenn eine Komponente leicht zu amorphisieren ist. Li u. M. stellten Nanokomposite aus AlN und SiC her, indem sie die Ausgangspulver bis zu 300 h lang mahlten und so vorlegierte mehrphasige Pulver mit zunehmenden strukturellen Störungen bis hin zur Mischkristallbildung produzierten [243]. Abbildung 2.33 zeigt die Mischkeramiken nach dem heißisostatischen Pressen sowie die röntgenographisch verfolgte Mischung bzw. Verformung der Pulver während des Mahlens. Weiterhin können auf diese Weise Carbide des Aluminiums, Siliciums und der Übergangsmetalle synthetisiert werden [244]. Unter „mechanischem Legieren" versteht man jedoch auch den gezielten Eintrag von Dotierungsmitteln über den Abrieb an Mahlkörpern und Rührwerk, wie im Falle der Kugelmühle näher zu beschreiben ist.

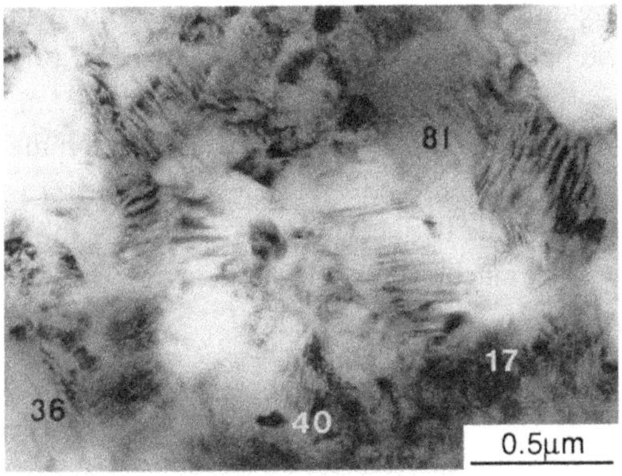

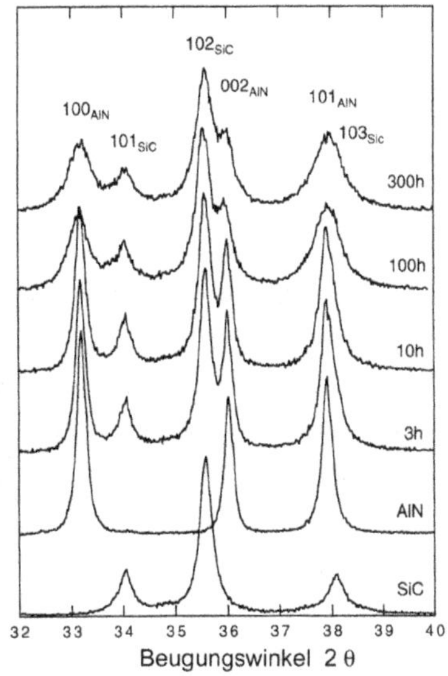

Abb. 2.33: AlN–SiC-Mischkeramik, hergestellt durch Intensivmahlung (100 h) von 25 Mol-% AlN- und 75 Mol-% SiC-Pulvern [243]. Links: TEM-Aufnahme nach heißisostatischem Pressen; die Körner sind stark verformt; Zahlen geben lokale AlN-Gehalte in Mol-% an. Rechts: Röntgenaufnahmen der Pulver in Abhängigkeit von der Mahldauer.

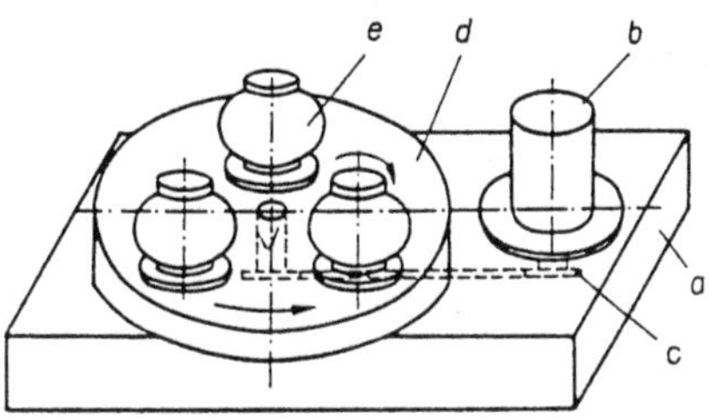

Abb. 2.34: Planetenkugelmühle nach Schatt [241]: (a) Grundplatte, (b) Motor, (c) Welle, (d) Tragscheibe, (e) Mahlbehälter.

In der technischen Keramik finden überwiegend *Kugelmühlen* Anwendung, die nass betrieben werden. Der einfachste Fall der *Trommelmühle* ist bereits unter 2.2.1.3.2 beschrieben worden. Sie kann kontinuierlich und diskontinuierlich betrieben werden. Nach dem Zentrifugalkraftprinzip arbeitet die *Planetenkugelmühle*, bei welcher drei bis sechs rotationssymmetrische Mahlbehälter auf einer Trägerscheibe befestigt sind, die sich über eine Exzenterplatte gegensinnig zu den Mahlbehältern bewegt. In die Mahlbehälter, die meist aus Achat, Porzellan oder aus gehärtetem Stahl bestehen, werden wenige etwa 5 bis 15 mm große Kugeln eingegeben, die durch die Schleuderbewegung zusammen mit dem Mahlgut auf eine Kreisbahn gezwungen werden. Dabei wird das Pulver sehr effektiv zerschert und kann trocken oder feucht auf Größen unter 5 µm zerrieben werden (Abb. 2.34). Der Vorteil der Planetenkugelmühle besteht im hohen Energieeintrag, der über die Rotationsgeschwindigkeit regelbar ist; manche

Bauarten verfügen darüber hinaus über evakuierbare bzw. mit Inertgas füllbare Mahlbehälter. Der wesentliche Nachteil ist, dass sie nur chargenweise zu betreiben ist und ein geringes Mahlvolumen von etwa 50–250 cm^3 fasst. Nach einem ähnlichen Prinzip arbeiten *Schwingmühlen*. Sie besitzen trogähnliche Mahlgefäße, die elastisch mit dem Exzenter- oder Wuchtmassenantrieb gekoppelt sind, was das trockene Mahlgut und die Mahlkörper bei vertikaler Amplitude zu einer Wurfbewegung, bei horizontaler Amplitude zu einer Schleuderbewegung anregt. Der Energieeintrag lässt sich durch die Schwingungsfrequenz (1000 bis 1500 min^{-1}) und -amplitude (einige Millimeter) variieren. Die Aufgabekorngröße beträgt <0,5 mm, die Endkorngröße 1–10 µm, was diese Mühlenbauart zur Glasurherstellung geeignet macht. Im kontinuierlichen Betrieb erreichen sie einen Durchsatz von 1–40 t/h.

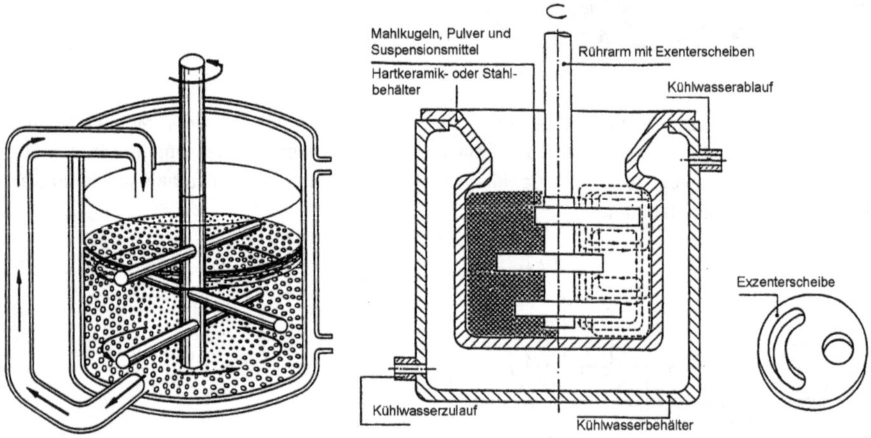

Abb. 2.35: Attritor mit Stiftrührer (links nach [223]) und Exzenterscheiben (Aufriss nach MPI-Metallforschung, Stuttgart).

Nach dem Prinzip der *Rührwerkskugelmühle* arbeitet der *Attritor*, bei welchem das Mahlgut und die Mahlkörper über einen rotierenden Rührarm, der mit Stiften oder Exzenterscheiben besetzt ist, in eine erzwungene Bewegung gebracht wird. Rührwerkskugelmühlen müssen nass betrieben werden, damit einerseits eine Umwälzung von Mahlkörpern und Mahlgut gewährleistet ist und andererseits die durch die Reibung entstehende Wärme abgeführt werden kann. Abbildung 2.35 zeigt den schematischen Aufbau eines Stabrührwerks und eines Exzenterrührwerks. Durch die Rotationsbewegung bei 100 bis 1000 Umdrehungen pro Minute entsteht durch die Lochexzenterscheiben ein Auftrieb, der für eine Umwälzung von Mahlgut und Kugeln sorgt. Von Vorteil ist eine zusätzliche externe Umwälzung, die Mahlgut und Kugeln vom Boden des Behälters absaugt und von oben wieder zuführt. Im Bereich des Bodens und der Wand entstehen nämlich Zonen geringerer Relativbewegung, in denen sich grobe Partikel ablagern können und sich einem weiteren Mahlprozess entziehen.

Zu erkennen ist in den Bildern ebenfalls der zweischalige Aufbau des Gerätes, der einmal zur Entnahme des Mahlbehälters erforderlich ist, zum anderen zur Wasserkühlung. Attritoren gibt es mit Arbeitsvolumina von 0,5 l (Labormaßstab) bis 1000 l (Produktions maßstab).

Nach erfolgter Zerkleinerung wird das Mahlgut als Trübe zusammen mit den Kugeln entnommen und abgesiebt. Es ist darauf zu achten, dass dabei auch Mahlkugelbruch abgetrennt wird. Der Schlicker kann nach den üblichen Verfahren getrocknet werden, die Kugeln müssen einer sorgfältigen Reinigung unterzogen werden. Als Mahlkugelmaterialien finden Hartporzellan, Korund, Yttrium-stabilisiertes Zirconiumdioxid, andere verschleißresistente Keramiken, Hartmetall oder Stahl Anwendung. Die Kugelgröße variiert zwischen 1 bis 5 mm. Exzenterscheiben bzw. Stäbe werden üblicherweise aus dem gleichen Material gefertigt. Als Behältermaterialien haben sich neben rostfreiem Stahl Hartporzellan bzw. Polyamid bewährt. Mahlkugeln und Scheiben bzw. Stifte sind durch den hohen Energieeintrag einem enormen Verschleiß ausgesetzt, der bei der Pulveraufbereitung berücksichtigt werden muss.

Zur Vermeidung von Pulverkontaminationen empfiehlt es sich daher, arteigene Mahlkugeln zu verwenden. Stahlabrieb kann gegebenenfalls in einem späteren Laugungsschritt chemisch oder magnetisch aus dem Pulver entfernt werden. Schwieriger zu behandeln ist der Eintrag von Hartmetall, da er neben dem auslaugbaren metallischen Binder (Co, Ni, Fe) schwer lösliche Carbide (WC, TiC, TaC, ...) enthält.

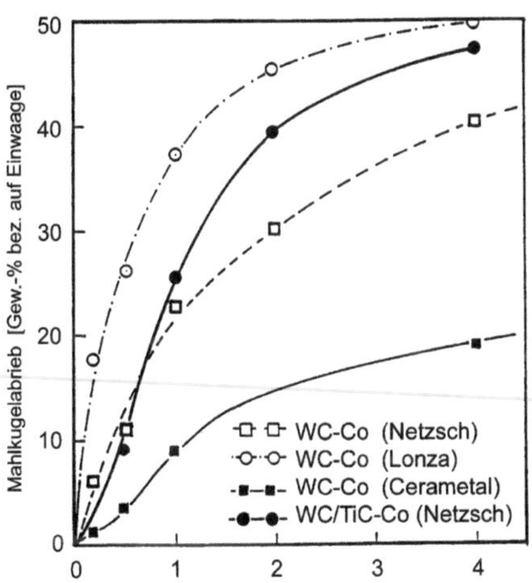

Abb. 2.36: Erhöhung der Pulverausbeute durch Mahlkugelabrieb bei der Zerkleinerung von Borcarbid mittels Hartmetallkugeln unterschiedlicher Qualität [245].

Abbildung 2.36 zeigt die Gewichtszunahme beim Mahlen einer 40g-Charge Borcarbid mit verschiedenen Hartmetallkugelsorten. Die Einlaufphase ist gekennzeichnet durch einen starken Anstieg der Gewichtszunahme, der mit der Zeit abnimmt. Dies ist dadurch zu erklären, dass die Hartmetallkugeln zunächst sehr stark durch Oberflächenabrasion verschleißen und sich später mit einer Schicht aus dem Mahlgut überziehen. Das unterschiedliche Verschleißverhalten der Hartmetallkugeln beruht auf den herstellerspezifischen Verhältnissen von Metallbinder und Übergangsmetallcarbiden sowie ihrer eingesetzten Korngröße. Es empfiehlt sich also vor der routinemäßigen Benutzung von Mahlkugeln einer bestimmten Spezifikation, insbesondere nach Chargenwechsel, zeitabhängige Versuche zum Abriebsverhalten durchzuführen. Im vorliegenden Beispiel wurde der Mahlkugelabrieb zum mechanischen Legieren des Borcarbides verwendet [245]. Dies verlangt eine präzise Kenntnis des Langzeitverhaltens der Kugeln, um innerhalb der gewünschten Phasenzusammensetzung zu bleiben. Ist der Mahlkugelabrieb als Beimengung erwünscht, z. B. im Falle von ZrO_2-Kugeln, spricht man vom *mechanischen Legieren.*

Als Suspensionsmittel wird im Falle von Oxidkeramiken überwiegend Wasser eingesetzt, im Falle von Nichtoxiden Alkohole unterschiedlicher Kettenlänge. Wasser führt aufgrund seines Dipolcharakters allerdings beim Trocknen zur Bildung harter Trocknungskuchen bzw. Granalien über Van-der-Waals-Wechselwirkungen, sodass auch bei Oxidkeramiken oft längerkettige alkoholische Suspensionsmittel Verwendung finden. Über das optimale Beschickungsverhältnis von Pulver, Mahlkugeln und Flüssigkeit gibt es zahlreiche Arbeiten. Abbildung 2.37 zeigt bei steigendem Verhältnis von Pulver (P) zu Mahlkugeln (MK) einen zunehmenden Mahlkugelabrieb, eine sinkende spezifische Oberfläche, aber eine steigende Klopfdichte.

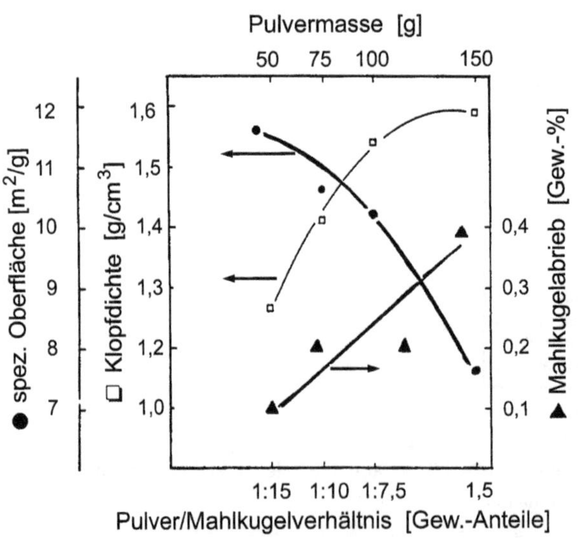

Abb. 2.37: Einfluss der Attritorbeladung auf die Pulvereigenschaften von Aluminiumoxid (nach K. Weißkopf, MPI-Metallforschung, Stuttgart). Klopfdichte (Stampfdichte) nach 300 Zyklen; spez. Oberfläche mit BET gemessen; Abrieb bezogen auf die Mahlkugelmasse.

In den Versuchen wurde Aluminiumoxid jeweils vier Stunden lang in Isopropanol mit 750 g Al_2O_3-Kugeln bei einer Rotationsgeschwindigkeit von 1000 min^{-1} vermahlen. Die spezifische Oberfläche wurde mit dem BET-Verfahren gemessen, die Klopfdichte nach 300 Zyklen ermittelt. Wie Abb. 2.37 beweist, führt eine gute Kornfeinung nicht unbedingt zu gut fließfähigen und kompaktierbaren Pulvern. Aber gerade das Attritierverfahren ist sehr gut geeignet, um Korngrößen von 0,1–0,5 µm zu erzeugen. Anfang der 80er-Jahre konnte mit Einführung dieses Mahlverfahrens nahezu jede technische Keramik in ihren bis dahin bekannten Festigkeitswerten wesentlich verbessert werden.

Eine dem Attritor ähnliche Kugelmühle mit kontinuierlichem Pulveraustrag ist die *Ringspaltmühle*. Sie arbeitet mit stehendem oder liegendem Mahlgefäß, welches einen konusförmig eingepassten und im Abstand verstellbaren Boden besitzt. Im Betrieb wird das Suspensionsmittel durch diesen Ringspalt umgepumpt, wodurch die entsprechende Kornfraktion ausgetragen und separiert werden kann. Großer Vorteil der Verfahrensweise ist der kontinuierliche Betrieb und die Vermeidung von Überkorngrößen im Haufwerk, die in der Mühle verbleiben.

Eine Weiterentwicklung der Rührwerkskugelmühle ist die *Ankerkugelmühle*, bei welcher ein umlaufender ankerförmiger Rührarm das Mahlgut zusammen mit der Kugel an die Wand des Mahlgefäßes quetscht. Neben der Roll- und Schlagbeanspruchung wird das Mahlgut noch intensivstem Druck und Scherungen ausgesetzt, wobei es strukturell hochgradig geschädigt wird (Abb. 2.38). Dieses Verfahren findet zur *Mechanofusion* von Kompositwerkstoffen Einsatz, da hier die verschiedenen Pulverkomponenten geradezu ineinander gequetscht werden. Es entsteht ein hochreaktives, nanokristallines bis amorphes Pulver, das in sich bereits alle Legierungsbestandteile mechanisch dispergiert enthält. Beispiele für so hergestellte Keramik-Metall-Verbundwerkstoffe werden in Band 4 behandelt.

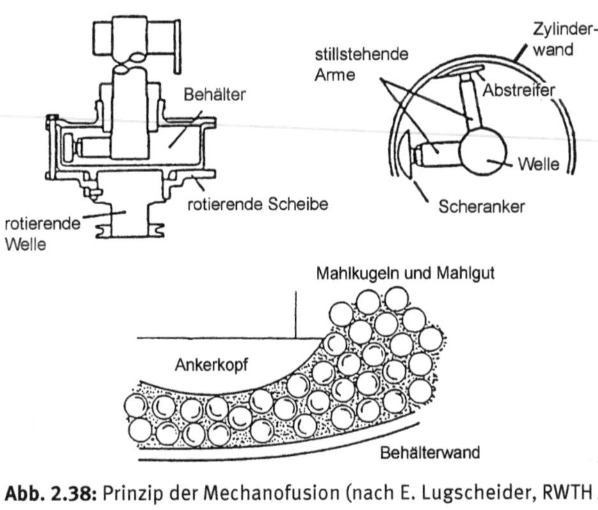

Abb. 2.38: Prinzip der Mechanofusion (nach E. Lugscheider, RWTH Aachen).

Ohne Mahlkörper kommen sogenannte *Strahlmühlen* aus, bei denen das trockene Pulverhaufwerk unter hohem Druck entweder gegen eine Prallfläche oder gegen einen entgegen gerichteten Pulverstrahl geschleudert wird. Beim *Coldstream-Verfahren* werden die Mahlgutteilchen in einem Hochdruckgasstrom (70–100 bar) durch eine Venturi-Düse gegen eine Prallfläche geblasen. Dabei erreichen die Teilchen Geschwindigkeiten von mehr als 300 m/s. Dieses Verfahren ist besonders für Metallpulver geeignet, da das Gas durch den Druckverlust sehr stark abkühlt und die Partikel verspröden. In der sogenannten *Jetmühle* oder *Gegenstrommühle* kollidieren die Teilchen im Druckluft- oder Dampfstrom mit einem entgegen gerichteten Teilchenstrahl. Ein nachgeschalteter Windsichter separiert dann die gewünschten Korngrößen (Abb. 2.39). Dieses Verfahren hat ebenso wie das Coldstream-Verfahren den Vorteil, dass es kontinuierlich durchgeführt werden kann und nahezu kontaminationsfrei arbeitet. Es wird als *autogenes Mahlen* bezeichnet.

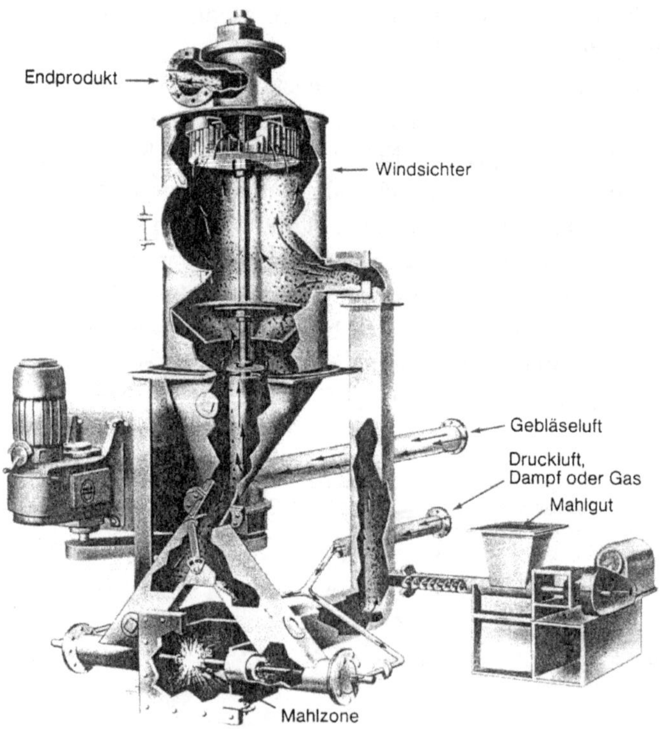

Abb. 2.39: Strahl- oder Jet-Mühle [223].

Wie bedeutsam der Einfluss der Mahlung auf die Eigenschaften keramischer Bauteile ist, beweist ein Ringversuch der Deutschen Keramischen Gesellschaft [246], bei welchem ein Aluminiumoxid nach vier verschiedenen Kugelmahlverfahren mit jeweils identischer Dauer behandelt worden ist. Die erhaltenen Korngrößenverteilungen sind einmal eng oder breit, bimodal oder weisen mehr oder minder ausgeprägte Schultern hin zu größeren Korngrößen auf. Dies und die teilweise um den Faktor zwei unterschiedlichen spezifischen Oberflächen verursachen nicht nur deutliche Schwankungen in der nach einer Stunde bei 1600 °C erreichten Sinterdichte, sondern auch in der Korngrößen- und Porenverteilung. Entsprechend unterschiedlich fallen auch die Biegefestigkeiten und Weibull-Exponenten aus (Tabelle 2.4).

Tab. 2.4: Eigenschaften von Al_2O_3-Pulvern nach verschiedenen Mahlverfahren A-E und Kenngrößen der daraus hergestellten Keramikkörper (Ringversuch der Deutschen Keramischen Gesellschaft).

Kenngröße/Verfahren		A	B	C	D	E
Korngrößenverteilung		steil, bimodal	mittel	breit	mittel mit Schulter	mittel mit Schulter
spez. Oberfläche (BET)	m^2/g	10	6,7	5,2	14	11
durchschn. Korngröße d_{50}	µm	0,6	0,8	0,95	0,7	0,8
Kontamination (ZrO_2)	%	2,05	0,92	0,23	0,24	0,27
Pressdichte 200 MPa	g/cm^3	2,17	2,00	1,95	2,16	2,10
Sinterdichte bei 1600 °C 1 h ausgehend von 1,95 g/cm^3 Pressdichte	g/cm^3	3,94	3,92	3,93	3,94	3,88
Biegefestigkeit	MPa	419 ± 96	395 ± 50	429 ± 57	395 ± 34	311 ± 35
Bruchwiderstand K_{Ic}	$MPam^{1/2}$	3,2	3,8	2,8	4,0	3,6
Weibull-Exponent m	–	4,4	7,4	7,2	12,3	7,4
Festigkeit σ_0 aus Weibull-Statistik	MPa	457	416	454	410	327

2.2.3 Granulation

Bearbeitet von R. Telle, Aachen, und J. Heinrich, Clausthal

Bei der Formgebung keramischer Produkte werden, wenn es die Geometrie der Bauteile zulässt, bevorzugt Pressverfahren eingesetzt, bei denen Pulvergemische im trockenen Zustand verdichtet werden. Da die keramischen Ausgangspulver zur Erhöhung ihrer Sinteraktivität in der Regel bis in den µm-Bereich zerkleinert werden, führen die an den großen Oberflächen wirkenden Anziehungskräfte zu unkontrollierter Agglomeration und schlechter Verarbeitbarkeit. Um die Rieselfähigkeit zu optimieren, die Schüttdichten zu erhöhen oder die Lagerfähigkeit in Silos und Bunkern zu verbessern, werden fein gemahlene Pulver daher vor der Weiterverarbeitung granuliert.

2.2.3.1 Granulatherstellung

Das in der keramischen Fertigung verbreitetste thermische Granulierverfahren ist die Sprühtrocknung. Die Fließbett- und Sprüh-Gefriergranulierung gehören ebenfalls zu den thermischen Verfahren, haben aber die Bedeutung der Sprühtrocknung bei Weitem nicht erreicht.

Neben der Wirbelschicht- und der Pressagglomeration ist die Aufbauagglomeration als mechanisches Granulierverfahren durchaus geeignet, die Sprühgranulation aus wirtschaftlichen Gründen zu verdrängen und soll deshalb ebenfalls ausführlicher dargestellt werden. Eine ausführliche Zusammenstellung der unterschiedlichen Granulierverfahren findet sich bei Capes [247].

Sprühtrocknung

Bei der thermischen Granulierung im Sprühturm erfolgt die Versprühung eines keramischen Schlickers in feine kugelförmige Tropfen und die anschließende Trocknung im Heißgasstrom. Dabei unterscheidet man im Wesentlichen die Zentrifugal- und die Düsenzerstäubung, die zu unterschiedlicher Granaliengrößenverteilung führen (Abb. 2.40).

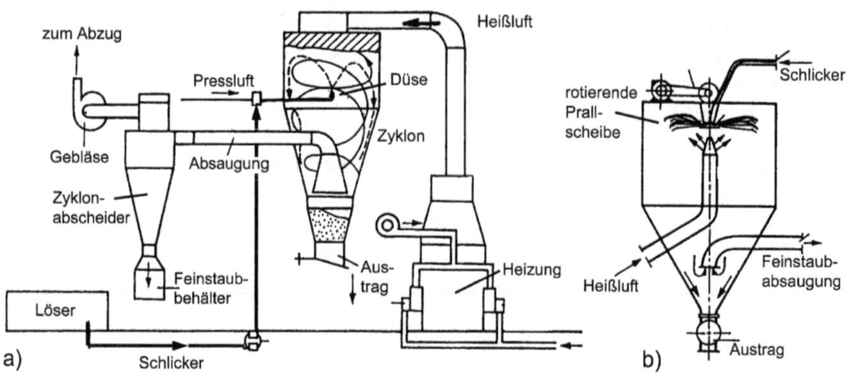

Abb. 2.40: Sprühtrockner mit (a) Düsenzerstäubung und (b) Zentrifugalzerstäubung.

Bei der Zentrifugalzerstäubung wird die Suspension beim Verlassen einer rotierenden Scheibe durch Zentrifugalkräfte und Schwerkraft in Tröpfchen zerteilt. Bei der Düsentrocknung können verschiedene Suspensionen in Mehrstoffdüsen gegen den Heißgasstrom zerstäubt werden. Sprühtrocknungsanlagen unterscheiden sich ferner durch die Anordnung des Stoffstromes relativ zum Heißgasstrom; so sind beispielsweise ein Gleichstrom-, Mischstrom- und Gegenstrombetrieb möglich [248–251]. Ein Sprühturm aus der Fliesenindustrie mit mehreren Tonnen Verdampferleistung pro Stunde ist in Abb. 2.41 gezeigt, daneben ein Labor-Sprühturm mit 7 kg Verdampferleistung pro Stunde. Die darstellbaren Granulatdurchmesser liegen zwischen 10 µm und 1 mm.

Nach der Trocknung im Heißgasstrom werden die Primärteilchen, wie von Rumpf [252, 253] beschrieben, durch chemische Brückenbildung, Grenzflächen und Kapillarkräfte frei beweglicher Flüssigkeitsoberflächen, durch Adhäsions- und Kohäsionskräfte in nicht frei beweglichen Bindemittelbrücken, durch Anziehungskräfte zwischen den Festkörperteilchen und durch formschlüssige Verhakungen zusammengehalten. Granulate enthalten je nach Trocknungszustand unterschiedliche Gehalte an Flüssigkeitsbereichen zwischen den Primärteilchen (Abb. 2.42). Beim freien Fall der Granulate im Heißgasstrom, der mit einer Temperatur von ca. 300 °C in den Sprühturm eintritt, verdampft das Wasser in den Hohlräumen der Granulate, sie schwinden und verfestigen bei diesem Vorgang. Damit die Dampfdiffusion aus dem Innern der Granalien an die Oberfläche gleichmäßig erfolgen kann, muss die Temperatur und die Fallzeit im Trockenturm so gewählt werden, dass die Granalien nicht oberflächlich verkrusten und somit der Wasserdampftransport verhindert wird. Die äußere Granulatschicht sollte also möglichst porös sein, das Innere möglichst eine homogene Dichte sowie nach dem vollständigen Trocknen eine gute Verformbarkeit unter Pressbedingungen aufweisen.

Abb. 2.41: Links: Industrieller Sprühtrockner (Werksbild Sacmi), rechts: Labor-Sprühturm (Institut für Gesteinshüttenkunde, Aachen).

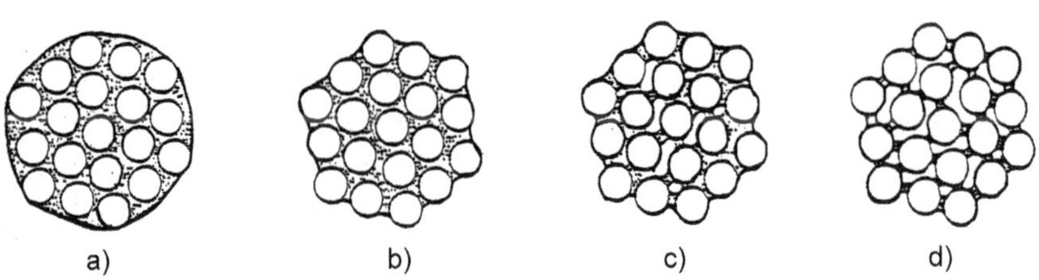

Abb. 2.42: Vier Stadien der Agglomeratstruktur bei Sprühkornmassen mit von (a) nach (d) abnehmendem Wassergehalt. Die verbleibenden Brücken bei (d) beruhen auf organischen Bindern [254, 255].

Hierbei kann es im Gegensatz zum Schlickerguss hinderlich sein, gut stabilisierte, gering viskose Suspensionen einzustellen. Eine elektrostatische oder sterische Stabilisierung ist nämlich gleichbedeutend mit einer guten Teilchenbeweglichkeit in der Suspension. Dies fördert nach Walton und Reed [256] die Drift der Teilchen an die Tropfenoberfläche, so dass dort unter der Wirkung von Kapillarkräften und nachströmender Suspension schnell eine feste Außenhülle gebildet wird. Im Inneren des Tropfens verdampft sodann die an Feststoffen abgereicherte Suspension, sodass ein Hohlgranulat entsteht. Abbildung 2.43 zeigt dies im Vergleich zu einer hochkonzentrierten Suspension mit geringem Zeta-Potenzial. Es bildet sich durch Anlagerung von Partikeln ähnlich wie bei Gelen eine Stützstruktur aus mehr oder minder verzweigten Teilchenketten, die bei Suspensionsmittelverdampfung homogen schwindet und ein Granulat gleichmäßiger Packungsdichte liefert [248, 256–261].

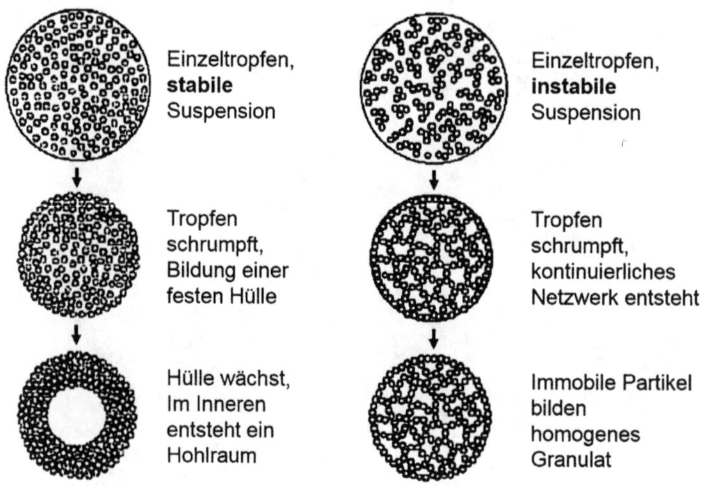

Abb. 2.43: Links: Entstehung von Hohlgranulaten aus Suspensionen mit hoher und rechts mit geringer Partikelbeweglichkeit nach Walton und Mumford [262].

Die Bildung harter Randkrusten und innerer Hohlräume hängt auch von der Umgebungstemperatur und der Verdampfungsrate des Suspensionsmittels aus dem Tropfen ab. So können stengelige, keulenförmige, donutförmige oder schalig-zerplatzte Granulate mit sehr hoher oder sehr geringer Dichte entstehen oder Granulate mit anhaftenden Satellitenteilchen. Einige mögliche Granulatformen und deren Entstehungsweise haben z. B. Walton [263], Wang [264], Wang [265] sowie Bertrand u. M. [259, 266] zusammengetragen. Abbildung 2.44 zeigt ein Schema für die Entwicklung unterschiedlicher Granulatformen und -konsistenzen [267].

Um eine ausreichende Grünfestigkeit nach der Formgebung zu erreichen, enthalten die Suspensionen meist organische Binder oder metallorganische Vorstufen wie Trichlormethylsilan, die sowohl als temporärer Binder als auch als Sinterhilfsmittel dienen (Abb. 2.45). Beim Aufheizen im Brand reagieren Chlor, Wassermoleküle und OH-Gruppen zu HCl, das verdampft, sodass sich Si^{4+} über O^{2-} zu SiO_4- bzw. Siloxan-Tetraedern vernetzt. Solche Additive reichern sich beim Trocknungsvorgang an der Oberfläche der Granulate an, weil sie höhere Verdampfungstemperaturen aufweisen als Wasser, und behindern den weiteren Transport von Wasserdampf. Ein gleichmäßiger Wassertransport ist nun nicht mehr möglich, und es kommt ebenfalls zur Hohlraumbildung oder bei zu großem Dampfdruck im Innern der Granalien zu einem Aufplatzen der dünnen Granulatwand (Abb. 2.46).

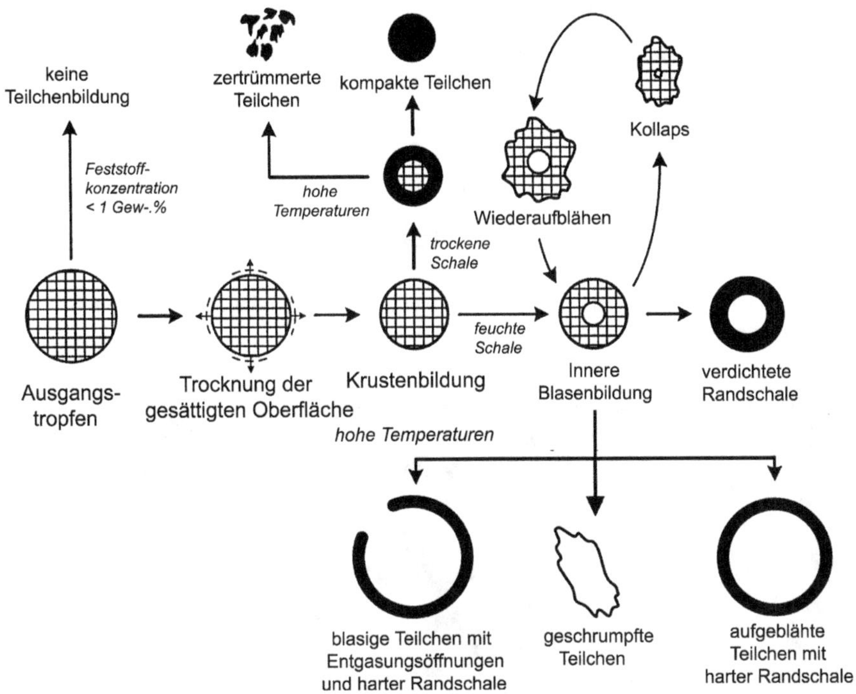

Abb. 2.44: Schema für die Entwicklung unterschiedlicher Granulatformen nach Handscomb und Kraft [267]. © Elsevier, Abdruck mit freundl. Genehmigung.

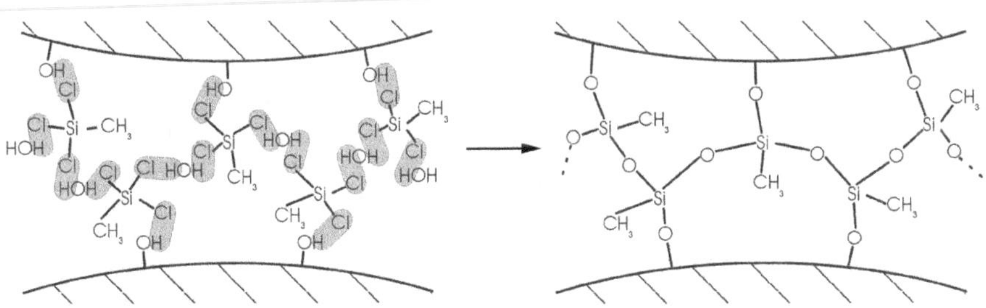

Abb. 2.45: Modell der chemischen Festkörperbrücken am Beispiel des Einsatzes von Trichlormethylsilan bei Sprühkornmassen [254].

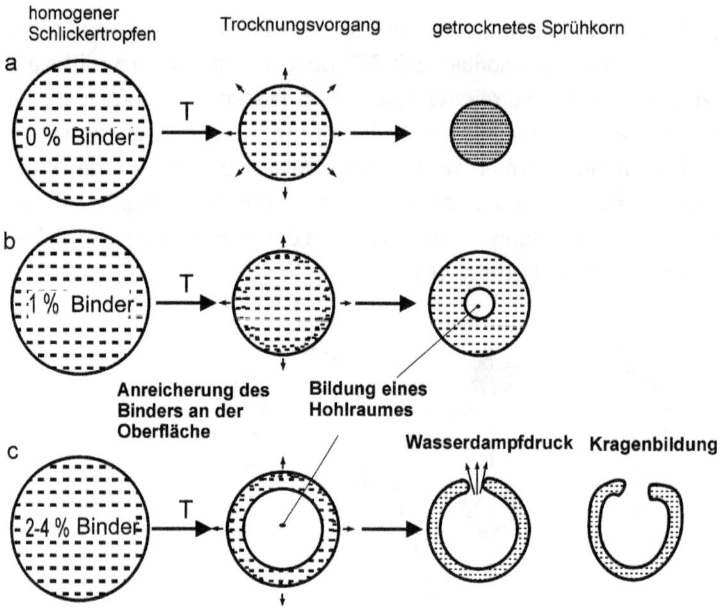

Abb. 2.46: Schematische Darstellung des Trocknungsvorgangs beim Sprühtrocknen mit unterschiedlichen Bindergehalten [255].

Abb. 2.47: REM-Aufnahmen von gelungenen Sprühgranalien. Oben links: Borkarbid-Granulat aus nanoskaligen Pulvern (MPI Stuttgart); oben rechts: Aluminiumoxid mit homogener lockerer Packung; unten links: Sprühgranulat aus Al_2O_3-Grobkorn; unten rechts: Anschliff von Al_2O_3-Granulaten in ungesintertem Zustand (P. Gingter, © Inst. Gesteinshüttenkunde, RWTH Aachen).

Typische Granalienformen nach Sprühtrocknung sind in den Abb. 2.47 und 2.48 dargestellt. Feuchtigkeits- und Bindergehalt der Granalien beeinflussen die Verdichtbarkeit beim anschließenden Pressvorgang und muss den jeweiligen Anforderungen angepasst werden.

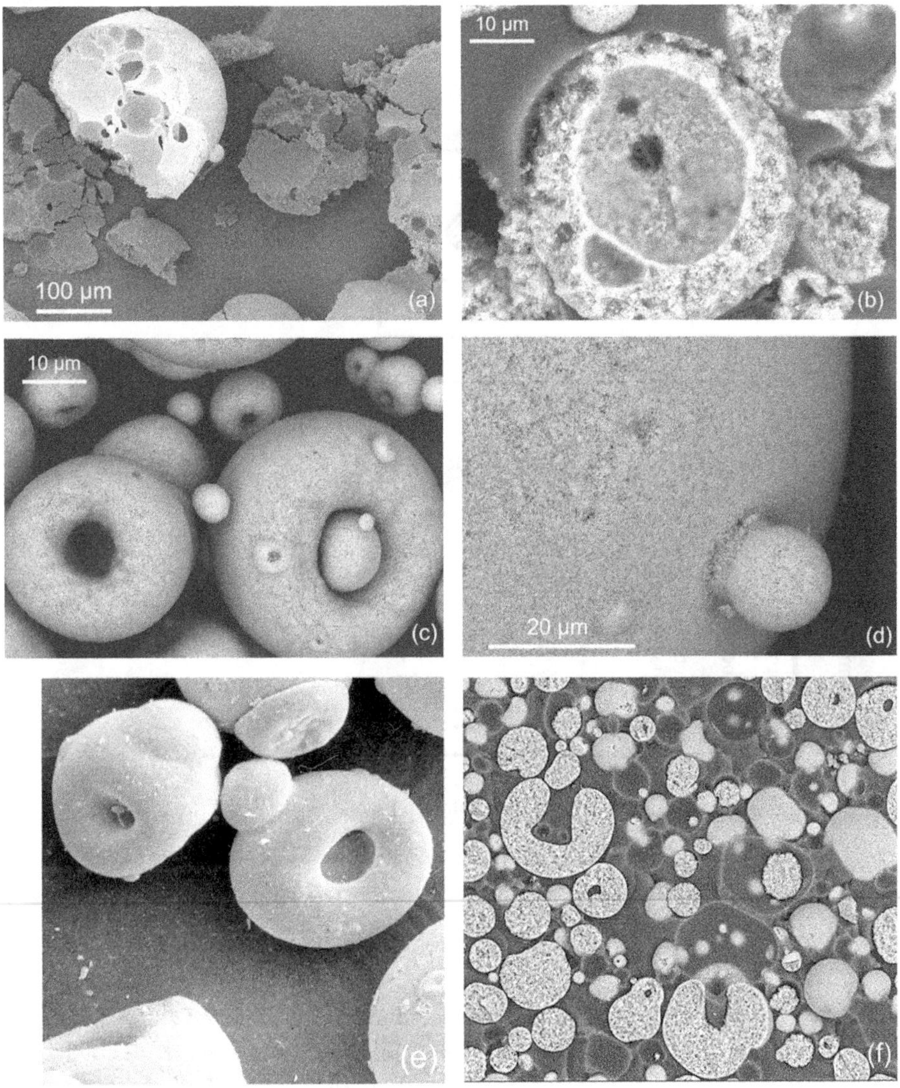

Abb. 2.48: Granulationsfehler, REM-Aufnahmen. (a) Al_2O_3-Granulate mit innerer Blasenbildung; (b) Anschliff in ungesintertem Zustand; die Krustenbildung ist gut zu erkennen. (c) Donut- bzw. Torus-Form mit anhaftenden Satellitentropfen; (d) Granulat mit anhaftendem Satellitentropfen; (e) Donut-Form mit einseitiger Explosionsöffnung; (f) Anschliff in ungesintertem Zustand (P. Gingter, © Inst. Gesteinshüttenkunde, RWTH Aachen).

Aufbauagglomeration

Bei der Aufbaugranulation lagern sich feindisperse Pulverteilchen während der Bewegung eines Pulverbettes unter Zugabe von Wasser und organischen Bindern zu Granalien zusammen. Nach der Keimbildung, bei der durch die Bewegung (Mischen, Rühren, Wirbelschicht usw.) des Pulverbettes bei gleichzeitiger Feuchtigkeitszugabe Sekundärkörner entstehen, und der Zusammenlagerung zu größeren Teilchen, bilden sich Agglomerate durch schichtweises Aufwachsen in Form von konzentrischen Ringen (Abb. 2.49).

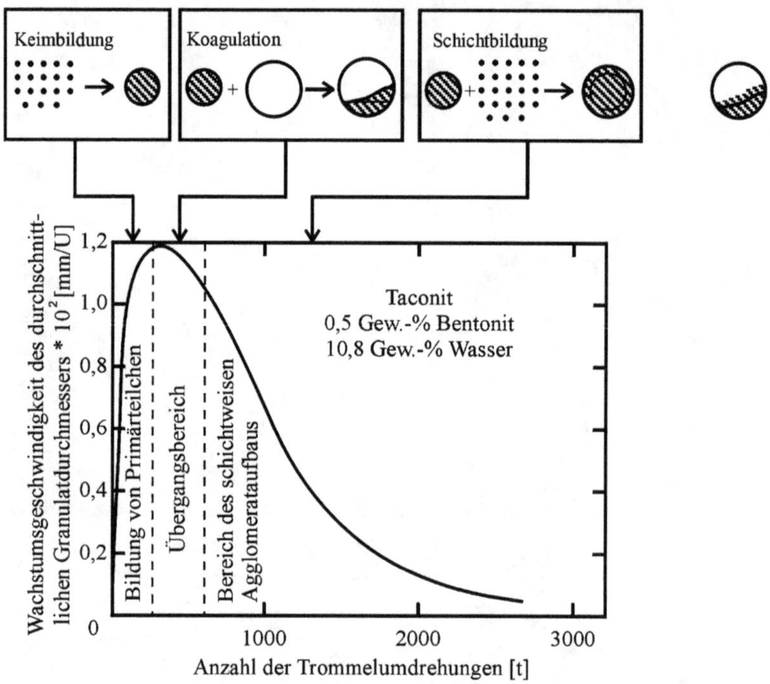

Abb. 2.49: Mechanismen der Korngrößenveränderung und Wachstumsgeschwindigkeit von Granulaten bei unterschiedlicher Granuliertrommeldrehzahl [268] am Beispiel der Eisenerzaufbereitung (Taconit: FeOOH).

Im Bereich der Keimbildung steigt die Wachstumsrate der Granalien stark an und erreicht bei der Zusammenlagerung zu größeren Teilchen ein Maximum. In [268] wird für die Wachstumsgeschwindigkeit bei diskontinuierlicher Trommelgranulation folgende Gesetzmäßigkeit beschrieben:

$$\frac{dD}{dt} = c_1 D^3 \exp(c_2 t) \tag{2.2}$$

c_i = Konstanten

D = Durchmesser der Granulate

t = Rotationszeit.

Im Bereich des schichtweisen Aufbaus sinkt die Wachstumsgeschwindigkeit wieder, die Anzahl der Primärteilchen nimmt ab und weiteres Wachstum ist nur noch durch Anlagerung kleiner Sekundärteilchen und Abrieb möglich. Die weitere Bewegung der Granulate kann wieder zur Zerstörung durch Abrasion führen.

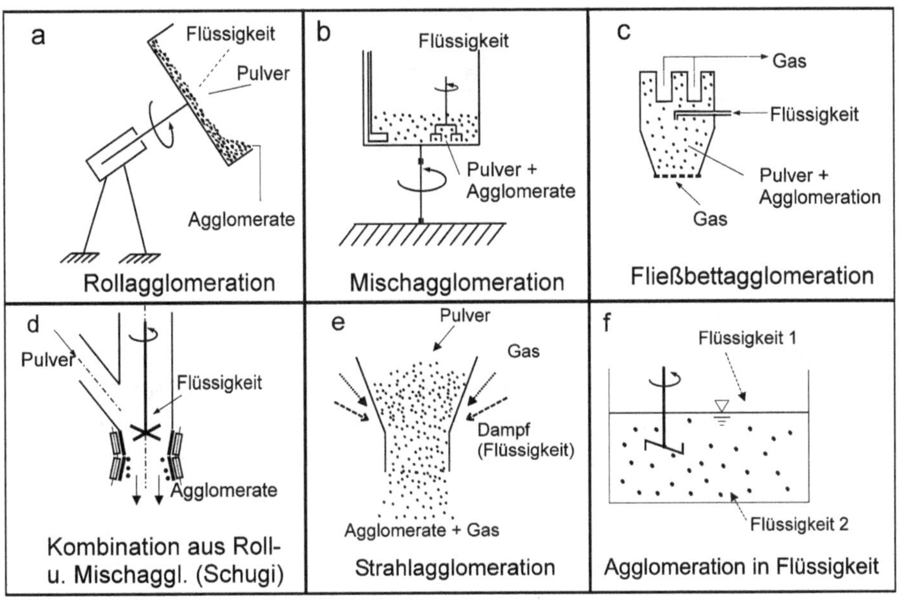

Abb. 2.50: Instantisieren durch Aufbauagglomeration [269].

Die Aufbauagglomeration keramischer Materialien erfolgt in Pelletiertellern, Mischern oder im Fließbett, wie in Abb. 2.50 veranschaulicht. Bei allen Verfahren werden Teilchen relativ zueinander bewegt und durch Stoß angelagert, sofern die Haftkräfte größer sind als die immer vorhandenen Trennkräfte. Beeinflusst werden kann die Agglomeratbildung durch Ausgangskorngröße, Temperatur, Trommeldrehzahl, Gasgeschwindigkeit, Flüssigkeitsmenge und organischen Bindergehalt. Wie bei der Sprühgranulierung beeinflussen diese Größen die Weiterverarbeitbarkeit der Granulate. Das Abb. 2.51 gibt ein Beispiel für einen Labor- und einen Industrie-Pelletierteller.

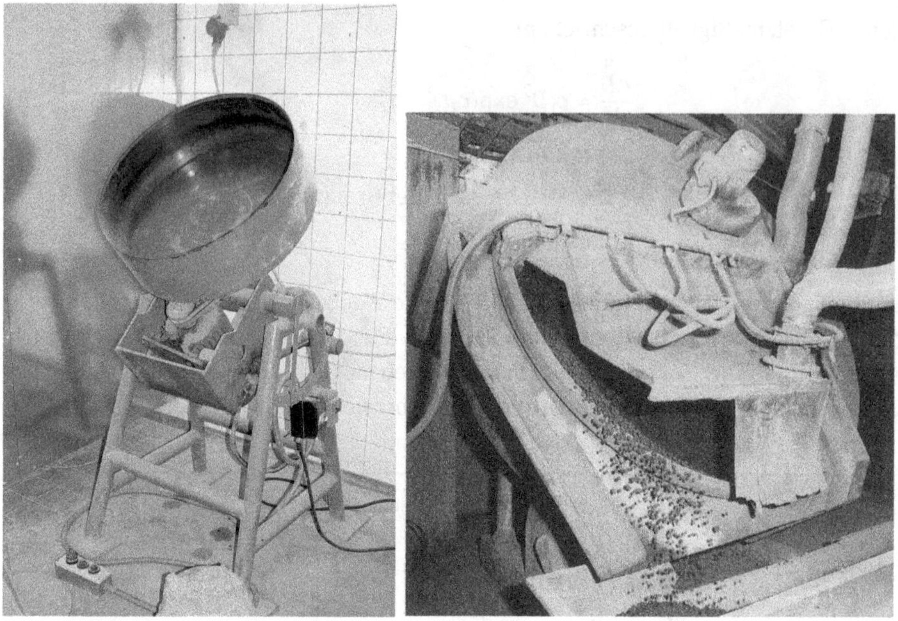

Abb. 2.51: Links: Labor-Pelletierteller; rechts industrieller Pelletierteller [270], Abdruck mit freundl. Genehmigung.

2.2.3.2 Granulatcharakterisierung

Rieselfähigkeit

Die beiden wichtigsten Granulateigenschaften im Hinblick auf ihre Verarbeitbarkeit sind die Rieselfähigkeit und die Verpressbarkeit. Für die Füllung von Presswerkzeugen und das Verhalten in Silos und Bunkern wären monodisperse sphärische Granulate mit glatter Oberfläche und hoher Bruchfestigkeit am günstigsten. Granulate aus keramischen Primärteilchen, agglomeriert durch Sprühtrocknung oder Aufbaugranulation haben hingegen eine relativ breite Kornverteilung, sind porös und besitzen raue Oberflächen. Darüber hinaus besitzen sie Restfeuchtigkeit und grenzflächenaktive organische Additive, was die Rieselfähigkeit beeinflusst. Die Ermittlung der Rieselfähigkeit erfolgt häufig durch Messung von Auslaufzeiten aus normierten Gefäßen oder durch Bestimmung der Schüttwinkel von Pulverschüttungen. Ein besseres Verständnis des Einflusses von Adhäsionskräften auf die Rieselfähigkeit erhält man durch die Betrachtung einer abrollenden Granalie auf einer unebenen Oberfläche, wie bei Frisch u. M. [271] beschrieben ist. Die unebene Oberfläche wird aus verdichteten Granulaten des gleichen Typs gebildet.

Entsprechend Abb. 2.52 rollt ein Granulatkorn nach unten, wenn das Moment M_I etwas größer ist als M_{II}. Unter Gleichgewichtsbedingungen gilt

$$K_H \cdot r_1 = (K_N + K_A) r_2 \quad (2.3)$$

bzw.

$$m \sin \alpha r_1 = (m \cos \alpha + \sigma_A A_A) r_2 \tag{2.4}$$

mit

K_H = Abrollkraft	K_N = Normalkraft
K_A = Adhäsionskraft	σ_A = Adhäsionsspannung
m = Masse der Granalie	α = Böschungswinkel der Rollbahn
r_1 = Radius der Granalie	A_A = Gleitfläche
r_2 = Radius der Gleitfläche.	

Nach Frisch u. M. [271] ist

$$\sin \alpha \frac{6\sigma_A \sqrt{f^3}}{\rho} \cdot \frac{1}{r^2} + \sqrt{f \cos \alpha} \tag{2.5}$$

mit ρ = Granaliendichte und $f = \frac{r_2^2}{4\pi \cdot r_1^2}$.

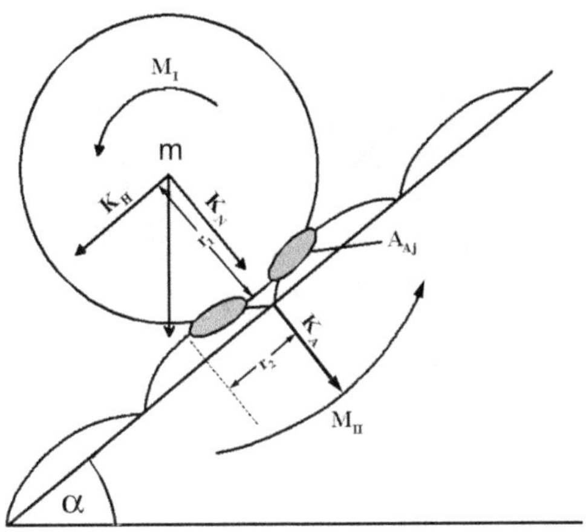

Abb. 2.52: Abrollende Granalie auf einer unebenen Oberfläche nach [271] (Erläuterungen siehe Text).

Trotz großer Streuungen lässt sich aus Messergebnissen an Silicatkeramikgranalien der Zusammenhang zwischen $\sin \alpha$ und $1/r_1$ erkennen (Abb. 2.53). Dabei wurden für Granalien von 200 µm Durchmesser aus Adhäsionskräften von 10^{-6} bis 10^{-7} N, f-Werten von 10^{-3} bis 10^{-4} und Gleitflächenradien von 2 bis 3,4 µm, Adhäsionsspannungen zwischen 0,2 und 0,02 N/mm² errechnet.

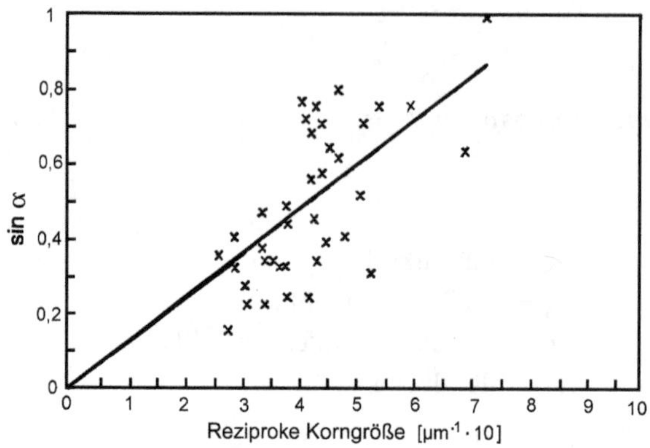

Abb. 2.53: Sinus des Abrollwinkels auf der Oberfläche eines Presslings in Abhängigkeit von der reziproken Korngröße der Granalien [271].

Einzelgranalienfestigkeit

Eine weitere wichtige Eigenschaft von Granalien sowohl im Zusammenhang mit der Rieselfähigkeit als auch mit der Verpressbarkeit ist ihre Festigkeit. Bei der Bestimmung der Festigkeit von Einzelgranalien werden diese zwischen zwei Stempeln im Druckversuch bis zum Bruch belastet (Abb. 2.54).

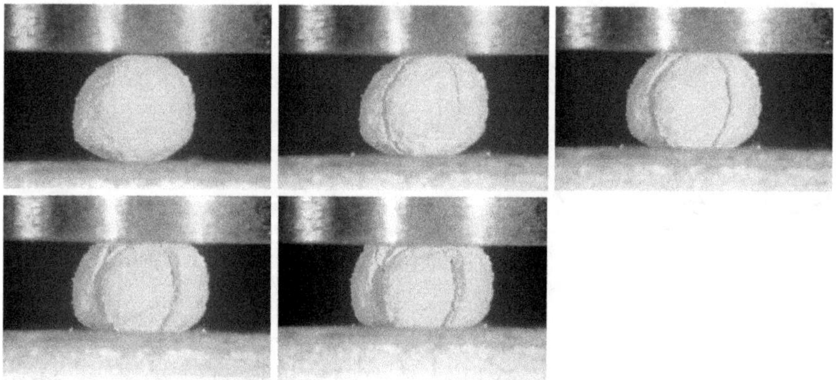

Abb. 2.54: Bestimmung der Festigkeit von Einzelgranalien im Druckversuch (mit freundlicher Genehmigung von R. Oberacker, Karlsruhe [273]).

Wenn die Bruchlast F_B auf die Meridianfläche der Kugel bezogen wird [247], ergibt sich nach [272] unter der Annahme der idealen Kugelform die Bruchspannung oder Granulatfestigkeit σ_g zu

$$\sigma_g = \frac{4F_B}{\pi \cdot d^2} \tag{2.6}$$

mit F_B = Bruchkraft und d = Granaliendurchmesser.

In der Praxis beobachtet man die allgemeine Abhängigkeit

$$F_B = \text{const} \cdot d^n, \tag{2.7}$$

wobei n zwischen 1 und 2 liegt.

Diese Schwankungen werden in [247] auf Schalenbildung ($n = 1$) bzw. homogene Verteilung der Kontaktkräfte zwischen den Primärpartikeln über den gesamten Granalienquerschnitt ($n = 2$) zurückgeführt, Schwankungen im Granalienaufbau und Größenverteilung führen also zu einer breiten Festigkeitsverteilung der Granalien. Dies macht sich auch beim Pressdruck bei der Formgebung bemerkbar und wird unter 2.3.2.3. diskutiert.

2.3 Formgebung

Bearbeitet von J. Heinrich, Clausthal, und R. Telle, Aachen

Die Formgebung ist der kritische Schritt im Herstellungsprozess keramischer Bauteile. Da als Ausgangsstoffe Partikelhaufwerke Verwendung finden, die lediglich über elektrostatische Kräfte, Kapillarkräfte, mechanische Verhakung, mineralische oder organische Binder zusammengehalten werden, gilt es, möglichst fehlerfreie, sicher handhabbare und im Brand formstabile Formkörper, sog. Grünkörper, herzustellen. Die hierfür entwickelten Formgebungsverfahren stammen überwiegend aus der klassischen Keramiktechnologie, aber auch aus der Pulvermetallurgie oder der Kunststofftechnik und sind den Erfordernissen des keramischen Prozesses entsprechend angepasst. Es wird zwischen Nassformgebung mit Wasser- bzw. Flüssigkeitsgehalten von >25 Gew.-%, der Feuchtformgebung mit Feuchtegehalten zwischen 15 und 25 Gew.-% und der Trockenformgebung mit <8 Gew.-% bei silicatkeramischen Massen und <3 Gew.-% bei Massen technischer Keramik unterschieden, wobei jeweils auch organische Bindemittel eingeschlossen sind.

Bevor einzelne Formgebungsverfahren besprochen werden, sollen die physikalisch-chemischen Grundlagen für das Verständnis der Oberflächeneigenschaften der Rohstoffteilchen gelegt werden, die für die temporäre Bindung der Partikelpackungen verantwortlich sind.

2.3.1 Eigenschaften keramischer Massen

Zur Herstellung keramischer Produkte werden bei fast allen Formgebungsverfahren mit Ausnahme des Trockenpressens zunächst pulverförmige Rohstoffe mit Wasser oder organischen Lösungsmitteln gemischt und homogenisiert oder in diesen Flüssigkeiten dispergiert. Für die Verarbeitung solcher Massen und Suspensionen ist das Verständnis der an der Pulverteilchenoberfläche ablaufenden physikalisch-chemischen

Vorgänge von entscheidender Bedeutung. Bei der Herstellung von Schlickern stehen Benetzung, Vermeidung von Aggregatbildung und Flockung sowie die Viskosität im Vordergrund. Bei der plastischen Formgebung sind Begriffe wie Bildsamkeit, Fließgrenze oder Verformung bis zur Rissbildung wichtig. Für die Verpressbarkeit von Pulvern spielen die Eigenschaften von Granulaten eine wesentliche Rolle, die jedoch bereits im Zusammenhang mit der Aufbereitung in Kapitel 2.2.3 behandelt worden sind.

2.3.1.1 Suspensionen

Suspensionen (Schlicker) dienen als Verarbeitungsvorstufe für eine Vielzahl von Prozessen. Einerseits können sie bei geeigneter Aufkonzentration des Feststoffanteiles unmittelbar zur Formgebung über Schlickerguss verwendet werden, andererseits sind flüssige Dispersionsmittel auf wässeriger oder organischer Basis bestens zum Eintrag und homogenen Vermengen von Additiven geeignet, bevor über einen Trocknungsprozess wiederum rieselfähige, mit allen benötigten Formgebungs- oder Sinterhilfsmitteln versehene Granulate hergestellt werden. Am Kontakt der Rohstoffoberflächen mit Flüssigkeiten, insbesondere mit polaren Mitteln wie Wasser oder hydrophilen Bestandteilen organischer Polymere kommt es zu komplexen Grenzflächenreaktionen, die um die dispergierten Teilchen eine Hülle aus angelagerten Molekülen und Ionen erzeugt. Solche Hüllen verändern die physikalisch-chemischen Eigenschaften der Teilchen massiv und erzeugen einen großen Wirkungsradius, der mit den Hüllen anderer Teilchen in Wechselwirkung treten kann. Die Kunst der Verarbeitung keramischer Suspensionen besteht sowohl in der Theorie als auch gerade bei tonkeramischen Schlickern in der Praxis darin, diese Hüllenbildung gezielt zu beeinflussen. Die folgenden Kapitel führen daher knapp in eines der komplexesten Themengebiete der Grenzflächenphysik ein und widmen sich danach den daraus folgenden rheologischen Eigenschaften.

2.3.1.1.1 Partikeloberflächenladung

Keramische Pulver haben üblicherweise eine große spezifische Oberfläche und weisen an dieser in wässrigen Suspensionen elektrische Ladungen auf. Die Entstehung elektrischer Ladungen lassen sich folgendermaßen erklären: Oxide besitzen an ihrer Oberfläche nicht abgesättigte Bindungen, weil die Atome keine vollständige Koordination ihrer nächsten Nachbarn, wie im Innern eines Kristallgitters, aufweisen. Wenn diese oxidischen Oberflächen in Kontakt mit Wasser gelangen, wird die Oberfläche hydratisiert [274].

Bei diesem Vorgang lagern sich Protonen aus der flüssigen Phase an Sauerstoffionen der Oberfläche an und lassen ein neutrales Teilchen mit OH-Gruppen an der Oberfläche entstehen. Oberflächenladungen entstehen je nach *p*H-Wert der Suspension durch die Adsorption von H^+- oder OH^--Ionen oder durch Dissoziation der oberflächlichen OH-Gruppen. Dieser Mechanismus ist schematisch in Abb. 2.55 dargestellt.

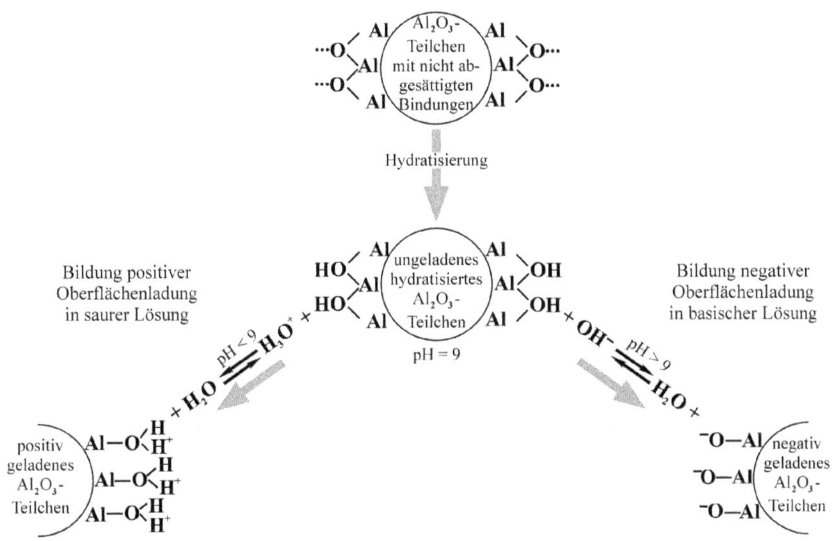

Abb. 2.55: Bildung hydratisierter Al_2O_3-Teilchenoberflächen und deren Reaktionen in saurer und basischer Lösung (schematisch).

Die Vorgänge an der hydratisierten Oberfläche eines Oxids werden also bestimmt durch die chemischen Reaktionen

$$\mathrm{MeOH}_{(\mathrm{Oberfläche})} + \mathrm{H_3O^+}_{(\mathrm{Lösung})} \overset{K_1}{\longleftrightarrow} \mathrm{MeOH}_{2\,(\mathrm{Oberfläche})}^{+} + \mathrm{H_2O},$$

$$\mathrm{MeOH}_{(\mathrm{Oberfläche})} + \mathrm{OH^-}_{(\mathrm{Lösung})} \overset{K_2}{\longleftrightarrow} \mathrm{MeO^-}_{(\mathrm{Oberfläche})} + \mathrm{H_2O},$$

wobei Me ein Metallion an der Oberfläche darstellt, also z. B. Mg^{2+}, Al^{3+} oder Si^{4+}. Durch die Zugabe von H_3O^+-Ionen wird der *p*H-Wert reduziert, weil die ungeladene Oberfläche Protonen aufnimmt und dadurch positiv geladen wird. Die Zugabe von OH-Ionen spaltet ein Proton von der Oberfläche ab und produziert eine negative Oberflächenladung bei *p*H-Werten, die größer sind als der *Ladungsnullpunkt* (PZC, *Point of Zero Charge*) an der Oberfläche.

Der Ladungsnullpunkt – häufig auch *isoelektrischer Punkt* (IEP) genannt – der Oberfläche, der den Säure-Base-Charakter widerspiegelt, ist gegeben durch die beiden *p*K-Werte obiger Reaktionen [275].

$$\mathrm{IEP} = \frac{p\mathrm{K}_1 + p\mathrm{K}_2}{2}. \tag{2.8}$$

Je nach Wertigkeit des Kations und der Koordination der Sauerstoffionen ergibt sich eine unterschiedliche Zahl von Oberflächenladungen und damit eine Verschiebung des Ladungsnullpunkts. Für reines Aluminiumoxid liegt der IEP bei *p*H = 9. Für andere Oxide mit unterschiedlichen Kristallstrukturen ergeben sich unterschiedliche *p*H-Werte für den Ladungsnullpunkt (Tabelle 2.5).

Tab. 2.5: Ladungsnullpunkt (IEP) verschiedener Oxide in wässriger Suspension (aus [275]).

Material	Chemische Zusammensetzung	*p*H des IEP
Muskovit	$KAl_3Si_3O_{11}\cdot H_2O$	1
Quarz	SiO_2	2
δ-Manganoxid	MnO_2	2
Natron–Kalk-Silicatglas	1,00 $Na_2O\cdot$0,58 $CaO\cdot$3,70 SiO_2	2–3
Albit	$Na_2O\cdot Al_2O_3\cdot 6\,SiO_2$	2
Orthoklas	$K_2O\cdot Al_2O_3\cdot 6\,SiO_2$	3–5
SiO_2 (amorph)	SiO_2	3–4
Zirconiumdioxid	ZrO_2	4–5
Rutil	TiO_2	4–5
Zinnoxid	SnO_2	4–7
Apatit	$10\,CaO\cdot 6\,PO_2\cdot 2\,H_2O$	4–6
Zirkon	$SiO_2\cdot ZrO_2$	5–6
Anatas	TiO_2	6
Magnetit	Fe_3O_4	6–7
Hämatit	α-Fe_2O_3	6–9
Goethit	$FeOOH$	6–7
γ-Eisenoxid	γ-Fe_2O_3	6–7
Kaolinit (Kanten)	$Al_2O_3\cdot SiO_2\cdot 2\,H_2O$	6–7
Chromoxid	α-Cr_2O_3	6–7
Mullit	$3\,Al_2O_3\cdot 2\,SiO_2$	7–8
γ-Aluminiumoxid	γ-Al_2O_3	7–9
α-Aluminiumoxid	α-Al_2O_3	9–9,5
Aluminiumoxid (Bayer)	Al_2O_3	7–9,5
Zinkoxid	ZnO_2	9
Kupferoxid	CuO	9
Bariumcarbonat	$BaCO_3$	10–11
Yttriumoxid	Y_2O_3	11
Lanthanoxid	La_2O_3	10–12
Silberoxid	Ag_2O	11–12
Magnesiumoxid	MgO	12–13

Die Entstehung von Oberflächenladungen bei Schichtsilicaten, wie z. B. Kaolinit, hat andere Ursachen. In der Tetraederschicht können vierwertige Siliciumionen durch dreiwertige Aluminiumionen, in der Oktaederschicht Aluminiumionen durch zweiwertige Magnesiumionen oder andere Ionen gleicher Wertigkeit ersetzt werden, wobei zum Wertigkeitsausgleich Alkali- oder Erdalkaliionen in das Gitter eingebaut werden. Bei unvollständigem Wertigkeitsausgleich resultieren Ladungen an der Oberfläche der Kaolinitteilchen. Darüber hinaus können die verhältnismäßig locker gebundenen Alkali- oder Erdalkaliionen, die in den Zwischenschichten der Kaolinitstrukturen eingebaut sind, in wässrigem Medium aufgenommen werden und zusätzliche negative Oberflächenladungen hinterlassen (Abb. 2.56).

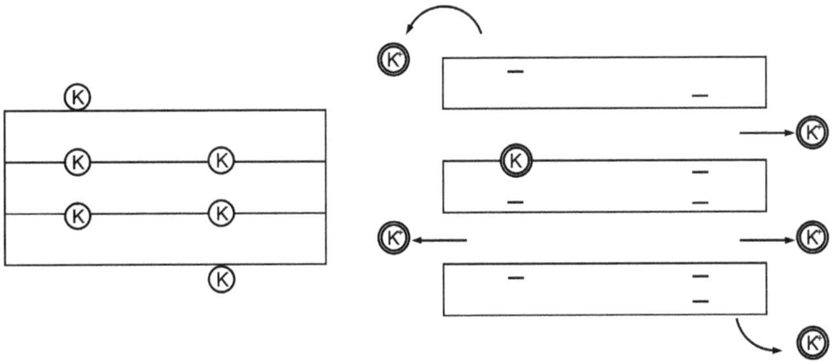

Abb. 2.56: Bildung von Oberflächenladungen an Kaolinit-Teilchen durch Herauslösen von Alkaliionen aus den Zwischenschichten der Schichtsilicate (aus [275], schematisch).

Neben dem Kationenaustauschvermögen gibt es an den Kanten der Kaolinitteilchen auch ein Anionenaustauschvermögen, wodurch sich positiv geladene Oberflächen einstellen. Dies konnte Thiessen [276] nach der Adsorption von negativ geladenen kolloidalen Goldteilchen elektronenmikroskopisch sichtbar machen.

2.3.1.1.2 Elektrische Doppelschicht

In keramischen Schlickern sind Teilchen mit geladener Oberfläche von Ionen und polaren Molekülen umgeben. Gleich geladene Ionen werden aufgrund von Coulombschen Kräften abgestoßen, entgegengesetzt geladene Ionen und polare Moleküle dagegen angezogen. An der Teilchenoberfläche erhöht sich daher die Konzentration von Gegenionen, und es entsteht ein elektrisches Potenzial zwischen der Oberfläche und der Suspension (Abb. 2.57).

Beginnt man mit dem elektrostatisch neutralen Kristallgitter im Inneren der Körner, so baut sich aufgrund der unabgesättigten Sauerstoffbindungen an der Oberfläche (Abb. 2.55) zunächst ein Nernst-Potenzial auf, das in Abb. 2.57 auf den Wert ψ_0 ansteigt. Man kann sich diese Oberfläche als (hier negativ) geladenen Kugelkondensator vorstellen und die folgenden Überlegungen anstellen: Die Grenzfläche des Pulverteilchens zum Dispersionsmedium ist von einer Schicht adsorbierter Ionen umgeben, die relativ fest an der Teilchenoberfläche sitzen. Der Kugelkondensator erhält also eine entgegengesetzt geladene Hülle, die sogenannte konkrete, da fest gebundene *Stern-Schicht*, benannt nach dem Physikochemiker Otto Stern [277]. Helmholtz [278] ist davon ausgegangen, dass jede negative Ladung des Teilchens genau von einem Gegenion abgesättigt ist. Dazu sind die Gegenionen aber aus sterischen Gründen in der Regel nicht in der Lage. Es kommt daher in der weiter entfernten Umgebung der Pulverteilchen zur Ausbildung einer sogenannten diffusen elektrischen Doppelschicht, mit Konzentrationsgradienten von Gegenionen und polaren Molekülen der

Flüssigkeit (Abb. 2.57). Die Potenzialdifferenz ist nicht scharf begrenzt, da es aufgrund der thermischen Bewegung von Molekülen zu einer Diffusion von Gegenionen kommt (Brownsche Molekularbewegung).

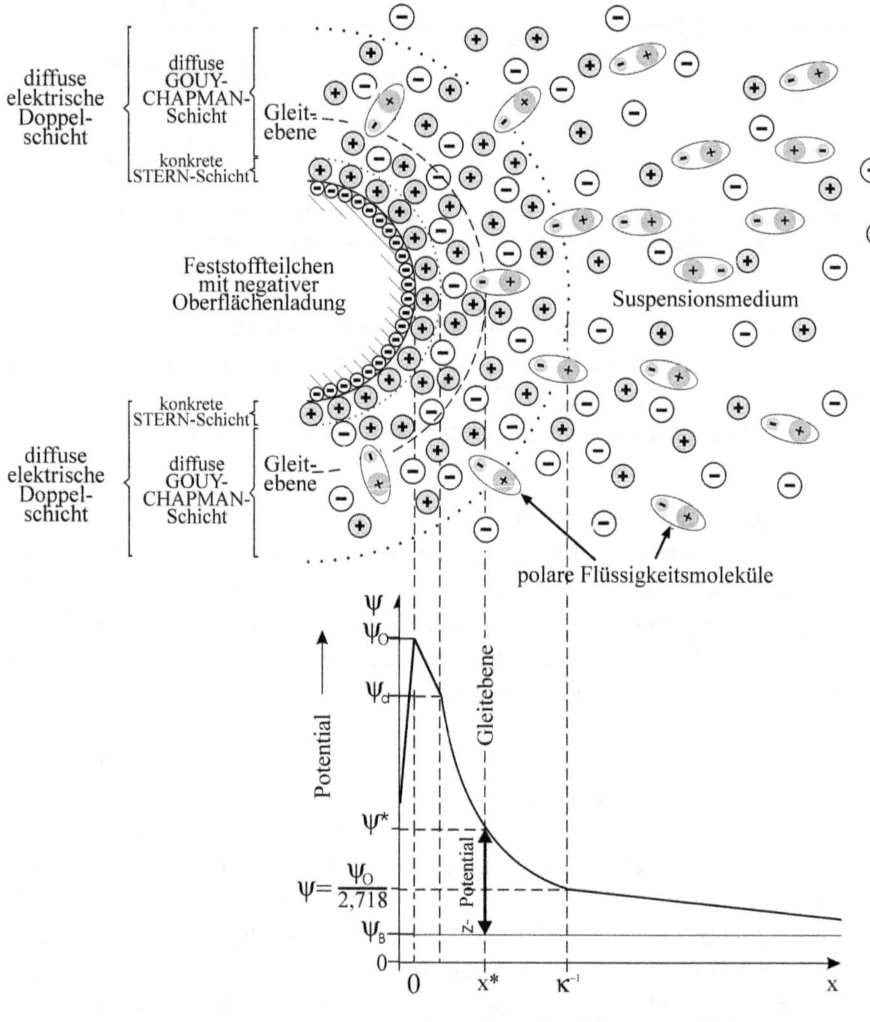

Abb. 2.57: Modellhafte Darstellung der diffusen elektrischen Doppelschicht an einer Feststoffteilchenoberfläche in wässriger Suspension und Verlauf der Potenzialdifferenz zwischen Teilchenoberfläche und Suspension.

Die Ausbildung dieser diffusen elektrischen Doppelschicht ist von Stern [277] sowie von Gouy [279] und Chapman [280] diskutiert und modifiziert worden. Der Potenzialverlauf in der diffusen Grenzschicht kann danach für eine gleichmäßig geladene Oberfläche sowie eine Lösung mit gleichmäßiger Dielektrizitätskonstante ε_r und Punktladungen berechnet werden. Wenn man annimmt, dass die Ladungsverteilung durch die Boltzmann-Gleichung beschrieben werden kann, ergibt sich die Konzentration von Gegenionen N_i in der diffusen Schicht im Vergleich zur Konzentration der Ionen in der Lösung N_i^0 zu

$$N_i = N_i^0 \exp\left(-\frac{U_i}{\mathrm{k_B}T}\right). \tag{2.9}$$

Die potenzielle Energie der Ionen U_i ist eine Funktion der Wertigkeit z_i des Ions, der Elektronenladung e und dem elektrischen Potenzial ψ an der entsprechenden Position

$$U_i = z_i \mathrm{e} \psi. \tag{2.10}$$

Bei einem Oberflächenpotenzial $\psi_0 \leq 100\,\mathrm{mV}$ ist

$$\psi = \psi_0 \exp(-\kappa x), \tag{2.11}$$

wobei x der Abstand von der Partikeloberfläche ist und κ die Debye-Konstante

$$\kappa = \left(\frac{\mathrm{e}^2 \sum N_i^0 z_i^2}{\varepsilon \mathrm{k_B} T}\right)^{1/2}. \tag{2.12}$$

Das Oberflächenpotenzial nimmt also in erster Näherung exponentiell mit dem Abstand von der Teilchenoberfläche ab. Wenn $x = \kappa^{-1}$ ist, ist $\psi = \psi_0/2{,}718$ (siehe Abb. 2.57). Mit der Ionenstärke $I = \frac{1}{2}\Sigma c_i z_i^2$ (c_i = Ionenkonzentration in mol/l) ergibt sich die Dicke der diffusen elektrischen Doppelschicht zu

$$\kappa^{-1} = \left(\frac{2000\mathrm{e}^2 \mathrm{N_A} I}{\varepsilon \mathrm{k_B} T}\right)^{-1/2}, \tag{2.13}$$

wobei $\mathrm{N_A}$ die Avogadro-Zahl ist. Für Wasser von 25 °C errechnet Horn [281] für eine 0,001 molare 1:1-Elektrolytlösung eine Dicke der diffusen elektrischen Doppelschicht von 9,6 nm.

Durch Veränderung der Konzentration oder der Wertigkeit der Gegenionen und durch die Variation der Dielektrizitätskonstante ε_r und der Temperatur der Flüssigkeit kann die Dicke der diffusen elektrischen Doppelschicht variiert werden. Dies ist für die Stabilisierung von keramischen Schlickern von entscheidender Bedeutung.

2.3.1.1.3 Elektrokinetische Eigenschaften und Schlickerstabilität

Elektrisch geladene Teilchen bewegen sich in einem elektrischen Feld mit einer bestimmten Geschwindigkeit, der sogenannten elektrophoretischen Geschwindigkeit.

Ein Teil der diffusen elektrischen Doppelschicht wird dabei mit den Teilchen durch die Flüssigkeit transportiert. Innerhalb der diffusen elektrischen Doppelschicht bildet sich daher eine *Gleitebene* aus, in der die oberflächlich angelagerten Ionen oder polaren Moleküle mit durch die Flüssigkeit transportiert werden. In Abb. 2.57 ist ψ_0 das Potenzial der Partikeloberfläche, ψ_B das Potenzial der umgebenden Flüssigkeit, ψ_δ das Potenzial der *Stern-Schicht* und ψ^* das Potenzial der hypothetischen Gleitebene. Die Potenzialdifferenz $\psi^* - \psi_B$ zwischen der Gleitebene und der umgebenden Flüssigkeit bezeichnet man als *elektrokinetisches Potenzial* oder *Zeta-Potenzial* ζ. Das Zeta-Potenzial dispergierter Teilchen kann in einem elektrischen Feld ermittelt werden. Dazu wird eine Küvette mit der sehr verdünnten Suspension bekannter Viskosität zwischen zwei Kondensatorplatten gebracht und die Teilchenwanderungsgeschwindigkeit mittels *Laser-Dopplereffekt* bestimmt. Leider sind aufgrund der anwendungsfernen starken Verdünnung die Aussagen nicht ohne weiteres auf Gießschlicker übertragbar. Nach Reed [275] folgt:

$$\zeta = \frac{f_H \eta v_e}{\varepsilon_r \varepsilon_0 E}, \tag{2.14}$$

wobei η die Viskosität des Elektrolyten darstellt und v_e die elektrokinetische Geschwindigkeit in einem elektrischen Feld E. Das Verhältnis v_e/E ist die elektrophoretische Beweglichkeit. Die Henry-Konstante f_H ist 1, wenn das Verhältnis von Teilchendurchmesser d zur Dicke der elektrischen Doppelschicht κ^{-1} größer ist als 100, und sie ist 3/2, wenn d/κ^{-1} kleiner ist als 1.

Die Größe des Zeta-Potenzials ist abhängig von der Dicke κ^{-1} der Doppelschicht sowie der Gesamtladung der an der Teilchenoberfläche angelagerten Ionen. Die Zugabe von Elektrolyt zu einem Schlicker mit konstantem Wassergehalt führt zunächst zu einer Zunahme der Dicke der Doppelschicht und zu einer Zunahme der Gesamtladung, d. h., das Zeta-Potenzial wird größer. Wenn die Doppelschicht optimal ausgebildet ist, nimmt das Zeta-Potenzial wieder ab, da nur noch das Potenzial der wässrigen Lösung ψ_B vergrößert wird (Abb. 2.57). Diese Erscheinung beobachtet man sowohl an negativ als auch an positiv geladener Teilchenoberfläche. Der *p*H-Wert, bei dem das Zeta-Potenzial 0 ist, wird als isoelektrischer Punkt IEP bezeichnet. Den schematischen Verlauf des Zeta-Potenzials in Abhängigkeit des *p*H-Wertes zeigt Abb. 2.58.

Die Wechselwirkung zweier Teilchen mit gleicher Oberflächenladung ist in der sogenannten DLVO-Theorie von Derjaguin und Landau [282] sowie von Verwey und Overbeek [283] beschrieben. Die treibende Kraft zur Koagulation von Teilchen sind van-der-Waalssche Anziehungskräfte. Für kleine Teilchendurchmesser d und der Entfernung der Teilchenoberflächen h ergibt sich die potenzielle Energie für die Anziehung gemäß

$$U_{\text{anziehend}} = \frac{(\sqrt{A_2} - \sqrt{A_1})^2 \cdot d}{24 \cdot h}, \tag{2.15}$$

wobei A_1 und A_2 die Hamaker-Konstanten für Teilchen und Dispersionsmedium darstellen [284].

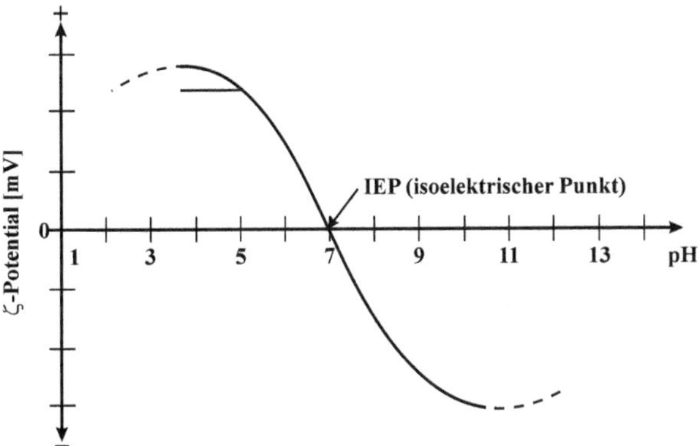

Abb. 2.58: Schematischer Verlauf des Zeta-Potenzials in Abhängigkeit vom *p*H-Wert der Lösung. Die Zunahme des Zeta-Potenzials sowohl an positiv als auch an negativ geladener Teilchenoberfläche entspricht einer Zunahme der Dicke der diffusen elektrischen Doppelschicht.

Um eine Agglomeration zu vermeiden, müssen der Teilchenanziehung abstoßende Kräfte entgegenwirken. Diese abstoßenden Kräfte können z. B. durch die Wechselwirkung zwischen elektrischen Doppelschichten entstehen. Sie hängen von der Größe und der Gestalt der Teilchen, der Entfernung h zwischen ihren Oberflächen, der Doppelschichtdicke κ^{-1}, dem Potenzial der Partikeloberfläche ψ_0 und der Dielektrizitätskonstante ε_r des flüssigen Mediums ab. Nach dem Coulombschen Gesetz berechnet sich die potenzielle Energie der abstoßenden Kräfte für Werte von $d/\kappa^{-1} \gg 1$, also kleine Teilchen mit relativ großer Doppelschicht, zu

$$U_{\text{abstoßend}} = \frac{\varepsilon_r \cdot d^2 \cdot \psi_0^2}{4(h+d)} \cdot \exp\left(-\frac{h}{\kappa^{-1}}\right). \tag{2.16}$$

Wenn der Teilchendurchmesser sehr viel größer ist als die elektrische Doppelschicht, wie dies bei keramischen Pulverteilchen in wässriger Suspension üblicherweise der Fall ist, also für $d/\kappa^{-1} \gg 1$, gilt:

$$U_{\text{abstoßend}} = \frac{\varepsilon_r \cdot d \cdot \psi_0^2}{4} \cdot \ln\left[1 + \exp\left(-\frac{h}{\kappa^{-1}}\right)\right]. \tag{2.17}$$

Die gesamte potenzielle Energie ergibt sich aus der Summe der anziehenden van-der-Waalsschen potenziellen Energie und der abstoßenden potenziellen Energie gemäß

$$U_{\text{gesamt}} = U_{\text{anziehend}} + U_{\text{abstoßend}}. \tag{2.18}$$

Überwiegen die anziehenden Kräfte zwischen Pulverteilchen in einer Suspension (Abb. 2.59a), so koagulieren die Teilchen in einer Suspension. Überwiegen die abstoßenden Kräfte aufgrund der Ausbildung elektrischer Doppelschichten, so können Suspensionen stabilisiert werden, wie dies in Abb. 2.59b dargestellt ist.

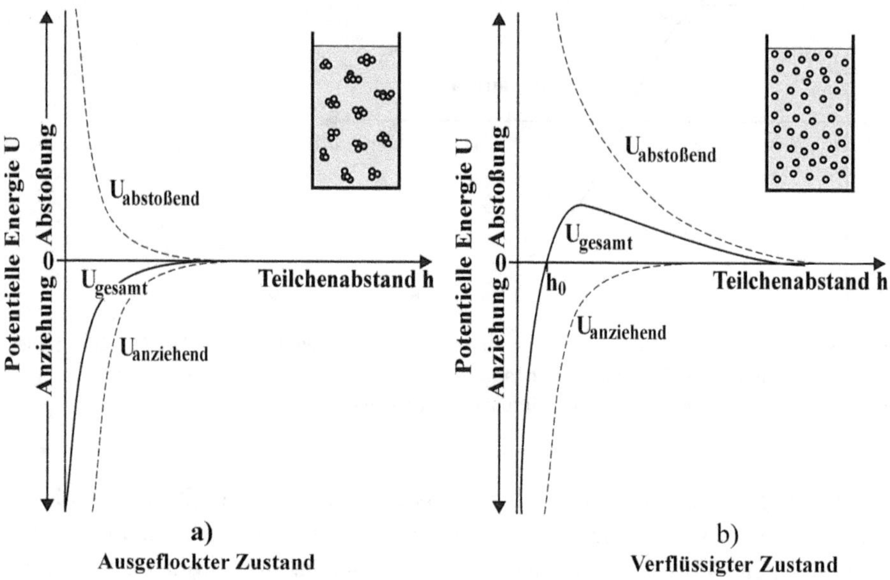

Abb. 2.59: Potenzielle Energie und Schlickerstabilität als Ergebnis des Oberflächenzustands von Teilchen in wässriger Suspension.

Die Anlagerung von längerkettigen Molekülen an ein geladenes Teilchen führt darüber hinaus zu einer sterischen Behinderung der Annäherung einzelner Teilchen (Abb. 2.60).

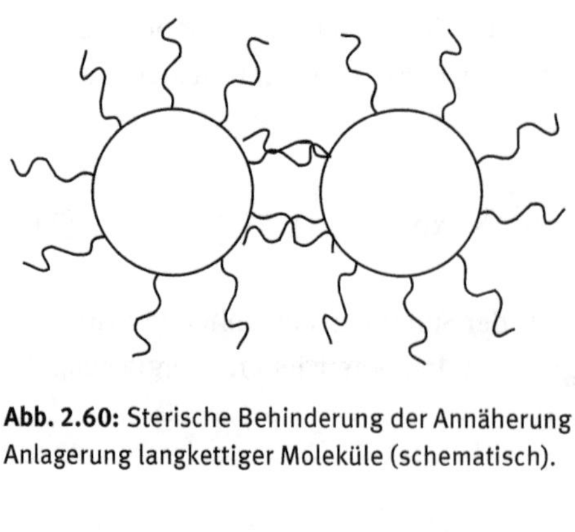

Abb. 2.60: Sterische Behinderung der Annäherung von Pulverteilchen in einer Suspension durch Anlagerung langkettiger Moleküle (schematisch).

Die gesamte abstoßende potenzielle Energie ergibt sich dann zu:

$$U_{\text{gesamt}} = U_{\text{anziehend}} + (U_{\text{abstoßend elektrostatisch}} + U_{\text{abstoßend sterisch}}). \qquad (2.19)$$

Die sterische Abstoßung ist proportional zur Dicke der adsorbierten Schicht und zur chemischen Zusammensetzung bzw. der Konzentration der adsorbierten Moleküle. Die Belegung einer Teilchenoberfläche mit langkettigen Molekülen verhindert die direkte Wechselwirkung zwischen zwei benachbarten Partikeln insbesondere dann, wenn die Oberflächenladungen durch die Polymerketten zum Teil abgeschirmt werden. Es bewirkt somit das Gleiche wie eine Zunahme der Doppelschichtdicke κ^{-1}.

Tabelle 2.6 zeigt einige in keramischen Suspensionen häufig verwendete Dispergiermittel, die in ähnlicher Weise an Pulverteilchenoberflächen ankoppeln können. Die Anlagerung von Oleaten, die häufig zur Verflüssigung keramischer Schlicker verwendet werden, ist in Abb. 2.61 schematisch an Al_2O_3-Oberflächen dargestellt.

Tab. 2.6: Dispergiermittel für keramische Suspensionen. R = organische Restgruppen.

Anorganische Dispergiermittel	X = Na, K, NH_4
Polysilicate	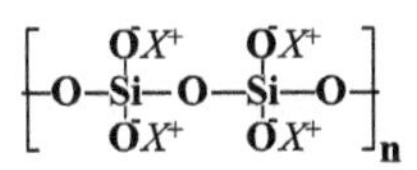
Polyphosphate *Weiterhin*: Natronlauge, Soda	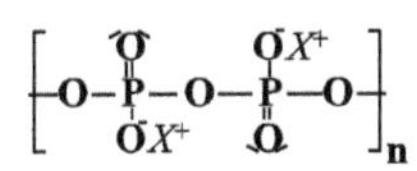
Organische Dispergiermittel	X = Na, K, NH_4; R = C_kH_{2k+1} mit $k = 0, 1, 2, 3, \ldots$
Polycarbonate	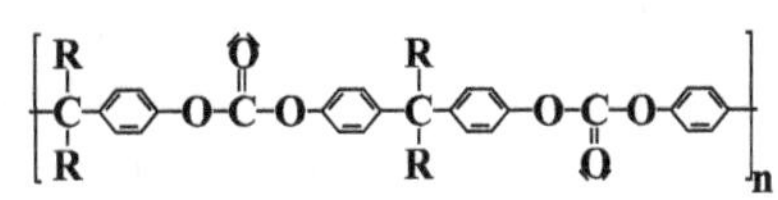
Polyacrylate (k = 0) und -methacrylate ($k = 1, 2, 3, \ldots$)	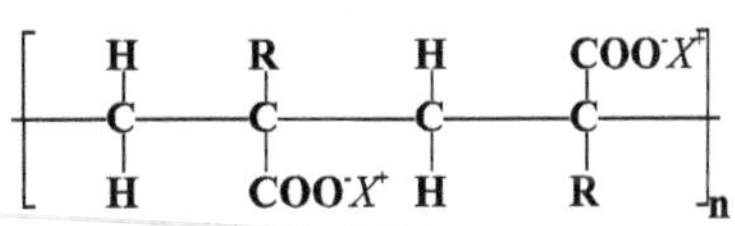
Oxalate	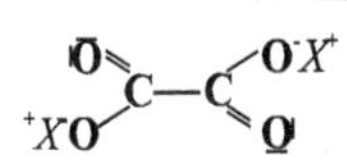
Citrate	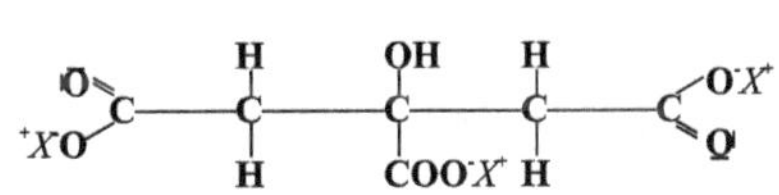
Alkanolamine (Aminoalkohole) *Weiterhin*: Tartrate, Phosphonate, Cellulosederivate, Lignosulfonate, Styrol–Maleinsäure-Copolymerisate	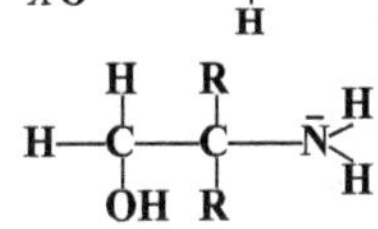

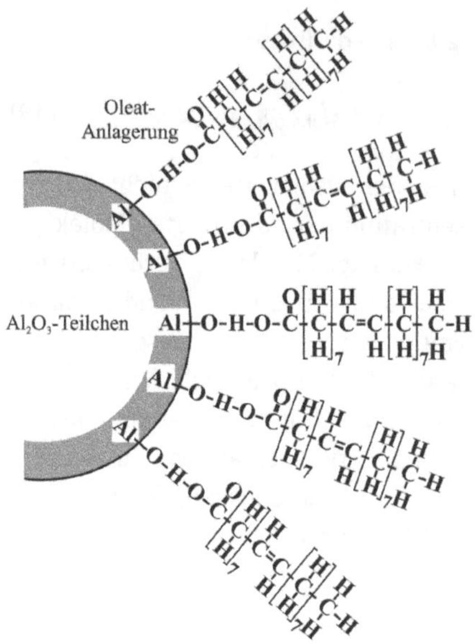

Abb. 2.61: Oleat-Anlagerung an einer Al_2O_3-Oberfläche (schematisch).

2.3.1.1.4 Rheologische Eigenschaften

Bearbeitet von R. Telle, Aachen

Für die Verarbeitung keramischer Suspensionen ist die Kenntnis ihrer rheologischen Eigenschaften, d. h. Fließeigenschaften, von wesentlicher Bedeutung. Das Wissen um das Verhalten dieser Schlicker gegenüber relativ schwachen äußeren Kräften ermöglicht einen Einblick in die Struktur der Suspension und ihre daraus resultierenden Verarbeitungseigenschaften. Wird der Flüssigkeitsgehalt des Schlickers reduziert, so wird seine Konsistenz zähflüssiger, und man erhält schließlich bildsame Massen, die in ihren Verformungseigenschaften prinzipiell denselben Gesetzen gehorchen wie die Flüssigkeiten, nur dass größere Kräfte aufgebracht werden müssen, was eine andere Art der Verarbeitungstechnik erforderlich macht. So sollen zunächst die grundlegenden Modelle für das Fließen und die Viskositätsbeschreibung behandelt werden, danach die Besonderheiten keramischer Suspensionen und plastischer Massen.

Die Wissenschaft der Rheologie (Fließkunde, griechisch: ῥέω, ich fließe) wurde 1929 von E. Bingham, W. Herschel, M. Brillouin, H. Freundlich, W. Ostwald, L. Prandtl und M. Reiner anlässlich der ersten Tagung der Society of Rheology in Columbus/Ohio begründet und befasst sich im weitesten Sinne mit den Erscheinungen, die bei der Deformation und dem Fließen materieller Stoffe unter äußerer Belastung auftreten [285]. Zu diesem Thema gibt es ausführliche Literatur, z. B. [286–291], und keramikbezogene Übersichten, z. B. von Eirich [286]. Als Teilgebiet dieses weitgespannten Wissenschaftsgebietes interessiert für die Formgebung keramischer Bauteile das Verhalten gegenüber relativ schwachen äußeren Kräften, auch denen des eigenen Gewichts eines Rohlings, unter besonderem Ausschluss von Rissbildung. Auch in anderen Bereichen der Keramik spielt die Rheologie eine wichtige Rolle, z. B. beim Ausfließen von Glasurschmelzen, bei Sinter- und Verformungsvorgängen bei hohen Temperaturen und bei Bruchvorgängen ebenfalls bei hohen Temperaturen. Grundlagen der Rheologie und anwendungsrelevante Problemstellungen finden sich ferner in Abhandlungen zur Kunststofftechnik, z. B. [292], zur Zementtechnologie, z. B. [293, 294], zur Lebensmittelverarbeitung, z. B. [295, 296], zur Abwasseraufbereitung, z. B. [297] oder zu biologischen Systemen, z. B. [298].

Viskosität und Fließmodelle

Für die Darstellung der Verhaltensunterschiede nehmen die Spannungs–Dehnungskurve und die Beziehung zwischen Schubspannung und Geschwindigkeitsgefälle (Fließkurve) eine zentrale Stellung ein [299, 300]. Für elastische Stoffe gilt das Hookesche Gesetz mit der angelegten Schubspannung τ und der Schubverformung γ:

$$\tau = G \cdot \gamma, \tag{2.20}$$

worin G, der Schubmodul (auch Gleit- oder Torsionsmodul), das Materialverhalten kennzeichnet. Im Grenzfall des elastischen (idealisierten) Verhaltens ist der Einfluss der Belastungszeit null, und die aufgenommene Verformungsenergie wird ohne Verlust gespeichert (ideal-elastischer oder Hookescher Stoff).

Um in einer Flüssigkeit eine laminare Strömung einzustellen, muss ebenfalls eine Schubspannung (häufig auch Scherspannung genannt) angelegt werden. Ausgehend von einer stationären Schicht (z. B. die Wand einer Schlickerleitung) stellt sich bei Anlegen einer Spannung (z. B. Pumpendruck in einer Schlickerleitung) in der Flüssigkeit ein Geschwindigkeitsgradient dv/dy ein (Abb. 2.62).

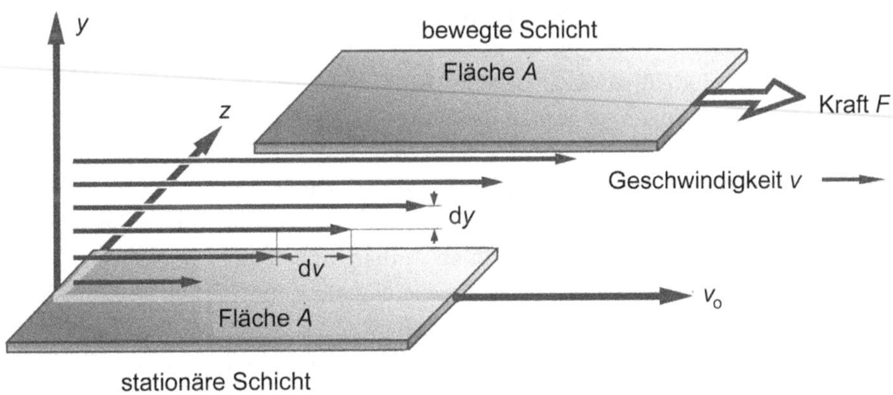

Abb. 2.62: Modell des viskosen Fließens einer Flüssigkeit zwischen zwei unterschiedlich schnell bewegten parallelen Platten.

Die Geschwindigkeit, mit der sich die Suspension in der Leitung bewegt, ist an der Schlickerleitungswand 0, in der Mitte der Leitung weist sie ein Maximum auf. Die Größe des Geschwindigkeitsgradienten $\dot{\gamma}$ (häufig auch Scherrate, Schergeschwindigkeit oder Geschwindigkeitsgefälle genannt) ist von der Scherspannung τ und vom materialspezifischen Viskositätskoeffizienten η abhängig:

$$\frac{\mathrm{d}v}{\mathrm{d}y} = \dot{\gamma} = \frac{\tau}{\eta}. \tag{2.21}$$

Die Viskosität ist ein Maß für die innere Reibung von Flüssigkeitsmolekülen, die dem Fließen der Flüssigkeit entgegenwirkt.

Flüssigkeiten erfüllen im Idealfall das *Newtonsche Fließgesetz*, das in Umformung von Gl. (2.21) den Zusammenhang zwischen Schubspannung τ und der Scherrate $\dot{\gamma}$ beschreibt:

$$\tau = \eta \cdot \dot{\gamma}, \quad \text{umgeformt: } \eta = \frac{\tau}{\dot{\gamma}} \tag{2.22}$$

mit η = dynamische Viskosität in [Pa·s]. Der Quotient aus dynamischer Viskosität und Dichte ergibt die kinematische Viskosität $v = \eta/\rho$ in $[\mathrm{m/s^2}]$.

Newtonsche Flüssigkeiten zeigen demzufolge einen linearen, von der Vorbehandlung unabhängigen Zusammenhang in der Fließkurve; die eingebrachte Verformungsenergie wird vollständig in Wärme umgesetzt. Nach Aufheben der Schubspannung bleibt die Verformung zurück.

Da sich aber das wirkliche Verhalten vieler Stoffe, besonders mehrphasig aufgebauter, mit diesen beiden Ansätzen nach Hooke und Newton nicht beschreiben lässt, versucht man, ein kompliziertes Verhalten durch Kombination mechanischer Modellvorstellungen aus den beiden linearen Grundmodellen anzunähern. Es gelingt dadurch, Flüssigkeiten mit Teilelastizität oder Festkörper mit inneren Reibungsverlusten zu erfassen, quantitative Beziehungen zwischen Spannungen und Verformungen bzw. deren zeitlicher Ableitungen zu formulieren und dem tatsächlichen Verhalten anzupassen.

Im Sinne der Modelltheorie, also der Nutzung von gleich strukturierten mathematischen Zusammenhängen, geht man dabei wie folgt vor: Eine Feder stellt das Analogon zum Hookeschen Stoff und ein in einer ideal-viskosen Flüssigkeit beweglicher Kolben, auch Dämpfer genannt, das Analogon zum Newtonschen Stoff dar (Abb. 2.63). Die mechanische Kopplung dieser Modelle ist durch Anordnung entweder in Serie oder parallel zwischen masselos gedachten Aufhängungen möglich, wobei sich die Spannungen bzw. die Verformungen der Einzelelemente, den Modellen als Kräfte bzw. Wege entnommen, zu einem Gesamtwert addieren.

Die sich ergebenden homogenen linearen Differenzialgleichungen vom Typ

$$a_o\tau + a_1\dot{\tau} + a_2\ddot{\tau} + \cdots = b_o\gamma + b_1\dot{\gamma} + b_2\ddot{\gamma} + \cdots \tag{2.23}$$

werden in der sogenannten linearen Viskoelastizitätstheorie behandelt und lassen sich mit der Laplace-Transformation unter Einsetzen von Randbedingungen lösen.

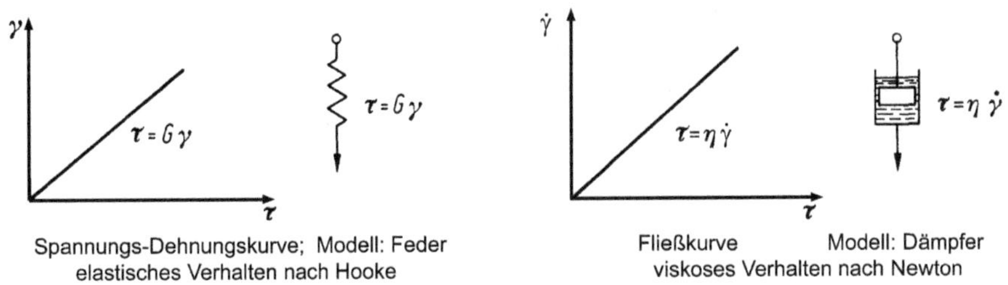

Abb. 2.63: Ersatzkörper-Modelle und ihr mechanisches Verhalten unter einer äußeren Kraft. Links: Hookesches Feder-Modell mit Spannungs–Dehnungskurve. Rechts: Newtonscher Dämpfer (Kolben in viskoser Flüssigkeit) mit Fließkurve.

In Abb. 2.64 sind zwei Zweielemente-Kombinationen mit den zugehörigen Differenzialgleichungen angegeben, ferner diejenige Dreielemente-Kombination, die das Verhalten realer Festkörper am besten darstellt, das *allgemeine Relaxationsmodell* (engl.: *standard linear solid*). Auch feste kristalline Werkstoffe, Polymere und Silicatglasschmelzen lassen sich bei inneren Reibungsverlusten durch Platzwechselvorgänge so theoretisch behandeln.

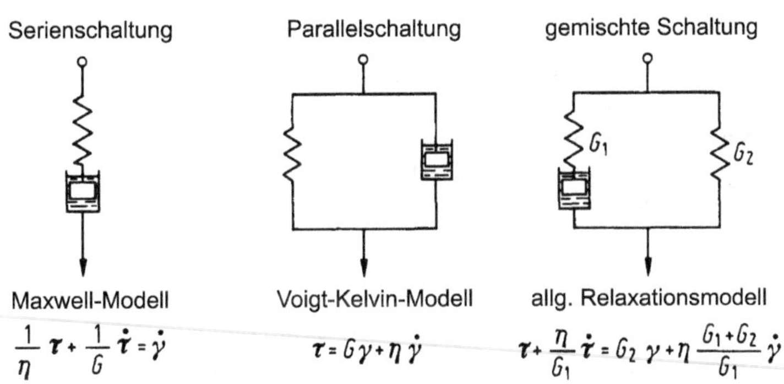

Abb. 2.64: Kopplungen von mechanischen Verformungsmodellen ohne Berücksichtigung der Trägheit. Links: Maxwell-Modell mit Serienschaltung von Feder und Dämpfer; Mitte: Voigt–Kelvin-Modell mit Parallelschaltung; rechts: das allgemeine Relaxationsmodell mit zwei Federelementen in Serie und Parallelschaltung. G: Schubmodul, τ: Schubspannung, γ: Schubverformung, t: Zeit, $\dot{\tau} = \mathrm{d}\tau/\mathrm{d}t$, $\dot{\gamma} = \mathrm{d}\gamma/\mathrm{d}t = \mathrm{d}v/\mathrm{d}y$.

Die physikalische Erklärung der aus einer solchen Beschreibung gewonnenen elastischen und viskosen Größen und ihr Zusammenwirken zu einer Relaxationszeit bzw. einem Relaxationszeitspektrum bedürfen besonderer Diskussion, wie man sie bei Oberst [301] findet.

Qualitativ kann man sich vorstellen, dass sich das *Maxwell-Modell* mit Serienschaltung von Feder und Dämpfer beim Anlegen einer Spannung sofort elastisch dehnt und danach ideal viskos verhält. Nach dem Aufbringen einer sodann konstant gehaltenen Deformation (sog. Deformationssprung) relaxiert die Spannung mit der Relaxationszeit $t_r = \eta/G$ nach null, beim allgemeinen Relaxationsmodell wie auch beim *Voigt–Kelvin-Modell* gegen einen im Allgemeinen von Null verschiedenen konstanten Wert (Abb. 2.65). Das Voigt–Kelvin-Modell verhält sich bei konstanter Spannung wie ein ideal-Hookescher Festkörper.

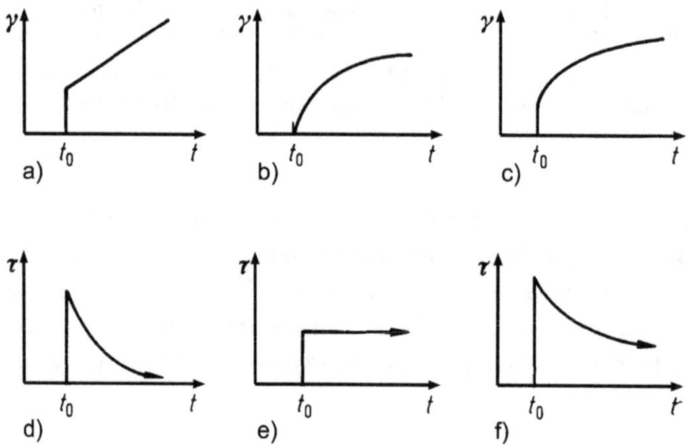

Abb. 2.65: Zeitabhängigkeit der Verformung und der Schubspannung. Obere Reihe: Reaktion der Verformung γ auf einen sprunghaften Anstieg der Schubspannung τ von 0 auf einen festen Endwert zur Zeit t_0 nach dem (a) Maxwell-Modell, (b) Voigt–Kelvin-Modell, (c) allg. Relaxationsmodell aus Abb. 2.64. Untere Reihe: Reaktion der Schubspannung τ auf einen sprunghaften Anstieg der Verformung γ von 0 auf einen festen Endwert zur Zeit t_0 nach dem (d) Maxwell-Modell, (e) Voigt–Kelvin-Modell, (f) allg. Relaxationsmodell.

Das praktische Verhalten vieler, u. a. besonders disperser Systeme mit flüssiger Phase bedarf der Einführung eines weiteren nichtlinearen Stoffmodells unter Berücksichtigung einer *Fließgrenze* bzw. des sog. *Anlasswertes* τ_0. Dieses sog. *Saint-Venant-Modell* verhält sich unterhalb einer bestimmten kritischen Spannung völlig starr und lässt sich oberhalb derselben widerstandslos leicht verformen. Es repräsentiert also den ideal plastischen Stoff. Praktisch entspricht dies der Reibung eines ruhenden Gegenstandes (Reibkörper, Saint-Venant-Körper) auf einer Unterlage, wenn die Bewegungsreibung vernachlässigt wird (Abb. 2.66 oben). Die geeignete Kopplung des Saint-Venant-Modells mit einem Dämpfer-Element gestattet die Nachbildung des plastischen Verhaltens von Festkörpern und wird als *Bingham-Modell* bezeichnet (Abb. 2.66 unten).

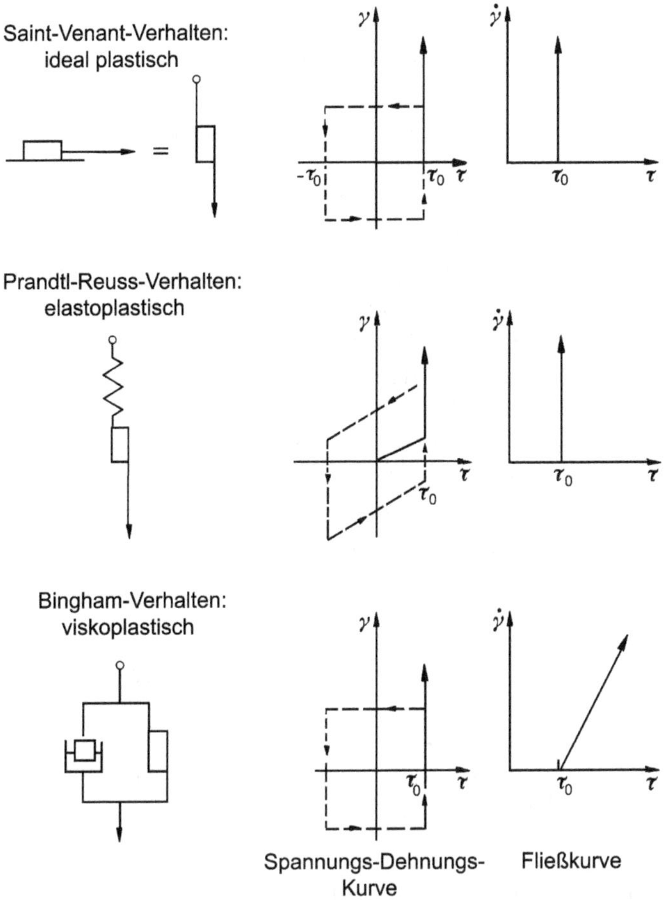

Abb. 2.66: Nichtlineare rheologische Modelle mit Saint-Venant-Körper und ihre Graphen. Gestrichelte Linien zeigen zyklische Beanspruchung an, τ_0 = Fließgrenze, $\dot{\gamma} = d\gamma/dt$.

Unter Einführung der Fließgrenze τ_f gilt dann:

für $\tau < \tau_0$: Hookesches Gesetz mit $\dot{\gamma} = 0$: $\tau = G \cdot \gamma$,
für $\tau \geq \tau_0$: modifiziertes Newtonsches Gesetz: $(\tau - \tau_0) = \eta_B \cdot \dot{\gamma}$.

Analog zum Maxwell-Modell kann der Reibkörper auch in Serie mit einer Hookeschen Feder kombiniert werden (Abb. 2.66 Mitte). Ein solches System wird sich bei Belastung entsprechend zunächst linear-elastisch verhalten und ab einer kritischen Spannung gleiten. Dies wird als Elastoplastizität bezeichnet, die Anordnung der Ersatzkörper nennt man *Prandtl–Reuss-Modell.*

Die bisherige Behandlung hatte zum Ziel, das rheologische Verhalten funktionell mit wenigen überschaubaren Materialkonstanten bzw. -gesetzen zu beschreiben. Dies gelingt nur unvollkommen, weshalb von verschiedenen Forschern ein anderer empirisch ausgerichteter Weg zur Ordnung der experimentellen Fließkurven zusammen mit einer numerischen Behandlung vorgeschlagen wird. Eine systematische Übersicht bringen Faurel u. M. [302]. Wenn beispielsweise Flüssigkeiten große Moleküle enthalten oder in Suspensionen plättchenförmige, sich abstoßende Teilchen (z. B. Kaolinitteilchen) vorliegen, können sich diese im laminaren Flüssigkeitsstrom ausrichten. Bei ausgeflockten Schlickern mit hohen Feststoffgehalten können außerdem bei erhöhten Scherspannungen Agglomerate zerstört werden. Beide Erscheinungen reduzieren den Fließwiderstand. Die Scherspannung, die notwendig ist, um die Schergeschwindigkeit um einen bestimmten Betrag zu erhöhen, nimmt dadurch ab. Somit ist die Viskosität η keine konstante Größe mehr, sondern hängt von der Schergeschwindigkeit ab: $\eta = \eta(\dot{\gamma})$. Die damit verbundene Krümmung der Fließkurve kann man sich durch das Auftreten von mehreren Fließgrenzwerten nach dem Bingham-Modell entstanden denken und so abschnittsweise durch eine Folge von Tangentenkonstruktionen annähern. Die Gesamtkurve mit einer solchen Unschärfe der Fließgrenze kann also durch eine Aneinanderreihung von *Mehrfach-Prandtl–Reuss-Körpern* konstruiert werden (Abb. 2.67).

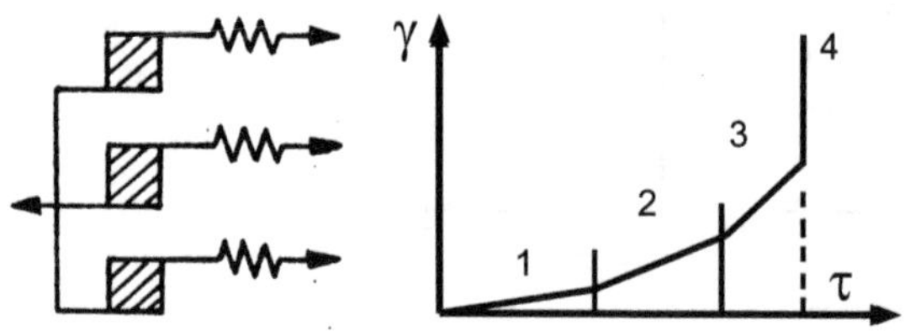

(1) $\tau = (G_1 + G_2 + G_3) \cdot \gamma$

(2) $\tau = \tau_{a_1} + (G_2 + G_3) \cdot \gamma$

(3) $\tau = \tau_{a_1} + \tau_{a_2} + G_3 \cdot \gamma$

(4) $\tau = \tau_{a_1} + \tau_{a_2} + \tau_{a_3}$

Abb. 2.67: Annäherung strukturviskosen Verhaltens durch eine Parallelschaltung von Prandtl–Reuss-Körpern für diskrete Abschnitte der Schubspannung.

Manchmal reicht die Beschreibung der rheologischen Verhaltensweise einer Suspension mittels dieser Ersatzmodelle nicht aus, um die Messkurven nicht-Newtonscher Flüssigkeiten hinreichend genau anzunähern. Ausgehend vom Newtonschen Ansatz nach Gl. (2.21) und (2.22) wurden Potenzgesetze entwickelt, die weitere Anpassungsparameter enthalten. Die Gleichung von *Ostwald–de Waele* setzt anstelle der dynamischen Viskosität eine *scheinbare Viskosität* η^* bzw. eine *Konsistenz* K, auch Fließkoeffizient genannt, und einen Fließexponenten n für die Scherrate. n wird auch als *Fließindex* bezeichnet. Für den Newtonschen Fall ist $n = 1$ und damit $K = \eta$ [Pa·s]:

$$\tau = K \cdot \dot{\gamma}^n \quad \text{bzw. in anderer Schreibweise } \tau = \eta^* \cdot \dot{\gamma}^n. \tag{2.24}$$

Gleichung (2.24) kann zwar nicht als echte rheologische Gleichung oder verallgemeinerter Newtonscher Ansatz betrachtet werden, leistet aber als Interpolationsformel und für vergleichende und beschreibende Zwecke gute Dienste und wird daher oft angewandt. Die durch η^* oder durch K gekennzeichnete Größe ist in ihrer Einheit $[Pa \cdot s^n]$ vom Exponenten n abhängig. Diese Bezeichnung der scheinbaren Viskosität wird in der Rheometrie auch angewandt, wenn man die Fließkurve nur unvollständig kennt und aus Einzelpunkten derselben nach einem unüberprüften Newtonschen Ansatz Viskositätswerte ausrechnet. Für die *effektive Viskosität* η_{eff} bei einer bestimmten Scherrate $\dot{\gamma}$ gilt nach Einsetzen von $\tau = \eta \cdot \dot{\gamma}$ gemäß Gl. (2.22) und (2.24) der Zusammenhang

$$\eta_{\text{eff}} = K \cdot \dot{\gamma}^{n-1}. \tag{2.25}$$

Bei Werten von $n < 1$ nimmt die effektive Viskosität mit steigender Schubspannung ab. Im Allgemeinen zeigen Suspensionen bei abnehmendem Flüssigkeitsgehalt dieses Fließverhalten, sofern Fest-fest-Aggregationen durch Wechselwirkungskräfte auftreten. Es liegt dann *Strukturviskosität* oder *Scherverdünnung* vor (engl.: *shear thinning*).

Allerdings ist der Ansatz von Gl. (2.25) nur innerhalb gewisser Grenzen gültig, da sich für $\dot{\gamma} \to 0$ eine unendlich hohe Viskosität ergibt und diese für $\dot{\gamma} \to \infty$ gegen null geht. Beides ist nicht realistisch, sodass eine minimale Scherrate $\dot{\gamma}_{\text{min}}$ und eine maximale Scherrate $\dot{\gamma}_{\text{max}}$ eingeführt werden müssen, denen jeweils die Grenzviskositäten η_{min} und η_{max} zuzuordnen sind.

Entsprechend können Suspensionen mit einem Fließindex $n > 1$ beschrieben werden, bei denen mit zunehmender Scherrate die Viskosität zunimmt. Dies gilt vor allem für stabile Schlicker mit hohen Feststoffgehalten. Durch den in der beschleunigten Strömung erzwungenen Stoß der dispergierten Partikel kommt es zur Neubildung von Aggregaten, die die Fließspannung überproportional erhöhen. Ein solches Verhalten wird als *Dilatanz* oder als *Scherverfestigung* (engl.: *shear thickening*) bezeichnet. Auch hier müssen Grenzen für die Scherrate eingesetzt werden da für $\dot{\gamma} \to 0$ gilt: $\eta \to 0$ und für $\dot{\gamma} \to \infty : \eta \to \infty$.

In Suspensionen, in denen Moleküle oder Partikel durch gegenseitige Wechselwirkung (z. B. Wasserstoffbrückenbindung oder elektrostatische Effekte) Überstrukturen aufbauen, müssen diese vor dem Einsetzen der Fließvorgänge erst zerstört werden, was bei Erreichen einer bestimmten Spannung τ_f oder τ_0, der sog. *Fließgrenze* oder dem *Anlasswert*) geschieht. Die Fließgrenze ist allerdings keine Materialeigenschaft, sondern eine von den Prüfbedingungen abhängige transiente Größe [303, 304]. Dieses sog. Bingham-Verhalten (Abb. 2.66) kann unter Verwendung des Newtonschen Modells beschrieben werden mit der Gleichung

$$\tau = \tau_0 + \eta \frac{\mathrm{d}v}{\mathrm{d}y} = \tau_0 + \eta \cdot \dot{\gamma} \tag{2.26}$$

bzw. in Erweiterung des Potenzansatzes von Ostwald–de Waele mit der Gleichung

$$\tau = \tau_0 + \eta^* \cdot \dot{\gamma}^n \quad \text{bzw.}\ \tau = \tau_0 + K \cdot \dot{\gamma}^n. \tag{2.27}$$

Letztere Gleichung (2.27) wird als *Herschel–Bulkley-Modell* bezeichnet. Aus ihm lässt sich die effektive Viskosität berechnen zu

$$\eta_{\text{eff}} = \frac{\tau_0}{\dot{\gamma}} + K \cdot \dot{\gamma}^{n-1}. \tag{2.28}$$

Dieses dreiparametrige Modell hat den Vorteil, dass es alle bisher beschriebenen Modelle umfasst. So enthält es das Newtonsche Verhalten, wenn $n = 1$ und $\tau_0 = 0$ sind, und für $\tau_0 \to 0$ folgt das Ostwald–de Waele-Modell. Somit können Newtonsche, nicht-Newtonsche Flüssigkeiten und plastische Massen beschrieben werden. Für plastisches Verhalten hat sich auch der Ansatz von Casson bewährt mit:

$$\sqrt{\tau} = \sqrt{\tau_0} + \sqrt{\eta^* \cdot \dot{\gamma}}. \tag{2.29}$$

Die unterschiedlichen Fließeigenschaften, die aus Gl. (2.26)–(2.28) mit variierenden Exponenten n resultieren, lassen sich am besten in einem Diagramm veranschaulichen, in welchem die Scherspannung τ gegen die Scherrate $\dot{\gamma}$ aufgetragen ist (Abb. 2.68). Das Bingham-Verhalten kann man dann ebenso wie die Bingham-Strukturviskosität und die Bingham-Dilatanz als ein um den Anlasswert τ_0 verschobenes Newton-Verhalten deuten.

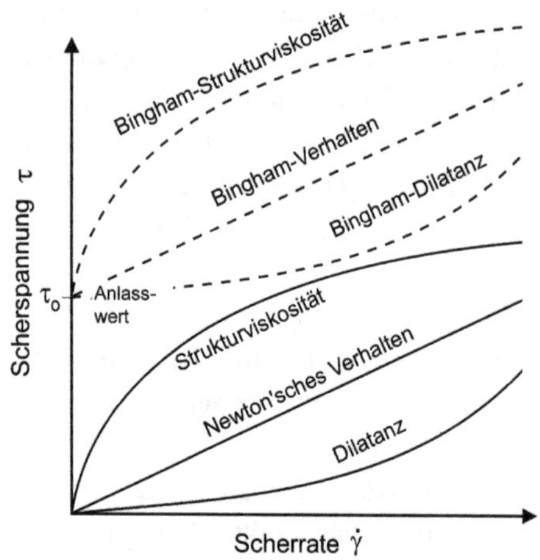

Abb. 2.68: Scherspannung und Schergeschwindigkeit für unterschiedliches Fließverhalten mit und ohne Anlasswert (schematisch).

Das Grenzwertproblem der Potenzansätze wird sowohl für $n < 1$ als auch für $n > 1$ dadurch gelöst, dass die Fließspannung für Werte $\eta \leq \eta_{\min}$ und $\eta \geq \eta_{\max}$ linear extrapoliert wird bzw. die Endviskositäten konstant bleiben. Man spricht dann von Nullviskosität η_0 und Endviskosität η_∞. Abbildung 2.69 zeigt diese Lösung als Diagramm.

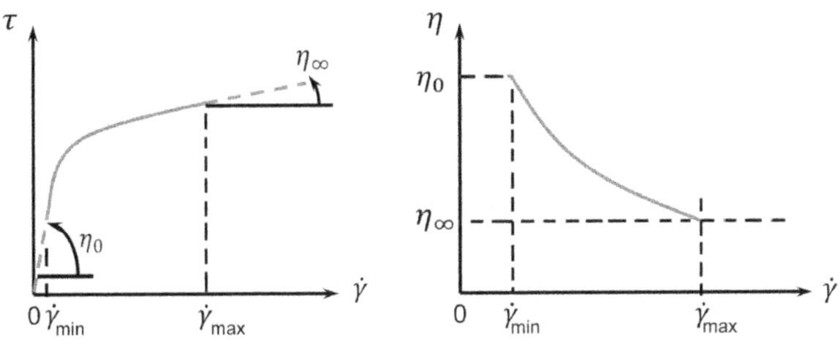

Abb. 2.69: Definition der Grenzviskositäten für den Fall einer strukturviskosen Suspension.

Zur Einbeziehung der Grenzviskositäten in die Potenzgesetze sind zahlreiche weitere Gleichungen geschaffen worden, von denen hier nur die Cross-, Barnes- und Carreau–Yasuda-Modelle [293–295] genannt werden sollen. Sie beschreiben genauer, wie der jeweilige Übergang zu den Grenzviskositäten gestaltet ist, sodass kein Knick in der Viskositätskurve auftritt. Nach Carreau–Yasuda lässt sich die Viskositätsänderung wie folgt ausdrücken:

$$\frac{\eta - \eta_\infty}{\eta_0 - \eta_\infty} = \left[1 + (K \cdot \dot{\gamma})^a\right]^{\frac{n-1}{a}}, \tag{2.30}$$

wobei der Exponent a eine Art Steifheit darstellt, die den Wechsel von η_0 nach η_∞ bestimmt und in vielen Fällen gleich 2 gesetzt werden kann, während K jetzt als Carreau-Konstante bezeichnet wird. Die Parameter K und n werden durch Regression angepasst und haben keine physikalische Bedeutung [295].

Zeitabhängigkeit der Viskosität

Bei den bisher betrachteten Vorgängen benötigten die Einstellungen von räumlichen Veränderungen der Teilchen zueinander nur kurze Zeiten. Die Vorgeschichte, ob also mit ansteigender oder fallender Scherspannung (oder Verformungsgeschwindigkeit je nach Rheometertyp) gemessen wurde, hatte bisher auf die gemessenen nichtlinearen Fließkurven keinen Einfluss. Eine davon zu unterscheidende Gruppe von Substanzen kann dagegen Hysterese-Effekte zeigen, indem eine zeitabhängige Steigerung oder Abnahme der Scherspannung bzw. Verformungsgeschwindigkeit eine umfahrene Fläche ergibt. Dies ist von großer praktischer Bedeutung, wenn beispielsweise strukturviskose Schlicker häufig bei konstanter Schergeschwindigkeit eine Abnahme der Scherspannung mit der Zeit aufweisen oder, anders ausgedrückt, die Viskosität des Schlickers (Steigung der Kurven in Abb. 2.70) bei konstanter Schergeschwindigkeit mit der Zeit abnimmt, der Schlicker also dünnflüssiger wird. Diese Zeitabhängigkeit der Viskosität wird *Thixotropie* genannt und ist häufig bei strukturviskosen Suspensionen zu beobachten, bei denen Überstrukturen im Laufe der Zeit abgebaut werden. Die

Thixotropie wird nach DIN 1342-1 definiert als ein „zeitabhängiges Fließverhalten, bei dem die Viskosität ... infolge andauernder mechanischer Beanspruchung vom Wert des Ruhezustandes her gegen einen Endwert hin abnimmt und nach Aufhören der Beanspruchung wieder zunimmt“. Diese Erscheinung ist also in der Regel reversibel. Bei einem thixotropen Schlicker mit Fließgrenze erhöht sich manchmal aber auch der Anlasswert, nachdem der Schlicker in Ruhestellung gehalten wurde, weil sich weitere Überstrukturen aufbauen konnten.

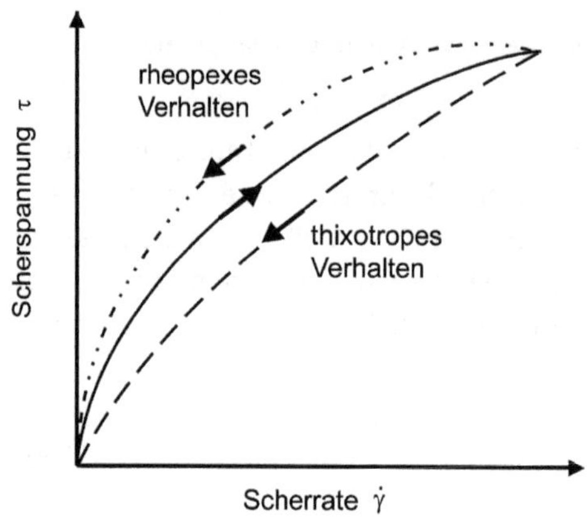

Abb. 2.70: Thixotropes und rheopexes Verhalten von Suspensionen mit Hysteresen.

Einige Materialien zeigen mit der Zeit eine Zunahme der Scherspannung bei konstanter Schergeschwindigkeit, d. h. der Schlicker wird mit zunehmender Zeit höher viskos (Abb. 2.70). Dieses seltenere Verhalten wird *Rheopexie* genannt und beobachtet, wenn durch die Schlickerbewegung zusätzliche Bindungen zwischen Molekülen oder Teilchen ermöglicht werden. Dies gilt insbesondere für die Anwesenheit hydraulisch abbindender Phasen wie etwa Tricalciumphosphat, Anhydrit oder Zementklinkerphasen. Nach DIN 1342-1 lautet die Definition für Rheopexie: „zeitabhängiges Fließverhalten, bei dem die Viskosität ... infolge andauernder mechanischer Beanspruchung vom Wert des Ruhezustandes her gegen einen Endwert hin zunimmt und nach Aufhören der Beanspruchung wieder abnimmt“. Ebenso wie die Thixotropie ist die Rheopexie also ein reversibler Effekt.

Die Zugabe von organischen Additiven (Binder, Verflüssiger) zu keramischen Suspensionen kann die Fließkurven beträchtlich verändern. Wegen der komplizierten Wechselwirkung der organischen Additive untereinander werden die Schlickereigenschaften in der Praxis üblicherweise empirisch optimiert.

Thixotropes bzw. rheopexes Fließverhalten kann gut bestimmt werden, indem man die Schergeschwindigkeit in Abhängigkeit der Zeit systematisch und zyklisch verändert und dabei die Fließspannung bzw. die Viskosität misst. Nach einem Vorscheren bei geringen Scherraten wird sprunghaft mit hohen Scherraten belastet, einige Zeit gehalten und dann wieder sprunghaft auf die Vorscherrate heruntergefahren. Die Zeit bei Hochlast wird *Wirkzeit* genannt, die Zeit, die das viskose System braucht, um wieder die Anfangsfließspannung einzustellen, *Relaxationszeit*. In Abb. 2.71 sind der theoretische Versuchsablauf sowie die bestimmten Fließspannungen und Viskositäten gegen die Zeit aufgetragen.

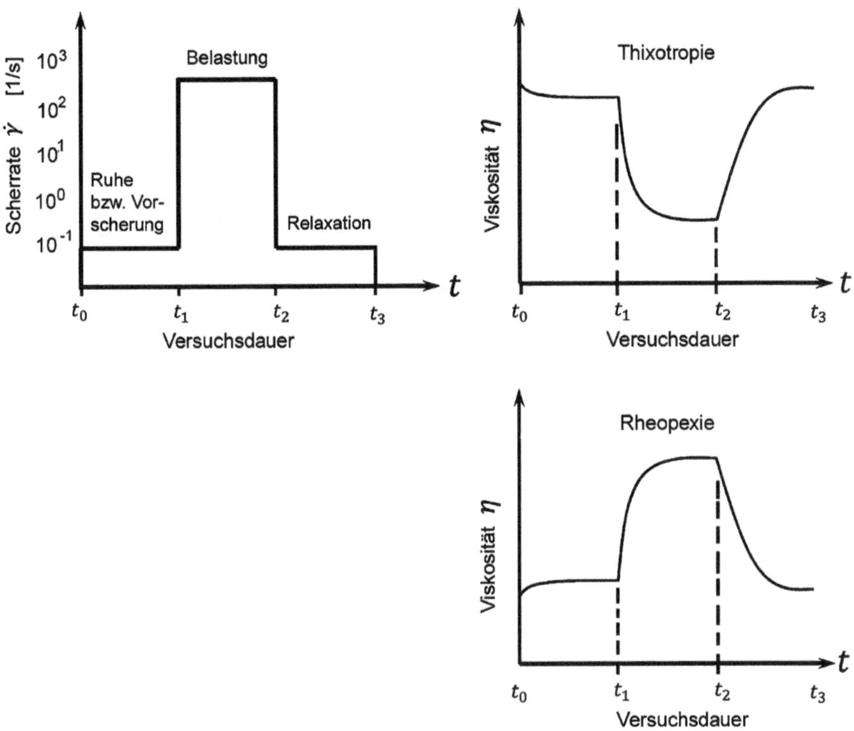

Abb. 2.71: Thixotropes und rheopexes Verhalten und Relaxation als Funktion der Belastungs- und Ruhezeit.

Typischerweise wird der Versuch mit einer Vorscherung bei geringen Raten ($0{,}1\,s^{-1}$) über 1 min begonnen, dann eine Ruhephase über 1 min gehalten, wonach innerhalb einer weiteren Minute die Scherrate (z. B. auf $500–1000\,s^{-1}$) beschleunigt wird. Es folgt eine Haltezeit von 1 min bei dieser Scherrate sowie eine Verzögerungszeit von 1–3 min auf Null bzw. auf die Vorscherrate (Abb. 2.72). Die Zeit für die jeweilige Strukturänderung kann abhängig vom vorliegenden Material sehr unterschiedlich sein.

Im Allgemeinen dauert die Relaxation bis zur Wiedererlangung der Ausgangsstruktur wesentlich länger als die Phase der Strukturänderung [304–309]. Soll das zeitabhängige Fließverhalten formelhaft dargestellt werden, so muss der Zustand der

Suspension mit einem dimensionslosen Strukturparameter ξ beschrieben werden. Liegt die innere Struktur der Flüssigkeit in einem Ruhezustand im Gleichgewicht vor, wird $\xi = 1$ gesetzt. Bei $\xi = 0$ wird nach Erreichen einer maximalen Beanspruchung, also entweder bei $\dot{\gamma}_{max}$ oder τ_{max}, eine maximale Änderung des strukturellen Zustands erreicht. Während der Belastungs- bzw. Entlastungsphase, also zwischen t_1 und t_2 bzw. t_3 und t_4 in Abb. 2.72 gilt entsprechend $1 > \xi > 0$. In Erweiterung des Herschel–Bulkley-Modells hat Houska zwei gekoppelte Gleichungen aufgestellt, die diesen Strukturzustand berücksichtigen:

$$\tau(\xi) = (\tau_{y0} + \tau_{y_1} \cdot \xi) + (K_0 + K_1 \cdot \xi) \cdot \dot{\gamma}^n, \tag{2.31}$$

$$\xi(t) = \frac{d\xi}{dt} = a(1 - \xi) - b\xi \cdot \dot{\gamma}^\varepsilon, \tag{2.32}$$

mit τ_{y0}, K_0 und n als Standardparameter für den Ruhezustand mit $\xi = 1$ und τ_1, K_1 als Parameter für die Zeitabhängigkeit der Strukturänderung. In Gleichung (2.32) steht der Term $a(1 - \xi)$ für den Aufbau der Struktur während der Relaxationsphase, d. h. ξ nimmt zu bei $\dot{\gamma} = 0$, während der Term $b\xi\dot{\gamma}^\varepsilon$ den Abbau der Struktur während der Belastungsphase repräsentiert, d. h. ξ nimmt ab bei $\dot{\gamma} = \dot{\gamma}_{max}$ = konstant. Insgesamt weist das Houska-Modell [309] also fünf Stoffparameter und drei kinetische Parameter (a, b, ε) auf, die durch viele Messungen bestimmt werden müssen. Um diese Probleme zu umgehen, schlagen Seffern und Klein eine stufenförmige Variation der Scherrate über die Zeit vor und demonstrieren diese Möglichkeit erfolgreich an zahlreichen silicatkeramischen Suspensionen [310]. In Abb. 2.73 sind die oben genannten rheologischen Verhaltensweisen nochmals zusammengefasst, wobei noch die Auftragung der scheinbaren Viskosität gegen die Scherspannung ergänzt ist.

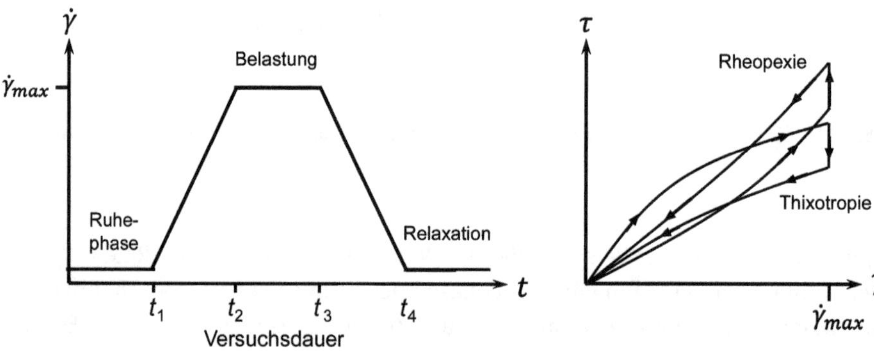

Abb. 2.72: Thixotropes und rheopexes Verhalten und Relaxation als Funktion der Belastungs- und Ruhezeit.

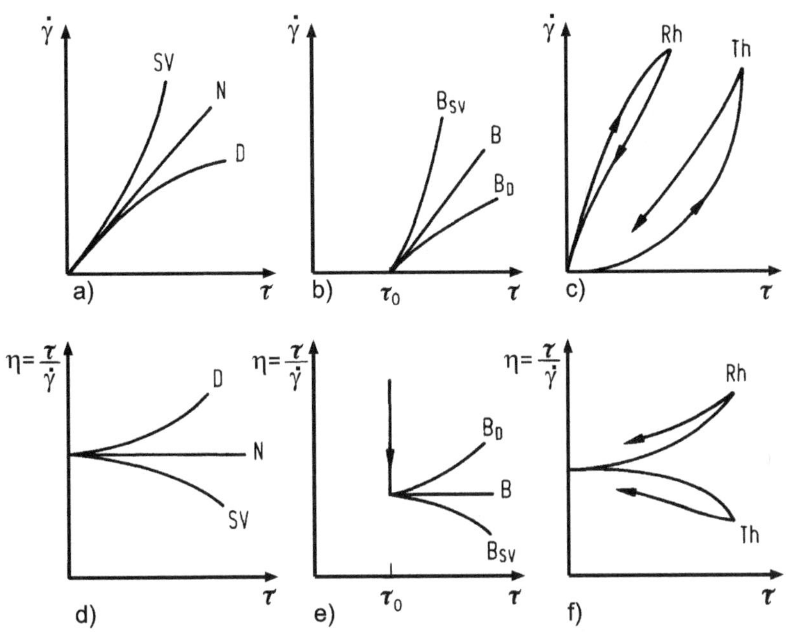

Abb. 2.73: Fließkurventypen (oben) und Abhängigkeit der scheinbaren Viskositäten von der Schubspannung (unten) auf der Basis Newtonschen Fließens (a, d), Bingham-Fließens (b, e) und mit Hysterese (c, f). N: Newtonsche Flüssigkeit. B_{SV}: Bingham-Strukturviskosität. SV: Strukturviskosität. B_D: Bingham-Dilatanz. D: Dilatanz. Th: Thixotropie. B: Bingham-Viskosität. Rh: Rheopexie.

Strukturelle Ursachen der Strukturviskosität, Dilatanz, Thixotropie und Rheopexie

Die vorhergehenden Abschnitte befassten sich hauptsächlich mit nicht-Newtonschen Verhalten von Suspensionen, d. h. die Abhängigkeit der Fließspannung von der Scherrate war nicht linear, sondern es mussten zusätzliche Effekte, vor allem zeitliche Effekte und Fließgrenzen, berücksichtigt werden. Zwischendurch wurde immer wieder darauf hingewiesen, dass die innere Struktur der Suspension und deren zeitlicher Zustand für diese Abweichungen vom ideal-viskosen Zustand verantwortlich sind. Dies gilt für Suspensionen, die Kunststoff- oder Metallteilchen beinhalten ebenso wie für Emulsionen, aber gerade keramische Rohstoffe zeigen eine ausgeprägte Neigung zur Scherverdünnung. Dies liegt daran, dass die Oberflächen der ionisch oder kovalent gebundenen Kristallstrukturen und damit die Körner bei Kontakt mit Wasser oder anderen polaren Suspensionsmitteln Oberflächenladungen aufbauen, die anziehend oder abstoßend auf benachbarte Teilchen wirken können.

Das Zustandekommen dieser Wechselwirkungen wird im Kapitel 2.3.1.1 „Charakterisierung von Suspensionen" ausführlich beschrieben. Bei hohen Feststoffkonzentrationen kommt es zu einer starken Annäherung, sodass die anziehenden Dipol-Dipol-Wechselwirkungen überwiegen und sich durch Anlagerung Agglomerate bzw. Aggregate bilden. Je nach Ionenkonzentration bzw. *p*H-Wert der Suspension gibt es vor dieser Aggregatbildung einen weiteren Bereich anziehender London-van-der-Waals-Kräfte, in welchem sich die Teilchen, auch wenn sie schon partiell agglomeriert sind, durch mechanische Kräfte, also durch Scherung, wieder trennen lassen (Abb. 2.74). Es liegt ein strukturviskoses bzw. thixotropes Verhalten vor, da die Teilchen im Ruhezustand bei gegenseitiger Annäherung wieder agglomerieren können. Dies ist nicht nur für oxidkeramische Rohstoffe der Fall, sondern gerade bei Tonmineralien von Bedeutung, da hier Kristallflächen und Kristallkanten je nach Konditionierung der Suspension unterschiedliche Ladungen tragen können.

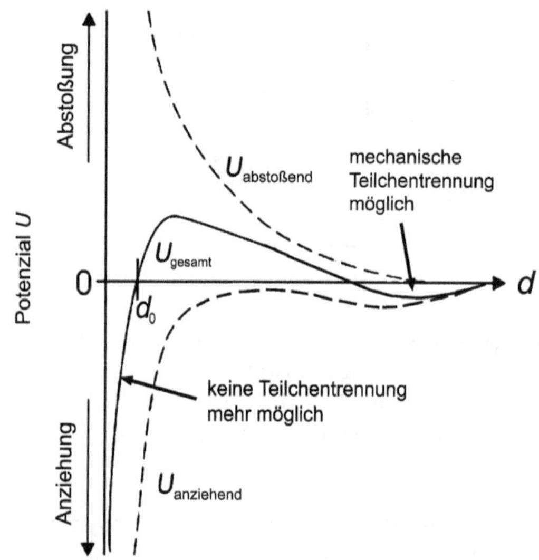

Abb. 2.74: Abstoßende und anziehende Potenziale in Abhängigkeit vom Teilchenabstand *d*. Siehe auch Abb. 2.59. Im Bereich der rechten anziehenden Wechselwirkung lassen sich Teilenagglomerate durch Rühren wieder auftrennen.

Abbildung 2.75 bringt das Beispiel von Smectit-Kristallen, deren Basalflächen aufgrund der vollständigen Belegung mit Sauerstoffionen in der äußeren Tetraederschicht trotz der hohen positiven Ladung des Si^{4+} in Summe negativ geladen sind. Bei den Smectiten können diese Ladungen zwischen 0,2 und 0,8 je Formeleinheit $[(Si,Al)_4O_{10}]^{-4...-6}$ betragen. Demgegenüber sind die Prismenflächen, also die Kanten der Kristalle, durch die Kationen der Oktaederschicht in Summe positiv geladen, wenn ein geringer *p*H-Wert für die Anlagerung zweier Protonen an die randständigen Sauerstoffionen sorgt. Diese H^+-Ionen werden bei ansteigendem *p*H-Wert durch die Bereitstellung von OH^--Ionen in der Suspension zunehmend zu H_2O neutralisiert, weshalb die positive Ladung verschwindet und bei weiterer *p*H-Erhöhung in eine negative Kantenladung übergeht [311].

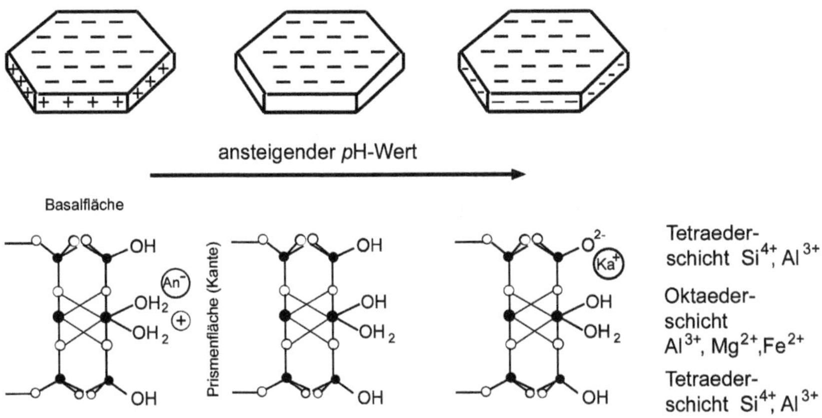

Abb. 2.75: Flächen- und Kantenladungen bei Smectiten (schematisch) als Funktion des *p*H-Wertes nach [311]. Eingetragen sind die Veränderungen der OH-Gruppen, lokale Ladungsüberschüsse und kompensierende Anionen (An^-) bzw. Kationen (Ka^+) im Suspensionsmedium.

Negative Oberflächenladungen können auch durch Kationen, z. B. Na^+, die sich im Suspensionsmedium befinden, abgesättigt werden, ebenso positive Ladungen durch Anionen. Entsprechend wirken Elektrolytzugaben stabilisierend auf die Suspension und erniedrigen die Viskosität, wie dies bereits beim Zeta-Potenzial in Kapitel 2.3.1.1.3 behandelt worden ist. Beispiele für Aluminiumoxid- und Zirconiumdioxidsuspensionen werden noch später in diesem Kapitel angesprochen. Für die Tonsuspensionen bedeuten die wechselnden Ladungsverhältnisse an Flächen und Kanten jedoch ein komplexeres Verhalten, zumal in der Regel verschiedene Tonmineralien wie Kaolinit, Illit und Smectite gleichzeitig in den Rohstoffen vertreten sind.

Abbildung 2.76 zeigt drei mögliche Anordnungen von Tonplättchen unter den in Abb. 2.75 gegebenen Verhältnissen bei neutralen *p*H-Werten, wonach die Kanten positive Überschussladungen tragen und die Flächen negative. So können Flächen auf Kanten stoßen, da sich die gegensinnig geladenen Oberflächen anziehen. Bei einer Parallelorientierung kommt es zur Abstoßung gleichsinnig geladener Flächen parallel zu anderen Flächen. Bei Anwesenheit von OH^--Ionen bzw. Anionen belegen diese die Kanten und es stellt sich eine Kanten-Kanten-Verknüpfung ein. Die Parallelorientierung kann besonders bei Smectiten durch Zugabe von Na^+-Ionen stabilisiert werden, die die negativen Oberflächenladungen abschirmen.

Dies ist eine häufig angewandte Methode zur Aufbereitung der Tone, indem beim Zerreiben der Plattenstapel durch Salzzugabe die Wiederanlagerung verhindert wird (Abb. 2.77). Auch bei der Aufbereitung feinster technischer Keramikpulver verwendet man entsprechend Additive, die eine Wiederagglomeration der Teilchen nach dem Mahlprozess verhindern. Eine Variation des *p*H-Wertes verändert entsprechend bei den Tonmineralien die Kantenladungen. Liegen in der Suspension zusätzlich Kationen vor, kompensieren diese bevorzugt die Flächenladungen und bilden so Brücken zwischen Kanten und Flächen (Abb. 2.78). Dreidimensional betrachtet ergeben sich aus diesen Möglichkeiten während der Suspensionszubereitung in Abhängigkeit von *p*H-Wert, Konzentration an ein- und zweiwertigen Kationen und Anionen sowie von der Bewegungsenergie, also von der Schubspannung, Bänderstrukturen bei Flächen-Flächen-Anordnung bzw. sogenannte Kartenhausstrukturen bei Kanten-Flächen-Anordnung, die sich beim Rühren wieder dispergieren lassen und bei Parallelanordnung mit gegenseitiger Abstoßung niedrige Viskositäten aufweisen.

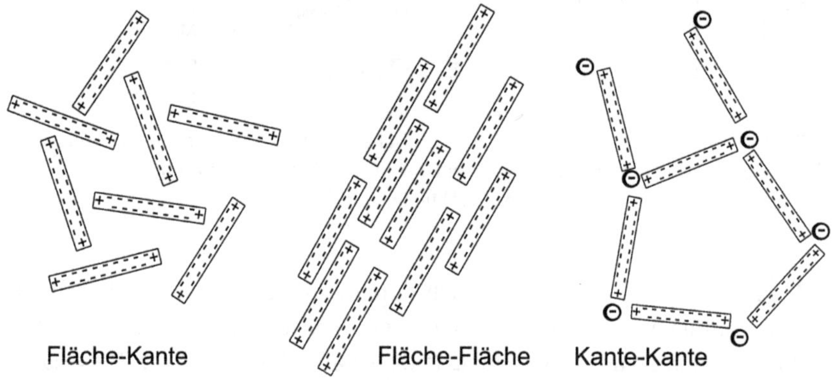

Abb. 2.76: Anordnungsmöglichkeiten von Tonmineralplättchen gemäß anziehender und abstoßender Oberflächenladungen in einer Suspension, rechts bei Anwesenheit von Anionen im Suspensionsmittel.

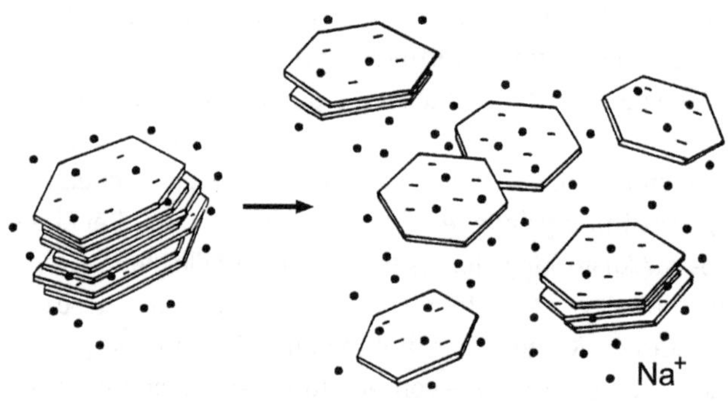

Abb. 2.77: Unterstützung der Zerscherung von natürlichen Plattenstapeln bei Smectiten (links) durch Zugabe von Natriumsalzen nach G. Lagaly [312].

Bei Nachlassen der Schubspannung bzw. in Ruhezeiten der Suspension kommt es wieder zur Umorientierung, d. h. zur Relaxation, sodass die attraktiven elektrostatischen Kräfte für eine Ansteifung der Suspension sorgen. Der Schlicker verhält sich also strukturviskos, eventuell sogar thixotrop (Abb. 2.79).

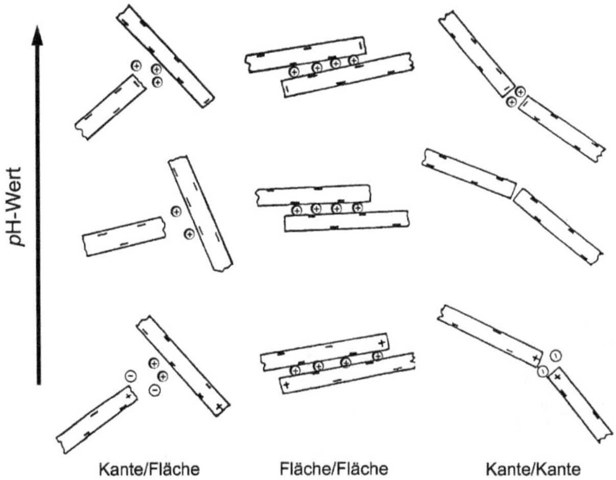

Abb. 2.78: Kopplungsmöglichkeiten von Tonmineralplättchen mit ansteigendem *p*H-Wert und bei Anwesenheit von Kationen in der Suspension nach G. Lagaly [45].

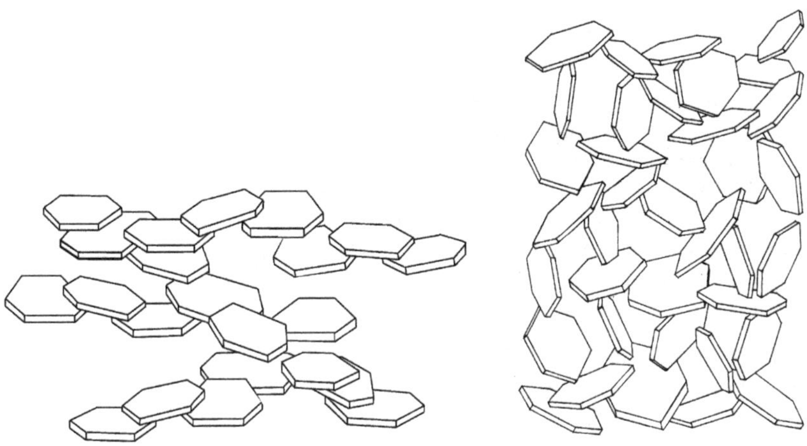

Abb. 2.79: Dreidimensionale Darstellung von Aggregaten. Links: Bänderstruktur, bedingt durch Fläche–Fläche-Anordnung nach [311]; rechts: Kartenhausstruktur, bedingt durch Fläche–Kante- bzw. Fläche–Ecke-Anordnung. Nach Ar. Weiss [313].

Abbildung 2.80 fasst diese Effekte schematisch für äquiaxiale, verformbare, tafelförmige, faserförmige oder aggregierte mehrphasige Partikel nochmals in einem Viskositäts-Fließspannungsdiagramm zusammen [296]. Eine hohe Viskosität ist demnach typisch für temporäre Netzwerke zusammengelagerter Teilchen, welche sich mit zunehmender Schubspannung zuerst deformieren und strömungsdynamisch günstig orientieren. Danach kommt es zunehmend zur Auflösung der Aggregate und am Viskositätsminimum zu einer nahezu idealen Paralleltextur eventuell mit abstoßenden

Wechselwirkungen. Zunehmende Fließspannung und Scherrate führen aber auch wiederum zu vermehrtem Teilchenstoß, sodass vorübergehend neue Überstrukturen gebildet werden können, die später wieder zusammenbrechen.

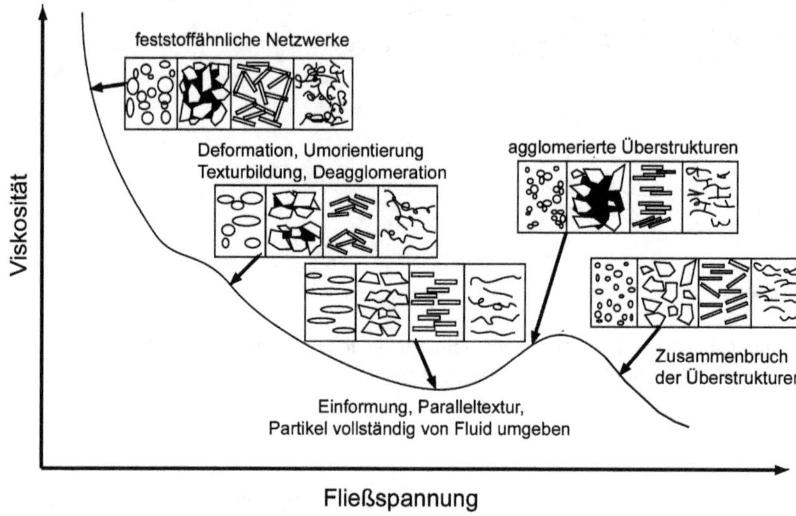

Abb. 2.80: Abhängigkeit der Viskosität von der Fließspannung bei unterschiedlicher Strukturbildung in der Suspension. Eine Viskositätserhöhung ist auf die Bildung feststoffähnlicher Netzwerke oder agglomerierter Überstrukturen zurückzuführen, Verflüssigung auf Deformationstexturen oder Paralleltexturen von frei beweglichen Teilchen. Die Modellvorstellungen sind verallgemeinert und stammen aus der Lebensmitteltechnik, hier speziell aus der Schokoladenverarbeitung, sind aber auf alle partikulären Suspensionen übertragbar. Nach E. J. Windhab [296]. © Amer. Inst. Physics, Melville, New York, Abdruck mit freundl. Genehmigung.

Temperaturabhängigkeit der Viskosität

Mit steigender Temperatur kann die Viskosität von Flüssigkeiten gemäß

$$\eta = A \exp\left(\frac{Q}{RT}\right) \tag{2.33}$$

mit A und Q = const. reduziert werden. Üblicherweise werden keramische Schlicker bei Raumtemperatur verarbeitet. Geringe Temperaturschwankungen können aber wegen der exponentiellen Temperaturabhängigkeit der Viskosität schon enorme Veränderungen bei der Verarbeitung bewirken (Tabelle 2.7). So beträgt die Verarbeitungstemperatur von Sanitärschlickern etwa 60 °C, was eine Halbierung der Viskosität bedeutet. Außerdem sinkt die Oberflächenspannung der Suspension. Temperaturen von 30 bis 35 °C können jedoch sehr schnell zum Wachstum von Bakterienkulturen führen, die die Eigenschaften der organischen Additive und damit die rheologischen Eigenschaften der Schlicker massiv verändern. Dieser Erscheinung wird in der Praxis durch Einsatz sog. Konservierungsstoffe entgegengewirkt.

Tab. 2.7: Temperaturabhängigkeit der Viskosität von Wasser.

Temperatur [°C]	Viskosität [Pa·s]	Oberflächenspannung [N/m × 10^{-2}]
0	$1{,}792 \times 10^{-3}$	7,565
20	$1{,}005 \times 10^{-3}$	7,274
40	$0{,}656 \times 10^{-3}$	6,960
50	$0{,}567 \times 10^{-3}$	6,795
60	$0{,}469 \times 10^{-3}$	6,624
80	$0{,}356 \times 10^{-3}$	6,268
100	$0{,}284 \times 10^{-3}$	5,892

Viskosität in Abhängigkeit vom Feststoffgehalt

Die Viskosität von Suspensionen ist größer als die Viskosität der Flüssigkeit ohne Feststoff. Das Verhältnis der beiden zueinander wird als relative Viskosität η_r bezeichnet. Für eine Suspension mit Teilchen ohne jegliche Wechselwirkung in einer Newtonschen Flüssigkeit hat Einstein [306] die Viskosität für laminares Fließen berechnet zu

$$\eta_r = \frac{\eta_{\text{Suspension}}}{\eta_{\text{Flüssigkeit}}} = 1 + 2{,}5\Phi, \tag{2.34}$$

wobei Φ der Volumenanteil der dispergierten Partikel ist. Eine empirische Erweiterung für Feststoffkonzentrationen bis 74 Vol.-% findet sich bei Michaels [314]:

$$\eta_r = \eta_0 \left(1 + \frac{1{,}25 \cdot \Phi}{1 - \frac{\Phi}{0{,}74}}\right)^2 \quad \text{mit } \eta_0 = \text{Viskosität der Flüssigkeit.} \tag{2.35}$$

Weitere Gleichungen ähnlicher Form stammen von Eilers [309]:

$$\eta_r = \left(1 + \frac{G}{\frac{1}{\Phi} - \frac{1}{\Phi_{\text{max}}}}\right)^2 \quad \text{mit } G = \text{Anpassungsfaktor,} \tag{2.36}$$

sowie von Mooney [304]:

$$\eta_r = \exp\left(1 + \frac{G}{\frac{1}{\Phi} - \frac{1}{\Phi_{\text{max}}}}\right)^2. \tag{2.37}$$

Ferner gibt es einen Exponenzialansatz

$$\log \eta = k\Phi^n \cdot \log \eta_0, \tag{2.38}$$

welchen man in ein doppeltlogarithmisches Diagramm überführen und gewünschte Größen ablesen kann. In der Praxis sind die Zusammenhänge zwischen Viskosität und Feststoffkonzentration weitaus komplizierter, die Viskosität nimmt aber generell mit steigender Feststoffkonzentration der Suspension zu. Abbildung 2.81 zeigt dies am Beispiel von Polyisobutylen-Glasopal- bzw. PMMA-Kugeln gleicher Größe.

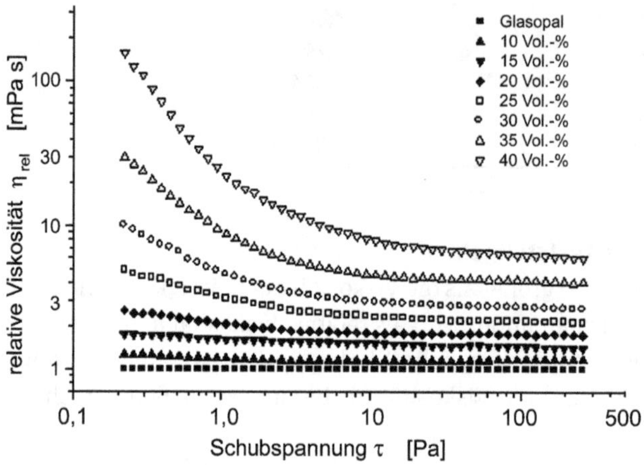

Abb. 2.81: Relative Viskosität in Abhängigkeit von Schubspannung und Feststoffgehalt für Polyisobutylen-Glasopal- bzw. PMMA-Kugeln. Quelle: FAU Erlangen.

Für die Verarbeitung keramischer Schlicker ist man bestrebt, hohe Feststoffgehalte (geringerer Trocknungsaufwand, hohe Gründichte) einzustellen und die Schlicker optimal zu verflüssigen. Am Beispiel von Aluminiumoxid sind die Zusammenhänge zwischen der Ausbildung der diffusen elektrischen Doppelschicht bzw. dem Zeta-Potenzial und der Viskosität graphisch dargestellt (Abb. 2.82). Graule et al. [315] ermittelten an Al_2O_3-Schlickern ein Viskositätsminimum im sauren und basischen Bereich. Dies korreliert mit stark ausgeprägter Doppelschicht bzw. großem Zeta-Potenzial in diesen *p*H-Bereichen. In *p*H-Bereichen nahe dem IEP, bei dem die geladenen Teilchen nur geringe abstoßende Kräfte entwickeln, steigt die Viskosität an.

Durch Variation der Verflüssigerkonzentration wird also die optimale Doppelschicht ausgebildet und damit das Viskositätsminimum für die Verarbeitung der Schlicker eingestellt. Üblicherweise unternimmt man hierzu empirische Versuchsreihen mit handelsüblichen Rezepturen und optimiert die Fließeigenschaften über die Wahl und Konzentration der Additive. Abbildung 2.83 bringt Fließkurven von 3Y-TZP-Pulvern, die mit 0–1 Gew.-% Verflüssiger bezogen auf den Feststoffgehalt versehen worden sind. Einige dieser Mittel führen zu keiner oder nur geringer Viskositätsabnahme, bei anderen werden lediglich 0,1–0,2 Gew.-% benötigt. Nachdem die eigentlichen Wirkstoffe in den handelsüblichen Zubereitungen in unbekannter und nur stark verdünnter Konzentration vorliegen, kommt die Frage nach den tatsächlich benötigten Additivmengen auf.

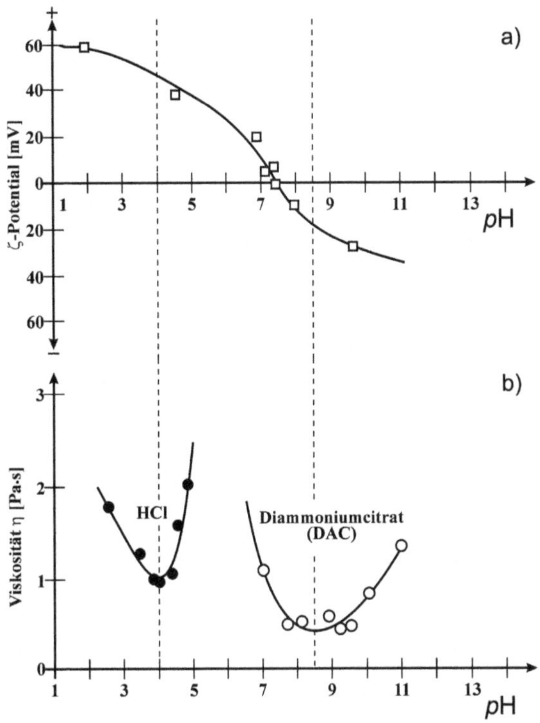

Abb. 2.82: Zeta-Potenzial und Viskosität von Al_2O_3-Suspensionen nach [315, 316].

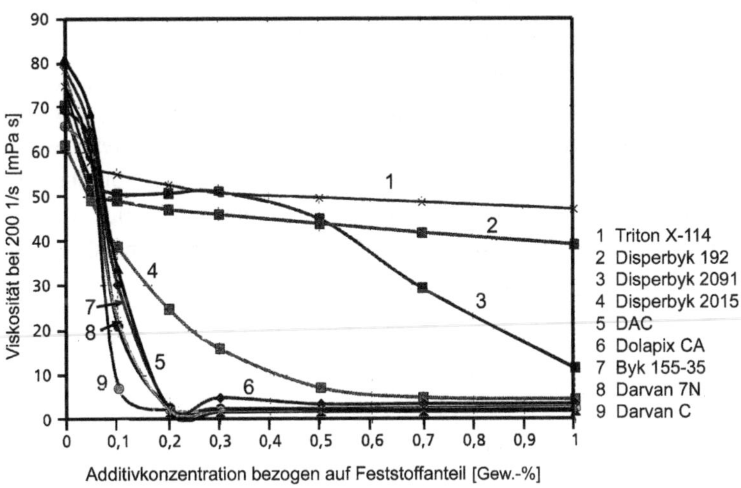

Abb. 2.83: Fließkurven für 3Y-TZP-Suspensionen mit handelsüblichen Verflüssigern versetzt. Quelle: E. Özkol, Inst. Gesteinshüttenkunde, RWTH Aachen.

Da sich durch Zugabe von festen Stoffen die Viskosität einer Suspension aufgrund interpartikulärer Wechselwirkungen erhöht, ist man am maximalen Feststoffanteil interessiert, bei welchem noch eine Fließfähigkeit gegeben ist. Im Bereich hoher Schubspannungen τ stellt sich ein parallel zur Viskosität der partikelfreien Flüssigkeit verschobenes Newtonsches Plateau ein. Krieger und Dougherty [303] gelangten zu Aussagen über die maximale Packungsdichte $\Phi_{\max}$, die in diesem Modell als Funktion der Beanspruchung (τ bzw. $\dot{\gamma}$) zu betrachten ist. Das *Krieger–Dougherty-Modell* basiert auf der Überlegung, dass sich ein dynamisches Gleichgewicht zwischen der Anzahl isolierter und gepaarter bzw. aggregierter Partikel einstellt, das über die Brownsche Molekularbewegung von der Temperatur, aber eben überwiegend von der Konzentration und der Schergeschwindigkeit abhängt. Während isolierte Teilchen allseitig von einer Fluidhülle umgeben sind und sich in allen Freiheitsgraden bewegen können, sind aggregierte Teilchen in ihrer Rotation und Translation behindert, was zu der beobachteten Viskositätserhöhung führt. Bei Feststoffkonzentrationen im messtechnisch zugänglichen Bereich ist allerdings die Schubspannung τ und nicht die Schergeschwindigkeit $\dot{\gamma}$ die Größe, die zur Bestimmung der maximalen Packungsdichte verwendet werden kann, da bei vorgegebener Schergeschwindigkeit die ermittelte maximale Packungsdichte $\Phi_{\max}$ nahezu unverändert bleibt. Betrachtet man die extremen Randbedingungen mit Scherraten von $\dot{\gamma} = 0$ und $\dot{\gamma} = \infty$ nach Modellen von Mooney [304] oder Quemada [305], lassen sich Zustände $\Phi_{\max,0}$ und $\Phi_{\max,\infty}$ beschreiben [307]. Bei geringer Schergeschwindigkeit schließen die weniger dicht gepackten Partikel durch Strukturbildung ein immobilisiertes Volumen ein, sodass sich der effektive Füllgrad erhöht und es zu einem Anstieg der relativen Viskosität kommt. Bei steigender Schubspannung werden diese Strukturen zerstört, das immobilisierte Volumen wird wieder beweglich, so dass die relative Viskosität auf ein parallel verschobenes Newtonsches Plateau absinkt. Bei großer Schubspannung steigt dabei die maximale Packungsdichte im Bereich hoher Schergeschwindigkeiten auf einen maximalen Wert $\Phi_{\max,\infty}$ an. Dieser Zustand ist bei einer Vorgabe der Schergeschwindigkeit $\dot{\gamma}$ über den gesamten messtechnisch zugänglichen Bereich bereits erreicht. Unter Einbeziehung der *Stokes–Einstein-Gleichung*, die die viskositäts- und temperaturbedingte Dissoziation der Partikelaggregate beschreibt, sowie der Einsteinschen Formel für die Viskosität in Abhängigkeit der Konzentration an idealerweise gleichgroßen kugeligen Teilchen [306] nach Gl. (2.34) gelangt man zur *Krieger–Dougherty-Gleichung* (2.39):

$$\frac{\eta}{\eta_{\text{Flüssigkeit}}} = \left(1 - \frac{\Phi}{\Phi_{\max}}\right)^{-[\eta]\Phi_{\max}} . \tag{2.39}$$

Hierin bedeuten η die aktuelle Viskosität der Suspension, $\eta_{\text{Flüssigkeit}}$ die Viskosität der teilchenfreien Flüssigkeit, Φ und $\Phi_{\max}$ der aktuelle bzw. maximale Feststoffgehalt und $[\eta]$ die intrinsische Viskosität der Suspension mit idealen Teilchen nach Einstein, d. h. 2,5 für kugelförmige Körper.

Die Auftragung von $\eta/\eta_{\text{Flüssigkeit}}$ gegen den eingewogenen Volumenanteil an Feststoff erlaubt die numerische Kurvenanpassung und damit die Extrapolation nach $\Phi_{\max}$. Abbildung 2.84 zeigt den Einfluss zweier sterischer Stabilisatoren auf das

Fließverhalten von ZrO_2-Suspensionen mit den Werten für die intrinsische Viskosität und dem theoretisch maximalen Feststoffanteil.

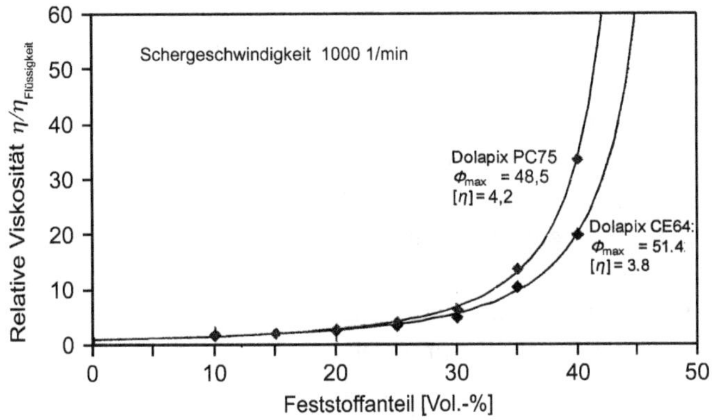

Abb. 2.84: Relative Viskosität eines 3Y-TZP-Schlickers in Abhängigkeit vom Feststoffanteil bei Nutzung verschiedener kommerzieller Verflüssiger mit Auswertung nach der Krieger–Dougherty-Gleichung. Quelle: E. Özkol, Inst. f. Gesteinshüttenkunde RWTH Aachen.

Geht man von gleichgroßen kugelförmigen Teilchen aus, so beträgt die maximale Packungsdichte bei noch gegebener relativer Beweglichkeit etwa 62 Vol.-%. Fügt man feinere Körnungen hinzu, so können sich diese in den Zwickelräumen der Packung großer Kugeln aufhalten und erhöhen somit nicht nur den Gesamtfeststoffanteil auf etwa 74 Vol.-%, sondern erniedrigen auch die Viskosität (Abb. 2.85). Solche Rezepturen mit gezielt ausgesuchten Korngrößenverteilungen sind aus der Betonverarbeitung, der Schüttguttechnik, der Lebensmittelindustrie und anderen Branchen sehr gut bekannt.

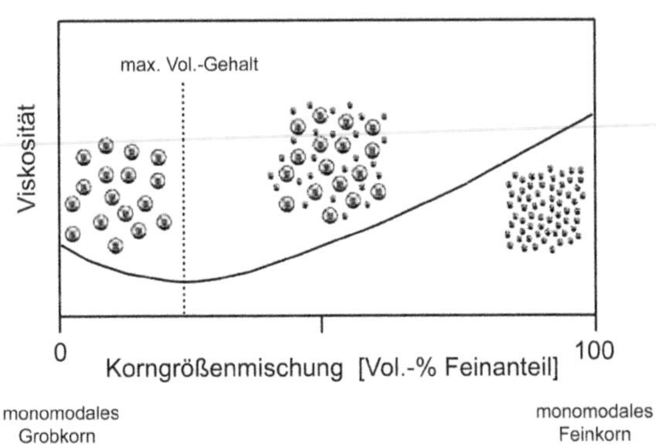

Abb. 2.85: Viskosität in Abhängigkeit vom Anteil an Feinkornfraktion kugelförmiger Partikel. Quelle: J. Fletcher, Malvern, GB.

2.3.1.2 Plastische Massen

Bearbeitet von R. Telle, Aachen

Die Feuchtaufbereitung silicatkeramischer Massen, deren Wassergehalt im Bereich von 15–25 % liegt, hat in der Regel eine bildsame Formgebung zum Ziel. Der hierzu erforderliche plastische Zustand kann nach Kapitel 2.2.1.3.2 auch für Trockenmassen, z. B. bei Sprühgranulaten durch nachträgliche Anfeuchtung, oder für Schlicker z. B. durch Filterpressen wieder eingestellt werden. Die nach folgenden Formgebungsverfahren werden im Kapitel 2.3.2.2 näher behandelt.

Technologisch beruhen auf der Bildsamkeit (engl.: *workability*) verschiedene wichtige Formgebungsverfahren metallischer und nichtmetallischer Werkstoffe (Schmieden, Walzen, Strangpressen, Feuchtpressen, Drehen auf der Töpferscheibe usw.). Begrenzt wird das plastische Verhalten durch das Auftreten von Risserscheinungen, für die man die Maximalwerte der Spannungen oder Verformungen angeben kann. Nach den physikalisch zugrunde liegenden Ursachen muss man zwei wesentliche Gruppen der Plastizität unterscheiden: Kristallverformung mit Versetzungs- und Zwillingsbildungsmechanismen (siehe Kapitel 2.1 in Band 2) und die Verformung heterogener Mischungen fester Phasen, die in einer flüssigen Phase dispergiert sind. Spannungstheoretisch besitzt die Fließgrenze nach von Mises Tensorcharakter und bedarf einer Berücksichtigung von Normal- und Schubspannungen (z. B. bei Pels Leusden [317]).

Bei Kristallen mit mehr als fünf unabhängigen Gleitsystemen tritt nach Überschreiten eines Anlasswertes ein Fließen dadurch ein, dass ein linien- oder flächenhafter Fehlordnungszustand (Versetzungslinie, Zwillingsgrenze) bewegt wird. Heterogene Stoffmischungen mit flüssiger Phase sind im gleichen qualitativen Sinne plastisch, indem die Fließgrenze überwunden wird und ein zunehmender Anteil an flüssiger Phase – die maßgebliche Komponente hier – die Fließgrenze herabsetzt. Für die Formgebungstechnik ist wesentlich, dass die durch das Eigengewicht in einem Rohling entstehenden Spannungen unterhalb der Fließgrenze liegen, um eine Standfestigkeit zu erhalten, ohne dass der Zusammenhalt der die Substanz bildenden Teilchen verloren geht [318]. Man grenzt daher gerne von der Plastizität die Bildsamkeit ab, die durch das Auftreten von Rissen, für die Maximalspannungen und -verformungen angegeben werden können, begrenzt wird. Eine solche irreversible Verformung findet auch beim Verhalten tonkeramischer Formteile beim Brand oder beim Kriechen glasphasenhaltiger technischer Keramiken eine Entsprechung, wenn Teilschmelzen die Rolle der flüssigen Phase übernehmen.

Das im Abschnitt 2.3.1.1.4 behandelte Bingham-Modell kennzeichnet einen Stoff unterhalb der Schubspannung τ_0 (Fließgrenze oder Anlasswert) allein durch einen Schubmodul G und oberhalb derselben durch einen Viskositätskoeffizienten η_B. Kommen reale Festkörper diesem Verhalten nahe, bezeichnet man sie allgemein als plastisch.

Obwohl viele Versuche unternommen wurden, die Begriffe Plastizität bzw. Bildsamkeit zu definieren und mathematisch zu erfassen, gibt es bis heute keine einheitliche messtechnische Untersuchung dieser Eigenschaft. Für die Bildsamkeit von Bedeutung ist vor allem die Fließgrenze, gemessen als Kraft unter definierten geometrischen Bedingungen bei Verformungsbeginn und die maximal erreichbare Verformung bis zur Rissbildung.

Besonders die Vorgabe zyklischer Verformungs- (oder Spannungs-) Abhängigkeiten nach $\gamma = \gamma_0 \cdot \sin(\widetilde{\omega}t)$ (mit $\widetilde{\omega} = 2\pi f$ Kreisfrequenz, t Versuchszeit) läuft auf eine Betrachtung der sich in der Spannungs–Verformungskurve ausbildenden Hystereseflãche hinaus, die ein Maß für die in Wärme umgesetzte Verformungsenergie darstellt (Abb. 2.86). Kombinationen von physikalischen Ersatzmodellen wurden weiter oben bereits beschrieben. In Erweiterung dieser Modelle können Federn und Dämpfer mit ihren Einschwingvorgängen behandelt werden [319–325], sodass nach Vorgabe einer zyklischen Verformung die Betrachtung der resultierenden Spannungs–Verformungskurven erfolgen kann, wie von Astbury, Hennicke, Kersting, Kienow, Kobayashi und Jenckel [321–325] ausführlich diskutiert worden ist. Bei diesen Torsionswechsellast-Untersuchungen, bei denen die Torsionsspannung zwischen $+\tau$ und $-\tau$ variiert (bei Perioden um 1 min), wird die elastische und die plastische Verformung erfasst. Solche Modelle gehen allerdings nicht auf die Rissbildung ein und setzen stets die Erhaltung der Massehomogenität voraus, was gerade bei tonkeramischen Massen nicht gegeben ist.

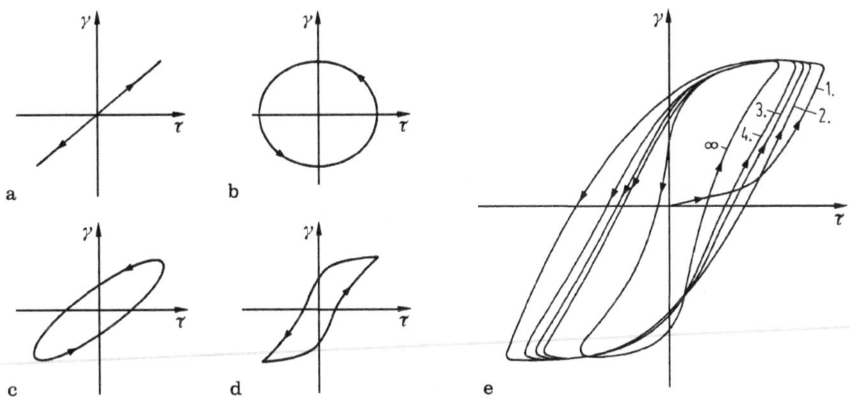

Abb. 2.86: Typische Spannungs–Dehnungs-Hysterese-Schleifen bei zyklischer Beanspruchung nach einem Einschwingvorgang nach Moore und Hennicke [319]. (a) Hookescher Körper (ideale Elastizität), (b) Newtonsche Flüssigkeit, (c) linear elastisches Verhalten, (d) Steingutmasse, (e) Steingutmasse mit Einschwingvorgang nach Astbury [321] (nur 1. bis 4. und Gleichgewichtszyklus gezeichnet).

Bei vielen unterschiedlichen Formgebungsverfahren werden in der keramischen Technologie Gemische aus tonmineralhaltigen Rohstoffen und unterschiedlich feingemahlenen Zusätzen (Magerungsmittel) mit Wasser verarbeitet. Das Bingham-Verhalten wird von ihnen zwar nur angenähert realisiert und liegt zwischen dem sprödelastischen Verhalten des wasserfreien Pulverpresslings (hohe Fließgrenze nahe der Bruchfestigkeit ohne viskoses Fließen) und dem strukturviskosen Fließen der flüssigkeitsreichen Suspension. Die Fließgrenze selbst ist ein unscharfer Übergangsbereich und durch Interpolation methodenabhängig quantitativ erfassbar. Die wichtigsten mikrorheologischen, d. h. stoffspezifischen Einflussgrößen sind: Art der festen Phasen, Teilchengestalt, Teilchengrößen und deren Verteilung, Ionenbelegung der Teilchen, Art und Menge der flüssigen Phase, Konzentration gelöster Salze. Die zahlreichen, z. T. schwer zu quantisierenden Einflüsse bedingen eine umfangreiche Literatur mit zahlreichen Messverfahren zur Erfassung der Bildsamkeit, z. B. bei Moore/Hennicke [319] oder Haase [326].

Wasser hat allgemein eine große Adsorptionsneigung gegenüber oxidischen Oberflächen und Tonmineralien. Bereits 2 mg pro Gramm Kaolin mit einer spezifischen Oberfläche von 13 m^2/g reichen für die Bildung einer monomolekularen Bedeckung und einem Zusammenhalt der Teilchen über Wasserstoffbrückenbindungen aus. Dickere Schichten von unorientiertem flüssigem Wasser über 10 nm (etwa 30 H_2O-Schichten) führen zu einer mechanischen Verschiebbarkeit der Teilchen mit immer noch wirkenden Restkräften. Der Zusammenhalt der feinen Festkörperteilchen wird auch durch Grenzflächenkräfte des Wassers in den kleinen Zwischenräumen und Zwickeln bewirkt. Bei noch höheren Wassergehalten wird die Masse flüssig, üblicherweise mit dem nicht-Newtonschen Verhalten der Strukturviskosität und verstärkten Auftreten der Thixotropie. Der Wassergehalt ist also für die Bildsamkeit von Tonmineralien von großer Bedeutung und muss für das jeweilige Formgebungsverfahren optimiert werden.

Mit abnehmender Korngröße der anorganischen Pulverteilchen wird sowohl die Zahl der Haftstellen zwischen den Teilchen größer als auch die Wahrscheinlichkeit des Neuhaftens nach einer Verformung erhöht und damit die Bildsamkeit verbessert. Im Hinblick auf die Plastizität verhalten sich plättchenförmige Teilchen (z. B. Kaolinit) günstig, da sie parallel aneinander gelagert ein Gleiten über größere Bereiche ermöglichen, ohne dass der Zusammenhalt verloren geht [327]. Modellbetrachtungen von Wasserschichten zwischen Kugeln oder Platten zeigen nach Mostetzky [328] bei Letzteren eine niedrigere zu überwindende Scherspannung und erklären damit den positiven Einfluss auf die Plastizität. Experimentelle Untersuchungen zu unterschiedlichen Teilchenformen stammen von Wilson [327], einfache Messungen zu Verformungskräften führte Norton [329] durch.

Die Ionenaustauschfähigkeit tonmineralhaltiger Rohstoffe bewirkt eine gewisse Bindung der Tonminerale an andere feste Massebestandteile, die z. B. als Magerungsmittel (Feldspatteilchen, Quarzkörner) in gröberen Kornklassen vorliegen. Dieses Einbindevermögen wirkt sich umso stärker aus, je dünner die Plättchen sind. Im Falle des Montmorillonits kann durch dessen Belegung mit Na^+-Ionen nach Hofmann [330] diese Fähigkeit durch die Aufquellung der innerkristallinen Schichten verstärkt und damit der Einfluss auf die Plastizität intensiviert werden. Die Eisenberger Klebsande sind ein schönes Beispiel für ein Sandvorkommen, dessen Quarzkörner von Tonmineralplättchen auf natürliche Weise derart umhüllt sind, dass der direkt für die Herstellung von Kernen für den Metallguss verwendet werden können [331]. Abbildung 2.87 zeigt Aufnahmen eines solchen Sandkornes in zwei Vergrößerungsstufen.

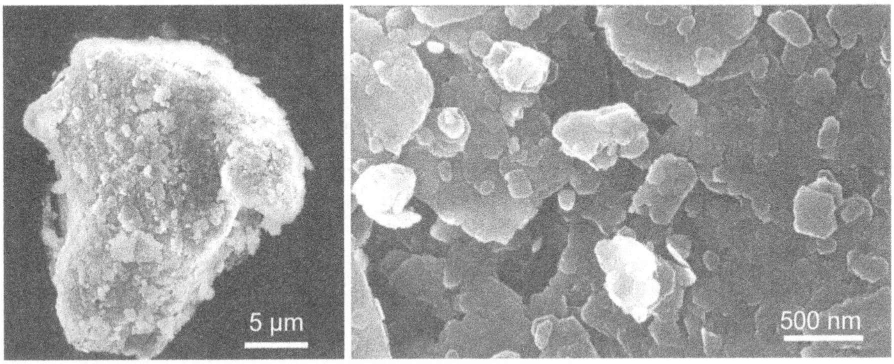

Abb. 2.87: Rasterelektronenmikroskopaufnahmen eines Eisenberger Klebsandkorns mit Tonmineralbelegung. Quelle: D. Cölle [331], Bild: TU Karlsruhe. Abdruck mit freundl. Genehmigung.

Möglichkeiten zur *Steigerung der Bildsamkeit* von Massen finden seit jeher wissenschaftliches und praktisches Interesse. Das langdauernde Lagern fertiger Masseversätze, auch Mauken (Feinkeramik) oder Sumpfen (Grobkeramik) genannt, kann man unterschiedlich durchführen: im Freien über den Winter, in feuchten Kellern oder in Höhlen. Über die Methoden und die Wirksamkeit informiert Kapitel 2.2.1.2.

Fehlen in einer anorganischen Pulvermischung tonmineralhaltige Teilchen, die der Masse ihre Bildsamkeit verleihen (z. B. in oxid- oder nichtoxidkeramischen Massen), so kann die Plastizität durch Zugabe organischer Polymere eingestellt werden. Derartige Massen werden beim Extrudieren und Spritzgießen verarbeitet. Diese Additive, ihre Verarbeitbarkeit und Wirkungsweise sind in den Kapiteln 1.3, 2.3.2.2.2 und 2.3.2.2.3 beschrieben.

2.3.1.3 Rheologische Charakterisierungsmethoden

Bearbeitet von R. Telle, Aachen

Rheologische Charakterisierungsmethoden beruhen entweder auf der Bestimmung der Scherspannung bzw. Fließspannung in Abhängigkeit von der Verformungsrate bzw. Fließgeschwindigkeit. Hieraus folgt die scheinbare oder effektive Viskosität als charakteristische Größe. Für einfache vergleichende Versuche bestimmt man den Massendurchsatz über einen gegebenen Querschnitt in Abhängigkeit von den Kräften bzw. dem Druck. Im Folgenden werden Methoden für fließfähige Suspensionen und bildsame Massen unterschieden. Übersichtsartikel haben Gupta [332] und Klein [333] und verfasst.

Auslaufviskosimeter

Die einfachste Methode zur qualitativen Bestimmung der Viskosität unterschiedlicher Suspensionen unter gleichen Bedingungen ist das Auslaufverfahren. Hintergrund ist das Strömungsgesetz von Hagen–Poiseulle, das die Strömung durch ein Kapillarrohr beschreibt. Basierend auf dem Newtonschen Modell wird angenommen, dass die Strömung der ersten Flüssigkeitsschicht an der Rohrwand haftet und damit die Geschwindigkeit Null besitzt, wie das in Abb. 2.62 anhand zweier parallel aneinander vorbeigleitender Platten gezeigt war. In einer Kapillare bildet sich über den Querschnitt unter der Annahme einer laminaren Strömung ein parabolisches Geschwindigkeitsprofil aus:

$$\frac{\mathrm{d}V}{\mathrm{d}t} = \int_0^R 2\pi v(x)\mathrm{d}x = \left(\frac{\pi(p_1 - p_2)}{8\eta l}\right) \cdot R^4 = -\frac{\pi}{8} \cdot \frac{R^4}{\eta} \cdot \frac{\partial p}{\partial x} \tag{2.40}$$

mit V = Volumenstrom, $v(x)$ = Fließgeschwindigkeit in x-Richtung; $p_{1,2}$ = Druck zu Beginn und am Ende der Kapillare; η = dynamische Viskosität; R = Innenradius der Kapillare. Abbildung 2.88 illustriert die geometrischen Verhältnisse.

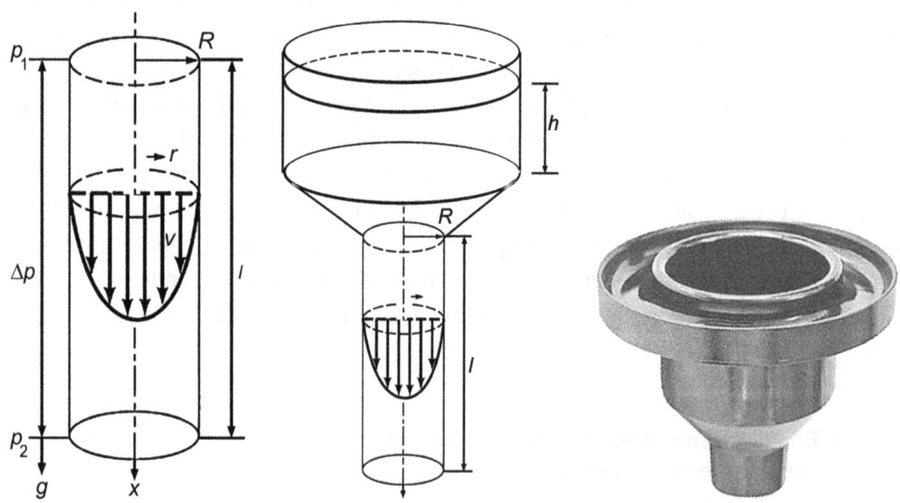

Abb. 2.88: Links: Strömungsprofil in einer Kapillare zur Erläuterung des Gesetzes von Hagen–Poiseulle. Mitte: Prinzip der Bauform eines Auslaufviskosimeters. Rechts: Lehmann-Becher.

Unter konstanten Bedingungen, vor allem bei konstanter Temperatur und Dichte des Schlickers, kann nach diesem Prinzip ein unten offenes Rohr verwendet werden, um die Viskosität zu bestimmen, indem die Zeit t gemessen wird, die ein bekanntes Volumen V benötigt, um unter dem Einfluss der Schwerkraft vollständig durch die Kapillare zu laufen. Dieses sogenannte Auslaufviskosimeter wurde von Ford in den USA sowie von Lehmann in Deutschland mit einem Vorratsbehälter mit Füllstandsanzeige, einem Trichterelement und einem Absperrhahn versehen (*Ford-Becher*, *Lehmann-Becher*). Nach DIN 53012, DIN 53211, DIN EN ISO 2431 bzw. nach ASTM D 1200 betragen der Kapillardurchmesser der Düse 3–8 mm, die Höhe 75 mm und die Füllmenge 100 mm^3.

Allerdings ist die Druckdifferenz Δp abhängig von der Beobachtungszeit, da der hydrostatische Druck mit abnehmendem Füllstand im Vorratsgefäß abnimmt:

$$\Delta p(t) = \rho \cdot g \cdot h(t) \tag{2.41}$$

mit ρ = Dichte der Suspension, $h(t)$ = Füllstandshöhe zur Zeit t, g = Erdbeschleunigung, l = Länge der Kapillare. Somit ergibt sich aus Gl. (2.40)

$$\frac{\mathrm{d}V}{\mathrm{d}t} = \frac{\pi}{8} \cdot \frac{R^4}{l} \cdot \frac{\rho}{\eta} \cdot h(t). \tag{2.42}$$

Die Methode bestimmt also die kinematische Viskosität, also den Quotienten aus Dichte und Viskosität. Die Schergeschwindigkeit berechnet sich nach

$$\dot{\gamma} = \frac{g}{4} \cdot \frac{R}{l} \cdot \frac{\rho}{\eta} \cdot h(t) \tag{2.43}$$

und die Auslaufzeit nach

$$t = \frac{16}{\pi} \cdot \frac{V \cdot l}{h_0 R^4} \cdot \frac{\eta}{\rho \cdot g}. \tag{2.44}$$

Eine detailliertere Ableitung der Gleichungen sowie eine Diskussion der zahlreichen Fehlerquellen, deren Korrekturmöglichkeiten sowie Hinweise zur Auswertung finden sich in [290].

Das Kapillarrheometer wurde von Ostwald, Ubbelohde, Cannon und Frenske jeweils durch die Sicherstellung einer konstanten Druckdifferenz verfeinert. Diese Methoden messen auch deshalb präziser, da die Länge der Kapillare gegenüber ihrem Durchmesser wesentlich vergrößert wurde. Ein weiterer Vorteil liegt im geschlossenen Röhrensystem, da die zu untersuchende Flüssigkeit zwischen zwei Reservoir-Behältern strömt und nicht frei ausläuft. Dies erlaubt die Bestimmung der Temperaturabhängigkeit der Viskosität, da die Messröhren in ein temperierbares Wasser- oder Ölbad gestellt werden können. Allerdings sind solche Methoden für silicatkeramische Schlicker wegen der Korngröße und dem hohen Feststoffgehalt nicht besonders gut geeignet.

Rotationsviskosimeter

Die Untersuchung nicht-Newtonschen Fließverhaltens bedarf Messmethoden, bei welchen entweder die Scherspannung vorgegeben wird und die Scherrate bestimmt wird oder umgekehrt die Scherrate variiert und die Scherspannung abgelesen wird. Geht man wieder vom Modell der aneinander vorbei gleitenden Platten in Abb. 2.62 aus, so bietet sich ein kontinuierliches Verfahren an, bei welchem zwei Flächen relativ zueinander gedreht werden. So arbeitet das Plattenviskosimeter mit zwei koaxial übereinander angebrachten runden Scheiben, die über einen Flüssigkeitsspalt gekoppelt sind, während das Couette- und das Searle-Viskosimeter aus zwei koaxialen Zylinderflächen mit Ringspalt aufgebaut sind. Diese Methoden arbeiten nahezu unabhängig von der Schwerkraft, sodass die Dichte der Suspension keine Rolle mehr spielt; ferner sind die Geräte gut mit Thermostaten auszustatten.

Plattenviskosimeter bestehen aus planparallel angeordneten runden Platten, von denen die obere angetrieben (Rotor) und mit einem Drehmomentmesser ausgestattet ist, während die untere feststeht (Stator). Die untere Platte wird mit der Suspension belegt, die obere Platte dann bis auf Spalthöhe h heruntergefahren. Man misst nun das Drehmoment M in Abhängigkeit von der Rotationsgeschwindigkeit ω oder man gibt ein konstantes Drehmoment vor und bestimmt die resultierende Rotationsgeschwindigkeit. Es ergeben sich folgende Zusammenhänge:

$$\dot{\gamma} = \frac{r \cdot \omega}{h} \quad \text{und} \quad \tau = \frac{M}{2\pi \cdot R^3} \cdot \left[3 + \frac{d \ln M}{d \ln \dot{\gamma}}\right]. \tag{2.45}$$

Für Newtonsches Verhalten ist $[3 + \frac{d \ln M}{d \ln \dot{\gamma}}] = 1$, sodass

$$\tau = \frac{M}{2\pi \cdot R^3}, \quad \text{woraus berechnet wird: } \eta = \frac{\tau}{\dot{\gamma}}. \tag{2.46}$$

Die häufigere Bauart des Plattenviskosimeters besitzt anstelle der planen oberen Platte einen flachen Kegel mit dem Öffnungswinkel α, der je nach Bauweise 2° bzw. 6° beträgt. Dies verhindert, dass sich im Flüssigkeitsspalt Luftblasen anreichern. Ferner können auch Suspensionen mit gröberen Korngrößen bestimmt werden. Abbildung 2.89 zeigt die geometrischen Verhältnisse für beide Geometrien sowie die Fließgeschwindigkeitsprofile. In der Auswertung ergibt sich für die Kegelgeometrie:

$$\dot{\gamma} = \frac{\omega}{\alpha} \quad \text{und} \quad \tau = \frac{3M}{2\pi \cdot R^3}, \quad \text{woraus berechnet wird: } \eta = \frac{\tau}{\dot{\gamma}}. \tag{2.47}$$

Bei einem *Searle-Viskosimeter* ist die unbewegte Mantelfläche (Stator) als Außenseite eines Behälters angeordnet, während die rotierende Fläche die Innenfläche eines koaxial angetriebenen Einsatzes (Rotor, Drehkörper) darstellt. Der Antrieb wirkt dann über einen Drehmomentaufnehmer auf den Innenzylinder. Beim *Couette-Viskosimeter* ist der Stator als Innenteil und der Rotor als Außenzylinder angebracht (Abb. 2.90).

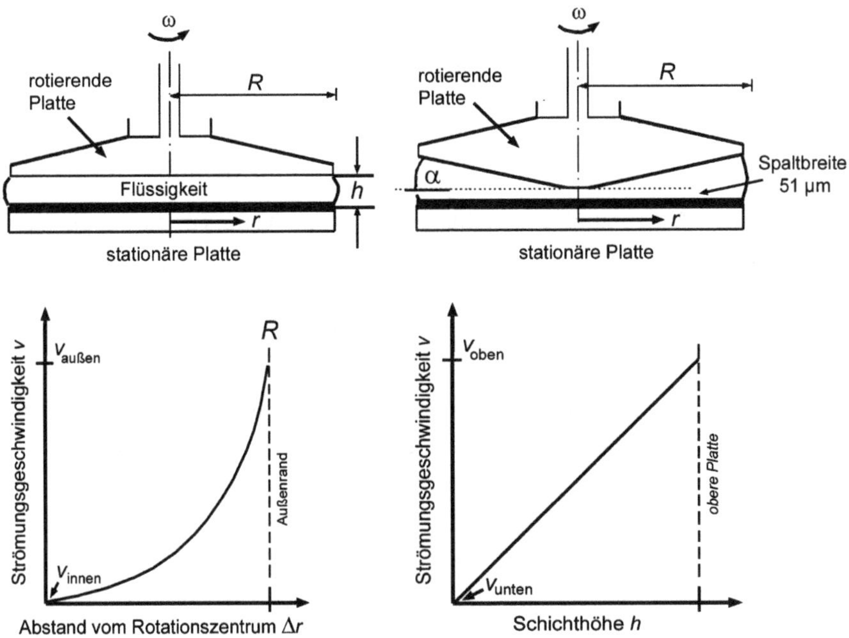

Abb. 2.89: Oben: Plattenviskosimeter mit planparalleler und konischer Geometrie. Unten: Strömungsprofile für rotierende planparallele Platten in Richtung r und h.

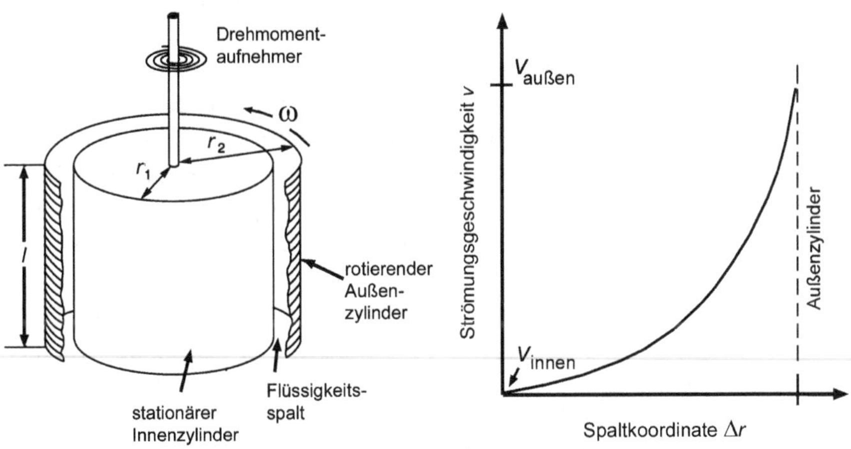

Abb. 2.90: Links: Rotationsviskosimeter nach Couette mit rotierendem Außenmantel und stationärem Innenzylinder. Rechts: Strömungsprofil $v(\Delta r)$ von innen nach außen.

Der Stator hängt nun an einem Torsionsdraht, der das Drehmoment misst. In den Spalt zwischen Stator und Rotor wird die zu untersuchende Suspension eingefüllt. In beiden Fällen muss die gesamte Anordnung von außen temperiert werden, um Reibungswärme abzuführen oder Messungen bei erhöhter Temperatur zuzulassen. Der viskositätsbedingte Widerstand in der Flüssigkeit ergibt bei gegebener Winkelgeschwindigkeit ω ein Drehmoment M. Das Geschwindigkeitsgefälle $\dot{\gamma}$ berechnet sich nach:

$$\dot{\gamma} = \omega \cdot \frac{1+\delta^2}{\delta^2-1} \quad \text{mit}\ \omega = \frac{2\pi \cdot n}{60} \quad \text{und} \quad \delta = \frac{r_a}{r_i} \tag{2.48}$$

mit $r_{a,i}$ = Radien der Außen- und Innenzylinder und n = Drehzahl. Für die Schubspannung folgt dann:

$$\tau = \frac{M}{2\pi \cdot r_i^2 \cdot l} \quad \text{mit}\ l\ \text{als Zylinderlänge.} \tag{2.49}$$

Alle Auswertemethoden vernachlässigen die unterschiedliche Krümmung von Innen- und Außenzylindermantelfläche. Die strömungsdynamischen Annahmen gelten eigentlich für eine Spaltbreite Null; in der Praxis sollte daher $r_i/r_\mathrm{a} = 1/\delta > 0{,}99$ sein. Für einen breiten Spalt mit $r_i/r_\mathrm{a} = 1/\delta < 0{,}99$ gilt:

$$\dot{\gamma} \approx 2\omega \cdot \frac{1}{n[1-\frac{r_i}{r_a}]^{2/n}} \quad \text{mit}\ n = \frac{d\ln M}{d\ln \omega_i}. \tag{2.50}$$

Je nach Korngrößenverteilung der dispergierten Partikel muss also von den idealen Voraussetzungen abgewichen und korrigiert werden. Manche Firmen liefern unterschiedlich breite Inneneinsätze, sodass die Spaltbreiten zwischen 0,5 und 5 mm liegen. Eine genauere Ableitung zeigen Chhabra und Richardson [290] zusammen mit Diskussionen zu Fehlerquellen und Auswertungen sowie vielen Literaturhinweisen.

Eine Besonderheit betrifft den Spalt zwischen Innen- und Außenzylinder am Boden. Dort sammeln sich während des Betriebs oft Luftblasen an und verfälschen das Messergebnis. Der Kegelwinkel liegt oft bei 6 ° oder 15 °. Bei geringviskosen Flüssigkeiten kann der Spalt planparallel sein, bei hochviskosen Suspensionen wird eine Kegelform empfohlen, das sogenannte Mooney–Ewart-Design, welches den oberen Ausführungen zum Plattenviskosimeter folgt. Eine weitere Variante ist das *Doppelspaltviskosimeter*, bei welchem der Rotor aus einem Zylindermantel mit 0,5–0,8 mm Dicke besteht, der in einen ortsfesten Ringspalt von 3–4 mm Breite eingesenkt wird. Hierbei entfällt auch das Problem der Bodengeometrie, die Kontaktfläche zwischen Zylinderwand und Suspension verdoppelt sich und damit die Empfindlichkeit der Messung.

Vom Searle-Viskosimeter lässt sich ein einfacher Torsionspendelversuch ableiten, der von Gallenkamp in ein Messgerät überführt worden ist. Dieses Torsions- oder *Gallenkamp-Viskosimeter* besteht aus einem Messzylinder, der an einem Torsionsdraht aufgehängt in einen Behälter mit der zu untersuchenden Flüssigkeit eingetaucht wird. Mit dem Torsionsdraht ist eine Schwungmassenscheibe mit einem radialen Zeiger verbunden, der über eine Platte mit einer 360 °-Winkelgravur streicht. Vor dem eigentlichen Versuch wird der Zylinder um 360 °C gedreht und dabei dem Draht eine Torsionsspannung angelegt. Lässt man die Anordnung ohne Flüssigkeit, also an Luft, zurückschwingen, ergibt sich eine Drehung um 720 °C, bevor das Pendel zum Stillstand kommt und die Richtung wechselt. Aus den Rotationspendelschwingungen lässt sich so der Nullpunkt bestimmen, auf den die Winkelplatte relativ zum Zeiger gedreht wird. Entsprechend wird danach mit der Flüssigkeit gemessen. Durch die Dämpfung ergibt sich ein kleinerer Überschwingwinkel, der umso kleiner ausfällt, je höher die Viskosität der Flüssigkeit ist. Der Winkel ist nach der zweiten Schwingung abzulesen. Wenn nach einer Ruhepause des Messzylinders erneut ausgelenkt und abgelesen wird, können Aussagen zur Thixotropie gemacht werden. Diese Methode eignet sich für vergleichende Messungen und ist daher in der silicatkeramischen Industrie weit verbreitet [333].

Charakterisierung der Plastizität

Wie zuvor dargestellt, lässt sich die Bildsamkeit nicht einfach mit Modellen beschreiben. Sie ist daher auch keinen einfachen Prüfmethoden zugänglich. Insbesondere existiert trotz zahlreicher Bemühungen keine Methode, mit welcher man die Eignung einer Masse für eine bestimmte Formgebungsmethode sicher vorhersagen könnte. Eine Gruppe von Verfahren bestimmt Einzelkennwerte in Abhängigkeit vom Wassergehalt der Masse und kennzeichnet in diesem Zusammenhang indirekt die Bildsamkeit durch die Angabe eines bestimmten charakteristischen Gehaltes. So wichtig für manche betriebliche Anwendung ein solches Vorgehen sein mag, so trifft es doch nicht das Wesen der Plastizität. Dies gilt auch im Hinblick auf die wassergehaltsabhängige Ausbildung von Texturen in verformten Massen, die die Eigenschaften erheblich verändern können. So ist auch das einfache Zerdrücken einer Massekugel von Hand bereits eine qualitative Prüfung, die den Wassergehalt außer Acht lässt und nur Verformungskräfte und Verformungen zur Rissbildung erkennt.

Druckverformungen von Massezylindern zwischen zwei Platten (Parallelplattenplastometer) lassen sich nach Pels Leusden [317] mit den Ansätzen nach von Mises beschreiben. Der auch in der Praxis in der Regel vorliegende mehrachsige Spannungszustand – hier zweiachsig – muss beachtet werden. Die *Methode von Pfefferkorn* [334] wird heute immer noch in vielen Betriebslaboratorien wegen ihrer Einfachheit durchgeführt. Bei diesem Versuch wird auf einen Massezylinder mit 35 mm Durchmesser und $h_0 = 40$ mm Höhe, damit $V = 38{,}5\,\text{cm}^3$, aus einer Höhe $H = 18{,}4$ cm eine Scheibe mit $m = 1{,}2\,\text{kg} = 11{,}77$ N fallen gelassen, wobei eine Stauchung zur Höhe h eintritt, die gemessen wird und in geeigneter Form gegen den Wassergehalt (bezogen auf die Trockensubstanz) als Verhältnis h_0/h aufgetragen wird. Man interpoliert und definiert die Wassergehalte bei $h_0/h = 2{,}5$ als den Anmachwasserbedarf und $h_0/h = 3{,}3$ als die Plastizitätszahl nach Pfefferkorn. Je höher die letztere Zahl ist, umso größer ist die Bildsamkeit. Im Bereich von $h_0/h > 2{,}2$ liegen die Messwerte meist angenähert auf einer Geraden, deren Steigung auch als Plastizitätsfaktor P angegeben wird. Bildsame Massen haben demnach eine schwächere Abhängigkeit der Stauchung vom Wassergehalt als magere, was durch geeignete Definition von P einen hohen Wert ergibt. Haase

[335] setzt im Pfefferkorn-Versuch die kinetische Energie der fallenden Scheibe mit der gegen die Fließgrenze τ_0 unter Annahme eines einachsigen Spannungszustandes geleisteten Verformungsarbeit gleich und kann diese berechnen zu

$$\tau_0 = \frac{mH}{2V \ln(h_0/h)} \tag{2.51}$$

m = Masse der Pfefferkornscheibe

H = Fallhöhe der Scheibe

V = Volumen des Massezylinders

h_0, h = Höhe des Massezylinders vor und nach dem Stauchversuch.

Aus dem Pfefferkorn-Gerät folgt, dass sich die definierten Kennwerte im Wassergehalt auf eine bestimmte Fließgrenze unter Schubbedingungen beziehen (z. B. ergibt h_0/h = 2,5: τ_0 = 2,84 N/cm^2 = 0,0284 N/mm^2). Da die Verformungsgeschwindigkeit groß ist, treten keine Risse auf. Nach Händle [336] liegt eine weiche Strangpressmasse unter diesen Bedingungen bei einem h-Wert von 25 mm und eine steife Masse bei h = 37 mm. Abbildung 2.91 zeigt den prinzipiellen Aufbau der Prüfapparatur [336].

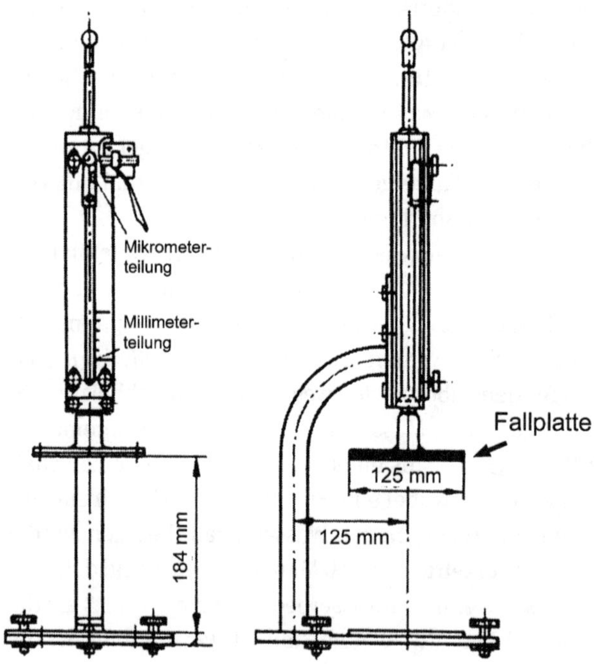

Abb. 2.91: Plastizitätsprüfung nach Pfefferkorn [336].

Verwendet man die Pfefferkorn-Methode unter Berücksichtigung der Stauchung bis zur Rissbildung bei langsamer und schneller Versuchsdurchführung und legt für Vergleichszwecke die Eindringgeschwindigkeit eines Stiftes (*Penetrometer-Verfahren*) unter bestimmten Bedingungen zugrunde, erhält man mit dem zugehörigen Wassergehalt die Plastizitätszahl nach Dietzel [337].

Händle und Länger haben diese Versuche kritisch diskutiert, da die Kraft, die zum Eindringen des Stiftes benötigt wird, nicht unabhängig von der Reibung untersucht werden kann. Durch Verwendung unterschiedlicher Stifte sowie durch Variation der Eindringgeschwindigkeit können jedoch Verformungskräfte und Reibung getrennt werden [338].

In verschiedenen weiteren Verfahren wird der Druck, der erforderlich ist, um Massen durch eine Düse zu extrudieren, als Messgröße proportional zur Fließgrenze ermittelt. Man kann bei solchen Versuchen in Analogie zum Auslaufviskosimeter einerseits den Druck konstant halten und die Fließgeschwindigkeit bestimmen, oder aber die Fließgeschwindigkeit konstant halten und den Druck ermitteln (Abb. 2.92).

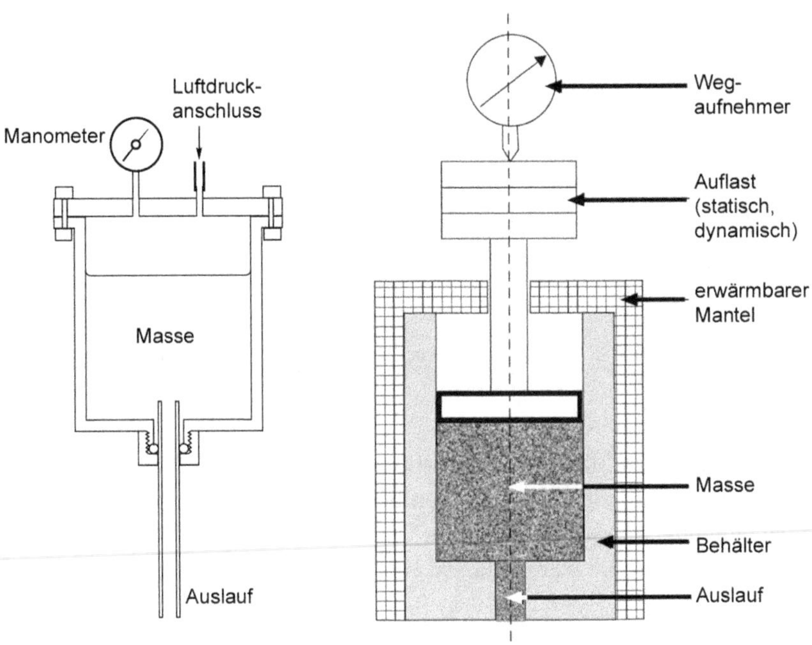

Abb. 2.92: Plastizitätsprüfung durch Extrudieren mit konstantem Druck (links) oder konstanter Durchflussgeschwindigkeit (rechts) nach [290]. © Elsevier, Abdruck mit freundl. Genehmigung.

Diese Methoden haben u. a. Macey [339], Linseis [340] und Czerch et al. [341] beschrieben. Der extrudierte Strang wird durch die Bestimmung der Zerreißfestigkeit charakterisiert. Mit steigendem Wassergehalt verläuft die Abrissfestigkeit des Tonstranges durch ein Maximum, während der Deformationsdruck stetig abnimmt Abb. 2.93. Nach Haase [318] kann als Maß für die Bildsamkeit der Quotient T aus Zerreißfestigkeit H und Deformationsdruck verwendet werden, wie er in Abb. 2.94 dargestellt ist.

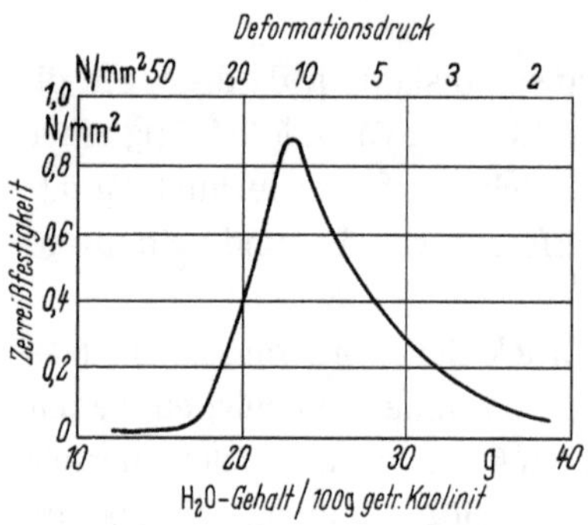

Abb. 2.93: Abhängigkeit der Zerreißfestigkeit und des Deformationsdrucks eines Ca-Kaolinits vom Wassergehalt nach Czerch u. M. [341].

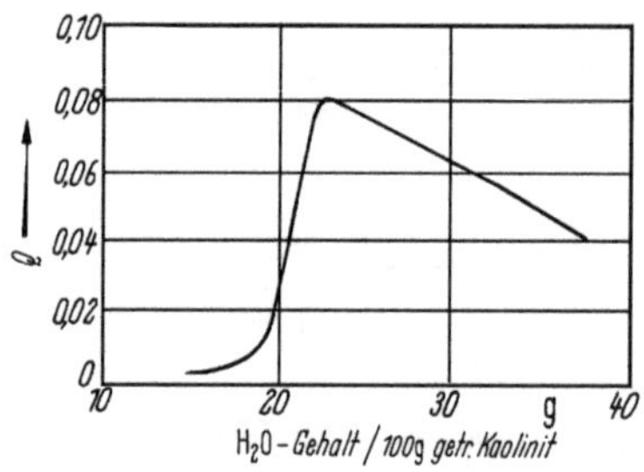

Abb. 2.94: Auswertung der Kurve in Abb. 2.93 nach dem Quotienten Q = Zerreißfestigkeit/Deformationsdruck.

Verschiedene Autoren, z. B. Händle [342], bestimmen die Eigenschaft extrudierbarer Tonmassen aus dem Drehmoment des Brabender-Gerätes zum Anzeigen der Scherspannung bei laufender Wasserzugabe. Diese Methode wird auch für Spritzgussmassen verwendet, bei denen die flüssige Phase aus aufgeschmolzenen Thermoplasten besteht.

Nach Norton [329] kann der Einfluss des Wassergehaltes auf die ohne Rissbildung maximal mögliche Verformung mit dem gegenläufigen Einfluss auf die Fließgrenze durch Produktbildung zu einer Funktion entwickelt werden, die durch ein Maximum bei einem die Masse kennzeichnenden Wassergehalt läuft. Auch mit dieser Methode erhält man jedoch keinen Hinweis auf die Eignung für ein bestimmtes Formgebungsverfahren.

Daher geht man meistens direkt auf einfache Versuche mit denjenigen Formgebungsaggregaten über, für die die jeweilige Masse optimiert werden soll. Laenger [343] präsentiert z. B. Daten für Ziegel- und Fliesenmassen, die auf einer instrumentierten Strangpressanlage bestimmt worden sind (Abb. 2.95). Dabei werden die Massedurchsatzrate Q und Pressdruck p bestimmt und die Schneckendrehzahl n variiert. Mit einem konstanten Querschnitt des Hubels R ergibt sich: $\dot{\gamma} = Q/(\pi R^3)$. Als Scherspannung wird nach dem Coulombschen Reibungsgesetz (siehe Kapitel 7.3 in Band 2) die Reibkraft $F_R = \mu F_N$ in Fließrichtung y mit dem Reibungskoeffizienten μ und der Normalkraft F_N in Richtung über den Querschnitt x übernommen und nach $\tau(R) = \frac{1}{2} R\mathrm{d}p/\mathrm{d}x$ berechnet.

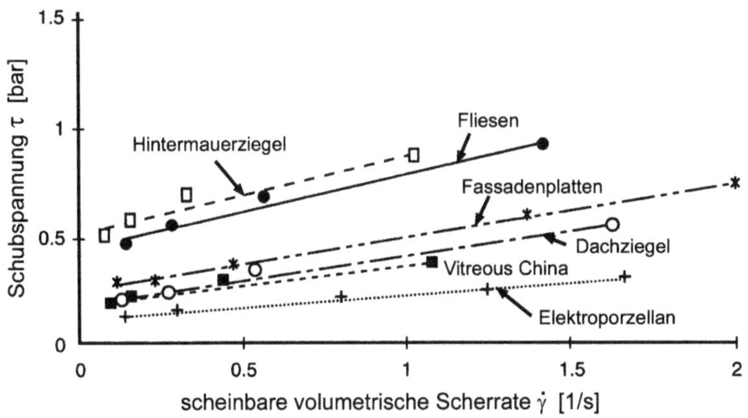

Abb. 2.95: Plastizitätsprüfung verschiedener Massen in einem Extrusionsversuch nach Länger [343].

Zu den allgemeinen Problemen mit der geeigneten Prüftechnik kommen in der Praxis weitere Schwierigkeiten hinzu, die mit inhomogenen Massen, dem Ausquetschen von Wasser oder Besonderheiten der Wandreibung zu tun haben [344, 345]. Gleißle und Graczyk haben solche Phänomene diskutiert, indem sie Druck–Zeit-Kurven und die daraus abgeleiteten Fließkurven gegenüber gestellt haben [346]. In Abb. 2.96 sind von oben nach unten folgende Szenarien dargestellt: Einmal können in der Masse große Inhomogenitäten vorliegen, etwa lokal unterschiedliche Wassergehalte, unterschiedliche Korngrößenverteilungen, eingeschlossene Luftblasen, nicht aufgeschlossene Tonaggregate. Eine zackige Druck–Zeit-Kurve mit einer Bandbreite der Schubspannung ist die Folge. Unter Druck kann sich in der Masse Wasser entmischen und an den Wänden anreichern. Eine lokale Erhöhung des Feststoffanteils bzw. Wandschlupf durch Wasserfilme führen zu einer sprunghaften Erhöhung oder Erniedrigung der Kräfte. Werden kritische Durchsatzraten an Masse überschritten, kommt es ebenfalls zu einer sprunghaften Druckveränderung wegen der Viskositätserhöhung der Masse an den Wänden und damit einer erhöhten Wandreibung, die aber auch schlagartig wieder abfallen kann. Der vierte Fall betrifft thixotrope Massen, deren Druckkurve einen schnellen Anstieg gefolgt von einem raschen Druckabfall oder umgekehrt zeigt.

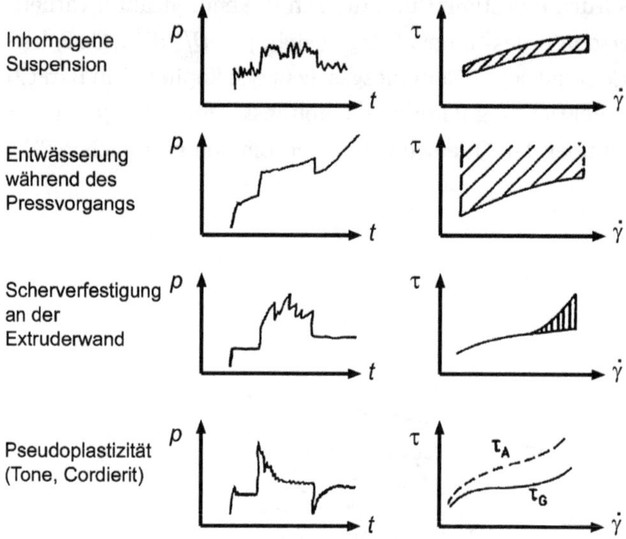

Abb. 2.96: Reales Fließverhalten verschiedener Massen in einem Extrusionsversuch nach Gleißle und Graczyk [346].

Bewertung der Prüfmethoden

In der industriellen Praxis haben sich bisher einfache, schnelle und kostengünstige Prüfverfahren für die Viskosität bzw. die Plastizität durchgesetzt, wie z. B. das Auslaufverfahren oder das Torsionsviskosimeter. Dies ist insofern gerechtfertigt, als solche Versuche meist nur vergleichende und als prozessbegleitende Qualitätsüberprüfungsmethode bezogen auf ein „werksübliches" Verhalten angewandt werden, um Abweichungen rein qualitativ zu erkennen. Quantitative Aussagen oder gar der Vergleich von Zahlenwerten mit denen anderer, aufwändigerer Messverfahren verbieten sich jedoch, da in den wenigsten Fällen die Randbedingungen der Einzelbestimmungen konstant gehalten werden können. Eine ausführliche Studie zur Zuverlässigkeit rheometrischer Messverfahren in der keramischen Industrie von Link [347] zeigt einerseits die komplexen Abhängigkeiten der Schlickereigenschaften von den Rohstoffeigenschaften, den Versatz- und den Prozessparametern auf (Abb. 2.97), andererseits aber auch Unzulänglichkeiten in der Bedienung der Geräte. So wurde in zahlreichen Betrieben für die einzelnen Bestimmungsverfahren der sog. R&R-Wert (Repeatability, Reproducibility: Wiederholbarkeit und Vergleichbarkeit) ermittelt, der den relativen Beitrag der Messstreuung, bedingt durch Bediener und Maschine, zur Toleranz des gemessenen Prozess- und Produktparameters aus Wiederholungs- und Vergleichsmessungen ergibt. Liegt der R&R-Wert über 30 %, so ist keine Prüfmitteltauglichkeit gegeben. Werte zwischen 10 und 30 % sind bedingt verwendbar bzw. bedürfen einer Optimierung, z. B. einer Schulung des Personals oder des Konstanthaltens der Versuchsbedingungen. Werte <10 % zeigen Prüfmitteltauglichkeit an. In Abb. 2.98 gilt dies nur für optimierte Rotationsviskosimetrie-Verfahren, während die klassischen Verfahren schlecht abschneiden [347].

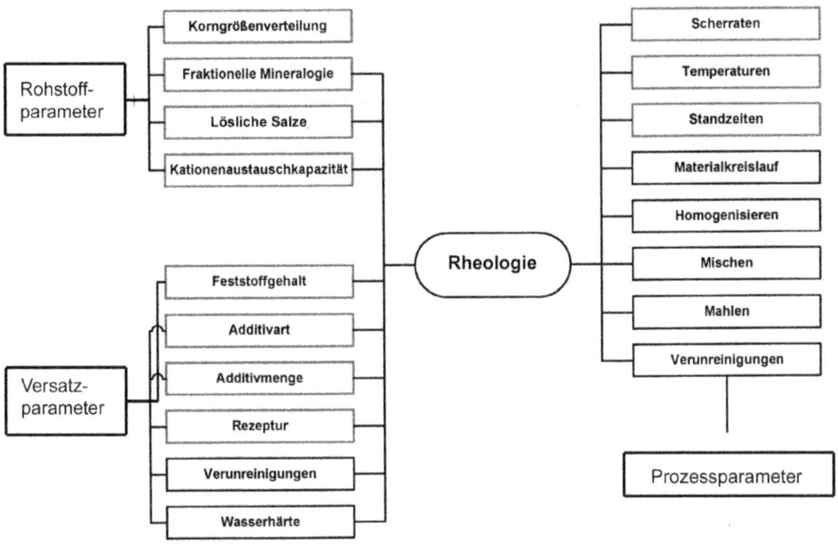

Abb. 2.97: Einflussparameter auf rheologische Eigenschaften keramischer Suspensionen [347]. © FGK Höhr-Grenzhausen, mit freundlicher Genehmigung.

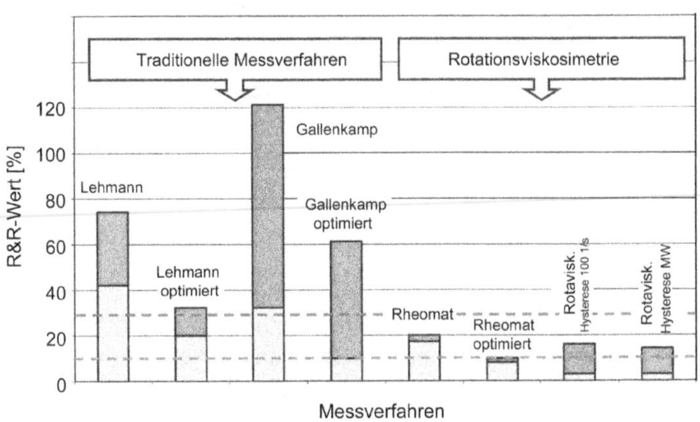

Abb. 2.98: Prüfmitteltauglichkeit traditioneller und fortgeschrittener Viskosimeterverfahren. Die gestrichelten Geraden geben die Obergrenzen für die Zuverlässigkeit an. Werte zwischen 10 und 30 % R&R bedürfen einer Methodenoptimierung, R&R-Werte oberhalb 30 % zeigen Untauglichkeit der Methode an [347]. © FGK Höhr-Grenzhausen, mit freundlicher Genehmigung.

2.3.2 Formgebungsverfahren

Bearbeitet von J. Heinrich, Clausthal, und R. Telle, Aachen

Bei der Formgebung werden verflüssigte Schlicker, plastifizierte Massen oder Granulate zu einem „Grünkörper“ mit definierter Größe, Form, Dichte und reproduzierbaren Toleranzen verarbeitet. Die geometrischen Abmessungen und die zu fertigenden Stückzahlen bestimmen das anzuwendende Formgebungsverfahren. Von der Schwankung der Gründichte und Maßtoleranzen ist die Schwindung beim anschließenden Brand abhängig. Die Reproduzierbarkeit dieser Größen und die Vermeidung von Defekten, die beim anschließenden Sinterbrand meist nicht mehr ausgeheilt werden können, bestimmen neben Investitions- und Personalkosten die Wirtschaftlichkeit des jeweiligen Formgebungsverfahrens. Um eine ausreichende Grünfestigkeit zum Transport der Teile zu erreichen, aber auch um die Verarbeitungseigenschaften der Ausgangsmaterialien für das jeweilige Formgebungsverfahren zu optimieren, werden den keramischen Massen organische Additive zugegeben, die unterschiedlichste Funktionen erfüllen (Tabelle 2.8).

Tab. 2.8: Wirkungsweise verschiedener Komponenten in keramischen Massen.

Komponente	Funktion
Keramisches Pulver	Matrix
Sinteradditiv	Verdichtungshilfsmittel
Lösungsmittel	Dispersion
Verflüssiger	Kontrolle von Oberflächenladungen und *p*H-Wert, Dispergierbarkeit
Dispergiermittel	Deagglomeration
Benetzungsmittel	Reduzierung der Oberflächenspannung des Lösungsmittels
Entschäumer	Verhinderung der Blasenbildung
Konservierer	Vermeidung von Bakterien- und Pilzbefall
Binder	Grünfestigkeit
Plastifizierer	Plastizität
Weichmacher	Flexibilität
Trenn- und Gleitmittel	Reduzierung von Haftkräften

Je nach Formgebungsverhalten werden organische (bzw. anorganische) Additive mit unterschiedlichem Molekulargewicht und chemischer Zusammensetzung zur Einstellung der notwendigen Verarbeitungseigenschaften zugegeben. Die Wechselwirkung der Additive untereinander ist äußerst komplex, sodass die Konzentrationen in der Praxis meist empirisch ermittelt werden. Bei der Trocknung bzw. beim Sintern keramischer Produkte zersetzen sich die organischen Additive. Dieser Problematik muss wegen z. T. sehr kritischer Zersetzungsprodukte verstärkte Aufmerksamkeit gewidmet werden. Die Produktivität eines Formgebungsverfahrens ist sehr stark davon abhängig, wie endkonturnah gefertigt werden kann, d. h., wie aufwendig nachbearbeitet werden muss. Ohne Nachbearbeitung liegen die Maßtoleranzen der wichtigsten Formgebungsverfahren innerhalb der in Tabelle 2.9 angegebenen Werte. Insbesondere bei keramischen Konstruktionswerkstoffen sind häufig sehr viel engere Maßtoleranzen gefordert, die nur durch aufwendige Bearbeitung im gesinterten Zustand mit Diamantwerkzeugen erreichbar sind. Die Bearbeitungskosten sowohl im Grün- als auch im Sinterzustand können ein Vielfaches der sonstigen Herstellungskosten eines keramischen Bauteils ausmachen und sollten nach Möglichkeit vermieden werden.

Tab. 2.9: Toleranzen keramischer Bauteile aus Si_3N_4, SiSiC und Al_2TiO_5 nach dem Brennprozess für verschiedene Formgebungsverfahren.

Formgebungsverfahren	Maßtoleranzen in %
Schlickergießen	±2,0 bis ±3,0
Spritzgießen	±0,5 bis ±1,0
Uniaxiales Trockenpressen	±0,5 bis ±1,0
Isostatisches Pressen	±0,2 bis ±0,5
Strangpressen	±1,5 bis ±2,0

2.3.2.1 Gießverfahren

2.3.2.1.1 Schlickergießen

Beim Schlickergießen wird einer wässrigen Suspension durch eine poröse, wassersaugende Form (meist aus Gips) Wasser entzogen und so eine feste Schicht gebildet, die als Scherben bezeichnet wird.

Beim Hohlgussverfahren (Abb. 2.99) bildet der Scherben die Innenkontur der Form nach, es können damit sehr komplizierte Bauteilgeometrien hergestellt werden. Beim Vollguss- und beim Kerngussverfahren wird so lange Schlicker nachgefüllt, bis der entwässerte Scherben die Gipsform komplett ausfüllt. Sowohl im Hohlguss- wie auch im Vollgussverfahren lassen sich nur geringe Wandstärken realisieren, da der gebildete Scherben den Wasserdurchtritt zunehmend behindert.

Unter der Annahme eines stationären Zustands ohne Sedimentation mit nicht komprimierbaren Scherben ergibt sich der Zuwachs der Scherbendicke dx zu

$$\mathrm{d}x = \frac{c}{x}\mathrm{d}t, \tag{2.52}$$

wobei der Stoffparameter c die Permeabilität und das Hohlraumvolumen des Scherbens sowie den Feststoffgehalt und die Viskosität berücksichtigt [348].

Durch Integration mit den Anfangsbedingungen $x = 0$ bei $t = 0$ erhält man

$$x = \sqrt{2ct} \tag{2.53}$$

bzw. die Scherbenbildungsrate

$$\frac{x^2}{t} = \text{const.} \tag{2.54}$$

Die Scherbendicke nimmt beim Schlickergießen also nach einem Wurzel-Zeit-Gesetz zu.

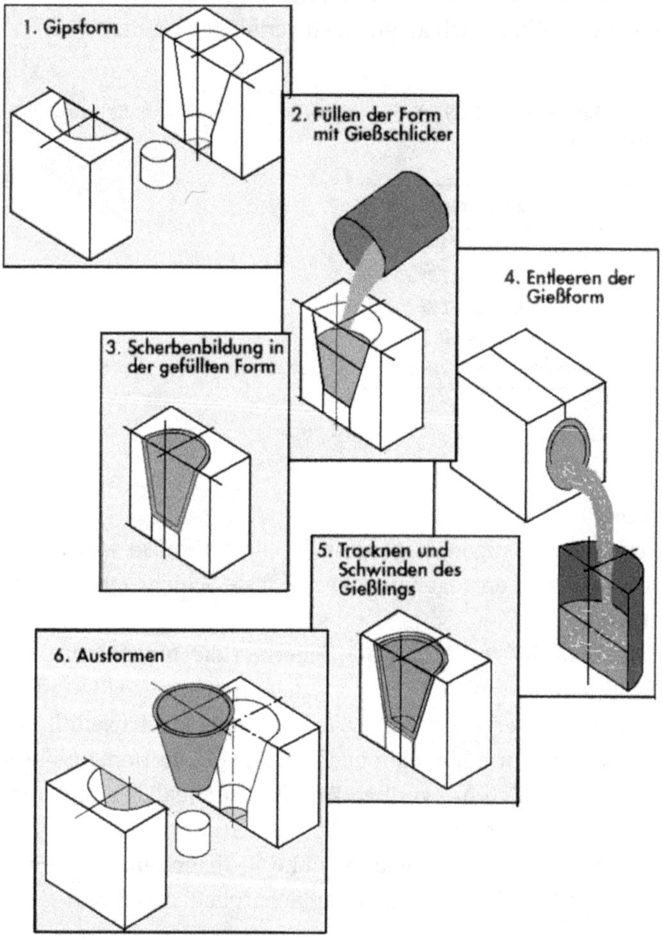

Abb. 2.99: Schematische Darstellung des Hohlgussverfahrens [349].

Um den Trocknungsaufwand zu minimieren, ist man bestrebt, den Wassergehalt eines Schlickers so niedrig wie möglich einzustellen (25–35 Gew.-%). Außerdem soll der Verflüssigungsbereich mit minimaler Viskosität möglichst breit sein, damit betriebliche Schwankungen nicht zu starke Änderungen bewirken. Die Zusammenhänge zwischen Elektrolytgehalt des Schlickers, Scherbenbildungsrate, Gründichte und Grünfestigkeit sind am Beispiel eines Al_2O_3-Schlickers in Abb. 2.100 dargestellt. Während die Scherbenbildungsrate mit zunehmendem Elektrolytgehalt abnimmt, hat die $\sqrt{t}$-Abhängigkeit der Scherbendicke bei allen Konzentrationen Gültigkeit. Optimale (geringe) Viskosität führt zu hoher Gründichte und geringer Schwindung beim anschließenden Sinterbrand. Die Grünfestigkeit nimmt mit steigendem Verflüssiger-(Binder-)Gehalt zu.

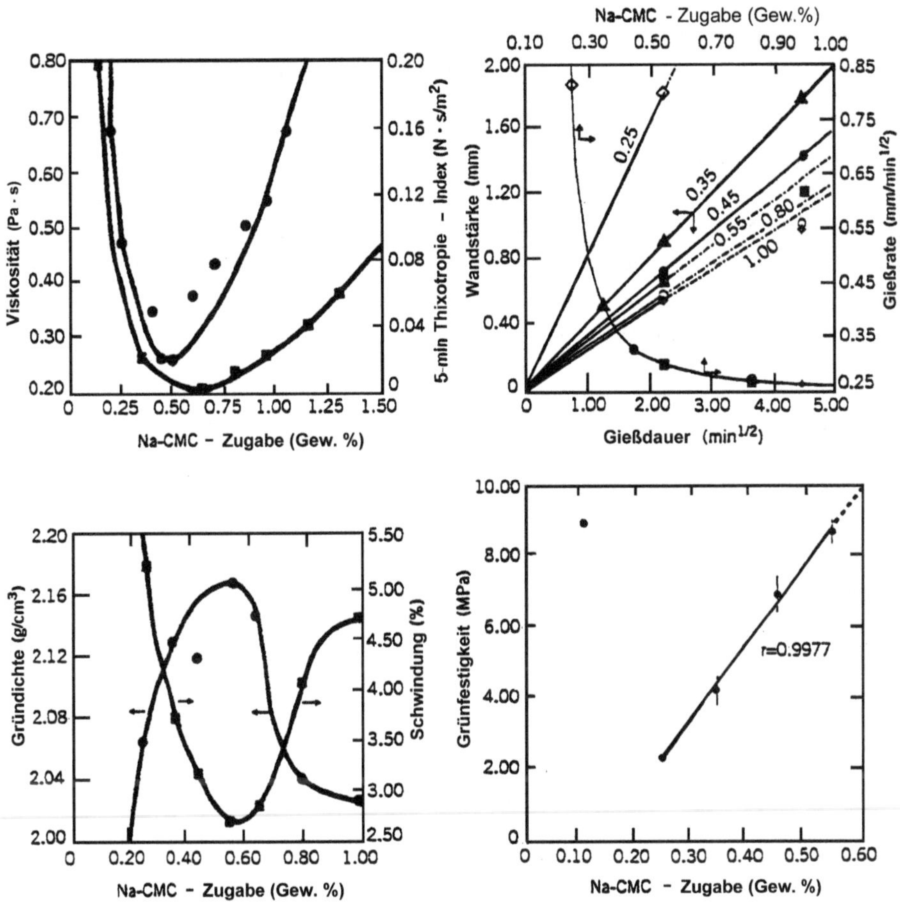

Abb. 2.100: Ergebnisse beim Gießen eines Aluminiumoxidschlickers mit unterschiedlichen Konzentrationen an Na-Carboxymethyl-Cellulose (CMC) als Verflüssiger und Binder: (oben links) Schlickerviskosität und Thixotropie, (oben rechts) Scherbenbildungsrate, (unten links) Dichte und Schwindung des gegossenen Teils, (unten rechts) Festigkeit der gegossenen Probekörper [350].

Wichtig für die Verarbeitung in der Praxis ist neben der zeitlichen Veränderung der Schlickereigenschaften (Thixotropie) die Veränderung der organischen Additive bei mechanischer Belastung (z. B. Zerstörung der Molekülketten beim Pumpen) und die damit verbundene Änderung der rheologischen Eigenschaften. Bakterieller Befall von Schlickern bei zu langer Lagerung oder Verarbeitungszeit beeinflusst die Viskosität und damit die Scherbenbildungsrate und letztlich die Schwindung bzw. die Maßtoleranzen der Bauteile.

Konservierungsstoffe (z. B. Antibiotika) verhindern das Wachstum von Bakterienkulturen, müssen aber regelmäßig geändert werden, da Bakterien im Laufe der Zeit resistent werden. Neben der Variation von Konservierungsstoffen ist in Fertigungsstätten die regelmäßige gründliche Reinigung des gesamten Rohrleitungssystems, insbesondere in wärmeren Jahreszeiten, in denen Bakterienkulturen schneller wachsen, besonders wichtig, um Schlickerveränderungen zu vermeiden.

2.3.2.1.2 Druckschlickergießen

Das Druckschlickergießen wurde zunächst für die Sanitärkeramik zur Herstellung dickwandiger großvolumiger Bauteile, wie z. B. Waschbecken, entwickelt [351], später aber auch auf andere keramische Werkstoffe und Bauteile übertragen. Durch Anlegen eines Druckes beim Gießen wird die Gießzeit verkürzt, und im Vollgussverfahren können unterschiedliche Wandstärken realisiert werden (Abb. 2.101).

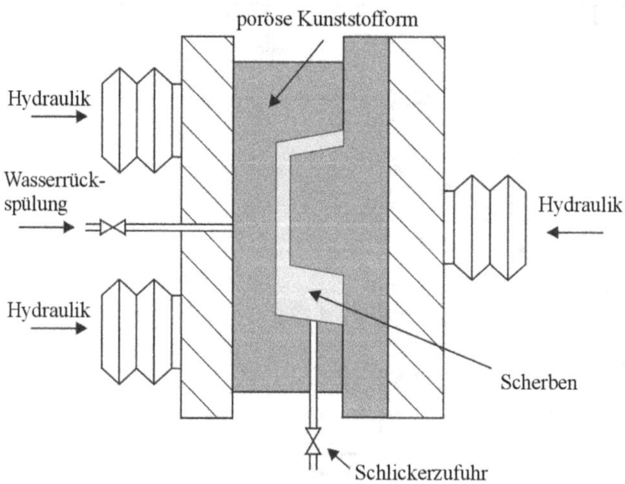

Abb. 2.101: Schlickerdruckgussverfahren (schematisch).

Als Formenmaterial werden poröse, in der Regel nicht selbstsaugende Kunststoffe eingesetzt. Nach Ausbildung des keramischen Scherbens wird die Form geöffnet, und die poröse Kunststoffform wird zum Ablösen des Scherbens von der Rückseite mit Wasser gespült. Das Formenmaterial muss nicht selbstsaugend sein und deshalb auch nicht getrocknet werden.

Für die beim Schlickerdruckguss üblichen Drücke bis etwa 40 bar beschreibt Frassek [352] die Druckabhängigkeit der Scherbendicke x mit folgender Funktion:

$$x = \sqrt{\frac{2k_m Pt}{\alpha\eta}} \quad \text{mit } \alpha = \frac{1 - n_s - c}{c} \tag{2.55}$$

mit

k_m = mittlerer Permeabilitätskoeffizient des gebildeten Scherbens (cm^2)
P = Druckdifferenz (Pa)
t = Zeit (s)
η = Viskosität des Schlickerwassers ($mPa \cdot s$)
n_s = Hohlraumfaktor des Scherbens (cm^3/cm^3)
c = Volumenkonzentration des Feststoffs im Schlicker (cm^3/cm^3).

Der mittlere Permeabilitätskoeffizient ist nach Akers und Ward [353] druckabhängig gemäß

$$k_m \approx k_0 \cdot P^{-s} \tag{2.56}$$

mit s = Kompressibilitätskoeffizient und k_0 Ausgangspermeabilität. Bei $s = 0$ ist der Scherben inkompressibel, bei $s = 1$ ist er vollständig kompressibel.

Aus beiden obigen Gleichungen ergibt sich die Scherbenbildungsrate zu

$$\frac{x^2}{t} = \frac{2k_0 P^{1-s}}{\alpha\eta}. \tag{2.57}$$

Bei kompressiblen Filterkuchen ($s \rightarrow 1$) nimmt die Scherbenbildungsrate nur wenig mit dem Druck zu. Für die meisten Systeme liegt s zwischen 0,1 und 0,3. Wegen der unterschiedlichen Kompressibilität keramischer Materialien muss die Druckabhängigkeit der Scherbenbildungsrate für jedes System ermittelt werden. Für einen ZrO_2-Schlicker mit 83 Gew.-% Feststoffgehalt ist die Druckabhängigkeit der Scherbendicke beispielhaft in Abb. 2.102 gezeigt.

In einer modernen Gießanlage sind mehrere Polymer-Formen in Reihe miteinander verbunden, sodass je nach Bauteilgeometrie bis zu zehn Formen gleichzeitig gefüllt werden können. Die Polymerformen erlauben je nach verarbeitetem Schlicker bis zu 100.000 Abgüsse. Neben engeren Maßtoleranzen, reduzierten Gießzeiten bei unterschiedlichen und größeren Wandstärken bietet die wesentlich höhere Standzeit der Gießformen erhebliche Vorteile gegenüber dem konventionellen Schlickergießen bei atmosphärischen Bedingungen. Die Entscheidung für das jeweilige Gießverfahren ist letztendlich von den zu fertigenden Stückzahlen und damit verbundenen wirtschaftlichen Überlegungen abhängig.

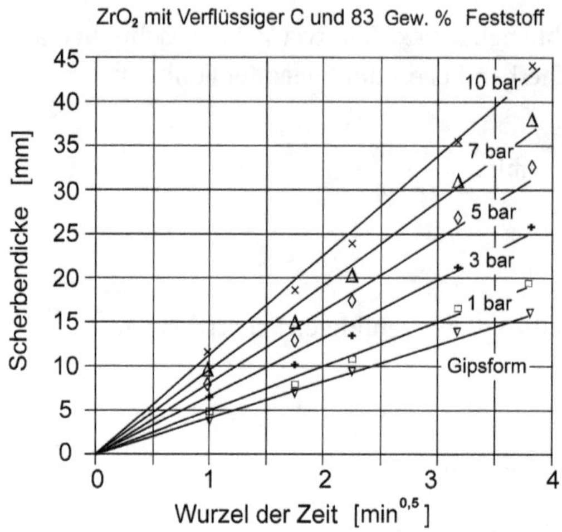

Abb. 2.102: Scherbendicke als Funktion von $\sqrt{t}$ und des Druckes [354].

Weitere druckunterstützte Gießverfahren, die für spezielle Bauteil- und Materialgruppen zum Einsatz kommen, sind die Druckfiltration (Hartferrite), das Vakuumgießen (Faserisolation) und das Zentrifugalgießen (Hochleistungskeramik).

2.3.2.1.3 Foliengießen

Foliengießen ist ein Verfahren zur Herstellung großflächiger dünner keramischer Substrate. Aus Folien mit einer Dicke von 25 µm bis 1,5 mm werden Kondensatoren, piezoelektrische Bauteile, Ferrite und Substrate für elektronische Schaltungen gefertigt [355]. Werden Folien mit aufgedruckten Leiterbahnen sandwichartig übereinander laminiert, entstehen Vielschichtgehäuse für integrierte Halbleiterschaltungen [356]. Durch Stapeln und Wickeln geprägter oder gestanzter Folien entstehen Katalysatorträger oder Wärmetauscher [356, 357].

Zur Herstellung von Bauteilen aus keramischen Folien werden zunächst keramische Pulver in organischen oder wässrigen Lösungen mit Bindern, Verflüssigern und Plastifizierern dispergiert. Der homogenisierte und entlüftete Schlicker wird über einen Gießschuh auf ein endloses Stahlband (z. T. auch mit Trägerfolie) gegossen, das über zwei Rollen horizontal bewegt wird. Während des Transports zum anderen Ende des Gießbandes strömt warme Luft in Gegenrichtung über die Folie hinweg. Dabei verdampfen die Lösungsmittel, und es kann je nach Binderart und -gehalt eine mehr oder weniger flexible Folie abgenommen werden, die gestanzt, gestapelt oder aufgewickelt werden kann (Abb. 2.103).

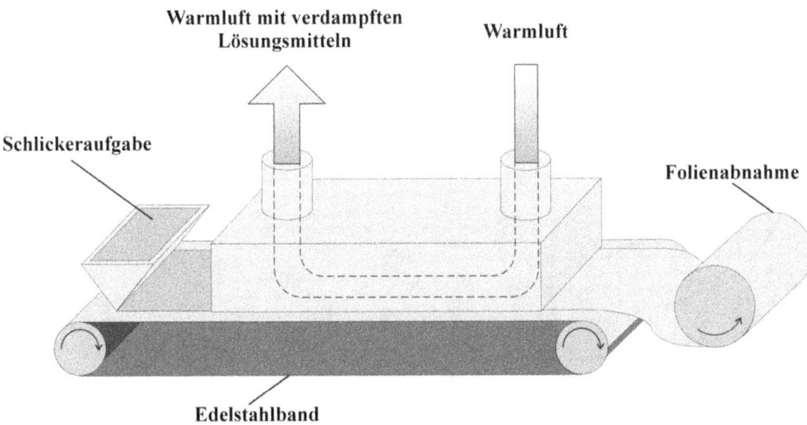

Abb. 2.103: Schematische Darstellung des Foliengießverfahrens (Doctor-Blade-Verfahren).

Die Folienstärke ist im Wesentlichen abhängig von geometrischen Gegebenheiten des Gießschuhs, der Bandgeschwindigkeit und von rheologischen Eigenschaften des Gießschlickers. Nach Chou, Ko und Yan [358] ergibt sich für die Höhe H der Folie zu:

$$H = AD_r h_0 (1 + h_0^2 \Delta P / 6\eta_s v L) \tag{2.58}$$

A = Konstante, abhängig von geometrischen Einflüssen des Gießschuhs

D_r = Verhältnis Schlickerdichte/Dichte der getrockneten Folie

h_0 = Spalthöhe des Gießschuhs

L = Spaltlänge

ΔP = hydrostatischer Druck im Gießschuh

η_s = Schlickerviskosität

v = Bandgeschwindigkeit.

Je dünner die Folie wird und je größer die Schlickerviskosität ist (d. h. h_0^2/η_s ist relativ klein), desto geringer wird der Einfluss der Bandgeschwindigkeit (Abb. 2.104).

Je nach verwendetem keramischem Ausgangspulver müssen zur Dispergierung entweder wässrige Lösungen oder aber – im Falle möglicher Reaktionen zwischen Wasser und keramischem Pulver – organische Lösungsmittel verwendet werden. Da Binder, Plastifizierer, Verflüssiger und Benetzungsmittel von verschiedenen Mitteln gelöst werden, müssen die Systeme sehr genau aufeinander abgestimmt sein.

Tabelle 2.10 gibt eine Zusammenfassung aus der riesigen Auswahl möglicher Systeme für wässrige und nichtwässrige Lösungsmittel. Eine ausführliche Darstellung rheologischer Eigenschaften und der Struktur organischer Substanzen für den Foliengießprozess findet sich in [359] und [360].

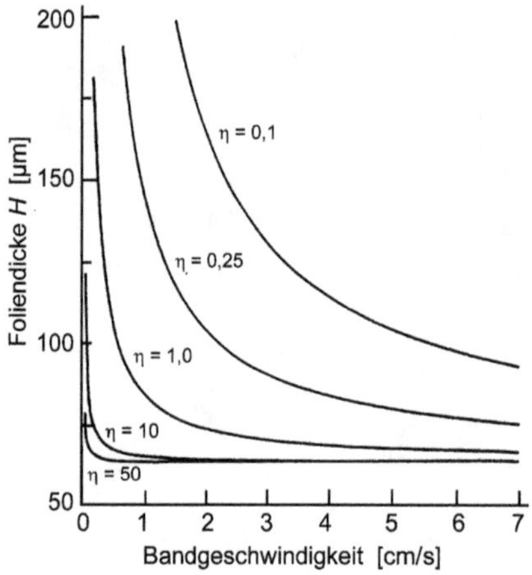

Abb. 2.104: Foliendicke in Abhängigkeit der Ziehgeschwindigkeit für Schlicker mit unterschiedlicher Viskosität (Viskosität in mPa·s) aus [359].

Tab. 2.10: Einige Additive für das Foliengießen mit wässrigen und nichtwässrigen Schlickern.

Lösungsmittel	**Binder**	**Plastifizierer**	**Verflüssiger**	**Benetzungsmittel**
Nichtwässrig:				
Aceton Benzol Bromchlormethan Butanol Diaceton Ethanol Isopropanol Methylisobutylketon Toluol Trichlorethylen Xylol	Cellulosebutyrat-acetatwachs Nitrocellulose Petroleum-Wachs Polyethylen Polyacrylatester Polymethylmethacrylat Polyvinylalkohol Polyvinylbutyralwachs Polyvinylchlorid	Butylbenzylphthalat Butylstearat Dibutylphthalat Dimethylphthalat Methyladipinat gemischte Phthalatester (Hexanol, Octadecanol) Polyethylenglycol Polyalkylenglycole Polyalkylenglycolderivate (Triethylenglycolmonohexylether) Trikresylphosphat	Fettsäuren (Glyceryltrioleate, natürliche Fischöle (Menhaden) Synthetische (Benzolsulfonsäuren)	Alkylarylpoly-Etheralkohole Polyethylenglycolethylether Ethylphenylglycol Polyoxyethylenacetat Polyoxyethylenester
wässrig:				
Wasser (mit Entschäumern auf Wachsbasis)	Acrylat Emulsion Ethylenoxidpolymer Hydroxyethylencellulose Methylcellulose Polyvinylalkohol Wachsgleitmittel	Butylbenzylphthalat Ethyltoluolsulfonamid Glycerin Polyalkylenglycol Triethylenglycol Tri-n-butylphosphat	komplexe glasige Phosphate kondensierte Arylsulfonsäuren natürliches Natriumsalz	Nichtionisches Octylphenoxyethanol

Kriterien für die Auswahl der Komponenten für das Foliengießen sind im Wesentlichen die Forderung nach niedrigem Verdampfungspunkt und geringer Viskosität des Lösungsmittels. Es soll sowohl den Binder und den Plastifizierer als auch das Benetzungsmittel und den Verflüssiger lösen. Ein Lösen des keramischen Pulvers oder Reaktionen mit diesem sind jedoch unerwünscht. Häufig ist eine Kombination von Lösungsmitteln von Vorteil, da die unterschiedlichen organischen Additive von verschiedenen Lösungsmitteln gelöst werden. Organische Lösungsmittel mit niedrigen Verdampfungspunkten verhindern zwar die Hydratation keramischer Pulver und lassen sich leicht wieder austreiben, sie fordern allerdings häufig spezielle Vorsichtsmaßnahmen im Hinblick auf Gesundheitsgefährdung und Entzündlichkeit.

Die keramischen Pulver werden mit den Additiven gemahlen, gemischt und entlüftet. Da Aluminiumoxid, das z. B. für die Herstellung von Substraten und mehrschichtigen Gehäusen verwendet wird, sich in Wasser nicht löst oder mit ihm reagiert, kann in diesem Fall ein wässriger Schlicker mit wasserlöslichen Bindern, Plastifizierern, Verflüssigern und Benetzungsmitteln hergestellt werden. Ein typischer Versatzaufbau ist in Tabelle 2.11 dargestellt.

Tab. 2.11: Aufbau einer wässrigen Al_2O_3-Foliengießmasse.

Material	**Funktion**	**Gew.-%**
Al_2O_3-Pulver	Matrix	40...50
MgO-Pulver	Kornwachstumsinhibitor	0,5...3
destilliertes Wasser	Lösungsmittel	30...50
Polyvinylacetat	Binder	5...10
Polyethylenglycol	Plastifizierer	0,5...3
Dibutylphthalat	Plastifizierer	0,5...3
Acrylschwefelsäure	Verflüssiger	0,1...0,3
Octylphenonoxyethanol	Benetzungsmittel	0,1...0,3

Viele nichtoxidische keramische Werkstoffe lassen sich in wässrigen Systemen nicht verarbeiten, da sie mit Wasser häufig unter Abspaltung von Wasserstoff reagieren. Dadurch verändert sich einerseits im Laufe der Zeit der *p*H-Wert, andererseits neigen derartige Schlicker zur Blasenbildung. Deshalb sind über einen längeren Zeitraum stabile Schlickereigenschaften nicht gewährleistet. Aus diesem Grunde werden organische Lösungsmittel mit entsprechend abgestimmten Additiven verwendet. Am Beispiel von Siliciumcarbid, das zu Folien verarbeitet, z. B. zur Wärmetauscherproduktion verwendet wird, ist eine typische Massezusammensetzung in Tabelle 2.12 aufgelistet.

Sedimentationsvorgänge beim Foliengießen führen, insbesondere wenn das keramische Pulver aus plättchen- oder stäbchenförmigen Kristalliten besteht, zur Texturbildung innerhalb der Folien, die beim Sintern noch verstärkt wird (Abb. 2.105).

Tab. 2.12: Aufbau einer nichtwässrigen SiC-Foliengießmasse.

Material	Funktion	Gew.-%
SiC	Matrix	40...50
Trichlorethylen	Lösungsmittel	15...25
Ethylalkohol	Lösungsmittel	15...25
Polyvinylbutyral	Binder	5...10
Polyethylenglycol	Plastifizierer	0,5...3
Octylphtalat	Plastifizierer	0,5...3
Menhaden-Fischöl	Verflüssiger	0,5...3

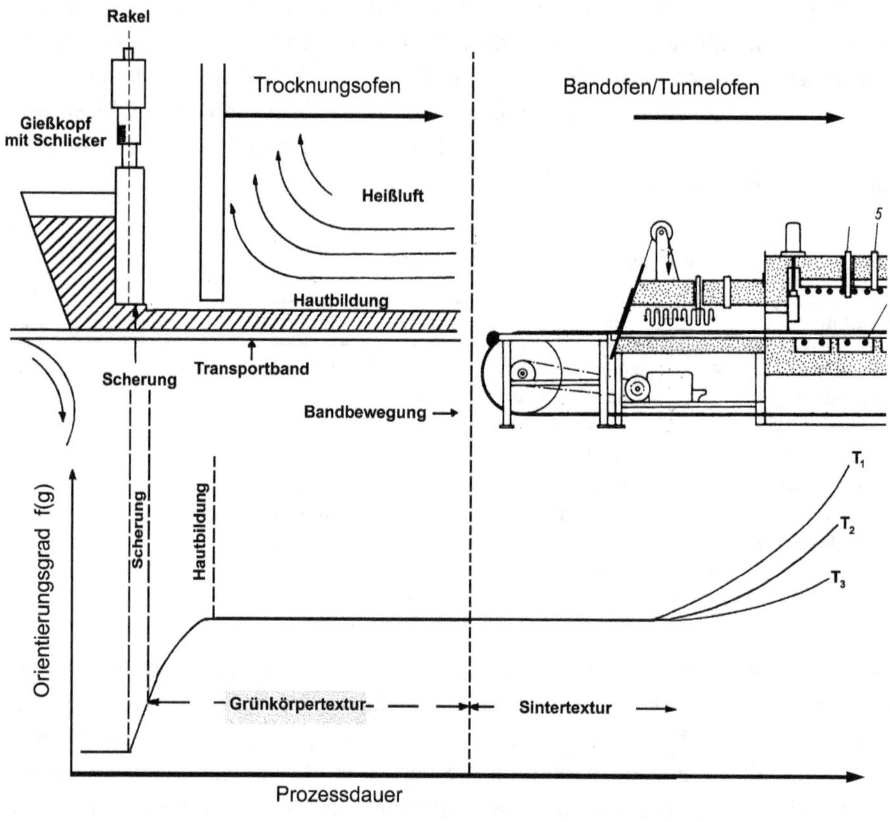

Abb. 2.105: Texturentwicklung bei der Herstellung von Aluminiumoxid-Substraten (schematisch) nach [361].

In Vielschichtbauteilen bilden außerdem die Laminierstellen häufig Schwachstellen wegen Porenbildung beim Ausheizen der organischen Bestandteile. Beide Effekte führen zur Richtungsabhängigkeit der Eigenschaften senkrecht und parallel zu den Laminierschichten (Abb. 2.106).

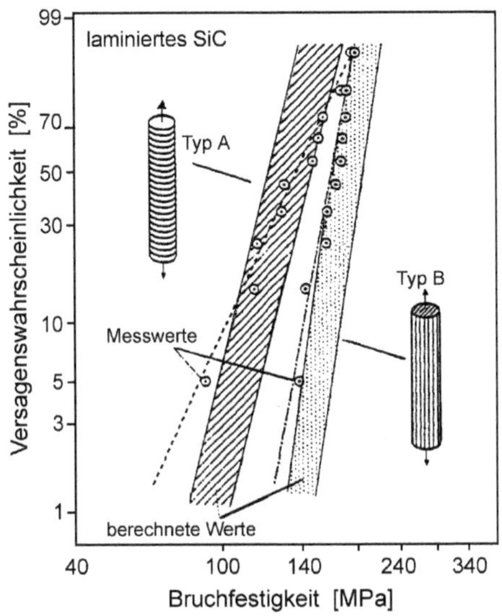

Abb. 2.106: Experimentell ermittelte Zugfestigkeit senkrecht und parallel zur Laminierrichtung von SiSiC-Proben im Vergleich mit berechneten Werten aus Vier-Punkt-Biegeversuch aus [362].

Eine besondere Herausforderung stellt das Foliengießen von metallhaltigen Werkstoffverbunden dar, wie z. B. Multilayersubstrate für Speicherelemente oder SOFC-Platinen. Hierzu werden die einzelnen schlickergegossenen und getrockneten Keramiklagen so gestanzt, dass horizontale und vertikale Kavitäten bzw. Löcher entstehen, in welche eine Paste mit der elektrisch leitenden Phase eingerakelt werden kann. Die einzelnen Platten werden passgenau aufeinander laminiert, entbindert und gebrannt. Dabei müssen die leitenden Bereiche exakt aufeinander positioniert sein und einen leitenden Kontakt schließen. Dies erfordert, dass Sinterschwindung und Wärmedehnung beider Massen nahezu identisch sind. Abbildung 2.107 zeigt einen Dünnschliff einer solchen Multilayerplatte im Polarisationsmikroskop, der senkrecht zur Schichtung präpariert worden ist. Die keramische Matrix besteht überwiegend aus Aluminiumoxid.

Eine neue Variante beim Laminieren von Einzelfolien stellt daher die Verwendung präkeramischer Polymere als Laminierpaste dar. Am Beispiel von Polysilazan wird in Abb. 2.108 deutlich, dass im Vergleich zu konventionellen Bindern bei der thermischen Zersetzung nur ein geringer Teil als flüchtige Bestandteile die Laminierpaste verlassen, über 80 % des Polymers bleiben als kristallines Gerüst in den Laminierstellen zurück. Damit lassen sich in den Laminierschichten Gefüge einstellen, die denjenigen der Folie im gesinterten Zustand entsprechen oder je nach Anforderungsprofil sogar überlegen sind (Abb. 2.109). Richtungsabhängige Eigenschaften sollen damit vermieden werden.

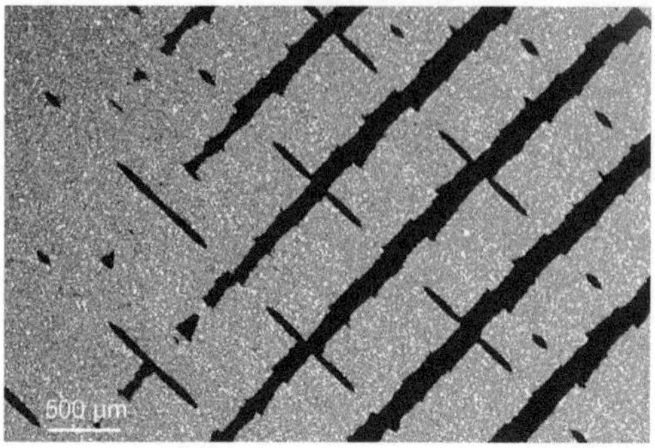

Abb. 2.107: Dünnschliff eines Multilayersubstrates senkrecht zur Laminierrichtung mit durchgängigen Leiterbahnen aus Mo-Legierung (opak) und horizontalen Verzweigungen. Bild: R. Telle, MPI Stuttgart.

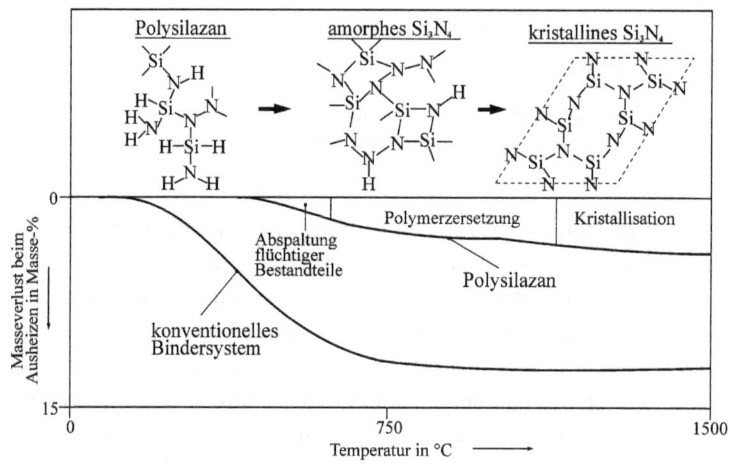

Abb. 2.108: Ausheizverhalten von Polysilazan aus Laminierpasten.

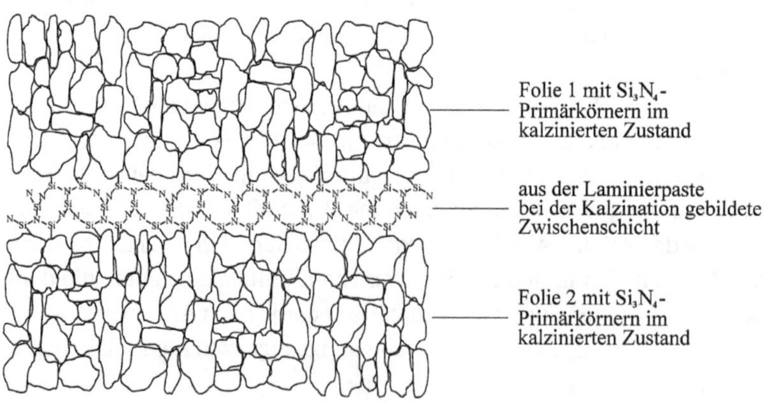

Abb. 2.109: Übergangsbereich zwischen zwei Si_3N_4-Folien im calcinierten Zustand.

2.3.2.2 Plastische Formgebung

2.3.2.2.1 Rollerformgebung

Für die Herstellung rotationssymmetrischer Geschirrartikel ist die Rollerformgebung trotz Einführung der Presstechnik (Kapitel 2.3.2.3.2) nach wie vor das dominierende Verfahren. Beim Überformen formt ein metallischer Rollerkopf eine auf eine Form (meistens aus Gips oder Polyurethan) aufgelegte Massescheibe zu einem Rohling, beim Einformen wird der Rollerkopf zur Herstellung von rotationssymmetrischen Hohlgeschirr in die Form hineingeführt (Abb. 2.110). Die Unterseite z. B. eines Tellers wird geprägt durch das Profil des Rollerkopfes, die Oberseite spiegelt die Gipsformoberfläche wieder. Bei Bechern oder Tassen liefert die Gipsform die Außenkontur, der Rollerkopf bestimmt Innenkontur und Wandstärke der Teile. Sobald der Rollerkopf die Masse berührt, wird diese durch Quetschen verformt. Ein Abschneider entfernt die über den Rand der Gipsform hinausgequetschte Masse. Bei der Rollerformgebung werden plastische (bildsame) Massen mit Anlasswert (Kapitel 2.3.1.1.4) verarbeitet, eine Voraussetzung für bleibende Verformung, da sich Formlinge sonst unter ihrem Eigengewicht verformen würden.

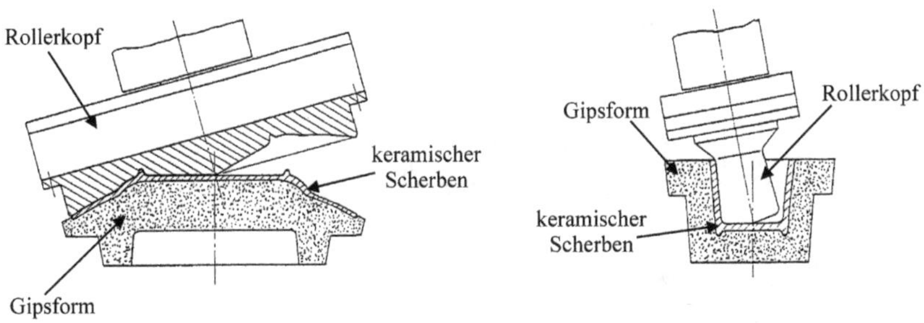

Abb. 2.110: Schematische Darstellung der Rollenformgebung. Überformen: Der Fuß des Tellers wird vom Rollerkopf gebildet. Einformen: Die Innenseite des Bechers wird vom Rollerkopf gebildet [363].

Bei der Verarbeitung plastischer Massen sind hohe Deformationsgeschwindigkeiten von Vorteil, weil sich z. B. Porzellanmassen dann wie echte Flüssigkeiten verhalten und Textur und Rissbildung weitgehend vermieden werden kann [364]. Aus diesem Grund strebt man zwischen Rollerkopf und Spindel, die die Gipsform aufnimmt, hohe Differenzgeschwindigkeiten an, wobei sich beide gleichläufig drehen. Beim Überformen sind wegen auftretender Fliehkräfte dieser Forderung Grenzen gesetzt. Typische Drehzahldifferenzen liegen bei Tellern und Schalen mit Durchmessern von 11 bis 24 cm zwischen 80 und 180 min^{-1} [364]. Dadurch ergeben sich Tangentialgeschwindigkeitsdifferenzen an der Telleraußenseite von max. 1,77 m/s (Abb. 2.111). Die Forderung, plastische Massen mit hoher Scherrate zu verarbeiten, lässt sich am besten beim Einformen realisieren. Dort liegen die Drehzahldifferenzen üblicherweise bei 1000–1200 min^{-1} [364].

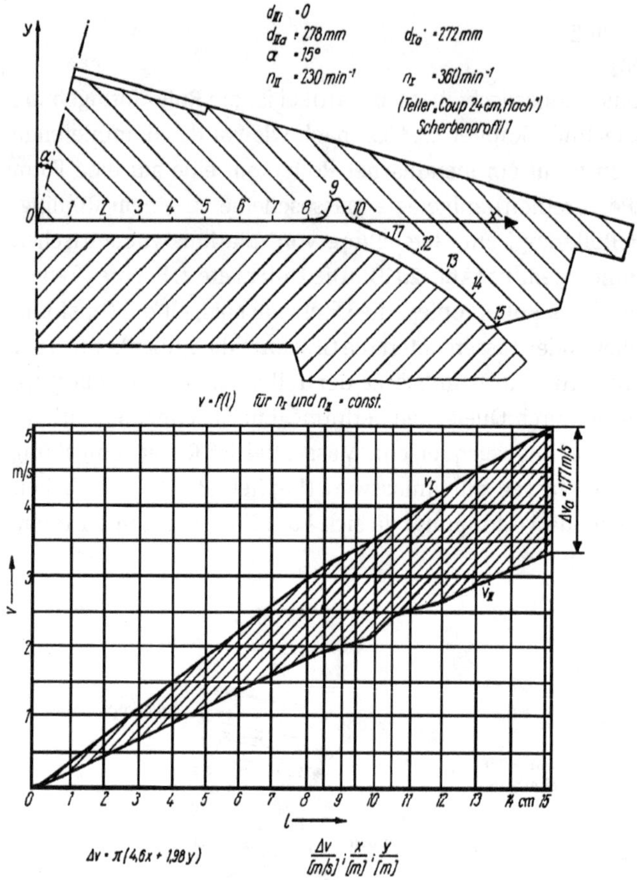

Abb. 2.111: Verteilung der Tangentialgeschwindigkeit auf dem Profil der Tellerunterseite aus [365]. v_w = Tangentialgeschwindigkeit des Werkzeuges, v_{sp} = Tangentialgeschwindigkeit der Spindel. (Durchmesser des Werkzeuges = 278 mm, Kippwinkel des Werkzeuges = 15 °, Drehzahl des Werkzeuges = 272 min^{-1}, Durchmesser der Form = 272 mm, Drehzahl der Form = 360 min^{-1}.)

Um ein Ankleben der plastischen Masse an der Rollerschablone zu vermeiden, werden die Rollerköpfe beheizt. Dadurch bildet sich ein Dampffilm zwischen Rollerkopf und Masse, der zusätzlich das Fließverhalten verbessert. Hintergriffige Innenkonturen können gefertigt werden, wenn beim Einformen entweder durch eine Rollerkopf- oder durch eine Spindelverschiebung ein Seitenhub erreicht wird. Eine ausführliche Beschreibung von Maschinenparametern und Einflussgrößen bei der Formgebung finden sich bei Seegerer [363] und Hülsenberg [364].

2.3.2.2.2 Extrudieren

Die Extrusion plastischer keramischer Massen wird zur Herstellung von Bauteilen mit definiertem Querschnitt genutzt, deren Länge durch Abschneiden eines Massestranges bestimmt wird. Die plastische Masse gelangt über einen Aufgabetrichter und die Homogenisierungsschnecke in die Strangpresse. In einer Vakuumkammer wird die Masse evakuiert und von der Förderschnecke durch das Mundstück gefördert (Abb. 2.112 und 2.113). Grundlegende Arbeiten über die Wirkungsweise von Schneckenpressen finden sich in [366] und [367]. Je nach Mundstückgeometrie werden mit diesem Verfahren sog. Hubel als Vorstufe für die Herstellung von Isolatoren und Geschirrdrehteilen gefertigt oder aber durch Verwendung geeigneter Einsätze Ziegel, Fliesen, Rohre, Substrate oder „Honeycomb"-Katalysatorträgerstrukturen extrudiert.

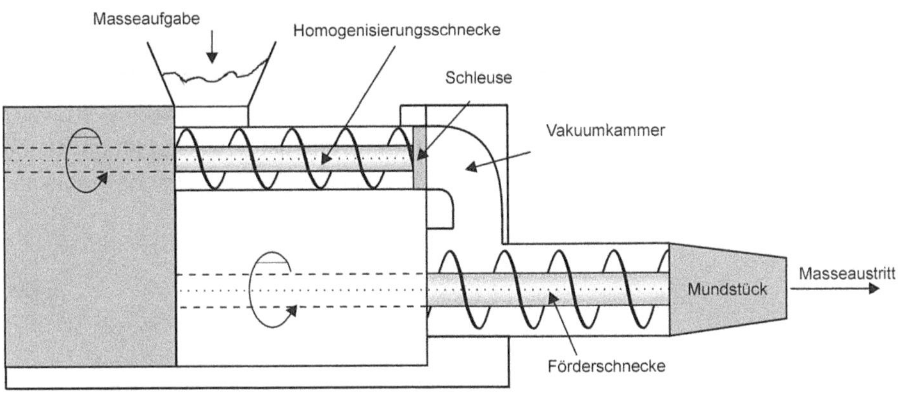

Abb. 2.112: Schematische Darstellung eines Extruders.

Abb. 2.113: Mundstücke eines Doppelwellen-Extruders mit zwei Strängen für Dachziegelrohlinge. Foto: R. Telle, Aachen.

Die Plastifizierung der Rohstoffe erfolgt bei ton- bzw. kaolinithaltigen Massen durch Wasser und evtl. geringfügige Verflüssigermengen. Oxidische und nichtoxidische keramische Rohstoffe werden durch wässrige und nichtwässrige Bindersysteme plastifiziert. Drei typische Beispiele extrudierfähiger keramischer Massen zeigt Tabelle 2.13.

Tab. 2.13: Zusammensetzung extrudierfähiger keramischer Massen in Vol.-% aus [275].

Siliciumcarbid		**Aluminiumoxid**		**Elektroporzellan**	
SiC	50	Al_2O_3	46	Quarz	16
Hydroxyethylcellulose	6	Ball Clay	4	Feldspat	16
Polyethylenglycol	2	Methylcellulose	2	Kaolin	16
H_2O	42	H_2O	48	Ball Clay	16
				$CaCO_3$	< 1
				H_2O	36

Für die Praxis von Bedeutung ist der Massedurchsatz und der Druckverlauf im Mundstückbereich der Presse. Nach Pels-Leusden [368] beträgt der theoretische Durchsatz einer Schneckenpresse

$$\dot{V}_{\text{max}} = \frac{\pi^2 D_s^3}{4}\left(1 - \frac{d_k^2}{D_s^2}\right) n \sin\beta\cos\beta \tag{2.59}$$

mit

$\dot{V}_{\text{max}}$ = max. theoretischer Durchsatz
D_s = Schneckendurchmesser
d_k = Nabendurchmesser
β = mittlerer Schneckensteigungswinkel
n = Schneckendrehzahl.

Dass in der Praxis nur weniger als 40 % des theoretischen Durchsatzes erreicht werden, hängt mit Relativbewegungen zwischen Masse und Schnecke bzw. Zylinderwand und dadurch entstehenden Schlupf zusammen.

Nach Reed [275] errechnet sich im zylindrischen Teil der Förderschnecke für stationäres laminares Fließen der Masse die Scherspannung bei der radialen Position r zu:

$$\tau = r(p_1 - p_2)/2L, \tag{2.60}$$

wobei $\Delta p/L$ die axiale Druckdifferenz für ein Zylindersegment der Länge L darstellt. Die maximale Scherspannung ergibt sich an der Zylinderwand bei $r = R$ zu

$$\tau_{\text{Wand}} = rR\Delta p/2L. \tag{2.61}$$

Damit stellt sich das in Abb. 2.114 dargestellte Fließgeschwindigkeitsprofil ein. In der Mitte des Massestranges, wo die Scherspannung kleiner ist als der Anlasswert der plastischen Masse, ist die Fließgeschwindigkeit konstant, hier tritt keine plastische Verformung auf.

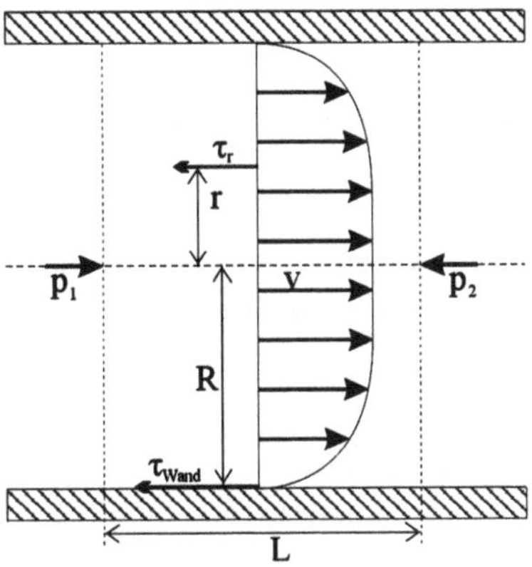

Abb. 2.114: Fließgeschwindigkeitsprofil im zylindrischen Teil der Förderschnecke eines Extruders.

Der Geschwindigkeitsunterschied zwischen Zylinderwand und Massestrangmitte wird umso größer, je stärker der Strangquerschnitt im Mundstück reduziert wird (Abb. 2.115) [369].

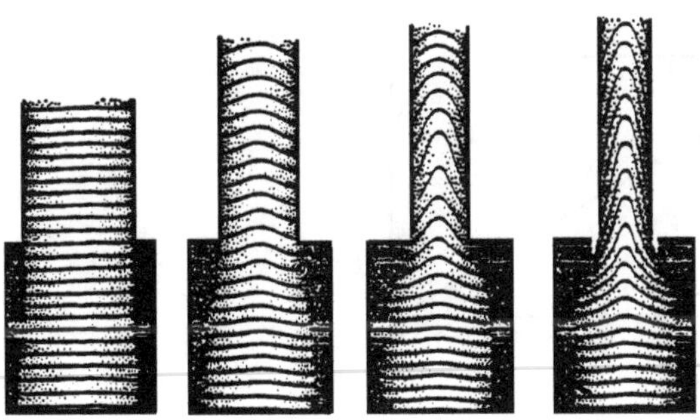

Abb. 2.115: Fließtexturen bei Reduzierung des Strangquerschnittes aus [369].

Eine zu starke konische Verjüngung des Mundstückquerschnitts fördert daher die Ausbildung von Texturen im Massestrang.

Bei einer Austrittsgeschwindigkeit v des Massestranges ist eine Druckdifferenz ΔP notwendig, die sich für einen kreisförmigen Querschnitt nach [275] errechnet zu

$$\Delta P = 2\ln(D_0/D) \cdot \left[\tau_b + k_b(v/D)^n\right)] + (4L/D) \cdot \left(\tau_f + k_f v^m\right) \qquad (2.62)$$

mit

$$D_o = \text{Zylinderdurchmesser}$$
$$D = \text{Durchmesser am Mundstückaustritt}$$
$$\tau_b = \text{Anlasswert der Masse}$$
$$\tau_f = \text{Scherspannung an der Mundstückswand}$$
$$k_b, k_f = \text{Geschwindigkeitskonstanten}$$
$$n, m = \text{Faktoren für die Strukturviskosität im Innern und an der Wand,}$$
$$L = \text{Länge des betrachteten Segments.}$$

Beim Übergang des Schneckenzylinders in das Mundstück stellt sich ein Druckabfall ein, der die Arbeit widerspiegelt, um das Material auf den kleineren Durchmesser zu deformieren. Der Druckverlust im Mundstück reflektiert die notwendige Arbeit, um Reibungskräfte zum Gleiten der Masse zu überwinden. Der Druckabfall ist abhängig von dem rheologischen Verhalten der Masse und von den geometrischen Verhältnissen des Extruders. Abbildung 2.116 zeigt exemplarisch den axialen Druckabfall für verschiedene L/D-Verhältnisse des Mundstücks.

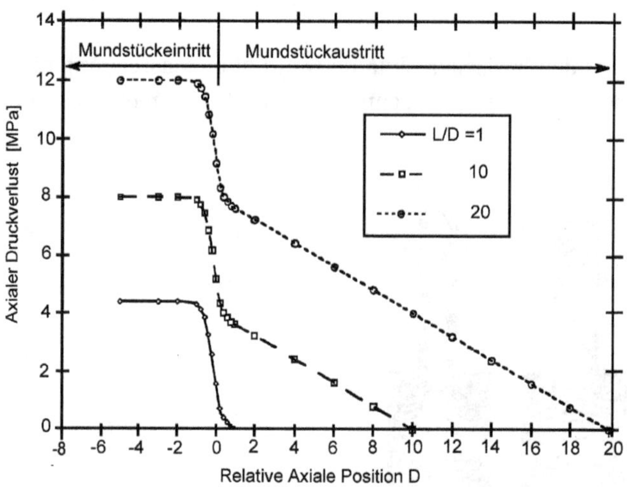

Abb. 2.116: Änderung des Extrusionsdruckes bei unterschiedlichem Längen/Durchmesser-Verhältnis des Mundstückes aus [275].

Die komplizierten Druckverhältnisse und Relativbewegungen im Extruder führen zu Texturen in den extrudierten Teilen. Vor allem in tonmineralhaltigen Massen entstehen durch Ausrichtung der Teilchen Mikrotexturen. S-förmige Makrotexturen, die sich korkenzieherartig ziehen (Abb. 2.117), rühren von der Schneckendrehung her und führen meist zu totaler Zerstörung der Bauteile bei der anschließenden Trocknung. Werden Hubel nach dem Extrudieren und Vereinzeln dem Feuchtpress-Prozess unterworfen, wie es z. B. Bei Dachziegeln der Fall ist, so können in der Form ebenfalls komplexe Druckverhältnisse bei gleichzeitig sehr schnellen Fließgeschwindigkeiten auftreten. Dies kann zur Freistrahlbildung führen, wobei der Hauptteil der Masse über besondere Formausbuchtungen wie z. B. Falze hinwegschießt, bis er sich am Ende der Form staut und erst im Nachgang diese Nischen füllt. Abrisse, Scherrisse und Wirbelbildungen sind die Folge. Abbildung 2.118 zeigt links die Einzugssituation von Hubeln in eine Revolverpresse und rechts einen Ziegelquerschnitt mit ausgeprägte Fließtextur und Wirbelbildung in der Falztasche. Eine für jede Zusammensetzung exakte Abstimmung zwischen rheologischen Eigenschaften der Masse und Maschinenparametern sowie Wandreinbung ist daher zur Vermeidung von Herstellungsfehlern notwendig. Fließtexturen durch strömungsdynamische Ausrichtung elongierter Partikel sind in der Regel jedoch nicht zu vermeiden.

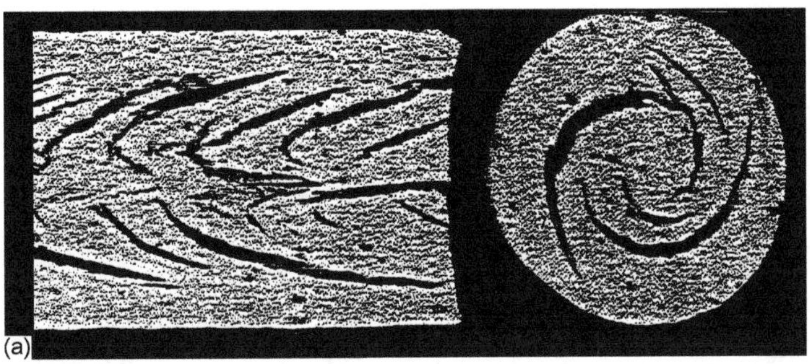

Abb. 2.117: Typische longitudinale (links) und transversale (rechts) Extrusionsfehler in einem extrudierten Massestrang aus [370].

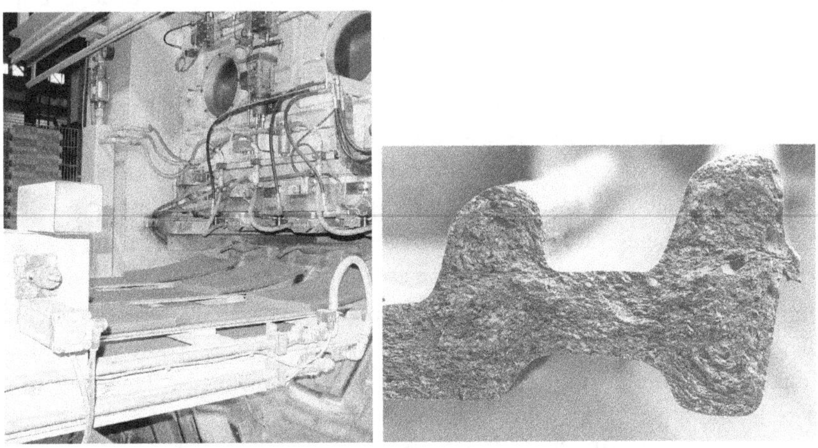

Abb. 2.118: Links: Hubeleinzug in eine Revolverpresse. Bild: R. Telle, Aachen. Rechts: Gefüge eines Dachziegels im Querbruch: Fließtextur, Wirbelbildung und Scherrisse in den Falzbereichen durch unterschiedliche Massengeschwindigkeiten in der Form während des Feuchtpressens. Bild: R. Kremer, Alpha Ceramics Aachen.

2.3.2.2.3 Spritzgießen

Spritzguss ist ein Verfahren zur Herstellung kleiner Bauteile mit komplexer Geometrie und geringen Wandstärken in großen Stückzahlen. Typische spritzgegossene Bauteile sind Kerne für die Metallgießerei, Fadenführer, Wendeschneidplatten, Schweißdüsen und Turboladerrotoren. Zur Plastifizierung der Massen werden keramische Pulver mit Bindern, Plastifizierern und Gleitmitteln homogenisiert. Letzteres geschieht in beheizbaren Mischern oder Knetern oberhalb der Schmelztemperaturen der organischen Additive. Die hohen Scherspannungen, die zum Mischen und zur Dispersion von Agglomeraten notwendig sind, führen zu großen Drehmomenten im Mischer und häufig zu deutlichem Abrieb der metallischen Komponenten. Typische Bindersysteme für das Spritzgießen keramischer Massen sind in Tabelle 2.14 zusammengestellt. Ausführliche Informationen zur Spritzgusstechnik finden sich in [370–375].

Tab. 2.14: Bindersysteme für den Spritzgießprozess.

Binder	Plastifizierer	Gleitmittel
Thermoplaste:	Methylethylketon	Stearinsäure
Polyethylen	Ethylenvinylacetat	Ölsäure
Polypropylen	Ethylenacrylsäure	Butylstearat
Polystyrol		
Wachse:		
Paraffin		
Epoxy		
Mikrokristalline Wachse		

Die homogenisierte Masse mit bis zu 50 Vol.-% organischen Additiven wird abgekühlt und dabei durch Schnecken oder Sigmarotoren granuliert. Dieses Granulat wird über den Fülltrichter der beheizbaren Spritzgussmaschine zugeführt (Abb. 2.119).

Das vom Aufgabetrichter aufgenommene Granulat wird im beheizten Zylinder plastifiziert und von der als Förder- und Druckorgan wirkenden Schnecke in das formgebende Werkzeug gespritzt. Die Temperaturzonen des beheizbaren Plastifizierzylinders richten sich nach den Tropfpunkten und dem Viskositätsverlauf der verwendeten organischen Komponenten. Sie liegen je nach Fließverhalten der Pulver und dem Gehalt an organischen Bestandteilen zwischen 160 und 240 °C.

Die Werkzeugtemperatur liegt unterhalb der Erstarrungspunkte der Kunststoffe, sodass die plastische Masse erstarrt und entformt werden kann. Sie sollte so gewählt werden, dass die Fließfähigkeit der Masse so lange erhalten bleibt, bis die Werkzeugform vollständig gefüllt ist. Durch hohe Werkzeugtemperaturen können somit Inhomogenitäten über den Probenquerschnitt und Presskegel verhindert werden. Andererseits muss diese Temperatur so weit unterhalb des Erstarrungspunkts der niedrigstschmelzenden organischen Komponente liegen, dass eine Blasenbildung an der Oberfläche der Proben nach dem Entformen verhindert wird. Um diesem Kompromiss gerecht zu werden, liegen die Werkzeugtemperaturen üblicherweise zwischen 40 und 70 °C.

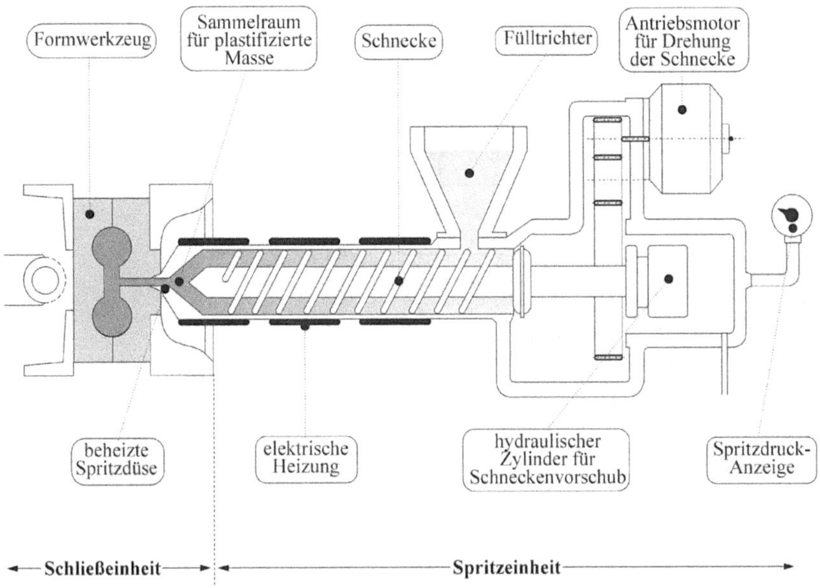

Abb. 2.119: Schematische Darstellung des Spritzgießprozesses.

Je nach Fließverhalten der Masse werden Schnecken mit unterschiedlicher Geometrie verwendet. Bei hohen Kunststoffgehalten und Pulvern mit relativ breiter Kornverteilung können wegen der guten Fließfähigkeit der Gemenge konventionelle Thermoplastschnecken mit Kompressionszone und Rückstromsperre verwendet werden (Abb. 2.120a). In der Kompressionszone im vorderen Teil der Schnecke nimmt deren Kerndurchmesser zu, wodurch eine zusätzliche homogenisierende Wirkung erreicht wird. Die Rückstromsperre verhindert beim Einspritzvorgang, dass das Material nach hinten weggedrückt wird.

Bei der Verwendung von Pulvern mit sehr enger Kornverteilung oder bei sehr niedrigen Kunststoffgehalten werden wegen der schlechten Fließfähigkeit der Gemenge Duromerschnecken ohne Kompressionszone und ohne Rückstromsperre eingesetzt (Abb. 2.120b). Aufgrund der größeren Zwischenräume zwischen Schneckenkern bzw. Schneckenspitze und Zylinderwand lassen sich auch schlecht fließfähige Pulver verspritzen.

Bei Massen mit schlechtem rheologischen Verhalten erfolgt außerdem das Einspritzen in das Werkzeug nicht senkrecht zur Trennfläche, wie in Abb. 2.119 dargestellt, sondern es wird durch vertikale Anordnung des Plastifizierzylinders in die Trennebene des Werkzeugs gespritzt. Durch diese Anordnung entfallen unnötige Umlenkkanäle im Werkzeug, in denen die Masse zu Entmischungen neigt. Die Homogenität der gespritzten Proben kann weiterhin über die Optimierung der Einspritzgeschwindigkeit und des Einspritzdrucks verbessert werden.

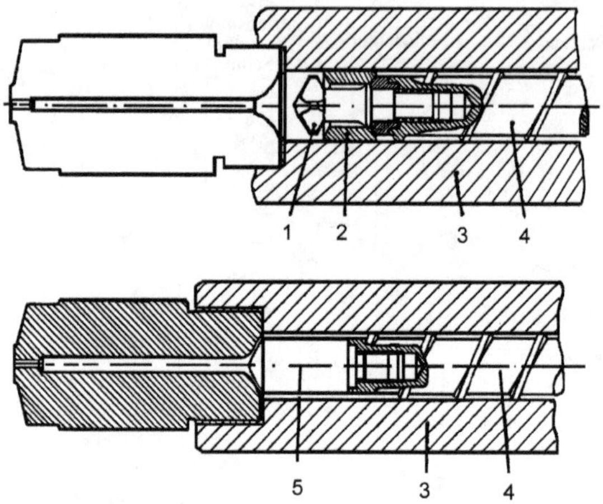

Abb. 2.120: (a) Schneckenspitze mit Rückstromsperre, Zylinder mit offener Düse. (b) Schneckenspitze ohne Rückstromsperre, Zylinder mit offener Düse. 1,5: Schneckenspitze; 2: Rückstromsperre; 3: Zylinder; 4: Schneckenkern.

Das Drehmoment, die Drehzahl und die Geometrie der Schnecke beeinflussen den Materialtransport und vermitteln die notwendigen Scherspannungen zur Homogenisierung der Masse. Das Drehmoment M_x für einen bestimmten Schneckendurchmesser D_x kann aus einem bekannten Drehmoment M_0 bei gegebener Drehzahl D_0 berechnet werden [371]:

$$M_x = M_0(D_x/D_0)^{2,7}. \tag{2.63}$$

Der Massedurchsatz ist im Wesentlichen von der Ganghöhe h der Schnecke, dem Gangwinkel θ, dem Zylinderdurchmesser D und der Drehzahl N der Schnecke abhängig:

$$Q = \frac{\pi}{2}D^2Nh\sin\theta\cos\theta, \tag{2.64}$$

wobei von diesem Durchsatz ein druckabhängiger Masserücktransport im Schneckenzylinder und ein gewisser Leckagematerialfluss abgezogen werden muss.

Andererseits nimmt die Scherrate, die für die Homogenisierung wichtig ist, im Einzugsbereich der Schnecke nach [371] nach folgender Beziehung zu:

$$\dot{\gamma} = \frac{DN}{h} \tag{2.65}$$

mit

$$\dot{\gamma} = \text{Scherrate}$$

D = Schneckendurchmesser
N = Schneckendrehzahl
h = Ganghöhe.

Für niedrigviskose Materialien werden daher, wie bereits erwähnt, geringe Ganghöhen (Kompressionszone), für höherviskose Massen größere Ganghöhen (Duroplastschnecken) gewählt. Der Einfluss der Schneckengeometrie auf den Durchsatz und die Homogenität der Bauteile ist in [371] ausführlich beschrieben. Die Homogenität der gespritzten Bauteile kann weiterhin über die Optimierung der Einspritzgeschwindigkeit und des Einspritzdrucks verbessert werden. Abbildung 2.121 zeigt die zu beeinflussenden Parameter beim Spritzgießen.

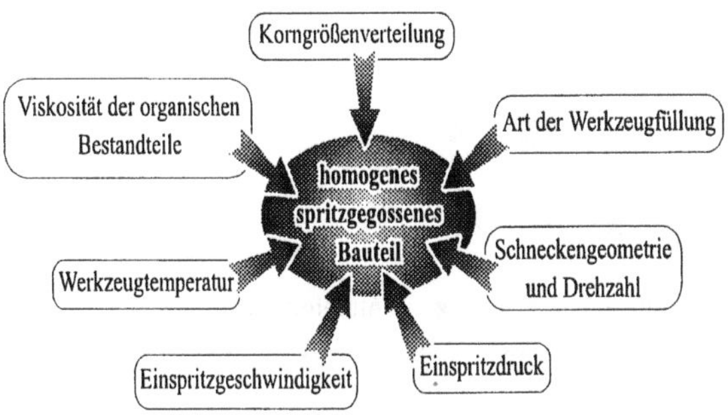

Abb. 2.121: Optimierungsparameter beim Spritzgießen.

Neben den werkstoffspezifischen und physikalisch-chemischen Prozessparametern ist insbesondere die Werkzeugkonstruktion ein wesentlicher Schritt auf dem Wege zu einem gelungenen Bauteil. Viele Vorgaben hierzu können aus den Werken der Kunststofftechnik übernommen werden, z. B. [376], wenn man sich dessen bewusst ist, dass ein keramisches Grünteil nicht wie ein Thermoplast elastisch federn kann. Da der Werkzeugbau einen besonders großen Kosten- und Zeitfaktor darstellt, sind nicht allzu viel Versuche und Änderungen an der Konstruktion möglich. Heute ist die Modellierung von komplexen Fließvorgängen hochviskoser Medien mit dispergierten Feststoffen unterschiedlicher Korngröße möglich. Diese Programme stammen z. B. aus der Gießereitechnik oder der Fördertechnik von Suspensionen und können daher nicht einfach auf keramische Massen mit ihrem komplexen Phasengehalt und Kornspektrum übertragen werden. Vielfach werden daher zur Validierung der Modelle sowie zur schnellen Fehlererkennung sogenannte Füllstudien vorgenommen, bei welchen das Werkzeug stufenweise mit Masse teilgefüllt wird. Dabei kann man Strömungsrichtung, Scherrisse, Lufteinschlüsse, Dichteunterschiede und Fließtexturen gut erkennen, bewerten und über eine Modellanpassen Abhilfe beim Werkzeugdesign schaffen. Die Abb. 2.122 und 2.123 zeigen das Beispiel einer Füllstudie eines Werkzeugs für ein Paar Schulterzugproben mit einer Bohrung (durch einen beweglichen Dorn im Werkzeug vorgehalten) sowie einer stufenartigen Verjüngung. Es ergeben sich dann bei den Teilfüllungen charakteristische Merkmale wie Auswerferabdrücke (1), Einfallstellen (2) bedingt durch Lufteinschlüsse zwischen Massestrang und Werkzeugoberfläche, Fließnähte (3) nach dem Umströmen eines Hindernisses und Wiedervereinigung der Teilstränge, Fließtexturen (4), hier durch Eisenabrieb vom Werkzeug erzeugt, schließlich ein Freistrahl (5), wo die Masse nahezu ohne Wandberührung in die Kavität hineinschießt, bis sie das Ende des Form erreicht und gestaucht wird.

Abb. 2.122: Füllstudie einer Schulterzugprobenform mit Bohrung mit Aluminiumoxidmasse. (1) Auswerferabdrücke, (2) Einfallstellen, (3) Fließnähte, (4) Fließtextur. Bild: R. Telle, Stuttgart.

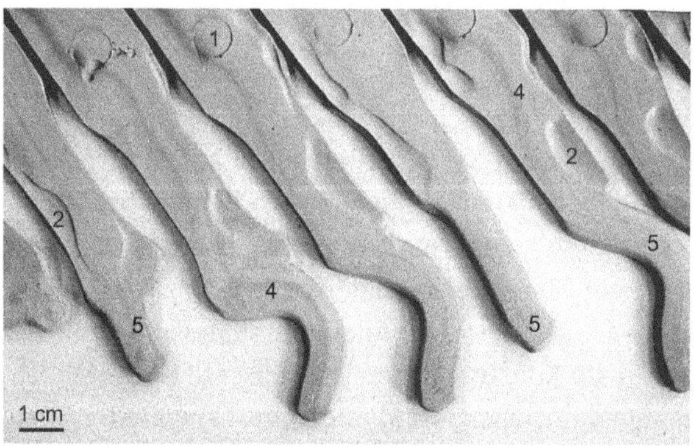

Abb. 2.123: Füllstudie einer Schulterzugprobenform mit Aluminiumoxidmasse. (1) Auswerferabdrücke, (2) Einfallstellen, (4) Fließtextur, (5) Freistrahl. Bild: R. Telle, Stuttgart.

Ein sehr entscheidender Verfahrensschritt bei der Herstellung spritzgegossener keramischer Bauteile ist das Ausheizen der organischen Additive. Bis zu 50 Vol.-% Binder, Plastifizierer und Gleitmittel müssen aus dem Grünkörper vor dem Sintervorgang ausgetrieben werden. Je nach Wandstärke kann das Austreiben der Additive von einigen Stunden bis zu mehreren Wochen dauern. Im Vakuum (bevorzugt vor allem bei Nichtoxidkeramiken) schätzt German [372] die Ausheizzeit ab zu

$$t = \frac{22{,}5H^2(1 - E^2)PG}{[E^3D^2F(P^2 - P_0^2)]} \tag{2.66}$$

mit

H = Bauteilwandstärke
E = Porenanteil
P = Druck an der Binder-Dampf-Grenzfläche
G = Viskosität des Dampfes
D = Teilchendurchmesser
F = Verhältnis des Volumens des Binders im festen und im gasförmigen Zustand bei einem Druck P
P_0 = externer Gasdruck.

Diese Gleichung beinhaltet mehrere Vereinfachungen, zeigt aber deutlich die quadratische Abhängigkeit zwischen Ausheizzeit t und Bauteilwandstärke H.

Beim Ausheizen flüssiger organischer Bestandteile in einem Pulverbett beeinflussen Kapillarkräfte die Geschwindigkeit des Binderverlustes. Dieses Verfahren bietet sich z. B. beim Einsatz niedrigviskoser Wachse an. Die treibende Kraft für das Austreiben der flüssigen Additive ist die Schwerkraft und Kapillarkräfte gemäß [275]

$$\Delta P = 2\gamma_{LV}(\cos\theta_1/R_1 - \cos\theta_2/R_2), \tag{2.67}$$

mit

γ_{lv} = Oberflächenspannung der organischen Flüssigkeit
θ_1, θ_2 = Benetzungswinkel der Flüssigkeit im Bauteil und Pulverbett
R_1, R_2 = Porenradius im Bauteil und im Pulverbett.

Die Ausheizzeit nach diesem Verfahren wurde wiederum von German [372] abgeschätzt zu

$$t = 4{,}5\left[\frac{(1 - E_c)2GH^2D_w}{E_c^3WD_c(D_c - D_w)}\right] \tag{2.68}$$

mit

E_c = Porenanteil des Bauteils
G = Viskosität der organischen Flüssigkeit
H = Bauteilwandstärke
D_w = Teilchendurchmesser des Pulverbetts
W = Binder-Dampf-Oberflächenenergie
D_c = Teilchendurchmesser im Bauteil.

Das Austreiben der Organik auf diesem Weg geschieht also umso schneller, je größer der Porenanteil im Bauteil, je geringer die Viskosität des Binders und die Wandstärke des Bauteils und je größer die Differenz der Teilchengrößen zwischen Bauteil und Pulverbett ist.

Bei oxidationsempfindlichen Materialien wird zum Austreiben organischer Additive die thermische und oxidative Zersetzung genutzt. Hierbei spielen Verdampfungs-, Diffusions- und Strömungsvorgänge eine Rolle ähnlich dem keramischen Trocknungsprozess. Mutsuddy [371] beschreibt die Oxidation der Polymere als Serie chemischer Reaktionen gemäß Tabelle 2.15.

Tab. 2.15: Oxidationsverlauf von Polymeren aus [371].

(1) $RH^a + IN^b$	→	R*	Startreaktion
(2) R* + O	→	ROO*	
(3) ROO* + RH	→	ROOH + R*	Hauptreaktion
(4) ROOH	→	RO* + HO*	
(5) RO* + RH	→	ROH + R*	Kettenverzweigung
(6) HO* + RH	→	HOH + R*	
(7) ROO* (RO* etc.)	→	inerte Produkte	Endreaktion

[a] Polymer.
[b] Initiator.

In einer ersten Reaktion entstehen bei Wärmezufuhr innerhalb des Polymers Radikale (Gleichung 1), die später mit Sauerstoff zu einem Peroxyradikal reagieren (2), das seinerseits mit dem Wasserstoff anderer Polymermoleküle Hydroperoxid und ein weiteres Radikal bildet (3). Dieses zweite Radikal reagiert wiederum gemäß Gleichung (2) und (3). Diese Kettenreaktion kann vielfach wiederholt werden. Hydroperoxid ist instabil und zerfällt in Radikale (4), die mit Wasserstoff anderer Moleküle nach (5) und (6) neue verzweigte Ketten bilden. Der Prozess ist beendet, wenn die Radikale in inerte Produkte disproportionieren.

Ein Teil des Binders verlässt das poröse Bauteil über die flüssige Phase, der Rest als gasförmiges Reaktionsprodukt. Treibende Kräfte für das Ausheizen der Binder sind Druckdifferenzen im Fall des Binderaustritts über die flüssige Phase oder Konzentrations- bzw. Dampfdruckdifferenzen und damit Diffusionsprozesse beim Austritt über die Gasphase. In diesem Falle ist die Knudsen-Diffusion in Kapillaren der geschwindigkeitsbestimmende Schritt für das Austreten der gasförmigen Reaktionsprodukte aus dem porösen Formteil.

Experimentelle Untersuchungen haben gezeigt, dass der Porendurchmesser D, der sich nach dem Ausheizen der Binder einstellt, abhängig ist vom Teilchendurchmesser R der spritzgegossenen Pulver: Nach Wada und Oyama [373] ist $D = (0{,}3–0{,}4) \cdot R$ für Siliciumnitrid und $D = (0{,}2–0{,}3) \cdot R$ für Siliciumcarbid.

Um Defekte beim Ausheizen zu vermeiden, ist es in der Praxis wichtig, dass Oxidation und Zersetzung der Binder, Plastifizierer und Gleitmittel nicht bei derselben Temperatur beginnen. Der Gewichtsverlust sollte sich möglichst über einen großen Temperaturbereich erstrecken (Abb. 2.124).

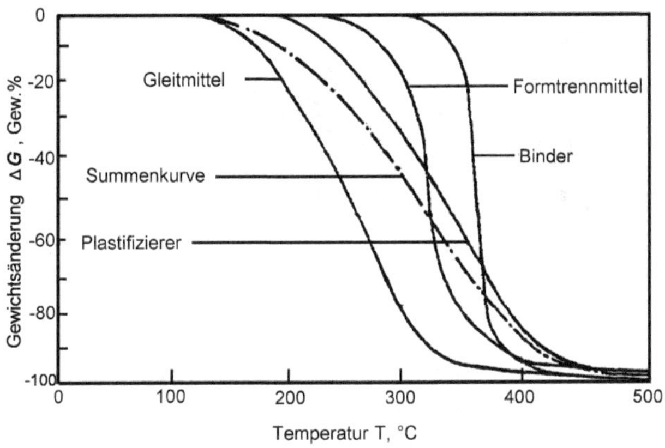

Abb. 2.124: Ausheizverhalten organischer Bestandteile aus spritzgegossenen Bauteilen.

2.3.2.3 Pressverfahren

Pressverfahren lassen sich je nach Art der Druckaufbringung in axiale und isostatische Verfahren unterteilen. Die Stabilität des Grünkörpers wird dabei durch eine Restfeuchte <3–8 Gew.-%, durch organische Additive oder durch mechanische Verhakung der Pulverteilchen erreicht.

2.3.2.3.1 Uniaxiales Trockenpressen

Unter dem Begriff Trockenpressen wird allgemein die Verdichtung von Pulvern oder Granulaten zwischen zwei Stempeln in gehärteten Metallmatrizen in axialer Richtung verstanden (Abb. 2.125).

Dieses Verfahren lässt nur vergleichsweise einfache Geometrien zu und wird bei der Herstellung magnetischer und dielektrischer Bauteile, bei Substraten, Wendeschneidplatten, Dichtungen und Lagern, Sensoren, feuerfesten Artikeln, Schleifscheiben, Steatit-Isolationskörper und in der Fliesenproduktion eingesetzt. Nach dem Füllen des Werkzeugs erfolgen die Verdichtung und das Auswerfen der Teile. Die Verdichtung wird im Allgemeinen durch eine Pressdruck–Pressdichte-Kurve beschrieben und in drei Bereiche gegliedert [377]. Im ersten Bereich der Verdichtung werden die Teilchen in Pressrichtung verschoben, die Verdichtung erfolgt durch Gleit- und Umorientierungsvorgänge. Die Gleitvorgänge werden begünstigt durch organische Additive, sog. Lubrikante, die den Pulvern üblicherweise vor oder während der Granulierung zugegeben werden (Tabelle 2.16). Die Gesamtkonzentration an Presshilfsmitteln liegt in der Regel zwischen 1 und 5 Gew.-%.

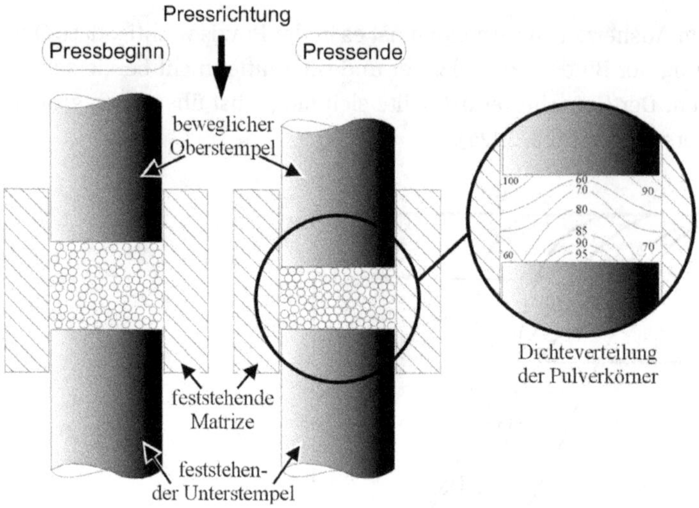

Abb. 2.125: Schematische Darstellung des Trockenpressens. Die prozentuale Dichteverteilung rechts bezieht sich auf die maximal erreichte Dichte im Saumbereich des Oberstempels.

Tab. 2.16: Organische Additive für ein sprühgetrocknetes keramisches Granulat [275].

Additiv	Konzentration (Gew.-%)
Polyvinylalkohol	83,1
Glycerol	8,3
Ethylenglycol	4,1
Verflüssiger	4,1
Benetzungsmittel	0,2
Entschäumer	0,2

Im zweiten Bereich werden Agglomerate zerstört, im Dritten kommt es teilweise zu plastischer Deformation. Die Pressdichte nimmt im ersten Bereich fast linear mit dem Pressdruck zu, zeigt dann aber einen stark degressiven Verlauf. Basierend auf den Modellen von Fischmeister und Arzt [378] und Helle, Easterling und Ashby [379] haben Oberacker et al. [272] unter Einbeziehung der Bestimmung der Einzelgranulatfestigkeit die Pressdruck–Pressdichte-Kurve mit folgenden Beziehungen beschrieben:

$$P = 3D^2 \frac{(D - D_0)}{(1 - D_0)} \frac{1}{20} [5 + 6(5D - 6D_B)^2] \sigma_{yg} \quad \text{für } [D_0 < D < 0{,}9], \tag{2.69}$$

$$P = \frac{2}{3} \ln\left(\frac{1}{1 - D}\right) \frac{1}{20} [5 + 6(5D - 6D_B)] \sigma_{yg} \quad \text{für } [0{,}9 < D < 1] \tag{2.70}$$

mit

P = Pressdruck

D_0 = Ausgangsdichte des Pulverbettes bezogen auf die Ausgangsdichte der Einzelgranalien

D = aktuelle Dichte des Pulverpresslings bei Druck P bezogen auf die Ausgangsdichte der Einzelgranalien

σ_{yg} = druckabhängige Fließgrenze des Granulats aus der Einzelgranulatprüfung

D_B = Äquivalentdichte beim Granulatbruch.

Für ein Al_2O_3-Fließbettsprühgranulat mit Polyvinylalkohol (PVA) und Polyethylenglycol (PEG) als Gleitmittel konnten sie unter Annahme gewisser Vereinfachungen, wie z. B. der Inkompressibilität der Einzelgranalien, zeigen, dass die Presskurve aus der Einzelgranulatcharakteristik gut vorausberechnet werden kann (Abb. 2.126), wobei sie einmal mit der Granulatfestigkeit σ_g und einmal mit der Einzelgranulat-Druckfließgrenze σ_{yg} ermittelt wurde.

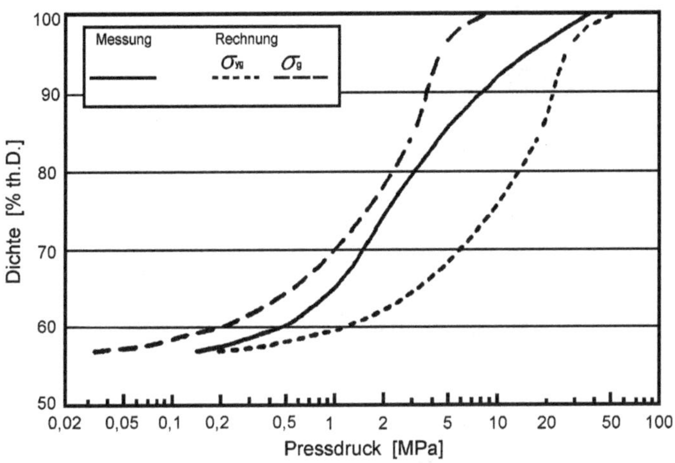

Abb. 2.126: Vergleich der experimentellen Presskurve mit Rechnungen auf der Basis von Granulatfestigkeit bzw. -Druckfließgrenze (PVA/PEG = 40/60) aus [272].

Alle diese Überlegungen gehen von einer gleichmäßigen Verdichtung des Bauteilquerschnitts aus. In Abhängigkeit vom Verhältnis Durchmesser/Höhe ergeben sich allerdings Dichteverteilungen (Abb. 2.127), die beim Sintern zum Verzug der Bauteile führen. Diese ungleichmäßige Verdichtung ist auf Reibung zwischen den Körnern, Reibung zwischen Pulverteilchen und Matrize sowie unterschiedliche Verdichtungswege einzelner Granalien zurückzuführen. In der Praxis wirkt man diesen Gegebenheiten durch Modifizierung der organischen Additive und aufeinander abgestimmte Bewegung von Ober- und Unterstempel entgegen. Drumm et al. [380] bestimmen dazu in instrumentierten Presswerkzeugen mit Druck- und Wegsensoren Radialdrücke sowie Ober- und Unterstempelwege. Darüber hinaus muss bei der Werkzeugauslegung die

Rückdehnung trocken gepresster Artikel in axialer und radialer Richtung berücksichtigt werden.

Um die Werkzeugauslegung zu beschleunigen, wird heute mithilfe der Methode der Finiten Elemente in Verbindung mit geeigneten Werkstoffgesetzen für Pressen und Sintern die Bauteilherstellung simuliert [381]. Die Kenntnis der Gründichteverteilung ermöglicht unter Berücksichtigung der mathematischen Beschreibung der Sinterkinetik die Berechnung des Sinterverzugs (Abb. 2.127 und 2.128). Der hohe Zeitaufwand und die hohen Kosten der trial-and-error-Methoden können mit dieser Technik deutlich reduziert werden.

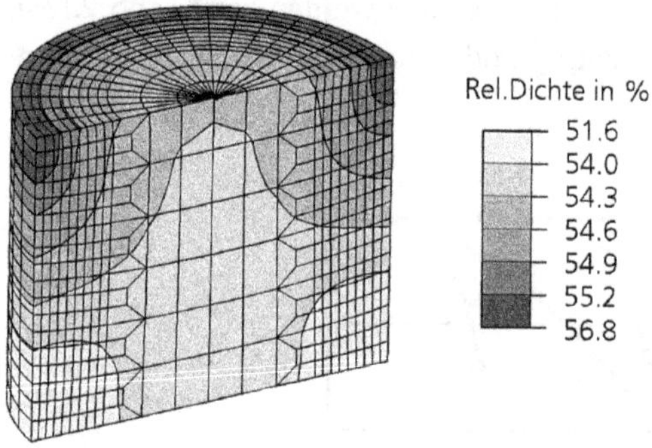

Abb. 2.127: Dichteverteilung in der oberen Hälfte eines trockengepressten Zylinders (Axialschnitt durch die Mitte des Zylinders) [380].

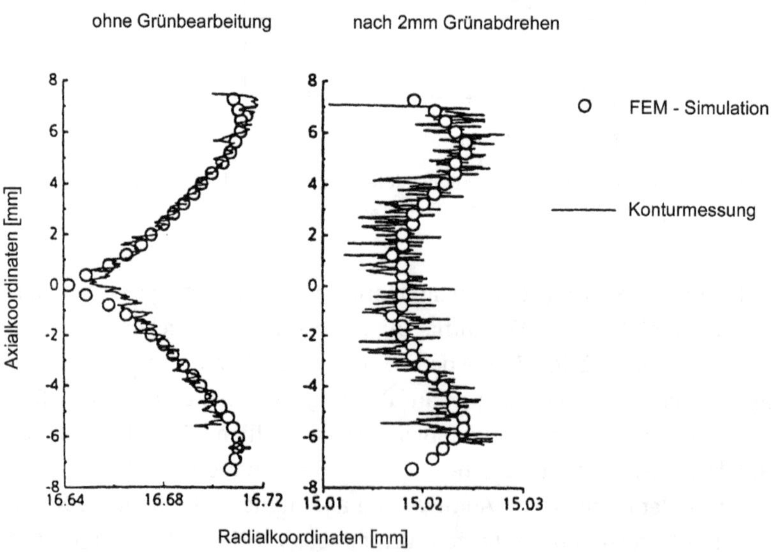

Abb. 2.128: Vergleich der vorhergesagten Kontur eines bearbeiteten und eines unbearbeiteten trockengepressten und gesinterten Zylinders mit experimentellen Ergebnissen [380].

2.3.2.3.2 Isostatisches Pressen

Produkte mit großem Längen/Durchmesserverhältnis, komplizierter Gestalt oder großem Volumen können häufig nicht trockengepresst werden und müssen daher isostatisch verdichtet werden. Bei diesem Verfahren wirkt der Druck allseitig gleichförmig auf das zu verdichtende Granulat. Als Druckmedium wirken Flüssigkeiten, wobei das zu verdichtende Granulat durch eine elastische Formenhülle (Kapsel) vom Druckmedium getrennt ist. Diese Hülle (meist Gummi oder flexible Polymere) muss den Druck möglichst gleichmäßig übertragen.

Beim *Nassmatrizenverfahren* (Abb. 2.129) werden flexible Formen mit Granulat auf Rütteltischen gefüllt, häufig evakuiert und abgedichtet. Anschließend werden diese Formen in einem mit Flüssigkeit gefüllten Druckbehälter bei Drücken bis 400 MPa verdichtet. Nach der Druckentlastung können die verdichteten Teile entformt werden. Zur Herstellung von Hohlkörpern wird das Granulat auf runde Metallkerne aufgepresst. Aufgrund der Rückfederung beim Druckentlasten kann das Metallteil, das die Innenkontur des Hohlkörpers bildet, herausgezogen werden.

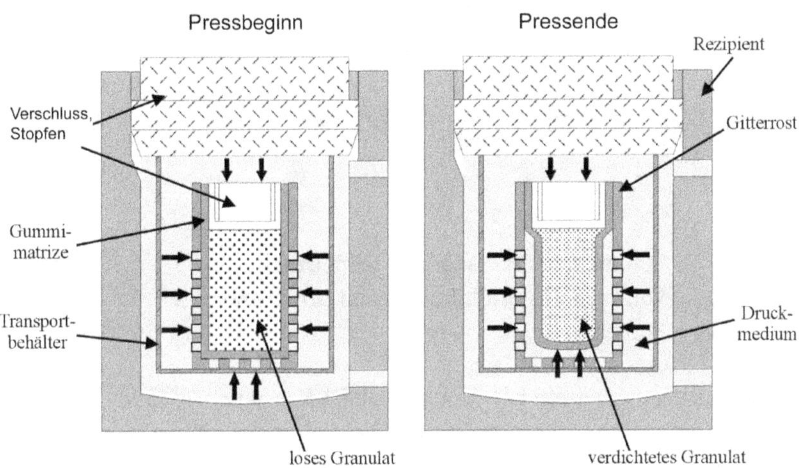

Abb. 2.129: Schematische Darstellung des isostatischen Nassmatrizenpressverfahrens.

Beim *Trockenmatrizenverfahren* (Abb. 2.130) ist die flexible Form fest mit dem Druckgefäß verbunden. Die Füllung der Form mit Granulat erfolgt also in der Presse, der Druck von bis zu 50 MPa wird durch das Druckmedium und die flexible Matrize auf das zu verdichtende Granulat übertragen. Insbesondere bei großen Flachgeschirrteilen kommt diese Art der Presstechnik dem Trockenpressen sehr nahe. Bei kleinformatigen Artikeln wie Zündkerzenkörpern, Mahlkugeln oder Schmelzsicherungskörpern ist das isostatische Prinzip eher verwirklicht. Eine ausführliche Beschreibung der isostatischen Presstechnik, ihrer Varianten, den grundlegenden Verdichtungsmechanismen und technologischen Lösungen liefern Schulle [382] und Hülsenberg [364].

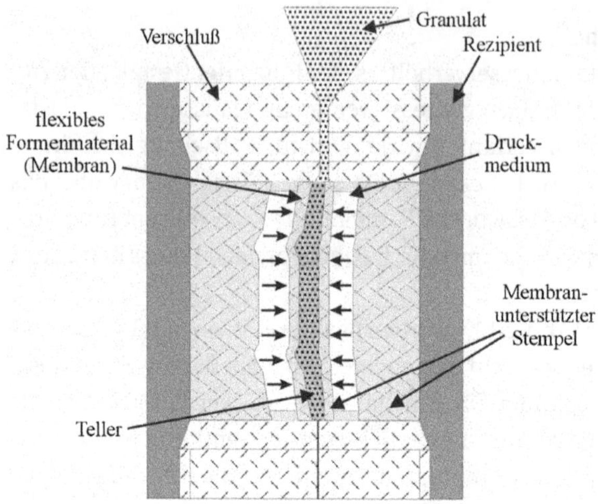

Abb. 2.130: Schematische Darstellung des Trockenmatrizenpressverfahrens.

Bei Pressdrücken >20 MPa lässt sich für das Nassmatrizenverfahren die druckabhängige Verdichtung nach Hechel [383] beschreiben zu

$$\ln\left(\frac{V_p}{V_p - V_\infty}\right) = c_1 p + c_2 \tag{2.71}$$

mit

V_p = Volumen des Presskörpers beim Druck p
V_∞ = Volumen des Prüfkörpers beim Druck unendlich
c_1, c_2 = Konstanten.

Für das Trockenmatrizenverfahren hat Ulrich [384] die *Kawakita-Gleichung* [385], die den Zusammenhang zwischen Pressdruck und Verdichtung beschreibt modifiziert gemäß

$$\frac{p}{c_\mathrm{v}} = \frac{1}{c_3 c_4} + \frac{p}{c_3}, \tag{2.72}$$

wobei $c_\mathrm{v} = \frac{V_0 - V_p}{V_0}$, mit

V_0 = Volumen der Pressgranulatschüttung
c_3, c_4 = Konstanten.

Am Beispiel von Porzellanmassen konnte dieser Zusammenhang bis zu einem Druck von 50 MPa bestätigt werden (Abb. 2.131). Obwohl die Druckverteilung aufgrund der Befestigung der Form beim Trockenmatrizenverfahren nicht rein isostatisch ist, hat es sich für die Serienproduktion von Zündkerzen, Schmelzsicherungen und Flachgeschirr durchgesetzt.

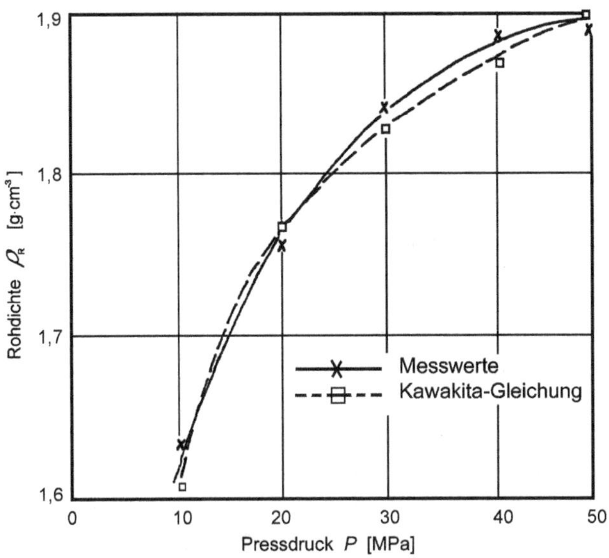

Abb. 2.131: Rohdichte von Porzellanpresslingen in Abhängigkeit vom Pressdruck für gemessene und berechnete Werte nach der modifizierten Kawakita-Gleichung [384].

2.3.2.4 Beschichtungsverfahren

Thermische Spritzverfahren wurden ursprünglich entwickelt, um metallische Werkstoffe mit keramischen Überzügen zu versehen und sie damit vor thermischen Einwirkungen und vor Korrosion zu schützen. In neuerer Zeit wurden allerdings auch Möglichkeiten entwickelt, ganze Bauteile nach diesen Spritzverfahren herzustellen. Beim *Flammspritzen* von keramischen Werkstoffen werden keramische Pulver oder Stäbe mit Acetylen, Sauerstoff oder anderen Verbrennungsgemischen zum Schmelzen gebracht und auf den kalten oder leicht vorgewärmten, aufgerauten Grundwerkstoff aufgespritzt (Abb. 2.132). Eine Flammspritzpistole arbeitet nach dem Gleichdruckprinzip, wobei das Spritzgut aus einem Vorratsbehälter durch Injektorwirkung in die Brennerflamme eingeführt wird.

Das *Plasmaspritzen* wird überall dort eingesetzt, wo Materialien zur Anwendung kommen sollen, deren Schmelzpunkte so hoch liegen, dass die Temperaturen des Flammspritzverfahrens zum Aufschmelzen der Partikel nicht mehr ausreichen. Zwischen einer automatisch nachgeführten stabförmigen Kohlenstoffkathode und einer rotierenden scheibenförmigen Anode entsteht ein Plasma, also ein dissoziiertes und hochionisiertes elektrisch leitendes Gas, das beim Wasserplasmabrenner durch Wasserwirbel zentral stabilisiert wird.

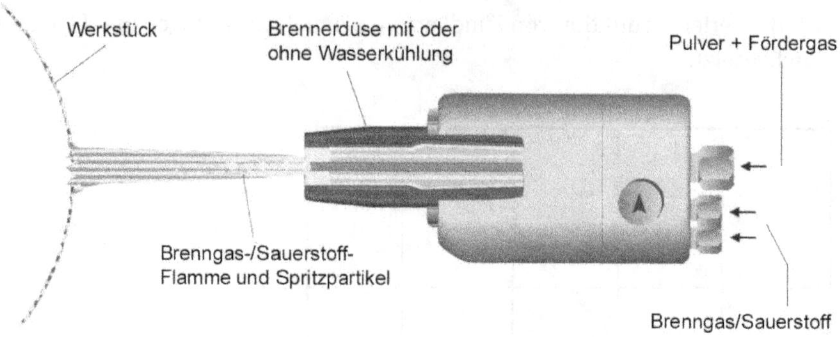

Abb. 2.132: Schematische Darstellung des Hochgeschwindigkeits-Flammspritzens mit Pulver (Werksbild Linde AG).

Dabei geht ein geringer Teil des Wassers nach Verdampfen und Zerfall in die Atome in ein Wasserstoff-Sauerstoffplasma über, der Hauptteil des Wassers kühlt jedoch das Plasma. Der Wasserplasmabrenner zeichnet sich durch großen Pulverdurchsatz und entsprechend hohe Auftragsraten aus. Zur Bauteilherstellung werden die aufgeschmolzenen Pulver auf erwärmte metallische Grundkörper aufgespritzt. Da die Metalle üblicherweise größere Wärmeausdehnungskoeffizienten als die keramischen Werkstoffe besitzen, ziehen sich diese beim Abkühlen stärker zusammen, sodass zumindest bei einfach geformten Bauteilen die Spritzschicht nach dem Abkühlen abgenommen und die Teile gesintert werden können [386]. Zur Erhöhung der Partikelgeschwindigkeit und zur Optimierung des Energieeintrages in das zu verarbeitende Pulver wurde das Detonationsspritzen und das Laserspritzen entwickelt [387, 388].

Weitere Beschichtungsverfahren und die erzeugten Gefüge werden in Band 4 behandelt.

2.3.2.5 Sonderverfahren

Beim *Gelcasting* wird ein keramischer Schlicker verarbeitet, der als organische Additive reaktive Monomere enthält. Monofunktionales Acrylamid ($C_2H_3CONH_2$) wird zusammen mit difunktionalem Methylenbisacrylamid ($(C_2H_3CONH)_2CH_2$) in deionisiertem Wasser gelöst. Bei Anwesenheit eines Initiators wie z. B. Ammoniumpersulfat ($(NH_4)_2S_2O_8$) und einem Katalysator wie z. B. Tetra-methylethylendiamid findet eine Vinylpolymerisation statt, die zu einem elastischen Hydrogel und damit zu einem handhabbaren Bauteil führt. Als Formenmaterial können Glas- oder einfache Metallcontainer verwendet werden [389]. Nach der Gelierung und der Entnahme der Teile aus der Form wird der Binder wie bei konventionell gegossenen Bauteilen ausgeheizt, und die Produkte können gesintert werden.

Koagulationsgießen ist ein Verfahren, bei dem Schlicker mit Feststoffgehalten von über 60 Vol.-% verarbeitet werden. Nach dem Gießen in ein mehr oder weniger beliebiges Formenmaterial werden die abstoßenden Kräfte an der Teilchenoberfläche eliminiert, um die Suspension zu koagulieren und einen viskoelastischen Festkörper herzustellen. Um die abstoßenden Kräfte zu minimieren, wird der *p*H-Wert mit den in Kapitel 2.3.1 beschriebenen Konsequenzen in Richtung des isoelektrischen Punktes verschoben, wodurch es zu einer Koagulation der Teilchen und zur Entstehung eines viskoelastischen Festkörpers kommt [390].

Die *p*H-Änderung kann erfolgen durch die enzymatische Zersetzung eines Substrats oder durch die langsame Selbstzersetzung organischer Reagenzien (Tabelle 2.17). Der *p*H-Wert kann damit vom sauren in den basischen Bereich oder umgekehrt verändert werden. Darüber hinaus können die abstoßenden Kräfte durch Erhöhung der Salzkonzentration und damit durch Beeinflussung der Doppelschichtdicke an der Teilchenoberfläche beeinflusst werden. Den Einfluss des *p*H-Werts und der Salzkonzentration auf die Umwandlung in einen viskoelastischen Körper zeigt Abb. 2.133.

Tab. 2.17: Einige Reaktionen zur Änderung des *p*H-Werts in einer Suspension [390].

Reaktion	***p*H-Änderung**
Autokatalytisch	
Hydrolyse von Harnstoff (>80 °C)	3–7
Hydrolyse von Formamid (>60 °C)	3–7 oder 12–7
Hydrolyse von Estern	11–7
Hydrolyse von Laktonen	9–4
Enzymatisch	
Hydrolyse von Harnstoff über Urease	4–9 oder 12–9
Hydrolyse von Amiden über Amidase	3–7 oder 11–7
Hydrolyse von Estern über Esterase	10–5
Oxidation von Glukose über Glukose Oxidase	10–4

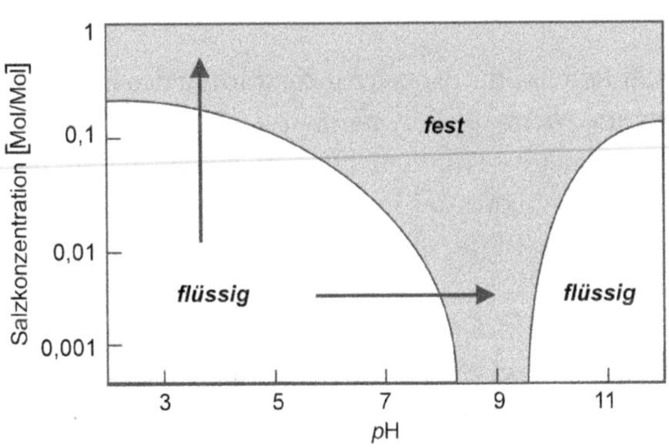

Abb. 2.133: Koagulation von Schlickern erfolgt bei *p*H-Werten im Bereich des isoelektrischen Punkts und bei erhöhten Salzkonzentrationen (Reduzierung der Dicke der elektrischen Doppelschicht an Teilchenoberflächen) [390].

Auch bei diesem Verfahren sind also kompliziert geformte Bauteile in einfachen Metall-, Gummi- oder Glascontainern herstellbar. Selbstsaugendes poröses Formenmaterial oder erhöhter Druck sind selbst zur Herstellung von Bauteilen mit größeren Wandstärken nicht notwendig.

Formgebung über präkeramische Polymere

Bei der Herstellung von Siliciumcarbid aus Polycarbosilan (Abb. 2.134) kommt es bei der Umwandlung der Polymer–Keramik zu einer Volumenschwindung von mehr als 50 %.

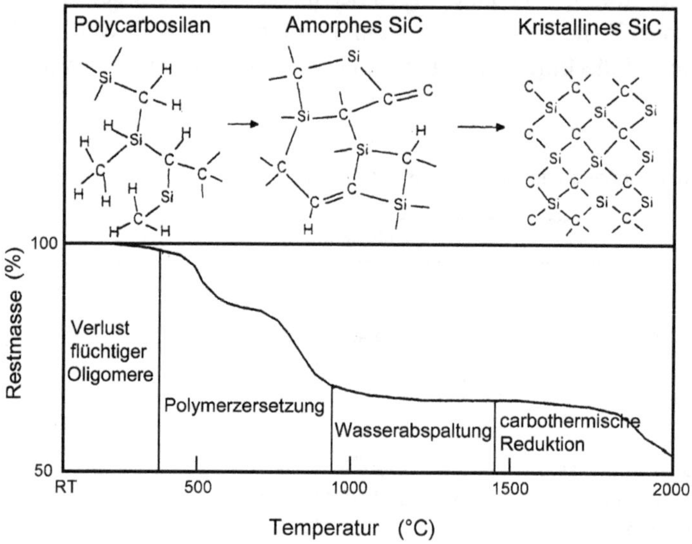

Abb. 2.134: Strukturelle Änderungen bei der thermischen Zersetzung eines präkeramischen Polymers (Polycarbosilan) aus [391].

Dies führt in der Regel zur Riss- oder Porenbildung bzw. zur Zerstörung des Bauteils. Die Schwindung kann reduziert werden, wenn die Polymermatrix mit anorganischen Pulverteilchen gefüllt wird oder wenn reaktive Füllerteilchen verwendet werden, die während der Reaktion mit Zersetzungsprodukten des Polymers expandieren und die ursprüngliche Schwindung kompensieren. Diese Verhältnisse sind schematisch in Abb. 2.135 dargestellt.

Wenn auch dieses Verfahren noch weit von der Umsetzung in die betriebliche Praxis entfernt ist, so wird doch erwartet, dass ausgehend von präkeramischen Polymeren Eigenschaftsprofile keramischer Bauteile eingestellt werden können, die mit anderen Formgebungsverfahren nicht erreicht werden. Für spezielle Anwendungen wird die Polymerpyrolyse in der Zukunft sicher ihren Platz finden. Kapitel 1.2.10 informiert über Synthesemethoden und Eigenschaften.

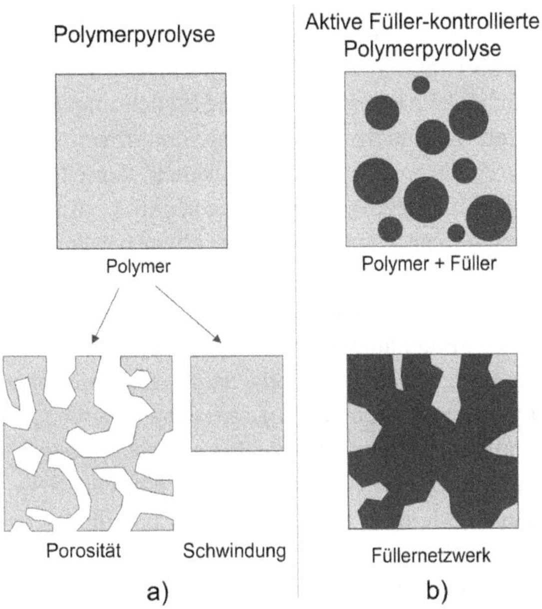

Abb. 2.135: Gefügeveränderungen bei der Polymer–Keramik-Umwandlung: (a) Polymerpyrolyse ohne Füller mit Porenbildung und Schwindung und (b) Polymerpyrolyse mit aktiven Füllern, die die Schwindung durch Reaktionen mit Zersetzungsprodukten des Polymers kompensieren [391].

2.3.2.6 Generative bzw. additive Fertigungsverfahren

Bearbeitet von R. Telle, Aachen

Zur Herstellung prototypischer Bauteile befinden sich mehrere Technologien in der Entwicklung. Allen Verfahren gemeinsam sind die Konstruktion und die schichtweise Zerlegung virtueller Bauteile in einer CAD-Anlage bzw. die dreidimensionale Dokumentation von Körpern durch Abrastern (Scannen) innerer und äußerer Oberflächen gefolgt von der schichtweisen Reduktion der 3D-Daten zu 2D-Daten. Die Fertigungsverfahren unterscheiden sich dann aber in der Art der Schichtenherstellung und des Bauteilaufbaus aus diesen Schichten. Das Bauteil wird also ohne Werkzeug „aus dem Nichts" durch Ablegen, Hinzufügen oder Verfestigen von Material generiert, also aufgebaut, woraus sich die Begriffe „additive" oder „generative" Fertigung bzw. „Freiformgebung im festen Zustand" erklären im Gegensatz zur subtraktiven, also abtragenden Fertigung aus Vorkörpern oder Halbzeugen, die umgeformt, getrennt, geschliffen, gefräst oder spanend bearbeitet werden müssen.

Im Zuge der Digitalisierung der Produktionstechnik auf dem Wege zur Industrie 4.0 kommt der additiven Fertigungstechnik gegenüber den traditionellen Methoden eine besondere Bedeutung bei der Herstellung von Kleinserienprodukten, individualisierten Artikeln oder der schnellen Bereitstellung von Mustern im Vorfeld einer

Großserienfertigung (Prototypenfertigung) zu. Die Ausgangsmaterialien hierfür werden zumeist einphasig in Pulverform als Granulat oder in Strangform als Paste bzw. in fester Form von der Rolle direkt durch lokale Energieeinwirkung (Belichtung, Erhitzung durch Laser- oder Infrarotquellen) erschmolzen oder durch Sintern verfestigt. Bei keramischen Werkstoffen sind durch die zusätzliche Möglichkeiten, Bauteile aus Pasten oder Suspensionen zu erzeugen, die Methoden vielfältiger und komplexer, aber auch schwieriger zu beherrschen als bei Metallen und vor allem bei Polymeren.

Seit etwa 2000 sind nunmehr die wesentlichen, in Bezug auf Bauteildimension, lokaler Auflösung, Baugeschwindigkeit, Serientauglichkeit usw. zueinander nicht in Konkurrenz stehenden 3D-Druckverfahren soweit entwickelt, dass erste einphasige keramische Erzeugnisse komplexer Geometrie auf dem Markt angeboten werden. In der Herstellung mehrphasiger, d. h. multikomponentiger Funktionswerkstoffe liegt jedoch das eigentliche Potenzial der additiven Fertigung keramischer Bauteile. Gerade hierfür bieten diese Formgebungsmethoden viel mehr noch als für monolithische Bauteile ganz hervorragenden Spielraum, bislang nicht machbare dreidimensionale Strukturen auf mesoskopischer Ebene, d. h. zwischen mikroskopischem Gefügezustand und makroskopischer äußerer Gestalt zu realisieren.

Während die Formgebung von Polymeren mit Hilfe der zur Verfügung stehenden additiven Formgebungsmethoden sehr gut beherrscht wird, ist die Adaption auf metallische und keramische Massen durch verschiedene Herausforderungen erschwert. So ist die Fertigungskette für keramische Bauteile mit der Formgebung allein noch nicht abgeschlossen, sondern diese stellt lediglich einen Zwischenschritt dar. Es schließen sich zur Erzeugung der eigentlichen Materialeigenschaften eine thermische Entbinderung und Sinterung an. Des Weiteren sind nicht alle bisher entwickelten Techniken keramikgerecht.

Ausgehend von der Stereolithographie, bei der lichtempfindliche Polymere durch einen Laser- oder UV-Strahl polymerisiert und dadurch verfestigt werden, wurde zunächst das *3D-Printing* entwickelt. Hierbei wird ein Bauteil schichtweise durch Gelierung wässriger keramischer Suspensionen aufgebaut. Die *Laminiertechnik* verwendet für den Aufbau von Bauteilen keramische Folien. Dieses Verfahren entstammt dem Folienguss mit der Möglichkeit, einzelne Folienausschnitte mit z. B. Metallpasten zu bedrucken oder Stanzlöcher zu füllen und zu Multilayer-Elementen für keramische Gehäuse oder für elektronische Schaltungen aufeinander zu laminieren. Beim schichtweisen Aufbau keramischer Bauteile in *Extrudiertechnik* werden Stränge oder Filamente aus einer Mischung von keramischen Pulvern und organischen Polymeren, wie sie auch beim Spritzgießen verwendet werden, hergestellt und mittels eines automatisch geführten Düsensystems schichtweise abgelegt. Alle bisher genannten Verfahren haben den Nachteil, dass vor dem Sintern die organischen Zusätze ausgeheizt werden müssen. Sehr vielversprechende Ansätze für eine formenfreie Herstellung kompliziert geformter Prototypen ohne organische Additive in den Ausgangspulvern bietet das *laserunterstützte Sintern*. Ein von der CAD-Anlage angesteuerter Laser sintert einzelne Schichten in einem keramischen Pulverbett und baut das Bauteil Schritt für Schritt auf.

Da inzwischen eine Vielfalt unterschiedlicher Verfahrensvarianten existiert, sollen im Folgenden zunächst Klassifizierungsmethoden der Prozesse behandelt und danach die wichtigsten additiven Formgebungsverfahren vorgestellt werden.

2.3.2.6.1 Klassifizierung der Verfahren

Die Methoden der additiven Fertigung können nach unterschiedlichsten Kriterien systematisiert werden. Eine Methode nimmt die Dimension der Materialabscheidung als Klassifizierungsmerkmal: Punktuelle, linienförmige und flächenhafte Materialablage (Abb. 2.136 nach [392]).

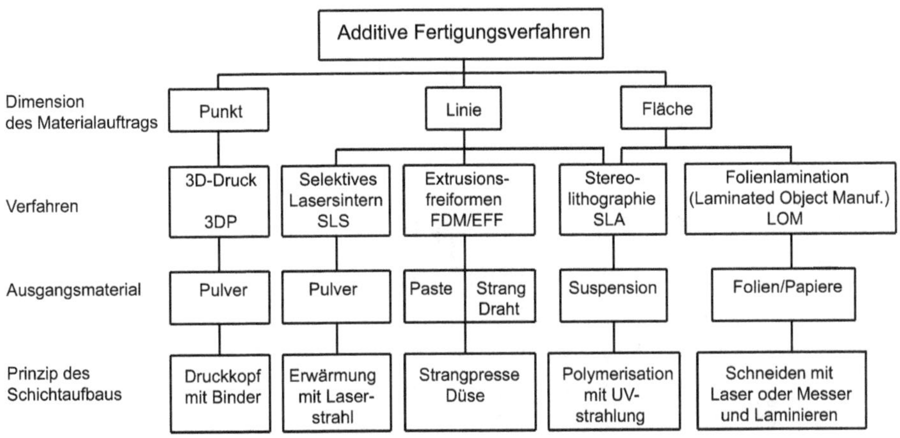

Abb. 2.136: Systematik der Additiven Fertigungsverfahren nach Travitzky u. M. [392] unter Berücksichtigung der Dimension des Materialauftrages. © Wiley-VCH, Abdruck mit freundl. Genehmigung.

Eine weitere Möglichkeit der Prozesseinteilung ist die Konsistenz des verwendeten Materials (Abb. 2.137):
- fest als Pulverschüttung, die lokal verklebt, gesintert oder verschmolzen wird,
- pastös als hochviskoser oder fester Strang, der in einer Düse erwärmt und dann nach einem Muster abgelegt wird,
- flüssig als Feststoff-Suspension entsprechend einem Gießschlicker, die tropfenförmig durch eine Düse (Druckkopf) auf eine Unterlage abgelegt bzw. geschleudert wird,
- gasförmig mittels besonders schneller CVD-Verfahren.

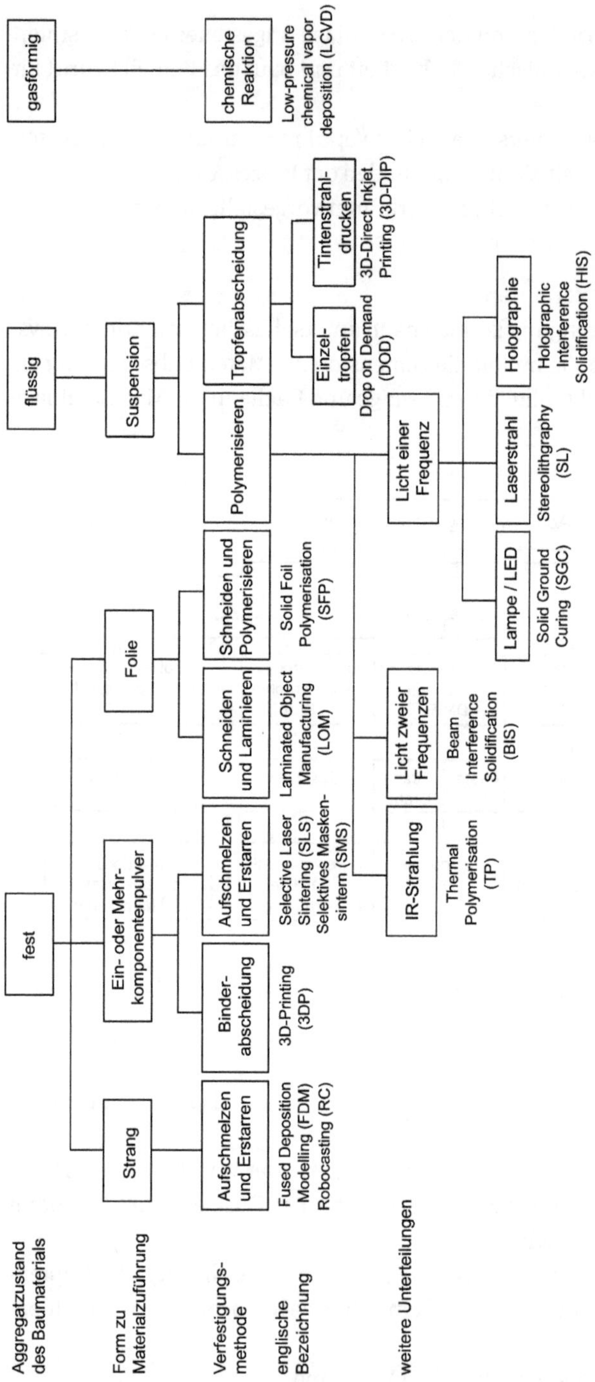

Abb. 2.137: Systematik der Additiven Fertigungsverfahren nach Aggregatzustand des Baumaterials und Verfestigungsmethode.

Ferner kann in indirekte und direkte additive Fertigungsverfahren eingeteilt werden (Abb. 2.138–2.140). Die indirekten Methoden erzeugen eine Form durch eine zyklisch ausgeführte Beschichtung kombiniert mit einer ortsaufgelösten Behandlung der Schichten durch Energiequellen wie Laser oder durch Absetzen von Bindern. Nicht gebundenes Material muss zur Freilegung des Bauteils entfernt werden. Die direkten Methoden generieren das Bauteil ohne den Zwischenschritt einer Beschichtung unmittelbar durch Druck feststoffgefüllter Tinten bzw. durch das Ablegen viskoser Materialstränge analog zur Mikroextrusion [393]. Zocca, Günster u. M. unterscheiden ferner neben diesen „positiven“ Verfahren auch „negative“, bei welchen durch additive Fertigung eine Masterform, also ein Formwerkzeug, hergestellt wird, das hinterher oder schrittweise zur Erzeugung des Bauteils Verwendung findet.

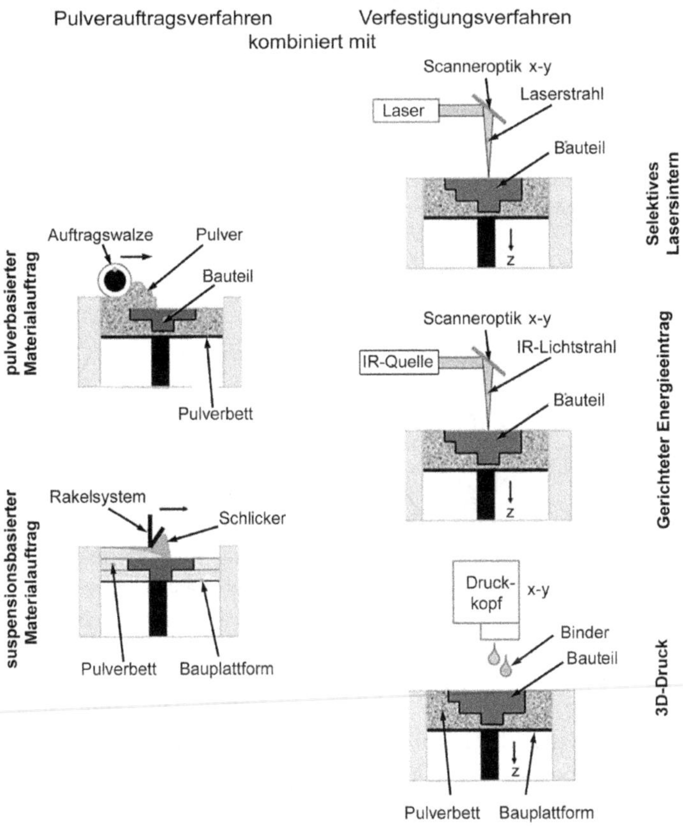

Abb. 2.138: Indirekte, mehrstufige additive Fertigungsverfahren nach Zocca u. Günster [393]: Kombination aus unterschiedlichen Pulverauftrags- und Verfestigungsverfahren. Abdruck mit freundl. Genehmigung der Autoren.

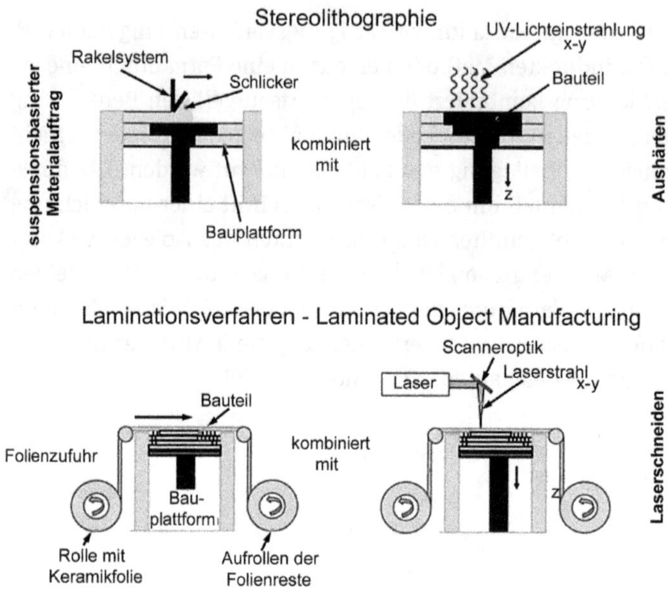

Abb. 2.139: Indirekte, mehrstufige additive Fertigungsverfahren nach Zocca u. Günster [393]: Stereolithographie und Laminationsverfahren. Abdruck mit freundl. Genehmigung der Autoren.

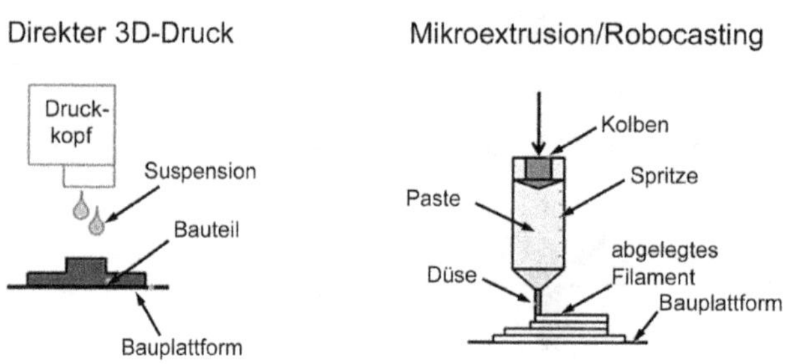

Abb. 2.140: Direkte, einstufige additive Fertigungsverfahren nach Zocca u. Günster [393]: Direkter Tintenstrahldruck und Mikroextrusion bzw. Robocasting. Abdruck mit freundl. Genehmigung der Autoren.

Die international anerkannte Systematik der additiven Fertigungsverfahren ist in der ASTM F2792-12a (bis 2015), der ISO/TC 261 bzw. ASTM 17296 (ab 2015), DIN EN ISO/ASTM 52900:2015 beschrieben. Sie legen sechs prinzipielle Methoden zugrunde, deren Abkürzungen inzwischen genormt sind:

- Freistrahl-Materialauftrag (material jetting technology, MJT),
- Materialextrusion (fused deposition modeling, material extrusion, MEX),
- Kontrollierte lokale Energieeinwirkung (directed energy deposition, DED),
- Schichtenlamination (sheet lamination, SL),
- Freistrahl-Bindemittelauftrag (binder jetting technology, BJT),
- badbasierte Photopolymerisation (vat photopolymerization, VPP).

Diese werden wiederum nach der Anzahl der Prozessschritte unterteilt in einstufige Verfahren, analog zur direkten Fertigung, und in mehrstufige Verfahren entsprechend den indirekten Methoden [394]. In Abb. 2.141 ist diese Systematik für die Pulverbettverfahren näher ausgeführt. Diese Darstellung zeigt auch, dass es weitere Methoden gibt, die noch in keine Systematik eingebunden werden können wie die elektrophoretische Abscheidung oder der elektrophotographische Druck.

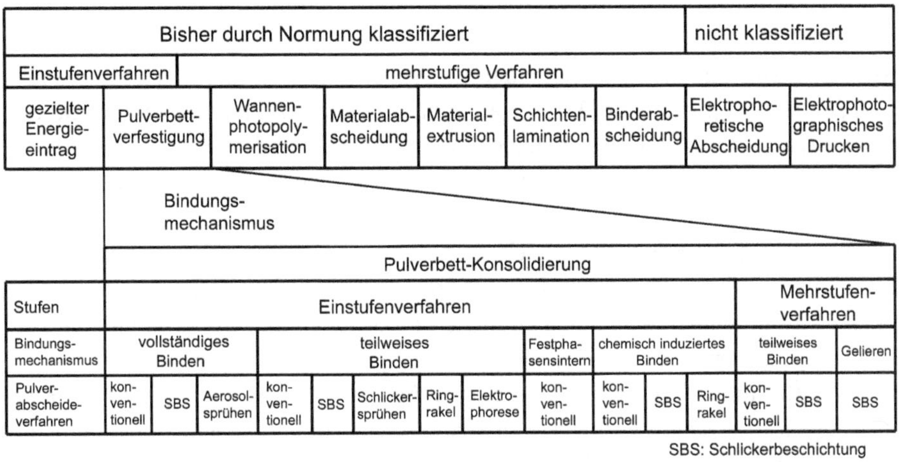

Abb. 2.141: Systematik der Additiven Fertigungsverfahren nach Deckers u. M. [395] unter Berücksichtigung der Bindungsmechanismen. © Göller-Verlag, Abdruck mit freundl. Genehmigung.

Folgt man derjenigen Verfahrenssystematik, die in indirekte und direkte Verfahren unterteilt, so ergibt sich bei den indirekten Verfahren eine größere Vielfalt der Methoden durch die Kombination unterschiedlicher Materialauftragsverfahren und Verfestigungsverfahren, während die direkten Verfahren jeweils für sich allein stehen und ihre Prinzipien nur wenig modifiziert werden können (Abb. 2.138–2.140 nach [393]). Im Folgenden sollen die Additiven Fertigungsverfahren im Einzelnen beschrieben und bewertet werden, beginnend mit den indirekten Verfahren, hier zunächst mit den Materialauftragsmethoden.

2.3.2.6.2 Pulverbettherstellung mit trockenem Materialauftrag

Das Verfahren wird in der Fachliteratur als *Powderbed-Based Three Dimensional Printing*, abgekürzt mit P-3DP, bezeichnet. Da für den dreidimensionalen Aufbau von Grünkörpern ein schichtweiser Pulverauftrag, gefolgt von einer lokalen Verfestigung erforderlich ist, kommen hierfür Rakel-, Schlitten- oder Rollensysteme infrage, die aus einem Reservoir das Rohstoffgranulat fördern und durch eine Seitwärtsbewegung auf der Bauplattform ausbreiten. Die Pulverteilchen sollten hierzu eine gewisse Fließfähigkeit aufweisen, weshalb zunächst Sprühgranulate verwendet wurden, die eigentlich für das Trockenpressen optimiert waren. Betriebserfahrungen zeigen aber, dass perfekt gerundete Granulate durch das Rakelsystem über die Plattform hinaus rollen können, weshalb heute in Richtung einer geringeren Fließfähigkeit, dafür einer hohen Schüttdichte optimiert wird. Ferner bedarf es anderer organischer Additive als für die Presstechniken, da übliche Binder aufgrund der fehlenden Krafteinwirkung auf das Pulverbett unwirksam sind. Stattdessen können die Körner mit niedrig schmelzenden Thermoplasten umhüllt werden, die im zweiten Schritt durch punktuelle oder flächenhafte Erwärmung mittels Infrarotstrahlung eine Bindung zwischen Partikeln erzeugen (*Directed Energy Deposition*, DED). Varianten dieser Methode sind das Selektive Maskensintern (SMS), das mit einer flächenhaften Belichtung durch Strahlabdeckung mittels eingeschobener Masken arbeitet, bzw. das Multi-Jet-Fusion^{TM}-Verfahren von Hewlett-Packard, das diesen lokalen Energieeintrag mit der Abscheidung organischer Additive mit unterschiedlichen Schmelzpunkten kombiniert, so dass sehr gute Kantenfestigkeiten der Formkörper erzielt werden können.

Die wichtigsten Entwicklungsrichtungen für den Pulverbettauftrag sind jedoch die Verbesserung der Ortsauflösung sowie die Erhöhung der Gründichte. Da die jeweils zyklisch abgeschiedene Schichtdicke proportional zum Granulatdurchmesser ist, beträgt die Ortsauflösung in x-y-z-Richtung etwa 200–300 µm. Die Herstellung kleinerer Granulate bzw. Agglomerate ist daher erforderlich, um bei gekrümmten Oberflächen in z-Richtung den Terrassierungseffekt zu vermeiden. Die Gründichte lässt sich einmal durch die Erhöhung der Granulatdichte selbst beeinflussen, ferner durch eine geeignete Granulatgrößenverteilung in der Schüttung. Bislang reichen die erzielten Schüttdichten nicht aus, um nach dem Sinterprozess Enddichten oberhalb 90 % der theoretischen Dichte zu erzeugen. Abgesehen vom Problem der geringen Gründichten führen die großen Unterschiede zwischen der Packungsdichte innerhalb der Granulate und zwischen den Granulaten zu Sinterspannungen, die große Porenräume und damit kritische Fehler im Bauteil hervorrufen.

Für die Granulatoptimierung ist der Hausner-Faktor eine wichtige Kenngröße (siehe Kapitel 2.5.7.3, Band 1). Sie gibt den Quotienten aus Klopf- bzw. Stampfdichte und Schüttdichte an und ist damit ein Maß für das Fließverhalten der Granulate. Hier sind Werte zwischen 1,0 und 1,2 anzustreben. Dies kann durch die Zugabe reibungsmindernder Polymere erfolgen.

Eine weitere Möglichkeit zur Erhöhung der Gründichte ist das Direkte Tintenstrahldrucken keramischer Suspensionen in die jeweils aufgebrachte Pulverschicht hinein. Damit werden die wesentlich feineren Partikel der Suspension in die Poren der Granulate sowie in die Zwischengranulatporen durch Kapillarkräfte hineingesaugt und ergeben eine höhere Raumerfüllung. Ferner lassen sich weitere Komponenten in das Pulverbettmaterial einbringen [396, 397]. Hierauf wird nochmals unter den direkten Methoden eingegangen.

Die geringe Gründichte und damit die unzureichende Sinterdichte kann aber auch als Vorteil gesehen werden. So sind pulverbettbasierte Verfahren bestens geeignet, poröse Formkörper herzustellen. Diese sind z. B. im Bereich der Knochenersatzwerkstoffe erwünscht, wo bestimmte Porengrößen für die Erhöhung der Zellaktivitäten sowie zur Vaskularisierung (Einwachsen von Blutgefäßen) gefordert sind. Ferner lassen sich für den Feinguss Gießkerne oder Gussformen in Geometrien einer Komplexität herstellen, die vorher mit konventionellen Herstellungsverfahren unmöglich war. Mit großem Erfolg dienen auch poröse Grünkörper zur Infiltration mit flüssigen Halbmetallen und Metallen. Ein Beispiel hierfür ist das SiSiC (siliciuminfiltriertes SiC).

Ein wesentlicher Vorteil der Pulverbett-Verfahren ist, dass grundsätzlich sehr große Bauteile hergestellt werden können. Es sind Bauräume von Abmessungen $400 \times 200 \times 100\ \text{cm}^3$ verfügbar. Ebenso sind bereits kontinuierlich arbeitende Druckmaschinen entwickelt worden, die mit einem schräggestellten Pulverbett arbeiten [398]. Das Pulver wird mit einem Förderband durch die Anlage transportiert, wobei die Schräge mit Bindern örtlich verfestigt wird. Somit können Bauteile hergestellt werden, die größer sind als der Drucker selbst (Abb. 2.142).

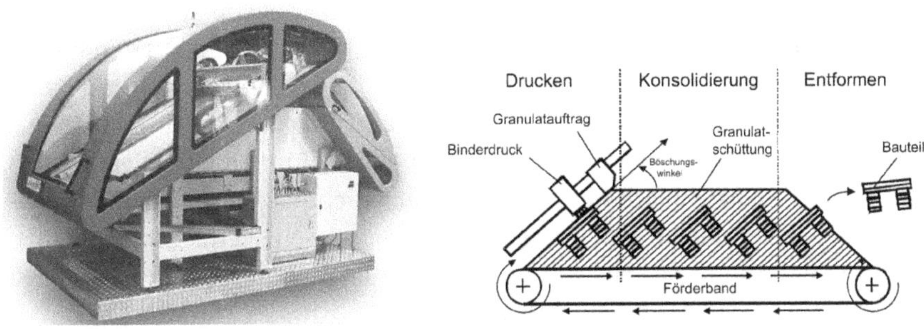

Abb. 2.142: Links: Kontinuierlicher Pulverbett-Drucker der Fa. Voxeljet GmbH, Augsburg [398]. Rechts: Prinzip der Bauteilherstellung durch Schrägdruck [399] (© Voxeljet GmbH, jeweils mit freundlicher Genehmigung).

2.3.2.6.3 Pulverbettherstellung mit Schlickerauftrag

Im Gegensatz zu den Pulverbettverfahren mit trockenem Granulatauftrag geht die Methode des Schlickerauftrags (Slurry-Based Three-Dimensional Printing, S-3DP) davon aus, dass der Feststoffgehalt in Suspensionen wesentlich höher eingestellt werden kann als die Schüttdichte. Ferner können auch sehr feine Partikel in der flüssigen Umgebung sicher gehandhabt werden. So können Suspensionen in Form von Schichten sehr viel dünner auf eine Bauplattform aufgetragen werden oder dienen zur Nachinfiltration von trockenen Pulverbettschichten. In beiden Fällen wird auch die örtliche Verteilung der Partikel wesentlich homogener, da den reinen Schwerkräften hier noch Kapillarkräfte zu Hilfe kommen. Die ersten Patente zum Schlickerauftrag stammen von Sachs u. M. [400, 401]. Technologische Weiterentwicklungen stammen von Yen u. M. [402, 403]. Günster u. M. [404–407] nutzten den Effekt der kapillaren Infiltration der getrockneten unteren Schichtlagen und konnten erfolgreich silicatkeramische Grünkörper herstellen und mittels Lasersintern verdichten (Abb. 2.143).

Abb. 2.143: Links: Bauplattform nach Schlickerauftrag, Trocknung und Konsolidierung. Rechts: Silicatkeramische Bauteile nach Entformung durch Ultraschall-unterstützter Entfernung ungebundener Bereiche. Quelle: © Günster u. Zocca, Bundesanstalt für Materialprüfung, Berlin, mit freundlicher Genehmigung.

Die erzielten Gründichten liegen bei 60 % der theoretischen Dichte und damit im Bereich schlickergegossener Grünkörper. Eine gute Sinterfähigkeit zu hoher Enddichte ist damit gewährleistet, insbesondere wenn die Verfestigung im zweiten Schritt durch Binderdruck erfolgt. Ein weiterer Vorteil dieses Verfahrens liegt darin, dass die Grenzflächen zwischen den einzelnen Schichten durch die Infiltration eliminiert werden und sich so die Homogenität des Pulveraufbaus in z-Richtung ebenfalls erhöht. Verfahrensspezifische Probleme sind Benetzung und der schnelle Verlust an Fließfähigkeit aufgrund der Abfuhr des Suspensionsmittels in die Unterlage, die einen steilen Anstieg der Viskosität über die Schichtdicke bewirkt.

Die Optimierung der Benetzung kann durch geeignete Konditionierer in der Suspension erfolgen. Der Erhalt der Fließfähigkeit muss durch eine erhöhte Schergeschwindigkeit, d. h. durch eine angepasste Rakelgeschwindigkeit, bewerkstelligt werden. Dabei darf der Rakel aber auch den angesteiften Verbund von Suspension und infiltrierter Pulverschicht nicht abstreifen oder die Suspension über die Bauplattform hinausschieben. Für silicatkeramische Schlicker finden Tian u. M. [393, 404] eine optimale Rakelgeschwindigkeit von 50 mm/s, für technische Keramikpulver geringerer Korngröße von bis zu 100 mm/s.

Die Methode des Schlickerauftrags hat allerdings zwei Nachteile. Zum einen muss nach jeder deponierten Suspensionsschicht gut getrocknet werden, was in der Regel durch Beheizung des Bauraums oder durch Heizstrahler geschieht. Auch zur weiteren Konsolidierung des Grünkörpers durch Lasersintern muss jede Feuchtigkeit vollständig entfernt werden, da sich sonst eine Dampfblase an der Stelle der Laser-Einkopplung bildet, die stark absorbiert oder zum Absprengen von Pulverteilchen führt. Zum anderen ist die Verfestigung des Grünkörpers aufgrund der höheren Packungsdichte, der mechanischen Verhakung der Teilchen und wegen der Van-der-Waals-Bindungen zwischen den ehemals feuchten Partikeln so stark, dass eine Abtrennung der ungesinterten Bereiche vor allem bei Hinterschneidungen und Kavitäten schwierig ist. So müssen diese Volumina durch Tauchen im reinen Suspensionsmittel, eventuell mit Ultraschallunterstützung wieder dispergiert werden [408].

Mit Schlickerauftrag arbeitet auch die Stereolithographie, bei welcher der Suspension ein UV-härtendes Polymer hinzugegeben wird. Nach der Schichtherstellung wird die Oberfläche lokal durch UV-Strahlung gehärtet. In der Regel ist der Polymergehalt so hoch, dass eine Infiltration durch die nächste Suspensionsschicht unterbleibt, nachdem auch nicht in einem Zwischenschritt getrocknet wird. Die Stereolithographie wird weiter unten separat beschrieben, da der Grünkörperaufbau auch durch zyklisches Tauchen vorgenommen werden kann.

2.3.2.6.4 Pulverbettbasierte Formgebungsverfahren

Bei diesen 3D-Druckverfahren wird die oberste Pulverschüttung selektiv verfestigt, indem Körner bzw. Granulate stellenweise mit Bindern verklebt, durch Energieeintrag versintert oder angeschmolzen werden. Diese Abläufe wiederholen sich durch Absenken der Plattform und Neuauftrag einer neuen Pulverschicht solange, bis das Objekt fertiggestellt ist. Am Ende des Prozesses ist das Grünteil bzw. Bauteil vollständig von ungebundenem Pulver umgeben, aus dem es entnommen und durch Abblasen oder Abwaschen von anhaftenden Pulverteilchen gereinigt werden kann. Die zur Verfestigung verwendete Methode hängt von dem jeweils betrachteten Prozess mit seiner spezifischen Ortsauflösung sowie der gewünschten Bauteilgröße und Druckgeschwindigkeit ab. Zu den beiden bekanntesten und weltweit verbreitetsten gehören der 3D-Druck (3DP, engl.: *Three-dimensional printing*) und das Selektive Lasersintern (SLS, engl.: *Selective laser sintering*). Werden die Pulver lokal versintert oder geschmolzen (SLM, *Selective laser melting*), entstehen mehr oder weniger dichte Bauteile, die oftmals bereits gebrauchsfertig sind. Der P-3DP-Prozess (*Powder-based 3D-Printing*) verwendet einen Druckkopf, der selektiv Tropfen eines flüssigen Bindemittels versprüht. Einige 3DP-Anordnungen verfestigen vor dem eigentlichen Druckprozess die Pulverschicht durch Benetzung mit Wassertropfen, um Pulververwirbelungen durch das Auftreffen der Tropfen des Bindemittels zu verhindern. Wasser kann auch als Bindemittel dienen, wenn das zu verfestigende Pulver bereits ein hydraulisches oder nichthydraulisches Bindemittel (Gips, Zement, Calciumphosphate) enthält. Es handelt sich hierbei um einen „kalten" Prozess, bei dem ein z. B. mineralisches Pulver (z. B. Marmor) verfestigt wird. Druckanlagen mit Druckköpfen mit einigen Tausend parallel arbeitenden Düsen und einem Bauraum von mehreren Kubikmetern werden zur Fertigung großer Objekte für Architekturanwendungen eingesetzt. Pulverbasierte Verfahren bieten nur eingeschränkt die Möglichkeit, Multimaterialsysteme einzusetzen. So ist das Hinzufügen von metallischen Werkstoffen als Leiter in mehrschichtigen Keramiksystemen möglich, jedoch ist die Materialkonzentration beschränkt, da das poröse Pulverbett keine gute Basis für die Materialabscheidung z. B. mittels Druckkopf bietet [409].

In Bezug auf die Formgebung technischer Keramik ist der Pulverdruck geeignet, um poröse Strukturen zu erzeugen, welche bspw. aus Hydroxylapatit gefertigt als Knochenersatzstrukturen dienen [410]. Alternativ können die erzeugten Strukturen nachträglich infiltriert werden [411], wie dies z. B. beim SiSiC erfolgt. Geschieht die Formgebung über das Selektive Laser Sintern (SLS), sollten die zu verarbeitenden keramischen Rohstoffe eine Glasphase bilden können, um ein An- bzw. Versintern zu ermöglichen. Häufig ist an das SLS ein Infiltrationsschritt oder eine abschließende thermische Behandlung angeschlossen [412]. Generell sind Methoden, in denen Pulverschüttungen verarbeitet werden, nicht geeignet, um dichte Bauteile zu generieren.

Selektives Laserschmelzen

Das selektive Laserschmelzen (SLM, engl.: *Selective laser melting*) ist ein Derivat der entsprechenden Metallbearbeitung und beruht wie das robotergeführte Auftragsschweißen auf der lokalen Erwärmung von Pulverschüttungen durch einen fokussierten Laser- oder Elektronenstrahl. Das Pulver wird im Allgemeinen über das Pulverbettverfahren in Granulatform bereitgestellt, kann aber auch durch koaxiale Pulverzuführung im Bereich der Laseroptik an derjenigen Stelle abgeschieden werden, die kurz vor dem Brennfleck des Lasers liegt. Als weitere Zuführungsvarianten sind extrudierte Stränge angedacht, die die keramischen Partikel neben Bindemitteln enthalten (Abb. 2.144).

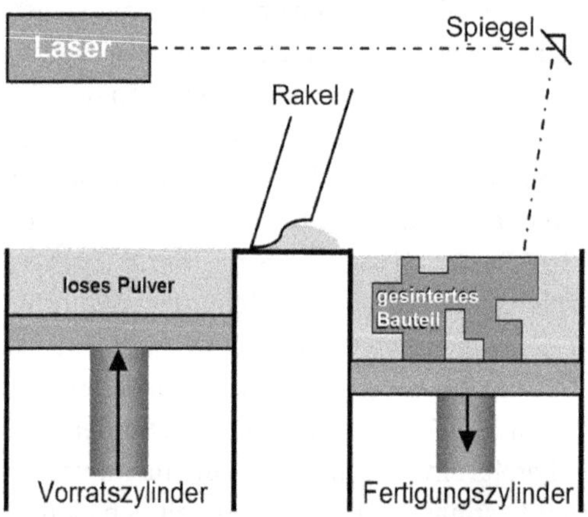

Abb. 2.144: Schema des Selektiven Laserschmelzens bzw. Lasersinterns. Zur Vorwärmung der Oberfläche überstreicht ein zweiter Laser mit größerem Brennfleck die zu erschmelzenden bzw. zu sinternden Bereiche.

Die Erwärmung keramischer Werkstoffe findet typischerweise mit Nd-YAG-Diodenlasern oder mit CO_2-Lasern statt, da hier die besten Absorptionseigenschaften gegeben sind. Die eingesetzten Laserleistungen liegen zwischen 6 W bei Scan-Geschwindigkeiten von 50 mm/s und 25 W bei 600 mm/s [413, 414]. Aufgrund der niedrigen Wärmeleitfähigkeit der Keramiken (z. B. für Al_2O_3: λ = 25–30 W/m·K) und der noch geringeren Wärmeleitfähigkeit des hochporösen Pulverbettes ($\lambda \approx$ 0,3 W/m·K) findet der Schmelzprozess nur in einer dünnen Oberflächenschicht statt. Dort werden allerdings durch Thermoschock der Partikel sowie durch die sich schlagartig ausdehnenden Porengase Teilchen von der Oberfläche weggeschleudert. Es wurde daher eine besondere Verfahrensvariante entwickelt, bei welcher das Pulverbett bzw. der bereits partiell konsolidierte Formkörper mit einem zweiten, gering fokussierten Laserstrahl bis knapp unter den Schmelzpunkt erhitzt wird [415].

Durch die Erwärmung entsteht unter und besonders hinter dem bewegten Laserbrennfleck ein Schmelzebereich von einigen Hundert Kubikmikrometern bis zu wenigen Kubikmillimetern. Bedingt durch die hohen Aufheizraten können Luftblasen eingeschlossen werden, die durch Koagulation der Porosität innerhalb der Granulate bzw. zwischen den Granulaten entstehen. Die Schmelzeströmung entlang der Grenzfläche zum unterliegenden, bereits verfestigten Material ist turbulent, weshalb Blasen an die Oberfläche gelangen, sich aufgrund der Oberflächenspannung und hohen Viskosität dort anreichern und dann platzen. Dies gibt neben den o. g. dargestellten Thermoschock-Reaktionen Anlass zu Abplatzungen von Tröpfchen bzw. bereits erstarrten Teilchen. Daneben findet Verdampfung von der Oberfläche statt. Abbildung 2.145 zeigt die Phänomene in Anlehnung an eine Darstellung von Hebert [416], wobei die Verhältnisse vom Laserschmelzen metallischer Werkstoffe auf keramische Werkstoffe umgedeutet sind.

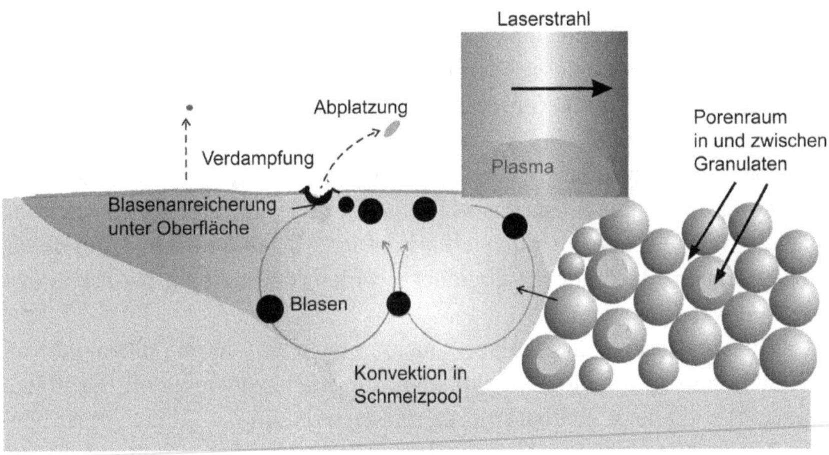

Abb. 2.145: Vorgänge beim Laserschmelzen keramischer Pulver nach [416]. In den Granulaten sowie zwischen den Granulaten vorhandene Luft kann sich zu Blasen innerhalb des Schmelzevolumens anreichern und durch turbulente Konvektion an die Oberfläche des Schmelzefilms gelangen.

Die Konvektionsströmung im Schmelzepool ergibt nach Mills [417] aufgrund des Temperaturgradienten von innen an die Oberfläche einen thermokapillaren Marangoni-Fluss, wobei sich die dimensionslose Marangoni-Zahl M_a berechnet aus der Oberflächenspannung γ, der Viskosität η, der Wärmediffusivität κ, dem Temperaturgradienten $\mathrm{d}T/\mathrm{d}x$ und der Dicke der Schmelzeschicht d nach

$$M_a = \frac{\frac{\mathrm{d}\gamma}{\mathrm{d}x} \cdot \frac{d}{\eta}}{\frac{\kappa}{d}} = \frac{\frac{\mathrm{d}\gamma}{\mathrm{d}T} \cdot \frac{\mathrm{d}T}{\mathrm{d}x} \cdot \frac{d}{\eta}}{\frac{\kappa}{d}}. \tag{2.73}$$

Da die Oberflächenspannung mit zunehmender Temperatur abnimmt, ist $\mathrm{d}\gamma/\mathrm{d}T$ negativ, somit fließt die Strömung von der heißen Stelle zur kälteren.

Die erzeugten Gefüge hängen vom gewählten Stoffsystem ab, können aber aufgrund der unkontrollierten Abkühlung hinter dem Laserstrahl nicht gut beeinflusst werden. Einphasige Systeme neigen daher zu schnellem Kornwachstum und zeigen nach der Erstarrung Thermoschockrisse. Eutektische Systeme sind hier weniger empfindlich, da sie weit unterkühlbar sind und dann zwar schnell, aber sehr feinkörnig erstarren können.

Aufgrund der gezeigten Schwierigkeiten, vor allem wegen der geringen erzielbaren Dichte und der Rissbildung werden für das Laserschmelzen Stoffsysteme bevorzugt, die eine niedrig schmelzende Komponente enthalten wie etwa ein Metall oder eine Glasphase, sodass ein Flüssigphasensintern ermöglicht wird. Im ersten Fall gelingt es, Hartmetalle oder Verbundwerkstoffe aus Mischungen von WC + Co [418, 419], TiC + Ti + Si [420], TiC + TiB_2 + Cu bzw. B_4C + Cu + Ti [421] oder AlN + Al [422] zu verschmelzen. Beispiele für mineralische Werkstoffpaarungen sind Al_2O_3 + SiO_2 [423] oder β-Tricalciumphosphat + Calciumphosphatglas [424]. So gelang auch die Schmelzverdichtung von klassischen Porzellan-Rohstoffen unter Auflösung des Kaolinits und der Feldspäte unter Glasphasen- und Mullitbildung [425]. Die erzeugten Gefüge weisen die für Porzellane typischen Merkmale auf, abgesehen von prozessbedingten Oberflächenrauheiten, die an Schweißraupen erinnern und Spuren der Brennfleckbewegungen darstellen. Das Abb. 2.146 zeigt einen Querschnitt aus dem neu gebildeten Gefüge senkrecht zur Oberfläche. Die wellige Oberfläche kann durch einen nachträglichen Glasurauftrag überdeckt werden, der ohnehin bei Porzellanscherben zur Anwendung kommt.

Beim partiellen Laserschmelzen von Calciumphosphat-Glaskeramiken geht es um die Herstellung von Individualimplantaten, um Knochendefekte mit resorbierbaren Werkstoffen temporär zu überbrücken und Material für den Aufbau eines körpereigenen Knochens zu liefern. Hierbei geht man von den oben schon genannten Mischungen aus β-Tricalciumphosphat und Calciumphosphatglas aus, die besonders gut resorbierbar sind. Nach dem Erweichen und Anschmelzen des Glases kommt es zu einer Partikelumorientierung der nicht geschmolzenen kristallinen Phase. Es entstehen auch hier lagenweise Gefüge, die Schweißraupen ähnlich sehen. Hohlräume zwischen säulig erstarrten Bereichen, bedingt durch die Dichteerhöhung beim Versintern und Erschmelzen der Pulverschüttung, sind ausdrücklich erwünscht, um eine Besiedlung mit Osteozyten sowie eine Vaskularisierung zu ermöglichen. Abbildung 2.147 und 2.148 präsentieren REM-Aufnahmen eines solchen Glaskeramik-Verbundwerkstoffes [424, 426].

Abb. 2.146: Das Laserschmelzen von Porzellanmassen führt nach Auflösung des Kaolins und der Feldspäte zu einem typischen silicatkeramischen Gefüge mit Mullit-Bildung [425].

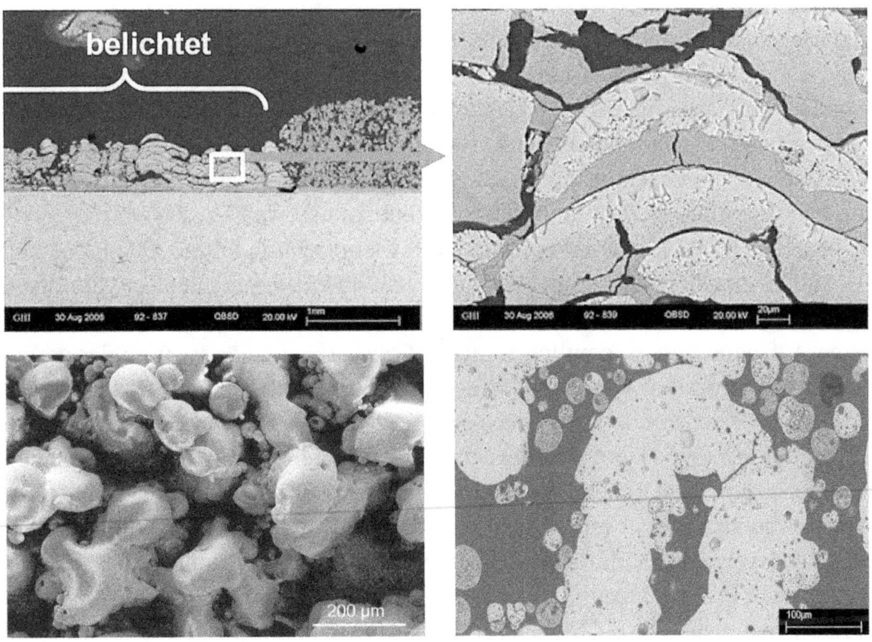

Abb. 2.147: Oben links: Querschliff durch eine partiell versinterte Schicht aus β-Tricalciumphosphat und Calciumphosphatglas auf einem keramischen Substrat. Oben rechts: Mischung aus aufgeschmolzenem Calciumphosphatglas mit β-TCP-Körnern. Detail aus Bild links. Unten links: Bruchfläche. Die angeschmolzenen Bereiche haben sich verdichtet und den gewünschten Porenraum geöffnet. Unten rechts: Querschliff durch die poröse Struktur; dunkelgrau: Infiltrationsmittel zur Probenpräparation. Bilder: A.Wätjen, © Inst. Gesteinshüttenkunde, RWTH Aachen.

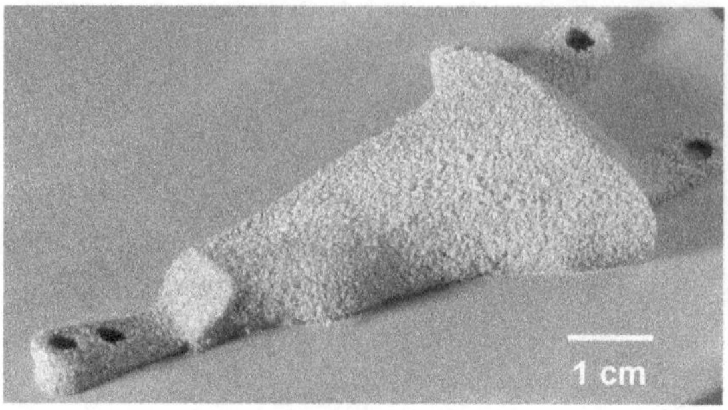

Abb. 2.148: Implantat aus β-Tricalciumphosphat und Calciumphosphatglas, hergestellt durch Selektives Laserschmelzen [424].

Bei diesem partiellen Laserschmelzen laufen also in kurzer Zeit die Mechanismen des Flüssigphasensinterns ab, so dass diese Methode einen Übergang vom Laserschmelzen zum Lasersintern darstellt. Ähnlich Verbundwerkstoffe der Funktionskeramiken einzuordnen, die zusammen mit Metall-Leiterbahnen mittels niedrig schmelzender Gläser versintert werden und als LTCC (Low temperature co-fired composites) bezeichnet werden.

Das Selektive Laserschmelzen keramischer Werkstoffe mit höheren Schmelzpunkten und ohne wesentliche Glasphasenbildung setzt Kenntnisse der entsprechenden Phasendiagramme voraus. So kann in eutektischen Systemen gezielt eine Zusammensetzung mit geringerem Schmelzpunkt verwendet werden, was allerdings auch die Gefüge und die gewünschten Anwendungseigenschaften einschränkt. Wilkes u. M. haben im System Al_2O_3–ZrO_2 im Bereich des Eutektikums mit einer Schmelztemperatur von 1860 °C [415] eine entsprechende Pulvermischung mittels CO_2-Laser auf 1570–1800 °C vorgeheizt und dann lokal mit einem Nd:YAG-Laser mit einer Verfahrgeschwindigkeit von 20 cm/s aufgeschmolzen. Die Vorerwärmung führt gegenüber dem direkten Aufschmelzen zu deutlich weniger Rissen. Das Gefüge ist trotz der geringen Durchwärmungstiefe von 50 µm typisch eutektisch, auch wenn die nach neueren Erkenntnissen existierende Mischungslücke im flüssigen Zustand die Verhältnisse komplizierter macht. Es können in der Schmelze Turbulenzen sowie je nach genauer Zusammensetzung bzw. Lasereinwirkung Riesenkornwachstum von ZrO_2 oder Al_2O_3 auftreten. Abbildung 2.149 verdeutlicht, dass das Gefüge im eutektischen Punkt einerseits stark von der Abkühlungsgeschwindigkeit abhängt und andererseits geringe Abweichungen in der Konzentration zu Flüssigentmischungen und monotektischen ZrO_2-Ausscheidungen führen. Näheres zum Phasendiagramm bringt Kapitel 3.3.2.5 in Band 1.

Beim Laserschmelzen von einphasigen Pulvern kann die natürliche Kornfeinung durch die Kristallisation zweier oder mehrerer Phasen nicht genutzt werden. Auch lassen sich die Schmelzen schlechter unterkühlen, sodass aus der Schmelze große Kristalle wachsen. Decker u. M. haben mit Aluminiumoxid blockige Körner bzw. Kornaggregate erzeugt, die entlang der Korngrenzen aufgrund der Volumenkontraktion gerissen sind und teilweise große Hohlräume hinterlassen haben (Abb. 2.150).

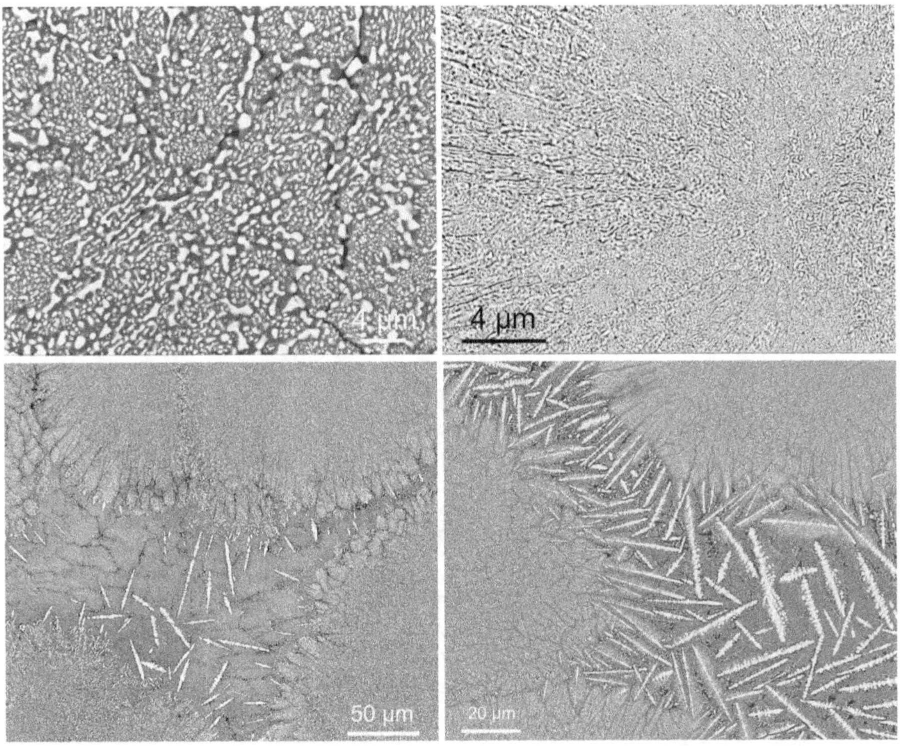

Abb. 2.149: Oben: lasergeschmolzene eutektische Al_2O_3–ZrO_2-Zusammensetzung; links: langsame Abkühlung, rechts: schnelle Abkühlung. Unten: Gefüge mit ca. 2 Mol% höherer ZrO_2-Konzentration; Flüssigentmischungen und monotektisches Wachstum von ZrO_2-Ausscheidungen. Experimente und Bilder: D. Mühmer und J. Nießen, Inst.f. Gesteinshüttenkunde, RWTH Aachen.

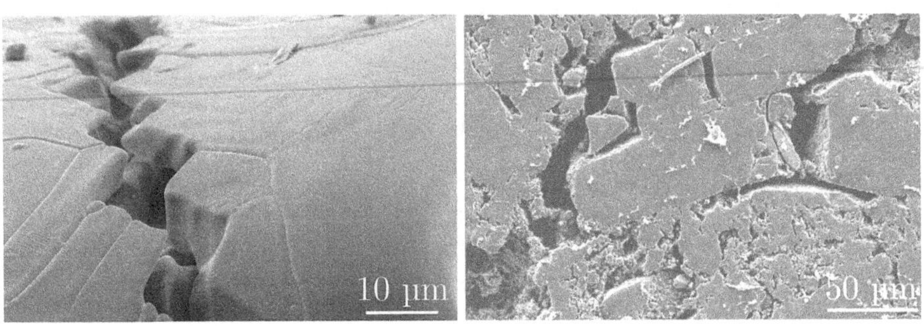

Abb. 2.150: Gefüge von lasergeschmolzenem Al_2O_3. Links: Oberfläche nach der Erstarrung. Rechts: Anschliff senkrecht zum Schichtaufbau mit grober Kornstruktur [395]. © Elsevier, Abdruck mit freundl. Genehmigung.

Versuche mit dem Laserschmelzen von 3Y-TZP-Pulvern von Kruth u. M. zeigten ähnliche Ergebnisse [413]. Die Schmelzoberflächen mit ihren typischen gerundeten Formen erstarren zu kolumnaren Inseln von 30–50 µm Durchmesser, die von Zickzack-Risssystemen voneinander getrennt sind. Diese Rissformen entstehen durch interkristallen Bruch entlang von Korngrenzen (Abb. 2.151). Neben der Volumenschwindung beim Übergang flüssig-fest und dem Spannungsaufbau durch Thermoschock ist bei ZrO_2-Keramiken auch die Volumendehnung durch die Umwandlung der kubischen in die tetragonale Phase verantwortlich, bei den hier vorliegenden Korngrößen von 3–10 µm sicherlich auch die Umwandlung tetragonal nach monoklin, trotz der Yttriumoxid-Dotierung.

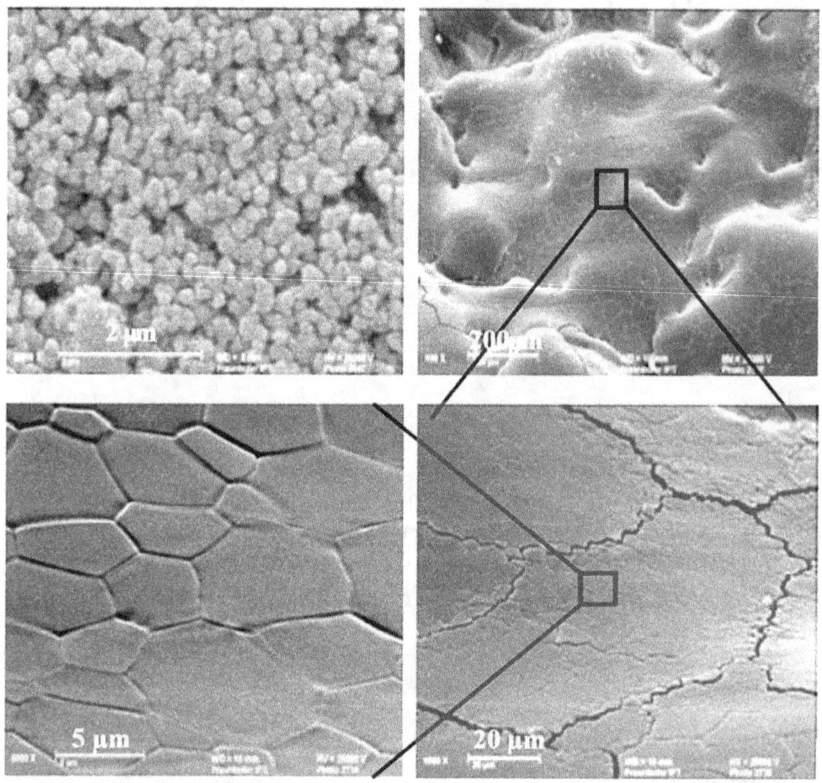

Abb. 2.151: Gefüge von lasergeschmolzenem 3Y-TZP. Links oben: Oberfläche des unbehandelten Pulverbettes. Oben rechts: Erstarrte Schmelzoberfläche. Darunter: Detailaufnahme mit Rissbildung um Kornaggregate. Unten links: Ausschnitt des rechten Bildes mit Korngefüge [413]. © Elsevier, Abdruck mit freundl. Genehmigung.

Um die Korngröße von vornherein zu beschränken, muss das Schmelzevolumen möglichst klein gehalten werden. Dies lässt sich durch eine Reduktion der Laserleistung von 100–200 W auf 2–3 W realisieren. Allerdings muss dann auch die Verfahrgeschwindigkeit des Laserstrahls deutlich reduziert werden. Weitere explorierte Einsatzgebiete sind Siliciumcarbid [427, 428], Wismut-Titanate und -Tantalate [429, 430] und transluzente Tantaloxid-Keramiken [431, 432].

Selektives Lasersintern

Zuvor ist bereits angesprochen worden, dass sich die Grenzen zwischen Selektivem Laserschmelzen und -sintern dort verwischen, wo partielle Schmelzen oder erweichende Phasen wie Gläser auftreten. Es liegt dann ein Flüssigphasensintern vor. Ebenso fließend sind die Grenzen zum echten Laser-unterstützen Festphasensintern, denn der Begriff des Selektiven Lasersinterns umfasst auch Sintersysteme, bei denen die keramischen Teilchen mit Polymerbindern umhüllt sind, die durch den Laserstrahl lokal aufgeschmolzen werden und so die Partikel verkleben. Das Grünteil erhält so seine Form und seine Festigkeit. Es folgen der Binderausbrand und der eigentliche Sinterprozess. Deckers, Vleugels und Kruth haben in ihrem Übersichtsartikel solche Bindersysteme je nach Aufbaumethode des Pulverbetts zusammengestellt [394]. Neben organischen Bindemitteln, meist amorphe Thermoplasten wie PMMA, PVA oder PP finden auch polymerisierende anorganische Bindersysteme aus der Basis von Kieselsäure, Borsäure oder Aluminiumpolyphosphaten und Zirconylphosphaten Anwendung. Für Anwendungen in der Medizin werden oft bioresorbierbare Binderpolymere wie Polylactide untersucht, mit denen ebenfalls resorbierbare Keramiken wie β-TCP beschichtet werden.

Da es beim Selektiven Lasersintern über den Bindungseffekt über Polymerbrücken oder auch echte Sinterhälse hinaus kaum zu einer Schwindung kommt, sind die Bauteile alle sehr porös. Es wurde daher eher mit den Aufbauverfahren des Pulverbettes experimentiert als mit dem Sinterprozess selbst. So wurde neben dem bereits beschriebenen Schlicker-basierten Pulverbett auch eine Schüttdichteerhöhung durch Elektrophorese [395] oder Sprüh-Auftrag [426, 433] versucht. Die Arbeiten von Wu u. M. zeigen, dass auch beim Lasersintern alle Sinterstadien durchlaufen werden und je nach Energieeintrag in die Oberfläche sichtbar bleiben. Die gute Verdichtung führen sie auf ein Flüssigphasensintern unter Beteiligung von Alkali-und SiO_2-Verunreinigungen an den Korngrenzen der Al_2O_3-Pulver zurück (Abb. 2.152).

Zur vollständigen Verdichtung lasergesinterter Bauteile, die sich nicht durch Flüssigphasen zu hohen Dichten sintern lassen, können die offenporösen Strukturen mit reaktiven oder inerten Metallschmelzen oder metallorganischen Precursoren infiltriert werden. So lassen sich z. B. SiSiC-Teile sehr gut herstellen.

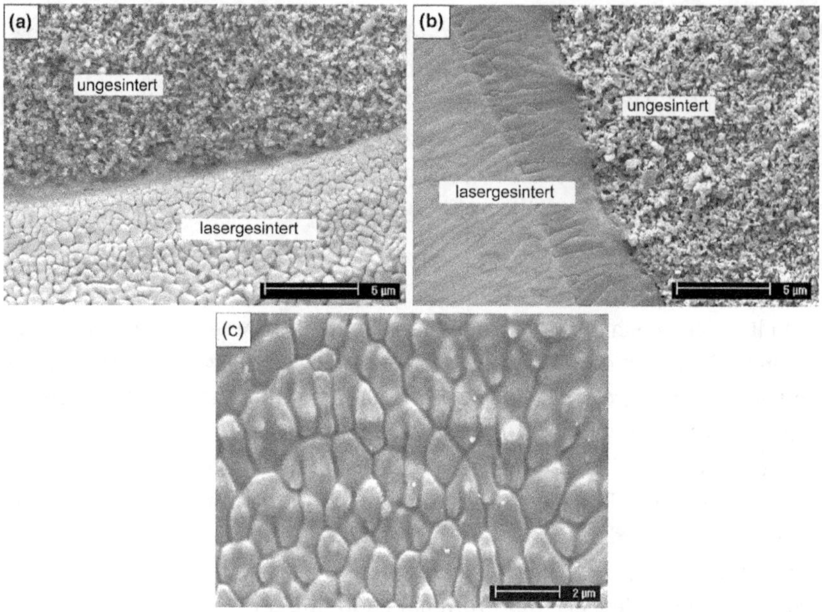

Abb. 2.152: Gefüge von lasergesintertem Aluminiumoxid. Oben: Grenzfläche von lasergesintertem zu unbehandeltem Pulverbett. (a) Brennfleckgeschwindigkeit 4 mm/s, (b) 2 mm/s. Unten (c): Detailaufnahme, Strahlquerschnitt 1,5 mm [433]. © John Wiley & Sons, Abdruck mit freundl. Genehmigung.

Selektives Maskensintern

Das Selektive Maskensintern geht von der Überlegung aus, dass zur Aktivierung von organischen Bindern eigentlich nur eine lokale Erwärmung erforderlich ist. Die Verwendung von Laserstrahlung hat oftmals die nachteilige Folge, dass sich die Polymere thermisch zersetzen oder verdampfen. Auch ist die Linienführung des Strahls sehr zeitaufwendig. Es wird daher von einem großflächigen Infrarot-Strahl ausgegangen, der teilweise von einer Maske abgedeckt wird und somit eine lokal auflösende flächenhafte Belichtung einer Pulverschicht erlaubt (Abb. 2.153 und 2.154). Ein weiterer Vorteil besteht darin, dass eine schnelle Wiederholung einer identischen Kontur möglich ist, die nicht mehrmals abgerastert werden muss. Hierzu verbleibt die Maske einfach im Strahlengang. Geschwindigkeitsbestimmender Schritt wird bei diesem Verfahren also der Pulverbettauftrag oder gegebenenfalls der Maskenwechsel, der gleichzeitig erfolgen kann. Statt eines Rakels wird ein Schwert verwendet, das sich beim Zurückfahren von einem Beschichtungszyklus mit Pulver aus einem Reservoir füllt. Beim Vorfahren entleert das Schwert die genau dosierte Pulvermenge über eine Schlitzöffnung im Bauraum. Wie beim Selektiven Lasersintern wird hier auch von polymerbeschichteten Pulvern ausgegangen, die nur zur Bindung erschmolzen werden. Auch eine Vorwärmung des Bauraumes empfiehlt sich, da dann bei amorphen oder teilkristallinen Thermoplasten genauer der Schmelz- bzw. Erweichungspunkt angesteuert werden kann und die Belichtungszeiten sinken.

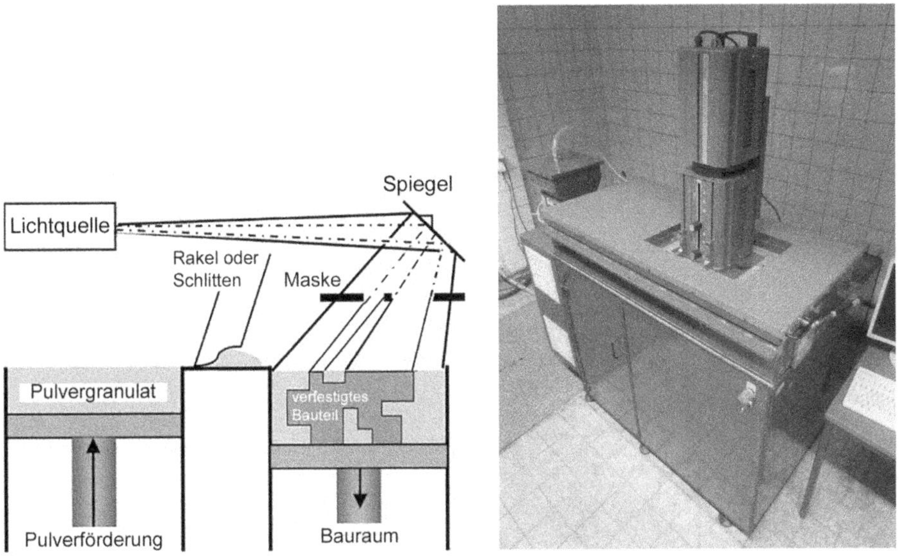

Abb. 2.153: Links: Schema einer Selektiven Maskensinteranlage. Eine Lochmaske deckt die nicht zu belichtenden bzw. zu bindenden Flächenanteile von der Infrarotstrahlung ab. Rechts: Geschlossene Anlage mit Infrarotoptik und Schlitz für die Maskenzuführung (hier demontiert). © Inst. Gesteinshüttenkunde, RWTH Aachen [434].

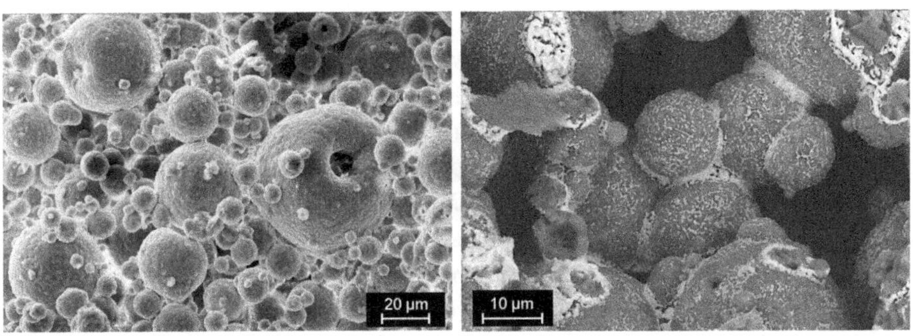

Abb. 2.154: Bruchfläche eines maskengesinterten Al_2O_3-Granulats. Links ohne und rechts mit Nachinfiltration mit ZrO_2-Suspension. Quelle: P. Gingter, © Inst. Gesteinshüttenkunde, RWTH Aachen [434].

Als nachteilig macht sich die Lichtstreuung an den Kanten und Ecken der Maskenkontur bemerkbar. Hier kommt es zu Unschärfen der Ränder des Bauteils. Diese Probleme sind aber durch optische Maßnahmen zu beheben. Die Sinterdichte nach dem Ausbrand ist wie bei allen Pulverbettverfahren aufgrund der niedrigen Schüttdichte sehr gering. Eine Nachinfiltration mit einer geringen Menge an keramischer Suspension stärkt die Sinterbindung zwischen den Granulaten.

3D-Printing

Beim 3D-Printing werden die Partikel bzw. Granulate eines Pulverbettes dadurch verfestigt, dass ein organischer Binder mit einem x-y-verfahrbaren Druckkopf punktgenau abgeschieden wird. Wie bei allen pulverbettbasierten Verfahren wird zunächst eine Pulverschicht lokal mit Binder versehen, dann wird die Bauplattform um eine Schichtdicke abgesenkt, ein Rakel trägt eine Granulatschicht auf, und der Prozess wiederholt sich (Abb. 2.155).

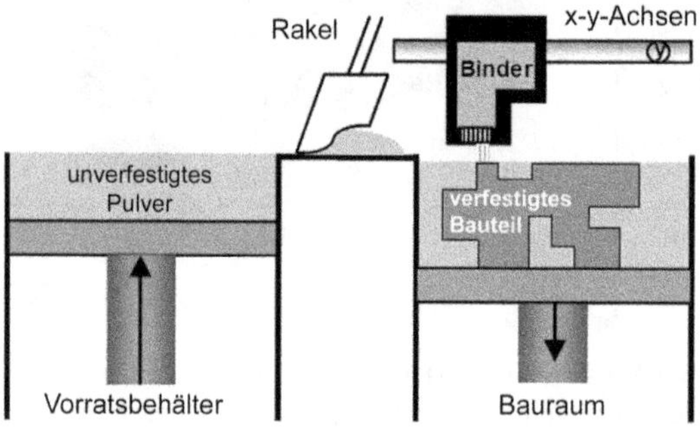

Abb. 2.155: Schema des 3D-Printing. Ein Druckkopf scheidet Tropfen aus einem flüssigen Bindemittel auf einem Pulverbett ab.

Bei hydraulisch abbindenden Materialien wie Gips oder Zement, kann als Bindemittel auch Wasser verwendet werden, was bei der Herstellung von Architekturmodellen sehr häufig angewandt wird. So kann auch α-Tricalciumphosphat mit Wasser zu Hydroxylapatit abbinden, was zu gewünscht porösen, resorbierbaren Implantatstrukturen für den Knochenersatz führt [435, 436]. Mit einer auf der gleichen Achse geführten UV- oder IR-Leuchte kann ferner ein organischer Binder über Strahlung und nicht nur als Funktion einer Stehzeit gehärtet werden. Danach lassen sich die gebundenen Teile entnehmen, das ungebundene Restpulver muss mit einem Luftstrahl oder einem Pinsel sorgfältig entfernt werden und kann recycelt werden (Abb. 2.156).

Das Verfahren ist in der Dimension der Bauteile eigentlich unbeschränkt, da auch kontinuierliche Produktionsmethoden möglich sind (siehe Kapitel 2.3.2.6.2). Die darstellbare Auflösung richtet sich nach der Granulatgröße der Pulver sowie nach dem Benetzungs- und Spreitverhalten der Binder. Typische Granulatgrößen liegen zwischen 50 und 250 µm, was auch der Schichtdicke entspricht. Nachteilige Aspekte sind die geringe Schüttdichte und damit Sinterdichte zwischen den Granulaten, weshalb solche Bauteile entweder gezielt porös gestaltet werden, etwa für bioaktive, resorbierbare Implantate, oder mittels feinkörniger Suspensionen oder Metallschmelzen nachinfiltriert werden. Ein in der Anwendung befindliches Beispiel für ein nachinfiltriertes Material ist SiSiC, das durch die Porenfüllung mit Silicium zu vollständiger Verdichtung gebracht werden kann (Abb. 2.157). Als weitere Variante lässt sich RBSiC herstellen, wenn entweder im flüssigen Binder oder im Pulver selbst Kohlenstoffverbindungen vorhanden sind, mit denen das flüssige Silicium zu SiC weiterreagieren kann. Hier sind auch die unzähligen Möglichkeiten des Precursordrucks zu nennen, die den Anwendungsbereich auf nahezu alle Keramiksorten ausweiten.

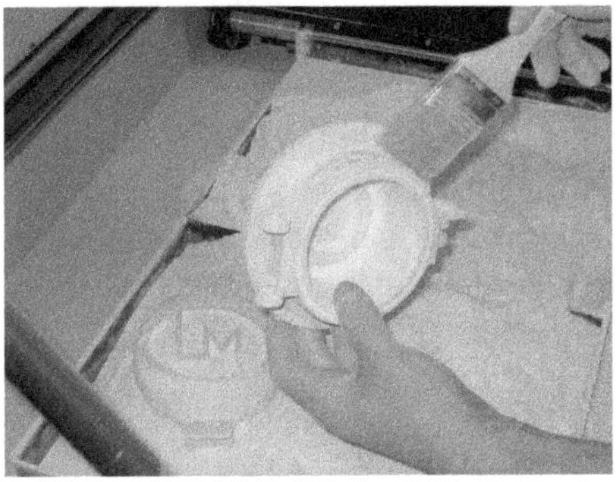

Abb. 2.156: Säubern eines gehärteten Bauteils nach dem 3D-Printing [437].

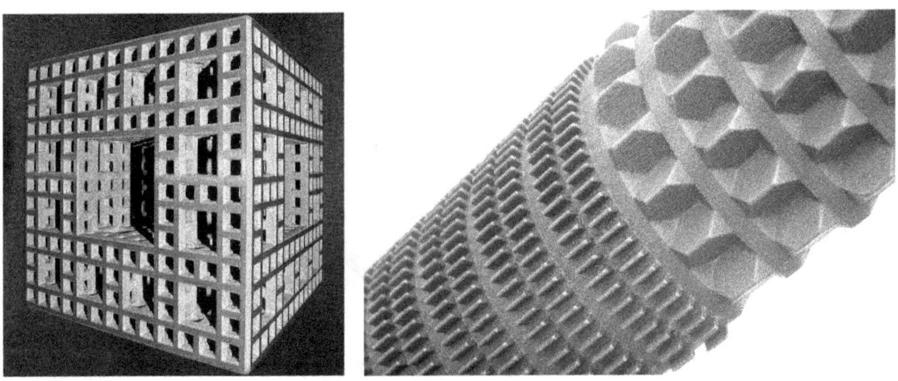

Abb. 2.157: Demonstrationsbauteile aus SiSiC, gedruckt mittels 3D-Printing und mit flüssigem Silicium nachinfiltriert. Abmessungen links ca. 40 × 40 × 40 cm; rechts: Brennerrohr, 80–120 cm. Bauteile: Schunk AG, Reproduktion mit freundlicher Genehmigung; Fotos: R. Telle.

Kollenberg hat das 3D-Printing mit dem Direkten Tintenstrahldrucken kombiniert und damit nicht nur eine Erhöhung der lokalen Grünkörperdichte erreicht, sondern war auch in der Lage, mehrere Materialien miteinander zu kombinieren [409].

2.3.2.6.5 Laminierverfahren

Vom Foliengießen sind vollständig automatisierbare Methoden bekannt, mit denen man lagerfähige keramische Grünfolien herstellen und durch Stanzen, Füllen mit metallischen Pasten, Schneiden, Laminieren, Entbindern und Sintern zu plattenförmigen Werkstoffverbunden mit komplexen Innenstrukturen verarbeiten kann (siehe Kapitel 2.3.2.1.3). Hiermit werden Multilayersubstrate oder Wärmetauscher mit sich durchdringender Kanalstruktur gefertigt. Auf dieser Methode basiert das *Laminated Object Manufacturing*, LOM, das 1986 von der Firma Helisys für Papier- und Metallfolien entwickelt worden ist. Dabei werden keramische Grünfolien nach Schicht für Schicht vorgegebenem Muster zugeschnitten, übereinander platziert, anschließend laminiert und thermisch nachbehandelt [438–442]. Eine Kombination aus verschieden zusammengesetzten Folien ist möglich. Die aufgerollte Grünfolie wird über eine Bauplattform gezogen, die gewünschte Kontur mittels Laser oder mechanisch mit einem CAD-geführten Messer ausgeschnitten, leicht durch eine Rolle angepresst, was eventuell eine Erwärmung erfordert, und die Restfolie abtransportiert (Abb. 2.139 und 2.158).

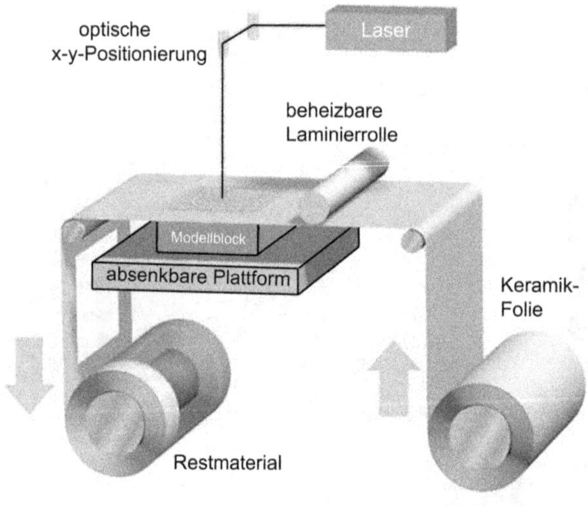

Abb. 2.158: Prinzip des Laminated-Object Manufacturing nach [442].

Alternativ kann auch der gesamte Folienstapel als Block auf der Bauplattform verbleiben, wobei die nicht gewünschten Schichtteile als Stützmaterial für Hinterschneidungen oder Hohlräume im Bauteil dienen. Zur Entnahme des Bauteils müssen dann von Hand die umgebenden Schichtpakete vorsichtig mit einem Messer entfernt werden. Hierzu werden zuvor mit dem Laserstrahl Trennstellen eingebracht (Abb. 2.159).

Die Auflösung der Formkörper in z-Richtung entspricht der Foliendicke und beträgt somit 50–300 µm, d. h. der Terrassierungseffekt ist sehr deutlich und eine Nachbearbeitung ist erforderlich. In der Regel wird die Laminationsmethode aber für prototypische Bauteile oder Demonstratoren angewandt, so dass die Oberflächengüte nicht im Vordergrund steht.

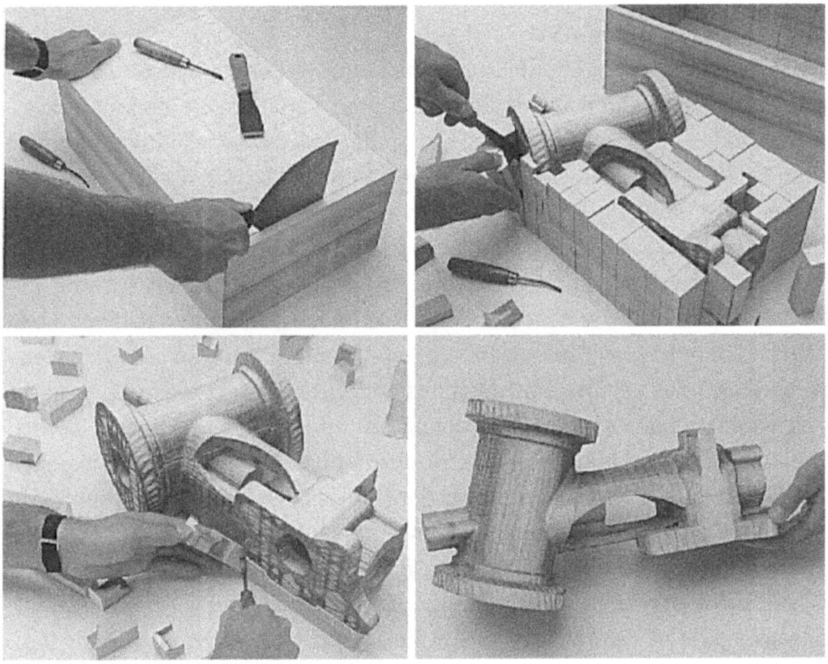

Abb. 2.159: Entformen eines LOM-Objektes [443]. © National University of Singapore, Abdruck mit freundl. Genehmigung.

Kombiniert man die Methode der Precursor-Keramik mit LOM, so lassen sich mit metallorganischen Polymeren und Keramikpartikeln gefüllte Papiere oder Kartonagen entsprechend schneiden, laminieren und über Pyrolyse in die gewünschten Oxid-, Carbid- oder Nitridkeramiken umsetzen [444, 445]. Falls Poren, die aus der Zelluloseumsetzung des Papiers resultieren, unerwünscht sind, lassen sich solche Strukturen darüber hinaus mit metallischen Schmelzen infiltrieren und der Kohlenstoffanteil zu Carbiden weiterreagieren.

Kommerzielle LOM-Anlagen sind wie Papierdrucker konstruiert und verfügen über einen Bauraum mit einer Grundfläche von A4- bis A3-Format und bis zu 500 mm Höhe. Nachteilig für den LOM-Prozess ist anzumerken, dass die Lamination zur unterliegenden Schicht eine Bindenaht zur Folge haben kann und dass die meisten verarbeiteten keramischen Grünfolien von vornherein eine texturierte Korneinregelung besitzen, sodass die Bauteileigenschaften des Sinterkörpers in der Regel anisotrop sind. Eine ausführliche und kritische Übersicht über die verwendeten Verfahren und Werkstoffe sowie über die Vorteile und Nachteile haben Travitzky u. M. verfasst [392].

2.3.2.6.6 Stereolithographie – STL

Um Bauteile mit einer hohen Enddichte zu erzeugen, werden suspensions-, pasten- oder strangbasierte Verfahren verwendet. Bei diesen Verfahren werden die pulverförmigen Rohstoffe zunächst homogen in ein Binder- oder Lösungsmittelsystem mit einer hohen Packungsdichte dispergiert. Die ersten Entwicklungen für additive Formgebung über keramisch gefüllte Suspensionen erfolgten auf dem Gebiet der Stereolithographie [446, 447]. Geeignete keramische Pulver werden in UV-härtende Binder dispergiert und nach dem schichtweisen Auftrag der Massen auf ein Substrat mit einem UV-Laserstrahl selektiv belichtet [448]. Die Belichtung kann dabei von oben (Abb. 2.139) oder durch einen Glaseinsatz von unten her erfolgen (Abb. 2.160). Im letzteren Fall wird also das gehärtete Grünteil aus der Suspension gezogen. Dies macht die STL zu einem vergleichsweise langsamen Verfahren, da der Laserspot bewegt werden muss, um die zu belichtende Kontur abzufahren. Weitere Einschränkungen ergeben sich durch die spezifischen Absorptionsindizes der Pulver sowie durch Abschattungseffekte In den nachfolgenden Jahren wurden daraus das *Lithography-based Ceramic Manufacturing* (LCM) [449] und das *Digital Light Processing* (DLP) [450] weiterentwickelt, bei denen die gesamte Kontur auf einmal belichtet wird. Die selektive Belichtung erfolgt dabei über ein digitales Mikrospiegel-Modul, auf dem kleine individuell schaltbare Spiegel (1920 × 1080 Pixel) das Licht entweder zur Bauplattform oder in einen Absorber reflektieren [451]. Allerdings sind bei diesen Verfahren durch den flächigen Auftrag der Suspension bisher keine mehrkomponentigen Strukturen realisierbar. Eine weitere Verfahrensvariante besteht darin, dass der Bauteilträger nach dem Belichten einer Schicht aus dem Schlickerbad gezogen und dieses durch Rotation des Vorratsbehälters mit neuem Material gefüllt wird (Abb. 2.160 und 2.161). Ein feststehender Rakel homogenisiert die Suspension und glättet die Oberfläche des Bades.

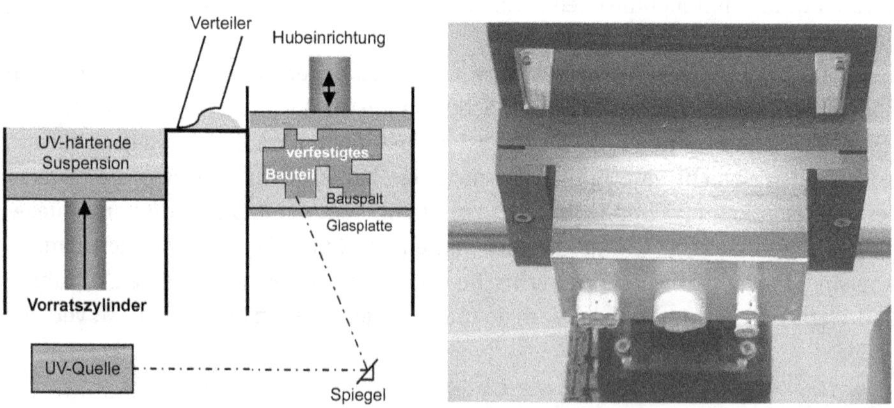

Abb. 2.160: Prinzip der Stereolithographie mit Belichtung von unten durch eine Glasplatte. Rechts: Bauplattform mit angehängten Grünteilen.

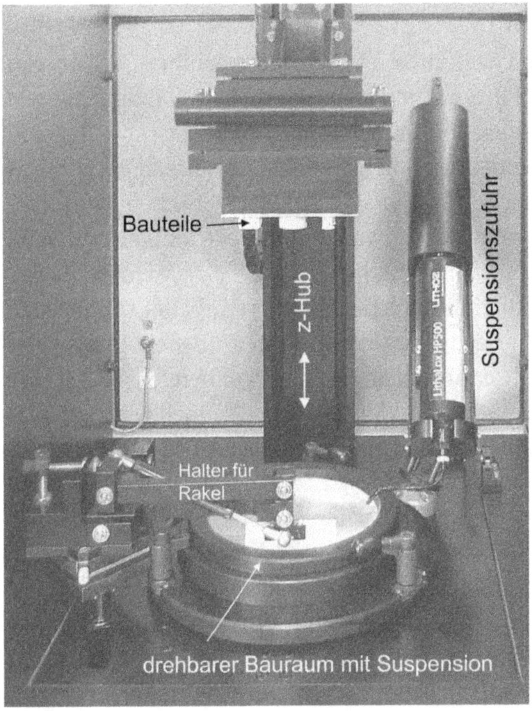

Abb. 2.161: Stereolithographie-Anlage der Fa. Lithoz GmbH, Wien, mit rotierendem Glaseinsatz. Abbildung 2.160 und 2.161: © R. Telle, Aachen.

Die lichtempfindliche Polymermischung besteht aus Bindermolekülen mit Doppelbindungen zur Längs- und Quervernetzung, z. B. Acrylate oder Metacrylate) sowie aus photoaktivierbaren Initiatormolekülen, die unter Energieabsorption entweder zu Radikalen umgewandelt werden und die Polymerisationsreaktion starten oder in angeregtem Zustand durch Reaktion mit weiteren Molekülen diese Radikale freisetzen [452, 453]. Damit wird der Ort der Belichtung gleichzeitig der Ort der Bindung der dispergierten keramischen Partikel.

Je nach Fläche der Bauplattform können wenige große oder sehr viele kleine Teile gleichzeitig gedruckt werden. Die maximale Bauhöhe liegt derzeit bei 15 cm, die laterale Auflösung beträgt etwa 40 µm, somit die minimale Wandstärke etwa 200 µm. In z-Richtung wird eine Auflösung von 25–100 µm erreicht und damit eine Baugeschwindigkeit von 2,5–100 mm/h. Nach dem Druck müssen die Teile noch von anhaftenden Suspensionsresten gereinigt werden. Der Binder wird ausgebrannt. Die erreichten Sinterdichten liegen bei >99,4 % der theoretischen Dichte. Das Gefüge ist feinkörnig und homogen. Da die jeweils nächsten Schichten direkt an der vorgehenden ausgehärteten Schicht anbinden, gibt es keine Bindenähte und damit keine richtungsabhängigen mechanischen Eigenschaften [451].

2.3.2.6.7 Mikroextrusionsverfahren

Der Vorläufer von strangablegenden Verfahren ist die robotergeführte Ablage von Werkstoffen (*Robotic Deposition*, RD) in Form von kontinuierlichen Drähten, Stangen oder Strängen. In der Weiterentwicklung wurden photoreaktive hochviskose Suspensionen mittels Mikrodüsen stranggepresst und belichtet [454]. Während beim *Fused Deposition Modeling* (FDM) keramische Massen aus thermoplastischen Kunststoffen wie z. B. Polypropylen oder Polyethylen und weitere Additive ähnlich wie beim Spritzguss oder Heißwachsgießen zum Einsatz kommen [455–457], werden für das Robotic Deposition keramisch hoch gefüllte Suspensionen verarbeitet (Abb. 2.162). Beim *Robocasting* (RC) erfolgt die Verfestigung der Strukturen über eine Gelierung [458]. Durch die langjährigen Betriebserfahrungen im Kunststoffbereich gelang hier der Umstieg auf metallische und keramische Werkstoffe am schnellsten. Entsprechend groß ist die Anzahl der Verfahrensvarianten. Vorteil des RD bzw. FDM ist die hohe Baugeschwindigkeit, da die Stränge auf der x-y-Ebene praktisch mit der Dicke der gewünschten Wandstärke eines Bauteils appliziert werden können; allerdings ist die Auflösung in z-Richtung dann auch entsprechend grob. Verfahrenstechnische Probleme erzeugt noch die Stranganbindung an die vorhergehende Kontur, die in der Zwischenzeit abgekühlt ist und aufgrund des fehlenden Andruckes nicht mehr oder nur gering verformbar ist. Einige Geräteentwickler haben sich daher entschlossen, den gesamten Bauraum der Anlage aufzuheizen, sodass eine Anbindung zwischen den Strängen zustande kommt. Allerdings kann es bei der Herstellung von Kreuzgelegen solcher Stränge, z. B. für Gitterungen, auch zum Durchhängen der weichen Stränge oder zur Rissbildung bei der Abkühlung kommen.

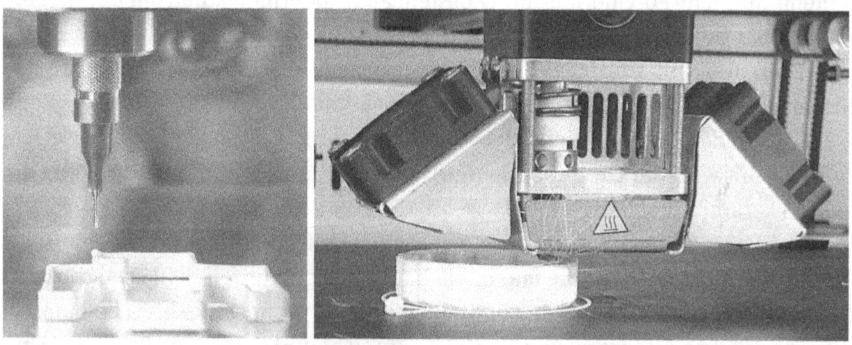

Abb. 2.162: Robocasting und Fused Deposition Modeling. Links: Heißwachsgießanlage [459]. Rechts: FDM-Anlage bei der Ablage von Kunststoff-Filamenten (Bild: R. Telle).

Durch Anpassung der Thermoplaste gelingt die Erzeugung feinerer Strukturen durch Extrusion über Piezo-Druckköpfe [460–463] oder der Ausstoß größerer Mengen mittels Strangextrusion. Damit ergeben sich als Vorteile eine geringere Prozesstemperatur zwischen 70 und 100 °C bei gleichzeitig niedriger Viskosität (<10 Pa·s einer Scherrate

100 s^{-1}) und vergleichsweise hohen Feststoffbeladungen (bis 67 Vol.-%). Die Verfestigung der Dispersion erfolgt dabei infolge der Abkühlung nach der Ablage aufgrund der Zunahme der Viskosität der thermoplastischen Massen bei niedrigeren Temperaturen.

Für die Fertigung keramischer oder metallischer Bauteile wird das Bindersystem in einer beheizbaren Kugelmühle aufgeschmolzen und homogenisiert. Anschließend erfolgt die Zugabe des pulverförmigen Materials (Compoundierung). Nach der Aufbereitung werden die Massen wieder abgekühlt und besitzen in diesem Zustand eine nahezu unbegrenzte Haltbarkeit, sind also als verkäufliche Zwischenprodukte lager- und transportfähig. Für die Verwendung zur Formgebung erfolgt die Erwärmung der Massen, um diese im aufgeschmolzenen Zustand strang- oder tropfenförmig abzulegen. Nach der Herstellung der Bauteile werden diese thermisch entbindert und gesintert. Durch die Anpassung der Schwindungseigenschaften verschiedener Massen können Verbund- oder Gradientenwerkstoffe erzeugt werden [462].

2.3.2.6.8 Direktes Tintenstrahldrucken

Das Direkte Tintenstrahldrucken (*Direct Inkjet Printing*, DIP) verfolgt den Weg des zweidimensionalen Tintenstrahlschreibens (*Inkjet Writing*, IW), wobei das aufzubauende Material direkt in Form einer alkoholischen oder wässerigen Suspension auf eine Plattform abgeschieden wird. Auch hier wird diese nach dem Auftrag einer Lage abgesenkt und überdeckend erneut bedruckt [464, 465]. Die ersten Arbeiten über keramische Bauteile aus Al_2O_3 und ZrO_2 von Mott und Evans wurden mittels Drop-on-demand-Drucker (DOD) durchgeführt, deren Druckköpfe einzelne Tropfen mittels einer Druckwelle aus einzelnen Düsen auswarfen. Es kommen sowohl piezoelektrische [466–471] als auch thermische Druckköpfe [472, 473] zum Einsatz. Ausgangspunkt für die Bauteilgenerierung sind konventionelle Bilddateien in Standardformaten wie .jpg, .bmp oder .tif, die mit einer hohe Auflösung bis 600 dpi abgeschieden werden können, da die Suspensionströpfchen nur Volumina von wenigen Pikolitern besitzen und die Flugbahnen aufbauend auf den Erfahrungen des Papierdrucks sehr genau kontrolliert werden können. Unvorteilhaft ist typischerweise die Verwendung niedrig-viskoser und damit relativ feststoffarmer Suspensionen, was der Kompatibilität mit den kommerziellen Druckköpfen geschuldet ist. Daraus resultiert zwar eine in z-Richtung hohe Auflösung, allerdings aufgrund der Lagenhöhe von 5–10 µm auch eine langsame Baugeschwindigkeit. So konnten Strukturen aus 3Y-TZP aus wässrigen Suspensionen mit 10 Vol.-% Feststoffanteil erzeugt werden [472], als maximaler Feststoffanteil für alkoholische Suspensionen werden 14 Vol.-% genannt [474, 475]. Um den Feststoffanteil bis auf 40 Vol.-% zu erhöhen [476–479], werden oft piezoelektrische Druckköpfe verwendet, die einen Tropfenausstoß nahezu unabhängig von den Suspensionseigenschaften ermöglichen [480]. Diese Massen mit wachsähnlicher Konsistenz wurden zunächst erschmolzen und danach auf ein Substrat mit geringerer Temperatur abgeschieden. Allerdings zeigten die Grünkörper nach dem Ausheizen des Wachses eine geringe Dichte, ferner musste nach jeder Schicht eine mechanische Einebnung erfolgen, um planparallele Schichtverbunde zu realisieren [476].

Im Gegensatz zu Pulverbett-Verfahren fehlt beim DIP das umgebende, das Bauteil einbettende Medium als Stützstruktur für Hinterschneidungen und Auskragungen. Um solche Hinterschneidungen und Überhänge zu realisieren, bedarf es daher eines temporären Supportmaterials als Füller, auch zum Druck von Kavitäten. Es besteht meist aus einem organischen Opfermaterial und wird vor dem Sinterprozess vollständig und rückstandsfrei ausgebrannt. Abbildung 2.163 verdeutlicht die große Ähnlichkeit zum konventionellen Papierdruck.

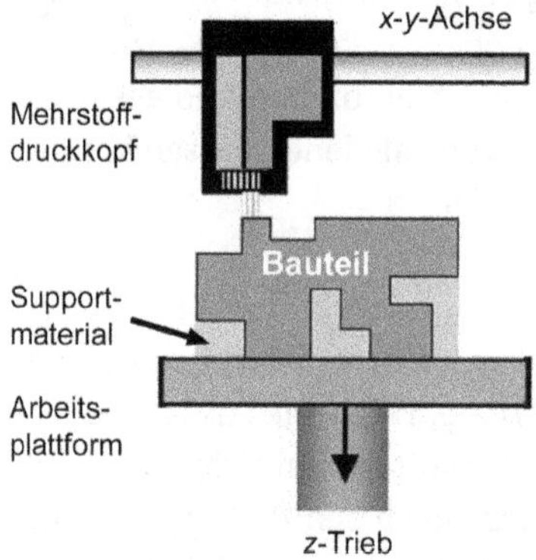

Abb. 2.163: Direkter Tintenstrahldruck – Direct Inkjet Printing, schematische Darstellung mit *x*-*y*-verfahrbarem Druckkopf. Das ausbrennbare Supportmaterial wird nur dort gedruckt, wo es zur Unterstützung auskragender Flächen oder zum Füllen von Kavitäten vorübergehend benötigt wird.

Parallel zum Wachsdrucken wurden wässerige Suspensionen mit geringem Feststoffanteil mit dem Fokus auf einer schnellen Trocknung der Schichten durch Konvektion oder IR-Strahlung entwickelt [474, 475, 481, 482]. Im Ergebnis konnten Millimeter große Strukturen aus Keramik produziert und ohne dimensionalen Verzug zu vollständiger Verdichtung gesintert werden [474, 482]. Es gelang auch, sehr kleine Strukturen wie Mikro-Säulen [483] oder dünne Schichten [465] sogar ohne jede Trocknung zu verbauen, da das Verhältnis von Oberfläche zu Volumen in diesen Fällen sehr groß ist. Abbildung 2.164 zeigt einige Strukturbeispiele für Säulen, Schichten und Schichtverbunde.

Auf der Basis wässeriger Suspensionen wurden bereits Bauteile aus Funktionskeramiken wie TiO_2, $PbZr_xTi_yO_3$ und ZrO_2 hergestellt, die jedoch texturierte Defekte aufwiesen [468, 472, 473]. TiO_2 und ZrO_2 lassen sich auch aus alkoholischen Suspensionen verdrucken [474, 475, 484, 485]. Die Erzeugung gradiert aufgebauter Teile aus ZrO_2, Al_2O_3 und kohlenstoff-basierten Tinten demonstrierten Mott et al. [466, 467] mit dem Ziel, eine definierte Porosität einzubringen. Dass DIP mit wässerigen 3Y-TZP-Suspensionen zu Dichten >98 % und mit isostatisch gepressten Pulvern vergleichbare mechanische Eigenschaften aufweisen kann, zeigte Ebert u. M. [486] mit kommerziellen thermischen Druckköpfen. Voraussetzung für die Erzeugung hoher Gründichten und homogener Pulverpackungen ist die Stabilisierung von Suspensionen mit Feststoffgehalten ≥20 Vol.-% und einer Korngröße 300–700 nm. Zur Herstellung der Kompatibilität zum Druckkopf müssen ferner Viskosität, Oberflächenspannung und der *p*H-Wert der Suspension angepasst werden. So konnten nach Einstellung der rheologischen Eigenschaften und des Prozessfensters verdruckbare Tinten aus Oxidkeramiken (Al_2O_3, 3Y-TZP), Nichtoxidkeramiken ($MoSi_2$, Si_3N_4), Metallen (Silber) sowie Supportmaterialien (Kohlenstoffbasis) über Sol–Gel-Methoden oder durch mechanische Aufbereitung entwickelt werden [465, 466, 482, 487–489]. Polsakiewicz u. M. haben silberpartikelhaltige Tinten auf eine Glaskeramik über thermisches Ink-Jet-Printing verdruckt [490]. Je nach Tintenzusammensetzung bilden die Silber-Partikel im gesinterten Zustand mit der Glaskeramik entweder voneinander getrennt vorliegende Phasen oder aber eine neu gebildete homogene Phase.

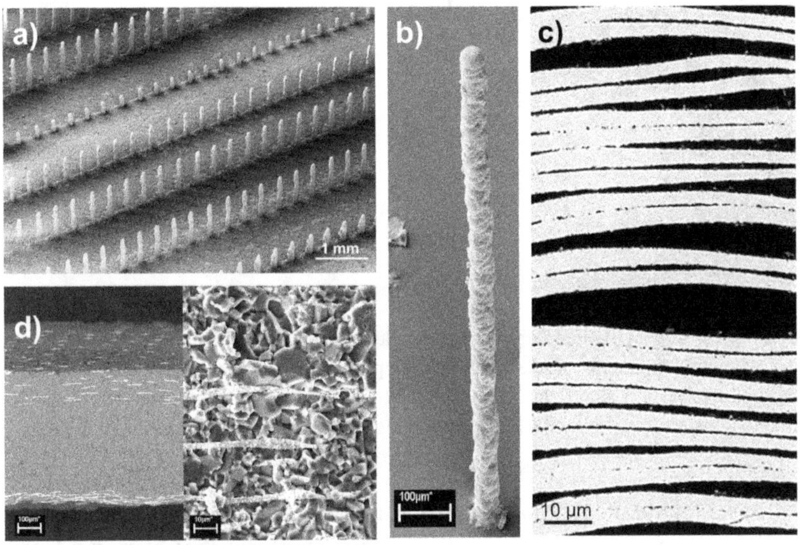

Abb. 2.164: Strukturbeispiele für den Direkten Tintenstrahldruck. (a) linienhafte Anordnung von Säulen aus übereinander abgeschiedenen Einzeltropfen; (b) einzelne Säule aus (a); (c) Stapelung einzelner Schichten aus 3Y-TZP; (d) linker Ausschnitt: Al_2O_3-Teil mit eingedruckten 3Y-TZP-Platten; rechtes Teilbild: Bruchfläche. Quellen: E. Özkol, M. Decker, J. Ebert, © Inst.f. Gesteinshüttenkunde, RWTH Aachen.

Der Druck mehrphasiger Bauteile ist mittels DIP leichter als mit allen anderen Verfahren möglich, da aus dem Papierdruck sowohl thermische als auch piezoelektrische Druckköpfe entsprechend den Farbcodes RGB oder CYMK verfügbar und konfigurierbar sind und separat angesteuert werden können. Beim Dekordruck auf Fliesen oder Dachziegel wird der Farbdruck zweidimensional bereits routinemäßig angewandt, z. B. [491]. Ebenso können Kunststoffe, Metalle und Keramik 2D bis $2\frac{1}{2}$-D auf Glas zu elektronischen Platinen verdruckt werden. Die Abb. 2.165a–c illustrieren solche Anwendungen für Dachziegel, Fliesen und elektronische Schaltungen.

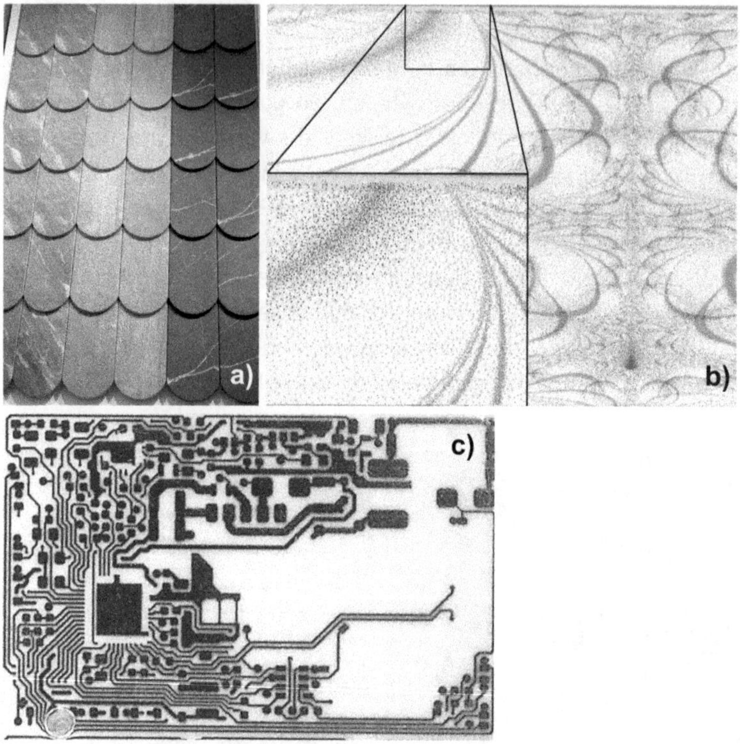

Abb. 2.165: Direkter 2D- und $2\frac{1}{2}$-D-Tintenstrahldruck. (a) Flächendekore in Gesteins- und Holzoptik auf Keramikdachziegeln; hergestellt mittels XAAR-Druckkopf; (b) Geopolymerfliese mit Fantasiedekor; Detail mit Punkteauflösung, Hersteller: ICT, Valencia; (c) Glasplatine mit Elementen aus Halbleitern, Metallen und Kunststoffen, Hersteller: Ceradrop. Bilder: © R. Telle, Aachen.

Für die dreidimensionale mesoskopische Strukturierung technischer Keramiken erreicht das DIP allerdings noch nicht die theoretisch mögliche Präzision, da Tropfenbildung oder Auswurfgeschwindigkeit noch nicht hinreichend reproduzierbar und Düsenverstopfung oder Druckkopffehlpositionierung noch nicht vermeidbar sind. Dennoch konnten ZrO_2-Säulen einer Dicke von ~ 60 µm sowie massive Grünkörper von $10 \times 10 \times 40\,mm^3$ Volumen fehlerfrei angefertigt werden [465, 487, 488, 492]. So zeigt 3Y-TZP-Material ohne weitere Optimierung des Sinterprozesses eine Vierpunkt-Biegefestigkeit von 1200 MPa und eine Bruchzähigkeit von > $4\,MPam^{1/2}$ [486, 487]. Kleinere Proben, die mittels zweiachsiger Biegeprüfung (Kugel-auf-drei-Kugeln-Prüfung) getestet wurden, erbrachten eine charakteristische Festigkeit von 1400 MPa mit einem Weibull-Exponent von $m \approx 10$ [488]. Die Werkstoffpalette für wässerige Aufbereitung umfasst auch Tinten aus Nichtoxidkeramik mit einem Feststoffgehalt >25 Vol.-% [489]. Bei solchen Feststoffgehalten wird auch das „Coffee-staining" nicht beobachtet. Dieser „Kaffeerand-Effekt" ist eine Folge der randlichen Verdampfung des Suspensionsmittels aus dem abgeschiedenen Tropfen, was Feststoffpartikel mit der nachlaufenden Strömung ebenfalls an den Tropfenrand bringt und diese anreichert [493]. Das Coffee-staining ist typisch für Suspensionen unter 10 Vol.-% Feststoffanteil und äußert sich in einer ringförmigen Wulstbildung um die einzelnen Pixel (Abb. 2.166). Gingter u. M. demonstrierten die Herstellung von Gradientenbauteilen aus Al_2O_3 und ZrO_2 [494]. Allerdings sind solche Gradienten nicht molekular aufgelöst, sondern kommen durch eine Aneinanderreihung oder Überlappung von Pixeln zustande, da die Ansteuerung der Druckköpfe nach klassischen 2D-Druck-Mustern erfolgt (Abb. 2.167). Ebenso präzise lassen sich auch einzelne Materialbereiche voneinander trennen [493, 494] (Abb. 2.168). Eine umfassende Analyse aller Prozessparameter, der Reproduzierbarkeit und der Verbesserungsmöglichkeiten für die Ortsauflösung hat erstmals Ebert vorgelegt [492]. Mit dem Drucken einer Backenzahnüberkronung zeigen Özkol u. M. ein mögliches Anwendungsbeispiel aus dem Dental-Bereich auf [495].

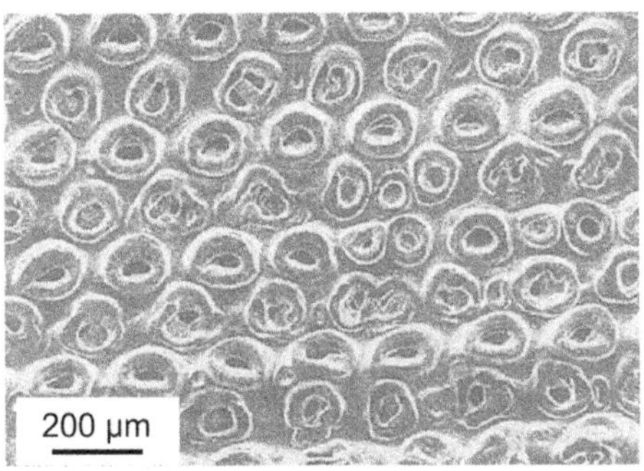

Abb. 2.166: Direkter Tintenstrahldruck: Coffee-staining-Effekt durch randliche Verdampfung der Tropfen und Nachströmung der Keramikpartikel, 3Y-TZP; Bild: A. Wätjen, © Inst. Gesteinshüttenkunde, RWTH Aachen.

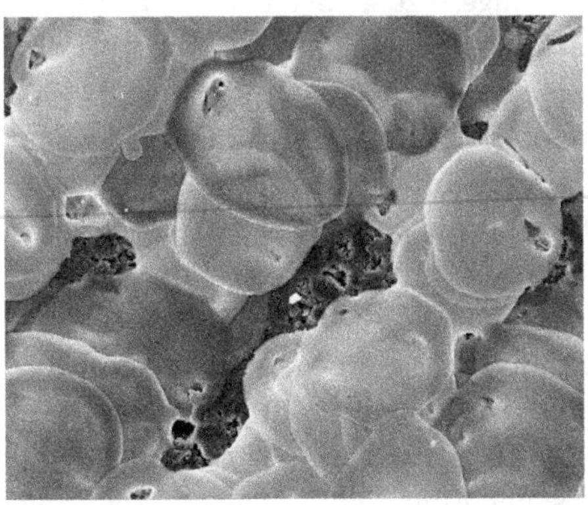

Abb. 2.167: Ausschnitt aus einem Gradientengefüge aus Al_2O_3 (dunkle Tropfen) und ZrO_2 (helle Tropfen). Das Muster ist nach dem Prinzip der Graustufendichte der Einzeltropfen generiert. Bild: P. Gingter, © Inst. Gesteinshüttenkunde, RWTH Aachen.

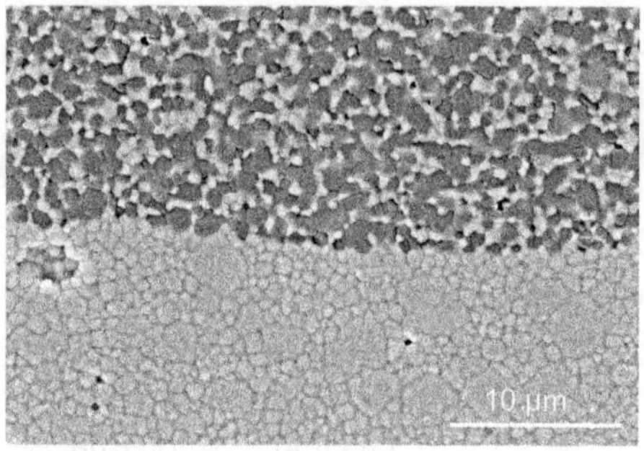

Abb. 2.168: Grenzfläche zwischen einer ATZ-Lage (oben) und einer 3Y-TZP-Lage (unten). Diese Kombination kann in einem durchgängigen Zyklus gedruckt werden. Bild: A. Wätjen, © Inst. Gesteinshüttenkunde, RWTH Aachen.

2.3.2.6.9 Schlussfolgerungen

Die generativen Fertigungsverfahren eröffnen gerade für Funktionskeramiken ungeahnte Möglichkeiten der Komplexität sowohl in der Formgebung als auch in der Stoffvielfalt. Konventionelle und bewährte Formgebungsmethoden werden hierdurch nicht ersetzt, es sei denn, es geht um die Produktion von Unikaten oder Kleinserien bzw. von bisher nicht realisierbaren Bauteilformen.

Das hohe Potenzial ergibt sich diesen gegenüber ferner durch die neuen Möglichkeiten, bei mechanisch belasteten Bauteilen materialeffizienter durch „Abmagerung“ von Vollmaterial querab der Kraftflüsse und damit ressourcenschonender und gewichtssparender zu gestalten. Auch ist die Einbringung einer strukturierten Porosität möglich. Weiterhin erlauben zumindest einige der Verfahren wie das FDM und das DIP bzw. Hybridverfahren eine lokal aufgelöste Mehrphasigkeit der Werkstoffe und damit die Herstellung von Verbundwerkstoffen und Werkstoffverbunden mit höchst unterschiedlichen Funktionalitäten (Abb. 2.169). Werden generative Fertigungsverfahren in Verbindung mit präkeramischen Polymeren eingesetzt, kann die Bauteilgröße und die Strukturierbarkeit auf die Mikro-, wenn nicht Nanoskala gebracht werden, wie dies bereits durch die Röntgen- oder Laserlithographie demonstriert worden ist [496, 497]. Auf der anderen Seite der Skala sind die Grenzen nur durch die Größe der Drucker und Öfen vorgegeben und liegen bereits jetzt bei einigen Kubikmetern.

Es darf aber nicht vergessen werden, dass für die Umsetzung der Bauteile auch andere, bisher keramikfremde Wissenschaften und Technologien erforderlich sind, die derzeit noch nicht vollständig erschlossen sind. Zwar hat bereits die Auflösung der Scanner deutliche Fortschritte erzielt, aber die Umsetzung der dreidimensionalen Ortsdaten in eine Vielzahl großer planare 2D-Strukturen mit gleichzeitiger Information über lokale Stoffdaten und Druckparameter stellt auch neue Aufgaben an die Informatik. Nicht zuletzt müssen die Drucker selbst den Anforderungen an die Werkstoffe und die Prozesse weiter angepasst werden.

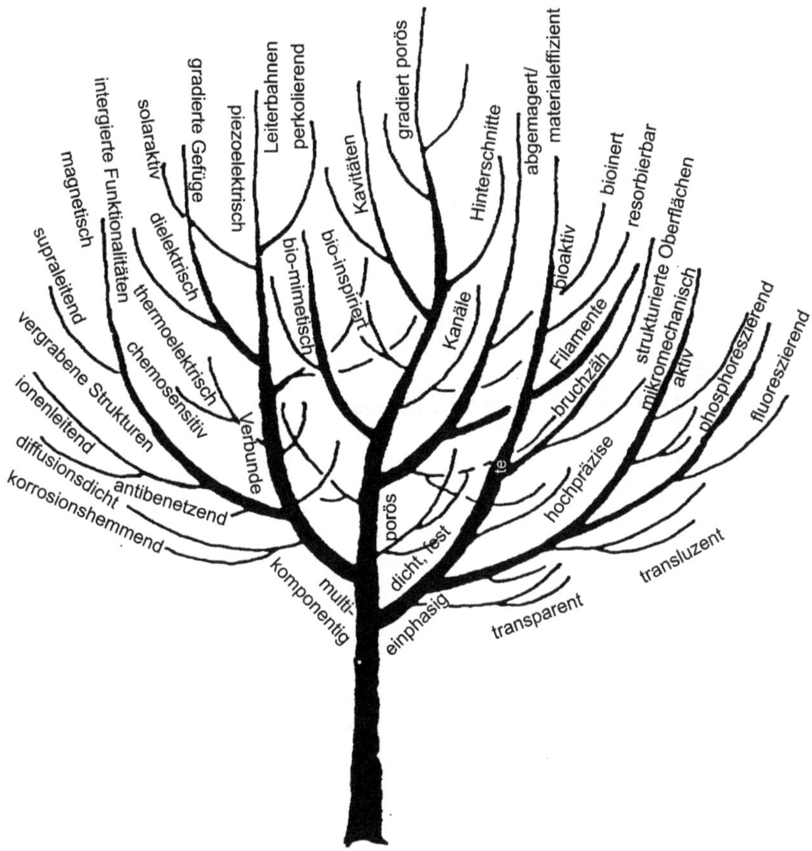

Abb. 2.169: Das Potenzial der generativen Fertigungsverfahren keramischer Werkstoffe. © R. Telle.

Kollenberg hat diese Betrachtungsweise auf die gesamte Prozesskette erweitert [498] und schließt sowohl die keramik- und verfahrensgerechte Konstruktion als auch Entbinderung und eventuelle Nachbearbeitungsschritte des Bauteils mit ein. Ferner muss bei komplexen Oberflächen und inneren Strukturen überlegt werden, wie das Bauteil im Bauraum orientiert sein soll. Nicht immer ist die spätere anwendungsgemäße Aufstellung auch diejenige, die am schnellsten, wirtschaftlichsten und zuverlässigsten gedruckt werden kann. Abhängig von der Pulverteilchen- bzw. Granulatgröße und der gewünschten Oberflächenqualität ist auch die gewählte Auflösung der 3D-Scans bzw. der Slices, mit denen das Druckbild aufgebaut wird. Je besser die Auflösung gewählt wird, umso größer werden die Datenmengen und umso länger die Bauzeit [492]. Abbildung 2.170 zeigt die vielfältigen Abhängigkeiten und Querverbindungen.

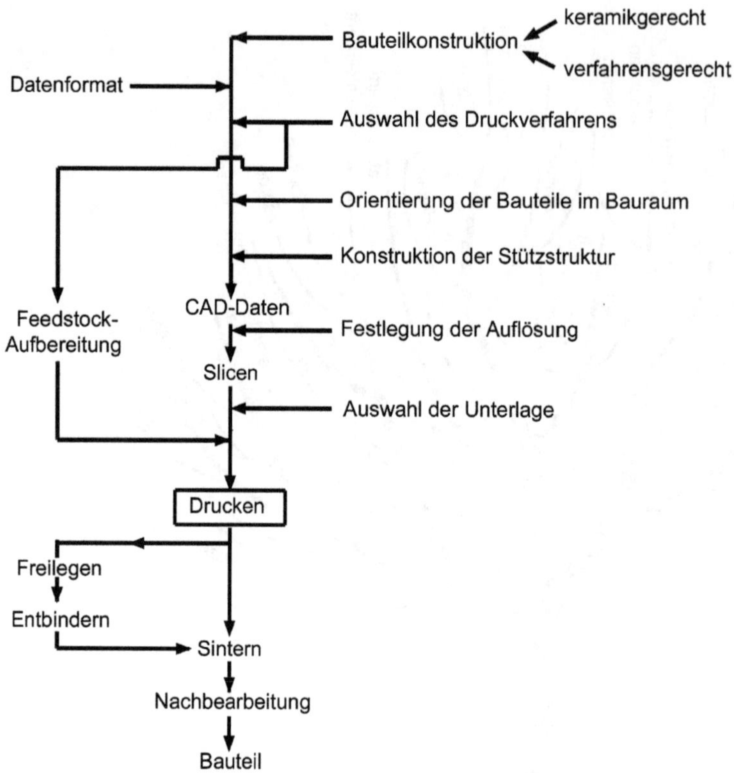

Abb. 2.170: Die Prozesskette für die Additive Fertigung ergänzt nach Kollenberg [498], mit freundlicher Genehmigung.

2.4 Trocknung

Die wichtigsten Formgebungsverfahren (Kapitel 2.3) werden mit Massen durchgeführt, die Wassergehalte bis über 30 Gew.-% aufweisen können. Vor dem Brennen muss dieses Wasser entfernt werden, was besondere Sorgfalt erfordert, damit es den Scherben verlässt, ohne ihn zu schädigen. Diese Probleme sind nach den Formgebungsverfahren geringer, die mit niedrigen Feuchtigkeitsgehalten möglich sind, wie z. B. dem Trockenpressen. Die Grundlagen der Trocknung werden in mehreren Werken beschrieben, z. B. von Krischer und Kast [499] sowie von Kröll [500] in einer Serie über Trocknungstechnik oder von Keey [501].

Gelegentlich wird Trocknung vor der Formgebung eingesetzt. Solche Verfahren können hier nur erwähnt werden, vor allem die Sprühtrocknung von aufbereiteten Suspensionen oder bei der Herstellung synthetischer Rohstoffe. Dort ist in einigen Fällen auch die Gefriertrocknung üblich. Wichtig ist dabei, dass während des Trocknens keine Entmischung der verschiedenen Komponenten eintritt.

2.4.1 Feuchtigkeitsabgabe

In keramischen Massen ist die in den Räumen zwischen den Feststoffteilchen enthaltene Feuchtigkeit relativ frei beweglich, was verständlich wird, wenn man bedenkt, dass z. B. 25 Gew.-% H_2O einen Volumenanteil von 45 % ergeben. Stärker gebunden ist das Wasser, das die einzelnen Teilchen unmittelbar umhüllt. Schließlich hat man bei quellfähigen Tonmineralen noch mit dem Zwischenschichtwasser zu rechnen.

Wird nun ein Formkörper einer Atmosphäre ausgesetzt, deren H_2O-Dampfpartialdruck geringer als der des Wassers im Formkörper ist, dann gibt letzterer Wasser an die Atmosphäre ab, der Trocknungsprozess beginnt. In Abb. 2.171 ist dieser Vorgang schematisch dargestellt. In der Masse sind alle Teilchen von einer Wasserhülle umgeben (a). Mit der Abgabe des Wassers rücken die Teilchen aufgrund von Kapillarkräften näher zusammen, es findet eine Volumenabnahme, die *Trockenschwindung*, statt. Schließlich berühren sich die Teilchen überall (b), sodass die Schwindung einen Endzustand, den *lederharten* Zustand, erreicht. Die weitere Wasserabgabe aus den Zwischenräumen führt zur Bildung von Poren, bei starker Trocknung wird auch noch das adsorbierte und das Zwischenschichtwasser entfernt (c).

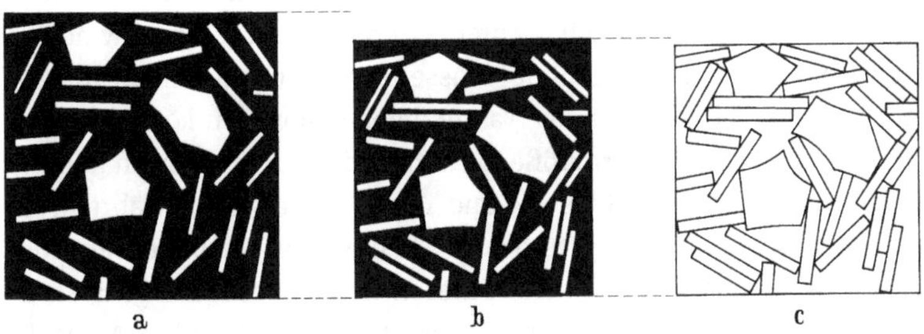

Abb. 2.171: Schematische Darstellung des Trocknungsvorganges einer keramischen Masse.

Den quantitativen Zusammenhang zeigt an einem Beispiel das *Bourry-Diagramm* der Trocknung in Abb. 2.172. Im Abschnitt I entspricht die Volumenabnahme der abgegebenen Wassermenge, d. h., die Schwindung ist proportional dem Wasserverlust.

Vor Beendigung der Schwindung, entsprechend Abb. 2.171b, beginnt in der Praxis bereits eine Wasserabgabe aus den Zwischenräumen. Dieser II. Trocknungsabschnitt zeigt daher neben einer weiteren Schwindung auch die Bildung von Poren. Im III. Abschnitt ist die Schwindung beendet, durch die restliche Wasserabgabe vergrößert sich aber das Porenvolumen.

Nach dem Bourry-Diagramm beträgt der Wassergehalt am Ende des II. Abschnitts, also bei Beendigung der Schwindung, etwa 10 Gew.-%. Danach dürften trockengepresste Massen, die maximal 8 Gew.-% H_2O enthalten, keine Trockenschwindung mehr zeigen. Trotzdem hat man noch im III. Abschnitt geringe Schwindungseffekte gefunden, die vom Wassergehalt und der Art der Tonminerale abhängen.

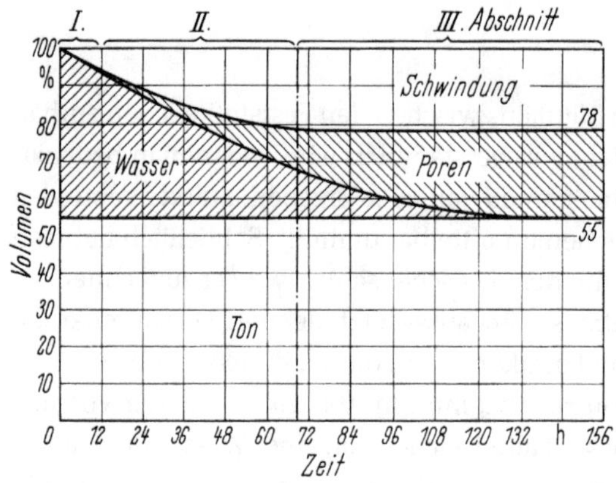

Abb. 2.172: Trocknungsdiagramm für Tonmassen nach Bourry.

In den *Bigot-Kurven* wird die gemessene Schwindung über dem H_2O-Verlust aufgetragen (Abb. 2.173). Auch aus ihnen kann man meist deutlich den Beginn des schwindungsfreien Abschnittes erkennen. Die Steigung des Anfangsabschnittes der Bigot-Kurven hängt von der Masse ab. Eine flache Steigung bedeutet eine geringere Formänderung, d. h., solche Massen lassen sich leichter trocknen. Die Trockenschwindung nimmt mit steigendem Feuchtigkeitsgehalt der Masse zu. Sie ist weiterhin davon abhängig, wie dicht sich die Teilchen bei der Wasserabgabe anordnen können. Infolgedessen nimmt mit abnehmender Korngröße die Schwindung zu. So zeigen Kaoline eine lineare Trockenschwindung von 3 bis 8 % und Tone von 6 bis 10 %, während sie bei den feinkörnigeren Montmorilloniten 10 bis 25 % beträgt. Bei Letzteren trägt aber noch die Abgabe des Zwischenschichtwassers zu diesem hohen Wert bei. Im Allgemeinen beobachtet man deshalb bei Kaolinen und Tonen, dass mit steigendem Anmachwassergehalt die Trockenschwindung ansteigt, ebenso wie mit steigendem Kationenaustauschvermögen. Durch Zugabe gröberer Bestandteile, durch *Magern*, kann man die Schwindung verringern. Die Übergänge zwischen den verschiedenen Abschnitten können dann bei anderen Wassergehalten liegen.

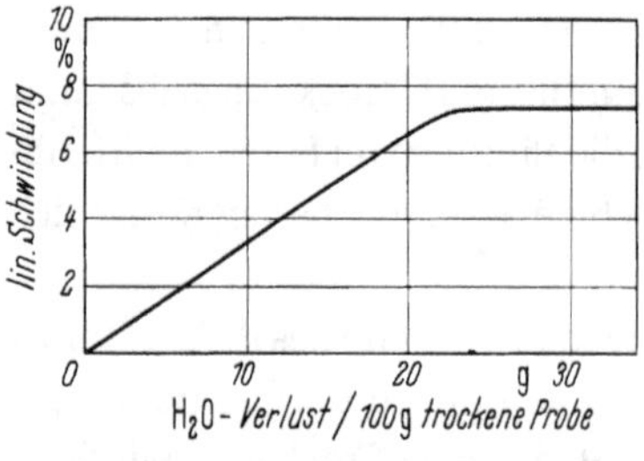

Abb. 2.173: Bigot-Kurve der Trocknung der Masse von Abb. 2.172.

Die Trockenschwindung wird besonders dann groß sein, wenn die blättchenförmigen Tonmineralteilchen Gelegenheit haben, sich parallel zu lagern. Das wird bereits bei einigen Formgebungsverfahren vorgebildet, weshalb z. B. bei strang-gepressten Körpern die Schwindung längs des Stranges geringer als senkrecht dazu ist (Tabelle 2.18). Einen wichtigen Einfluss übt die Kationenbelegung aus. Nach dem früher beschriebenen Mechanismus der Verflüssigung durch Belegung mit Na-Ionen können sich solche Teilchen leichter parallel legen. Na-belegte Tonminerale zeigen deshalb eine größere Schwindung als Ca-belegte.

Tab. 2.18: Einfluss der Kationenbelegung auf die Trockenbiegefestigkeit von Zettlitzer Kaolin nach Hofmann u. M. [502] (stranggepresste Stäbe, bei 40 °C bis zur Gewichtskonstanz getrocknet).

Nr. der Lieferung	Kation	Trockenschwindung Länge %	Trockenschwindung ⌀ %	Feststoffgehalt der trockenen Probe Vol.-%	Trockenbiegefestigkeit N/mm²
1	Na^+	4,4	10,2	61,4	4,4
	K^+	5,8	7,6	57,8	2,2
	Mg^{2+}	6,2	6,2	58,3	1,6
	Ca^{2+}	6,2	6,2	58,8	1,9
2	Na^+	4,8	10,0	61,0	3,0
	Ca^{2+}	6,5	8,5	59,1	1,6
	Ba^{2+}	5,9	7,6	57,2	1,0
	La^{3+}	6,6	7,4	54,7	0,8
	H_3O^+	7,4	8,9	55,6	1,4

Bestimmung des Trocknungsverlaufes

Der Trocknungsvorgang kann auf verschiedene Weise verfolgt werden. Am einfachsten ist das Handauflegen, wobei sich noch nasse Stellen durch den Wärmeentzug bei der Verdunstung kalt anfühlen. Ein altes Mittel ist auch das Ritzen mit dem Fingernagel: Bei feuchten Flächen ist der Strich dunkel, bei trockenen weiß bis grau. Weiterhin klingen feuchte Formlinge matt, trockene heller.

Die *Restfeuchte* im Formkörper lässt sich durch verschiedene Methoden bestimmen. Man unterscheidet Trennverfahren, in welchem die Restfeuchte extrahiert und bestimmt wird, und Gleichgewichtsverfahren mit Hilfe von Systemen, die mit dem Trocknungsgut im Gleichgewicht stehen. Letztere werden aber eher in der Bodenkunde eingesetzt und daher hier nicht weiter erläutert. Zu den Trennverfahren gehört die *Wägung* und Trocknung. Die Probe wird feucht gewogen, bis zur Gewichtskonstanz getrocknet und dann erneut gewogen. Die Massendifferenz entspricht der abgegebenen Feuchtigkeit. Dabei ist zu beachten, dass der Eintritt der Gewichtskonstanz nicht einer vollständigen Trocknung, sondern der Gleichgewichtseinstellung zwischen dem

Dampfdruck im Formteil und dem Wasserdampfpartialdruck der Umgebung (Trockenraum) entspricht. Die Trocknung erfolgt in der Regel durch Erwärmung auf 105–130 °C, damit der Stoffbestand nicht über chemische Vorgänge wie z. B. Verbrennung organischer Bestandteile Phasenumwandlungen verändert wird. Ferner muss eine Wiederaufnahme von Wasser zwischen Trocknung und Wägung z. B. durch gasdichte Probengefäße ausgeschlossen sein. Soll die Probe wirklich wasserfrei sein, d. h., soll auch neben Adsorbatwasser auch Kristallwasser bzw. chemisch gebundenes Wasser ausgetrieben werden, empfiehlt sich die *Glühung* bei 1000–1100 °C bis zur Gewichtskonstanz. Oftmals werden chemische Analysen von natürlichen Rohstoffen nach Glühung angegeben. Dabei muss aber auch auf die Carbonatentsäuerung und die Aufoxidation von Sulfiden zu Sulfaten geachtet werden. Gute Aussagen erhält man durch Verfolgung des *Massenverlustes* über die Zeit und Temperatur. Zur Charakterisierung kleiner Proben bedient man sich der *Differenzialthermogravimetrie*, mit welcher der Massenverlust auch als Funktion der Aufheizrate bestimmt werden kann. Die Feuchtigkeitsabgabe von großen Formteilen wird in Trockenschränken verfolgt, indem die Teile an einer Waage aufgehängt werden, die außerhalb der Kammer steht. In *Klimakammern* kann neben der Temperatur auch die Luftfeuchtigkeit kontrolliert werden, sodass technische Bedingungen besser simuliert werden können. Beim *Destillationsverfahren* wird eine Probe zusammen mit einer nicht mit Wasser mischbaren Flüssigkeit (Benzin, Benzol, Toluol) erhitzt. Der entstehende Dampf beider Flüssigkeiten wird mit einem Kühler in einem Messgefäß kondensiert. Dieses Verfahren kann auch bei sehr niedrigen Temperaturen ab −37 °C eingesetzt werden, ist aber nur bei großen Volumina hinreichend genau. Das *Calciumcarbid-Verfahren* verwendet die Reaktion von CaC_2 mit H_2O zu $Ca(OH)_2$ und C_2H_2 (Acetylen). Die Probe wird in einem geschlossenen Behälter mit Manometer mit CaC_2 in Überschuss versetzt. Da CaC_2 sehr hygroskopisch ist, wird das absorbierte Wasser quantitativ umgesetzt. Das entstehende Acetylengas wird über die Druckerhöhung bestimmt. Mit dem Verfahren sind Wassergehalte ab 1 % mit einer Genauigkeit von 3 % relativ messbar. Allerdings wird es mit zunehmendem Wassergehalt ungenauer, Voraussetzung ist auch, dass die Massen eine Porosität aufweisen. Die *Karl-Fischer-Methode* basiert auf einer iodometrischen Reaktion:

$$J_2 + SO_2 + 2H_2O \rightarrow H_2SO_4 + 2HJ. \tag{2.74}$$

Hierzu wird Iod (49 g) in Methanol (762 g) gelöst, flüssiges Schwefeldioxid (37 g) in Pyridin (152 g). Diese Karl-Fischer-Lösung wird tropfenweise in eine Methanol-Suspension der zu untersuchenden Substanz titriert, bis ein Farbumschlag von gelb nach braun eintritt, der überschüssiges Iod anzeigt. Zur Steigerung der Empfindlichkeit auf 50 µg/kg kann das Titrationsende auch über die elektrische Leitfähigkeit der Lösung bestimmt werden. Mit dem *Blockschen Feuchtesensor* ist eine indirekte Bestimmung des Trocknungsverlaufes möglich [503, 504]. Der Messeffekt beruht darauf, dass die pro Volumeneinheit bestimmte Wärmeeindringfähigkeit $b = \sqrt{c_p \rho \lambda}$ mit c_p = spez. Wärmekapazität, ρ = Dichte und λ = Wärmeleitfähigkeit bei allen untersuchten Materialien mit dem Wassergehalt steigt. Zur Bestimmung der Wärmeeindringfähigkeit wird ein dünner Draht in das Messgut eingebettet, wenige Sekunden mit konstanter elektrischer Heizleistung beaufschlagt und dabei seine Temperatur bestimmt. Je größer die Wärmeeindringvermögen der Umgebung des Sensors ist, umso weniger nimmt seine Temperatur während des Heizpulses zu. Die kurze Erhitzung erfasst ein Gebiet von nur wenigen Millimetern um den Draht herum und erlaubt somit gezielte lokale Messungen in ausgewählten Bereichen des Formkörpers. Die eingespeiste Wärmemenge ist jeweils so gering, dass die Temperaturerhöhung der Umgebung des Drahtes schon kurze Zeit nach einem Heizpuls vernachlässigt werden kann. Für die Auswertung werden nur zwei charakteristische Werte, $T_\mathrm{a} = T(t_\mathrm{a})$ und die Temperaturerhöhung $\Delta T(t_\mathrm{a})$ bis zur Endzeit t_e des Aufheizens, also $\Delta T = T(t_\mathrm{e}) - T(t_\mathrm{a})$, verwendet. Um Informationen über die Trocknung zu gewinnen, betrachtet man die gemessene Temperaturdifferenz oder deren Kehrwert $B = 1/\Delta T$ als Funktion der Zeit und Temperatur. Feuchte und damit verbundene Verdampfungs- und Kondensationsprozesse erzeugen eine erhebliche zusätzliche Wärmeeindringfähigkeit, die erst abklingt, wenn der Wasserdampf die Masse verlässt. Über eine rechnerunterstützte Auswertung ergibt sich eine unmittelbare Information über die Feuchte, die es insbesondere erlaubt, das Trocknungsende zuverlässig festzustellen. Quantitative Aussagen lassen sich jedoch nur anhand von Kalibrierungswerten bestimmen. Als Sensoren werden dünne Drähte mit Durchmessern von 0,25 mm und Längen von 150 mm verwendet. Die als Widerstandsdrähte funktionierenden Sensordrähte stellen eine Kombination aus Heizdraht und Temperatur-Messung dar. Dabei wird die Vier-Punkt-Widerstandsmessung angewendet. Dieses ergibt eine erhöhte Genauigkeit, da keine Zuleitungswiderstände zu berücksichtigen sind. Die Drähte werden über keramische Lüsterklemmen und elektrische Leitungen mit der Speicher- und Auswerteeinheit verbunden. Die Ausgangssignale können auch zur Regelung von Brennerständen oder anderen Heizaggregaten herangezogen werden. Das Verfahren hat sich bei der Trocknungsüberwachung von Feuerbeton, schlickergegossenen Sanitärerzeugnissen und Gipsformen bewährt.

Die *lineare Trockenschwindung* wird an vorher eingeritzten Marken abgelesen, während die Volumenschwindung durch Auftriebswägung in Quecksilber bestimmt werden kann. Diese Methode hat den Vorteil, dass unter Normaldruck das Quecksilber nicht in die Poren eindringt. Zur kontinuierlichen Schwindungsmessung kleiner Proben mit zunehmender Temperatur wird auch das *Differenzialdilatometer* herangezogen.

Das in Massen befindliche Wasser enthält gelöste Salze, die bei der Wanderung des Wassers mit an die Oberfläche kommen und sich dort anreichern. Salmang [505] hat darauf hingewiesen, dass bei ungleichmäßiger Trocknung an den Stellen der stärksten Wasserabgabe beim Brand ein dichterer Scherben entsteht. Das kann man gut durch Tauchen des Scherbens in 2 %ige $KMnO_4$-Lösung erkennen.

Trocknungssimulation

Da sich durch das Entweichen der Feuchte aus der Partikelpackung die Kapillarkräfte sowie die Van-der-Waals-Kräfte zwischen den Teilchen verändern, kommt es zu Spannungen und damit zu Dehnungen. Diese können durch die Methode der Diskreten bzw. Distinkten Elemente (DEM) simuliert werden, die für die Sedimentgeologie sowie Schüttguttechnologie entwickelt worden ist. In einem Diskrete-Elemente-Modell müssen die Partikel eines Schüttguts durch geeignete geometrisch beschreibbare Körper approximiert werden [506, 507]. Da der Schritt von einem kontinuumsmechanischen Modell zu einem partikelmechanischen Modell im Allgemeinen schon zu einer wesentlich besseren Abbildung des realen Schüttgutverhaltens führt, genügt oftmals die einfache Kugelform. Komplizierte Formen können auch durch sich durchdringende und zu einem starren Körper verbundene Kugeln oder durch Polyeder modelliert werden. An den Berührungspunkten der Partikel wird das Verhalten durch geeignete Kontaktmodelle, wie z. B. elastische Kontaktgesetze, Coulombsche Reibung und viskose Dämpfung abgebildet. Außerdem lassen sich auch Anziehungskräfte berücksichtigen, die z. B. aus Van-der-Waalsschen Wechselwirkungen oder aus Flüssigkeitsbrücken resultieren, so dass auch kohäsive Schüttgüter modelliert werden können. Hier wird klar, dass auch ein Partikelhaufwerk, welches eine primäre Verfestigung erfahren hatte, wie z. B. ein keramischer Grünling durch die Formgebung, durch diese Methode beschrieben werden kann.

Aus allen an einem Partikel angreifenden Kontaktkräften werden eine resultierende Kraft und ein resultierendes Moment errechnet, mit deren Hilfe die Newtonschen Bewegungsgleichungen für Translation und Rotation aufgestellt werden. Aus diesen Gleichungen können für jedes Partikel die neue Position und Geschwindigkeit durch numerische Integration über einen sehr kurzen Zeitschritt errechnet werden. Nach jedem Zeitschritt müssen neue Kontakte detektiert bzw. verloren gegangene Kontakte gelöscht werden. Durch die wiederholte Anwendung dieses Zyklus auf jedes Partikel wird die zeitliche Entwicklung des gesamten Partikelsystems simuliert. Die Ergebnisse bedürfen allerdings einer Kalibrierung der Wechselwirkungsparameter durch geeignete Laborversuche. DEM-Programme laufen auf üblichen Computern und sind daher für die industrielle Praxis bestens geeignet. Abbildung 2.174 zeigt das Beispiel der Simulation einer Trockenrissbildung bei einem tonkeramischen Zylinder.

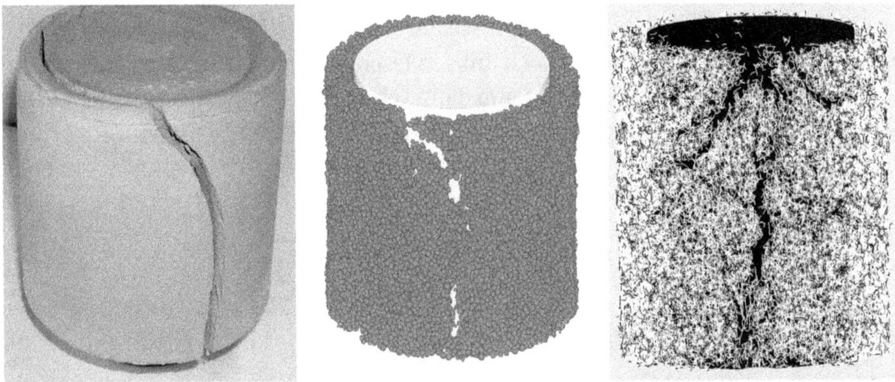

Abb. 2.174: Simulation der Trockenrissbildung eines tonkeramischen Zylinders. Links: Laborversuch; Mitte: Kontaktsimulation mit Darstellung der Partikelpositionen; rechts: Kontaktsimulationen mit Darstellung der Berührungspunkte und Teilchenradien, jedoch andere Parameter als rechts. Quelle: M. Kotrč, J. Uebel, Keramik-Institut Meißen GmbH.

2.4.2 Trocknungsgeschwindigkeit und Schnelltrocknung

Zu Beginn der Trocknung kann das Wasser frei in die Atmosphäre übertreten. Die *Trocknungsgeschwindigkeit* ist dann proportional der Oberfläche und zunächst konstant. Ihre Größe hängt ab vom Feuchtigkeitsgehalt der Atmosphäre und von der Temperatur. Natürlich ist dabei wichtig, dass das verdunstende Wasser immer von der Oberfläche durch geeignete Luftströmung abgeführt wird.

Die Trocknungsgeschwindigkeit ist so lange konstant, wie aus dem Inneren genügend Wasser an die Oberfläche nachgeliefert werden kann. Der Transport erfolgt im Wesentlichen durch Kapillarkräfte, ist daher abhängig vom Kapillarsystem und damit von der Art des Feststoffgehaltes. Das Ende dieses Abschnittes ist erreicht, wenn zur Oberfläche hin kein geschlossenes, mit Wasser gefülltes Kapillarsystem mehr besteht. Im Inneren gibt es dann schon viele Poren und enge mit Wasser gefüllte Kapillaren. Dieses Stadium fällt daher meist mit dem Ende der Schwindung zusammen; der Wassergehalt beträgt etwa 10 Gew.-%.

Im weiteren Trocknungsverlauf geht die Wasserkonzentration an der Oberfläche stark zurück. Der Nachtransport erfolgt durch Verdunstung aus dem Innern, dem sich ein immer größer werdender Diffusionswiderstand entgegenstellt. Da außerdem der Dampfdruck des Wassers in den enger werdenden Kapillaren immer geringer wird, beobachtet man einen Abfall der Trocknungsgeschwindigkeit. Meist findet man zwischen dem 1. Trocknungsabschnitt mit konstanter Geschwindigkeit und dem eben beschriebenen 2. Trocknungsabschnitt einen scharfen Knick in der Geschwindigkeit. Im Bourry-Diagramm von Abb. 2.172 haben die dort erwähnten Abschnitte I, II und III eine andere Bedeutung, indem sie auf die Schwindung bezogen sind. Mostetzky [508, 509] geht näher auf die Trocknungsabschnitte ein, besonders auf den 1. Knickpunkt.

Abbildung 2.175 bringt die Verhältnisse bei einem Granulat. Diese oft verwendete Art der Darstellung ist von rechts nach links zu lesen. Bis etwa 10 Gew.-% Feuchtigkeit bleibt die Geschwindigkeit konstant, um dann scharf abzufallen. Mit steigender Temperatur steigt die Trocknungsgeschwindigkeit an. Die Grenzen zwischen dem 1. und 2. Trocknungsabschnitt liegen dann auf der in Abb. 2.175 gestrichelt eingezeichneten Knickpunktkurve.

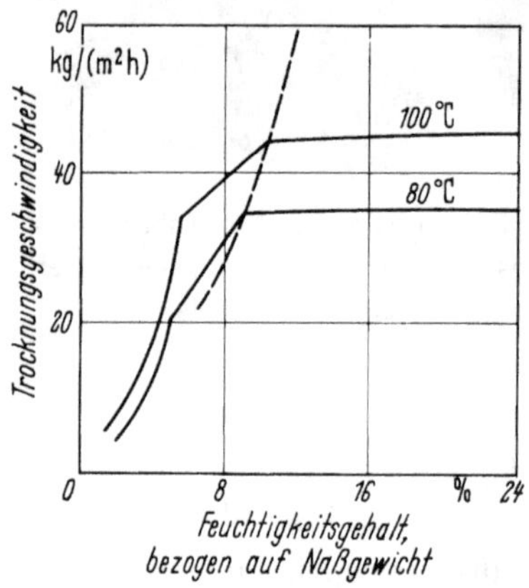

Abb. 2.175: Trocknungsgeschwindigkeit eines durchbelüfteten Granulats einer Fußbodenplattenmasse nach Schrader [510].

Oft beobachtet man noch einen weiteren Knickpunkt, wie auch in Abb. 2.175 zu erkennen ist. In diesem 3. Trocknungsabschnitt wird das Restwasser entfernt, das in sehr engen Kapillaren sitzt oder als Adsorptionswasser sehr fest gebunden ist. Das Material wird dann als „hygroskopisch" bezeichnet, weil es in feuchter Atmosphäre durch Adsorption wieder Wasser aufnimmt. Dies hat jedoch nichts mit der Hygroskopie im chemischen Sinne zu tun. Bei einem Material mit einer spezifischen Oberfläche von 20 m^2/g ergibt die Ausbildung einer monomolekularen H_2O-Schicht bereits einen H_2O-Gehalt von etwa 0,3 Gew.-%.

Demgegenüber stellt die Trocknung in den letzteren Abschnitten eine Desorption des H_2O dar. Man kann daher auch durch die Aufnahme von Desorptionskurven das Trocknungsverhalten einer Masse charakterisieren [511]. Aus den Messungen folgt u. a., dass der sich einstellende Gleichgewichtswassergehalt bei 30 °C und 60 % relativer Feuchte in einer Porzellanmasse 1,0 Gew.-% und in einem plastischen Ziegelton 3,0 Gew.-% beträgt.

In der Praxis wird meist nur bis zum Ende des 2. Abschnittes getrocknet. Die in Abb. 2.175 angegebenen Trocknungsgeschwindigkeiten sind durch die besondere Art der Belüftung außergewöhnlich hoch. Bei der üblichen Trocknung liegen die Werte zwischen 0,01 und 1 $kg/(m^2{\cdot}h)$. Ein steigender Feinkornanteil verringert die Trocknungsgeschwindigkeit.

Da die Trocknung ein sehr langsamer Vorgang ist, bestimmt sie manchmal die Produktivität ganzer Fertigungsprozesse. Maßnahmen zur Erhöhung der Trocknungsgeschwindigkeit sind aber nach oben begrenzt, wenn beim Trocknen Schäden entstehen, z. B. durch Bildung von Rissen, was durch den Begriff der *Trocknungsempfindlichkeit* beschrieben wird.

Während des Trocknungsvorganges müssen durch die unterschiedlichen Wassergehalte innen und außen und die damit verbundene unterschiedliche Schwindung Spannungen entstehen, denen sich noch thermische Spannungen überlagern können. Da an der Oberfläche der Wassergehalt zuerst abnimmt, tritt dort auch die erste Schwindung ein. Die Oberfläche kommt damit unter Zugspannung, was zur Rissbildung führen kann. Zu Beginn des Trocknungsprozesses ist die Feuchtigkeit im Formling gleich verteilt, am Ende die Restfeuchte ebenfalls. Zwischenzeitlich treten Unterschiede auf, wobei die maximale Feuchtigkeitsdifferenz besonders zu beachten ist. Cooper [512] und andere haben versucht, diese Vorgänge quantitativ zu erfassen; es fehlen zur endgültigen Lösung jedoch noch weitere Messungen. Inhomogene Massen sind rissempfindlicher, da vorhandene Texturen zu weiteren Spannungen führen können. Die Trocknung darf deshalb nur so schnell erfolgen, dass die Spannungen nicht zu Rissbildungen führen können. Erst wenn der Wassergehalt so weit abgesunken ist, dass insgesamt das Endstadium der Schwindung erreicht ist, kann die Trocknung stark beschleunigt werden. Manchmal werden nach dem Brand im Inneren der Körper Risse beobachtet. Sie können dann entstehen, wenn beim Trocknen die anfänglichen Spannungen in der Oberfläche noch durch plastisches Fließen ausgeglichen werden. Dadurch wird die äußere Schicht stark verfestigt, und beim weiteren Trocknen entstehen im Inneren Spannungen, die nicht mehr abgebaut werden können, da der äußere Rahmen nicht mehr verformbar ist.

Die Trocknungsempfindlichkeit ist umso größer, je steiler die Bigot-Kurve ist, d. h., je größer die Schwindung bei einer bestimmten Wasserabgabe ist, wie bereits in Kapitel 2.4.1 erwähnt wurde. Damit haben plastische Massen eine hohe Trocknungsempfindlichkeit, und durch Magerungsmittel lässt sie sich verbessern. Nach Schmidt [513] wirkt auch Kalkhydrat in dieser Richtung, da dann größere Zusammenballungen entstehen, die einen besseren Wassertransport ermöglichen. Zur Bestimmung der Trocknungsempfindlichkeit sind mehrere Methoden vorgeschlagen worden, die teils von Bigot-Kurven ausgehen, teils das Feuchtigkeitsverhalten beurteilen, während Hermansson und Carlsson [514] mit Marken die Schwindung, sowohl an der Oberfläche als auch im Innern der Körper messen. Rissempfindlichkeit ist dann vorhanden, wenn die Oberflächenschwindung zu stark voreilt, wozu ball-clay-haltige Massen neigen.

Risse können aber auch nach dem Trocknen auftreten, wenn sehr scharf getrocknet wurde und dann aus der Raumfeuchtigkeit Wasser absorbiert wird, das mit einer Dehnung verbunden ist. Nach Messungen von Hope u. M. [515] kann die Feuchtigkeitsaufnahme bei 25 °C und 95 % relativer Feuchte bis über 3 Gew.-% betragen. Die Dehnung ist dabei fast proportional der Wasseraufnahme und beträgt für 1 Gew.-% H_2O etwa 0,04 % (linear).

Im Betrieb ist man an einer schnellen Trocknung interessiert. Sie kann gerade so schnell durchgeführt werden, dass die auftretenden Spannungen keine Risse ergeben. Es ist daher wesentlich, dass während der Trocknung keine großen Feuchtigkeitsdifferenzen im Formling auftreten. In früheren Jahren hat man deshalb die Trocknung in sehr langen Zeiträumen durchgeführt, die bei dickwandigen Gegenständen, z. B. Glashäfen, bis zu einem Jahr dauerten. In den Anfangsstadien wurden diese zur Vermeidung einer schnellen Wasserabgabe mit feuchten Tüchern abgedeckt.

Die Möglichkeiten zur *Beschleunigung der Trocknung* ergeben sich aus dem bisher behandelten Stoff. Am wirkungsvollsten ist eine Erhöhung der Temperatur, wobei durch Erniedrigung der Viskosität und Oberflächenspannung des Wassers und Erhöhung des Dampfdruckes des Wassers und der Diffusionsgeschwindigkeit des Wasserdampfes mehrere Effekte zur Beschleunigung beitragen. Zur Vermeidung einer anfänglich zu starken Wasserabgabe muss man aber zu Beginn der Trocknung den Feuchtigkeitsgehalt der Luft hoch halten. Der Verlauf dieses Feuchtluftverfahrens ist in Abb. 2.176 dargestellt. Während der Durchwärmung ist die Luftsättigung sehr hoch. Nach Erreichen der gewählten Trocknungstemperatur wird sie etwas abgesenkt. Ist die Schwindung beendet, kann die Temperatur stark erhöht und die Luftsättigung stark erniedrigt werden. Letztere Werte ergeben sich am einfachsten aus den *h*-*x*-Diagrammen nach Mollier, deren Anwendung in der Keramik Werkmeister [516] beschreibt (*h* spezifische Enthalpie, *x* Feuchtigkeitsgehalt). Man kann dann für jede Masse eine optimale Trocknungskurve entwickeln, wie z. B. Weber [517] für Ziegelmassen zeigt.

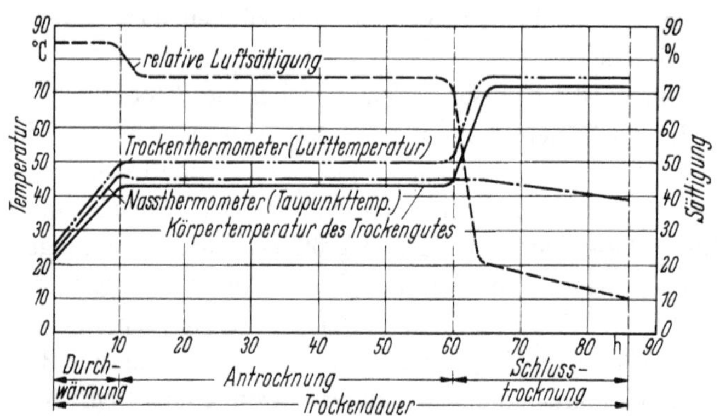

Abb. 2.176: Verlauf der Temperatur und Luftfeuchtigkeit in einer Trockenanlage nach dem Feuchtluftverfahren.

Vorteilhaft für eine schnelle Trocknung ist ein Zusatz von Magerungsmitteln oder die Heißaufbereitung von Massen, da im letzteren Fall die Formlinge bereits auf erhöhter Temperatur sind.

In der betrieblichen Praxis sind die grundsätzlichen Parameter der Trocknung auf der Basis langjähriger Erfahrung bekannt, jedoch selten optimiert. Überwiegend kommt das Prinzip der konvektiven Trocknung mittels Warmluft in Kammertrocknern oder Rollentrocknern zum Einsatz, wobei Abwärme aus den Brennaggregaten genutzt wird [518–520]. Auch das Verfahren der Lufttrocknung in großen Lagern findet bei traditionellen Ziegeleien noch Anwendung. Zur Vergleichmäßigung der Umgebungsfeuchte und des Wärmeeintrages sind viele Konzepte zur Verbesserung des Besatzes verfolgt worden, die mit strömungsdynamischen Simulationen untermauert worden sind. Neuere Entwicklungen zur Schnelltrocknung von Hochloch-Hintermauersteinen zeigen, dass durch Anblasen oder Umblasen der zu trocknenden Formteile in einer Ebene die Annäherung an die empirisch optimale Trocknungskurve weitestgehend gelingt [521]. Leider sind diese Ergebnisse noch nicht problemlos auf dickwandige bzw. komplizierter geformte Erzeugnisse der plastischen Formgebung übertragbar.

Die übliche Trocknung hat den Nachteil, dass die Wasserabgabe von außen nach innen fortschreitet, was immer zu Feuchtigkeitsdifferenzen führen muss. Eine einheitliche Trocknung wäre möglich, wenn man die benötigte Energie dem ganzen Formkörper homogen zuführen könnte. Hierzu eignen sich *Mikrowellen*, die praktisch nur vom H_2O-Molekül absorbiert werden [522]. Die Mikrowellentechnik ist zwar energetisch sehr aufwendig, bietet aber insbesondere zur ersten Durchwärmung der Bauteile eine interessante Möglichkeit des schnellen und gleichmäßigen Wärmeeintrags. Sie kann in Verbindung mit der konvektiven Trocknung durchaus zu erheblicher Zeit- und möglicherweise auch Kosteneinsparung genutzt werden. Gute Erfolge hat man bei dünnen Scherben oder Glasuren mit einer Infrarottrocknung, bei großen Formteilen mit der Mittel- bzw. Hochfrequenztrocknung erzielt. Eine andere Möglichkeit des Wärmeeintrages in das Innere eines Teiles ist das *Heißdrahtverfahren*, bei welchem ein Metalldraht oder ein Graphitband als Ohmscher Widerstand in einen Grünkörper eingebracht wird. Durch Erhitzung des Leiters über eine externe Spannungsquelle lassen sich im Inneren Temperaturen bis zu 600 °C erreichen. Allerdings ist ein solcher Prozess nur bei großen Bauteilen mit großen Wandstärken sinnvoll einsetzbar, z. B. beim Trocknen von feuerfesten Zustellungen.

2.4.3 Trockenfestigkeit

Für die Handhabung ungebrannter Formteile, insbesondere zum Putzen, Umsetzen und Stapeln ist eine gute Festigkeit erwünscht. Diese ist im noch plastischen Zustand zunächst durch den Anlasswert gegeben. Erst nach Beendigung der Schwindungsphase beim Trocknen ist rein elastisches Verhalten zu erwarten und auch experimentell bestätigt worden. Festigkeiten lassen sich dann nach DIN 51030 bzw. TGL 18882 bestimmen. Die Rohbruchfestigkeit wird meist als Biegefestigkeit gemessen und als *Trockenbiegefestigkeit* bezeichnet. Nach den klassischen Untersuchungen von Kohl [523] ist sie stark von der Temperatur abhängig, indem sie mit steigender Trocknungstemperatur, d. h. abnehmendem Wassergehalt, zuerst wenig, oberhalb 40 °C stärker ansteigt. Trocknungstemperaturen über 250 °C führen dann wieder zu einer Abnahme der Festigkeit. In DIN 51030 [524] wird deshalb empfohlen, die Trockenbiegefestigkeit nach dem Trocknen bei 40 °C zu bestimmen. Die Messung muss anschließend sofort vorgenommen werden, weil durch erneute Wasseraufnahme durch Adsorption aus der Feuchtigkeit der Luft die Festigkeit wieder verringert wird. Es bilden sich dabei durch die Kapillarkräfte Flüssigkeitsbrücken zwischen den Berührungsstellen der Teilchen aus, die mit zunehmender Dicke die Anziehungskräfte zwischen diesen Teilchen erniedrigen, wie im Kapitel 4.4.3 in Band 1 gezeigt wurde. Dieser Einfluss macht sich umso stärker bemerkbar, je mehr solcher Stellen vorhanden sind, d. h. je kleiner die Teilchen sind. Er ist also bei tonhaltigen Massen größer als bei kaolinhaltigen Massen. Die Messwerte hängen stark von stofflichen und herstellungs- bzw. prüftechnischen Einflüssen ab. Zu den Ersteren gehören die mineralogische und granulometrische Zusammensetzung, die spez. Oberfläche der Rohstoffe (BET-Wert), die Kationenaustauschkapazität (Art und Konzentration der löslichen Ionen) und der Gehalt an organischen Bestandteilen. Zu den technischen Einflüssen gehören der Verarbeitungszustand, die Formgebung des Prüfkörpers, die Trocknungsbedingungen und die Prüftechnik.

Damit ist bereits eine wichtige Einflussgröße genannt, die Formgebung. Da ganz allgemein gilt, dass eine Probe eine um so höhere Festigkeit zeigt, je größer ihre Rohdichte ist, d. h., je dichter sie gepackt ist, werden stets die Formgebungs-verfahren zu größeren Trockenfestigkeiten führen, bei denen die Teilchen dichter gepackt sind. Die Trockenfestigkeiten nehmen daher vom Gießen über das Drehen bis zum Strangpressen zu.

Die Abhängigkeit der Trockenfestigkeit von der Rohdichte erklärt den großen Einfluss der Art der Masse [502]. Da Tone aus kleineren Teilchen bestehen, ist eine bessere Raumerfüllung möglich, und ihre Festigkeit ist größer als die der Kaoline. Diese Tendenz zeigen auch die entsprechenden Werte der Tabelle 2.18. Darin ist die Einheit N/mm^2 verwendet worden, wie es in diesem Bereich der Keramik üblich ist. Weiterhin ist die Festigkeit umso größer, je dünner die einzelnen Kristallblättchen sind, weil diese leichter biegbar sind und sich besser um andere Teilchen schmiegen können. Mit Montmorillonitzusätzen kann man daher die Trockenfestigkeit erhöhen, besonders wenn diese Na-belegt und damit gut aufgespalten sind.

Hofmann u. M. [502] konnten zeigen, dass die Trockenfestigkeit mit steigendem Kationenaustauschvermögen zunimmt, da die Kationen die Haftung zwischen benachbarten Teilchen verbessern. Daneben wirkt sich auch die Art der Kationenbelegung auf die Trockenfestigkeit aus. Geht man von dem Grundprinzip aus, dass die Festigkeit mit steigender Zahl der Berührungsflächen zunimmt, dann ist nach dem bekannten Einfluss der Kationen auf die Anordnung der Teilchen zu erwarten, dass Na^+-belegte Kaoline, die sich leicht parallel lagern können, eine höhere Festigkeit ergeben werden als z. B. Ca^{2+}-belegte Kaoline, die eine sperrige Anordnung zeigen.

Tabelle 2.18 zeigt die Abhängigkeit vom Feststoffgehalt, in der aber der K^+-Kaolin eine Ausnahme bildet. Das ist durch die gute Koordinationsmöglichkeit des K-Ions gegenüber Sauerstoff bedingt, wobei eine festere Bindung entsteht.

Diese Abhängigkeiten, die zumeist an Tonen und Kaolinen gewonnen wurden, lassen sich auch auf Massen übertragen. Auch dabei gilt, dass die Trockenfestigkeit mit steigender Packungsdichte wächst. Dies kann man auch erreichen, wenn man langsamer trocknet, falls die Zeit dazu zur Verfügung steht. Mattyasovszky-Zolnay [525] fand bei Tonen große Unterschiede von Trockenbiegefestigkeiten von 4,0 N/mm^2 bei schneller bis 8,0 N/mm^2 bei langsamer Trocknung. Ein anderer Weg besteht in der Verringerung der Porosität der getrockneten Proben, indem man den Feuchtigkeitsgehalt der Masse senkt [526]. In dieser Beziehung ist noch zu beachten, dass die in Massen noch enthaltene Luft beim Trocknen eine zusätzliche Porosität bringt. Entlüften erhöht daher die Festigkeit.

Immer wieder wurde versucht, diese Zusammenhänge quantitativ zu verstehen und für eine Festigkeitserhöhung zu nutzen [527–530]. Als Schlüssel zum Verständnis des Kolloidalcharakters der Kaoline und Tone wird in neuerer Zeit das Kationaustauschvermögen herangezogen, das bereits erfolgreich zur Bestimmung des thixotropen Verhaltens und zur Verbesserung der Trockenbiegefestigkeit feuerfester Massen eingesetzt wurde [531]. Weitere Zusammenhänge zwischen stofflicher Zusammensetzung und dem Verhalten ungebrannter Formkörper zeigen [532–542]. Diese Arbeiten weisen auch darauf hin, dass diese Zusammenhänge sowohl für weißbrennende Rohstoffe als auch für Tone und Lehme mit guten Korrelationen formelmäßig fassbar sind. Insbesondere Ratzenberger hat sich der Untersuchung zahlreicher Rohstoffe gewidmet und daraus Mischungspolynome zur Vorhersage der Trockenbiegefestigkeit aus der vereinfachten Rohstoffzusammensetzung vorgeschlagen [542, 543].

2.4.4 Gedächtnis der Massen

Schon frühzeitig hat man die Beobachtung gemacht, dass während der Trocknung verformte Gegenstände sich verziehen. Ganz allgemein wurde festgestellt, dass die Formlinge wieder der Gestalt zustreben, die sie vor der letzten Verformung hatten, weshalb man vom Gedächtnis der Massen spricht. Williamson [544] führt zur Deutung an, dass die Verformung aus einem plastischen und einem elastischen Anteil besteht. Letzterer führt zu einer sofortigen Rückverformung beim Entlasten, während des Trocknens darüber hinaus zu weiterer elastischer Nachwirkung, indem die Teilchen sich energetisch günstigere Lagen suchen, die meist in Richtung des Ausgangszustandes liegen. Die gefundenen Werte sind aber so hoch, dass diese Deutung kaum ausreicht. Immerhin bietet sie einen Anhalt, bis eine weitere Klärung erfolgt sein wird; denn bis jetzt sind quantitative Messungen zu dieser Frage selten. Nach Baudran [545] beträgt nach einer Torsionsverformung die momentane, elastische Rückdrehung etwa 25 % der Gesamtverformung, der beim Trocknen eine weitere Rückdrehung in der gleichen Größe folgt. Unterschiedliche Massen ergeben verschiedene Werte. Hartmann u. M. [546] fanden etwa 10 % für elastische und etwa 40 % für die Trockenrückdrehung.

Beim Brennen setzt sich mit Beginn der Brennschwindung die Rückdrehung nur in seltenen Fällen fort, meist beobachtet man im Gegenteil wieder einen Wechsel in der Drehung, also in Richtung der ersten Verformung. Die Größe ist allerdings mit etwa 5 % gering. Steigender Gehalt an Magerungsmitteln vermindert den Effekt. Es muss weiteren Versuchen vorbehalten bleiben, für diese Erscheinungen eine voll befriedigende Deutung zu finden.

2.5 Brand

Bearbeitet von R. Telle, Aachen

Der aus keramischen Pulverteilchen geformte Körper wird erst im Brand zum Erzeugnis. Im Gegensatz zum schmelzmetallurgischen Prozess erfolgt beim *keramischen Prozess* die Formgebung also bei Raumtemperatur oder relativ geringen Temperaturen und danach die Konsolidierung des Formteils durch eine Hochtemperaturbehandlung. Nach dem Formgebungs- und Trocknungsprozess besteht zwischen den einzelnen Teilchen des Grünlings nur eine geringe Haftung, weshalb die Trockenfestigkeit relativ gering ist und der Körper sehr vorsichtig gehandhabt werden muss. Eine direkte Bindung und damit eine hohe Festigkeit erhält man erst bei hohen Temperaturen, bei denen der *Sinterprozess* mit oder ohne flüssiger Phase abläuft. In Band 1 sind bereits die wesentlichen Vorgänge beschrieben worden, wobei aber stets auf chemisch relativ einfache Systeme Bezug genommen wurde, wie sie bei Hochleistungskeramiken oder beim Sintern von Metallpulvern vorliegen. Überschaubar und quantitativ beschreibbar sind die auftretenden Erscheinungen u. a. deshalb, weil überwiegend von definierten synthetischen Rohstoffen ausgegangen wird. Im vorliegenden Abschnitt sollen einige technologische Probleme behandelt werden, die insbesondere auf Silicatkeramiken zutreffen. Die Vorgänge, die sich dabei im Einzelnen abspielen, können entsprechend der großen Vielfalt keramischer Massen und aufgrund der verwendeten natürlichen Rohstoffe sehr unterschiedlich und kompliziert sein, weshalb eine konsistente quantitative Behandlung des Themas schwierig ist.

2.5.1 Beurteilung des Brennverhaltens

Durch die Vorgänge beim Brand findet eine Verdichtung der Produkte statt, die sich einmal in einer Volumenabnahme, einer Schwindung, äußert, zum anderen in einer Abnahme der Porosität. Die Bestimmung der Porosität wurde im Kapitel 2.6.4 in Band 1 erörtert, die Bestimmung der Brennschwindung hat Zapp [547] beschrieben.

Porosität

Die Änderung der Porosität beim Brennen eines Tonsteins und eines Schamottesteins zeigt Abb. 2.177. Man erkennt, dass zunächst die Porosität ansteigt. Die Ursache dafür liegt in der Wasserabspaltung der Tonminerale und dem Ausbrennen organischer Substanzen. Ab 900 °C nimmt die Porosität schnell ab. Weiterhin wird deutlich, dass beträchtliche Unterschiede zwischen Gesamt- und offener Porosität bestehen können, d. h., in Schamottesteinen ist ein beträchtlicher Anteil an geschlossenen Poren vorhanden. Weiterhin erkennt man, dass die Porosität beim Schamottestein langsamer abnimmt als beim Brennen von Ton. Der Grund liegt darin, dass dem Schamottestein bereits totgebranntes Material zugesetzt wurde und dass der Ton einen größeren Anteil an Flussmitteln enthält, die bei höherer Temperatur zu einer Bildung von Schmelzphase führen, die die Abnahme der Porosität begünstigt.

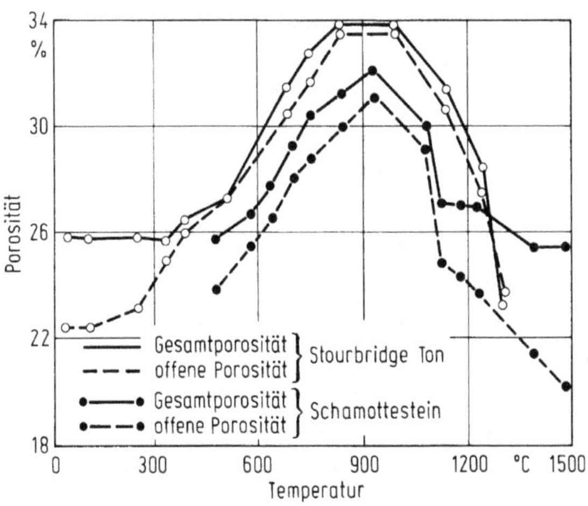

Abb. 2.177: Änderung der Porosität beim Brennen nach Green und Theobald [549].

Dieser Einfluss der Schmelzphase ist beim Porzellan natürlich noch ausgeprägter, indem die Porosität mit steigender Temperatur weiter abnimmt und einem Minimalwert zustrebt, der von Szibor und Hennicke [548] bei einem klassischen Quarzporzellan zu 7 Vol.-% gemessen wurde. Durch den großen Anteil an Schmelzphase ist dies nur geschlossene Porosität, wobei die Porenformen zunächst noch unregelmäßig sind und auch Textureinflüsse von der Formgebung her zeigen können, sich dann aber bald abrunden. Brennen bei höheren Temperaturen lässt die Porosität wieder ansteigen, bedingt durch weitere gasabgebende Reaktionen im Scherben, eine Erscheinung, die als *Überbrennen* bezeichnet wird. Oft sind dafür die minimalen Fe_2O_3-Gehalte der Massen verantwortlich.

Schwindung

Etwa umgekehrt proportional der Porosität ist die Schwindung, die daher mit steigendem Anteil an Schmelzphase, d. h. mit steigendem Alkaligehalt, zunimmt. Ein Kaolingehalt macht sich wenig bemerkbar, während wachsender Quarzgehalt zu einer deutlichen Abnahme der Schwindung bzw. einer Zunahme der Porosität führt. Ähnliche Zusammenhänge gelten auch für die Rohstoffe Kaolin und Ton allein. In Tabelle 1.3 (Kapitel 1.1.1.4) sind deren Brennschwindungswerte und Wasseraufnahme-, d. h. Porositätswerte angegeben. Man kann deutlich erkennen, dass in erster Näherung beide Werte gegenläufig sind und die Brennschwindung umso größer ist, je feiner das Ausgangskorn war.

Auf Schwindung und Porosität wirkt sich auch die Geschwindigkeit des Aufheizens und Abkühlens aus. Allerdings kann man hier keine einheitlichen Angaben machen; denn die Einflussgrößen können verschieden sein je nach Art der Masse. Häufig beobachtet man, dass bei schneller Erhitzung die Schwindung größer ist als bei langsamerer Erhitzung. Die Ursache wird darin liegen, dass sich im ersteren Fall zunächst eine relativ reine Feldspatschmelze ausbildet und noch wenig Quarz gelöst ist. Die Viskosität ist damit geringer, und die Schmelze kann leichter in die Zwischenräume zwischen den verschiedenen vorhandenen Kristallphasen eindringen. Langsame Erhitzung führt aber zur gleichzeitigen Auflösung von Quarz, wodurch die Viskosität der Schmelze größer wird. Bei solchen Versuchen ist es wesentlich, bis zu welcher Temperatur man aufheizt. Bei Temperaturen, die nur eine geringe Reaktionsgeschwindigkeit zulassen, wird natürlich die Schwindung bei längeren Haltezeichen bzw. bei langsamerem Aufheizen größer sein als bei Schnellem.

Die Schwindung beim Brand kann auch durch Sintern mit flüssiger Phase beschrieben werden, was vor allem von Kröckel [550] getan wird. Er leitet damit die Zeit t ab, bei der bei einer Sintertemperatur T_S die maximale Verdichtung erreicht wird. Für ein Quarzporzellan erhielt er folgende Zahlenwertgleichung

$$\ln(t \text{ in h}) = \frac{119000}{T_S \text{ in K}} - 76{,}4. \qquad (2.75)$$

Bei 1300 °C benötigt man danach zur maximalen Verdichtung 0,47 h. Aus dieser Beziehung lässt sich auch die Sintertemperatur berechnen, wenn man eine Zeit vorgibt. Hat man 2 h zur Verfügung, dann kann man die Sintertemperatur auf 1270 °C senken.

Die Brennschwindung erfordert besondere Beachtung dann, wenn das Endprodukt ganz bestimmte Maße haben soll. Man kann die Brennschwindung durch Zugabe von z. B. Quarz verringern, aber es ist dann schwierig, noch dichte Produkte zu erhalten. Ist Letzteres nicht gefordert und werden darüber hinaus nur relativ niedrige Brenntemperaturen eingesetzt, wie z. B. beim Ziegelbrand, dann kann man die Bildung der Schmelzphase verhindern oder verringern, wenn man Massebestandteile zufügt, die schnell mit der Schmelzphase zu neuen festen Phasen reagieren. So konnten Köther u. M. [551] zeigen, dass ein Zusatz von 15 Gew.-% Kalkmehl zu einem Ziegelton, dessen Schwindung bei 1040 °C auf null erniedrigte. Als neue Phasen waren Anorthit und Wollastonit entstanden. Ein anderer Weg zu geringer Brennschwindung führt zum Ersatz der wasserreichen Tonminerale durch wasserärmere, z. B. Talk, oder wasserfreie Rohstoffe, wobei man, wenn eine plastische Formgebung gewünscht wird, mit Plastifizierungsmitteln arbeiten muss.

Formbeständigkeit

Die Formbeständigkeit der keramischen Produkte beim Brennen kann nicht allein durch die hohe Viskosität der Schmelzphase erklärt werden. Wesentlich ist noch, wie oben bereits erwähnt wurde, der Anteil an kristalliner Phase in den Produkten. In der Praxis wird die Prüfung der Rohstoffe und Massen durch Bestimmung der Durchbiegung von stäbchenförmigen Proben durchgeführt. Dieses einfache Verfahren hat sich auch bei der Prüfung von feuerfesten Erzeugnissen bewährt. Die bei diesen Produkten sonst noch übliche Messung der Druckfeuerbeständigkeit wird in Band 4 erwähnt. Weitere Aussagen erhält man über das Erweichungsverhalten, wenn man Torsionsmessungen bei höheren Temperaturen durchführt.

Segerkegel

Bei höheren Anteilen an Schmelzphase geht die Standfestigkeit verloren, die Form sackt zusammen. Dieses Erweichungsverhalten keramischer Massen ist praktisch genutzt worden, um den Brennvorgang in einem Ofen kontrollieren zu können. Nach Vorarbeiten anderer Forscher hat Seger 1886 seine bekannten *Segerkegel* (SK) entwickelt. Sie bestehen aus unterschiedlichen Massen, die so eingestellt wurden, dass sie bei bestimmten Temperaturen „fallen", d. h., dass sie sich nach einer Seite abbiegen. Als Fallpunkt wird nach DIN 51063 [552] die Temperatur bezeichnet, bei der die Spitze des pyramidenförmigen Kegels, über die kurze Kante fallend, gerade die Ebene des Fußes des Kegels berührt hat. In Tabelle 2.19 sind diese Temperaturen angeführt.

Neben der früheren Bezeichnung z. B. SK 20 für einen Fallpunkt um 1530 °C gelten seit 1973 für höhere Temperaturen die ebenfalls angeführten ISO-Bezeichnungen, die mit 10 multipliziert sofort den Fallpunkt für den kleinen Segerkegel angeben.

Damit ist zugleich angesprochen, dass es kleine (oder Labor-) und große (oder Standard-) Segerkegel gibt. Letztere haben tiefere Fallpunkttemperaturen. Diese sind nach Tabelle 2.19 darüber hinaus abhängig von der Aufheizgeschwindigkeit, denn bei langsamer Temperatursteigerung bildet sich nicht nur mehr Schmelzphase, sondern für die Verformung, das Fallen, steht auch mehr Zeit zur Verfügung. Diese Zeitabhängigkeit ist bei den einzelnen Segerkegeln unterschiedlich, abhängig von ihrer Zusammensetzung. Je näher diese an einem eutektischen Punkt oder einer definierten Verbindung liegt, desto kürzer ist das Schmelzintervall und desto geringer ist die Differenz der Fallpunkte. Mit Ausnahme dieser Einschränkungen, die meist eine untergeordnete Rolle spielen, haben sich die Segerkegel im keramischen Betrieb sehr bewährt, da die Fallpunkte eine Aussage sowohl über die Maximaltemperatur als auch über die Verweilzeit ergeben.

Tab. 2.19: Fallpunktstemperaturen von Segerkegeln nach DIN 51063.

Segerkegel	Mittlere Fallpunkte bei einer Aufheizrate von				Segerkegel	Mittlere Fallpunkte bei einer Aufheizrate von				
	2,5 K je Minute		20 K je Stunde			2,5 K je Minute			20 K je Stunde	
	für große SK	für kleine SK	für große SK	für kleine SK		für große SK	für kleine Segerkegel		für große SK	für kleine SK
SK	°C	°C	°C	°C	SK	°C	°C	Bez. nach ISO	°C	°C
022	595	605	580	585	9	1300	1315	–	1255	1270
021	640	650	620	625	10	1320	1330	–	1280	1290
020	660	675	635	640	11	1340	1350	–	1300	1315
019	685	695	655	665	12	1360	1375	–	1330	1340
018	705	715	675	680	13	1380	1395	–	1360	1375
017	730	735	695	695	14	1400	1410	–	1380	1395
016	755	760	720	720	15	1425	1440	–	1400	1420
015a	780	785	740	750	16	1445	1470	–	1425	1445
014a	805	815	780	790	17	1480	1500	150	1445	1465
013a	835	845	840	860	18	1500	1520	152	1470	1480
012a	860	890	860	880	19	1515	1540	154	1495	1505
011a	900	900	880	890	20	1530	1560	156	1515	1530
010a	920	925	900	910	23	1540	–	–	–	–
09a	935	940	920	930	26	1560	1580	158	–	–
08a	955	965	930	940	27	1595	1600	160	–	–
07a	970	975	950	955	$27\frac{1}{2}$	–	1620	162	–	–
06a	990	995	970	980	28	1605	1640	164	–	–
05a	1000	1010	990	1010	29	1635	1660	166	–	–
04a	1025	1055	1015	1035	30	1655	1680	168	–	–
03a	1055	1070	1040	1055	31	1680	1700	170	–	–
02a	1085	1100	1070	1090	32	1695	–	–	–	–
01a	1105	1125	1090	1105	$32\frac{1}{2}$	–	1720	172	–	–
1a	1125	1145	1105	1120	33	1710	–	–	–	–
2a	1150	1165	1125	1135	$33\frac{1}{2}$	–	1740	174	–	–
3a	1170	1185	1140	1150	34	1725	1760	176	–	–
4a	1195	1220	1160	1170	35	1765	1780	178	–	–
5a	1215	1230	1175	1185	36	1790	1800	180	–	–
6a	1240	1260	1195	1210	37	1815	1830	183	–	–
7	1260	1270	1215	1230	38	1840	1860	186	–	–
8	1280	1295	1240	1255	39	–	1880	188	–	–
					40	–	1900	190	–	–
					41	–	1940	194	–	–
					42	–	1980	198	–	–

Den Segerkegeln entsprechen die in Amerika üblichen *Orton-Kegel*. Zur Einschränkung von Fehlermöglichkeiten wird deshalb ein Kegel mit verbreitertem Fuß geschlagen [553]. Zur Kontrolle des Brandes dienen z. B. in England auch die *Buller-Ringe*, die aus verschiedenen keramischen Massen bestehen und deren Schwindung als Messwert dient.

Mit Segerkegeln vergleicht man auch oft das Brennverhalten von keramischen Rohstoffen. Solche Werte sind z. B. für Kaoline und Tone in Tabelle 1.3 in Kapitel 1.1.1.4 aufgenommen worden. Man erkennt aus dieser Tabelle den Zusammenhang zwischen dem Alkaligehalt der Rohstoffe und den Segerkegelfallpunkten.

2.5.2 Brand silicatischer Massen

Sehr viele Autoren haben die Reaktionen beim Brennen von keramischen Massen untersucht. Aber erst durch neuere Charakterisierungsmethoden war es möglich, die dabei ablaufenden Vorgänge näher zu erfassen. Insbesondere haben die Differenzialthermoanalytik, die (Hochtemperatur-) Röntgenbeugung und die Elektronenmikroskopie hierbei sehr viel klären können. In ausführlicheren Arbeiten haben sich u. a. Lundin [554], Brindley u. M. [555] und Schüller [556] mit den Vorgängen beim Porzellanbrand befasst, während z. B. Schmidt [557], Peters und Iberg [558] und Cultrone u. M. [559] die Reaktionen beim Brennen von grobkeramischen Scherben beschreiben. Ersteres Thema soll hier im Vordergrund stehen, zumal man dabei Rückschlüsse auf die Vorgänge bei anderen keramischen Produkten ziehen kann. Danach wird die Entstehung und Einstellung von Brennfarben erläutert. Der Schnellbrand schließt das Kapitel ab. Die prinzipiellen Mechanismen des Sinterns pulverförmiger Rohstoffe sind in Kapitel 4 in Band 1 dargestellt. Weitere Hinweise auf die Beziehung zwischen Masseneigenschaften, Brennparametern und Erzeugniseigenschaften sind in Band 4 angesprochen.

2.5.2.1 Phasenreaktionen

Porzellanmassen bestehen im Allgemeinen aus Kaolin, Feldspat und Quarz. Die Vorgänge beim Erhitzen der einzelnen Komponenten wurden bereits in Kapitel 1.1.1.5 erörtert. Erhitzt man eine derartige Masse, dann tritt als Erstes die Wasserabspaltung der Tonminerale ein. Bei diesen Temperaturen ist die Masse bzw. der Scherben noch so porös, dass das Entweichen des entstehenden Wasserdampfes keine Schwierigkeiten bereitet. Im Temperaturbereich bis 900 °C treten noch weitere gasabgebende Reaktionen ein, so z. B. die Zersetzung von Calciumcarbonat $CaCO_3$ in $CaO + CO_2$. Wichtig ist in diesem Temperaturbereich, dass auch noch eine Oxidation der häufig in den Massen enthaltenen kohlenstoffhaltigen Bestandteile, z. B. der Humusstoffe, stattfindet. Der erste Brennabschnitt ist deshalb oxidierend durchzuführen. Weitere organische

Bestandteile können Öle oder Schmiermittel sein, die zum Pressen dienten, oder andere organische Hilfsmittel für die Formgebung durch Schlickerguss.

Beim Erhitzen von tonmineralhaltigen Rohstoffen allein beobachtet man zunächst eine Verdichtung bei nur geringer Festigkeitssteigerung der Proben. Bei der idealen Zusammensetzung des Kaolinits sind bis nahe 1600 °C nur Festkörperreaktionen möglich, die relativ langsam verlaufen und damit auch nur langsam eine Festigkeit entwickeln. Beim Brennen der natürlichen Rohstoffe findet jedoch das Sintern schon bei viel tieferen Temperaturen und schneller statt, bedingt durch die in den Rohstoffen enthaltenen Begleitminerale und Verunreinigungen. Untersuchungen von Kromer und Schüller [560] an mehreren Kaolinen und Tonen haben bestätigt, dass vor allem die Feldspäte als *Flussmittel* und damit als Schmelzphasenbildner wirken, dass aber auch schon sehr kleine Mengen an anderen Bestandteilen, wie z. B. Eisenoxid, eine wesentliche Wirkung zeigen können. Die einfache chemische Analyse auf diese Elemente erlaubt eine nur unvollständige Aussage, denn z. B. die gleichen K_2O-Gehalte wirken besonders sinterfördernd, wenn sie durch Feldspat eingeführt werden, als wenn sie aus dem Illit stammen.

Die Flussmittelwirkung der Feldspäte wird in vielen keramischen Massen gezielt genutzt. Das Verhalten und die Vielfalt der *Feldspäte* wurde in Band 1 und Kapitel 1.1.3 angesprochen. Die Tief–Hoch-Umwandlungen der Feldspäte beim Erhitzen sind für den keramischen Brand ohne Belang. Wichtig ist, dass der reine Kalifeldspat bei 1150 °C zu schmelzen beginnt. Im System Natronfeldspat-Kalifeldspat tritt aber die erste Schmelze bereits bei etwa 1090 °C auf, was auch beim keramischen Brand beobachtet wird [561]. Eine Masse aus den reinen Komponenten Kaolinit, Kalifeldspat und Quarz würde entsprechend dem Phasendiagramm K_2O–Al_2O_3–SiO_2 (Kapitel 3.2.2 in Band 1) die erste Schmelze bei der Temperatur des ternären Eutektikums bei 985 °C zeigen. Sobald aber ein gewisser Anteil an Natriumfeldspat vorhanden ist, wie es meist der Fall ist, erniedrigt sich diese eutektische Temperatur um etwa 60 K [554].

Die Gegenwart der Schmelzphase beeinflusst die weiteren Vorgänge wesentlich. Zunächst aber ist die Schmelzphase anteilmäßig so gering, dass sie nur wenig Wirkung ausüben kann. Darüber hinaus ist ihre Viskosität noch sehr hoch, weshalb die Reaktionsgeschwindigkeiten gering sind. Um diese zu erhöhen, muss man die Temperaturen anheben, wobei der ganze Feldspat in Schmelzphase übergeht. Man kann nach dem Anteil an Schmelzphase den Brennvorgang unterteilen [562].

Betrachtet man zunächst nur eine *Mischung aus Kaolin und Feldspat*, dann kann man ab etwa 1000 °C die erste *Mullitbildung* beobachten. Sie tritt zuerst in den Kaolinitrelikten ein; denn in diese dringt das am leichtesten bewegliche Ion, das Kalium-Ion ein, bildet dort einen geringen Anteil an Schmelzphase und vermittelt so die Mullitbildung. Dabei wird aber in der Feldspatschmelze eine Verringerung des K_2O-Gehaltes bewirkt, wodurch sich die Zusammensetzung im Phasendiagramm in Richtung des Mullitfeldes bewegt, sodass auch in der Feldspatschmelze eine Mullitkristallisation stattfindet. Die Erscheinungsformen der so entstehenden Mullite unterscheiden sich sehr deutlich. Bereits in Kapitel 3.3.2.1 in Band 1 wurde darauf verwiesen, dass bei der ersten Mullitbildung der Habitus der Kaolinitkristalle bewahrt bleibt. Dieser Mullit wird als *Primärmullit* (früher auch *Schuppenmullit*) bezeichnet. In Gegenwart von Schmelzphase findet eine Umkristallisation in den mehr oder weniger nadelförmigen *Sekundärmullit* statt, wozu schon Gehalte unter 1 Gew.-% R_2O oder Fe_2O_3 ausreichen [563]. Je mehr Schmelzphase vorhanden ist, desto länger und dünner werden die Mullitkristalle. Das Längenwachstum wird besonders durch Fe_2O_3 gefördert, was auf eine Erniedrigung der Oberflächenenergie der wachsenden Kristallflächen durch Fe_2O_3 zurückgeführt wird [564].

Für die Kinetik der Mullitbildung bei einer Mischung aus Kaolin und Feldspat lässt sich keine einfache Gleichung angeben, da sich dieser Vorgang aus den beiden wesentlichen Teilvorgängen der Mullitbildung in den Kaolinitresten und in der Feldspatschmelze zusammensetzt. Es verbleibt aber die Frage, ob es möglich ist, aus dem Phasendiagramm K_2O–Al_2O_3–SiO_2 die wirklich auftretenden Phasen zu berechnen. Dies setzt voraus, dass der Gleichgewichtszustand erreicht wurde. Man muss aber auch bedenken, dass die normalen Massen nicht allein durch das Dreistoffsystem K_2O–Al_2O_3–SiO_2 repräsentiert werden, sondern dass daneben noch andere Komponenten vorhanden sind, durch die Feldspäte zumindest noch Na_2O. In vielen Fällen hat es sich bewährt, alle Alkali- und Erdalkalioxide zusammenzufassen sowie TiO_2 (aus Rutil, Ilmenit usw.) und ZrO_2 (aus Zirkon) zu SiO_2 zu zählen, während Al_2O_3 konstant bleibt, um damit in das System K_2O–Al_2O_3–SiO_2 hineinzugehen.

Geht man vom pseudobinären System Kaolin-Feldspat zum pseudoternären System *Kaolin-Feldspat-Quarz* über, so findet man, dass der Quarz unterhalb 1200 °C nicht nennenswert reagiert. Die Tief–Hoch-Umwandlung des Quarzes bei 573 °C hat keinen Einfluss auf die Reaktionen. Grundlegende Versuche stammen von Lundin [554], der, wie auch viele andere Autoren, die Zusammensetzung Kaolin:Feldspat:Quarz = 50:25:25 Gew.-% verwendet hat. Beim Erreichen einer Temperatur von 1200 °C kann man annehmen, dass die Feldspatschmelze mit Mullit gesättigt ist. Durch die Quarzauflösung bewegt sich ihre Zusammensetzung in Richtung SiO_2 entlang der entsprechenden Isothermen, bis die Feldergrenze zum SiO_2 erreicht wird. Der Mullitgehalt verändert sich entsprechend dem Phasendiagramm nur wenig. Er wird, wie es die Theorie fordert und auch in der Praxis gefunden wird, nur wenig verringert. Nach dem Auftreffen auf die Feldergrenze müsste sich der restliche Quarz in Tridymit umwandeln, was aber im Allgemeinen nicht beobachtet wird, sondern man stellt bei Sättigung fest, dass der Quarz sich in Cristobalit umwandelt. Das wird in der Praxis allerdings erst nach langen Zeiten beobachtet. Cristobalit kann sich erst bilden, wenn die Auflösungsgeschwindigkeit des Quarzes in der Schmelze geringer wird als die Umwandlungsgeschwindigkeit des Quarzes in Cristobalit, was nur selten eintritt. Der manchmal zu beobachtende Cristobalitgehalt von Porzellan entsteht nach [565] an inneren Gefügeoberflächen des Quarzes, die nicht mit der Schmelze in Berührung kommen.

Die Abnahme des Quarzgehaltes in obiger Mischung zeigt Abb. 2.178 [554]. Für die Kinetik der Quarzauflösung in dieser Mischung leitete Lundin aus einem empirischen Ansatz einen normierten Geschwindigkeitskoeffizienten *k* ab. Durch Kombination dieses Ansatzes mit den Gleichungen von Jander und Ginstling (Kapitel 3.4.3, Band 1) erhielten Berens und Hennicke [566] eine weitere empirische Gleichung, die eine Geradendarstellung der Quarzauflösung ermöglicht.

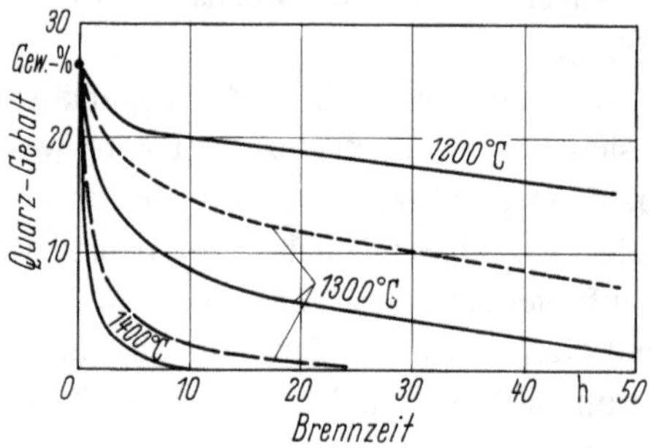

Abb. 2.178: Temperatur- und Zeitabhängigkeit der Quarzauflösung beim Brennen einer Mischung Kaolin:Kalifeldspat:Quarz = 50:25:25 Gew.-% [554]. ——: mittlere Korngröße des Quarzes 6,42 µm, — — —: mittlere Korngröße des Quarzes 13,2 µm, - - - -: mittlere Korngröße des Quarzes 27,5 µm.

Auf die Quarzauflösung wirkt sich nicht nur die Korngröße des Quarzes aus, sondern auch dessen mineralische Art [567, 568]. Tabelle 2.20 enthält in der letzten Spalte die nach den Messungen von Lundin berechneten relativen Geschwindigkeitskonstanten, die damit einen guten Parameter darstellen, die Reaktionsfreudigkeit einer bestimmten Quarzart zu kennzeichnen.

Tab. 2.20: Einfluss der Quarzsorte in einer Porzellanmasse (Kaolin:Feldspat:Quarz = 50:25:25 Gew.-%) auf das Reaktionsverhalten, die Transparenz und die relativen Geschwindigkeitskonstanten *k* der Quarzauflösung (Korngröße des Quarzes 60–88 µm).

Quarzsorte	Dichteabnahme nach dem Brennen 5 h bei 1400 °C	Phasenbestand nach Brennen 1 h bei 1400 °C Gew.-%			Transparenz	*k*
	g/cm³	Quarz	Mullit	Glas	%	µm²/h
Nordischer Gangquarz	0,270	19	25	56	2,9	29
Quarz aus Pegmatit	0,234	21	28	51	2,2	15
Quarzsand von Hohenbocka	0,234	22	30	48	2,0	10
Quarzsand von Freihung	0,203	23	32	45	1,6	5,9
Quarz-Einkristall	0,198	24	33	43	1,4	3,2

Die bisher genannten Ergebnisse wurden vorwiegend durch röntgenographische Bestimmungen des Mineralbestandes gewonnen [554, 569]. Abbildung 2.179 zeigt ein Phasensummendiagramm einer Porzellanmasse in Abhängigkeit von der Brenntemperatur. Der hohe Anteil an amorphen Phasen bei den tiefen Temperaturen ergibt sich aus dem teilweise geschmolzenen Feldspat, zum größten Teil aber aus den noch nicht kristallinen Folgeprodukten des Metakaolins. Zunächst schmilzt der Feldspat und ist bei 1130 °C vollkommen verschwunden. Gleichzeitig bildet sich Mullit. Erst ab 1130 °C verringert sich der Quarzgehalt.

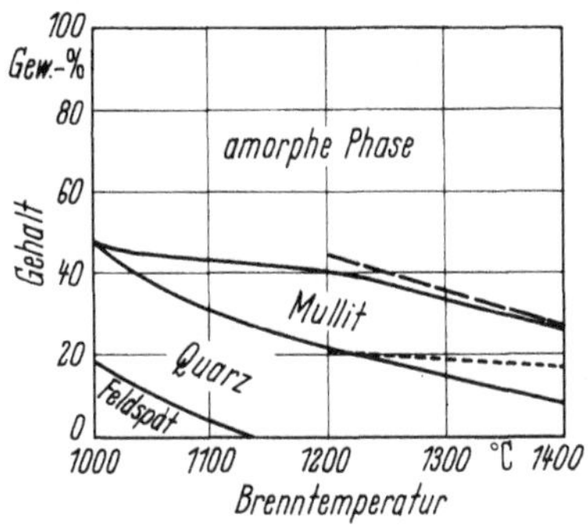

Abb. 2.179: Phasenbestand eines Porzellans aus einer Masse Kaolin:Feldspat:Quarz = 40:30:30 Gew.-% nach Brennen bei verschiedenen Temperaturen und je 2 h Haltezeit [554]. - - - -: aus der Gesamtzusammensetzung nach dem System K_2O–Al_2O_3–SiO_2 berechneter Mullitgehalt, — — —: berechneter Mullitgehalt unter Berücksichtigung des Restquarzes.

Ab 1200 °C ist der Mullitgehalt etwa dem theoretischen Gehalt der reagierenden Phasen, also Mullit und Schmelzphase, gleichzusetzen, d. h., das Gleichgewicht zwischen diesen beiden Phasen stellt sich relativ schnell ein. Mit steigender Temperatur nimmt der Quarzgehalt weiter ab, während der Mullitgehalt sich dadurch geringfügig verringert.

Im Wesentlichen wird also das Reaktionsverhalten von Porzellanmassen bei höheren Temperaturen durch die Auflösung des Quarzes bestimmt. Damit erklärt sich auch der große Einfluss verschiedener Quarzsorten auf den Porzellanbrand [568]. Je gestörter das Gefüge der Quarzkörner ist, umso leichter reagieren sie, umso leichter lösen sie sich auf. Das zeigen auch die relativen Geschwindigkeitskonstanten k in Tabelle 2.20.

Aus dieser Tabelle kann man auch erkennen, dass unter denselben Brennbedingungen mit steigender Reaktionsfreudigkeit der Quarze die im Porzellan enthaltenen Quarzmengen nach dem Brand abnehmen. Ferner ist aufgezeigt, dass die Abnahme der Dichte durch die Umwandlung von Quarz in Cristobalit umso größer ist, je reaktionsfreudiger die entsprechenden Quarze sind. Dieser Einfluss macht sich auch bei der Transparenz des Porzellans bemerkbar (Band 4).

Auf die Geschwindigkeit des Brennprozesses nimmt auch die Art des Feldspats Einfluss. Mit steigendem Anteil an Na_2O, also beim Übergang vom Kalifeldspat zum Natronfeldspat, verlaufen alle Reaktionen schneller. Als wesentliche Ursache kann man einmal die Erniedrigung der Schmelztemperaturen, zum anderen die Verringerung der Viskosität der Schmelzphase (Band 1) durch die Einführung von Natronfeldspat verantwortlich machen.

Mit röntgenographischen Methoden erhält man zwar die Menge der sich bildenden Phasen, aber keine Aussage über das Gefüge des Scherbens. Die oben erwähnten großen Mullitkristalle sind gerade mit dem Mikroskop feststellbar, für genauere Untersuchungen muss man zu elektronenmikroskopischen Aufnahmen übergehen. Damit gelangten vor allem Lundin [554] und Schüller [556] zu weiteren Aussagen über die Vorgänge beim Porzellanbrand. Abbildung 2.180 bringt einige Aufnahmen von Schüller, der dabei Masseversatz und Brennprogramm variierte.

Abbildung 2.180a zeigt die Aufnahme eines quarzreichen Porzellans nach schnellem Brand bei tiefer Temperatur. Neben den beiden eben erwähnten Bereichen erkennt man scharf begrenzte klare Felder, die restlichen Quarzkörner, um die eine SiO_2-reiche Glasphase entstanden ist, die noch frei von Mullit ist. Mit zunehmender Brenntemperatur geht der Quarz in Lösung. In Abb. 2.180b ist nur noch in der Mitte ein restliches größeres Quarzkorn zu sehen. Während der Primärmullit noch erkennbar ist, hat sich der Sekundärmullit weitgehend aufgelöst. Durch die Temperatursteigerung wird nicht nur der Existenzbereich der Schmelze erweitert, sondern durch die Quarzauflösung auch deren Zusammensetzung so geändert, dass entsprechend dem Phasendiagramm eine Abnahme des Mullitgehaltes eintreten muss. Vorzugsweise löst sich dabei der Sekundärmullit auf, da er allseitig von Schmelze umgeben ist, während der Primärmullit in dichten Aggregaten vorliegt, die eine relativ scharfe Grenze gegenüber der Schmelzphase zeigen.

Geht man zu einem langsamen Brennprogramm über, so unterscheiden sich die Verhältnisse bei 1280 °C (Abb. 2.180c) nur wenig von denen mit dem schnellen Brennprogramm (Abb. 2.180a). Bei dieser Temperatur hat gerade erst die Quarzauflösung begonnen. Brennt man jedoch mit diesem Programm bei einer höheren Temperatur (Abb. 2.180d), dann hat die SiO_2-reiche Schmelze nicht nur den Sekundärmullit aufgelöst, sondern auch in starkem Maße den Primärmullit angegriffen. Abbildung 2.180d zeigt eine relativ homogene Verteilung der jetzt vorhandenen Mullitnadeln, die ihren Ursprung in dem früher sehr kleinen Primärmullit haben und die durch die Gegenwart der Schmelze zu größeren Nadeln kristallisiert sind, aber ein wesentlich geringeres Verhältnis von Länge zu Durchmesser als der Sekundärmullit haben. Man kann hier von einem „Gleichgewichtsporzellan" sprechen. Wirklich erhält man auch unter solchen Bedingungen recht gute Übereinstimmung zwischen experimentell und theoretisch aus dem Phasendiagramm bestimmtem Mullitgehalt.

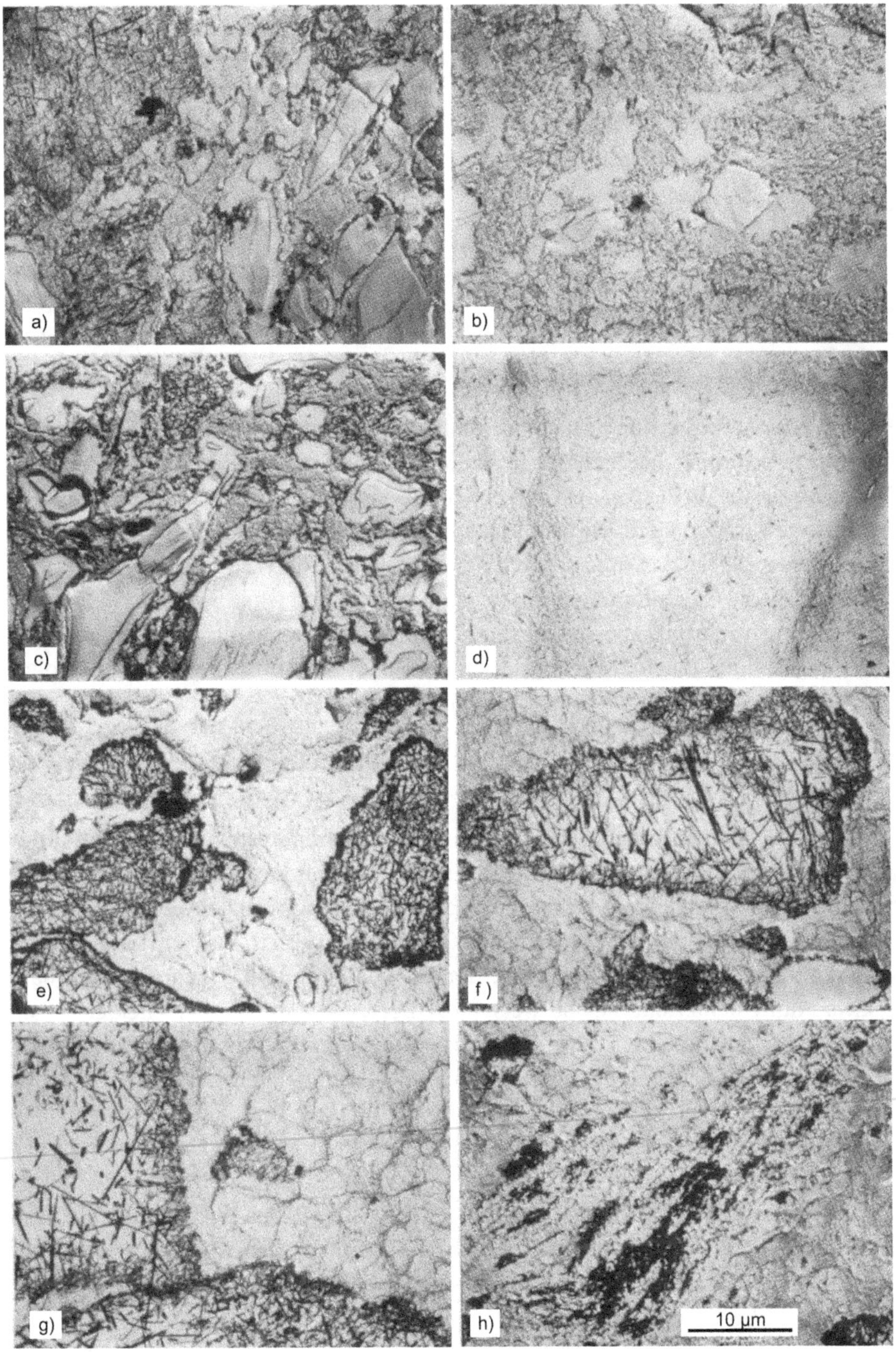

Abb. 2.180: Elektronenmikroskopische Aufnahmen von Porzellanmassen nach Schüller [556], Vergrößerung jeweils 1200fach.

Bild	Masseversatz Gew.-%				Heizrate K/h	Kühlrate K/h	Maximaltemperatur °C
	Kaolin	Feldspat	Quarz	Tonerde			
a	40	20	40	–	180	350	1280
b	40	20	40	–	180	350	1400
c	40	20	40	–	30	30	1280
d	40	20	40	–	30	30	1400
e	67	33	–	–	180	350	1280
f	67	33	–	–	180	350	1400
g	67	33	–	–	30	30	1400
h	60	30	–	10	30	30	1340

Einfache Massen, die nur aus Kaolin und Feldspat bestehen (Abb. 2.180e–g), zeigen nur zwei unterschiedliche Gefügebereiche. Deutlich erkennt man die glatten Feldspatbereiche, in die von der Grenzfläche aus viele Mullitnadeln als Sekundärmullit hineingewachsen sind. Die Mullitnadeln werden bis zu 10 µm lang, ihr mittlerer Durchmesser beträgt 0,5 µm. Der aus dem Kaolin direkt entstandene Primärmullit erscheint in diesen Aufnahmen als schuppenartige Bereiche. Seine Korngröße ist wesentlich geringer als die des Sekundärmullits. Mit steigender Brenntemperatur (Abb. 2.180f) und längerem Brennprogramm (Abb. 2.180g) nimmt entsprechend dem Phasendiagramm die Mullitmenge ab. Mit längerer Brennzeit beobachtet man eine Abnahme des Verhältnisses von Länge zu Durchmesser der Mullitnadeln, was nicht nur für Porzellan, sondern allgemein gilt und z. B. auch beim Brennen von Ton zu Schamotte festgestellt wurde.

Bei diesen Betrachtungen wird meist die Glasphase als eine einheitliche Phase behandelt, obwohl man seit Langem weiß, dass sie meist inhomogen ist, vor allem wenn noch restliche Quarzkörner vorhanden sind, die einen SiO_2-reichen Hof um sich ausbilden. Abbildung 2.181 zeigt ein solches Quarzkorn in einem Elektroporzellan, das gegenüber der umgebenden Glasphase umlaufende Rissbildung aufgrund der Quarzumwandlung beim Abkühlen aufweist [570]. Berger u. M. [571] unterscheiden daher beim Hartporzellan zwischen der Glasphase I, der Schmelzphase aus dem Kalifeldspat und der Glasphase II, der eben erwähnten Umgebung um Quarz- oder Cristobalitkörner. Beim Versuch, die röntgenographischen Phasenanalysen mit den entsprechenden rasterelektronenmikroskopischen Aufnahmen zu vergleichen, fanden sie bei letzterer Methode zu wenig Glasphase.

Die weiteren Untersuchungen zeigten dann, dass im REM nur ein Drittel der Glasphase zu erkennen ist, da die Hauptmenge der Glasphase, bezeichnet als Glasphase III, sich im Bereich des Primärmullits befindet. Sie hat die mittlere Zusammensetzung (in Gew.-%) 94 SiO_2, 4 Al_2O_3 und 2 K_2O.

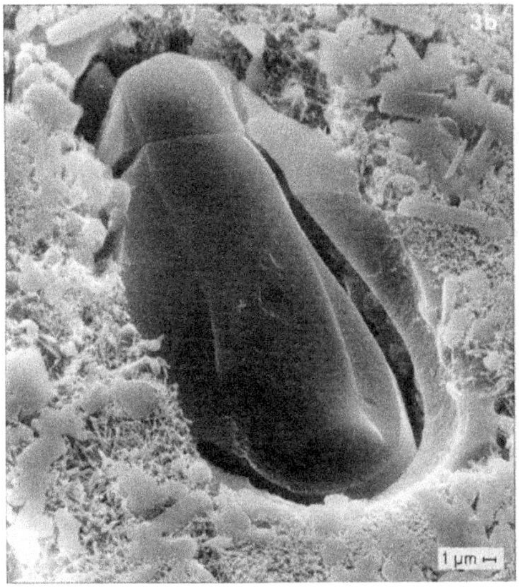

Abb. 2.181: REM-Aufnahme einer Bruchfläche von Elektroporzellan. Quarzkorn mit umlaufendem Riss an der Grenze zur Glasphase, die aus der Quarzauflösung stammt [570].

Die Aufnahmen in Abb. 2.180 verdeutlichen, dass die Brenntemperatur und auch die Brennzeit wesentlich das Gefüge des Porzellans beeinflussen, was sich natürlich auch auf einige Eigenschaften auswirkt. Besonders wichtig ist dabei die Quarzauflösung, die neben den eben beschriebenen Erscheinungen auch die Standfestigkeit beeinflusst. Diese ist bei tiefen Temperaturen durch den hohen Anteil an kristallinen Phasen gegeben. Mit steigender Temperatur bildet sich Schmelzphase, in der sich Mullitnadeln ausscheiden, was die Standfestigkeit weiterhin gewährleistet. Weitere Temperatursteigerung lässt nun nicht nur den Mullitgehalt abnehmen, sondern auch die Viskosität der Schmelzphase sinken. Dem wirkt die Viskositätserhöhung durch den Anstieg des SiO_2-Gehaltes in der Schmelzphase entgegen. Quarzreiche Porzellane haben deshalb eine gute Standfestigkeit beim Brand. Dabei hat nach Breme und Hennicke [572] die Stützwirkung der Quarzkörner einen wesentlichen Anteil.

Abbildung 2.180h zeigt noch ein Porzellan, das in der Masse Tonerde statt Quarz enthielt. Da Tonerde relativ langsam reagiert, sind die Verhältnisse mit den Kaolin-Feldspat-Porzellanen vergleichbar. Man erkennt neben dem Primärmullit dichte Filze von Sekundärmullit, während die Tonerde zu Korund kristallisiert ist. Weitere Untersuchungen zu tonerdereichen Elektroporzellanen bringt Liebermann [570].

Abbildung 2.182 und 2.183 präsentieren die Grenzflächen zwischen Scherben und Glasur eines Meißener Porzellans. In der starken Vergrößerung sind die nadeligen Mullitkristalle aufgrund des Ätzens mit 3 %iger Flusssäure gut zu erkennen und die „Faserverstärkung“ der Glasmatrix nachzuvollziehen.

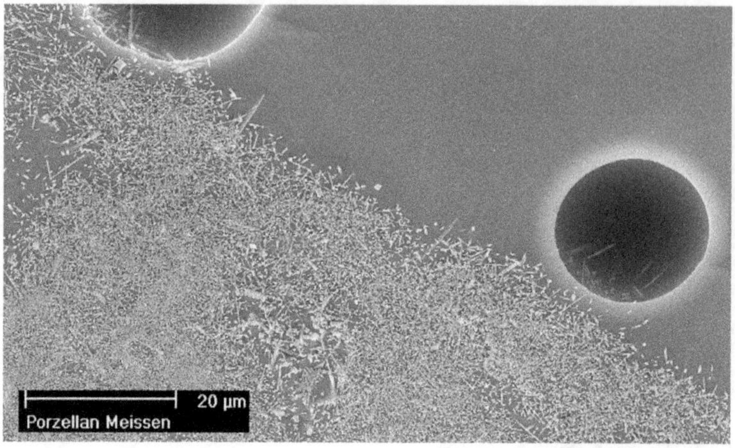

Abb. 2.182: Grenzfläche Scherben-Glasur (mit Poren). REM-Aufnahme, R. Ullrich, Bergakademie Freiberg, mit freundlicher Genehmigung.

Abb. 2.183: Vergrößerung aus Abb. 2.182; REM-Aufnahmen von Meißener Porzellan, geätzt; R. Ullrich, Bergakademie Freiberg, mit freundlicher Genehmigung.

Abbildung 2.184 demonstriert an einigen Beispielen nochmals die Leistungsfähigkeit des Rasterelektronenmikroskopes bei der Charakterisierung silicatkeramischer Gefüge. Von oben nach unten sind die eingezeichneten Felder jeweils 5fach stärker vergrößert worden. Beim Porzellan (links) erkennt man geschlossene Poren, einen großen Quarz- und viele kleine Mullitkristalle. Die Wandfliese (rechts) zeigt noch die Ausrichtung der Tonmineralteilchen.

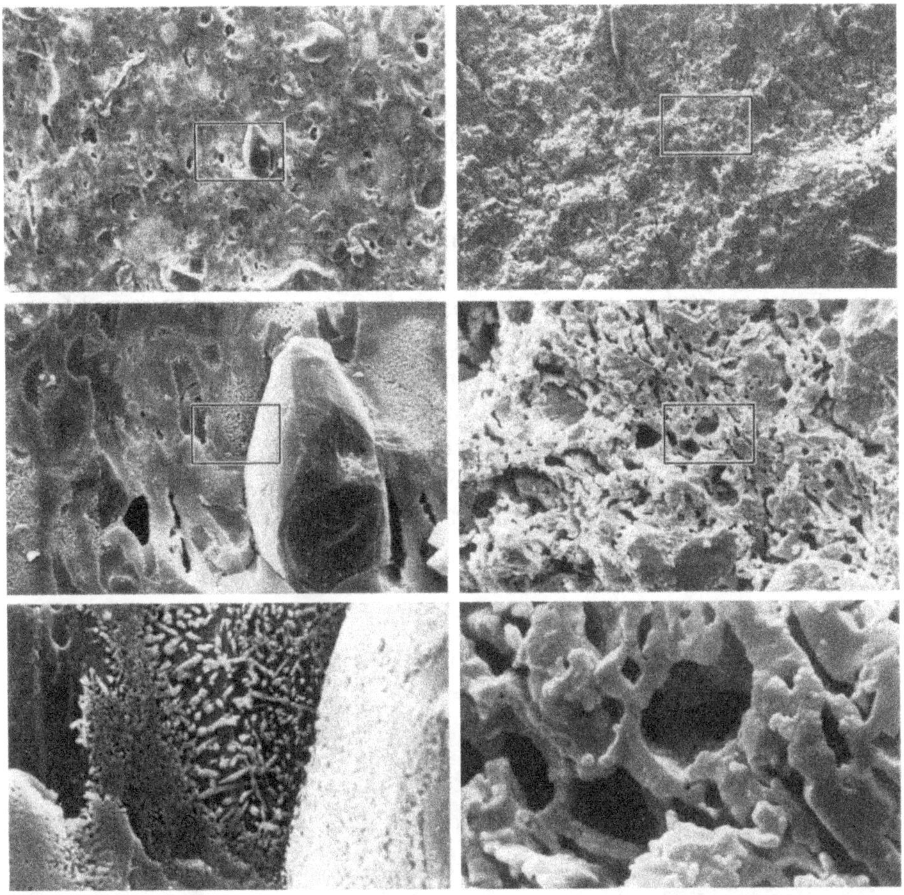

Abb. 2.184: REM-Aufnahme einiger keramischer Werkstoffe in drei verschiedenen Vergrößerungen entsprechend den rechts angegebenen Maßstäben. Links: Hartporzellan, Bruchfläche, 90 s mit 10 %iger HF angeätzt. Rechts: Steingut, Bruchfläche eines Sprühbandes, Rohdichte = 1,0 g/cm³.

Die Reaktionen beim Brand *kalkhaltiger grobkeramischer* Massen wurden u. a. von Peters und Iberg [558], Riccardi u. M. [573] sowie Cultrone u. M. [559] untersucht. Letztere Autoren verglichen zwei spanische Tone mit 0,6 Gew.-% CaO bzw. 10 % CaO bei etwa gleichem Alkaligehalt von ca. 3,8 % und einem SiO_2/Al_2O_3-Verhältnis von 2,68 bzw. 3,27. Nach dem Zusammenbruch der illitischen bis muskovitischen Schichtsilicatstruktur im Temperaturbereich zwischen 450 °C und 900 °C (Abb. 2.185a und d) beginnt die Mullitbildung, oberhalb 700 °C begleitet von der Entsäuerung des hier vorliegenden Dolomits zu CaO und MgO. Während die Glasbildung bereits bei etwa 800 °C beginnt, wenn noch Carbonat präsent ist, scheint die Freisetzung von CaO und MgO die weitere Schmelzebildung bei höheren Temperaturen zu begrenzen. Statt dessen wird an der Grenzfläche Illit-Calcit die Bildung von Gehlenit $Ca_2Al_2SiO_7$ nach Gl. (2.76) beobachtet, obgleich eigentlich Fassait $(Ca,Mg)(Si,Al)_2O_6$ auftreten müsste [574]:

$$2KAl_2[Si_3AlO_{10}(OH)_2] + 6CaCO_3 \\ \rightarrow 3Ca_2Al_2SiO_7 + 6CO_2 + 2H_2O + K_2O + 3SiO_2. \quad (2.76)$$

Begründet wird dies mit der Schwierigkeit des Aluminium-Ions, in die aus der tetraedrischen in die oktaedrische Koordination zu wechseln, sodass Gehlenit mit seiner reinen Al-Viererkoordination kinetisch bevorzugt ist. An der Grenzfläche Calcit-Quarz entsteht zunächst Wollastonit $CaSiO_3$, möglicherweise auch Larnit Ca_2SiO_4, der jedoch röntgenographisch nicht nachgewiesen wird. In Abb. 2.186b ist ein Dolomitrelikt mit randlichem Wollastonit abgebildet. An Dolomit-Quarz-Korngrenzen bildet sich entsprechend oberhalb 900 °C Diopsid $CaMgSi_2O_6$. In diesem Stadium sind die Poren noch kantig, die Schichtsilicatkörner zeigen beginnende Verformung und beginnende Glasbildung (Abb. 2.185b und e). Bei derselben Temperatur entstehen an Berührungspunkten von Rest-Illit bzw. Muskovit, Calcit und Quarz Sanidin und Anorthit (Gl. (2.77)):

$$2KAl_2[Si_3AlO_{10}(OH)_2] + 2CaCO_3 + 4SiO_2 \\ \rightarrow 2KAlSi_2O_8 + 2CaAl_2Si_2O_8 + 2CO_2 + H_2O. \quad (2.77)$$

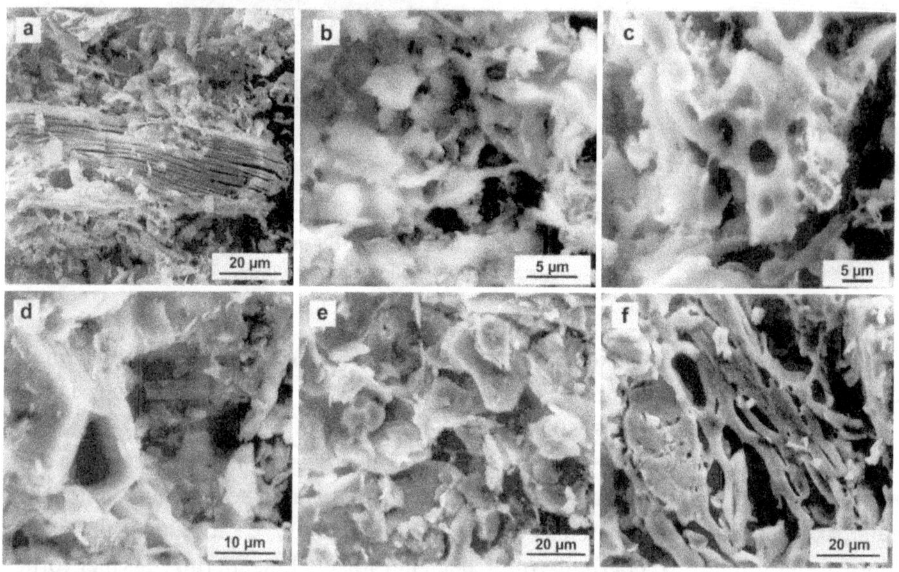

Abb. 2.185: Gefüge von kalkreichen (oben) und kalkarmen (unten) Ziegelmassen mit zunehmender Temperatur (a) 800 °C, (b) 1000 °C, (c) 1100 °C, (d) 700 °C, (e) 900 °C, (f) 1000 °C. REM-Aufnahmen aus Cultrone u. M. [559] mit freundlicher Genehmigung des Verlages.

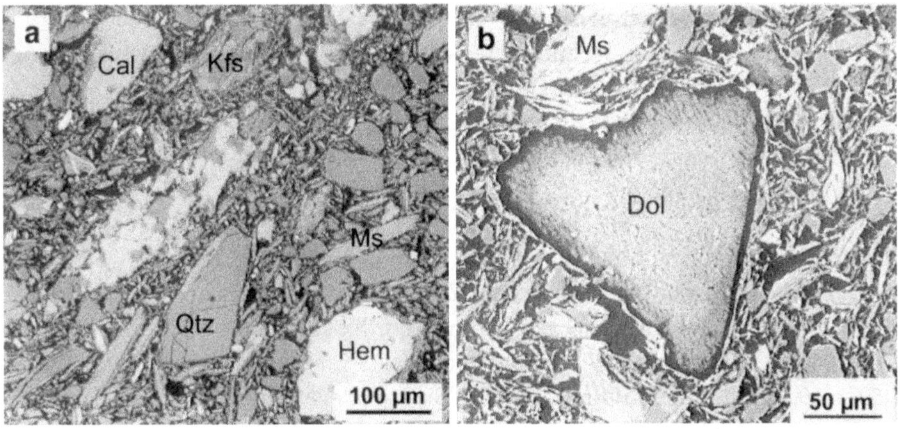

Abb. 2.186: Gefüge von kalkreichen Ziegelmassen, gesintert bei 700 °C (a) und 800 °C (b). REM-Aufnahmen aus Cultrone u. M. [559] mit freundlicher Genehmigung des Verlages. Cal = Calcitrest, Dol = Dolomitrest, Kfs = Kalifeldspatrest, Qtz = Quarz, Hem = Hämatit, Ms = Muskovit.

Zwar wird Sanidin in Ziegeln gelegentlich gefunden, er ist jedoch nicht stabil, sondern reagiert bei hohem CaO-Gehalt schnell zu Anorthit weiter bzw. schmilzt auf und trägt zur Mullitbildung bei. Auch der Gehlenit reagiert oberhalb 1000 °C weiter zu Wollastonit und Anorthit:

$$Ca_2Al_2SiO_7 + 2SiO_2 \rightarrow CaSiO_3 + CaAl_2Si_2O_8. \tag{2.78}$$

Abbildung 2.185c und f zeigen Gefügebilder aus diesem Temperaturbereich. Nachdem die Bildung von Wollastonit und Anorthit den Ziegelmassen eine hohe Festigkeit verleihen, ist eine Temperaturerhöhung über 1000–1100 °C zur vermehrten Glasbildung in der Regel nicht erforderlich. Allerdings muss Freikalk CaO vermieden werden, da er beim Abkühlen in feuchter Atmosphäre oder später an Luft hydratisiert und stark quillt.

Die zuvor genannten Reaktionstemperaturen sind natürlich durch die Aufheizraten bestimmt. Thermodynamische Berechnungen im genannten Vielstoffsystem haben Holland und Powell [575] durchgeführt und kritisch bewertet.

Obwohl sich die Mischungen der natürlichen Rohstoffe je nach Zusammensetzung individuell verhalten und zur Charakterisierung der auftretenden Reaktionen, der Entgasung und der Schwindung jeweils DTA-, TG- und Dilatometeruntersuchungen erforderlich sind, sollen zwei Reaktionsschemata gezeigt werden, die die bisher geschilderten Ergebnisse grob zusammenfassen. Die angegebenen Temperaturen stellen entsprechend nur Anhaltswerte dar. Dabei werden zunächst zum Vergleich die Reaktionen der Tonmineralien Kaolinit und Montmorillonit (Formel idealisiert) wiedergegeben.

Sinterreaktionen von Kaolinit $Al_4[(OH)_8Si_4O_{10}]$

550 °C	Kristallwasser entweicht → Metakaolinit + amorpher Rest
950 °C	Bildung von γ-Al_2O_3 und von $Al_2O_3 \cdot SiO_2$ mit Spinellstruktur
1010 °C	Bildung von Primär-Mullit
1200 °C	Bildung von Cristobalit
1300 °C	Glasbildung

Sinterreaktionen von Montmorillonit $Ca_{0,2}[Al_{1,5}Fe_{0,3}Mg_{0,2}(OH)_2][Si_{3,75}Al_{0,25}O_{10}]$

400–700 °C	Kristallwasser entweicht, Zusammenbruch der Struktur
900 °C	Bildung von Hochquarz und Anorthit $CaAl_2Si_2O_8$
1050 °C	Bildung von Cristobalit und eutektischer Schmelze mit Anorthit
1150–1250 °C	Cordieritbildung $Mg_2Al_3[AlSi_5O_{18}]$ oder Mullitbildung, je nach Mg-Gehalt

Sinterreaktionen einer Kaolinmasse (in Klammern kalkhaltige Masse)

80–120 °C	Entweichen des physikalisch gebundenen Wassers
200–400 °C	Zersetzen organischer Bestandteile
350 °C	Zwischenschichtwasser entweicht
300–700 °C	Verbrennen des Kohlenstoffanteils unter CO_2-Abgabe
550 °C	Kristallwasser der Tonminerale entweicht: Metakaolinit + amorpher Rest
573 °C	Tiefquarz–Hochquarzumwandlung mit Volumensprung
(700–900 °C	Carbonatzersetzung unter CO_2-Abgabe, Gehlenit-Bildung C_2AS)
950 °C	Bildung von γ-Al_2O_3 und $Al_2O_3 \cdot SiO_2$ mit Spinellstruktur
(950–1050 °C	Reaktion von Spinell mit CaO zu Gehlenit)
ab 1010 °C	Bildung von Primär-Mullit
ab 1050 °C	eutektische Feldspatschmelzen, Erweichung
(ab 1050 °C	Gehlenit + SiO_2 → Wollastonit + Anorthit)
ab 1200 °C	Bildung von Sekundärmullit, Auflösung von Quarz, Viskositätserhöhung der Schmelze, Durchhängen der Teile

Die mikrostrukturellen Vorgänge im Zuge dieser Reaktionen hat Rasch [576, 577] vereinfachend veranschaulicht. Abbildung 2.187 betont dabei, dass die Reaktionen an Berührungspunkten der jeweiligen Phasen (Körner) beginnen. Nach den Festkörperreaktionen beginnt die Schmelzebildung, die einen beschleunigten Stofftransport bewirkt. Vor allem beim isothermen Sintern erfolgt der Konzentrationsausgleich über die Schmelze, Sättigung und Umkristallisation tritt ein. Feldspat verschwindet völlig, Quarz wird nicht vollständig gelöst. Beim Abkühlen kristallisiert weiterer Mullit, das Glas „friert ein".

Die Vorgänge beim Brand von keramischen Massen hängen also von Masseversatz, Aufheizrate, Brenntemperatur, Brennzeit, Korngröße und chemischer Zusammensetzung und Gefüge der Rohstoffe ab. Darüber hinaus ist noch ein Einfluss der

Ofenatmosphäre vorhanden, der im Kapitel 2.5.2.3 diskutiert wird. Damit besteht eine außerordentlich große Vielfalt an Möglichkeiten. Die hier erörterten Beispiele lassen im Einzelnen die verschiedenen Einflüsse erkennen und zeigen die Wege, durch geeignete Wahl der Bedingungen ein bestimmtes Endprodukt zu erhalten.

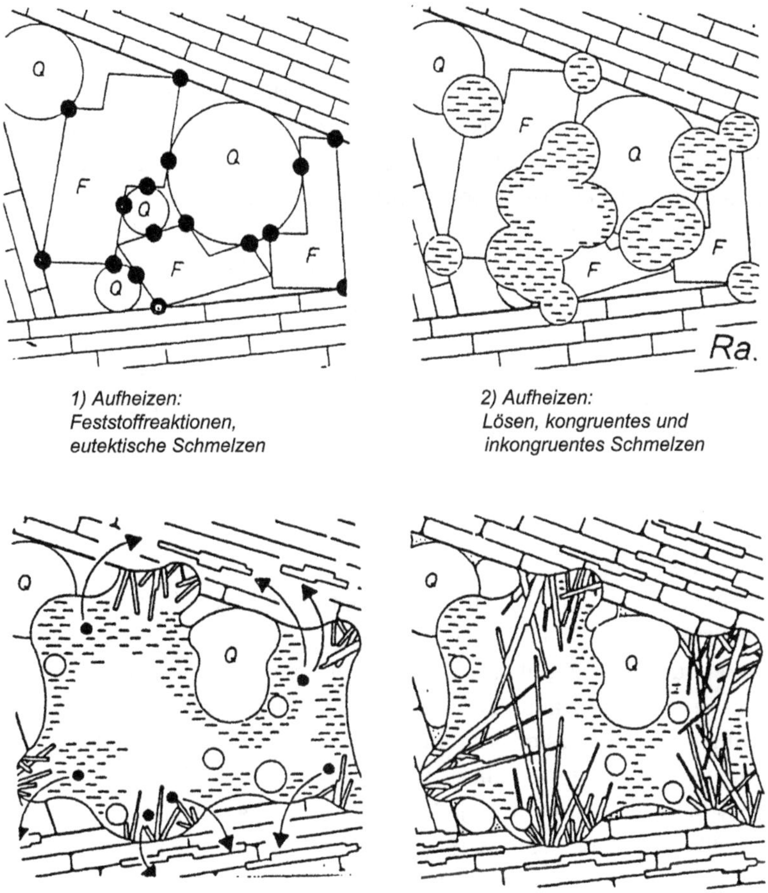

1) Aufheizen: Feststoffreaktionen, eutektische Schmelzen

2) Aufheizen: Lösen, kongruentes und inkongruentes Schmelzen

3) Isothermes Sintern: Lösen, Sättigen, Umkristallisieren

4) Abkühlen: Auskristallisieren, Erstarren der Glasphase

Abb. 2.187: Schematische Darstellung der Gefügeveränderungen während des Brandes. Q = Quarz, F = Feldspat, Tonminerale mit Blocksignatur, nadelig: Mullit; rund: Luftblasen; horizontale Strichelung: Schmelze bzw. Glas mit unterschiedlicher Zusammensetzung. Quelle: H. Rasch, Höhr-Grenzhausen, mit freundlicher Genehmigung.

Schwiete und Ziegler [578] haben die zum Brennen von keramischen Scherben benötigte *theoretische Wärmemenge* berechnet, indem sie zunächst die Reaktionswärme der sich abspielenden Reaktionen für 25 °C bestimmt und dann die benötigte Wärmemenge zum Erhitzen auf 1400 °C berechnet haben. Für ein Hartporzellan aus Kaolin:Feldspat:Quarz = 50:25:25 Gew.-% und ein Endprodukt, das aus Mullit:Glas:Quarz = 25:65:10 Gew.-% besteht, erhielten sie insgesamt einen Wärmebedarf von 2100 kJ/kg Scherben. Eine ähnliche Berechnung für das Brennen eines Schamottesteins aus feuerfestem Ton bis zu 1500 °C mit einer Endzusammensetzung aus Mullit:Glas:Cristobalit = 47:43:10 Gew.-% ergab einen Wärmebedarf von 2550 kJ/kg Scherben. In beiden Fällen ist das Anmachwasser nicht berücksichtigt, also vom trockenen Rohling ausgegangen worden. Etwa 450 kJ/kg Scherben werden dabei für chemische Prozesse verbraucht, d. h., die restliche Menge wird bei der Abkühlung wieder frei.

Die eben erwähnte Abkühlung der gebrannten Werkstücke wird in ihrer Geschwindigkeit begrenzt durch die übliche Temperaturwechselbeständigkeit. Günstig wirkt sich noch vorhandene Schmelzphase aus, die Spannungen schnell abbaut. Eine wichtige Temperatur ist dann deren Übergang in den festen Zustand, d. h. die Glastransformationstemperatur (Band 1). Bei quarz- und/oder cristobalithaltigen Werkstücken sind deren Hoch–Tief-Umwandlungstemperaturen bei 573 °C bzw. unterhalb 260 °C (Band 1 und Band 4) wegen der dabei auftretenden starken Kontraktionen besonders sorgfältig zu durchfahren.

2.5.2.2 Rolle der Glasphase

Während des Brennprozesses enthalten die meisten keramischen Produkte erhebliche Anteile an Schmelzphase, die während der Abkühlung infolge ihrer hohen Viskosität nicht kristallisiert und im Endprodukt als Glasphase erscheint. Da normalerweise die Reaktionen beim Brand von keramischen Produkten nicht zu Gleichgewichten verlaufen, z. B. häufig noch Quarzreste vorhanden sind, ist es natürlich, dass die in keramischen Produkten enthaltene Glasphase nicht homogen ist, sondern sehr stark in ihrer Zusammensetzung schwankt. Auf die Unterteilung in die Glasphasen I, II und III beim Hartporzellan durch Berger u. M. [571] wurde im vorigen Abschnitt hingewiesen. Die meisten Bestimmungsmethoden ermitteln nur Durchschnittswerte der Glasphase, die dann mit dem Gleichgewichtsdiagramm übereinstimmen, wenn sich z. B. aller Quarz aufgelöst hat oder der Restquarz berücksichtigt wird. Unter bestimmten Vorsichtsmaßnahmen ist es möglich, die Glasphase chemisch durch Herauslösen zu bestimmen, wie es z. B. von Konopicky und Köhler [579] beschrieben wird. Bei röntgenographischen Phasenbestimmungen von keramischen Produkten wird meist die Ergänzung zu 100 % als Glasphase bezeichnet, aber auch eine direkte röntgenographische Glasbestimmung ist möglich.

Die wichtigste Eigenschaft der Glasphase ist ihre *Viskosität* bei hohen Temperaturen, also im schmelzflüssigen Zustand. Viskositätskurven von Feldspäten wurden schon im Band 1, Abb. 2.52 gezeigt. In diesem Bild sind die sehr hohen Viskositäten bei den üblichen Brenntemperaturen zu erkennen. Ausgehend von diesen Zusammensetzungen wird ein zusätzlicher SiO_2-Gehalt die Viskosität weiter erhöhen, ein zusätzlicher Al_2O_3-Gehalt die Viskosität etwas erniedrigen. Insgesamt werden aber die Unterschiede gering sein. Für das Abkühlungsverhalten ist die Transformationstemperatur dieser Gläser wichtig. Aus Abb. 2.52 kann man entnehmen, dass sie für die Feldspäte je nach Alkaliart zwischen 820 und 920 °C liegt. Experimentell findet man für die Transformationstemperaturen der Glasphase von Schamotte, Steinzeug und Porzellan fast übereinstimmend Werte zwischen 800 und 830 °C. Sie liegen damit etwas niedriger, was durch die weiteren Bestandteile bedingt sein wird. Bei den Viskositätsbetrachtungen ist noch wesentlich, dass ein Gehalt an CaO die Viskosität der Schmelzphase deutlich erniedrigt.

Für spätere Betrachtungen wird noch der *Ausdehnungskoeffizient* der Glasphase benötigt. Vergano u. M. [580] haben ihn an Gläsern aus synthetischem Kalifeldspat unterhalb T_g zu $6{,}6 \times 10^{-6}$/K bestimmt. Ein Molverhältnis Na_2O: K_2O = 15:85 im Feldspat ergab einen Ausdehnungskoeffizienten von $7{,}0 \times 10^{-6}$/K. Gläser aus natürlichem Orthoklas oder Albit besaßen Ausdehnungskoeffizienten bei 7,5 oder $7{,}4 \times 10^{-6}$/K. Mit den Faktoren der Tabelle 2.20 in Band 1 berechnet sich $\alpha_{20/400}$ für Kalifeldspatglas zu $7{,}1 \times 10^{-6}$/K und für Natronfeldspatglas zu $6{,}8 \times 10^{-6}$/K.

2.5.2.3 Brennfarben

Bereits mehrfach wurde erwähnt, dass die Atmosphäre einen Einfluss auf das Verhalten der keramischen Produkte beim Brand haben kann. In der Masse sind meistens organische Verunreinigungen enthalten. Sie können aus den Rohstoffen, wie z. B. aus den Tonen kommen, oder können auch durch andere organische Hilfsmittel bei den verschiedenen Formgebungsprozessen bedingt sein. Diese müssen in den ersten Stadien des Brennprozesses ausgebrannt werden, d. h. also, die ersten Stadien müssen unter *oxidierenden* Bedingungen durchgeführt werden. Das macht insofern keine Schwierigkeiten, als in diesem Bereich der Scherben noch porös ist, sodass die oxidierenden Gase in den Scherben eindringen können und die Verbrennungsprodukte auch leicht entweichen können. Das Ende dieses Prozesses liegt je nach Porosität des Scherbens, Gehalt an organischen Beimengungen sowie nach der Aufheizgeschwindigkeit zwischen 500 und 900 °C. Im anschließenden Feuer können verschiedene Atmosphären eintreten. Man ist im Allgemeinen bemüht, einen Brennstoff so auszubrennen, dass die zugeführte Verbrennungsluft gerade verbraucht wird und kein Luftüberschuss entsteht. Dabei kann aber leicht die Atmosphäre in reduzierende Bedingungen übergehen. Ist noch ein Sauerstoffüberschuss in der Atmosphäre vorhanden, so spricht man von oxidierenden Bedingungen. Genauere Angaben erhält man, wenn man die Atmosphäre durch den jeweiligen Sauerstoffpartialdruck kennzeichnet.

Es wurden viele Untersuchungen durchgeführt, um den Einfluss der Atmosphäre auf die Brenneigenschaften verschiedener Rohstoffe und Massen zu erfassen. Sie ergaben, dass er abhängt von der Kristallart, der Kristallgröße, dem Ordnungszustand der Struktur sowie dem Flussmittelgehalt der Rohstoffe. Deutlich zeigt sich ein großer Einfluss des Wasserdampfes, der die Mullit- und Cristobalitbildung und auch die Quarzabnahme beschleunigt. Weiterhin wurde gefunden, dass in Gegenwart von Wasserdampf die Abnahme der Porosität beschleunigt wird, wobei dieser Effekt mit dem Feldspatgehalt der Masse ansteigt, was auf eine verstärkte Löslichkeit des Wasserdampfes im Feldspatglas bzw. der Feldspatschmelze zurückzuführen ist, wodurch nach Merker u. M. [581] deren Viskosität erniedrigt wird.

Im Grunde genommen könnte der Brand keramischer Erzeugnisse in oxidierender oder neutraler Atmosphäre zu Ende geführt werden. Häufig wird aber eine *Reduktionsperiode* eingeschaltet, die vor allen Dingen mit der Färbung der Produkte zusammenhängt und einen Wertigkeitswechsel der Eisenionen bewirken soll. Der Übergang von Fe_2O_3 in FeO hat aber noch einen weiteren Einfluss: Die Verringerung der Viskosität durch FeO in der Schmelzphase. Dadurch wird ebenfalls eine bessere bzw. frühere Verdichtung der Produkte erreicht. Weiterhin bewirkt die reduzierende Atmosphäre eine frühere Zersetzung von Sulfaten. Auf diese Weise ist es möglich, die Sulfate aus dem Scherben zu entfernen, die später zu Ausblühungen (Band 4) neigen könnten.

In reduzierender Atmosphäre können aber auch Reaktionen mit den Hauptbestandteilen der keramischen Masse eintreten. Insbesondere ist das SiO_2 durch Reduktion in das bei diesen Temperaturen gasförmige SiO überführbar, wie bereits im Kapitel 3.1.2, Band 1, erörtert wurde. An kälteren Stellen des Ofens kann sich dann, wenn genügend Sauerstoff vorhanden ist, das SiO niederschlagen und oxidieren, wobei häufig eine faserige Ausbildung des SiO_2 zu beobachten ist. SiO ist bei tiefen Temperaturen nicht stabil, sondern disproportioniert nach der Gleichung $2\,SiO = SiO_2 + Si$. Findet dieser Vorgang auf oder in einem keramischen Produkt statt, so kann man das SiO_2 nicht erkennen, aber das abgeschiedene Si führt zu einer Schwarzfärbung des Produktes. Dies ist nicht die einzige Ursache der manchmal auftretenden sog. *schwarzen Kerne*. Oft sind diese durch unvollständig ausgebrannte organische Bestandteile bedingt, besonders dann, wenn durch einen hohen Pressdruck beim Formen der Gasaustausch behindert ist. Eine weitere Ursache nennt der folgende Absatz.

In reduzierender Atmosphäre ist meist CO enthalten. Dieses hat die Eigenschaft, in bestimmten Temperaturbereichen nach dem Boudouard-Gleichgewicht $2\,CO \rightleftarrows C + CO_2$ zu zerfallen. Abbildung 2.188 zeigt die Lage dieses Gleichgewichts in Abhängigkeit von der Temperatur bei einem Gesamtdruck der beiden Gase CO und CO_2 von 1 bar.

Man kann daran erkennen, dass unterhalb 400 °C nur CO_2 stabil ist, während bei 1000 °C sich nur noch 0,7 Vol.-% CO_2 im Gleichgewicht befinden. Diese Reaktion des CO geht nur oberhalb 800 °C von allein mit der nötigen Geschwindigkeit vonstatten. Unterhalb 800 °C benötigt sie im Allgemeinen einen Katalysator. Als solcher kann Kohlenstoff wirken, aber auch eine Reihe anderer Verbindungen. Die Wirkung hängt allerdings sehr stark von der Ausbildung ihrer Oberfläche ab. Relativ unabhängig von der Oberfläche fördert Eisenoxid die Gleichgewichtseinstellung der

Boudouard-Reaktion. In reduzierender Atmosphäre ist es daher in diesen Temperaturbereichen möglich, dass sich im Scherben Kohlenstoff abscheidet, der ebenfalls zu einer Schwarzfärbung führt. Tritt beim weiteren Brand ein Schließen des keramischen Produktes ein und wechselt die Atmosphäre nach oxidierend, dann wird der Kohlenstoff zu CO_2 oxidiert, was Anlass zur Blasenbildung sein kann. Dagegen bildet sich bei der Oxidation eines dunklen Belages aus Si nur SiO_2, das unschädlich ist. Abbildung 2.189 zeigt einen Querbruch durch einen Dachziegel, dessen schwarzer Kern sehr stark aufgebläht ist.

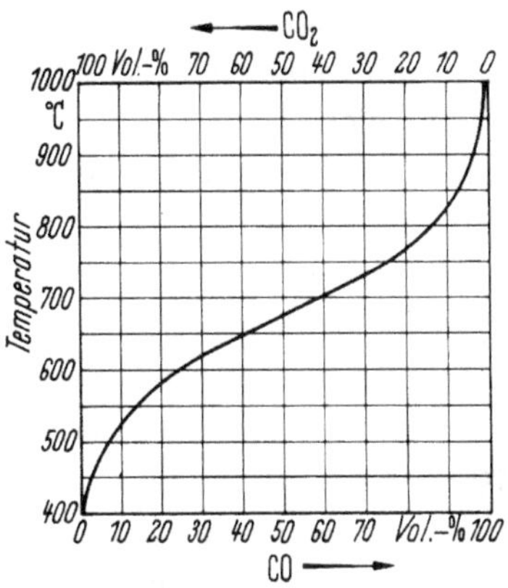

Abb. 2.188: Temperaturabhängigkeit des Boudouard-Gleichgewichts 2 CO $\rightleftarrows$ CO_2 + C.

Abb. 2.189: Aufgeblähter geborstener schwarzer Kern eines Dachziegels nach dem Schnellbrand. Bild: R. Telle, Aachen.

Finden in keramischen Produkten sehr starke Kohlenstoffablagerungen statt, so können sie zum Zerspringen dieser Produkte führen, was besonders bei Feuerfestmaterialien eintreten kann. Als Katalysator wirken nur die Eisenoxide, aber nicht mehr das silicatisch gebundene Eisen. Brennt man daher ein eisenhaltiges Produkt so hoch, dass alles Eisen in die Schmelzphase oder in silicatische Bindung in Form von Kristallen aufgenommen wird, so ist nicht mehr mit dieser katalytischen Reaktion zu rechnen. Bei Steinzeug treten gelegentlich auch schwarze bis hellgraue Kerne auf, bedingt durch nicht vollständig ausgebrannte organische Substanzen. Nach Fischer und Müller [582] sind damit unterschiedliche Gefüge und deshalb auch Eigenschaften zwischen Rand und Kern verbunden, wobei es vorkommen kann, dass bei den Ausdehnungskoeffizienten $\alpha_{\mathrm{Kern}} > \alpha_{\mathrm{Rand}}$ ist, wodurch beim Abkühlen im Rand Druckspannungen entstehen, was die Festigkeit erhöht.

Bei hohen Temperaturen hat auch der Stickstoff in reduzierender Atmosphäre die Neigung, sich chemisch in den Schmelzen zu lösen. Tritt anschließend eine oxidierende Atmosphäre auf, so wird dieser Stickstoff wieder in molekularer Form freigesetzt und führt zur Blasenbildung. Als Oxidationsmittel können auch Fe_2O_3-Verunreinigungen wirken. Führt man den Brand unter neutralen oder reduzierenden Bedingungen durch, wird diese Blasenbildung nicht beobachtet.

Im Abgas von Brennöfen treten neben den bisher erwähnten Komponenten auch noch fluorhaltige Verbindungen auf, die ihre Ursache in der Freisetzung der F-Gehalte der tonmineralhaltigen Rohstoffe haben, bei denen das Fluor im Gitter die OH-Gruppen ersetzt. Thomas u. M. [583] führen viele entsprechende Analysen an. Im Mittel beträgt dieser F-Gehalt nur 0,05 Gew.-%, kann aber trotzdem zu hohen F-Werten im Abgas führen. Die Fluoremission ist beim Aufheizen während der Entwässerung der Tonminerale sehr gering und setzt erst ab etwa 700 °C ein [584]. Das Emissionsmaximum liegt zwischen 1000 und 1200 °C. Der Mechanismus der Fluoremission besteht im Wesentlichen in einer Reaktion mit dem H_2O-Dampf der Ofenatmosphäre unter Bildung von HF. Er ist darüber hinaus abhängig vom An- und Abtransport der reagierenden Komponenten. Es ist deshalb möglich, die F-Emission wesentlich zu reduzieren, indem man den Temperaturbereich der Hauptemission sehr schnell durchfährt bis zum Schließen des Scherbens durch genügend Schmelzphase. Tünker und Schmidt [585] konnten dadurch bei einem Steinzeug den Abbrand des Fluors von ursprünglich 40 % auf nur noch 15 % senken.

Die wichtigste Ursache für die meist beobachtete Brennfarbe keramischer Produkte ist die Anwesenheit von *Eisen* in verschiedenen Oxidationsstufen. Bei Raumtemperatur ist das Oxid Fe_2O_3, der Hämatit, stabil. Seine Farbe ist braun bis rot. Mit steigender Temperatur besteht die Tendenz zum Übergang zu niederwertigen Oxiden des Eisens. Der sich dabei über Fe_2O_3 einstellende Sauerstoffpartialdruck ist in Abb. 2.190 zu sehen. Aus diesem Diagramm ist zu erkennen, dass bei 1455 °C ein O_2-Partialdruck von 1 bar erreicht wird. Bei 1400 °C beträgt der Sauerstoffpartialdruck 0,3 bar. Bei dieser Sauerstoffabgabe geht das Fe_2O_3, zunächst in den Magnetit, Fe_3O_4, über (Spinellstruktur). Bei noch geringeren Sauerstoffpartialdrücken oder bei höheren Temperaturen findet ein Übergang in das zweiwertige Eisen FeO (Wüstit) statt. Bei 1400 °C geschieht dies bei einem Sauerstoffpartialdruck von 10^{-6} bar (0,1 Pa). Wird bei dieser Temperatur der Sauerstoffdruck unter 10^{-10} bar (10 µPa) erniedrigt, so bildet sich metallisches Eisen. Fe_3O_4 und FeO sind schwarz gefärbt. Neben diesen Oxiden kennt man weitere Eisenverbindungen; die zweiwertigen sind weiß bis grün bis blau, je nach der Art der Verbindung; die dreiwertigen können farblos sein, meist haben sie aber eine braune Farbe. In keramischen Produkten liegt das Eisen nur teilweise in Form der reinen Oxide vor, teilweise ist es in einigen Verbindungen gebunden oder in der Glasphase als schwach grünlich färbendes Fe^{2+} gelöst. Die Stabilitätsbereiche der verschiedenen Wertigkeitsstufen werden damit geändert. Trotzdem kann man allgemein sagen, dass mit steigender Temperatur an Luft immer die Tendenz des Überganges von der drei- zur zweiwertigen Stufe besteht.

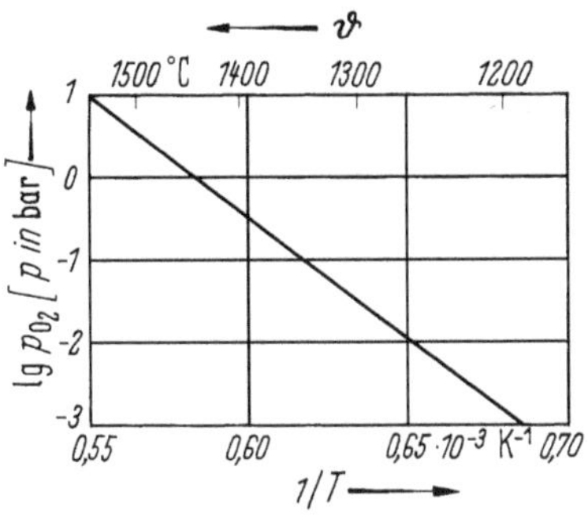

Abb. 2.190: O_2-Partialdrücke über Fe_2O_3.

In *oxidierender* Atmosphäre brennen die Kaoline und Tone je nach Eisengehalt meist in gelber bis roter Farbe. Mit steigender Temperatur findet häufig ein Übergang in gelblich bis gelbbraun statt, bei noch höherer Temperatur tritt eine sehr starke Vertiefung der Farbe auf infolge des teilweisen Übergangs in die zweiwertige Stufe, der nach Abb. 2.190 dann auch in oxidierender Atmosphäre eintritt.

In *reduzierender* Atmosphäre wird häufig eine graue Farbe beobachtet, die bei starker Reduktion in einen violetten oder blauen Farbton umschlagen kann.

Wichtig sind diese intensiven Farben bei der Herstellung von Ziegeln und Klinkern. Klinker, die bei höherer Temperatur gebrannt werden und damit einen wesentlichen Anteil an Schmelzphase besitzen, zeigen meist durch das in dieser Schmelzphase gelöste Eisenoxid einen intensiveren Farbton. Diese Eisengehalte können sich positiv auswirken, denn sie wirken in reduzierender Atmosphäre als Flussmittel und erlauben daher niedrigere Brenntemperaturen [79].

Bei einigen Ziegeltonen beobachtet man beim Brand statt einer Rot- eine Gelbfärbung, obwohl der Eisengehalt so hoch ist, dass normalerweise eine rote Färbung entstehen müsste. Schon frühzeitig erkannte man, dass für diese Gelbfärbung ein bestimmter Gehalt an CaO und teilweise auch an MgO erforderlich ist, der umso höher sein muss, je höher der Gehalt an Fe_2O_3 ist. Für die gelbe Farbe werden meist Calciummagnesiumsilicate verantwortlich gemacht, die Eisen in ihr Gitter eingebaut haben.

Zur Vermeidung schwarzer Kerne im Ziegelbrand haben Röhrs und Uebel den Einfluss der Ofenatmosphäre genauer untersucht. Ausgehend von einer klassischen

Brennkurve (Abb. 2.191) stellen sie fest, dass beim Aufheizen die Verbrennung organischer Bestandteile der Masse zu einem erhöhten CO-Anteil führt und damit über das Boudouard-Gleichgewicht die Rußabscheidung bzw. Magnetit-Bildung fördert, während die CO_2-Entbindung bei der Carbonatentsäuerung bei höheren Temperaturen keinen Einfluss hat. Abbildung 2.192 belegt darüber hinaus auch die Freisetzung von Wasserdampf aus den Tonmineralien sowie die SO_2-Freisetzung aus Gips, der in der untersuchten Masse in größeren Mengen auftritt. Sie empfehlen daher, den Sauerstoffgehalt im Ofenraum während der Aufheizphase bis zum Ende der Entsäuerungsphase bei 16 Gew.-% konstant zu halten (Abb. 2.193).

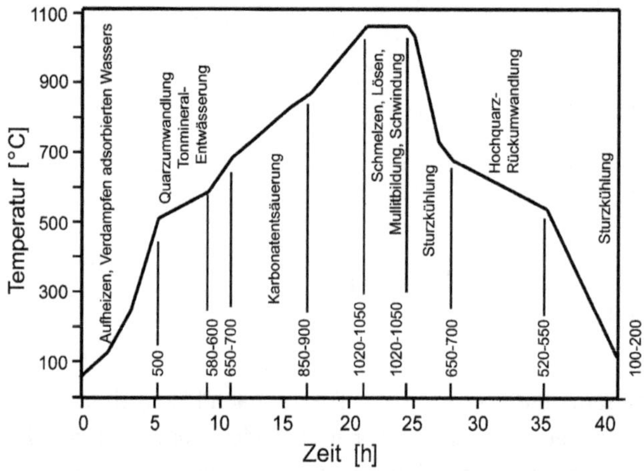

Abb. 2.191: Klassische Brennkurve einer Ziegelmasse mit Wasserverdampfung, Quarzumwandlung, Abspaltung des in Tonmineralien gebundenen Wassers, Carbonatentsäuerung, Bildung der Schmelzphase, Mullit-Kristallisation und Kühlung. Nach M. Röhrs, Weimar, und J. Uebel, Meißen.

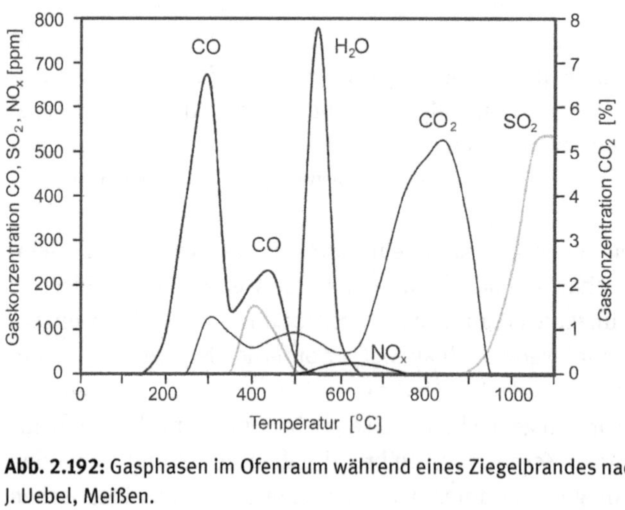

Abb. 2.192: Gasphasen im Ofenraum während eines Ziegelbrandes nach M. Röhrs, Weimar, und J. Uebel, Meißen.

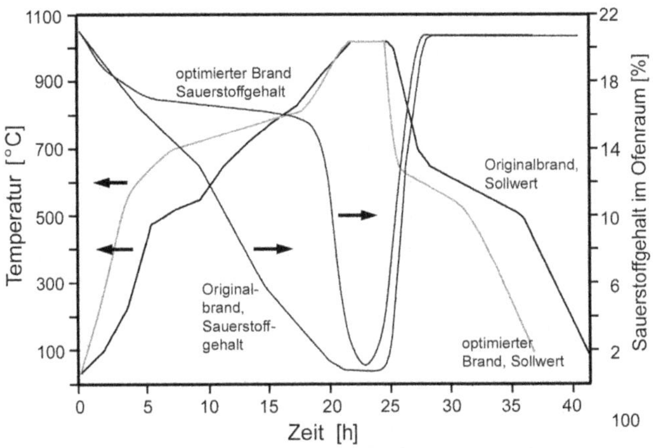

Abb. 2.193: Originale und optimierte Luftführung im Ofenraum sowie Brennkurve beim Ziegelbrand; nach M. Röhrs, Weimar, und J. Uebel, Meißen.

Bekanntermaßen erzeugt bei normalen Fenstergläsern das dreiwertige Eisen nur eine schwache Gelbfärbung, dagegen die reduzierte Stufe des zweiwertigen Eisens eine grüne bis blaue Farbe. Im Allgemeinen führt man deshalb die Glasschmelze in oxidierender Atmosphäre durch. Bei Porzellanen beobachtet man jedoch, dass bei gleichem Eisengehalt in oxidierender Atmosphäre eine intensive Gelbfärbung auftritt, während beim Brennen in reduzierender Atmosphäre nur ein grünlich-blauer Farbton in Erscheinung tritt, der sich aber nicht stark bemerkbar macht. Man bezeichnet beim Porzellanbrand diese gelbliche Farbe, die durch Oxidation bei höheren Temperaturen entstanden ist, als *Luftgelb* oder *Muffelgelb*. Daneben kennt man noch ein *Rauchgelb*, das bei zu starker Reduktion bei porösen Scherben entsteht und durch kolloidalen Kohlenstoff verursacht wird. Nach Rieke und Faust [586] führen 0,8 Gew.-% Fe_2O_3 im Scherben bei normalem Porzellanbrand mit einer Reduktionsperiode zu einer grauen Färbung. Ist der Fe_2O_3-Gehalt > 1 Gew.-%, tritt eine gelbe Farbe auf. Weißfärbung kann man beim Porzellanbrand nur bei Fe_2O_3-Gehalten <0,6 Gew.-% erhalten. Bei oxidierendem Brand erscheint eine deutlich gelbe Farbe schon ab 0,35 Gew.-%. Die Glasuren, die der Atmosphäre viel stärker ausgesetzt sind, müssen noch kleinere Fe_2O_3-Gehalte (<0,25 Gew.-%) haben, um im normalen Porzellanbrand weiß zu bleiben. Die Ursache der Gelbfärbung liegt nach Dietzel [587] in der geringen Löslichkeit des Fe^{3+} in den Schmelzphasen des Porzellans oder der Glasuren, weshalb es kolloidal als Fe_2O_3 ausgeschieden wird, was eine intensive Färbung bewirkt. Durch die Gegenwart von Titandioxid, das meist ebenfalls in den Rohstoffen enthalten ist, findet eine Vertiefung der Farbwirkung des Eisenoxids statt. Dafür wird die Bildung der Eisentitanate $Fe_2O_3{\cdot}TiO_2$ und $FeO{\cdot}2TiO_2$ verantwortlich gemacht.

Es ist auch möglich, eine Brennfarbe zu erzeugen, die einen bestimmten Farbton hat. Bei hohen Brenntemperaturen ist allerdings die mögliche Farbskala gering. Blau kann man die Massen durch einen Zusatz von Cobaltoxid färben. Mit geringen

Mengen von Cobaltoxid lässt sich übrigens auch ein leichter Gelbton einer anderen Masse kompensieren. Cobaltoxid kann gemeinsam mit Manganoxid zu einer künstlichen Schwarzfärbung der Masse führen. Grüne Farben erreicht man durch Zugabe von Chromoxid. Chromoxid färbt aber nicht immer grün. In Al_2O_3 z. B. eingebaut ergeben die ersten Beigaben des dreiwertigen Chroms die rote Rubinfärbung, während erst bei höheren Chromgehalten die Farbe ins Grün umschlägt. Hier ist für den Farbwechsel des dreiwertigen Chromions die Art der Koordination im Kristallgitter verantwortlich.

2.5.2.4 Brennfehler

Die Folgen falscher Temperatur-, Zeit- und Atmosphärenführung im Brand für Form, Farbe, Gefüge und Integrität des Erzeugnisses wurden im Kapitel 4, Band 1, bezüglich genereller Phänomene und Hochleistungskeramik sowie hier in Kapitel 2.5.2 für Silicatkeramik bereits angesprochen. Weitere Probleme werden in Zusammenhang mit dem Schnellbrand in Kapitel 2.5.2.4 behandelt, da dort abweichend von der bisherigen verfahrenstechnischen Erfahrung des Keramikers Aufheizraten und Temperaturgradienten auftreten, die eine grundlegend neue Betrachtung der Massen und der Sinterkinetik erforderlich machen. Hier sollen nun einige grundsätzliche Fehlerquellen beim Brand angesprochen werden, wobei ebenfalls zwischen Silicatkeramik und Hochleistungskeramik unterschieden werden soll. Dabei muss beachtet werden, dass die genannten Effekte durch Fehler überlagert werden, die bereits in den Rohstoffen, der Aufbereitung und Formgebung begründet sind und Restspannungen im Scherben zur Folge haben.

Verformung

Mit dem Sinterprozess pulverförmiger Rohstoffe ist stets eine Dimensionsänderung, in der Regel eine *Schwindung*, als Folge von Poreneliminierung, Teilchenumorientierung und Phasenreaktionen verbunden, die im Idealfall zu keiner *Gestaltsänderung* (Formänderung) führen sollte. Dies bedeutet, dass sich zwar die Absolutmaße eines Bauteils verändern (verkleinern), aber die Proportionen erhalten bleiben, damit die Formgebung vor dem Brand schon möglichst nahe an die Endkontur heranreicht. Der Betrag der Schwindung oder ggf. der Expansion muss also zuvor quantitativ bekannt sein und als Aufmaß bei der Formgebung berücksichtigt werden. Die Ermittlung des Aufmaßes erfolgt typischerweise an einfachen Probekörpern mithilfe der Dilatometrie, im Praxisfall komplexer Geometrien an Prototypen, die nach dem Brand exakt vermessen werden. Dies ist insbesondere deshalb erforderlich, da zur porenbedingten Schwindung noch ein geometriebedingter *Verzug* des Bauteils hinzukommt.

Theoretisch schwinden alle Pulverformkörper zentrosymmetrisch zum Massenzentrum hin. Für jeden Massenpunkt des Grünkörpers existiert also ein Schwindungsvektor, der Richtung und Betrag der Ortsveränderung des Punktes im Brand kennzeichnet. Für einen kugelförmigen Grünkörper zeigen also alle Vektoren zum Kugelmittelpunkt, der Sinterkörper ist wieder eine (kleinere) Kugel. Schwieriger wird es bereits, wenn eine Kontur Ecken und Kanten aufweist. Hier kommt es zu lokal sehr stark konvergenten Schwindungsvektoren, was örtlich hohe Masseflüsse und damit hohe Schwindungsgeschwindigkeiten zur Folge haben sollte, wenn im Endzustand überall eine gleichmäßige Dichte eingestellt sein soll. Dies ist aber nicht der Fall, da die Sintermechanismen Teilchenumorientierung, Diffusion, Korngrenzengleiten usw. (siehe Kapitel 4 in Band 1) sehr langsam ablaufen und die Triebkräfte relativ klein sind. Damit kommt es an kritischen Stellen zur *Schwindungsbehinderung*, die sich einerseits in der typischen Deformation von Zylindern zu „Elefantenfüßen" äußert, andererseits im Gefüge zu einer erhöhten Porosität im Bereich von Ecken und Kanten. Besonders komplex wird diese Verformung, wenn unregelmäßige (d. h. nicht rotations- oder zentrosymmetrische) Massenanhäufungen oder bewegungsbehindernde Verdickungen, Wandstärkenunterschiede, Stege, Zapfen, Hinterschneidungen, Doppelwände usw. vorhanden sind. In der Praxis, z. B. in der Sanitärindustrie, muss man daher umfangreiche Brenn- und Formgebungsversuche durchführen, um sich schrittweise durch Aufmaßveränderung am Grünteil der gewünschten Endkontur zu nähern. Abbildung 2.194 zeigt einige Fälle.

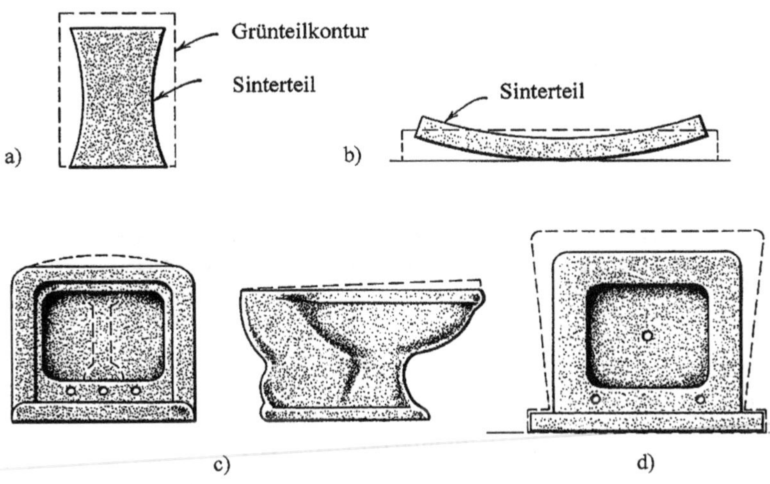

Abb. 2.194: Verformung von Waren im Brand; die gestrichelten Umrisse zeigen die Ausgangsgestalt des Grünkörpers: (a) Schwindungsbehinderung an Ecken und Kanten; inhomogene Gründichte; (b) Verbiegung durch Temperaturgradient; (c) schwerkraftbedingte Verformung; (d) Schwindungsbehinderung durch Reibung in der Auflagefläche. Nach Kingery [589]. © John Wiley & Sons, Abdruck mit freundl. Genehmigung.

Bei schweren und großformatigen Bauteilen kommen weitere Effekte hinzu. So unterstützt die Schwerkraft alle Abwärtsbewegungen während der Schwindung, was insbesondere bei glasphasenhaltigen Erzeugnissen zur Kriech- oder Fließverformung führen kann. Besonders betroffen ist z. B. Geschirr, vor allem Teller, deren Ränder („Fahnen“) und Böden während der Erweichungsphase des Glases nach unten klappen bzw. durchhängen [588]. Gegenmaßnahmen liegen einerseits in der entgegengesetzten Vordeformation der Grünteile, andererseits in der Viskositäts- und Volumenkontrolle der Glasphasen über den Gehalt an Alkalien und die Auflösung des Quarzes. Eine weitere Rolle spielt die Korngröße des Quarzes [572] bzw. ebenso wenig reaktiver und daher versteifender Bestandteile wie z. B. Korund. Auch die Nadelform des Mullits wirkt formstabilisierend. In Abb. 2.195 ist das Verhalten eines Tellers im Schnellbrand dargestellt. Zu beachten ist dabei auch die Position des Tellers im Stapel und relativ zur Wärmeeinleitung im Ofen. Geringe lokale Temperaturgradienten führen schon zu deutlich voreilender oder nachhinkender Sinterung, Erweichung und Deformation.

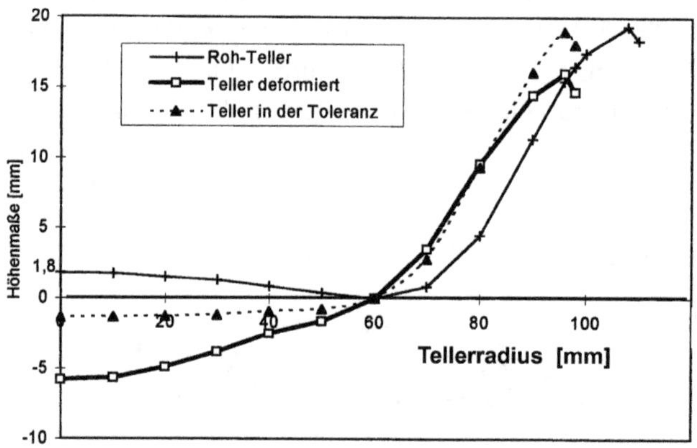

Abb. 2.195: Schnitt durch Tellerhälfte; gemessene Verformung im Schnellbrand. Beim Grünteil wird der Tellerboden nach oben gewölbt geformt. Durch die voreilende Glasphasenerweichung kommt es zum Durchhängen. Ebenso sinkt der Tellerrand etwas ein. Quelle: D. Saldsieder, Inst. Gesteinshüttenkunde, RWTH Aachen.

Die Wärmeeinleitung ist auch von besonderer Bedeutung bei Flachwaren wie Fliesen, die auf Unterlagen oder ohne Unterstützung durch den Rollenofen fahren. Hitzeeinstrahlung von oben und Wärmeverluste nach unten führen manchmal zu starken Schwindungsgradienten und damit zu einer konkaven Verkrümmung (z. B. zur Flügeligkeit, Abb. 2.194) oder zu schwarzen Kernen (siehe Kapitel 2.5.2.2). Hochgebrannte Steinzeugfliesen kann man durch kurze Überschreitung der Erweichungstemperatur wieder flachlegen.

Weitere Maßnahmen gegen schwerkraftbedingte Verformung beruhen in der Konstruktion von Abstützungen, die nach dem Brand entfernt werden. Filigrane Zierkeramikfiguren können so verzugsfrei hergestellt werden. Die Schnitt- bzw. Bruchstellen der Stützen müssen ggf. noch nachgeschliffen, glasiert und erneut gebrannt werden, dann allerdings bei geringeren Temperaturen (Abb. 2.196). Eine weitere Möglichkeit zur Vermeidung von Formverzug ist der Einsatz unterstützender *Brennkapseln* und *Kassetten*, an deren Böden und Wänden sich die verformenden Teile anlehnen können. Brennkapseln, die darüber hinaus noch eine Temperaturvergleichmäßigung und eine kontrollierte Atmosphäre bewirken, werden beim Geschirrbrand angewandt, Kassetten dagegen beim Dachziegelbrand, wo sie die Wölbungen und Falze abstützen (Abb. 2.197). Bei Geschirr hilft oftmals eine gekoppelte Lagerung zweier Teile oder die gestürzte Lagerung des Teils (Abb. 2.196).

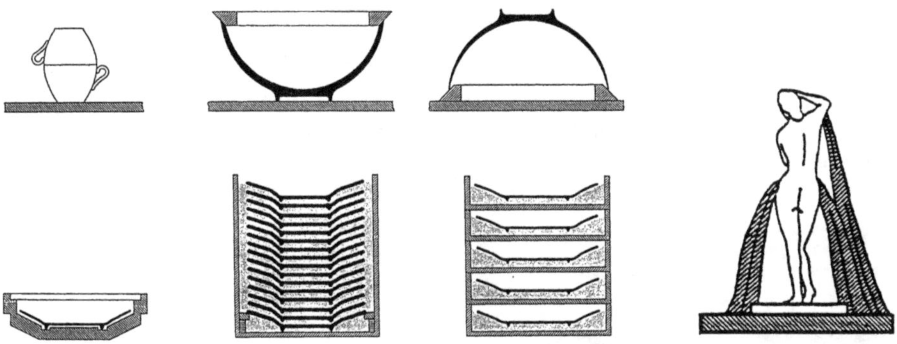

Abb. 2.196: Lagerung und Abstützung von Erzeugnissen für den Brand nach Kingery [589]. © John Wiley & Sons, Abdruck mit freundl. Genehmigung.

Eine Schwindung großer Bauteile bedeutet auch eine Verschiebung der Erzeugnisse auf den Brennunterlagen. Mit der Relativbewegung sind nicht unerhebliche Reibungskräfte verbunden, die an der Grenzfläche Brennhilfsmittel-Grünkörper auftreten und durch die Sinterspannungen überwunden werden müssen. Auch hier kommt es zu Verformungen aufgrund der Schwindungsbehinderung. Gegenmaßnahmen sind entweder eine reibungsarme Lagerung auf kleinen keramischen Rollen oder Kugeln (meist Al_2O_3), die allerdings bleibende Abdrücke in der Lagerungsfläche verursachen können, das Sintern im Pulverbett, meist bei Hochleistungskeramiken angewandt, oder eine entsprechende Aufhängung im Ofen, wobei wiederum das Eigengewicht der Schwindung entgegenwirkt. Hängend werden in der Regel lange rotationssymmetrische Teile wie Rollen für Rollenöfen (bis 5,6 m Länge), Stellagen für Brennhilfsmittel und Isolatoren gebrannt (Abb. 2.198).

Abb. 2.197: Dachziegelbrand in H-Kassetten. Hinten links: Ofenwagen mit Flächenziegeln beladen. Hinten rechts: Umsetzmaschine zur Abnahme einer ganzen Kassettenebene. Vorne: Ungebrannte Firstziegel mit mittiger Unterstützung. Bild: R. Telle, Aachen.

Abb. 2.198: Hängender Brand von Isolatoren. Quelle: J. Liebermann, Siemens AG [570].

Risse

Werden die Verformungen während der Schwindung zu groß oder behindert die Reibung die freie Bauteilbewegung vollständig, so kommt es zur Bildung von Rissen. Risse haben aber auch vielfältige andere Ursachen, die auf die verwendeten Rohstoffe selbst, deren fehlerhafte Aufbereitung, Inhomogenitäten oder Schädigungen bei der Formgebung, fehlerhafte Trocknung usw. zurückzuführen sind. Eine weitere Entstehungsursache von Rissen sind Temperaturgradienten während des Aufheizens oder Abkühlens im Brand sowie Phasenumwandlungen wie z. B. der Quarzsprung bei Silicatkeramik oder die Umwandlung tetragonalen ZrO_2 zu monoklinem bei technischer Keramik. Temperaturgradienten entstehen bei ungleichmäßiger Durchwärmung des Brenngutes z. B. über Strahlung oder Konvektion von außen, wenn die Aufheizrate hoch, die Wärmeleitfähigkeit des Scherbens gering und die Wandstärke zu groß ist (Abb. 2.199). Es kommt dann zu typischen Tangentialrissen an der Oberfläche bzw. zu Radialrissen bei der zugbeanspruchten feuerabgewandten Seite des Gutes. Beim zu schnellen Abkühlen sind bevorzugt Radialrisse auf der schnell Wärme abstrahlenden Oberfläche zu finden, wenn der massive Kern des Erzeugnisses noch zu lange Wärme speichert. Es gelten hierbei die Regeln, die aus der Bruchmechanik für die Temperaturwechselbeständigkeit keramischer Werkstoffe abzuleiten sind (siehe Band 2), sodass maximale Aufheiz- und Abkühlraten berechnet werden können. Insbesondere beim Schnellbrand (Kapitel 2.5.2.4) werden kritische Temperaturgradienten erreicht. Im Falle von Phasenumwandlungen sind entsprechende Haltezeiten einzubeziehen.

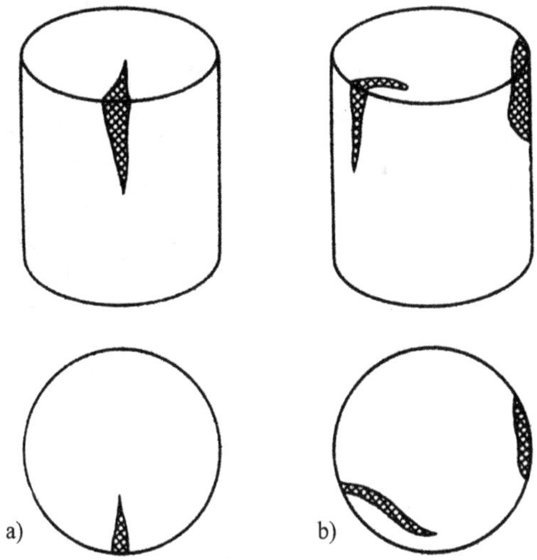

Abb. 2.199: Rissbildung beim Brand. (a) Folgen fehlerhaften Aufheizens bzw. (b) Abkühlens [590].

Rissursachen lassen sich in vielen Fällen mithilfe der Rasterelektronenmikroskopie ausfindig machen. So sind Risse, die bei hohen Temperaturen geöffnet waren, bedingt durch die Oberflächen- und Grenzflächendiffusion meist durch gerundete Körner und eingefurchten Korngrenzen zu erkennen (Abb. 2.200 obere Reihe). Bei glashaltigen Gefügen sind die Oberflächen von der Flüssigphase überzogen. Demgegenüber sind Risse, die während des Abkühlens oder nach dem Brand entstanden sind, durch scharfkantige transkristalline oder interkristalline Bruchmoden zu unterscheiden. Abbildung 2.200 (untere Reihe) zeigt das Beispiel eines Raumtemperaturbruchs sowie eines

Hochtemperaturbruchs eines Porzellantellers durch Kleben im Stapelbrand sowie eines Scherbruches, der in einem spritzgegossenen Bauteil vor dem Sintern vorlag. Bei glasierten Erzeugnissen ergeben sich weitere wertvolle Hinweise, dadurch dass die Glasur eventuell in den Riss hineingelaufen ist.

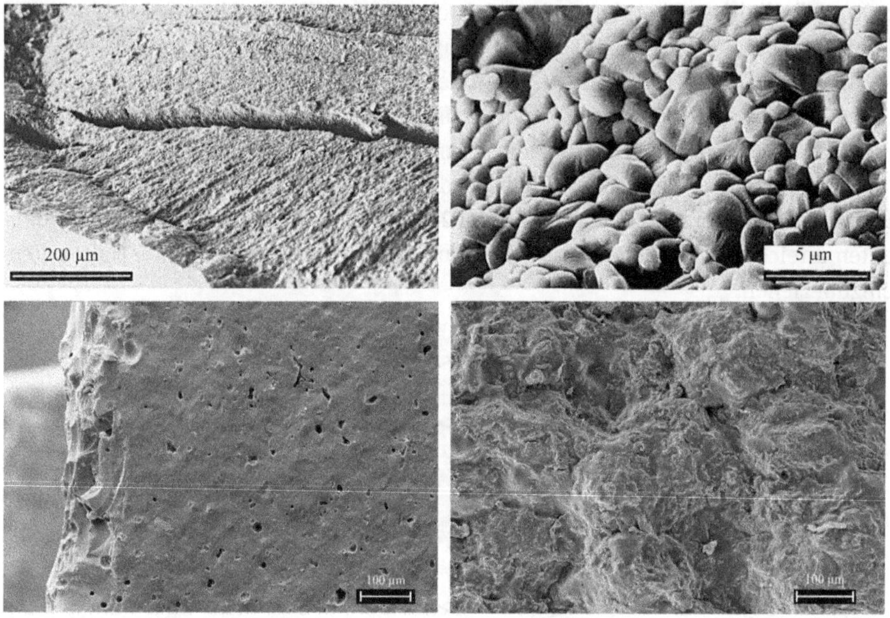

Abb. 2.200: Rissbildung in Sinterteilen: Oben: Gesintertes Spritzgussteil mit Scherriss während der Formgebung, rechts Detailaufnahme. Unten: Raum- (links) und Hochtemperaturbruch (rechts) von Porzellan. Bilder: R. Telle, Aachen.

Gefügeschädigungen

Zu hohe Brenntemperaturen oder zulange Brennzeiten bei Maximaltemperatur können zum Effekt des *Überbrennens* führen. Darunter versteht man bei Silicatkeramiken eine temperaturbedingte unerwünschte Erhöhung des Glasphasenanteils durch weiteres Aufschmelzen von Quarz sowie die Neubildung von Poren und Pocken. Letztere entstehen einmal durch die Koagulation von Poren in der Glasur, durch fortgesetzte Entgasung poröser Bereiche des Scherbens am Kontakt mit der Glasur, ferner durch eine Erhöhung des CO/CO_2-Dampfdruckes aus dem Boudouard-Gleichgewicht (siehe Kapitel 2.5.2.2). Auch bei Hochleistungskeramiken ist gelegentlich eine Porenvergröberung durch Übersinterung zu beobachten, auch wenn das Gefüge zuvor eine sehr hohe Dichte erreicht hatte. Der Effekt der Porenneubildung ist einerseits mit der diffusionsgesteuerten Koagulation von Leerstellen in den Körnern zu erklären, andererseits mit der Oxidation von feinsten Kohlenstoffeinschlüssen in den Körnern (z. B. in Al_2O_3 aus zuvor nicht oxidierten Resten organischer Additive). Ferner kann der Zersetzungspunkt keramischer Phasen erreicht werden, wie z. B. bei Calciumphosphat-Keramik (Apatit), die oberhalb von etwa 1200 °C beginnt, H_2O und P_2O_5 freizusetzen, oder bei SiC oder Si_3N_4, die unter Normaldruck bei Temperaturen oberhalb 2200 °C bzw. 1800 °C einen hohen Silicium-Dampfdruck aufweisen. Porenwachstum tritt über Ostwaldreifung oder über den Zusammenschluss von Poren während der Korngrenzenwanderung ein (siehe Kapitel 4.2.2 in Band 1). Ein weiteres Charakteristikum des Übersinterns ist das Riesenkornwachstum, bedingt durch die verbesserte Diffusion bei sehr hohen Temperaturen oder in Anwesenheit von Schmelzphasen.

Simulationsmöglichkeiten von Verformung und Rissbildung

Das Interesse, die Anpassung des Formgebungsverfahrens sowie des Formenbaus an neue Erzeugnisse zu beschleunigen, Kosten zu sparen und den Ausschuss zu minimieren, hat zur Entwicklung rechnerunterstützter Simulationsverfahren zur Vorhersage von Verformung und Schädigung keramischer Bauteile im Brand geführt. Endziel ist das sog. *Near-net-shape-Processing*, also die *endkonturnahe Fertigung* mit einem Minimum an Endbearbeitung durch Schleifen. Die seit den 80er Jahren für Hochleistungskeramiken eingeführten Methoden finden nunmehr auch immer stärker für Silicatkeramiken Anwendung.

Die einfachsten Simulationsverfahren basieren auf der *Methode der Finiten Elemente* (FEM), wobei man einen Schnitt durch ein Bauteil zweidimensional mit einem geometrischen Netz beschreibt, dessen Knoten bestimmten Bewegungs- und Kopplungsgesetzen gehorchen, um die Gestaltsänderung nachvollziehen zu können. Man benötigt also die tatsächliche Anfangs- und Endkontur und modelliert den Übergang mithilfe elementarer Materialeigenschaften wie der Viskosität bzw. mechanischer Eigenschaften. Hierfür müssen Fließ- oder Verformungskurven für die betreffenden Werkstoffe als Funktion der Temperatur, Zeit und Druckes aufgenommen werden. Ergebnis ist die mathematische Beschreibung des Verhaltens der Knotenpunkte des Netzes in Abhängigkeit der Umgebungsparameter. Aus der gewünschten Endkontur lassen sich dann die verformungskompensierenden Aufmaße zurückrechnen. Ergebnis der Rechnungen können bei Verformungsbehinderung auch Spannungen sein, deren Vergleich mit den mechanischen Eigenschaften Anhaltspunkte für das Risiko der Rissbildung oder Hinweise für eine Geometrieoptimierung oder Vermeidung von Temperaturgradienten liefern. Ein Beispiel ist die Berechnung von Spannungen in Tellern beim Stapelbrand, die Ermittlung des Durchhängens der Fahnen und Böden sowie die Optimierung der Aufheizgeschwindigkeiten [591]. Je nach Position im Stapel wurden dabei Temperaturdifferenzen zwischen Fahne und Boden von 350 K bei einer Aufheizrate von 4 K/min bzw. von 200 K bei 2 K/min bestimmt. Als Folgerung wird der Einlagenschnellbrand empfohlen, bei welchem die Temperaturdifferenzen um 30 K liegen. Solche Berechnungen lassen sich auch bei ausreichender Rechnerleistung auch dreidimensional durchführen, falls komplexere Symmetrien zu simulieren sind.

Die Kopplungsgleichungen zwischen den Knoten eines FE-Netzes können aber auch komplexere Zusammenhänge beinhalten. Für das Sintern von Metallpulvern und Hochleistungskeramiken wurden Algorithmen entwickelt, die Zusammenhänge aus der Sintertheorie beschreiben, so z. B. die Exponentialgleichungen für die Zeitabhängigkeit des Halswachstums und der Schwindung (siehe Kapitel 4.2.1 ff. in Band 1). Zur quantitativen Beschreibung der Effekte benötigt man dann aber den Beitrag der Teilchenumorientierung, die Diffusionskoeffizienten, Kriechparameter usw., die noch für verhältnismäßig wenige Stoffe verfügbar sind. Dennoch haben sich solche Verfahren für einfache Werkstoffzusammensetzungen außerordentlich gut bewährt und erlauben die Vorhersage der Sinterschwindung in engen Toleranzen. Besondere Anwendungsgebiete sind das Trockenpressen bzw. Heißpressen von Formteilen mit komplexen Stempelsystemen sowie das endkonturnahe heißisostatische Pressen in Kapseln. Im ersteren Fall gilt es, die inhomogene Dichteverteilung auszugleichen (siehe Kapitel 2.3.2.3), im letzteren Fall muss die Schwindungsbehinderung durch Kanteneffekte bzw. durch Kapselmaterial kompensiert werden.

2.5.2.5 Schnellbrand

Die herkömmliche Herstellung keramischer Erzeugnisse enthält mehrere langwierige, zeitabhängige Verfahrensschritte, vor allem das Trocknen und das Brennen. Seit etwa 1970 versucht man aus Gründen der Wirtschaftlichkeit (Reduktion des Umlaufkapitals, Personaleinsparung, geringere Lagerhaltung, schnellere Reaktion auf Kundenwünsche) und aus Gründen der Energieersparnis sowie der Emissionsverringerung die Brennzeiten zu reduzieren. Da die bisher überwiegend empirisch entwickelten langen Brennprogramme aufgrund einer optimalen Gefüge- und Eigenschaftsentfaltung auf der Basis herkömmlich aufbereiteter Rohstoffe erforderlich waren und insbesondere der langsamen Reaktionskinetik vom Grünkörper zum Scherben entsprachen, ist die einfache Beschleunigung der Prozesse ohne begleitende technologische Maßnahmen oder Veränderungen am Produkt nicht möglich. Neben der schrittweisen Einführung einer veränderten Art und Aufbereitung der Rohstoffe und angepasster Formgebungs- und Trocknungsverfahren wurde auch ein tiefer gehendes Verständnis der stofflichen Vorgänge beim Brand erforderlich. Der Innovationsschub, der sich seither in nahezu allen Branchen ergeben hat und sich auch im Bereich der Glasierung und Dekorierung auswirkt, wird als *Schnellbrand* bezeichnet. Harkort [592] versteht hierunter das Optimum der Wechselbeziehungen aller entsprechenden Einflussgrößen, was aber in der Praxis selten erreichbar ist. Als Optimum gilt eine Verkürzung der Brennzeit, die noch zu keiner Verminderung der Produktqualität führt. Es gibt über den Schnellbrand viele Veröffentlichungen, z. B. von Baudran und Ducarre [593], Lehnhäuser [594], Harms [595], Bull [596], Rasch [597] mit mehr allgemeinem Inhalt oder von Gatzke [598], Hoppe [599], Schulle und Hintzen [600], Holmström [601], Mörtel [602], Gorn [603], Bode und Halex [604], Bittner u. M. [605], Constantinescu [606] oder Sladek [607], die vorwiegend nur einen Werkstoff oder ein Erzeugnis betrachten, z. B. Wandplatten, Porzellan oder Kanalisationssteinzeug o. ä., für das der Schnellbrandprozess jeweils völlig neu – auch in Abhängigkeit von den jeweiligen Rohstoffen – entwickelt werden muss. Den verfahrenstechnischen Aspekten widmen sich z. B. Artikel von Kartal und Hennicke [608], Bittner u. M. [609–611], die die Ofentechnologie und Sinteradditive betrachten.

Die Grundlagen zur Beurteilung der Möglichkeiten des Schnellbrandes sind in den vorangegangenen Abschnitten gegeben. Es handelt sich dabei um alle diejenigen Vorgänge, die beim Brennprozess einen gewissen Zeitbedarf benötigen, dessen Nichteinhaltung zu Erzeugnissen mit Fehlern oder unzureichenden Eigenschaften führt. Hoppe [599] und Bittner u. M. [605] haben die Parameter zusammengefasst, von denen die geschwindigkeitsbestimmenden Schritte der Sinterreaktionen abhängen:

- chemische Zusammensetzung,
- mineralogische Zusammensetzung,
- Korngrößenverteilung der Einzelkomponenten sowie der Gesamtmasse,
- Gründichte,
- Brenntemperatur,
- Brennatmosphäre.

Um diese Zusammenhänge zu verstehen, bedarf es in der Regel zahlreicher Laborversuche wie DTA-, TG-, Dilatometer- und Röntgenbeugungsuntersuchungen. Kommen Glasuren hinzu, sind Erhitzungsmikroskopversuche erforderlich. Auf Versuche im Technikumsmaßstab kann nicht verzichtet werden, da Geometrie, Wärmekapazität und Atmosphärenführung der Produktionsöfen über die Zeiten zur Vorwärmung, Entgasung, Verdichtung und Kühlung entscheiden.

Verfolgt man das Verhalten eines zunächst rohen Werkstücks beim Brand, dann ist zuerst die Restfeuchte zu entfernen. Wichtig hierfür ist die Trocknungsgeschwindigkeit im Endstadium der Trocknung, die umso größer ist, je magerer die Masse eingestellt ist. Die mitgebrachte Restfeuchte sollte höchstens 1 Gew.-% betragen. Um die Trocknungsgeschwindigkeit der Schnellbrandgeschwindigkeit anzupassen und doch schonend, d. h. rissfrei zu trocknen, wurden neue Trocknungsaggregate entwickelt. So haben sich z. B. gasbeheizte Druchlauftrockner bewährt; auch das Vortrocknen mit Mikrowellen wurde diesbezüglich untersucht, um die Wärme möglichst schnell in den Formkörper zu bringen.

Die anschließende Aufheizgeschwindigkeit ist begrenzt durch die Temperaturleitfähigkeit des Scherbens, denn das sich einstellende Temperaturgefälle und die sich dadurch ausbildenden thermischen Spannungen (Kapitel 2.6.2.3) dürfen die Eigenfestigkeit nicht überschreiten. Dünnere Scherben und Scherben mit höherer Wärmeleitfähigkeit, d. h. dichter geformte Werkstücke, verhalten sich hier günstiger. Die Form selbst und die Art der Formgebung haben daher einen großen Einfluss. Die Aufheizgeschwindigkeit ist unter bestimmten Annahmen zu berechnen. Nach Schulle und Hintzen [600] ergibt sich für eine poröse Wandplatte ein maximaler Wert von 50 K/min, was ähnlich auch für dichte Ware gilt.

Diese Werte gelten nur, wenn nicht andere, langsamere Vorgänge bestimmend werden wie z. B. die gasabgebenden Reaktionen. Mit steigender Temperatur findet zuerst das Ausbrennen von organischen Nebenbestandteilen statt, dann die Entwässerung der Tonminerale und schließlich die thermische Zersetzung von Carbonaten und entsprechenden Komponenten. Geschwindigkeitsbestimmend ist dabei die Diffusion der beteiligten Gase, die umso schneller erfolgt, je größer die Porosität ist. Auf jeden Fall ist darauf zu achten, dass vor Abschluss dieser Reaktionen der Scherben noch keine geschlossene Porosität aufweist. Außerdem gilt, dass man für den Schnellbrand die Anteile der Komponenten, die Gase freisetzen können, möglichst gering halten soll, was unter Umständen die Wahl eines anderen Rohstoffs, Aufbereitungs- oder Formgebungsverfahren zur Folge haben kann.

Mit der Entwässerung des Kaolinits ist eine Schwindung verbunden, die durch die wenig darüber bei 573 °C erfolgende Quarzumwandlung überkompensiert wird. Dabei entstehen Spannungen, die zu Rissen führen können. Kröckel u. M. [612] haben für diesen, beim Porzellanbrand kritischen Temperaturbereich von 400 bis 700 °C eine kritische maximale Aufheizgeschwindigkeit von 44 K/min für einen Zylinder mit 20 cm Durchmesser gefunden. Auch bei anderen Massen sind die durch die Brennschwindung auftretenden Spannungen zu beachten.

Im folgenden Temperaturbereich bestimmen die Festkörperreaktionen die Geschwindigkeit. Ist man nur auf diese angewiesen, dann hängt die benötigte Zeit vor allem von der Größe der Reaktionsfläche ab, d. h., sie ist um so geringer, je kleiner die Korngröße der Massekomponenten war. Eine Feinstzerkleinerung der Rohstoffe ist hier hilfreich. Eine wesentliche Beschleunigung der Reaktionen ist aber dann zu erwarten, wenn sich Schmelzphase bildet, da im Allgemeinen die Diffusionsgeschwindigkeiten in Schmelzen wesentlich größer als in Festkörpern sind, wobei sie sich näherungsweise umgekehrt proportional zur Viskosität verhalten. Die Massen sollten also so eingestellt sein, dass sich viel Schmelzphase mit geringer Viskosität bildet. Ersteres kann man mit Massen erreichen, deren Pauschalzusammensetzung im entsprechenden Phasendiagramm in der Nähe einer kongruent schmelzenden Verbindung oder eines polynären Eutektikums liegt. Begrenzt wird diese Möglichkeit durch die Standfestigkeit und die notwendige genaue Einhaltung der Brenntemperatur.

Es wird zur frühzeitigen Bildung von Schmelzphase auch der Einsatz von vorgeschmolzenen Fritten oder von gemahlenem Glasbruch vorgeschlagen. Letzteres hat sich bei der Herstellung von Wandplatten seit etwa 1950 bewährt [598]. Im Allgemeinen werden aber vorwiegend erdalkalihaltige Rohstoffe eingesetzt wie Talk, Wollastonit, Diopsid oder Feldspäte mit hohen Anorthitanteilen, die im Vergleich zu den Kalifeldspäten eine geringere Viskosität ergeben.

Die bei der maximalen Brenntemperatur benötigte Haltezeit wird durch die Auflösung von kristallinen Massekomponenten bestimmt, besonders von Quarz, durch die Neubildung von kristallinen Phasen, vor allem von Sekundärmullit, und durch die Ausbildung eines für den späteren Zweck ausreichenden Gefüges. Beim Schnellbrand liegt noch viel Primärmullit vor, und es ist anzunehmen, dass die Glasphase noch inhomogener als üblich ist (Kapitel 2.5.2.2). In ihr sind Poren enthalten, die nach Mörtel [613] die Festigkeit beeinflussen können. Hahn und Schlegel [614] empfehlen, in die Masse einen sehr fein gemahlenen Quarz einzuführen, der sich in der kurzen zur Verfügung stehenden Zeit genügend auflösen kann, sodass nur noch kleine Quarzkörner übrig bleiben, die kaum noch Risse bilden [601, 602]. Mit Nephelinsyenit anstatt von Feldspat als Flussmittel kann beim Porzellanbrand ein homogeneres Gefüge und eine geringere Porosität erzielt werden [602].

Die Abkühlgeschwindigkeit kann in Gegenwart von Schmelzphase hoch sein, und eine Sturzkühlung ist möglich. Gefährliche Spannungen können erst beim Unterschreiten der Transformationstemperatur der Glasphase entstehen, also im Bereich um 700 °C. Besonders kritisch ist der Bereich der Hoch–Tief-Umwandlung des Quarzes bei 573 °C mit dessen starker Schwindung. Dem noch vorhandenen Quarzgehalt muss die Abkühlung angepasst werden.

Oft werden glasierte Werkstücke dem Schnellbrand unterzogen. Da die Glasuren erst im folgenden Abschnitt behandelt werden, soll hier nur der kurze Hinweis gegeben werden, dass die Glasuren die Entgasung nicht stören dürfen, d. h., sie müssen lange offen bleiben und bei der Maximaltemperatur schnell ausfließen und schließen. Dies erreicht man durch Zusätze zur Erniedrigung der Grenzflächenspannung zwischen Scherben und Glasur und durch Einführung hoher Anteile an Fritte.

Aus all diesen Bedingungen ergibt sich für den Brand ein optimaler Zeit–Temperatur-Verlauf, die *optimale Brennkurve*. Drei der Literatur entnommene Beispiele sind in Abb. 2.201 angeführt. Sie lassen erkennen, dass man erhebliche Zeit- und damit einen Energiegewinn bis zu 50 % erzielen kann. Es wird berichtet, dass man in Schnellbrandöfen pro Kilogramm gebrannter Ware beim Porzellan nur noch 15 MJ und bei Fliesen im Einmalbrandverfahren weniger als 2 MJ benötigt. Natürlich sind dazu die Öfen den neuen Bedingungen angepasst worden, indem nicht nur Temperatur und Atmosphäre fein regelbar sind, sondern auch eine homogene Temperaturverteilung über den Querschnitt herrscht. Daraus folgt, dass das Stapeln von Ware nur begrenzt möglich ist und dass daher oft nur in einer Ebene gebrannt wird. Es gibt viele technische Lösungen, z. B. Schubplatten-, Schlitten-, Band-, Hubbalken-, Rollen- oder Luftkissenöfen. Insbesondere der Rollenofen hat wesentlich zum industriellen Einsatz des Schnellbrandes beigetragen [605, 610, 615, 616].

Für bestimmte Formate und Setzweisen werden Brennhilfsmittel benötigt, an die erhebliche Anforderungen im Hinblick auf Wärmeleitfähigkeit und Temperaturwechselbeständigkeit gestellt werden müssen. Gute Erfahrungen liegen mit solchen auf SiC- oder Cordieritbasis vor; trotzdem stellen sie manchmal die Grenze des Schnellbrandes dar.

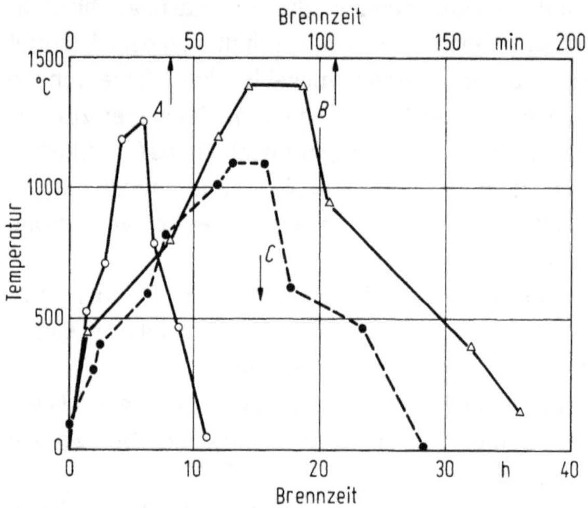

Abb. 2.201: Optimale Brennkurven für Porzellan (A und B) nach Mörtel [602] und Holmström [601] und für Lochziegel (C) nach Schmidt [557].

2.6 Glasuren und andere keramische Überzüge

Bearbeitet von H. Scholze†, Würzburg, und R. Telle, Aachen

Gebrannte keramische Produkte bestehen aus kristallinen Phasen, die meist in eine Glasphase eingebettet sind. Ihr hoher Anteil führt dazu, dass sich Kristalle auch in der Oberfläche der Sinterkörper befinden, wodurch eine bestimmte Rauheit der Oberfläche bedingt ist. Es sind deshalb verschiedene Methoden entwickelt worden, keramische Scherben mit einer glatten Oberfläche zu versehen und dadurch zu dichten oder zu verschönern. Die wichtigste Methode ist das Glasieren.

Im Rahmen dieses Buches können die verschiedenen Glasier-Verfahren nicht behandelt werden, ebenso ist es auch nicht möglich, Rezepte oder Angaben über bestimmte Glasuren oder Glasurfarben zu besprechen. Hierfür sei auf spezielle Bücher verwiesen, z. B. von Lehnhäuser [617], Parmelee [618], Shaw [619] oder Singer und Singer [620]. Umfangreichere Veröffentlichungen über Glasuren stammen von Inada [621] und Matejka [622]. Matthes hat ein praktisches Glasur-Rezeptbuch veröffentlicht, das nicht nur in die Theorie und Technologie der Glasuren einführt, sondern auch neben zahlreichen Seger-Formeln über 1000 Rezepturen angibt [623].

Rasch hat Glasuren und keramische Überzüge als Grenzflächen zum Scherben und zur Umgebungsluft sowie inneren Reaktionszonen und Ausscheidungen aufgefasst und kam so zu neuen Überlegungen bezüglich Benetzung, Haftung und Pigmentauflösung [624]. Da sich Glasuren bezüglich ihres physikalisch-chemischen Verhaltens prinzipiell nicht von anderen mineralischen Schmelzen unterscheiden, sei daher auch auf die entsprechenden Kapitel in Band 1 zur Benetzung (2.5.2: Oberflächenspannung; 2.5.3: Grenzflächenenergie; 4.4: Flüssigphasensintern) verwiesen.

2.6.1 Engoben

Die einfachsten keramischen Überzüge sind die Engoben oder Begüsse, die von dem wichtigsten Rohstoff der Masse ausgehen, der Tonmineralsubstanz. Zur Erzeugung einer einwandfreien Oberfläche ist nicht nur die Auswahl eines Tones mit der gewünschten Brennfarbe notwendig, sondern man muss durch Abschlämmen eine feinkörnige Fraktion gewinnen. Außerdem muss man darauf achten, dass die Schwindung derjenigen des Scherbens angepasst ist.

Engoben sind nach dem Brand noch porös und zeigen kaum Glanz, obwohl man meist frühsinternde Tone verwendet. Man kann diese Eigenschaften verbessern, wenn bei der Brenntemperatur ein höherer Anteil an Schmelzphase entsteht, also der Gehalt an Alkalien höher ist. Dies ist durch Anwendung illitischer Tone oder Zusatz von Flussmitteln zum Begussschlicker möglich. Auch durch den Einsatz extrem feiner Tone kann man zu Glanzengoben gelangen. Engoben mit weißer Brennfarbe dienen auch zur Abdeckung der Scherbenfarbe für eine danach aufgebrachte übliche Glasur. Solche weißbrennenden Begusstone müssen geringe Fe_2O_3-Gehalte aufweisen.

Eine besonders interessante Engobe ist die *Terra sigillata* der Römer, bei der ebenfalls ein feinster Schlicker aufgetragen wurde, wobei jedoch eine Parallellagerung der Kaolinitteilchen zur Oberfläche erreicht wurde. Diese Lagerung bleibt auch nach dem Brand erhalten und bewirkt den typischen matten Glanz. Nach Willgallis und Heyer [625] reichern sich beim Schlämmprozess die feinkörnigen illitischen Tonminerale an, wodurch der K_2O-Gehalt angehoben wird, was die Sinterung erleichtert. Durch den relativ hohen Fe_2O_3-Gehalt des Rohstoffs erhielt man nach oxidierendem Brand einen roten Farbton und einen dichten Überzug, dessen Dicke zwischen 10 und 30 µm schwankt. Weitere Hinweise auf antike Engoben finden sich an der Innenseite von Tiegeln zum Herstellen und Gießen von Bronze und Messing bei Kelten und Römern. Hier dienten die Engoben zur Abdichtung des porösen Scherbens gegenüber den erzeugten Metallschmelzen bzw. Schlacken. Abbildung 2.202 zeigt zwei REM-Aufnahmen eines Querschliffs durch einen keltischen Tiegel aus der Nähe des Fürstengrabes in Hochdorf/Württemberg [626].

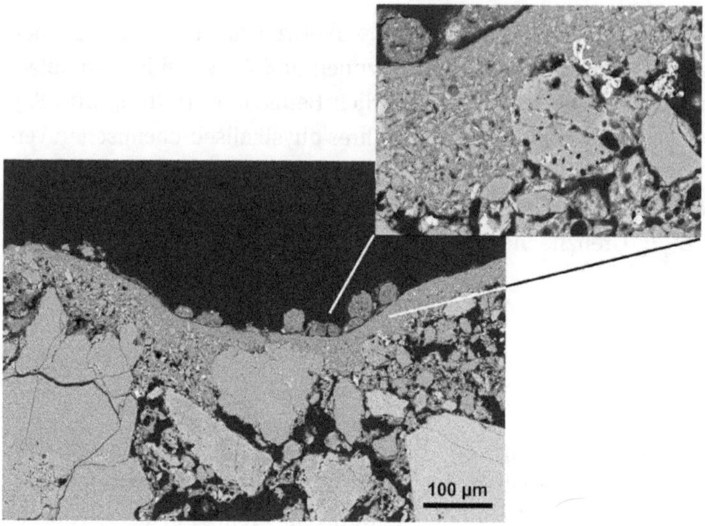

Abb. 2.202: Engobe auf der Innenseite eines keltischen Bronze-Gießtiegels [626]. Unten: Übersichtsaufnahme mit splitterigen Quarzkörnern und hoher Porosität. Ausschnitt oben rechts: Detail der dichten Beschichtung mit Hämatit-Einschlüssen (hell).

2.6.2 Glasuren

Das jetzt meist angewandte Verfahren des Glasierens erzeugt nach dem Brand auf dem Scherben einen glasigen Überzug, steht also der Glasphase der keramischen Scherben näher. Hieraus lässt sich ableiten, dass die Benetzung des Scherbens durch die Glasur sehr gut sein muss, dass an der Grenzfläche mit chemischen Reaktionen (Auflösung und Wiederausscheidung, Phasenneubildung) gerechnet werden muss und dass die thermophysikalischen Eigenschaften von Glasur und Scherben aufeinander angepasst sein müssen. Neben diesen Anforderungen soll die Glasur möglichst transparent (bei Unterglasurdekor und Inglasurdekor) oder trüb sein und möglichst wenig und wenn, dann kleine Blasen enthalten. Darüber hinaus gibt es verfahrenstechnische Erfordernisse wie geringe Viskosität, angepasste Glastransformationstemperatur und vieles mehr.

2.6.2.1 Zusammensetzung

Die Forderung nach einer guten Verbindung zwischen Scherben und Glasur während des Brandes, weiterhin nach einer einwandfreien Haftung der Glasur nach dem Brand sowie guten mechanischen und chemischen Eigenschaften, bedingt die Auswahl einer geeigneten chemischen Zusammensetzung der Glasur.

Gläser, und damit auch Glasuren, lassen sich aus vielen Oxiden aufbauen. Wie bei der Besprechung der Gläser (Kapitel 2.4.2, Band 1) ersichtlich wurde, kann man die Abhängigkeit einer Eigenschaft von der Zusammensetzung besser erkennen, wenn man Letztere in Mol-% angibt. Ausgehend von dieser Überlegung hat Seger ein oft verwendetes Formelschema entworfen. Dabei wird der Gehalt an allen basischen Oxiden (z. B. Li_2O, Na_2O, K_2O, MgO, CaO, BaO, ZnO, PbO, FeO, CoO, NiO, Mn_2O_3, Fe_2O_3) so berechnet, dass die Summe der Mol-Teile gerade 1 beträgt. Daneben werden in einer weiteren Spalte die entsprechenden Mol-Teile an Al_2O_3 und Cr_2O_3 und in einer dritten Spalte die an sauren Oxiden (z. B. SiO_2, B_2O_3, SnO_2) angegeben. Die *Segerformel* zeigt also in der linken Spalte die Netzwerkwandler und in der rechten Spalte die Netzwerkbildner, während die mittlere Spalte Oxide von Kationen enthält, die beide Eigenschaften haben können. Einige Autoren haben besonders die letztere Gruppe weiter aufgeteilt, wobei vor allem die Wertigkeit der Kationen berücksichtigt wurde. Einige Beispiele findet man bei Teuchert [627]. Als Beispiele seien hier die Segerformeln von Glasuren angeführt für eine Glattbrandtemperatur von

950 °C (für z. B. Steingut)

$$\left.\begin{matrix} 0{,}2\ K_2O \\ 0{,}2\ Na_2O \\ 0{,}3\ CaO \\ 0{,}3\ PbO \end{matrix}\right\} \quad 0{,}3\ Al_2O_3 \quad \left\{\begin{matrix} 2{,}1\ SiO_2 \\ 0{,}5\ B_2O_3 \end{matrix}\right.$$

1200 °C (für z. B. Steinzeug)

$$\left.\begin{matrix} 0{,}3\ K_2O \\ 0{,}1\ MgO \\ 0{,}5\ CaO \\ 0{,}1\ ZnO \end{matrix}\right\} \quad 0{,}4\ Al_2O_3 \quad 3{,}5\ SiO_2$$

und 1430 °C (für Hartporzellan)

$$\left.\begin{matrix} 0{,}2\ K_2O \\ 0{,}2\ MgO \\ 0{,}6\ CaO \end{matrix}\right\} \quad 1{,}1\ Al_2O_3 \quad 10{,}0\ SiO_2.$$

Der Zusammenhang zwischen Glasstruktur und Glaseigenschaften einerseits und Segerformel andererseits ermöglicht es auch, aus der Segerformel einige Eigenschaften der Glasuren abzulesen. So lassen obige Beispiele erkennen, dass mit steigendem SiO_2-Gehalt die Glattbrandtemperaturen ansteigen, was einen engen Zusammenhang mit der Viskosität anzeigt. Im gleichen Maße steigt der Al_2O_3-Gehalt, wobei das Molverhältnis Al_2O_3:SiO_2 meist etwa 1:10 beträgt, während der Gehalt an Alkalioxiden sinkt. Glasuren für tiefe Temperaturen enthalten meist B_2O_3, das die Viskosität von Glasschmelzen stark erniedrigt. Daneben findet man bei diesen Glasuren oft PbO im Versatz.

Anhand der Segerformeln kann man leicht überblicken, dass sich die Glasurversätze für hohe Temperaturen z. B. aus Feldspat, Kreide, Dolomit, Kaolin und Quarzsand zusammenstellen lassen, woraus ein guter Glasurschlicker herstellbar ist. Man bezeichnet solche Glasuren, deren Versatz (auch Rezept genannt) unmittelbar aus den

Rohstoffen hergestellt werden kann, als *Rohglasuren*. Bei dem oben angeführten Beispiel für die tiefschmelzende Glasur kann man auf diese Art nicht alle Flussmittel in der für einen Schlicker geforderten wasserunlöslichen Form erfassen. In solchen Fällen werden die Flussmitteloxide, einschließlich B_2O_3, gefrittet, indem sie mit einem Teil des Al_2O_3 und SiO_2 kurz vorgeschmolzen werden. Diese *Fritte* bildet dann zusammen mit dem restlichen Al_2O_3 und SiO_2 als Kaolin den Mühlenversatz dieser Frittglasuren.

Einige Glasurversätze kann man sowohl mit als auch ohne Fritte aufstellen. Ihr Schmelzverhalten wird dann unterschiedlich sein (siehe unten), d. h., die Segerformeln erfassen das Verhalten einer Glasur nicht vollständig. Eine bestimmte Glasur verhält sich auch unterschiedlich, je nachdem ob sie auf einem rohen Scherben als Einbrandware oder auf einem vorgebrannten Scherben eingesetzt wird. Daraus folgt, dass der Schnellbrand (Kapitel 2.5.2.4) seine eigenen Glasuren benötigt.

Eine besondere Gruppe der Rohglasuren stellen die Erd-, Lehm- oder Gesteinsglasuren dar, die aus niedrig schmelzenden Tonen (Lehmen) bestehen. Meist ergeben sie wegen ihrer hohen Fe_2O_3-Gehalte um 5 Gew.-% eine braune Glasur. Um ausreichendes Schmelzverhalten zu zeigen, soll ihr Alkali- + Erdalkalioxidgehalt > 10 Gew.-% und ihr SiO_2-Gehalt <70 Gew.-% betragen. Man kann dies durch Zugabe von Flussmitteln, wie z. B. Pegmatit, Nephelin, Kreide oder Glasscherben, erreichen. Matthes [628] hat gezeigt, dass viele Gesteine sich für solche Glasuren verwenden lassen.

Weitere Glasurtypen sind die *Anflugglasuren*, die später besprochen werden, oder Glasuren für nichtoxidische keramische Werkstoffe [629]. Bei Letzteren sind oft spezielle Behandlungen der zu glasierenden Oberflächen oder Engoben zur Verbesserung der Benetzung dienlich; außerdem ist eine genau angepasste Wärmedehnung für eine gute Haftung sehr wichtig. Andere Gliederungen richten sich nach bestimmten Verwendungsarten, z. B. die Einteilung nach bleihaltigen und bleifreien Glasuren.

2.6.2.2 Vorgänge beim Glasurbrand

Der fein gemahlene Glasurversatz wird auf den vorgebrannten Scherben, das sog. Biskuit, aufgetragen, was in der Regel in Form des Glasurschlickers erfolgt. Dessen genaue Einstellung ist wesentlich für das Gelingen des technischen Glasurauftrags, dessen wichtigste Arten das Tauchen, Spritzen, Schleudern oder die Wasserfalltechnik mit der Glasierglocke sind. Daneben gibt es den trockenen Auftrag, bei dem das Glasurgranulat auf die bereits gepressten Werkstücke aufgesiebt, elektrostatisch abgeschieden oder vor dem Pressen auf die schon eingefüllte Masse aufgetragen und in einem Arbeitsgang verpresst wird. Auch bei letzteren Techniken zeigt sich ein Einfluss der Aufbereitung. Skuthan [630] weist darauf hin, dass das Glasurbild davon abhängt, ob die Glasurkomponenten nur trocken gemischt oder mit wenig Wasser gemahlen und sprühgetrocknet wurden.

Für die Viskosität und thixotropen Eigenschaften des Glasurschlickers gelten ähnliche Abhängigkeiten wie beim Gießschlicker (Kapitel 2.3.1.1.4). Die Dicke des Glasurauftrags nimmt mit der Tauchzeit und der Dichte des Schlickers zu. Nach dem Trocknen hat der Glasurauftrag eine Porosität um 35 %.

Während des Brandes der Glasuren spielen sich ähnliche Vorgänge wie beim Brand keramischer Massen ab (Kapitel 2.5.1). Bei den Rohglasuren findet zunächst die Wasserabspaltung aus den Tonmineralen statt. Das Auftreten der ersten Schmelzphase hängt von der Art der Flussmittel ab. In PbO- und B_2O_3-haltigen Glasuren ist damit schon ab 500 °C zu rechnen, wo die tiefsten Eutektika im System PbO–B_2O_3–SiO_2 liegen. Zur Erniedrigung der Einbrenntemperaturen wurde wiederholt die Verwendung von Glasuren mit eutektischen Zusammensetzungen vorgeschlagen. In Glasuren für höhere Temperaturen ist der nächste wesentliche Vorgang die Dissoziation der Carbonate Dolomit und Kalkspat, der sich geringe Festkörperreaktionen anschließen. Mit dem Schmelzen des Feldspats ab etwa 1000 °C wird eine starke Abnahme der Porosität der Glasur beobachtet, die mit einer Schwindung verbunden ist, d. h., die Glasur beginnt sich zu schließen. Diese Temperatur ist ein wichtiges Stadium für den Brand, denn damit wird gleichzeitig auch der Scherben abgedichtet. Bei Hartporzellanglasuren liegt diese Temperatur je nach Zusammensetzung bei 1250 bis 1350 °C. Bei der weiteren Temperatursteigerung bis zur Glattbrandtemperatur lösen sich die restlichen Versatzkomponenten auf. Während der folgenden Abkühlung verhält sich die Glasur wie eine Glasschmelze, d. h., die Viskosität steigt ständig an, bis beim Erreichen der Transformationstemperatur T_g (Band 1) ein festes Glas entsteht. Diese Temperaturen liegen zwischen 400 und 700 °C. Erst nach Unterschreiten von T_g können in der Glasur Spannungen auftreten, was später noch behandelt wird.

Fritteglasuren bestehen bereits aus Glas. Wenn auch dieses Glas nicht besonders gut durchgeschmolzen ist, so beginnt es doch bereits bei erheblich tieferen Temperaturen zu erweichen. Die Reaktionen mit den Tonmineralen beginnen dann früher, sodass das Schmelzintervall solcher Glasuren stark verbreitert wird.

Mit steigender Brennzeit und -temperatur erreicht man ein besseres aufschmelzen der Glasur, doch reichen die Bedingungen im praktischen Betrieb nicht aus, eine vollkommen homogene Schmelze zu erreichen. Man kann aber die Vorgänge unterstützen, wenn man die Versatzbestandteile in möglichst geringer Korngröße einführt, weshalb sich eine Feinmahlung in der Kugelmühle empfiehlt. Besondere Anforderungen werden dabei an Glasuren für den *Einmalbrand* gestellt, da diese gleichzeitig mit dem Scherben gargebrannt sein müssen. Das gilt im verstärkten Maße beim Schnellbrand.

Reaktionen in Schmelzen werden durch niedrige Viskositäten beschleunigt. Eine geringe Viskosität begünstigt auch das Auslaufen der Glasurschmelze, was außerdem von deren Oberflächenspannung abhängt. Diese beiden Eigenschaften bestimmen den *Spiegel*, d. h. die glatte Oberfläche der Glasur. Man kann aber nicht durch Temperatursteigerung die Viskosität zu weit verringern, weil dann die Gefahr des Ablaufens der Glasur besteht. Nach Bremond [631] beträgt die günstigste Viskosität der Glasuren bei der Glattbrandtemperatur etwa 200 Pa·s. Dies gilt für viele Glasuren, doch ist es bei einigen Glasuren zur Vermeidung des Aufstiegs von Blasen empfehlenswert, die Viskosität höher einzustellen.

Eine Methode zur Bestimmung der Viskosität stellt das *Rinnenviskosimeter* dar, mit dem die Fließstrecke einer Glasur in einer Rinne aus keramischem Material unter einem bestimmten Neigungswinkel gemessen wird. Bei Glasuren mit besonderen Effekten, wie z. B. bei den Ausscheidungsglasuren, können nach Beyersdorfer und Eiermann [632] mit dieser Methode Schwierigkeiten auftreten, weshalb sie zur Qualitätskontrolle die Druckerweichung bei erhöhter Temperatur empfehlen.

Während des Brandes reagiert die sich bildende Schmelze nicht nur mit den ungelösten Versatzbestandteilen, sondern auch mit dem Scherben, der chemisch eine große Verwandtschaft zur Glasur hat. Durch diese Reaktionen entsteht eine innige Verbindung zwischen Glasur und Scherben, die die Voraussetzung für eine gute Haftung ist. Da weiterhin die Scherbenoberfläche nicht eben ist und die Glasur in alle Vertiefungen fließt, kommt zusätzlich eine mechanische Verankerung hinzu.

Glasuren sind flussmittelreicher als Scherben, weshalb sie lösend auf den Scherben wirken. Das Ausmaß dieser Reaktionen hängt ab von der Art der Glasur, der Brenntemperatur, der Zeit und der Art des Scherbens. In roh glasierten Scherben laufen während des Brandes noch alle Reaktionen ab; sie sind deshalb gegenüber der Glasur reaktionsfreudiger als vorgebrannte Scherben.

Die Folge dieser Reaktionen ist die Ausbildung einer *Zwischenschicht*, die in ihrer Zusammensetzung nicht scharf abgegrenzt ist, sondern einen kontinuierlichen Übergang zur Glasur zeigt. Manchmal kann man in sie noch Teile des Scherbens einbeziehen; denn einige Glasurkomponenten dringen auch in diesen ein, während sich umgekehrt die Schmelzphase des Scherbens mit der Glasurschmelze vermischt. Bei diesen Vorgängen ändert sich die Zusammensetzung der Zwischenschicht, und es kann zu Kristallausscheidungen kommen, z. B. von Mullit, Anorthit oder Wollastonit.

Besonders auffallend ist die Anreicherung von Calcium in der Zwischenschicht, die mit der Elektronenstrahlmikrosonde sowohl beim Hartporzellan [633] als auch beim Hochspannungsporzellan [634] beobachtet wurde, was zur Anorthitbildung führt. Dadurch wird die Zugfestigkeit der glasierten Körper nicht beeinträchtigt, außer wenn die Glasuren noch Quarz- oder Cristobalit-Einschlüsse enthalten.

Die Dicke der Zwischenschicht beträgt meist 10 bis 50 µm und erstreckt sich damit über 1/20 bis 1/4 der Glasur. Im Allgemeinen liegen die Eigenschaften der Zwischenschicht zwischen denen der Glasur und des Scherbens, sodass sie zwischen Glasur und Scherben vermittelt. Man beobachtet aber auch deutliche Unterschiede, z. B. bei hochbleihaltigen Glasuren, bei denen Kerstan [635] eine Verringerung des Ausdehnungskoeffizienten von 7×10^{-6}/K auf 6×10^{-6}/K durch die Scherbenauflösung in der Zwischenschicht fand, sodass der Abstand zum Scherben ($\alpha = 8 \times 10^{-6}$/K) noch größer wurde. Daneben gibt es noch weitere Vorgänge beim Glasurbrand, von denen vor allem die *Verdampfung* zu erwähnen ist, die sich vorwiegend bei Glasuren auswirkt, die lange Zeiten bei hohen Temperaturen gebrannt werden. Dabei verdampfen vorwiegend die Alkalioxide, bei tiefer schmelzenden Glasuren auch PbO und B_2O_3.

Bei einer Porzellanglasur trat nach 10 h bei 1400 °C ein so hoher Alkaliverlust ein, dass der Ausdehnungskoeffizient der Glasur sich um 1×10^{-6}/K erniedrigte. Abbildung 2.203 zeigt ein Schema der vielfältigen Reaktionen zwischen der Glasur, dem Scherben sowie im Glas dispergierter Pigmente oder Neukristallisate [624]. H. Rasch weist mit dieser Darstellung darauf hin, dass auch die Verdampfung von Spezies aus der Glasuroberfläche zu einer Veränderung der Zusammensetzung und damit zu Trübungen und Ausscheidungen führen kann. Abbildung 2.204 illustriert den Fall einer Rutil-Ausscheidung und Schlierenbildung zwischen Unterglasur und getrübter Aufglasur [624]. Ferner sind Nadelstiche im Querschnitt zu erkennen. Nadelstiche auf der Oberfläche eines Porzellantellers zeigt Abb. 2.205.

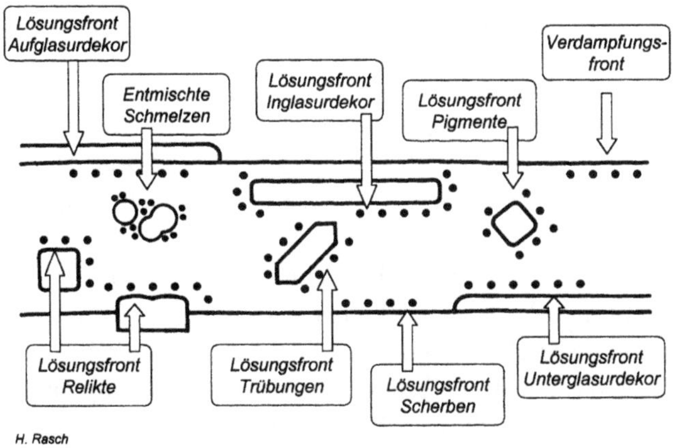

Abb. 2.203: Schematische Darstellung der chemischen Reaktionen einer Glasur mit Scherben (unten), diversen Pigmenten und Dekorbestandteilen. In der Umgebung der Lösungsfronten reichern sich die abgeführten Ionen an (Punkte) und können zur Bildung von Schlieren oder neuer Phasen führen. Quelle: H. Rasch, Höhr-Grenzhausen [624].

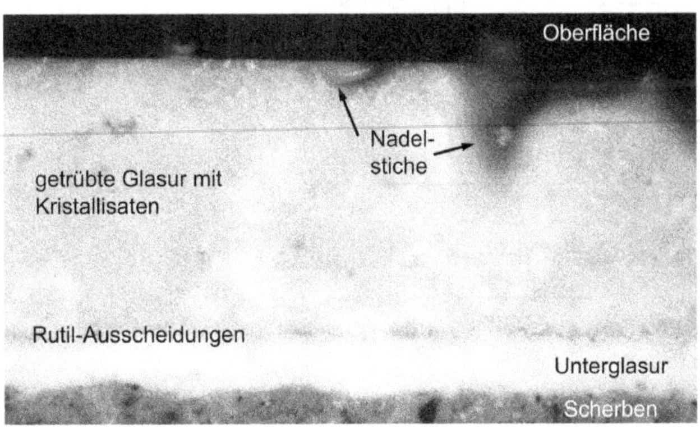

Abb. 2.204: Querschliff einer getrübten Glasur mit Scherben (unten), Unterglasur (Engobe), Reaktionszone mit Rutil und Nadelstichen. Quelle: H. Rasch, Höhr-Grenzhausen [624].

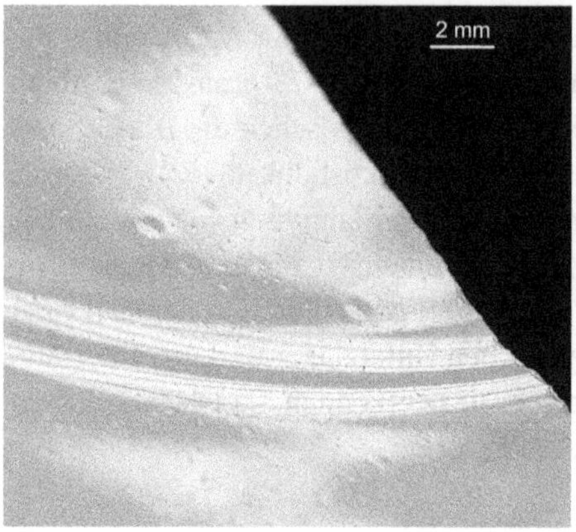

Abb. 2.205: Nadelstiche auf der Oberfläche einer Porzellanglasur eines Tellers. Bild: R. Telle.

Betrachtet man eine fertige Glasur mit einer Lupe oder unter dem Mikroskop, dann wird man in einigen Typen immer, in anderen oft *Blasen* feststellen (Abb. 2.206–2.208). Sind diese Blasen kleiner als 80 µm, dann werden sie vom bloßen Auge nicht bemerkt. Größere Blasen können aber zu Fehlern führen, wobei je nach Aussehen die Glasuroberfläche als *bewölkt*, *eierschalig* oder *nadelstichig* bezeichnet wird. Dieses Aussehen wird durch kleine Grübchen in der Glasuroberfläche hervorgerufen, die manchmal durch den Austritt von Blasen, meist aber durch darunter liegende Blasen bedingt sind. Zahlreiche Untersuchungen galten deshalb diesen Problemen [636–640]. Abbildung 2.206 stellt einige Möglichkeiten dar, die u. a. darauf beruhen, dass die Grenzflächenenergie zwischen Lufteinschluss und Festkörper (z. B. Pigmentpartikel) kleiner ist als die zwischen Luftblase und Glasur [624].

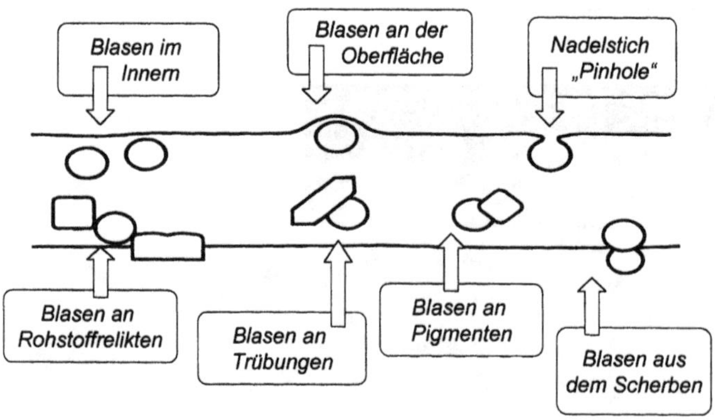

Abb. 2.206: Schema zur Entstehung von Blasen und Nadelstichen in Glasuren. Quelle: H. Rasch, Höhr-Grenzhausen [624].

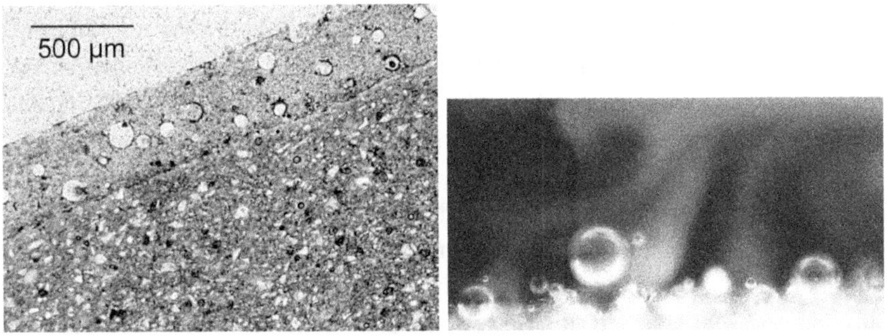

Abb. 2.207: Links: Blasen in einer Sanitärporzellanglasur, Dünnschliff (R. Telle); rechts: Blasen an der Grenzfläche zwischen Scherben und Glas in einer Geschirrporzellanglasur. Im Hintergrund Boroxid-Schlieren [638], Anschliff (H. Rasch).

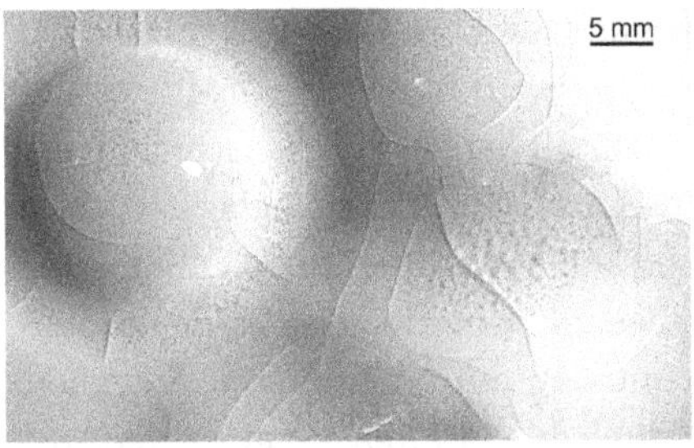

Abb. 2.208: Blasen und Risse in der Glasur einer Steingut-Puddingform. Zu erkennen sind auch die Schmelzflussanreicherungen in den tieferen Bereichen der Kontur. Bild: R. Telle.

Als Blasenursache sind Glasur, Scherben oder eine Wechselwirkung zwischen beiden in Betracht zu ziehen. Beim Schmelzen von Glasuren allein wird beim Schließen der Glasur Ofenatmosphäre eingeschlossen, was zu kleinen Blasen führt, die wegen der relativ hohen Viskosität bei der Glattbrandtemperatur (siehe oben) nur schwer entweichen können. Oben wurde erwähnt, dass beim Schmelzen von Glasuren viele Gase entweichen. Diese Gase führen aber erst dann zur Blasenbildung, wenn die Glasur sich zu schließen beginnt. Meist sind dann die wichtigsten Zersetzungsreaktionen abgeschlossen, insbesondere die der Tonminerale und Carbonate.

Oft enthalten Glasuren noch weitere Komponenten in geringen Mengen, meist als Verunreinigungen. In Zusammenhang mit der Blasenbildung ist besonders Fe_2O_3 zu erwähnen, das im reinen Zustand nach Abb. 2.190 bei 1455 °C einen Dissoziationsdruck an O_2 von 1,013 bar erreicht. Trotz der etwas anderen Dissoziationstemperatur des gebundenen Eisens bildet die O_2-Abspaltung beim Übergang zum zweiwertigen Eisen mit steigender Temperatur eine Blasenquelle, wodurch die Oberfläche ein raues Aussehen erhält. Man kann das vermeiden, indem man von reinen Rohstoffen ausgeht oder durch reduzierenden Brand vor dem Schließen der Glasur das dreiwertige Eisen zum zweiwertigen Eisen reduziert. Ein reduzierender Brand hat nach massenspektrometrischen Untersuchungen der Blaseninhalte mit Elstner [641] auch die Wirkung, dass H_2 in die Blasen diffundiert und dort mit dem O_2 zu H_2O reagiert. Letzteres löst sich leicht in der Glasurschmelze, sodass sich die Blasen an N_2 anreichern. Durch das gelöste Wasser wird die Viskosität der Glasurschmelzen erniedrigt, was die Glasuren glättet und die Blasen leichter austreten lässt.

Eine weitere Ursache liegt im Scherben, der meist porös ist. Da das Schließen der Glasur vor Erreichen der höchsten Brenntemperatur erfolgt, dehnen sich die in Poren befindlichen Gase weiter aus und bilden in der Glasur Blasen. Insbesondere beim Einmalbrand und Schnellbrand sind Glasur- und Scherbenmasse gut aufeinander abzustimmen.

Schließlich sind noch die Reaktionen zwischen Glasur und Scherben zu berücksichtigen. Durch Auflösung des Scherbens können vorher geschlossene Poren geöffnet werden, sodass die dann entweichenden Gase Blasen bilden. Bei diesen Reaktionen wird die Zusammensetzung der Glasur saurer. Dadurch bewegt sich das Fe^{3+}/Fe^{2+}-Gleichgewicht in Richtung Fe^{2+}, was Anlass zur Blasenbildung in der Zwischenschicht geben kann. Wirklich findet man sehr oft in der Zwischenschicht einen Blasenschleier, wie Abb. 2.207 und 2.208 am Beispiel von Porzellanglasuren zeigt. Diese Blasen können noch vom Einschmelzen herstammen, aber auch Neubildungen beim Ausbilden der Zwischenschicht sein. Sie beeinflussen in dieser Größe das Aussehen der Glasur nicht. Die wahre Ursache kann man durch Gasanalyse erkennen, doch muss man diese sofort nach der Blasenbildung durchführen; denn während des weiteren Brandes ändert sich die Zusammensetzung des Blaseninhalts teils durch die oben erwähnten Reaktionen, teils durch Austausch der Gase mit der umgebenden Atmosphäre durch Diffusion.

Aus Obigem ergibt sich auch, dass man eine Glasur nicht beliebig lange und hoch brennen kann; denn dann treten die Reaktionen mit dem Scherben immer stärker hervor, und die Blasenbildung nimmt zu. Man spricht dann vom *Überbrennen* einer Glasur. Das hat auch die statistische Auszählung von Blasen in Porzellanglasuren [642, 643] bestätigt, die zeigt, dass die meisten Blasen sich unmittelbar an der Grenzfläche zum Scherben befinden und dass die Blasenverteilung unabhängig davon ist, ob es sich um eine Ober-, Unter- oder Wandseite handelt. Steigende Brennzeit und -temperatur erhöhen Blasenzahl und -volumen.

Die Ofenatmosphäre übt beim Glasurbrand einen ähnlichen Einfluss auf die *Farbe* aus wie beim Porzellanbrand (Kapitel 2.5.2.2). In der Reduktionsperiode kann es infolge des Boudouard-Gleichgewichts $2\,CO \leftrightarrows CO_2 + C$ zur Kohlenstoffablagerung kommen. Wird dieser durch die Glasurschmelze eingeschlossen, dann entstehen bei nachträglicher Oxidation Blasen, die oft in der Glasur Nadelstiche erzeugen [644]. Die Bildung des CO-Einschlusses wird durch Quarzgehalte dann gefördert, wenn diese nicht fein genug sind und sich während des Brandes in viele kleine Cristobalit-Kristallite umwandeln [645]. Es wird dann manchmal ein punktförmiger schwarzer Ausschlag beobachtet. Es gibt auch Hinweise, dass mit der CO-Adsorption auch die Pockenbildung beim Inglasurdekorschnellbrand zusammenhängt, verursacht durch bei höheren Temperaturen entweichendes CO.

Die wichtigste *Anflugglasur* ist die für Steinzeug typische *Salzglasur*. Dabei wird kurz vor Erreichen der völligen Sinterung NaCl in den Ofen gestreut oder als wässrige Lösung eingespritzt. Das NaCl, das bei 1220 °C bereits einen Dampfdruck von 130 mbar aufweist, reagiert an den keramischen Oberflächen unter Mitwirkung des in der Ofenatmosphäre enthaltenen H_2O-Dampfes zu HCl und einer Na_2O–Al_2O_3–SiO_2-haltigen Schmelze, die während des Abkühlens glasig mit einer Dicke von 25–50 µm erstarrt. Beste Salzungstemperaturen liegen je nach Masse bei 1150 bis 1300 °C [646]. Die Farbe hängt vor allem vom Fe_2O_3-Gehalt, in geringerem Maße auch vom CaO-Gehalt des Scherbens und von der Ofenatmosphäre ab. Beim oxidierenden Brand kann man hellgelbe bis rotbraune, bei reduzierendem Brand graue Farbtöne erhalten. Andere Farben lassen sich durch Zusatz von anderen flüchtigen Salzen (z. B. $MnCl_2$) zum NaCl erzeugen. Grundsätzlich eignen sich alle die flüchtigen Salze für Anflugglasuren, die mit der Scherbenoberfläche ein Glas zu bilden vermögen. So hat man z. B. mit Zinksalzen ähnliche Effekte erreichen können. Man kann auch bei vorher aufgetragenen Engoben oder Glasuren salzen und damit interessante Farbeffekte erzielen, besonders durch Reduktion während des Brandes [647]. Das Salzglasieren hat allerdings starke Korrosionserscheinungen im Ofen und der Abgasführung zur Folge.

2.6.2.3 Eigenschaften

Die Ansprüche an Glasuren sind sehr vielseitig, weshalb sie auch nach verschiedenen Methoden untersucht werden. An erster Stelle erwartet man von einer Glasur eine gute Haftung, d. h. weder Abplatzungen noch Risse. Eine Vorbedingung dafür ist durch die Reaktionen zwischen Scherben und Glasur während des Brandes gegeben. Im noch flüssigen Zustand kann sich die Glasur der Kontraktion des Scherbens bei der Abkühlung leicht angleichen. Nach Unterschreiten der Transformationstemperatur ist aber die Glasur ebenfalls ein Festkörper und ihrer eigenen Kontraktion unterworfen. Ist diese größer als die des Scherbens, also $\alpha_g > \alpha_S$, dann hat die Glasur das Bestreben, sich stärker zusammenzuziehen als der Scherben. Durch die innige Haftung zwischen beiden wird diese Bewegung gehindert, und die Folge sind Zugspannungen in der Glasur. Wird dabei die Zugfestigkeit der Glasur überschritten, entstehen in ihr Risse, die wegen ihres Aussehens als *Haarrisse* bezeichnet werden. Bei entgegengesetztem Verhalten mit $\alpha_g < \alpha_S$ steht die Glasur unter Druckspannung. Da die Druckfestigkeit von Gläsern wesentlich höher als die Zugfestigkeit ist, treten erst bei hohen Druckspannungen Abplatzungen der Glasur auf. Eine weitere wichtige Forderung ist daher ein richtiges anpassen der *Wärmedehnung* der Glasur an den Scherben, wobei eine geringe Druckspannung aus Gründen der Sicherheit, aber auch zur Verbesserung der Festigkeit erwünscht ist. Eine ideale Anpassung mit genau demselben Ausdehnungsverhalten ist kaum möglich; denn es gibt keine Glasur, die z. B. dem oft vorhandenen Quarzsprung im Scherben folgen könnte.

Im Allgemeinen ist es einfacher, zur Anpassung die Zusammensetzung der Glasur zu variieren. Dazu kann man sich der Möglichkeiten der Berechnung der Wärmedehnung aus der Zusammensetzung bedienen, wie es im Band 1 beschrieben ist. Für die in Band 1 behandelte Steingutglasur errechnet sich $\alpha_{20/400}$ zu $7{,}7 \times 10^{-6}$/K, für die Steinzeug- und Hartporzellanglasuren ergeben sich 6,5 bzw. $3{,}1 \times 10^{-6}$/K. Man kann also große Unterschiede erhalten. Jedoch gelten diese Faktoren nur für homogene durchgeschmolzene Gläser, die man bei Glasuren nicht erreicht. Es können dann Abweichungen auftreten, die Metzel [648] experimentell verfolgt hat. In Abb. 2.209a sind die Ausdehnungskurven von Glasuren, die wie beim späteren Brand im Glattbrandofen erschmolzen wurden, der Ausdehnungskurve eines Hartsteingutscherbens gegenübergestellt. Danach hat Glasur 2 fast dasselbe Verhalten wie der Scherben, während die Dehnung bzw. Kontraktion bei der Glasur 1 größer, bei der Glasur 3 dagegen geringer ist. Mit Glasur 1 müssten daher Zug-, mit Glasur 3 Druckspannungen entstehen, worauf unten nochmals eingegangen wird.

$$\text{Glasur 1:}\quad \left.\begin{matrix} 0{,}25\ K_2O \\ 0{,}25\ Na_2O \\ 0{,}25\ CaO \\ 0{,}25\ PbO \end{matrix}\right\}\quad 0{,}35\ Al_2O_3 \quad \left\{\begin{matrix} 2{,}5\ SiO_2 \\ 0{,}5\ B_2O_3 \end{matrix}\right.$$

$$\text{Glasur 2:}\quad \left.\begin{matrix} 0{,}095\ K_2O \\ 0{,}095\ Na_2O \\ 0{,}545\ CaO \\ 0{,}265\ PbO \end{matrix}\right\}\quad 0{,}376\ Al_2O_3 \quad \left\{\begin{matrix} 2{,}74\ SiO_2 \\ 0{,}19\ B_2O_3 \end{matrix}\right.$$

$$\text{Glasur 3:}\quad 1{,}0\ CaO \quad 0{,}2\ Al_2O_3 \quad \left\{\begin{matrix} 2{,}0\ SiO_2 \\ 0{,}6\ B_2O_3. \end{matrix}\right.$$

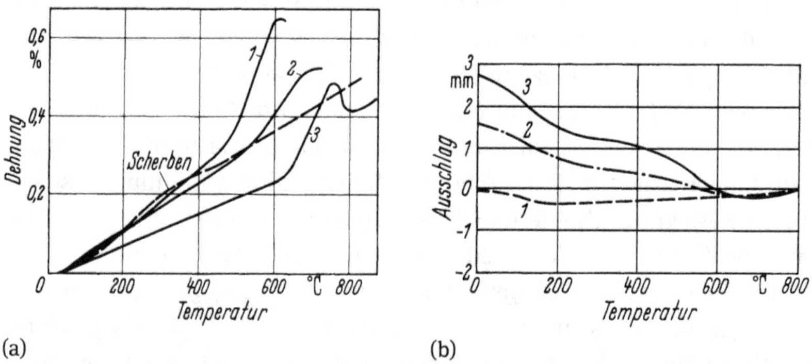

Abb. 2.209: (a) Ausdehnungskurven eines Hartsteingutscherbens (Tonmineralsubstanz: Feldspat: Quarz = 50: 8,5: 41,54 Gew.-%) und dreier Glasuren [648]. (b) Spannungsprüfung nach Steger an den Glasuren und Scherben von (a).

Die sich ausbildenden *Spannungen* zwischen Glasur und Scherben wurden bereits in Band 1 und Band 2 behandelt. Die dort angegebenen Gleichungen zeigt, dass die Spannungen umso größer werden, je größer die Differenz der Ausdehnungskoeffizienten und je höher die Transformationstemperatur des Glases ist. Außerdem hängen sie von dem Verhältnis der Schichtdicken Glasur/Scherben ab, indem sie mit Abnehmen dieses Verhältnisses in der Glasur ansteigen und im Scherben absinken. Aus den Gleichungen in Band 2 resultieren aber nur die Gesamtspannungen in Glasur bzw. Scherben. Die Spannungen in der Grenzfläche erhält man, wenn man in diesen Gleichungen d_g bzw. $d_s = 0$ setzt.

Früher wurde gezeigt, dass Porzellan einen Ausdehnungskoeffizienten von $\alpha_S = 3{,}5 \times 10^{-6}/\text{K}$ hat. Setzt man vereinfachend $\Delta T = 600\,\text{K}$, $\mu_g = \mu_S = 0{,}20$ und $E_g = E_s = 70\,\text{GN/m}^2$, dann ergibt sich mit $d_g/d_S = 0{,}05$ für eine Glasur mit $\alpha_g = 3{,}1 \times 10^{-6}/\text{K}$ eine Druckspannung in der Glasur von $20\,\text{MN/m}^2$ und eine Zugspannung im Scherben von $1\,\text{MN/m}^2$. Solche Druckspannungen werden von Glasuren vertragen. Ist jedoch $\alpha_s < \alpha_g$, z. B. $\alpha_s - \alpha_g = -0{,}4 \times 10^{-6}/\text{K}$, dann kommt man schon an die Grenze der Zugfestigkeit von Glasuren, besonders wenn noch mit geringen mechanischen Beschädigungen der Oberfläche zu rechnen ist.

Diese Berechnungen gehen davon aus, dass während des Glasurbrandes keine Veränderungen eintreten. Es wurde aber bereits erwähnt, dass sich dabei eine Zwischenschicht ausbildet, die die Eigenschaften der Glasur verändert. Die Zusammensetzung der Glasur nähert sich dadurch meist der des Scherbens, wodurch auch die Spannungen zwischen beiden verringert werden. Dieser Vorgang ist einer Berechnung kaum zugänglich, weshalb man das praktische Verhalten einer Glasur auf einem Scherben am sichersten durch eine Messung feststellt. Zu diesem Zweck hat sich besonders der *Spannungsprüfer nach Steger* bewährt, bei dem ein einseitig glasierter Streifen in einem Ofen erhitzt und abgekühlt wird. Das eine Ende des Streifens, der beidseitig aus dem Ofen herausragt, wird fest eingespannt, während das andere Ende frei beweglich ist. Durch die beim Abkühlen entstehenden Spannungen tritt eine Biegung des Stabes ein, die am freien Ende registriert wird. Abbildung 2.209b bringt Messungen von Metzel [648] mit diesem Spannungsprüfer an dem Scherben und den Glasuren von Abb. 2.209a. Solche Diagramme werden bei der Abkühlung gemessen, sind also von rechts nach links zu lesen. Positives Vorzeichen der Ordinate zeigt Druckspannungen, negatives Vorzeichen Zugspannungen an. Von hohen Temperaturen kommend sind diese Glasuren bis 800 °C flüssig, sodass keine Spannungen entstehen. Mit sinkender Temperatur wird die Glasur viskoser und beginnt bereits eine Spannung auszubilden. Da aber oberhalb T_g der Ausdehnungskoeffizient der Glasurschmelze etwa dreimal so groß wie unterhalb und damit auch größer als der des Scherbens ist, tritt zunächst in allen Fällen eine geringe Zugspannung auf. Erst unterhalb T_g macht sich dann der Ausdehnungskoeffizient der festen Glasur bemerkbar, der, wie erwartet, bei Glasur 3 zu einer starken Druckspannung führt. Die deutliche Druckspannung bei Glasur 2 und die nur geringe Zugspannung bei Glasur 1 sind die Folge der Veränderung der Glasur beim Aufbrennen.

Druckspannungen in der Glasur sind nicht nur für einen guten Sitz wichtig, sondern erhöhen auch die mechanische Festigkeit des glasierten Körpers. Oben wurde bereits erwähnt, dass *Haarrisse* infolge von Zugspannungen in der Glasur viel häufiger auftreten als Abplatzungen. Zur Vermeidung von Haarrissen muss man die Wärmedehnung der Glasur erniedrigen und/oder die des Scherbens erhöhen. Die Wege zur Beeinflussung der Glasur kann man sofort aus den Faktoren zur Berechnung der Wärmedehnung erkennen: Erhöhung des SiO_2-, Al_2O_3- und (in Grenzen) des B_2O_3-Gehaltes und Ersatz der Flussmitteloxide R_2O und RO mit hohem Molekulargewicht durch solche mit Niedrigerem. Bei ein und derselben Glasur kann man durch längeres Brennen ein größeres angleichen an den Scherben erreichen. Ein besonderes Verhalten zeigen sehr quarzreiche Glasuren, deren Wärmedehnung nach Zapp [649] umso größer ist, je mehr Restquarz noch vorhanden ist. Längere Brennzeiten und/oder höhere Brenntemperaturen bewirken ein Lösen von SiO_2 und damit eine Abnahme der α-Werte. Schließlich kann man wie bei den Gläsern durch schnelles Abkühlen in der Oberfläche der Glasur eine Druckspannung erzeugen, die den Haarrissen entgegenwirkt.

Bei den masseseitigen Maßnahmen muss man die Art des Scherbens berücksichtigen. Auf jeden Fall erhöht ein steigender Quarzgehalt wegen des Quarzsprunges bei 573 °C die Wärmedehnung (für Quarz ist $\alpha_{0/800} = 19 \times 10^{-6}$/K). In flussmittelreichen Massen, z. B. Porzellan, nimmt der Quarzgehalt mit der Brennzeit ab. Hier bringt daher eine verkürzte Brennzeit oder gröbere Mahlung (zur Verringerung der Auflösung) eine höhere Wärmedehnung. Anders liegen die Verhältnisse bei flussmittelarmen Massen, z. B. beim Steingut, wo der Quarz beim Brand in Cristobalit übergehen kann, der mit $\alpha_{0/800} = 30 \times 10^{-6}$/K eine wesentlich höhere Wärmedehnung hat. Außerdem liegt T_g einiger tiefschmelzender Steingutglasuren unterhalb des Quarzsprunges, sodass sich dessen Einfluss nicht mehr so deutlich auswirkt. Die Haarrissigkeit kann man deshalb durch alle Maßnahmen verringern, die die Quarz-Cristobalit-Umwandlung begünstigen und die Auflösung des Cristobalits verringern, also z. B. feinere Mahlung des Quarzes, vorbrennen des Quarzes, einführen von leichter umwandelbaren Quarzrohstoffen, einführen von bereits Cristobalit enthaltenden Schrühscherben, höhere Schrühbrandtemperaturen und Verringerung des Feldspatgehaltes. Die Maßnahmen zur Vermeidung von Abplatzungen sind sinngemäß entgegengesetzt.

Viele dieser Maßnahmen hat Seger frühzeitig erkannt und zu seinen Regeln zusammengefasst, die bei der Korrektur von Glasuren auf Scherben vom Steinguttyp gute Dienste leisten. Diese Regeln gelten jedoch nicht uneingeschränkt, wie Mellor [650] in einer ausführlichen Übersicht gezeigt hat. Sie sind inzwischen von mehreren Autoren in einigen Punkten ergänzt und verbessert worden.

Haarrissigkeit von Glasuren tritt bei porösem Scherben manchmal erst nach einiger Zeit auf. Die Ursache dafür ist die Feuchtigkeitsdehnung des Scherbens, die im Band 4 erörtert wird. Hier sei nur im Zusammenhang mit den Glasuren auf deren Prüfung auf Haarrisssicherheit hingewiesen. Dazu hat sich das *Harkort-Verfahren* bewährt, bei dem die glasierte Probe bis zum Temperaturausgleich auf 100 °C erwärmt und dann in Wasser von 15 bis 20 °C abgeschreckt wird. Man erhöht die Temperatur des Ofens dann schrittweise um je 10 K, bis nach dem Abschrecken Haarrisse zu beobachten sind. Liegt der Rissbeginn bei 120 °C, dann ist die Haltbarkeit der Glasur gering, bei 150 °C beträgt sie 3 bis 4 Monate, bei 160 °C etwa 15 Monate, während bei 180 °C praktisch unbegrenzte Sicherheit gewährleistet ist.

Eine wichtige Eigenschaft ist der *Verschleiß*. Aus zahlreichen Messungen kann man folgern, dass im Allgemeinen die mechanische Verschleißfestigkeit von Glasuren umso höher liegt, je höher ihr SiO_2-Gehalt ist. Es gibt hier jedoch Ausnahmen, indem der Anfangsverschleiß eine andere Abhängigkeit als der Tiefenverschleiß haben kann. Als Untersuchungsinstrument hat sich dafür besonders das Rasterelektronenmikroskop bewährt [641, 651]. Der Verschleiß lässt sich verringern, wenn man die Glasur durch geeignete Ausdehnungskoeffizienten unter Druckspannung setzt. Solche Druckspannungen sind im Prinzip auch durch Kristalle mit geringer Wärmedehnung in der Glasuroberfläche erreichbar, jedoch ist die praktische Herstellung wegen der üblichen Inhomogenitäten der Glasur kaum realisierbar. Allerdings kann die Verschleißfestigkeit durch eine Volumenkristallisation erhöht werden, wenn diese Kristalle nadeligen Habitus aufweisen und dadurch nicht so leicht ausbrechen. Bewährt hat sich in dieser Beziehung eine Kristallisation von Zirkon, $ZrSiO_4$. Es gelten hier die in Bänden 2 und 4 besprochenen Prinzipien der Faserverstärkung.

Wegen der vielen Möglichkeiten, farbige Glasuren zu erhalten, sei auf die eingangs genannten Monographien hingewiesen. Hier sollen noch den transparenten die getrübten Glasuren gegenübergestellt werden. Die *Trübung* wird durch Streuung des Lichtes an Teilchen hervorgerufen, die eine andere Lichtbrechung als die Glasur haben. Maximale Trübung erreicht man, wenn die Teilchengröße im Bereich der Lichtwellenlänge liegt. Man muss also in die Glasur kleinste Teilchen mit möglichst unterschiedlicher Lichtbrechung einbringen. Am einfachsten gelingt das durch Zugabe einer sehr feinkörnigen Komponente, die sich während des Glasurbrandes nicht oder nur wenig in der Glasurschmelze auflöst. Ein wichtiges Trübungsmittel dieser Art ist SnO_2. Man kann auch einen Rohstoff verwenden, der sich zwar in der Glasurschmelze löst, bei tieferen Temperaturen aber wieder auskristallisiert. Die Zirkontrübung arbeitet nach diesem Prinzip, geht jedoch praktisch einen anderen Weg, indem Zirkon bei hoher Temperatur zunächst eingefrittet wird. Die abgeschreckte Fritte ist glasig und bildet erst beim Glasurbrand die trübenden $ZrSiO_4$-Kristalle aus, da bei diesen tieferen Temperaturen die $ZrSiO_4$-Löslichkeit in der Schmelze gering ist. Als Keime wirken dabei meist die Oberflächen, weshalb nach Kalinina u. M. [652] die Trübung umso besser ausfällt, je feiner die Fritte vorher gepulvert wurde. Voraussetzung dabei ist, dass das Einschmelzen nicht zu weit über T_g erfolgt, weil dann viele Teilchen wieder zusammengeschmolzen sind. Abbildung 2.210 zeigt 1–2 µm große Zirkon-Einschlüsse in der Sanitärporzellanglasur von Abb. 2.207 im Dünnschliff. Gut zu erkennen ist die Anreicherung der Kristalle an der Oberfläche der beiden Gasblasen rechts.

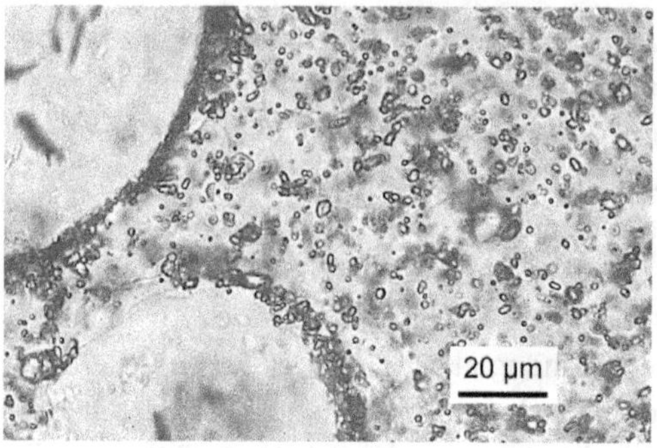

Abb. 2.210: Zirkon-Kristalle in einer Sanitärporzellanglasur, Dünnschliff; Bild: R. Telle.

Große Unterschiede in der Lichtbrechung gegenüber der Glasur haben auch die Gasblasen. Eine Gastrübung ist deshalb oft vorgeschlagen worden, hat sich aber praktisch nicht eingeführt. Dagegen wird zur Trübung auch die Entmischung einiger Schmelzen in zwei flüssige Phasen ausgenutzt, wozu man die Systeme $Li_2O–B_2O_3–SiO_2$, $Li_2O–TiO_2–SiO_2$, $CaO–TiO_2–SiO_2$, $PbO–B_2O_3–SiO_2$ oder $CaO–B_2O_3–SiO_2$ verwenden kann.

Während bei der Trübung meist kleine Kristalle notwendig sind, werden manchmal für dekorative Zwecke auch große, bis zu einigen Zentimetern Länge wachsende Kristalle gewünscht. Für solche Zwecke eignen sich ZnO-haltige Glasuren, denn der Willemit, Zn_2SiO_4, hat eine ausreichende Kristallisationsgeschwindigkeit und kristallisiert bevorzugt entlang der Oberfläche. Bilder einer Willemit-Glasur sind in Band 1 in Kapitel 2.5.3.6 zu sehen.

Als weitere wichtige Eigenschaft sei die *chemische Beständigkeit* der Glasuren erwähnt. Da die chemische Beständigkeit mit steigendem Gehalt an Netzwerkbildnern zunimmt und Glasuren durch einen hohen Gehalt an solchen ausgezeichnet sind, ist ihre chemische Beständigkeit sehr gut. Innerhalb der Glasuren kann man mit steigender Glattbrandtemperatur auch eine bessere chemische Beständigkeit feststellen, denn in gleichem Maße erhöht sich auch der Gehalt an Netzwerkbildnern. Umgekehrt nimmt mit steigendem Gehalt an Netzwerkwandlern die chemische Beständigkeit ab.

Zur Prüfung der chemischen Beständigkeit haben sich verschiedene Verfahren eingeführt, die sich an die Anwendung anlehnen. So wird in DIN 51092 [653] bei glasierten Fliesen und Platten die sichtbare Wirkung, der Glanzverlust und das Verhalten gegenüber Bleistiftstrichen nach der Behandlung mit verschiedenen Prüfflüssigkeiten beurteilt, woraus sich eine Einteilung in fünf Klassen (AA, A, B, C, D) ergibt. Eine direkte Analyse der in Lösung gegangenen Pb- und Cd-Gehalte nach 24stündiger Behandlung mit 4-%iger Essigsäure bei Raumtemperatur beschreibt DIN 51031 [654], was zur wichtigen Frage der *Bleilässigkeit* der oft PbO-haltigen leichtschmelzenden Glasuren und Schmelzfarben führt. In DIN 51032 [655] sind die zulässigen Grenzwerte der Pb- und Cd-Abgabe enthalten. In den üblichen Bleikristallgläsern und ähnlichen Glasuren ist das Blei so fest in die Glasstruktur eingebunden, dass die Abgabe gegenüber Lebensmitteln sehr gering und damit unbedenklich ist. Wenn jedoch die Bleigehalte höher werden und wenn bestimmte Farboxide vorhanden sind, dann kann sich die Abgabe überproportional verstärken. Buldini [656] hat diese Wirkung besonders bei geringer Zugabe an CuO oder Cr_2O_3 festgestellt. Die Abgabe des toxischen Cadmiums wird durch die Gegenwart von Licht offenbar sehr angeregt, bedingt durch die geförderte Oxidation der CdS-Farbpigmente zu $CdSO_4$, das leicht löslich ist [657]. Cadmium findet man in Glasuren nur als die gelben bis roten Farbkörper der Mischkristallreihe Cd(S,Se).

In Gegenwart von Lebensmitteln tritt dieser Effekt nicht ein, denn einmal sind die meisten Lebensmittel undurchlässig für Licht und zum anderen enthalten sie so viele oxidierbare Bestandteile, dass die oxidierende Wirkung des Lichts abgepuffert wird [658]. Es stellte sich außerdem heraus, dass der wesentliche Parameter der Pb- und Cd-Lässigkeit der *p*H-Wert ist, wie Abb. 2.211 zeigt, d. h. der Essigsäuretest stellt eine strenge Prüfung dar.

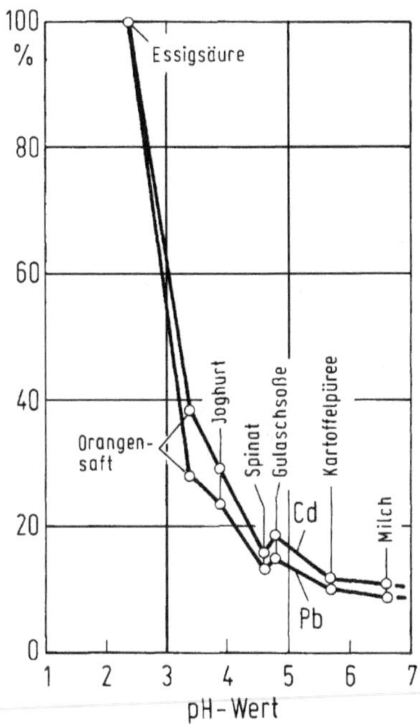

Abb. 2.211: Mittelwerte der relativen Pb- und Cd-Abgaben aus Glasuren und Schmelzfarben in Abhängigkeit von den *p*H-Werten einiger Lebensmittel (bezogen auf 4 %ige Essigsäure ≙ 100 % Abgabe).

Bleihaltige Glasfritten werden häufig zur Herstellung der *Körper-* oder *Schmelzfarben* verwendet, indem sie mit verschiedenen Farbkörpern vermischt und verschmolzen werden. Sie stellen ein wichtiges Prinzip des *Dekorierens* mit keramischen Farben dar [659]. Wesentlich dabei ist, dass sich diese Farbkörper beim Glasurbrand nicht auflösen, weshalb man oft stabile Wirtsgitter einsetzt, in die farbgebende Übergangsmetalle eingebaut sind. Solche *Wirtsgitter* sind Korund, Spinelle, Zirkon, SnO_2, usw. Die bei hohen Temperaturen nicht beständigen roten Cd(S,Se)-Mischkristalle lassen sich stabilisieren, wenn man sie als Keimbildner für stabilere Kristalle, z. B. Zirkon, einsetzt, wodurch dann die *Einschlusspigmente* entstehen, die von Kleinschmit [660] beschrieben werden.

Bei der Auswahl muss man auch auf die Dekorart achten. Bei den *Unterglasuren* wird die Farbe unmittelbar auf den Scherben aufgetragen. Die Glasur schmilzt dann darüber, d. h., sie muss den Farbkörper benetzen. Für *Aufglasuren*, meist in einem zweiten Dekorbrand bei 800 bis 850 °C aufgebrannt, werden Schmelzfarben eingesetzt, die über 80 Gew.-% Glasfluss enthalten.

Beim *Inglasurdekor* ist die Farbe so eingestellt, dass sie beim Brennen in die schmelzende Glasur einsinkt und von ihr überdeckt wird, wodurch eine sehr gute chemische Beständigkeit, vor allem *Spülmaschinenfestigkeit* erreicht wird.

Es gibt noch eine Fülle weiterer Dekoreffekte. Die Kristallglasuren mit großen Kristallen in der Glasuroberfläche wurden oben schon erwähnt. Sind die Kristalle klein, ergeben sich *Mattglasuren*. Einen *Krakelée-Effekt* erzeugt man durch Glasuren mit hoher Wärmedehnung, die beim Abkühlen reißen, und die sog. *Schlangenhaut* wird durch eine hohe Oberflächenspannung der Glasur erzielt.

Elektrisch leitende Glasuren erhält man, wenn man entsprechende kristalline Phasen einbaut, die einen Volumenanteil von mindestens 8 % haben sollten. Nach Binns [661] eignen sich dafür besonders Fe_2O_3-haltige Spinelle. Spezielle Verfahren sind für das Dekorieren mit Edelmetallen notwendig. Dabei wird das feinkörnige Metall in Form einer Paste oder Lösung, versetzt mit Haft- oder Flussmitteln, aufgetragen und eingebrannt. Oft schließt sich eine Politur an. Die Dicken solcher Schichten liegen beim Gold unter 0,5, meist unter 0,1 µm. Paret und Landgraf [662] beschreiben die verschiedenen Typen: Puder-, Polier- und Glanzgold und analog Silber und Platin.

2.7 Oberflächenbearbeitung

Bearbeitet von R. Telle, Aachen

Keramische Werkstoffe zeichnen sich bekanntermaßen gegenüber Metallen durch ihre hohe Härte, den hohen Elastizitätsmodul, den hohen Verschleißwiderstand und die hervorragenden Hochtemperatureigenschaften aus. Es sind allerdings gerade diese Eigenschaften, zusammen mit den heute erzielbaren hohen Festigkeiten und Bruchzähigkeiten, die eine Formgebung eines gebrannten Keramikkörpers über plastische Verformung auch bei erhöhten Temperaturen unmöglich machen. Im „keramischen Prozess" muss also die Formgebung *vor* der Konsolidierung der Pulverkörper im Sinterprozess erfolgen, welcher letztendlich zu den keramiktypischen Eigenschaften führt. Sinterung bedeutet aber Stofftransport durch Diffusion zum Zwecke der Poreneliminierung und bedingt somit Schwindung mit teilweise deutlicher Konturänderung und – mikroskopisch betrachtet – eine Veränderung des Oberflächengefüges. Die bereits bei relativ niedrigen Temperaturen einsetzenden Verdampfungs- und Wiederkondensationsvorgänge, Oberflächendiffusion, das „Ausschwitzen" von gezielt eingebrachten oder ungewollten Flüssigphasen sowie die randliche Oxidation bei Nichtoxiden führt dabei nicht nur zu einer Oberflächenrauheit durch Einfurchung der Korngrenzen, sondern auch zu einem insgesamt gegenüber dem Bauteilinneren deutlich durch Kornwachstum, Phasenneubildung oder Anhäufung von Porosität verändertem Gefüge. Neben einer Veränderung der Bauteilgeometrie erzeugt der Sinterbrand in vielen Fällen also eine *Sinterhaut* (Abb. 2.212).

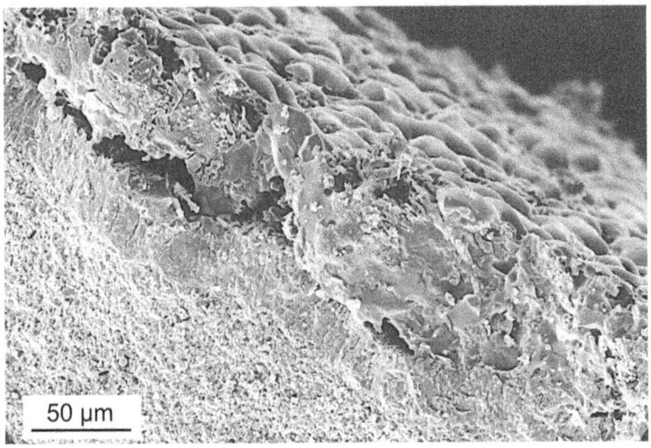

Abb. 2.212: REM-Aufnahme einer keramischen Sinterhaut im Querbruch.

Die Entfernung dieser Sinterhaut, die Korrektur von Formänderungen nach der Formgebung, z. B. beim Trocknen und Sintern, die Anpassung der Bauteilabmaße auf die gewünschte Dimension und die Einebnung der Oberflächen erfolgt durch *Hartbearbeitung*, im Unterschied zur *Grünbearbeitung*, die sich auf das Herausarbeiten einer Form aus einem ungebrannten Formteil bezieht, bzw. zur *Weißbearbeitung*, die nach einem anfänglichen Sinterprozess bei geringen Temperaturen, z. B. dem Schrühbrand, erfolgt. Aufgrund der hohen Härte und Steifigkeit dicht gebrannter keramischer Erzeugnisse bedarf es also einer energie- und kostenintensiven Bearbeitung mit Diamantwerkzeugen, meistens durch den Prozess des Schleifens. Auf das Vorschleifen mit groben Körnungen folgen Feinschleif-, Läpp- und Polierprozesse, um die gewünschten Oberflächen mit der nötigen Präzision und Funktionalität herzustellen, was heute nahezu rein empirisch bis hin zum Spiegelglanz, d. h. zu Rauheiten im Nanometermaßstab verwirklicht werden kann.

Mit zunehmendem bruchmechanischem Verständnis wurde erkannt, dass die Hartbearbeitung neben der gewünschten Endformgebung zu einer Veränderung der Oberflächeneigenschaften führt. Mit der Steigerung der Gefügehomogenität durch geeignete Pulveraufbereitungs- und Formgebungsverfahren sowie der damit einhergehenden Erhöhung von Festigkeit und Bruchzähigkeit wurde das Ausmaß der schädigenden Einflüsse der Oberflächenbearbeitung immer deutlicher. Damit wurde klar, dass die nachfolgende Feinschleif-, Läpp- und Polierbehandlung nicht nur einen Beitrag zur Verfeinerung der Oberflächenrauheit sondern auch zur Eliminierung zuvor eingebrachter Risse und Ausbrüche und damit wiederum zur Steigerung der Festigkeit und Zuverlässigkeit der Bauteile leistet.

Die genannten positiven und negativen Einflüsse der Oberflächenbearbeitung auf die Qualitätsmerkmale und Funktionalität der resultierenden Oberflächen werfen das Problem der Korrelation von Bearbeitungsparametern, Abtrags- und Schädigungsmechanismen mit den mechanischen, aber auch korrosiven und elektrischen Eigenschaften von Hochleistungskeramiken auf [663–665]. Das funktionsgerechte Oberflächenfinish wird damit zur Schlüsselaufgabe einer erfolgreichen Werkstoff- oder Bauteilentwicklung.

Als Oberflächenbearbeitungsverfahren kommen mit abnehmender Abtragsleistung üblicherweise das Schleifen, Honen, Läppen oder Polieren zum Einsatz. Alle diese Verfahren finden ihren Ursprung in der Bearbeitung metallischer Werkstoffe. Es gilt also, einerseits Schädigungen wie Kerbbildung durch Risse, ausgebrochene Körner oder Kornfragmente durch eine entsprechende Wahl der Bearbeitungsparameter weitgehend zu vermeiden; andererseits soll ein möglichst hoher Abtrag bei geringem Bedarf an Nachbearbeitung durch Läppen und Polieren erzielt werden. In diesem Kapitel sollen aber weniger die fertigungstechnischen Aspekte der Keramikbearbeitung erläutert werden als vielmehr die Materialreaktion auf die komplexen mechanischen Beanspruchungen. Gleichzeitig soll das Verständnis für die Oberflächen- und Randzoneneigenschaften der bearbeiteten Keramiktypen gefördert werden. Ferner ist die Hartbearbeitung neben dem Ätzen der wesentliche Bestandteil der keramographischen Probenpräparation und damit der Gefügecharakterisierung.

2.7.1 Schleifen

In der Fertigungstechnik unterscheidet man eine Vielzahl von Bearbeitungsmethoden, die nach ihrer Kinematik, d. h. der Relativbewegung von Werkzeug und Werkstück, eingeteilt werden. Hierüber informieren entsprechende Standardwerke von z. B. König, Klocke, Spur, Saljé, Tönshoff, Marinescu, Uhlmann und Rice [666–674] (Abb. 2.213). Für keramische Bauteile ist neben den außen- und Innenrundschleifprozessen für radialsymmetrische Formen besonders das Planschleifen von ebenen Flächen in der Anwendung. Hierbei wird zwischen *Tief- und Pendelschleifen* unterschieden, wobei das Tiefschleifen mit geringer Vorschubgeschwindigkeit und hoher Schnitttiefe in einer Richtung, das Pendelschleifen mit hoher Vorschubgeschwindigkeit und geringer Schnitttiefe durch Vor- und Zurückfahren der Schleifscheibe durchgeführt werden (Abb. 2.214).

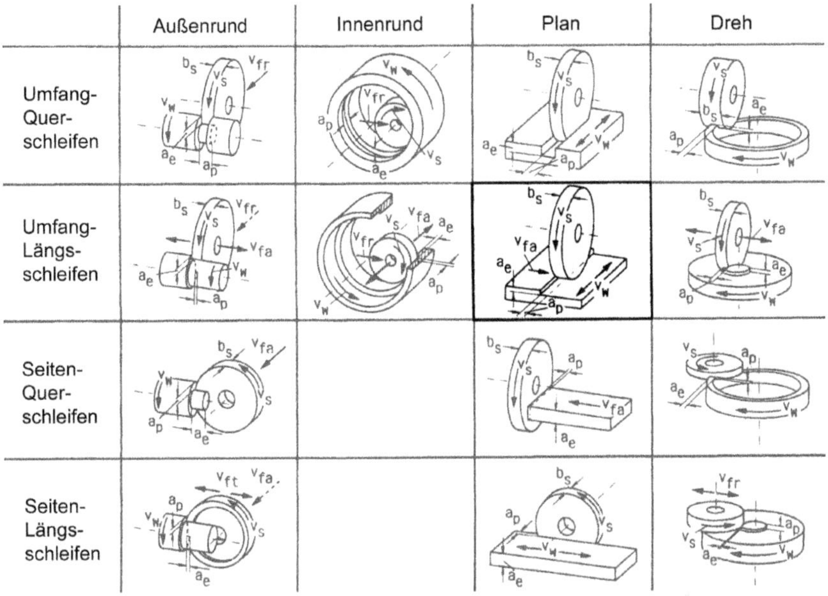

Abb. 2.213: Kinematik des Schleifens nach König [667]. Erläuterungen der Parameter siehe Text.

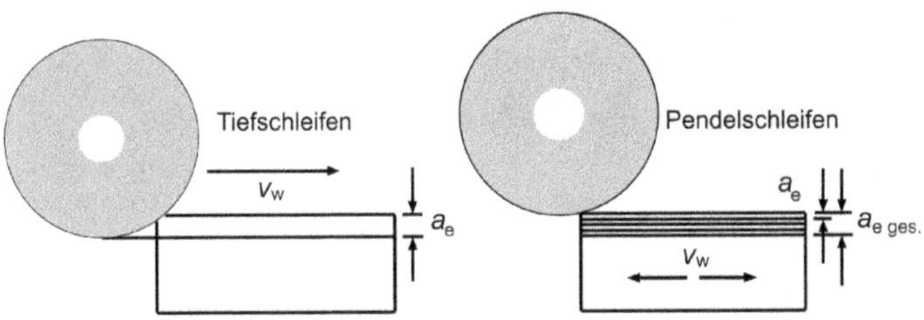

Abb. 2.214: Tiefschleifen und Pendelschleifen als Varianten des Plan-Umfangslängsschleifens.

Die wichtigsten kinematischen Stellgrößen des Schleifprozesses sind nach König [667] die Kräfte

F_c = Schnittkraft [N]
F_n = Normalkraft [N]
F_t = Tangentialkraft [N],

die Geschwindigkeiten

v_a = Abtragsgeschwindigkeit [mm^3/min]
v_c = Einzelkorngeschwindigkeit, Schnittgeschwindigkeit [mm/min]
v_e = Wirkgeschwindigkeit, tatsächliche Eingriffsgeschwindigkeit des Kornes [mm/min]

v_f = Vorschubgeschwindigkeit [mm/min]
v_{fa} = axiale Vorschubgeschwindigkeit [mm/min]
v_{fq} = Quervorschubgeschwindigkeit [mm/min]
v_{fr} = radiale Vorschubgeschwindigkeit [mm/min]
v_{ft} = tangentiale Vorschubgeschwindigkeit [mm/min]
v_h = Axialgeschwindigkeit
v_s = Schleifscheibenumfanggeschwindigkeit [m/s]
v_u = Umfangsgeschwindigkeit
v_w = Abtragsrate [mm^3/min], Schnittrate [mm^2/min], auch Werkstückgeschwindigkeit [m/s]

und die Abmessungen

α = Überschneidungswinkel, Schnittwinkel
a_e = Zustelltiefe je Überlauf, Arbeitseingriff [µm]
a_f = Vorschubeingriff [µm]
a_p = Schnitttiefe, Eingriffsbreite [µm]
b_s = Schleifscheibenbreite
$f_{r,t}$ = radialer/tangentialer Vorschub [mm]
h_{cu} = Spanungsdicke, Dicke des unverformten Spans [µm]
Q = Spanungsquerschnitt [µm^2]
Q_{cu} = mittlerer Spanungsquerschnitt [µm^2]
Q_w = Zeitspanvolumen, Zerspanleistung [mm^3/s]
Q'_w = bezogenes Zeitspanvolumen, Zerspanleistung [mm^3/(s · mm)].

Die Schleifscheiben bestehen aus einem dem jeweiligen Bearbeitungsprozess und Werkstückmaterial speziell angepassten Volumenanteil aus Diamantkörnern, Poren und Bindung. Man spricht daher von *„Spanen mit gebundenem Korn“*. Für keramische Werkstücke hat sich besonders eine Kunstharzbindung bewährt. Daneben gibt es auch Bronzebindungen. Der Schleifprozess führt „oberflächlich" gesehen zu den bekannten Schleifriefen, die den Keramiker eigentlich verwundern sollten. Diese parallelen Ritzspuren, deren Breite und Tiefe vom sog. Einzelkornspanungsquerschnitt, also von der Spezifikation der Schleifscheibe (Diamantkorngröße, Konzentration) und von der Scheibenzustellung abhängen, sind je nach Keramikwerkstoff durch mehr oder minder große Kornausbrüche unterbrochen, die das erwartete spröde Verhalten der Keramik widerspiegeln.

Grundlegende Modelle der Materialabtragsmechanismen unter dem Eingriff eines Schneidkorns stammen von Saljé [675] und König [667] und sind in Abb. 2.215 für sprödes und duktiles Werkstückverhalten illustriert. Die Abfolge der Effekte ist hierbei in zeitliche Abschnitte eingeteilt beginnend mit der ersten Berührung zwischen Korn und Werkstück (I) über eine zunehmende Eingriffstiefe (II) bis zum Austritt des Korns aus dem Werkstück (III). Zusätzlich ist die Zone IV eingetragen, die die Phänomene hinter dem Korneingriff, also nach Druckentlastung, umfasst. Im Falle spröden Werkstoffverhaltens findet hier eine elastische Rückfederung und damit Lateralrissvereinigung statt, was wesentlich zum Materialabtrag beiträgt. Bei plastisch verformtem Material führt die Spannungsrelaxation nach der Druckentlastung zur Rückbiegung von verformten Schollen und damit zur Delamination.

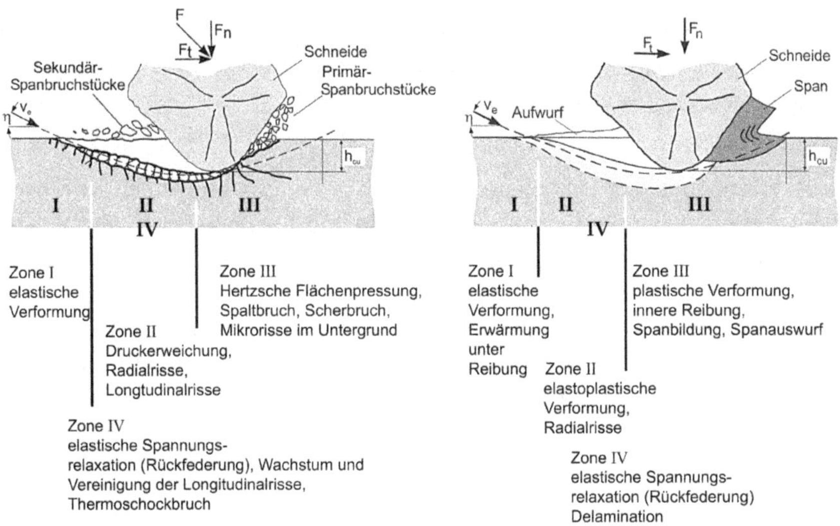

Abb. 2.215: Zeitliche Stadien der Wechselwirkung zwischen Hartstoffkorn und Werkstück beim Schleifen. Links: Modell für spröde Werkstoffe in Anlehnung an Saljé [675]. Rechts: Modell für duktiles Werkstoffverhalten nach König [667] und Rußner [676].

Die Schädigungsmechanismen längs einer Schleiffurche lassen sich bruchmechanisch gut von den dynamischen Vorgängen beim Setzen eines Härteeindrucks ableiten. Es gelten dieselben Zustände, wie sie in Kapitel 2.8.3, Band 2, „Dynamische Prozesse bei der Härteprüfung", Abb. 2.88, erläutert wurden, nur dass sich der Prüfkörper nach dem Eingriff zusätzlich horizontal über die Probe hinwegbewegt. Es treten daher unter der Wirkung der Schubspannungen Hertzsche Risse auf, die in der Kompressionszone vor dem Schneidkorn wachsen, ferner die Medianrisse unterhalb der Schleifriefe, hier meistens Longitudinalrisse genannt, sowie die seitlichen Lateralrisse nach Druckentlastung. Durch adhäsive Effekte zwischen Schneidkorn und Werkstückoberfläche bedingt durch die starke Scherung entstehen am Furchengrund aufgrund plastischer Verformung und Delamination noch Radialrisse, die auch Scherrisse genannt werden. Das dreidimensionale Modell dieser Vorgänge in Abb. 2.216 haben Lawn und Evans entworfen [677].

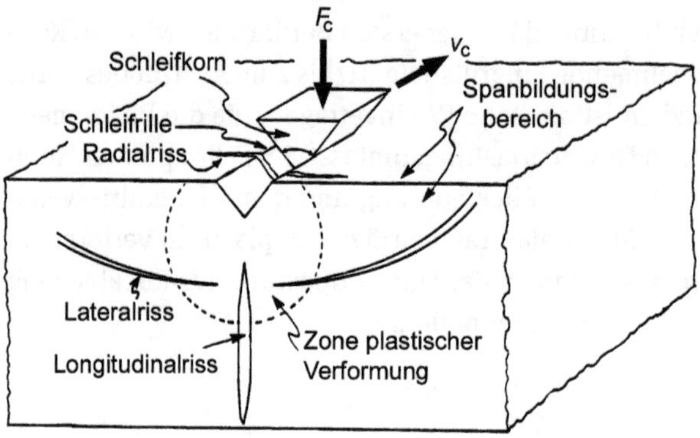

Abb. 2.216: Modell der Risssysteme unter einem gleitenden Härteprüfkörper in Analogie zur Schleifbearbeitung nach Lawn und Evans [677].

Neben der Dissipation von Schleifenergie durch Verformung und Bruch wird auch Reibungswärme erzeugt, die sich aus dem Produkt von Tangentialkraft und Wirkgeschwindigkeit ergibt. Diese Wärme wird zu 60–90 % durch einen Werkzeugwärmestrom Q_{wz} in das Werkzeug abgegeben, also den einzelnen Diamanten, der aufgrund seiner hervorragenden Wärmeleitfähigkeit und Wärmekapazität diese Wärme speichert, ferner werden etwa 10–40 % durch den Werkstückwärmestrom Q_{wst} in das bearbeitete Bauteil geleitet (Abb. 2.217).

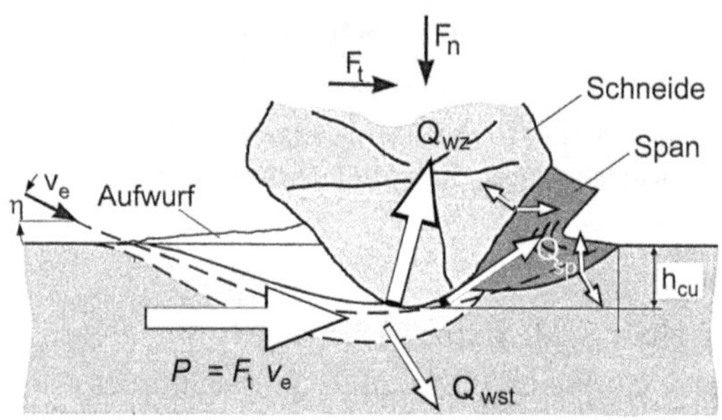

Abb. 2.217: Wärmeströme beim Eingriff eines Hartstoffkornes.

5–10 % der Reibungswärme gelangen über den Spanwärmestrom Q_{sp} in die Späne bzw. Bruchstücke oder in das Umgebungsmedium, also in die Luft bzw. den Kühlschmierstoff. Durch Umformung bzw. Reibung zwischen den Bruchstücken und der Hartstoffoberfläche wird erneut Wärme generiert, die ebenfalls in die Späne oder das Umgebungsmedium abgegeben werden.

Die integral auftretenden Temperaturen wurden beim Schleifen von Aluminiumoxid zu 600–800 °C bestimmt, lokal sind Erhöhungen auf 1500 °C bis über 2050 °C beobachtet worden. Über thermische Effekte bei tribologischen Kontaktvorgängen und

Messprinzipien informiert Kapitel 7.6 in Band 2. Eine anschauliche Zusammenfassung der Abhängigkeiten zwischen Schleifprozessen und Oberflächentopographie stammt von Rußner [676]. Eine generelle thermische Analyse des Schleifprozesses legen Malkin und Guo vor, allerdings auch bezogen auf die Bearbeitung von metallischen Werkstücken [678].

2.7.2 Honen

Unter Honen wird ein nachfolgender Schlichtprozess mit ebenfalls gebundenem Korn verstanden. Der Abtragsmechanismus ist mit dem des Schleifens vergleichbar. Der Hartstoff ist dabei mit einem metallischen oder Kunstharzbinder, seltener mit einer gesinterten Bindung zu einem porösen länglichen Klötzchen verarbeitet, dessen Oberflächen den Materialabtrag durch eine Relativbewegung herbeiführen. Je nach Geometrie der zu bearbeitenden Oberfläche wird zwischen Planhonen, Rundhonen, Schraubhonen, Wälzhonen, Profilhonen und Formhonen unterschieden. Als Hartstoff kommen wieder Diamant, seltener kubisches Bornitrid (cBN) oder SiC zum Einsatz. Beim Langhubhonen vollführt das Werkzeug eine konstante Tangentialbewegung und eine oszillierende Axialbewegung. Auch bei diesem Verfahren sind Ritzspuren einzelner Körner in der Werkstückoberfläche zu erkennen, wobei die Lage der Ritzspuren mit den Werkzeugbewegungen korreliert (Abb. 2.218). Beim Kurzhubhonen oszilliert das Werkzeug axial, während sich das Bauteil dreht (Abb. 2.219). Mit zunehmender Schneidkorngröße und Flächenpressung nehmen Rauheit und Materialabtragsrate zu. Der Honbearbeitung keramischer Werkstoffe widmen sich Bücher und Arbeiten von Spur [669], Weigmann [679] und Höhn [680]. Maschinen, Werkzeuggestalt, Bearbeitungsparameter und Kinematik des Honen stellt König vor [667].

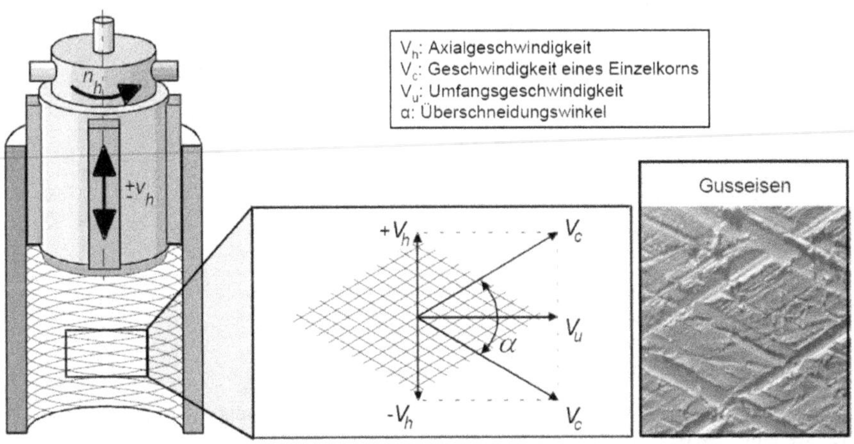

Abb. 2.218: Kinematik des Langhubhonens nach Uhlmann [671] mit freundlicher Genehmigung.

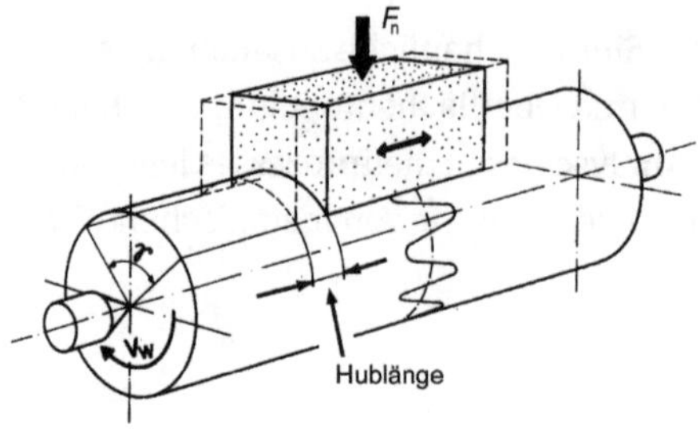

Abb. 2.219: Kurzhubhonen mit eingeformtem Honstein nach Spur [669]. © Carl Hanser Verlag, Abdruck mit freundl. Genehmigung.

2.7.3 Läppen

Im Gegensatz zum Schleifen und Honen wird das Läppen als ein *Spanen mit losem Korn* definiert. Die Proben werden unter Auflast einer langsamen Rotationsbewegung auf einer spiralgenuteten weichen, meist aus einer Blei- oder Zinnlegierung bestehenden Metallscheibe ausgesetzt. Die Abrasivkörner, in der Regel Borcarbid oder Siliciumcarbid von 24–63 µm Korngröße, sind als Suspension in Öl dispergiert und bedecken die Spaltfläche zwischen Probe und Scheibe. Hierbei kommt es zu einer ungerichteten Abrollbewegung der Läppkörner und einem Eindrücken der Kornspitzen in den Werkstoff. Die Folge ist eine Zerrüttung des oberflächennahen Gefüges durch Druck–Zug-Wechselbelastung oder Adhäsion und damit ein Werkstoffabtrag durch das Herausbrechen kleinster Partikel [681, 682], Abb. 2.220.

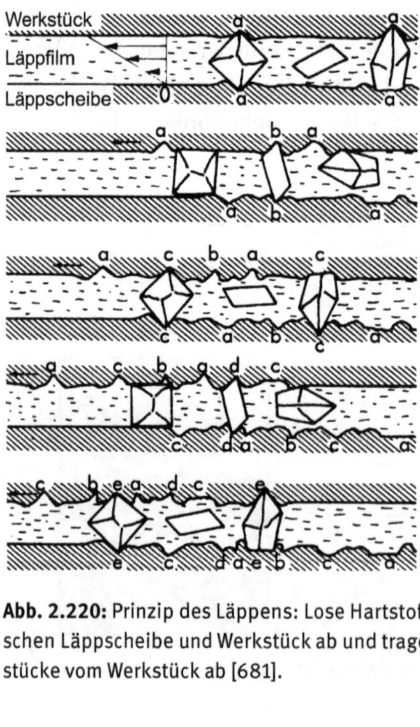

Abb. 2.220: Prinzip des Läppens: Lose Hartstoffkörner rollen im Geschwindigkeitsgradienten zwischen Läppscheibe und Werkstück ab und tragen durch mechanische Verklammerung kleine Bruchstücke vom Werkstück ab [681].

2.7.4 Polieren

Das Polieren findet, vergleichbar dem Läppen, ebenfalls mit losem Diamantkorn statt. Hierbei kommt es jedoch zu einer Überlagerung unterschiedlicher Abtragsmechanismen. Einerseits findet ebenfalls eine Abrollbewegung der Diamantkörner auf der Oberfläche der Keramik statt und führt infolge alternierender Zug–Druck-Wechselbelastungen zu einer Zerrüttung und damit zu einem Abtrag einzelner Schichten. Andererseits kommt es auch zu abrasiven Mechanismen wie dem Mikrospanen, hervorgerufen durch mehr oder minder im Poliertuch fest verankerte Diamantkörner (Abb. 2.221).

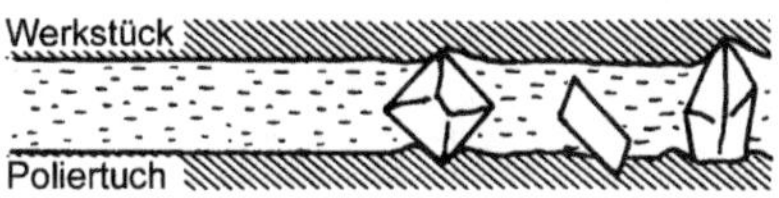

Abb. 2.221: Prinzip des Polierens [681].

Der Polierprozess wird üblicherweise mehrstufig mit abnehmender Korngröße (6 – $\frac{1}{4}$ µm) und immer weicheren Tüchern durchgeführt. Chemische Agenzien können den Abtragsprozess unterstützen, wobei die Oberflächenrauheit auf wenige Nanometer gesenkt werden kann. Da das Polieren auch die Endstufe der keramographischen Präparation zur Gefügeanalytik ist, gibt es eine Vielzahl von Publikationen, die sich mit den „Rezepten" und Artefakten des Polierens der unterschiedlichen technischen Keramiken befassen und die überwiegend in der Zeitschrift für Praktische Metallographie erschienen sind, z. B. [683–688]. Auf einige Besonderheiten soll im Folgenden eingegangen werden.

Wie später noch zu zeigen ist, ist das Polieren mit einem plastischen Materialabtrag verbunden, der neben den Feinspanprozessen auch ein Verschmieren des Polierabriebs auf der Oberfläche bewirkt. Sowohl feinste Abriebspartikel als auch Abrasivstoff werden in die Poren eingedrückt oder reichern sich an deren Rand an (Abb. 2.222).

(a) (b) (c)

Abb. 2.222: Randbereich einer Pore in drucklos gesinterter SiC-Keramik in verschiedenen Stadien des Läppens und Polierens. (a) Läppen mit 6 µm-Diamantkörnung, (b) Polieren mit 6 µm-Diamantkörnung, (c) Polieren mit 1 µm-Diamantkörnung. Randliche Ausfransungen und Anreicherungen von Abriebspartikel verfälschen die tatsächliche Porengröße [688].

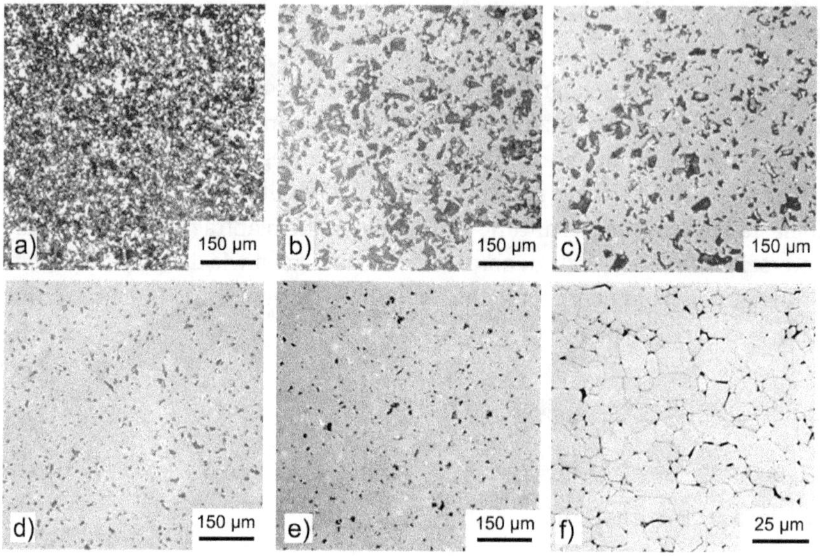

Abb. 2.223: Veränderung der Oberflächentopographie einer homogenen, dichten Al_2O_3-Keramik mit fortschreitender Präparationsqualität. (a) Geläppt mit 6 µm-Diamantkörnung, (b) 40 min poliert mit 6 µm-Diamantkörnung, (c) 80 min poliert mit 6 µm-Diamantkörnung, (d) 20 min poliert mit 3 µm-Diamantkörnung, (e) 40 min poliert mit 1 µm-Diamantkörnung, (f) nach thermischer Ätzung [688].

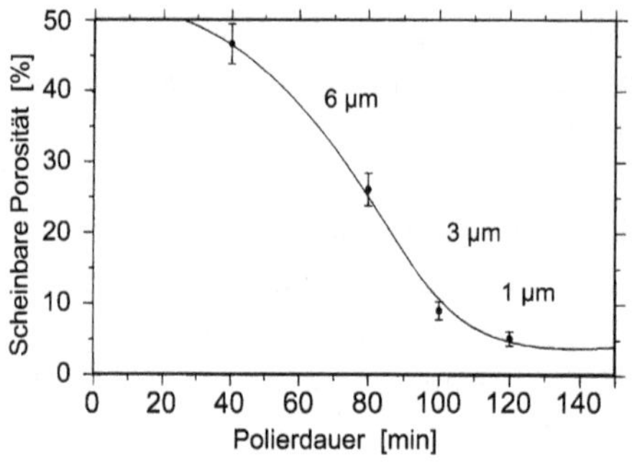

Abb. 2.224: Keramographisch bestimmte scheinbare Porosität der Probe aus Abb. 2.223 in Abhängigkeit vom Präparationsfortschritt mit abnehmender Diamantkorngröße; ausgewertete Schlifffläche etwa achtmal größer als abgebildet; die nach dem Archimedes-Prinzip bestimmte Dichte beträgt 98 % [688].

Will man anhand von auflichtmikroskopischen oder rasterelektronenmikroskopischen Beobachtungen der Oberfläche planimetrisch auf Restporosität schließen, muss daher berücksichtigt werden, dass nur eine scheinbare, vom jeweiligen Polierzustand abhängige Porosität dokumentiert wird [688].

Abbildung 2.223 zeigt die Zwischenstadien der Läpp- und Polierbehandlung von Al_2O_3-Keramik und die daraus keramographisch bestimmte scheinbare Porosität (Abb. 2.224). Einen weiteren Einfluss auf das Erscheinungsbild des Gefüges bringt Abb. 2.225, das eine handpolierte und eine automatisch polierte Al_2O_3-Oberfläche vergleicht. Durch ungleichmäßigen Anpressdruck können bei der Handpolitur einzelne Körner, unterstützt von inneren Spannungen, herausbrechen und eine erhöhte Porosität vortäuschen.

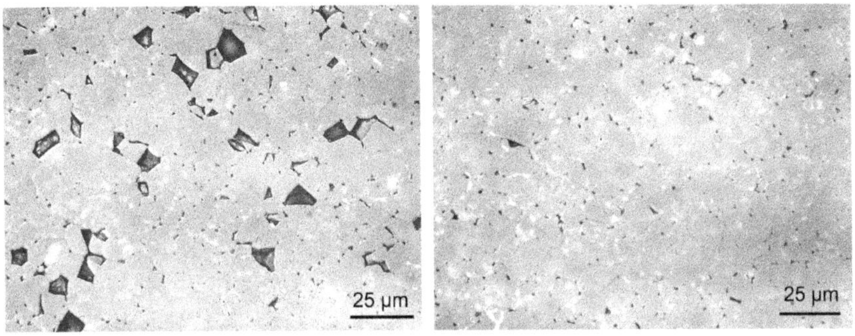

Abb. 2.225: Links: Kornausbrüche bei einer handpolierten Al_2O_3-Keramik wegen ungleichmäßiger Druckverteilung. Rechts: Gleiche Probe nach automatischer Politur. Quelle: U. Täffner, F. Predel, MPI Metallforschung, Stuttgart.

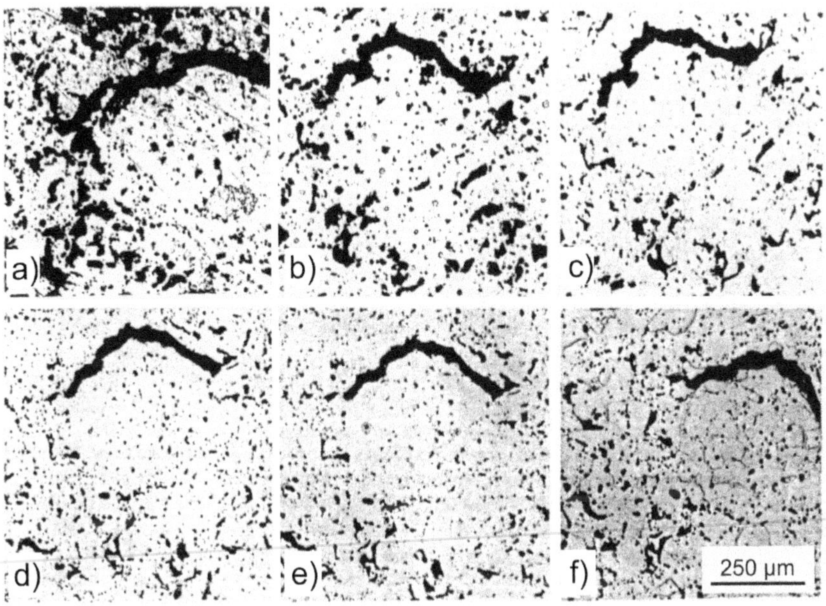

Abb. 2.226: Inhomogene poröse glasphasenhaltige Al_2O_3-Keramik nach verschiedenen Präparationsstadien mit 6 µm Diamant-Körnung. (a) Geläppt, (b) 5 min poliert, (c) 10 min poliert, (d) 35 min poliert, (e) 45 min poliert, (f) ätzpoliert mit Tonerde/NaOH [688].

Den zeitlichen Verlauf einer Gefügepräparation zeigt die Abfolge in Abb. 2.226. Eine quantitative Auswertung der sichtbaren Porenfläche ergibt ein scheinbares Minimum (Abb. 2.227), das aber auf ein Zuschmieren der Poren mit Abrieb zurückzuführen ist.

Entsprechend ist für geätzte Oberflächen eine erhöhte scheinbare Porosität zu erwarten. Ähnliches gilt für die weichere Mg-PSZ-Keramik (Abb. 2.228), die aufgrund ihrer geringeren Härte vor allem zu Kratzern neigt. Hier ist eine Nachpolitur mit $\frac{1}{4}$-1 µm-Diamantpaste erforderlich, um ein artefaktfreies Gefügebild zu erhalten.

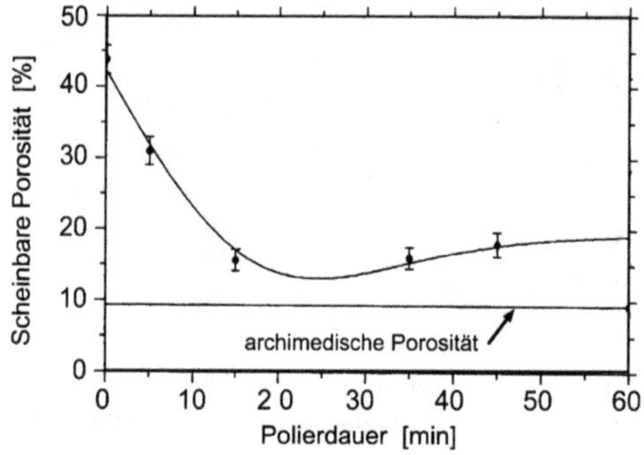

Abb. 2.227: Keramographisch bestimmte scheinbare Porosität der Probe aus Abb. 2.226 in Abhängigkeit von der Polierdauer; ausgewertete Schlifffläche etwa achtmal größer als abgebildet; die nach der Dichte ermittelte tatsächliche Porosität beträgt etwa 9 % [688].

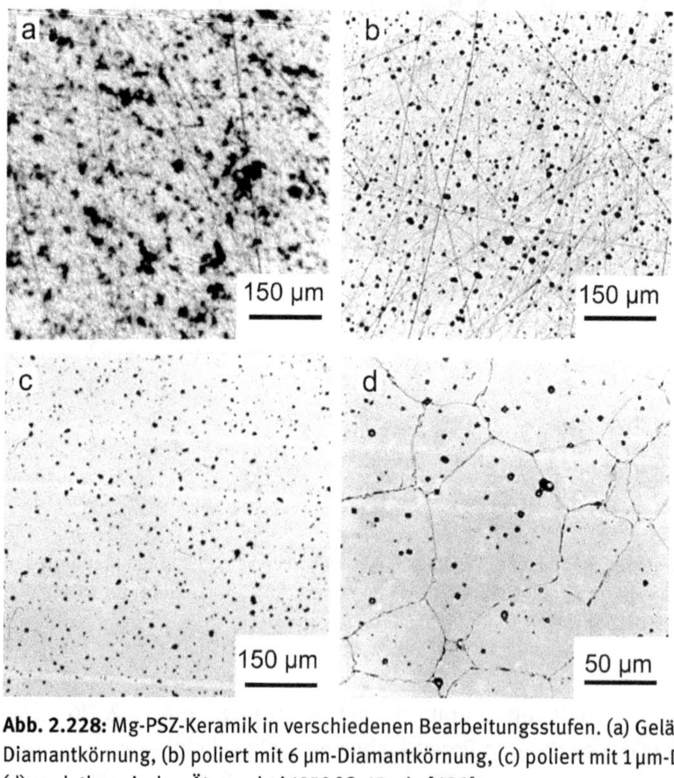

Abb. 2.228: Mg-PSZ-Keramik in verschiedenen Bearbeitungsstufen. (a) Geläppt mit 6 µm-Diamantkörnung, (b) poliert mit 6 µm-Diamantkörnung, (c) poliert mit 1 µm-Diamantkörnung, (d) nach thermischer Ätzung bei 1350 °C, 15 min [688].

2.7.5 Charakterisierung keramischer Oberflächen und Randzonen

Eng mit Fragestellung nach der Oberflächengüte, d. h. nach der Rauheit und der mechanischen und chemischen Tragfähigkeit, verbunden ist die Problematik der Oberflächencharakterisierung, die sich nicht nur auf die topographische Oberflächenausbildung beschränken darf, sondern eine endlich dicke Randzone mit all ihren komplexen Eigenschaften beschreiben muss. Bisherige Untersuchungen hartbearbeiteter Keramiken befassen sich häufig mit der Beschreibung der Oberfläche mittels licht- bzw. rasterelektronenmikroskopischer Verfahren, seit kurzem auch mit Hilfe der Rasterkraftmikroskopie. Die Untersuchungsmethoden für die Oberflächentopographie sind bereits in Kapitel 7.7.1 „Messgrößen" in Band 2 beschrieben worden. Unterhalb der Oberfläche der Werkstücke wird jedoch ebenfalls ein kleines Volumen durch den Bearbeitungsvorgang geschädigt. Dies kann auf mechanisch und thermisch aktivierte Mechanismen zurückgeführt werden. Es entsteht eine *Randzone* mit verändertem Gefüge und entsprechend veränderten Funktionseigenschaften, z. B. verschlechterten mechanischen und korrosiven Eigenschaften. Der Zusammenhang zwischen Abrasivkorngröße, Oberflächenrauheit und Deformationstiefe ist von Freund 1968 [681] qualitativ beschrieben worden (Abb. 2.229). Für einen Blick unter die Oberfläche, also in die Randzone, stehen indirekte Methoden wie die Eigenspannungsmessung mittels Röntgenstrahlung (z. B. [689–691], die Ultraschallmikroskopie oder die Mikro-Computertomographie zur Verfügung. Jedoch sind diese Verfahren infolge der geringen Ortsauflösung noch ungeeignet, Phänomene wie Mikrorisse, Gleitbänder oder Versetzungen zu detektieren.

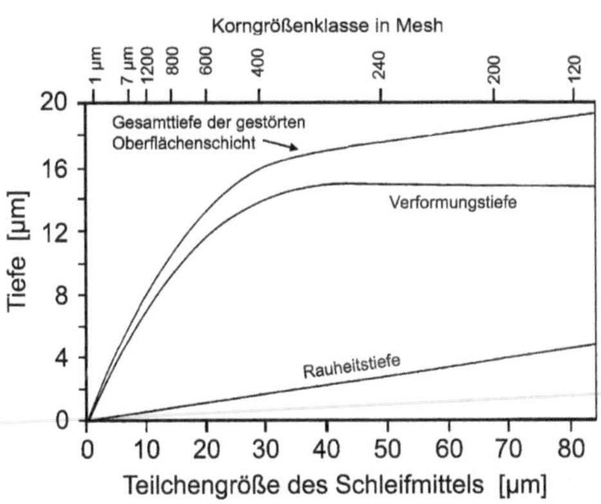

Abb. 2.229: Zusammenhang zwischen Abrasivkorngröße, Oberflächenrauhigkeit und Deformationstiefe nach [681].

Das Transmissionselektronenmikroskop (TEM) erlaubt mit seiner hohen Ortsauflösung die exakte Trennung bzw. Zuordnung bearbeitungs- bzw. einsatzbedingter Gefügeveränderungen, vorausgesetzt die Präparation von Schnitten quer und längs zur Bearbeitungsrichtung bedingt ihrerseits keine zusätzlichen Gefügeveränderungen. Das

TEM ermöglicht nicht nur eine eindeutige Dokumentation von Lateralrissen und Mikrorissen, sondern wird speziell zur Untersuchung der plastischen Verformungsmechanismen wie Versetzungs- und Zwillingsbildung sowie Gittertranslationen herangezogen, da mit Hilfe der Elektronenbeugung eine Indizierung der Versetzungsrichtungen und Gleitebenen erfolgen kann. Gleichzeitig können durch Elektronenbeugung kristalline und amorphe Phasen unterschieden werden (siehe Kapitel 2.6.2.2.2, Band 1, „Transmissionselektronenmikroskopie"). Für die Lage der Präparateschnitte sind zwei Möglichkeiten gegeben, einmal die Querschliffpräparation, die eine Untersuchung der Schleifriefe und der darunter liegenden Schädigungen erlaubt, ferner die Rückdünnung parallel zur geschliffenen Oberfläche (Abb. 2.230). Diese Methode ermöglicht die Betrachtung der Verformung oder Phasenänderung in größeren Tiefen oder unmittelbar unter der bearbeiteten Oberfläche.

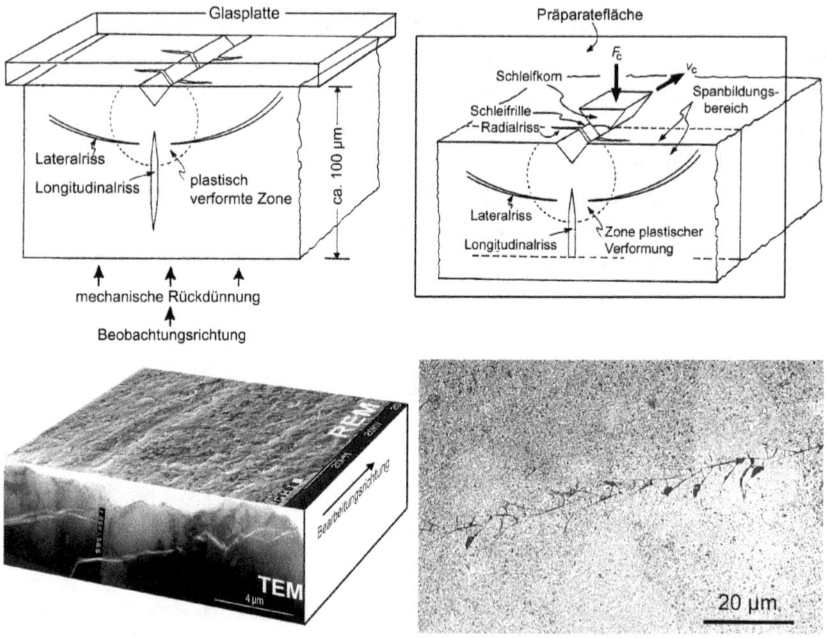

Abb. 2.230: Schliffpräparation parallel und senkrecht zur geschliffenen Oberfläche. Oben: Lage der Präparatebene relativ zur geschliffenen Fläche [665]; unten links Beispiel für TEM-Aufnahmen, gekoppelt mit REM [692]; rechts: Beispiel für die Präparation eines Dünnschliffs durch Rückdünnung. Der Schnitt trifft in etwa 20 µm Tiefe die Longitudinalrisse unterhalb einer Schleifriefe in SiC-Keramik [Quelle: U. Täffner, R. Telle, MPI Metallforschung, Stuttgart].

An die Qualität der TEM-Proben werden hohe Anforderungen gestellt. Insbesondere müssen mögliche Veränderungen der Chemie oder der atomaren Struktur während der Präparation ausgeschlossen werden; gleichzeitig sind die Proben aber nur bis zu einer Dicke von einigen zehn Nanometern elektronentransparent. Neben den mechanischen Abtragsmethoden stehen heute auch Ionenstrahltechniken wie die *Focused Ion Beam* (FIB) zur Verfügung, die in Kapitel 2.6.2.2.2, Band 1, näher erläutert werden. In den folgenden Absätzen sollen nun Gefügeveränderungen wichtiger keramischer Werkstoffe näher dargestellt werden, die durch mechanisch abtragende Hartbearbeitungsmethoden erzeugt werden.

2.7.6 Materialabtrag und Randzonenschädigung bei Aluminiumoxid

Die Mechanismen des mechanischen Materialabtrags sowie die entsprechenden Gefügeveränderungen in der Randzone eines keramischen Bauteils, also unterhalb der Oberfläche, lassen sich anhand der elementaren tribologischen Prozesse (siehe Kapitel 7, Band 1) gut erklären. Eigentlich sollte es dabei überraschen, dass bei spröden Werkstoffen beim Schleifen, Läppen und Polieren mit immer milderem Energieeintrag zuerst eine Furchung und dann eine Einebnung bis zum Spiegelglanz zu erreichen ist, wo doch Kornfragmentierung und Bruch zu erwarten sein sollten.

Generell ist jedoch für eine geschliffene Al_2O_3-Keramik eine Oberflächenschicht aus plastisch verformten und teilweise zerspanten Al_2O_3-Körnern charakteristisch, in der sich die gezackten Kanten der Diamantschneidkörner abbilden. Es entstehen die typischen *Schleiffurchen* mit aufgeworfenen Rändern. Die Schleiffurchen sind unterbrochen von großflächigen Ausbrüchen. Es werden aber auch interkristalliner Einzelkornausbruch, transkristalline Kornfragmentierung, Spaltbruch und das schollenartige Abplatzen ganzer Kornverbände beobachtet. Die abgescherten bzw. ausgebrochenen Gefügebestandteile werden während des Zerspanvorgangs über die Oberfläche gerieben und in Form von Submikrometer großen Partikeln in ausgebrochene Hohlräume und Poren verfüllt [693–695]. Die Fragmentgröße beträgt zum Teil nur wenige zehn Nanometer. Anhand von Beugungsaufnahmen lässt sich nachweisen, dass das fragmentierte Material nur noch einen geringen Grad an Kristallinität aufweist (Abb. 2.231 und 2.232). Natürlich spielen Gefügezustand und Glasphasenanteil eine große Rolle, da bedingt durch die Reibungswärme auch die lokalen Hochtemperatureigenschaften Einfluss nehmen.

Die folgenden Beispiele stammen aus Untersuchungen an hochreinen bzw. gezielt mit Glasphasen versehenen Keramiken, die unter definierter Kornvergröberung aus hochreinen Pulvern so hergestellt worden sind, dass ihre Porosität sowie die mechanischen Eigenschaften nahezu konstant gehalten wurden [696–699].

Die bearbeiteten Keramikoberflächen sind durch einen Übergang von plastischer Verformung als dominierendem Abtragsmechanismus bei kleinen Korngrößen ($<$1–5 µm) zu bevorzugtem Bruch bei großen Korngrößen ($>$8–10 µm) charakterisiert. Der Bruchmodus ist bei grobkörnigen Gefügen vorwiegend transkristallin und erfolgt durch Spaltbruch entlang bevorzugter kristallographischer Richtungen (bei Al_2O_3 nach der Rhomboederfläche $[10\bar{1}1]$) oder durch Konkoidalbruch (glasscherbenähnliche Rissmuster) bei ungünstiger Orientierung der Kristallite relativ zur Krafteinleitung. Diese Ausbrüche sind auf die obersten Kornlagen begrenzt. Feinkörnige Gefüge zeigen interkristallinen Bruch und neigen zu sog. Lateralrissen, d. h. zu Schollenausbrüchen mit Dicken mehrerer Korndurchmesser [699]. Die Abb. 2.233 und 2.234 präsentieren Oberflächenaufnahmen einer feinkörnigen bzw. einer grobkörnigen Aluminiumoxidkeramik, die Abb. 2.235 und 2.236 die entsprechenden schematischen Blockbilder mit den auftretenden Schädigungsmechanismen.

Abb. 2.231: Schleifabrieb in einer Oberflächenmulde von Al_2O_3-Keramik. Das Beugungsbild oben rechts zeigt teilkristallinen Korund. © Inst. Gesteinshüttenkunde, RWTH Aachen.

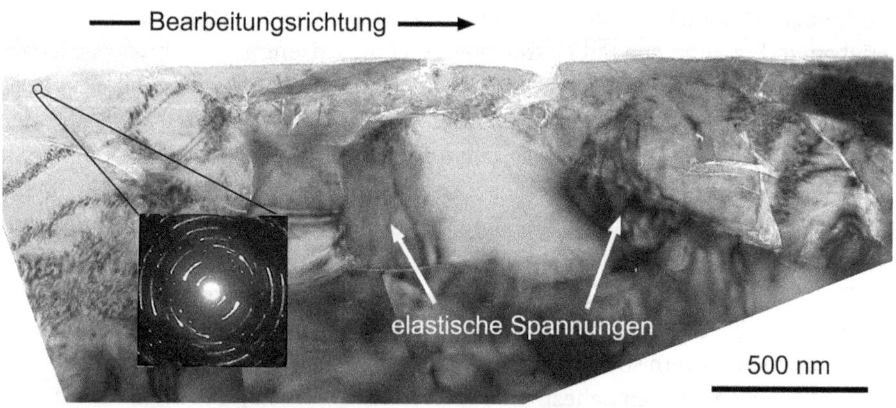

Abb. 2.232: Schleifabrieb auf der Oberfläche von Si_3N_4-Keramik. Das Beugungsbild zeigt eine stark verzerrte Struktur. © Inst. Gesteinshüttenkunde, RWTH Aachen.

Die an der Oberfläche auftretenden Schleifriefen können als Hinweis auf „duktiles" Werkstoffverhalten gewertet werden. TEM-Untersuchungen an Querschnitten parallel zur Schleifrichtung zeigen, dass die plastisch stark verformte Oberflächenschicht zwischen 0,1 und 0,5 µm, seltener bis zu 1 µm dick ist und damit kaum über die erste Kornlage hinaus in die Tiefe reicht. Einzelne Schleifriefen sind mehrere Mikrometer tief in das Gefüge eingearbeitet. Der Materialabtrag wird durch verschiedene Sorten von Spänen verursacht. Span I mit dem größten Volumen entsteht durch Lateralrissvereinigung meistens hinter der Schleifscheibe, da Lateralrisse eine Folge der elastischen Rückfederung stark komprimierter Gefüge darstellen. Span II entsteht durch Delamination plastisch verformter Deckschichten, während Span III mit dem kleinsten Volumen aus Ausfransungen entlang des aufgeworfenen, stark verformten Rillenwalls entsteht bzw. durch Abplatzen der Radialrisse nach Abb. 2.216.

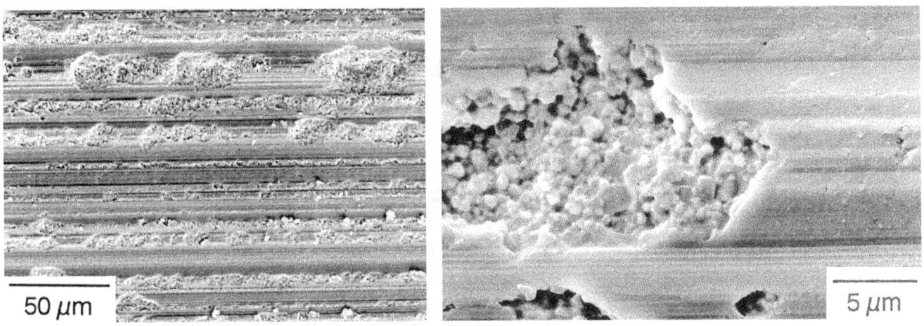

Abb. 2.233: Hochreines Al_2O_3, durchschnittliche Korngröße 0,8 µm, geschliffen [699].

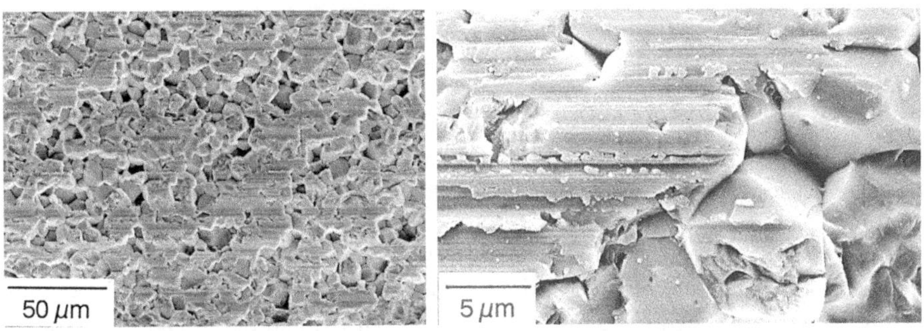

Abb. 2.234: Hochreines Al_2O_3, durchschnittliche Korngröße 12 µm, geschliffen [699].

Die oberste Verformungsschicht besteht aus einem Netzwerk von Versetzungen, Gleitbändern, Zwillingsbildungen und Kornfragmenten. Daran schließt sich eine Zone elastoplastischer Verformung an, die sich durch Kornverbiegungen und intergranulare Rissbildung auszeichnet. Ausgedehnte Lateralrisse in einer Tiefe von ca. 3–5 µm trennen die beiden Zonen voneinander. Dies lässt sich mit den röntgenographisch bestimmten bearbeitungsinduzierten Druckeigenspannungen in Zusammenhang bringen, die in dieser Tiefe nahezu abgeklungen sind (Abb. 2.237: [689, 690, 698]). Die Abgrenzung der dritten Zone ist nicht scharf. Kornverbiegungen, Mikrorisse und Lateralrisse treten hier nur noch vereinzelt im ansonsten ungestörten Gefüge auf.

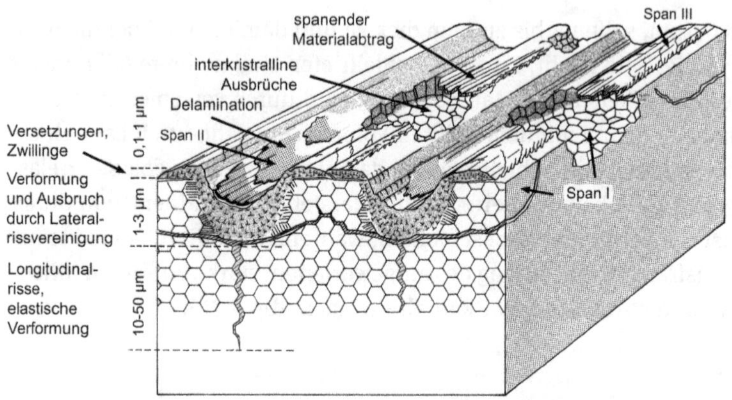

Abb. 2.235: Schädigungsmodell, feinkörnig [665], © R. Telle, Aachen.

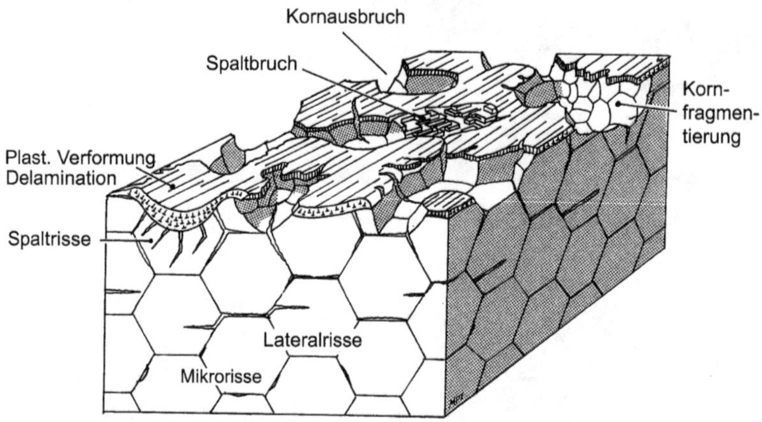

Abb. 2.236: Schädigungsmodell, grobkörnig [665], © R. Telle, Aachen.

Geschliffene Keramikoberflächen enthalten also je nach Verfahren Druck- bzw. Zugspannungen, die bei tribologischen oder korrosiven Beanspruchungen berücksichtigt werden müssen, da sie entsprechend für frühe Ausbrüche oder Spannungsrisskorrosion Anlass geben [691, 692, 700–702]. Abbildung 2.238 zeigt Polardiagramme von Al_2O_3, ZTA und MgO/AlN-dotiertem Si_3N_4 nach Tönshoff, Wobker, Roth und Seibt [689, 690, 698], wonach in den ersten beiden Fällen die Spannungen senkrecht zur Bearbeitungsrichtung nahezu doppelt so groß sind wie parallel dazu.

Durch die Eigenspannungen kann bei ZrO_2-haltigen Keramiken die Umwandlung der metastabilen tetragonalen Modifikation in die monokline auslösen. Da diese Umwandlung mit einer Volumenzunahme verbunden ist, erhöhen sich die oberflächlichen Druckspannungen und die Festigkeit steigt an. Bei Siliciumnitrid kann angenommen werden, dass die Spannungen teilweise durch viskoses Fließen der Glasmatrix ausgeglichen werden.

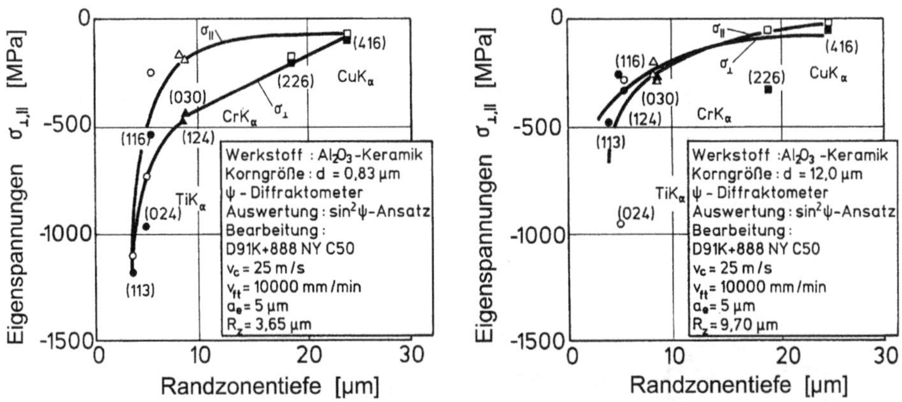

Abb. 2.237: Druckeigenspannungen in Abhängigkeit der Korngröße nach Tönshoff, Roth und Seibt [689, 690, 698]. Die Zahlen in Klammern bezeichnen die Millerschen Indizes der ausgewerteten Röntgenreflexe; die unterschiedlichen Kathodenwerkstoffe Cu, Cr und Ti erlauben die Untersuchung bestimmter Eindringtiefen in den Werkstoff.

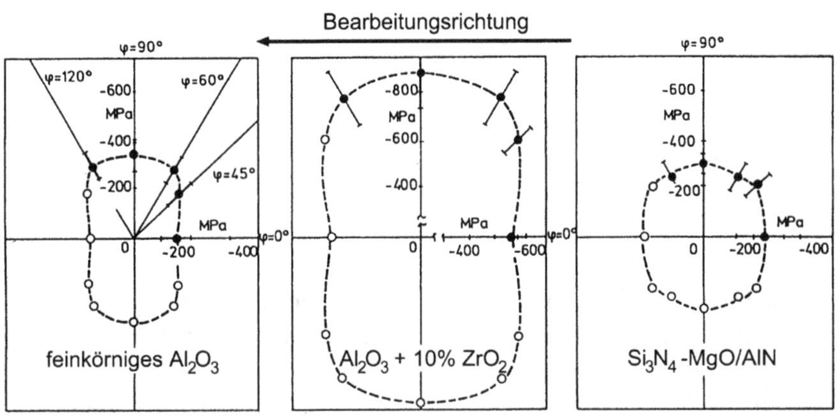

Abb. 2.238: Polardiagramme röntgenographisch ermittelter bearbeitungsbedingter Eigenspannungen [689, 690, 698].

Auch sind die längs oder quer zur Schleifrichtung ermittelten Festigkeitswerte unterschiedlich, wenn keine Läpp- und Polierbehandlung erfolgt, da die Spannungen entsprechend richtungsabhängig sind. Als bruchauslösende Defekte treten ferner Longitudinalrisse in Bearbeitungsrichtung bzw. Lateralrisse senkrecht dazu auf, die unterschiedlich ausgedehnt sind (Abb. 2.239). Eine umfassende Untersuchung des Einflusses verschiedener Bearbeitungsvarianten auf die Festigkeit von drucklos gesintertem Siliciumnitrid publizierten Pfeiffer und Hollstein [703] unter Berücksichtigung der Bearbeitungsrichtung, der Oberflächenrauheit und der eingebrachten Eigenspannungen. Erwartungsgemäß ergab die Schleifbearbeitung parallel zur Längsachse der Vierpunkt-Biegestäbchen die höchsten Festigkeiten. Dies wurde auf die höheren bleibenden Druckspannungen senkrecht zur Bearbeitungsrichtung zurückgeführt.

Diese können auch prozessbedingte Oberflächendefekte kompensieren. Pfeiffer und Hollstein konnten ferner zeigen, dass mit zunehmender Zustelltiefe höhere Festigkeiten erzielt werden (Abb. 2.240a), ebenso mit zunehmender Schnittgeschwindigkeit (Abb. 2.240b). Eine Zunahme der Zerspanleistung ergibt demgegenüber ein uneinheitliches Bild für die Festigkeit sowie starke Veränderungen des Weibull-Moduls (Abb. 2.240c). Eine Ursache hierfür ist wahrscheinlich in der vermehrten Entstehung von Lateralrissausbrüchen zu sehen.

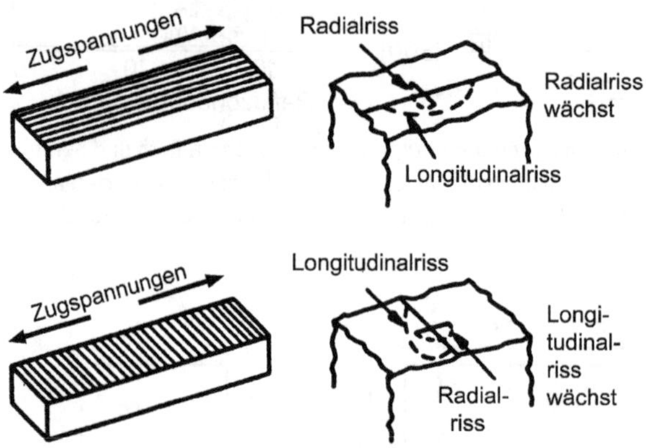

Abb. 2.239: Rissentstehung in Abhängigkeit von der Schleifrichtung; longitudinal (oben), transversal (unten) zur Prüfrichtung mit festigkeitsrelevanten Risssystemen nach Richerson [357]. © Taylor & Francis, Abdruck mit freundl. Genehmigung.

Die oberflächennahen inneren Spannungen werden einerseits durch elastische Dehnungen hervorgerufen, andererseits durch Gitterdefekte und Versetzungen. Diese verlaufen in der obersten Verformungsschicht größtenteils unter einem Winkel zwischen 30 und 45 °zur Oberfläche, bedingt durch die Schubspannungen beim Diamantkorneingriff. Sie werden teilweise bereits innerhalb des ersten Korns aufgestaut. Einzelne Versetzungen dringen durch das gesamte Korn bis zur nächsten Korngrenze vor und wirken auf benachbarte Körner, indem sie dort elastische Kornverbiegungen verursachen. Stellenweise ist die äußere Belastung so hoch, dass die Versetzungen die Korngrenze überschreiten und sich im Nachbarkorn fortsetzen, bzw. dass parallele Gleitbänderscharen entstehen (Abb. 2.241). Wird eine kritische Scherspannung überschritten, z. B. durch Reaktion zweier Gleitbänder, so wird die durch die Versetzungen gespeicherte elastische Verformungsenergie durch einen transkristallinen Riss oder einen interkristallinen Riss entlang der Korngrenze relaxiert, wie es auch an tribologisch belasteten Proben gefunden worden ist [704]. Primäre transkristalline Risse werden durch interkristalline Lateralrisse überlagert, die sich überwiegend unter der obersten Kornlage ausgebildet haben. Nahezu die gesamte oberste Kornlage kann durch Lateralrisse unterminiert sein, was die großflächigen Ausbrüche erklärt, die bei der Schleifbearbeitung immer wieder beobachtet werden.

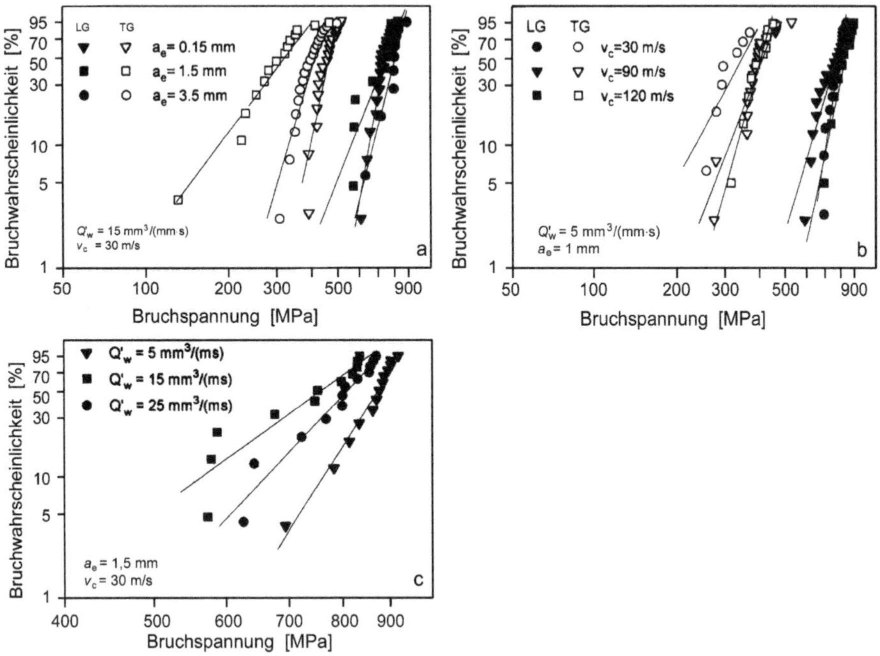

Abb. 2.240: Bruchwahrscheinlichkeiten für drucklos gesinterte Siliciumnitrid-Keramik in Abhängigkeit der Bearbeitungsparameter. (a) Variation der Zustelltiefe a_e; (b) Variation des Schnittgeschwindigkeit v_c; (c) Variation der Zerspanleistung Q'_w; nach Pfeiffer und Hollstein [703]. LG = longitudinale, TR = transversale Schleifrichtung. Abdruck mit freundl. Genehmigung der Autoren.

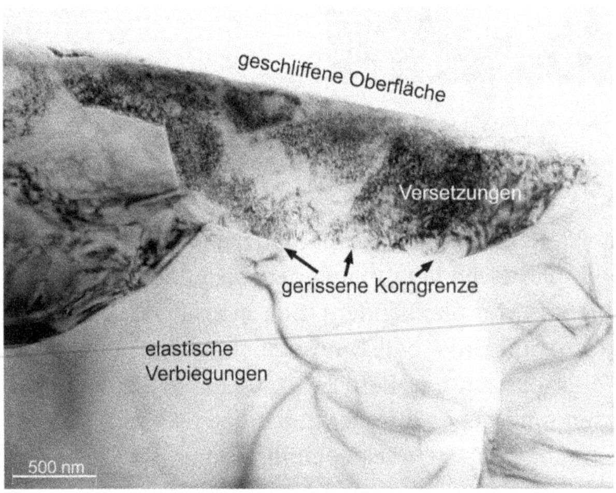

Abb. 2.241: TEM-Querschliff einer glasphasenhaltigen Al_2O_3-Keramik, Rissbildung an der Grenze zwischen plastisch und elastisch verformten Körnern in ca. 1 µm Tiefe [692]. © Inst. Gesteinshüttenkunde, RWTH Aachen.

Abbildung 2.242 dokumentiert einen Riss, der zwischen Gleitbändern mehrfach seine Richtung wechselt. Die Hauptzugspannungsrichtung war schräg zur Oberfläche gerichtet und bewirkte einen Rissfortschritt parallel zu einer leichten Spaltebene, hier der Rhomboederfläche $\{1\bar{1}02\}$. Bei Erreichen eines Gleitbandes veränderte sich der Spannungszustand an der Rissspitze und der Riss wechselt seine Richtung in die Ebene des Gleitbandes, die er auch wieder verlässt, um einer anderen Spaltfläche zu folgen. Die Analyse solcher Wechselwirkungen von Rissen mit Versetzungen zeigt, dass diese entstehen, bevor sich Lateralrisse ausbilden. Das Werkstoffgefüge reagiert also auf den zyklischen Lastwechsel der Schleifbearbeitung mit plastischer Verformung bis hin zur Ermüdung, in deren Folge die Konzentration und Reichweite von Versetzungen soweit zunimmt, bis sich Risse ausbilden.

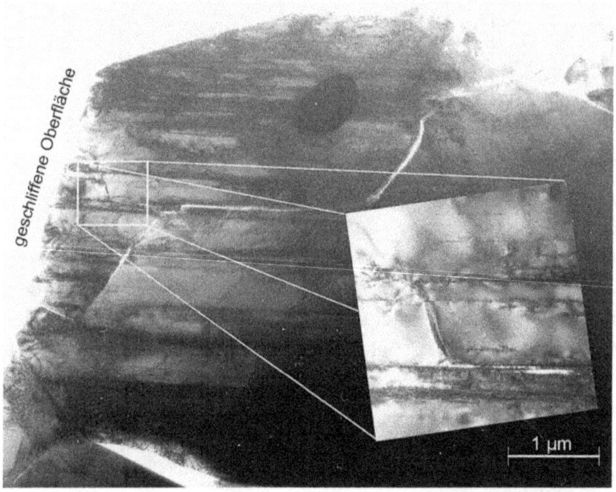

Abb. 2.242: Al_2O_3-Korn mit transkristallinem Riss und Gleitbänderscharen parallel zu den Rhomboederflächen [692]; © Inst. Gesteinshüttenkunde, RWTH Aachen.

Glasphasenhaltige Aluminiumoxid-Keramik reagiert aufgrund der größeren Korngröße oberflächlich ebenfalls durch plastische Verformung der Kristallite über Versetzungsbildung bis hin zu Ausbildung von Gleitbändern. Erst in größerer Tiefe wird deutlich, dass Glasphase durch Temperatur- und Druckeinfluss viskos mobilisiert wurde und Risse infiltriert. So ist das mittlere Korn in Abb. 2.142 in Kapitel 2.9.6, Band 2, von umlaufenden Rissen umgeben, wird aber durch das Glas mit der Umgebung verklebt. Bedingt durch die elastische Rückfederung sind in der Glasphase viskose Brücken und Poren entstanden.

Einkristalle

Das Schleifen von Korund- oder Saphir-Einkristallen ermöglicht eine genauere Untersuchung der plastischen Verformungsmechanismen. Inksen berichtet über eine Feinschleifbehandlung mit 30 µm-Diamantkörnung und 5 N Auflast bei einer Scheibenumdrehungsgeschwindigkeit von 3 cm/s, was eher einem Grobpoliturprozess entspricht [705]. TEM-Untersuchungen an (0001)-Flächen zeigten eine basale Zwillingsbildung, deren Tiefe nicht weit unter die Oberflächenrauheit reichte, verknüpft mit nicht-basalen Versetzungen sowie Rissbildung in der Basalebene und den Rhomboeder-Spaltebenen (Abb. 2.243 und 2.244). Die Bearbeitung von $\{11\bar{2}0\}$- und $\{10\bar{1}0\}$-Prismenflächen ergab tiefer reichende basale Zwillinge.

Abb. 2.243: Auf der (0001)-Fläche feingeschliffener Korund-Einkristall mit basaler Zwillingsbildung sowie basalen und rhomboedrischen Rissen [705].

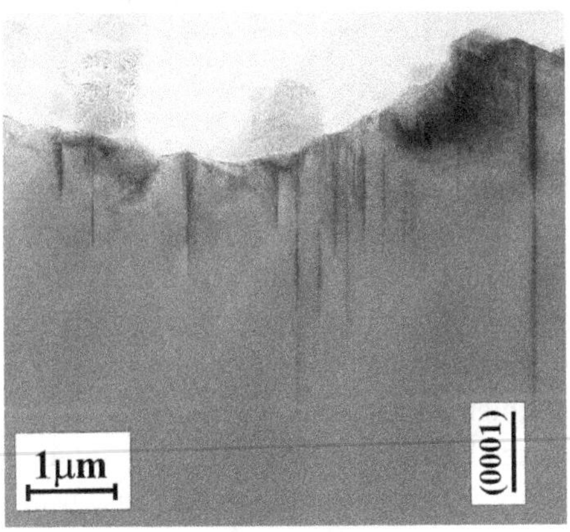

Abb. 2.244: Auf der Prismenfläche feingeschliffener Korund-Einkristall mit tiefgreifender basaler Zwillingsbildung und nicht-basalen Versetzungen an der Oberfläche [705].

Geht man zu härteren Bedingungen über, die beim Tief- oder Pendelschleifen herrschen und zu sehr viel höheren Temperaturen führen als das Feinschleifen, so werden neben den zuvor genannten Mechanismen häufiger pyramidales und prismatisches Gleiten beobachtet, ferner eine rhomboedrische Zwillingsbildung, wie in Abb. 2.245

anhand der im Dunkelfeld angeregten Lamellen zu erkennen ist [692]. Dies entspricht der Abfolge der thermisch aktivierten Verformungsmechanismen, die in Band 1, Kapitel 2.9.5 „Verformungsmechanismen bei Einkristallen“, erläutert worden sind. Demnach weisen die ersten Versetzungen auf Temperaturen von etwa 900 °C hin, bei 1100 °C kommen basale und bei >1420 °C rhomboedrische Zwillingsbildung hinzu. Die Aktivierung rhomboedrischer Gleitsysteme erfolgt sogar erst oberhalb 1700 °C.

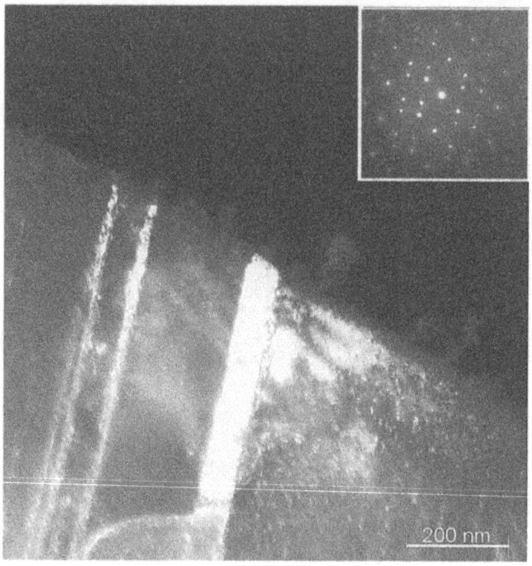

Abb. 2.245: TEM-Dunkelfeldaufnahme von rhomboedrischen Zwillingen in geschliffenem Al_2O_3 [692]; © Inst. Gesteinshüttenkunde, RWTH Aachen.

Einkornritzversuche

Der Übergang von plastischer Verformung zu sprödem Materialabtragsverhalten kann gut mit Einkornritzversuchen untersucht werden. Neben der Stift-Scheibe-Geometrie (siehe Kapitel 7.7.2 „Laborprüfmethoden“ in Band 2, bei welcher der zu charakterisierende Werkstoff in einer Kreisbahn unter einem Prüfdiamanten geführt wird, gibt es Linearprüfgeräte, die kleinere Probenabmessungen sowie eine gleichbleibende Eindringtiefe erlauben [706]. Der Kinematik des Schleifprozesses näher kommt der rotierende Einkornritzversuch nach Roth. Hierzu befestigt man ein einzelnes Diamantkorn auf dem Umfang einer nicht mit Abrasivkörnung belegten Schleifscheibe und bearbeitet eine schräg gestellte plane Probe unter seitlicher Zustellung (Abb. 2.246). Damit dringt der Diamant je Scheibenumdrehung immer tiefer in die Oberfläche ein. Der Einzelkornspanungsquerschnitt steigt [698]. Der Prozess beginnt also mit Mikropflügen über Mikrospanen und geht in Mikrobrechen über. Bei weiterer Eingriffstiefe kommt es zur Lateralrissvereinigung und damit zum großflächigen Abplatzen von Kornverbänden.

Zhang u. M. haben im umgekehrten Versuch eine Al_2O_3-Keramik schräg auf eine rotierende Scheibe geklebt und gegen einen feststehenden Diamantkristall geprüft

[707]. Hierbei werden ebenfalls gerade Spuren mit zunehmender Schnitttiefe erzeugt (Abb. 2.247). Diese Methode hat den Vorteil, dass am Diamantkorn Kräfte gemessen werden können. Die quantitative Auswertung ergab, dass die randlichen Wallaufhäufungen mit zunehmender Schnitttiefe abnahmen und die Tiefe der Longitudinalrisse sowie die Breite der Lateralrisse etwa um den Faktor sechs größer waren als die Schnitttiefe. Da mit fortschreitendem Ritzweg mehrere Longitudinalrisse jeweils etwas divergent zur Ritzrichtung generiert werden, kommt im Untergrund der Furche ein Risssystem zustande, wie es in Abb. 2.230 gezeigt wurde.

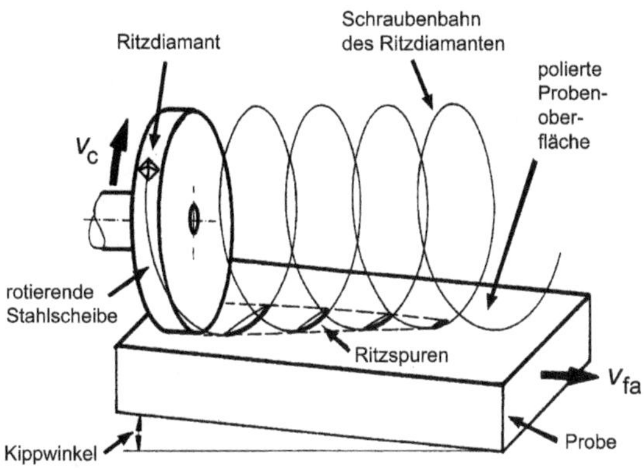

Abb. 2.246: Einkornritzversuch nach P. Roth [698].

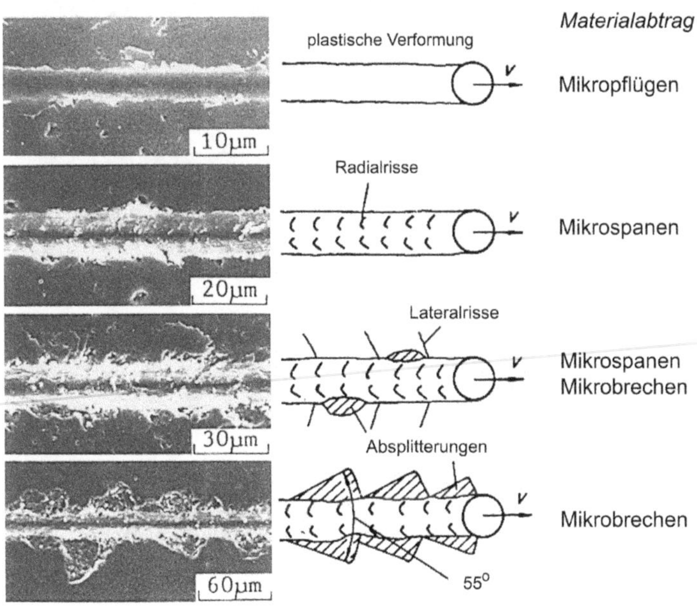

Abb. 2.247: Materialabtrag und Rissbildung [707]. © Springer Nature, Abdruck mit freundl. Genehmigung.

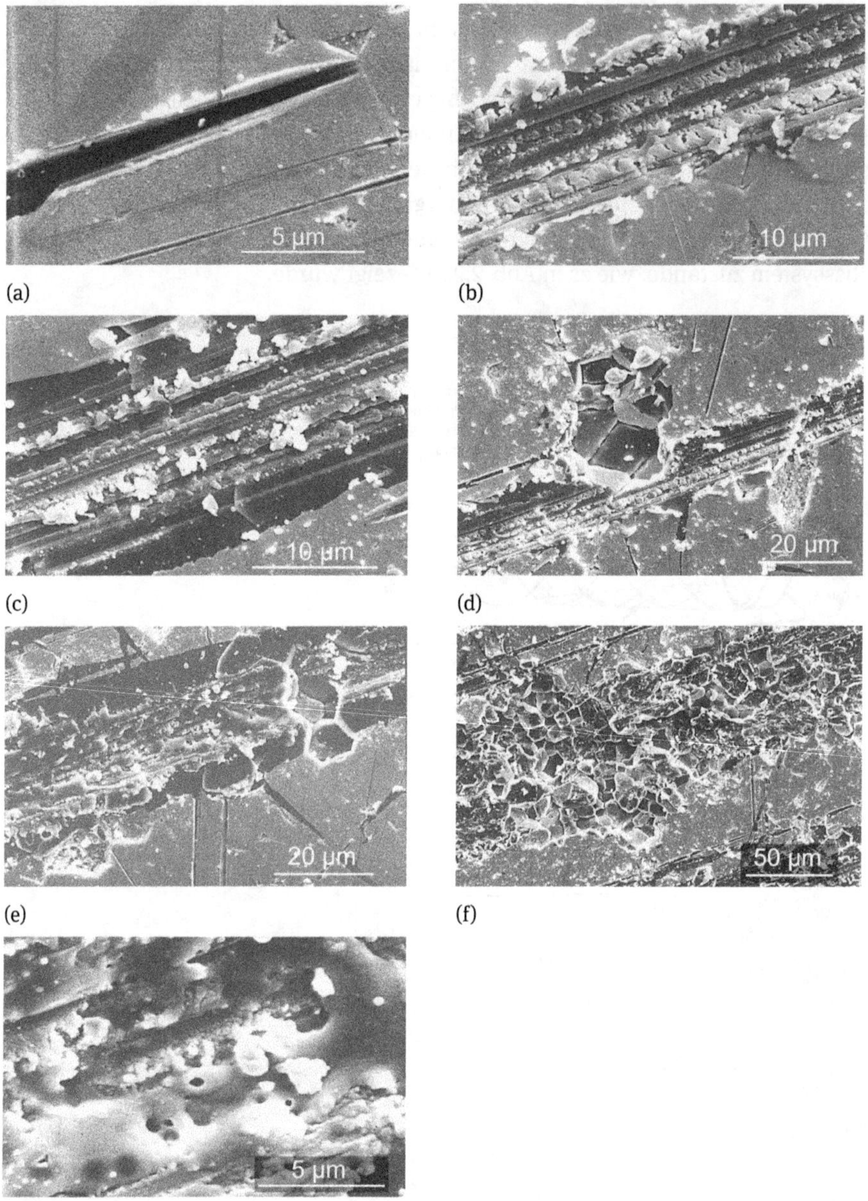

Abb. 2.248: (a) Beginn des plastischen Eingriffs. (b) Spurverbreiterung, Wallaufwurf. (c) Plastische Zerscherung von Abrieb. (d) Erste Lateralrissvereinigung. (e) Laterale Ausbrüche. (f) Sprödes Bruchverhalten dominiert. (g) Hinweise auf Schmelzebildung von Al_2O_3. (a)–(g): © R. Telle, Aachen.

In der Abb. 2.248a–g sind Details aus Versuchen von Roth gezeigt [698, 699]. Nach der hier nicht dokumentierten elastischen Verformung erfolgt reines Mikropflügen mit seitlicher Wallaufhäufung. Mit zunehmender Spurverbreiterung sind am Furchengrund Radialrisse zu sehen. In Abb. 2.248b ist der Diamant bereits an der eingreifenden Kante so ausgebrochen, dass mehrere parallele Spuren entstehen. Durch Abscheren einzelner Oberflächenschuppen kommt der Übergang zum Mikrospanen zustande. In Abb. 2.248d sind erstmals Lateralrisse zu erkennen, die zu oberflächenparallelen Abplatzungen führen. Mikrobrechen ist jetzt aktiviert und dominiert den Materialabtrag mit zunehmender Einzelkornspanungstiefe. Abbildung 2.248g schließlich zeigt viskose Bereiche, die nachweislich nur Al_2O_3 enthalten und auch nicht hydratisiert sind. Es handelt sich also um erstarrte Al_2O_3-Schmelze, was auf Kontakttemperaturen von über 2050 °C hinweist [698, 699].

2.7.7 Materialabtrag und Randzonenschädigung bei Siliciumcarbid

Die nachfolgend behandelte SiC-Keramik (SSiC Ekasic D, ESK) wurde im Pendelschleifverfahren bearbeitet (Q'_W = 3,0 mm³/mm·s). Ähnlich wie bei der Al_2O_3-Keramik werden auch bei der *Schleifbearbeitung*, bedingt durch die hohen Vorschubgeschwindigkeiten, ein Zerdrücken der Körner und ein Aufpressen der entstandenen Kornfragmente auf die Oberfläche festgestellt. Bereiche mit hohem Anteil transkristallinen Bruchs wechseln sich ab mit solchen, in denen Gefügebestandteile aufgrund geringer Spanungsdicken und hohen Temperaturen plastisch verformt wurden.

In der Randzone sind in der TEM-Beobachtung teilweise tiefreichende Risse anzutreffen. Stark zerrüttet sind die Gefügekörner jedoch lediglich bis zu einer Tiefe von etwa 500 nm. Es entstand eine Vielzahl von Versetzungen, Mikrorissen und weit verzweigten Lateralrisssystemen (Abb. 2.249). Das Oberflächenrelief ist teilweise gekennzeichnet durch sanft gebogene Mulden. Der Bruchmodus ist überwiegend transkristallin.

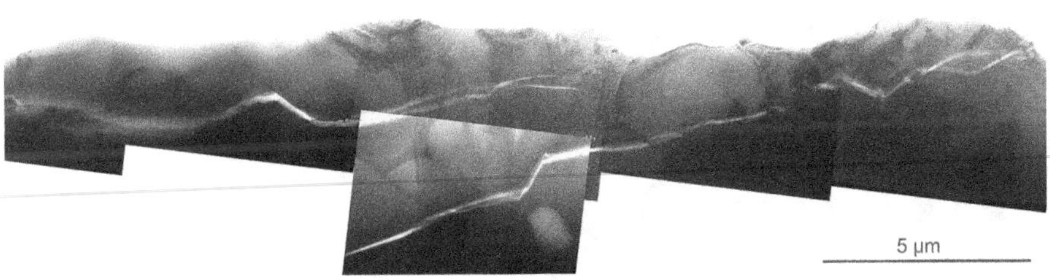

Abb. 2.249: TEM-Querschliff einer SSiC-Keramik, Lateralrisssystem mit einer Länge von ca. 25 µm und einer Tiefe von 5–10 µm [692]. Blickrichtung parallel zur Schleifrichtung. © Inst. Gesteinshüttenkunde, RWTH Aachen.

Ähnlich geformte Rissstrukturen mit einer Länge von rund 25 µm und einer Tiefe von 1–4 µm sind häufiger anzutreffen. Rissablenkung tritt dabei immer nur über kurze

Distanzen hinweg auf. Die Kontaktstellen Schleifkorn/Keramik sind charakterisiert durch eine lokal sehr hohe Versetzungsdichte, erkennbar am dunklen Kontrast in der TEM-Aufnahme. Das räumliche Zusammentreffen dieser Kontaktstellen mit dem Ausgangspunkt der Risse lässt die Vermutung zu, dass die an dieser Stelle herrschende hohe Druck–Zug-Belastung (Schlag/Rückfederung) für die Bildung des Risses verantwortlich ist.

Flüssigphasengesintertes LPS–SiC lässt einen erhöhten Grad an plastischer Verformung und Delamination erkennen. Die in Schleifrichtung ausgezogenen Oberflächenschuppen biegen sich nach Druckentlastung teilweise wieder zurück. Eine Untersuchung der Risse und Korngrenzen zeigt, dass Glasphase erweicht ist und viskos in Poren, aber auch Risse eingequetscht worden ist.

Das *Honen* von Siliciumcarbid mit diamantbestückten Werkzeugen führt zu transkristallinem Bruch als vorherrschendem Abtragsmechanismus. Reste der Schleifriefen des vorhergehenden Prozesses sind erkennbar, ebenso ein muldenförmiger Materialabtrag (Abb. 2.250). Abbildung 2.251 dokumentiert die Verhältnisse in der Randzone im TEM. Deutlich sind zwei unterschiedliche Risssysteme zu erkennen. Nahezu parallel zur Oberfläche verlaufen zwei transkristalline Risse in ca. 400 nm und in ca. 1 µm Tiefe. Senkrecht zur Oberfläche verläuft eine Schar kleinerer, ebenfalls transkristalliner Risse, die bis zu dem parallel verlaufenden Riss reichen. Es entsteht somit eine Vielzahl kleiner Kornfragmente, welche nur noch eine geringe Haftung mit dem Grundgefüge aufweisen. Insgesamt ist die durch das Läppen sowohl mechanisch als auch thermisch bedingte Belastung weitaus niedriger als diejenige durch den Schleifprozess, so dass keine ausgedehnten Lateralrisssysteme vorhanden sind. Die gleichmäßige Einebnung der Oberfläche wird jedoch von der Entstehung vieler kleiner Longitudinalrisse begleitet, die von der Überlagerung einzelner Ritzspuren herrühren.

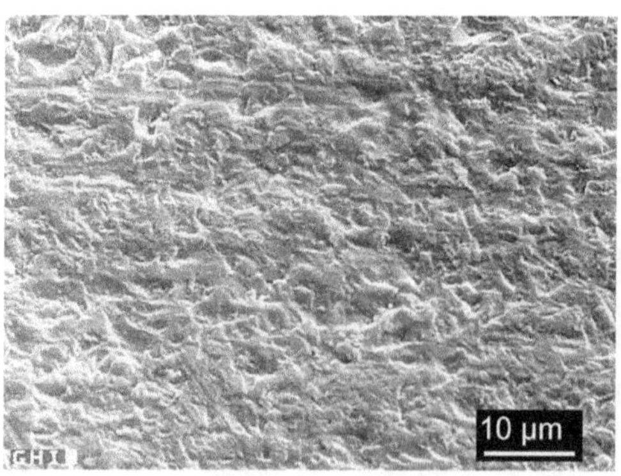

Abb. 2.250: REM-Aufnahme einer gehonten SSiC-Keramik [692].

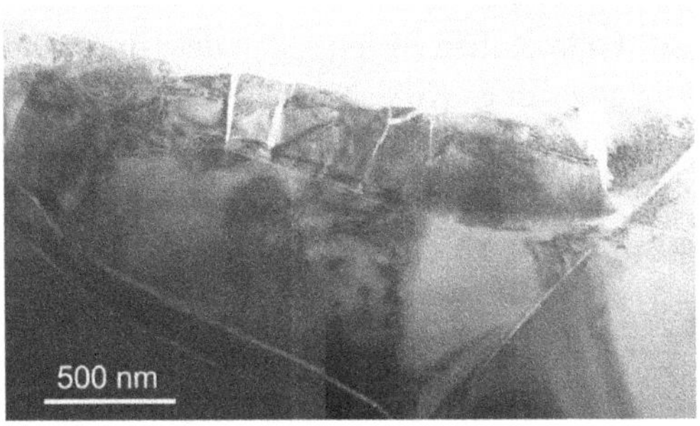

Abb. 2.251: TEM-Querschliff der SSiC-Keramik von Abb. 2.250, Ausbildung von Risssystemen senkrecht und parallel zur Oberfläche.

Beim *Läppen* fehlen Bearbeitungsspuren, die auf einen Werkstoffabtrag durch einen Schneidvorgang hindeuten. REM-Aufnahmen weisen keine Mikrorisse in der Oberfläche nach (Abb. 2.252). Die Oberfläche erscheint muldenförmig eingefurcht, in kleineren Vertiefungen sind Kornfragmente abgelagert. Diese Beobachtungen deuten auf eine verminderte thermische Belastung des Werkstücks hin. Im TEM wird jedoch klar, dass der Bearbeitungsprozess eine unerwartet starke plastische Deformation der Randzone verursacht (Abb. 2.253). Dies ist eine Folge der hohen Druckbelastungen, die während der Abrollbewegung der polygonalen Läppkörner in Form von wiederholtem Mikrostoß einwirken. Anhand des dunklen Kontrastes der TEM-Aufnahme, der durch eine hohe Gitterdefektdichte verursacht wird, lässt sich die Zone der Deformation bis in eine Tiefe von 1 µm nachweisen. Darunter belegen Biegekonturen die elastische Verformung. Elektronenbeugungsaufnahmen aus den oberflächennahen Bereichen weisen auf ein stark verzerrtes Kristallgitter hin. Sogar die Aktivierung von Gleitbändern kann beobachtet werden. Die fortgesetzte dynamische Belastung der Oberfläche führt zunächst zu einer Vereinigung und Ablösung der Lateralrisse aus dem Schleifprozess, dann letztendlich nochmals zu einer Einebnung der Oberfläche durch plastische Verformung bis zum Überschreiten der Streckgrenze und Bildung von kleinsten Absplitterungen. Ab einer Tiefe von ca. 2 µm sind keine Gitterdefekte und auch kaum noch Spannungen zu lokalisieren, wie dies in einem weiteren Elektronenbeugungsbild bestätigt wird [692].

Eine nahezu störungsfreie Randzone wird durch das abschließende *Polieren* erzielt. Nach Bearbeitung mit Diamantkörnern der Spezifikation 0,25 µm sind vereinzelte Kornausbrüche und noch nicht eingeebnete Schleifriefen aus den vorhergehenden Bearbeitungsschritten zu erkennen. Aber auch bei diesem sehr schonenden Bearbeitungsverfahren können im TEM Gitterstörungen in Form von Gleitbändern beobachtet werden, deren Ausdehnung ca. 100–200 nm Tiefe erreicht (Abb. 2.254). Zwar sind nun alle Risse und Verformungen der vorhergehenden Bearbeitungsschritte abgetragen, die Randzone ist aber immer noch strukturell geschädigt. Rutherford-

Rückstreuexperimente an feinpolierten SiC-Einkristallen zeigen sogar, dass die Oberfläche bis in 5–20 nm Tiefe fast vollständig amorph ist [708]. Träger dieses „Spiegelglanzes" ist also nicht die Keramik, sondern eine strukturell und wahrscheinlich auch chemisch veränderte Randzone. Den röntgenographischen Nachweis innerer Spannungen als Funktion der Läpp- und Polierbehandlung hat Pfeiffer [709] an SiC-Proben quantitativ geführt (Abb. 2.255). In Übereinstimmung mit den Randzonenbeobachtungen am TEM nehmen die Spannungen mit schonenderer Bearbeitungstechnik ab.

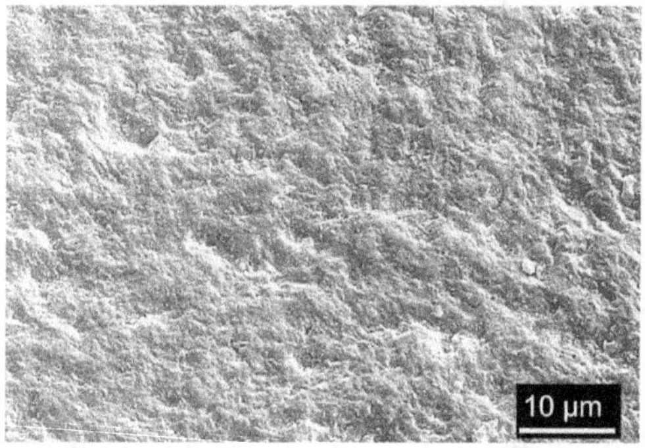

Abb. 2.252: REM-Aufnahme einer SSiC-Keramik, geläppt mit F800 [692].

Abb. 2.253: TEM-Querschliff der geläppten SSiC-Keramik aus Abb. 2.252. Die plastisch deformierte Randzone reicht bis in eine Tiefe von ca. 1 µm und enthält transkristalline Risse, während die unteren Kornbereiche kaum elastische Belastungen zeigen [692]. © Inst. Gesteinshüttenkunde, RWTH Aachen.

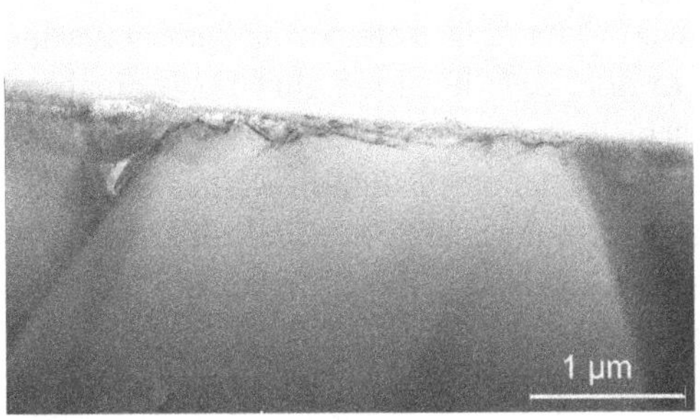

Abb. 2.254: TEM-Querschliff einer SSiC-Keramik, geringe plastische Deformation, basale Gleitbänder in einer Zone von 100–200 nm Tiefe, keine Risse [692]. © Inst. Gesteinshüttenkunde, RWTH Aachen.

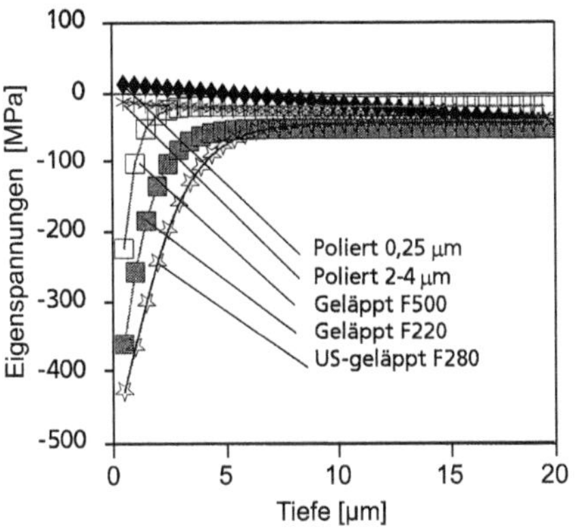

Abb. 2.255: Röntgenographisch ermittelte Eigenspannungen in Abhängigkeit des Bearbeitungsverfahrens nach Pfeiffer [709]. US = Ultraschall. Mit abnehmender Bearbeitungsintensität gehen die Druckspannungen zurück und kehren sich beim Feinpolieren in schwache Zugspannungen um.

2.7.8 Materialabtrag und Randzonenschädigung bei Siliciumnitrid

Bei glasphasenhaltigen Siliciumnitridkeramiken zeigt die geschliffene Oberfläche im REM wenig durchgängige Schleifriefen, dafür reichlich feinkörnigen Abrieb, der auf der zerspanten Fläche anhaftet (Abb. 2.256). Die Verbreitung der Glasphase in der Schleiffurche kann durch selektives Entfernen der kristallinen Phase mittels Plasmaätzen sichtbar gemacht werden. Dabei werden die oberflächlich anhaftenden kristallinen Kornreste weggeätzt [710]. Es zeigt sich hier, dass die Glasphase unterhalb der Schleiffurche einen durchgehenden viskosen Film mit seitlichen Aufwölbungen bildet, auf welchem die Siliciumnitridkörner unter der Schubspannung des eingreifenden Diamantkornes gleiten. Bedingt durch die starke Zug- bzw. Scherbeanspruchung der Glasphase kommt es dort zur Ausbildung von Kriechporen, die schnurartig senkrecht zur Bearbeitungsrichtung aufgereiht sind (Abb. 2.257). Als Modell für die plastische Verformung bietet sich hier also viskoses Ausquetschen der Glasphase aus dem Bereich hoher Druckspannungen sowie Gleiten einzelner Körner auf dieser erweichten Glasphase an. Zusätzlich wird wie bei der Al_2O_3-Keramik das Zerscheren der Körner über Gleitebenen vorgefunden. In Abb. 2.258 illustriert eine TEM-Aufnahme eines Querschliffs, dass die obere Deckschicht (heller Saum) aus Glasphase besteht und sich darunter in etwa 1 µm Tiefe ein ausgedehntes Lateralrisssystem erstreckt. Die obere dunkle Schicht ist eine Gold-Beschichtung zum Schutz und zur Kennzeichnung der bearbeiteten Oberfläche. Das Abb. 2.259 zeigt einen Modellvorschlag des Materialabtrags und der Randzonenschädigung.

Abb. 2.256: Oberfläche von geschliffenem Si_3N_4 mit fragmentiertem Abrieb aus Glasphase und Körnern. Bild: R. Telle, MPI Stuttgart.

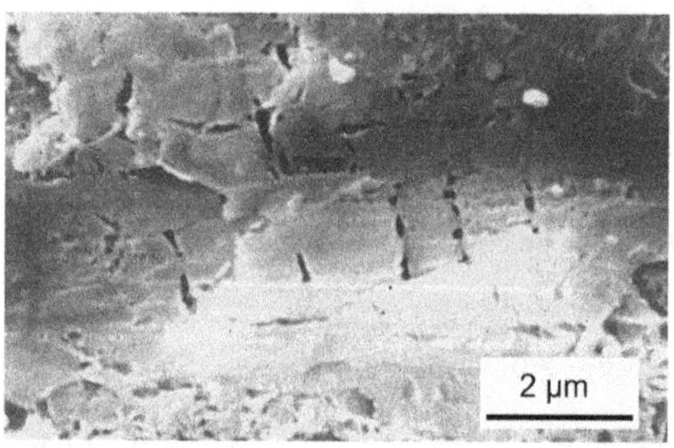

Abb. 2.257: REM-Aufnahme einer geätzten geschliffenen Si_3N_4-Keramik. Kristalline Phasen sind entfernt, Glasphase mit Kriechporen senkrecht zur Bearbeitungsrichtung. Bild: R. Telle, MPI Stuttgart.

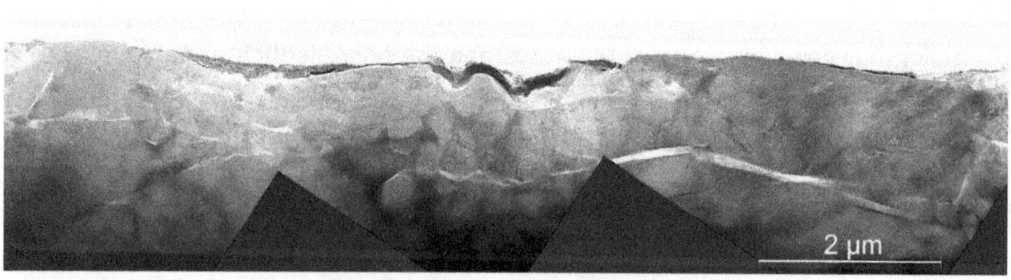

Abb. 2.258: Querschliff einer geschliffenen Si_3N_4-Keramik (Blickrichtung parallel zur Bearbeitungsrichtung) mit Lateralrissen und Glasphasensaum (oben, hell). Dunkle Bereiche oben: Goldbeschichtung zum Schutze der bearbeiteten Oberfläche. © Inst. Gesteinshüttenkunde, RWTH Aachen.

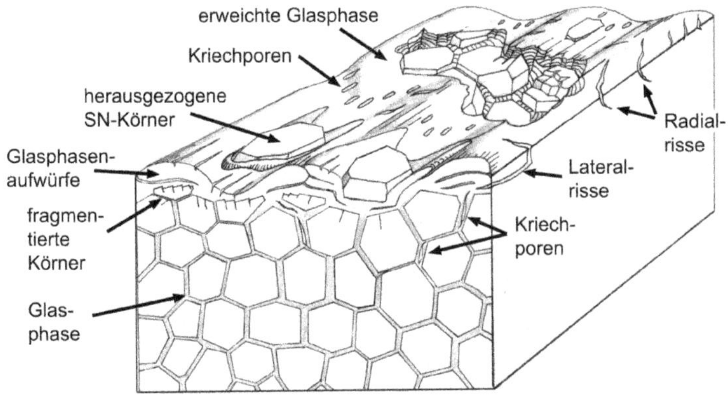

Abb. 2.259: Modellvorschlag für die Materialabtragsmechanismen einer flüssigphasengesinterten Si_3N_4-Keramik; © R. Telle, Aachen.

2.7.9 Plastische Verformung als Materialabtrags- und Einebnungsmechanismus

Bei der Oberflächenbearbeitung keramischer Werkstoffe bestimmt offensichtlich außer den Prozessparametern ihr Gefügezustand in bisher unterschätztem Ausmaß die Mechanismen des Werkstoffabtrags und der Randzonenschädigung. Ist der Materialabtrag beim Schleifen handelsüblicher, relativ grobkörniger Keramiken durch Bruch bereits vielfach in der Literatur durch Modellvorstellungen wie der Verteilung der Hertzschen Spannungen im Bereich eines bewegten Eindringkörpers mit Rissentstehung und Verschleißteilchenbildung beschrieben worden [711–713], so fällt die Berücksichtigung plastischer Verformung für Keramiker schwer. Untersuchungen an Metallen ließen sich nur bedingt auf Keramiken übertragen [714, 715]. Die Trennung von bruchbedingtem Materialabtrag und plastischer Verformung bereitet hierbei die meisten Probleme wie auch fehlende verlässliche Messdaten für den Spanungsprozess. Ferner treten thermische Beanspruchungen auf, bedingt durch lokal extrem hohe Temperaturen am Kontakt zwischen Keramik und Schleifkorn, damit iterativer Thermoschock bei Kühlmittelzutritt nach dem Werkzeugeingriff in Verbindung mit dynamischer Druck–Zug-Wechselbelastung, die bislang nicht berücksichtigt worden sind und eine Korrelation der Verschleißerscheinungen mit den mechanischen Raumtemperatureigenschaften der bearbeiteten Werkstoffe in Frage stellen.

Bei *hochreinem* Aluminiumoxid ist die plastische Verformung kleiner Körner gegenüber dem Bruch offensichtlich bevorzugt, bei grobkörnigen Gefügen ist der Sprödbruch – unterstützt durch innere Spannungen aufgrund der Anisotropie des Wärmeausdehnungskoeffizienten – die „leichtere“ Art des Materialabtrags. Abbildung 2.260 zeigt, dass sowohl beim Tiefschleifen als auch beim Pendelschleifen die flächenbezogene Schleifleistung mit abnehmender Korngröße und zunehmendem Einzelkornspanungsquerschnitt nahezu linear ansteigt [698].

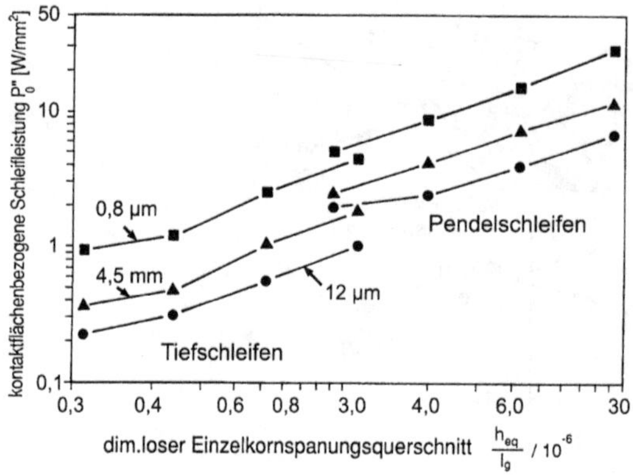

Abb. 2.260: Zusammenhang zwischen Schleifleistung, Einzelkornspanungsquerschnitt, Gefügekorngröße und Schleifverfahren für hochreine Al_2O_3-Keramiken [698]. Pendelschleifen erfordert nahezu zehnmal höhere Schleifleistungen wie Tiefschleifen, ebenso die Bearbeitung feinkörniger Keramiken gegenüber grobkörnigen.

Es liegt nahe, Schleifenergie und Anteil an plastisch verformter Oberfläche gegen die reziproke Wurzel aus der Korngröße aufzutragen, da dies einen Zusammenhang sowohl mit der Hall–Petch-Beziehung (Kapitel 2.8.2, Band 2) als auch mit der Griffith-Gleichung (Gl. (2.57) in Kapitel 2.4.3, Band 2) sichtbar macht (Abb. 2.261). Die Abweichung von der erwarteten Geraden im Falle der planimetrisch bestimmten verformten Oberfläche lässt sich anhand der großflächigen lateralrissbedingten Ausbrüche erklären, deren Volumina vor dem Bruch ebenfalls verformt und delaminiert waren (Abb. 2.233). Ferner kann der Anteil an Korngrenzengleiten, also superplastischer Verformung (siehe Kapitel 2.9.6, Band 2) aus den REM-Bildern nicht abgeschätzt werden. Die Korrelation der Schleifleistung mit der reziproken Wurzel aus der Korngröße wird auch für grobkörnige Gefüge unterstützt durch eine Berechnung für die kritischen Auslösespannungen für Einzelkornausbruch [716], die im Falle der feinsten untersuchten Korngröße der hochreinen Al_2O_3-Keramik (d_{50} = 0,8 µm) bei 2150 MPa, der gröbsten (d_{50} = 12 µm) bei 490 MPa liegen (Abb. 2.261 unten). Hierin ist bereits der additive Beitrag innerer Spannungen berücksichtigt. Spaltbruch und Lateralrissauslösung bei geringen Korngrößen können außer durch die Konzepte der Sprödbruchmechanik [711, 713] auch unter Berücksichtigung von Versetzungsaufstauungen bis zum Überschreiten der Streckgrenze beschrieben werden [717, 718]. Hier ist allerdings zusätzlich das Risswachstum durch dynamische Scherbelastung, resultierende Ermüdung und Thermoschock noch einzubeziehen.

Erweitert man die Untersuchungen in Richtung auf „unendlich große“ Korngrößen, also auf Einkristalle, so zeigt sich in Abb. 2.262 nach Roth, Telle und Park [698, 699], dass hier die Anisotropie sowohl der Spaltbruchenergie als auch der entsprechenden Gleitmechanismen zu Buche schlägt. Die Bearbeitung einer Basalfläche bedarf nahezu des doppelten Energieaufwandes wie die einer Prismenfläche. Weicht man beim Schleifen von den niedrig indizierten Kristallflächen ab, so wird idealer Sprödbruch beobachtet, der an Glas erinnert (Konkoidalbruch, siehe Abb. 2.8 in Kapitel 2.1, Band 2).

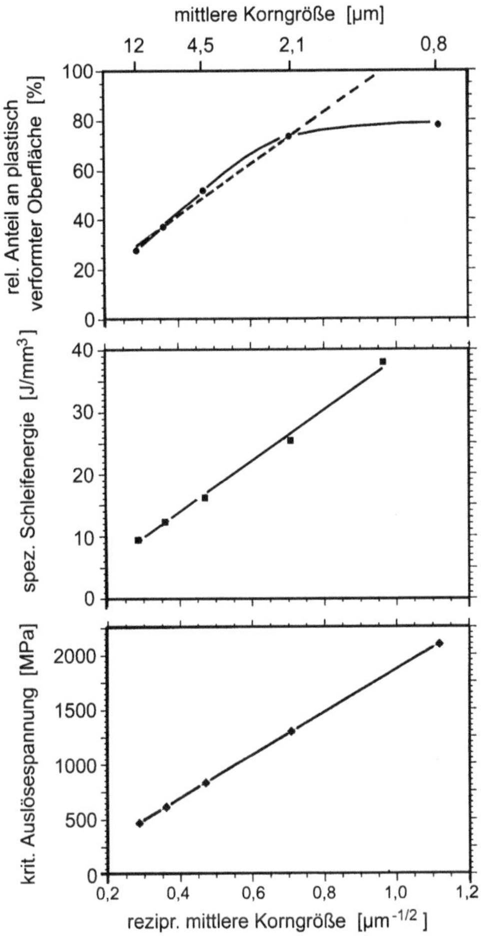

Abb. 2.261: Auftragung von Schleifenergie, plastisch verformter Oberfläche und interkristalliner Bruchspannung gegen die reziproke Wurzel der mittleren Korngröße nach [699].

Glasphasenhaltige Keramiken benötigen unter gleichen Bearbeitungsbedingungen deutlich höhere Schleifkräfte als korngrenzenphasenfreie Werkstoffe (Abb. 2.262). Die Oberflächentopographie ist – bedingt durch die größere Korngröße – durch Ausbruch mit untergeordneter plastischer Verformung in Form von Mikrofurchung gekennzeichnet. Zwischen Glasphase und kristalliner Phase ist dem Bruchbild nach zumindest im Rasterelektronenmikroskop nicht zu unterscheiden. Dies lässt sowohl für Aluminiumoxidkeramiken als auch für Siliciumnitrid bzw. flüssigphasengesintertes SiC vermuten, dass auch ausgequetschte Glasphase nach dem Abkühlen von Bearbeitungstemperatur durch Thermoschock fragmentiert wird.

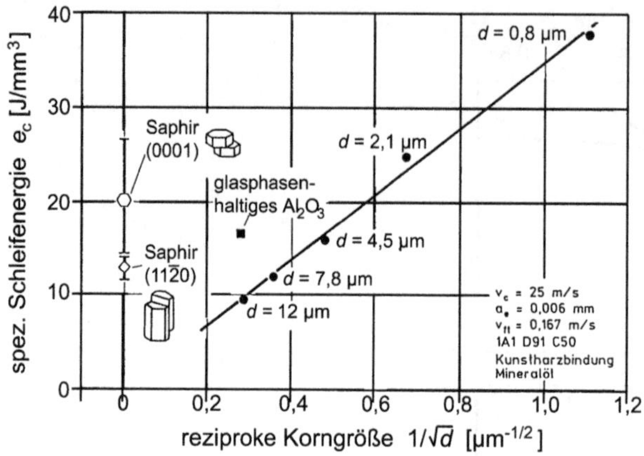

Abb. 2.262: Spezifische Schleifenergie hochreiner und glasphasenhaltiger Al_2O_3-Keramiken sowie für Saphir-Einkristalle [698].

Plastische Verformung erfordert also einen gegenüber dem Bruch erhöhten Energieeintrag zur Einebnung von Oberflächen. Bei Keramiken mit amorphen Korngrenzenphasen bestimmt das viskose Fließen den Energieaufwand für die Einformung.

2.7.10 Innovative Schleifverfahren

Die Einbringung von Druckspannungen in die hartbearbeitete Keramikoberfläche ist schon lange vor der sicheren Identifizierung der einzelnen Verformungsmechanismen zur Verbesserung der mechanischen Eigenschaften genutzt worden. Röntgenbeugungsmessungen an Al_2O_3 ergaben je nach Schleifverfahren und Korngröße bis zu 400 MPa Druckspannungen quer zur Schleifrichtung [690], in Si_3N_4 bis zu 500 MPa [708], was sich im letzteren Falle günstig auf die Biegefestigkeit auswirkte.

Duktiles Schleifen

Der Effekt der plastischen Verformbarkeit von Keramiken kann aber auch gezielt zur raschen und schonenden Einebnung von Bauteiloberflächen genutzt werden. Dieses „Plastic Regime Grinding" oder „duktile Schleifen" wird – wenn auch auf mehr oder minder empirischer Basis - bereits zur zeitsparenden und kostengünstigen Pilotfertigung von Serienbauteilen angewandt. Das sog. „Quick-Point-Grinding" ist in erster

Linie ein konventioneller Schleifprozess, der bezüglich der Bearbeitungs- und Maschinenparameter optimiert worden ist [719, 720]. Auf besonders steif ausgelegten Bearbeitungsmaschinen kann mit Spindelgeschwindigkeiten bis zu 12.000 min^{-1} unter Verwendung speziell geformter Diamantschleifscheiben rundgeschliffen werden. Die Schleifscheiben setzen dabei bevorzugt an den Kanten an, was eine sehr geringe Kontaktfläche und damit einen hohen Energieeintrag mit sich bringt. Unter diesen Randbedingungen trägt die Reibungswärme zur Aktivierung von Versetzungsmechanismen bzw. zur Erweichung der Glasphase bei Siliciumnitrid bei. Eingebrachte Druckspannungen sowie viskos fließende Glasphase führen zur Fehlerminimierung und damit zur Konstanthaltung oder Steigerung der Festigkeit des Bauteils. Dieses Verfahren hatte eine deutliche Reduktion der Fertigungstaktzeiten und der Hartbearbeitungskosten zur Folge, so dass ein Durchbruch für die Serienfertigung keramischer Ventile in greifbare Nähe rückte. Abbildung 2.263 zeigt die abgedrehte Stirnfläche eines Ventilschaftes im TEM. Die sehr ebene Oberfläche weist Verspannungen und relativ wenige Versetzungen auf; sie ist durch einen etwa 2 µm tiefen Lateralriss vom Untergrund abgetrennt, Medianrisse fehlen jedoch, was sich auch in der gesteigerten Festigkeit gegenüber konventionell geschliffenem Material äußert.

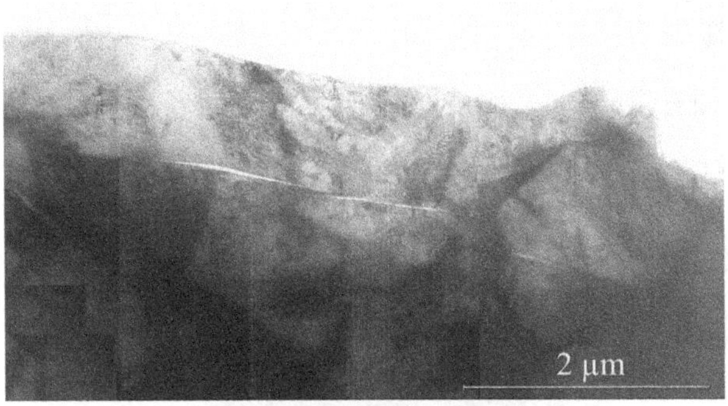

Abb. 2.263: TEM-Querschliff eines Ventilschaftes aus Si_3N_4-Keramik, Quick-Point-Grinding [721]; Bild: B. Schunk, © Inst. Gesteinshüttenkunde, RWTH Aachen.

ELID-Prozess

Nachdem bekannt war, dass geringe Einzelkornspanungsdicken, d. h. feine Schleifkörnungen und geringe Zustellungstiefen, auch bei konventionellen Bearbeitungsprozessen zu geringeren Oberflächenrauheiten führen, war es eine konsequente Weiterentwicklung in Richtung auf geringe Schädigungstiefen bei höchster Oberflächenqualität, in den Bereich kleinster Diamantkörnungen vorzudringen. Die dabei aufzubringende, exponentiell mit fallender Einzelkornspanungsdicke ansteigende Schleifenergie belastet die Schleifscheibe natürlich außerordentlich und führt zum raschen Ausbruch der kleinen, in der Scheibenbindung kaum haftenden Körner. Ein innovativer Schritt zur effizienten Umsetzung dieser Idee gelang Ohmori und Nakagawa

[722] mit dem sog. ELID-Prozess. Hierbei wird die stark abrasiv beanspruchte Scheibe nach jedem Werkstückkontakt, d. h. nach jeder Scheibenumdrehung durch *electrolytic in-process dressing*, also durch einen elektrolytischen Abrichtprozess, abgezogen, so dass sich neue scharfkantige Diamantkörner an der Oberfläche befinden. Abbildung 2.264 zeigt den schematischen Aufbau einer solchen Vorrichtung. Die metallische Bindung der Schleifscheibe wird über eine axial angedrückte Kontaktbürste positiv geladen, eine flächenhaft die Schleiffläche im Abstand von etwa 0.3 mm überstreichende Anode wird über eine eingesprühte Elektrolytlösung mit der Scheibe kontaktiert. Dadurch findet ein elektrochemischer Bindungsabtrag statt, der zum Herauslösen der verschlissenen oder überstehenden Diamantkörner führt (Abb. 2.265).

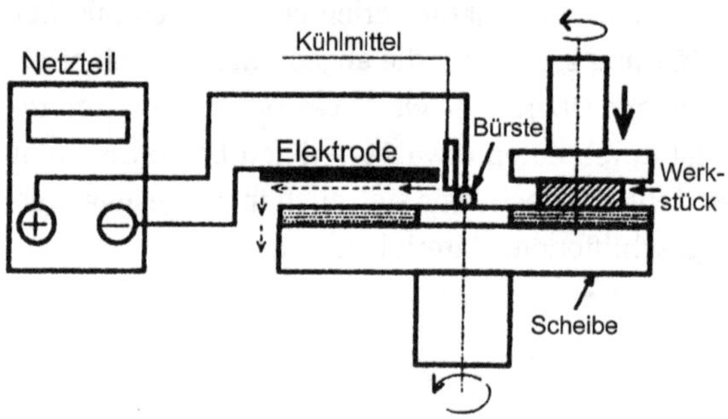

Abb. 2.264: Schematischer Aufbau einer ELID-Anlage [723].

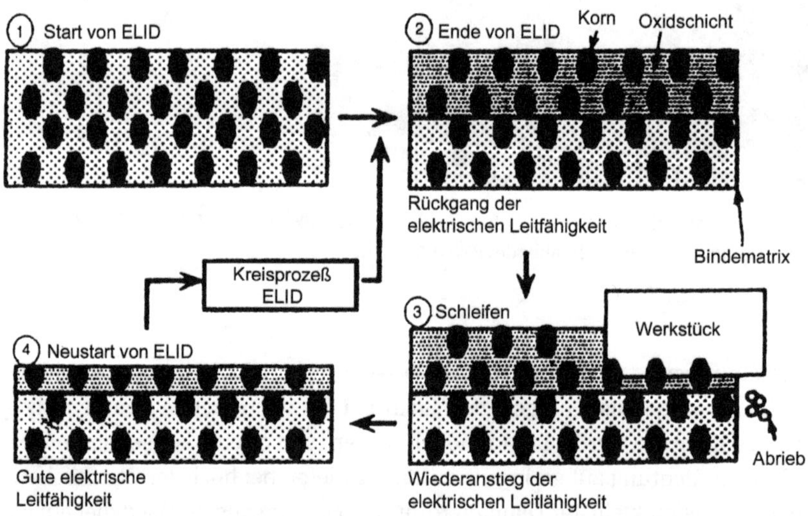

Abb. 2.265: Freilegen der Diamantkörner durch elektrochemischen Bindungsabtrag [723].

Dieses Verfahren wurde mit der Verwendung von superfeinen Schleifkörnungen mit Mesh-Nummern über #120.000 (entspricht etwa 100 nm Korndurchmesser) bis hin zu

#3.000.000 (entspricht 5 nm Korndurchmesser!) weiterentwickelt [722]. Gemessen an diesen Korngrößen wird der Prozess auch als Läpp-Schleifen bezeichnet, wobei er jedoch einem Polierprozess mit gebundenem Korn am nächsten steht. Typische Schleifparameter sind Rotationsgeschwindigkeiten von 100 min^{-1} und 0,1–0,15 MPa Anpressdruck. Beim Schleifen von Siliciumwafern konnte ein Materialabtrag von 10 µm/h mit 100-nm-Körnung und von etwa 1,5 µm/h mit 5-nm-Körnung erzielt werden. Die Oberflächengüte erreicht R_a-Werte von 0,38 nm mit vereinzelten Schleifriefen, deren Tiefe mit dem Rasterkraftmikroskop zu maximal 1,7 nm bestimmt wurde. Makroskopisch gesehen wird mit diesen Rauheitsgrößen wie bei einem Polierprozess Spiegelglanz erreicht. Obwohl noch keine Untersuchungen zur Bearbeitung von Keramiken bzw. zur Schädigung der Randzone vorliegen, ist anzunehmen, dass auch bei diesem Verfahren die Einebnung der Oberfläche rein plastisch erfolgt. ELID-Maschinen haben in Deutschland bereits vor allem zur Bearbeitung von optischen Modulen aus Fluorit oder anderen einkristallinen Werkstoffen Eingang in die Fertigung gefunden. Ein weiterer Anwendungsbereich liegt in der Fertigung von asphärischen Formschalen aus SiC, Si_3N_4 oder AlN für Brillengläser, die höchsten Oberflächenansprüchen gerecht werden müssen.

2.7.11 Laserunterstütztes Drehen

Das laserunterstützte Drehen (LuD) ist die folgerichtige Weiterentwicklung des „Quickpoint Grinding" bzw. allgemeiner des „Plastic Regime Grinding" bzw. „duktilen Schleifens", also materialabtragender Verfahren unter Nutzung der Prozesswärme.

Der erste Ansatz zur direkten Initiierung glasphasenerweichender Effekte, die ein Korngleiten auf viskos fließender Glasphase und damit eine spanende Formgebung keramischer Werkstoffe ermöglichten, bestand in der Zuführung thermischer Energie von außen in Form von Laserlicht [721, 724–728]. Beim laserunterstützten Drehen wird das Material *vor* dem Ort des eigentlichen Werkzeugeingriffs mit einem Nd-YAG-Laser über Lichtleitfasern auf etwa 1100 °C vorgewärmt und in einem Drehprozess mit definierter Schneide aus polykristallinem Diamant zerspant (Abb. 2.266). Mit zunehmender Spangeschwindigkeit steigen die Temperaturen am Kontaktbereich Werkzeug/Werkstück auf Temperaturen bis zu 1500–1900 °C an. Typische Prozessbedingungen sind eine maximale Laserleistung von 1,2–1,8 kW, Laserbrennflächen von 1–2 × 3–5 mm^2, Schnittgeschwindigkeiten von 50–100 m/min und Schnitttiefen von 1–1,5 mm. Der Einsatz des laserunterstützen Drehens ist auf Keramiken beschränkt, die folgende Eigenschaften aufweisen müssen:

1. Hohe Absorption und geringe Reflexion oder Streuung der Laserwellenlänge,
2. Glasphasenanteil 2–12 Vol.-%,
3. Glastransformationstemperatur 850 bis 1000 °C,
4. gute Wärmeleitfähigkeit (wegen Thermoschockbeständigkeit),
5. geringe Wärmedehnung (wegen Thermoschockbeständigkeit).

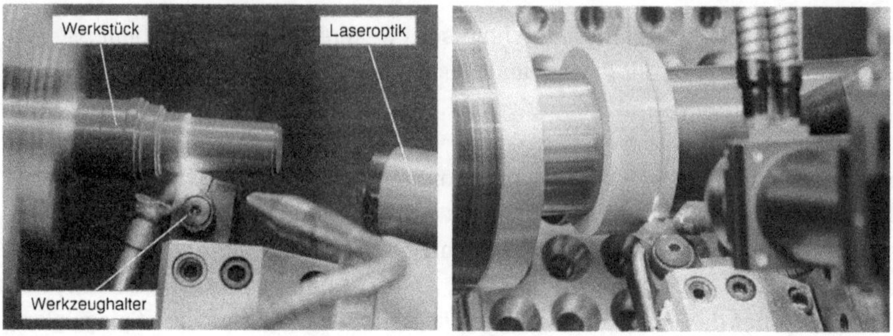

Abb. 2.266: Laserunterstütztes Drehen von Siliciumnitrid, Quellen: links: Zaboklicki, Fraunhofer-Inst. f. Produktionstechnik, Aachen; rechts: Werksfoto Cerobear GmbH, Herzogenrath, mit freundlicher Genehmigung.

Ferner bedarf es einer geeigneten Erwärmungsstrategie, die über Finite-Element-Methoden simuliert werden kann [728]. Aus der lokalen Erwärmung resultiert an der Oberfläche ein mechanisches Spannungsfeld. Überkritische Spannungen können zu Abplatzungen führen. Daher ist die Wärmeleitfähigkeit des Werkstückwerkstoffes besonders wichtig, aber auch die anfängliche Leistungssteuerung des Lasers. Schnittgeschwindigkeit und Vorschub sind so anzupassen, dass möglichst wenig Abkühlung zwischen den Eingriffsmomenten des Werkzeugs eintritt. Zu diesem Zeitpunkt muss die lokale Randzonentemperatur noch deutlich höher als die Glastransformationstemperatur des Werkstückmaterials sein. Im Prozess fallen Späne und Stäube an, da die Bearbeitung im Trockenschnitt erfolgen muss. Es tritt daher zusätzlich Erwärmung durch Verformungsprozesse und Reibung zwischen Spänen und Schneide auf (Abb. 2.267).

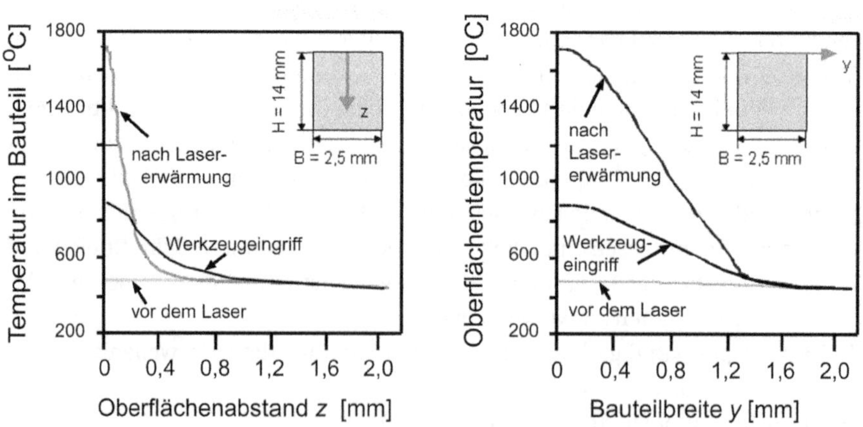

Abb. 2.267: Simulation des Temperaturprofils im Drehteil nach Bergs, Fraunhofer-IPT, Aachen. Links: Tiefenprofil, rechts: Lateralprofil.

Laserunterstütztes Drehen von Siliciumnitrid-Keramiken

Siliciumnitrid-Keramiken werden ohnehin überwiegend mit Glasphase flüssigphasengesintert (LPS = Liquid Phase Sintered). Die Schmelze besteht entweder aus Al_2O_3, AlN, Y_2O_3, anderen Seltenen Erdoxiden und SiO_2 oder aus MgO, Al_2O_3, AlN und SiO_2. Seit ein paar Jahren werden auch SiC-Keramiken erfolgreich mit Flüssigphasen gleicher Zusammensetzung gesintert.

Im REM-Abb. 2.268 ist eine laserunterstützt gedrehte Si_3N_4-Oberfläche dargestellt. Neben parallel verlaufenden Riefen dokumentiert die Detailaufnahme eine schuppige Oberflächenbeschaffenheit mit statistisch senkrecht zu den Bearbeitungsspuren hin angeordneten Porenanhäufungen, die auf ein Herauspressen der erweichten Glasphase (Korngrenzphase) hindeuten. Dadurch wirken die Oberflächen sehr eben. Großfläche Delamination kann nicht beobachtet werden, jedoch verursacht die wechselnde Zug–Druck-Belastung in Verbindung mit Thermoschock ein oberflächennahes Risssystem. Im Querschliff wird deutlich, dass diese Schuppen durch mobilisierte Glasphase verklebt sind. Es gibt ferner Teilchenzerscherung (Abrieb), elastische Verspannungen und sichelförmige Scherrisse mit Ausdehnungen von einigen zehn Nanometern.

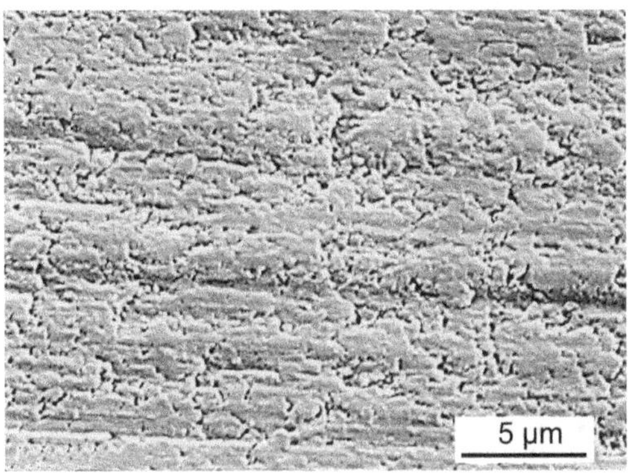

Abb. 2.268: REM-Aufnahme einer laserunterstützt gedrehten Si_3N_4-Keramik [721].

In Abb. 2.269 ist der Querschnitt einer Si_3N_4-Probe dargestellt, bei der trotz erweichter und in Oberflächennähe angereicherter Glasphase und der damit verbundenen Möglichkeit des Spannungsabbaus durch plastisches Fließen Biegekonturen sowie randliche Versetzungen in den Si_3N_4-Stengel vorhanden sind. Großflächige Lateralrisssysteme fehlen völlig. Die bereits mikroskopisch gut eingeebnete Oberfläche besteht aber nicht ausschließlich aus einem dichten Glasfilm. Auch stark zerrüttete, aber noch teilkristalline abgetrennte Kornfragmente sind zu finden (siehe Beugungsbild). Charakteristisch für die Randzone sind jedoch sichelförmige Mikrorisse, die in Abb. 2.270 vergrößert gezeigt sind.

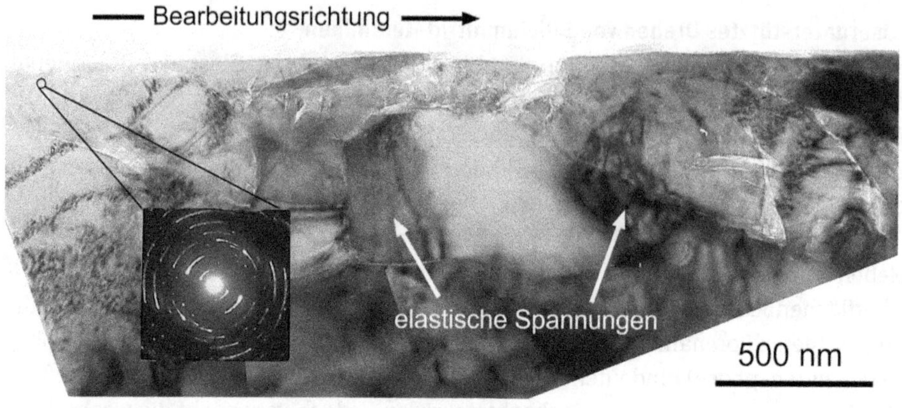

Abb. 2.269: TEM-Querschliff der Si_3N_4-Keramik, Mikrorisse bis in ca. 500 nm Tiefe, herausgedrückte Glasphase, nanokristalline Kornfragmente an der Werkstückoberfläche (laserunterstützt gedreht, v_c = 50 m/min, f = 10µm, a_P = 0,4 mm) [721]; Bild: I. Kuhl, © Inst. Gesteinshüttenkunde, RWTH Aachen.

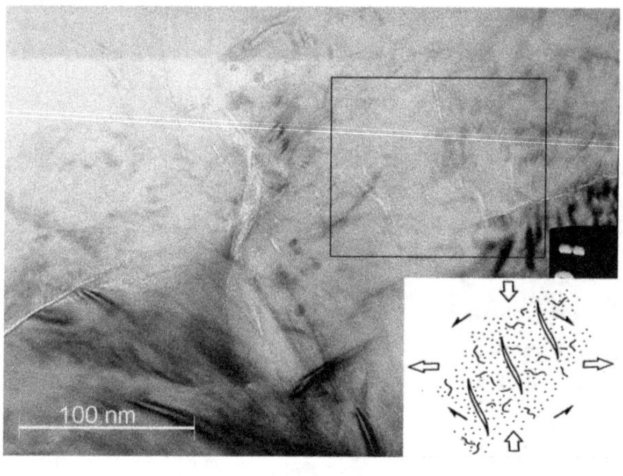

Abb. 2.270: TEM-Querschliff einer laserunterstützt gedrehten Si_3N_4-Keramik mit sichelförmigen Scherrisssystemen von ca. 100 nm Länge (v_c = 50 m/min, f = 10 µm, a_P = 0,4 mm) [721]; Bild: I. Kuhl, © Inst. Gesteinshüttenkunde, RWTH Aachen.

Diese Sigmoidalrisse sind 20–200 nm lang und treten in hoher Dichte bis in etwa 0,7 µm Tiefe auf. Da sie deutlich kleiner als die kritische versagensauslösende Fehlergröße sind, tragen sie nicht zur Beeinträchtigung der Festigkeit bei. Das Auftreten solcher Sigmoidalrisse ist unter dem Begriff „Fiederspalten" aus der Felsmechanik bekannt und konnte bisher nur in metamorphen Gesteinsformationen beobachtet werden, welche starken Drücken, Temperaturen und Scherspannungen bei extrem geringen Verformungsraten von 10^{-10} s^{-1} ausgesetzt waren. Sie liefern aber möglicherweise Hinweise über die während der Bearbeitung in einer solchen Randzone herrschenden Zustände. In Bezug auf die mechanischen Eigenschaften erhöhen solche Mikrorisse den Bruchwiderstand, erniedrigen den Elastizitätsmodul und fördern daher die Thermoschockbeständigkeit.

Das laserunterstützte Drehen glasphasenhaltiger Keramiken stellt also eine schonende und schnelle Bearbeitungsmethode dar. Aufgrund der fehlenden Schädigung durch Risse und das „Überschmieren" der Glasphase über die Bauteiloberfläche werden kleinere Oberflächenrisse versiegelt (Abb. 2.271).

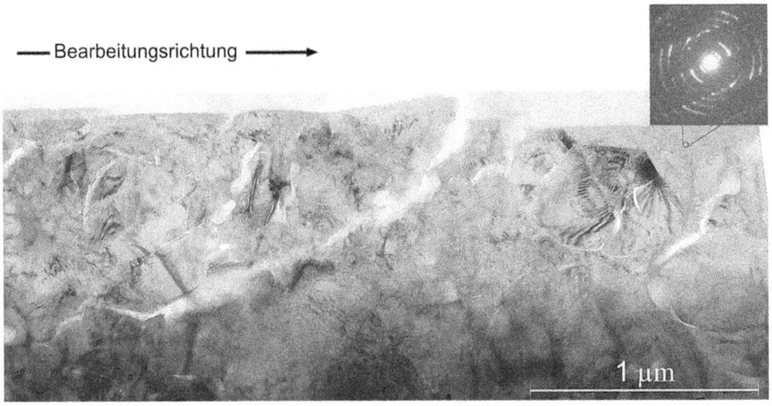

Abb. 2.271: Mobilisierung von Glasphase entlang der durch Oberflächenzerrüttung gebildeten Schuppenrisse [721]; Bild: I. Kuhl, © Inst. Gesteinshüttenkunde, RWTH Aachen.

Generell weisen LuD-bearbeitete Siliciumnitrid-Keramiken durch die geringe Schädigungstiefe und die zugeklebten Risse eine höhere Festigkeit auf als konventionell bearbeitete. Ebenso steigt der Bruchwiderstand aufgrund der Mikrorisse (Rissverzweigung). In Versuchsserien wurden mit Hilfe der laserunterstützten Drehbearbeitung erfolgreich Ventile aus HIP-RBSN gefertigt, bei der Herstellung von keramischen Kugellagerringen ist diese Fertigungstechnik Stand der Technik.

Bei zu hohen Temperaturen, bedingt durch fehlerhaft angepasste Laserleistung und/oder hohe Reibungswärme sowie zu geringe Schnittgeschwindigkeit, kann es zu einer lokalen Überhitzung kommen. Si_3N_4 kann sich zersetzen, sei es durch partielle Oxidation in die Gasspezies SiO und N_2 oder durch thermische Zersetzung in Si-Dampf und N_2, was bei 1800 °C eintritt. Damit werden Gase im viskosen Material freigesetzt und führen zur Blasenbildung (Abb. 2.272).

Das laserunterstützte Drehen ist ein spanabhebender Prozess. Die Späne bestehen aus durch Glasphase zusammengeklebten Si_3N_4-Körnern, die teilweise fragmentiert, teilweise vollständig erhalten sind. Ursache für die Verformung sind also weniger Gleitmechanismen als vielmehr viskoses Fließen und Öffnung von Mikrorissen (Abb. 2.273). Die Fragmentierung ist wahrscheinlich durch Thermoschock bedingt. Immerhin beträgt die Temperaturdifferenz zwischen Lasererwärmung und Zustand hinter der Schneide bis zu 1200 K.

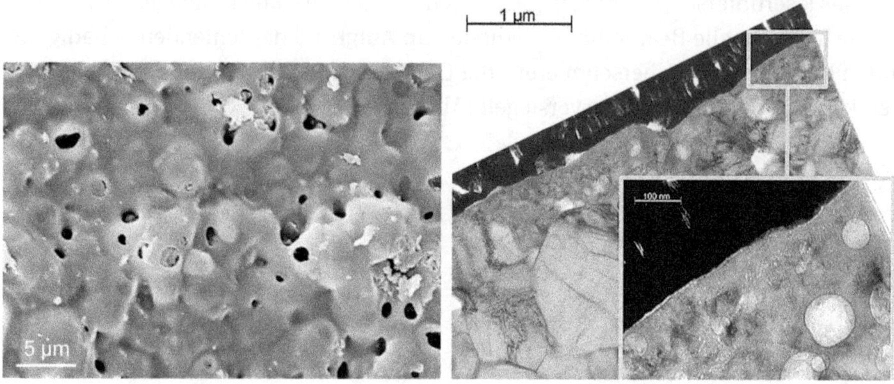

Abb. 2.272: Links: REM Aufnahme einer Siliciumnitridoberfläche mit Gasfreisetzung bei sehr hohen Kontakttemperaturen. Rechts: TEM-Aufnahme der Randzone mit Gasporen, die durch die Zersetzung von Si_3N_4 in Si und N_2 bzw. partielle Oxidation zu SiO und N_2 entstanden sind. Schwarz: Goldabdeckung der Oberfläche [721].

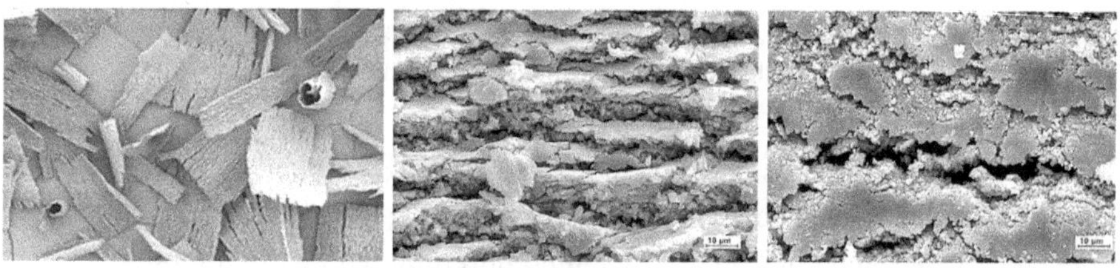

Abb. 2.273: Späne aus der Siliciumnitrid-Bearbeitung durch laserunterstütztes Drehen. Links: Übersicht; Mitte: Spanoberseite, rechts: Spanunterseite [729].

Laserunterstütztes Drehen von Siliciumcarbid-Keramiken

Flüssigphasengesintertes SiC verhält sich prinzipiell genauso wie Si_3N_4. Es können dieselben Oberflächengüten erreicht werden; die Materialabtrags- bzw. Schädigungsbilder sind nahezu identisch. Von der Oberfläche her gesehen wird das Werkstück durch ausgezogene schollenförmige Schuppen eingeebnet (Abb. 2.274), im Querschliff offenbaren sich die Schuppen als delaminierte und durch Glasphasen verschweißter Abrieb (Abb. 2.275). Die SiC-Körner sind aus ihrem Kornverband herausgehebelt worden, von Mikrorissen umgeben und zeigen in ihrem Inneren auch multiple basale Zwillingsbildung (Abb. 2.276).

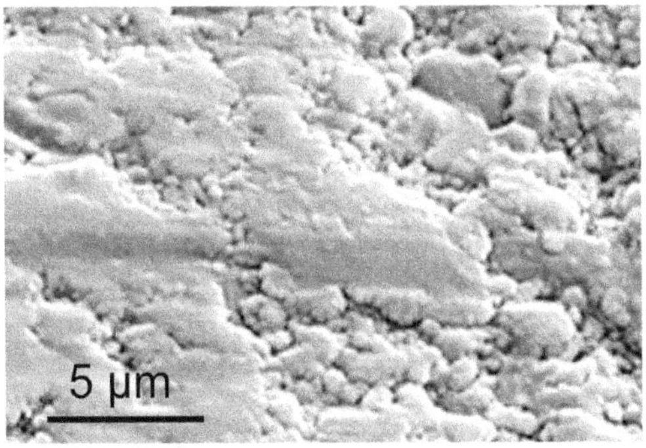

Abb. 2.274: REM-Aufnahme der Oberfläche einer LuD-bearbeiteten LPS–SiC-Keramik mit anhaftenden Schollen [721].

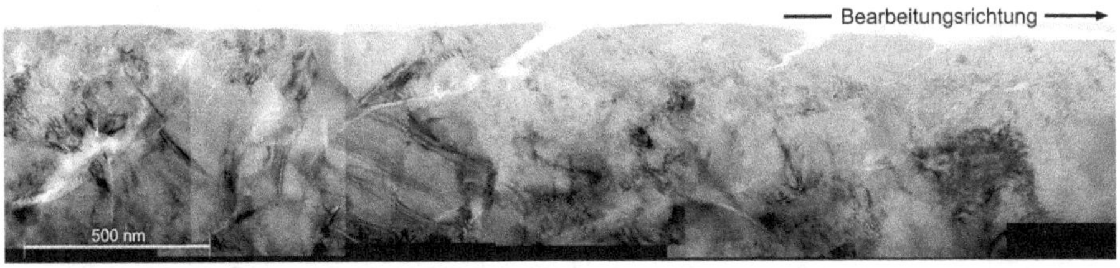

Abb. 2.275: Querschnitt durch eine LuD-bearbeitete LPS–SiC-Keramik mit ausgeprägter Schuppenbildung, Delamination, Mikrorissen und Glasphasenmobilisierung [721].

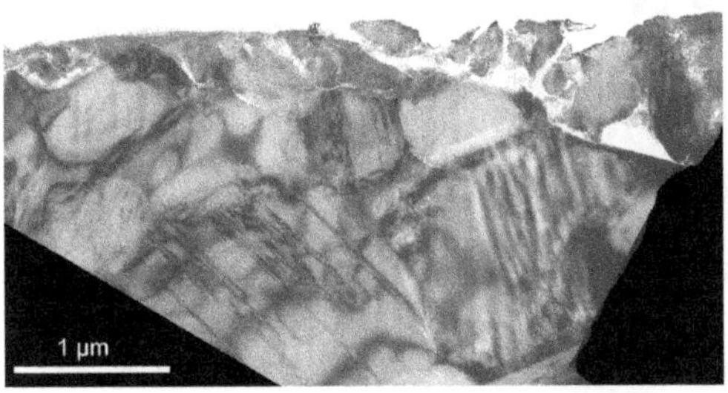

Abb. 2.276: Querschnitt durch eine LuD-bearbeitete LPS–SiC-Keramik. Das SiC zeigt Verformung durch basale Zwillingsbildung sowie Mikrofragmentierung und Glasphasenmobilisierung [721]. Bild: I. Kuhl, © Inst. Gesteinshüttenkunde, RWTH Aachen.

Laserunterstütztes Drehen von Oxid-Keramiken

Oxide sind eigentlich farblos und müssen daher durch Pigmente eingefärbt werden, um die Laserstrahlen zu absorbieren (Abb. 2.277 und 2.278). Hierzu werden Oxide stark färbender Kationen verwendet, die mit dem Basiswerkstoff chemisch gar nicht oder wenig reagieren dürfen, z. B. Kobaltoxid und Manganoxid. Zur LuD-Bearbeitung ist ferner die Zugabe von Glasphasenbildnern erforderlich, deren Volumenanteil dem Prozess angepasst werden muss. Die Untergrenze liegt bei etwa 2–4 Gew.-% Alumosilicatglas. Damit sind solche Werkstoffvarianten nicht mehr für Anwendungen bei höheren Temperaturen geeignet, da sie kriechanfällig werden. Darüber hinaus führt die Verwendung von Glasphasen beim Sintern in der Regel zu einem verstärkten Kornwachstum über Lösungs- und Widerausscheidungsprozesse, was sich festigkeitsmindernd auswirkt. Der Bearbeitungsprozess selbst bedarf einer vorsichtigen Erwärmung, da Oxidkeramiken eine höhere Wärmedehnung und eine geringere Wärmeleitung als Nitride oder Carbide aufweisen und daher sehr thermoschockempfindlich sind.

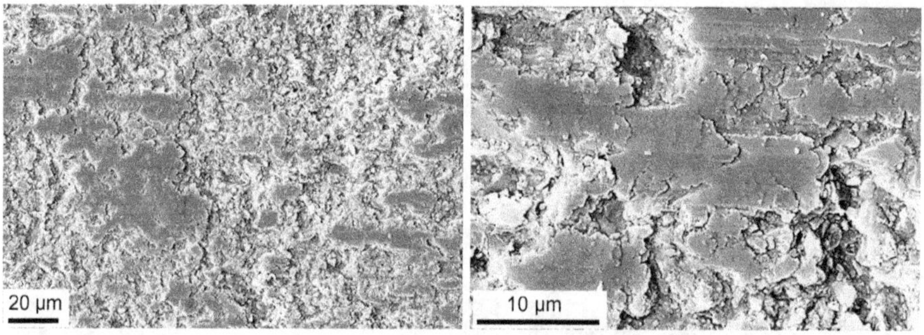

Abb. 2.277: LuD-bearbeitete Al_2O_3-Keramik mit 2 Gew.-% Glasphase mit Co-Pigmentierung [729].

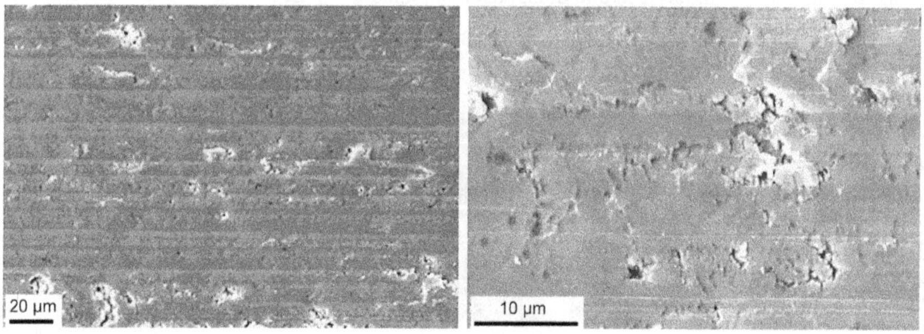

Abb. 2.278: LuD-bearbeitete Al_2O_3-Keramik mit 6 Gew.-% Glasphase mit Mn-Pigmentierung [729].

Entsprechend den Nichtoxidkeramiken ist die Randzone geprägt von delaminierenden Schuppen von Spänen und Abrieb, was wiederum zu einer sehr geringen Oberflächenrauheit führt. Diese Schichten sind bis zu etwa 1 µm dick. Darunter befinden sich weit verzweigte Risssysteme, die je nach Korngröße trans- oder interkristallin verlaufen und teilweise mit Glasphase gefüllt sind (Abb. 2.279).

Keramiken aus 3Y-TZP lassen sich bei optimierter Pigment- und Glasphasenzusammensetzung sogar mit Anteilen unterhalb 1 Gew.-% laserunterstützt zerspanen. Bei ZrO_2-Keramiken wirkt sich die nanoskalige Korngröße der Y-TZP-Varianten günstig aus; der Materialabtrag erfolgt somit durch Korngrenzengleiten bzw. über die viskose

Glasphase (Abb. 2.280). Abbildung 2.281 illustriert die Randzone eines solchen Werkstoffs. Die ZrO_2-Körner sind beim Sintern rundlich gewachsen; Flüssigphasensäume weisen aufgrund der flachen Korn-Korn-Kontakte auf Flüssigphasensintern hin. Die Poren sind mit ausgequetschter Glasphase gefüllt.

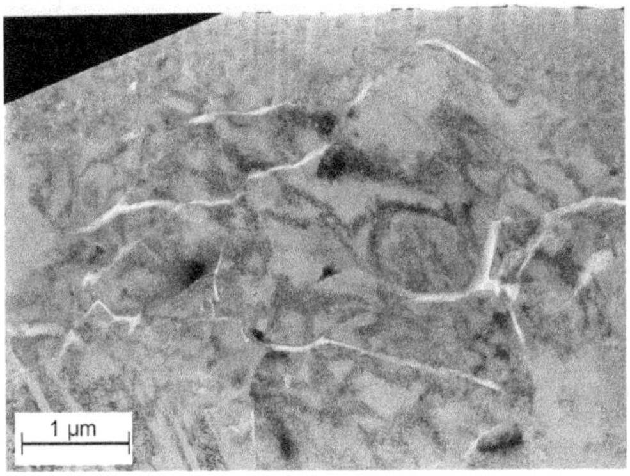

Abb. 2.279: Risssysteme unterhalb der laserunterstützt bearbeiteten Al_2O_3-Oberfläche. TEM-Aufnahme [729].

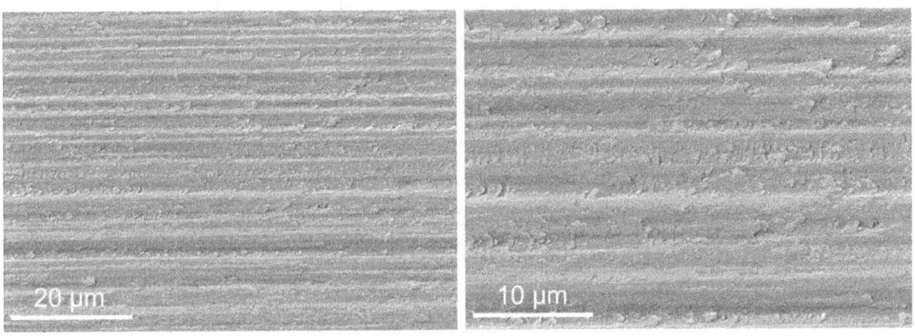

Abb. 2.280: 3Y-TZP-Keramik mit 0,85 Gew.-% Glasphase und schwarzer Pigmentierung, REM-Oberflächenaufnahmen nach LuD-Bearbeitung [729].

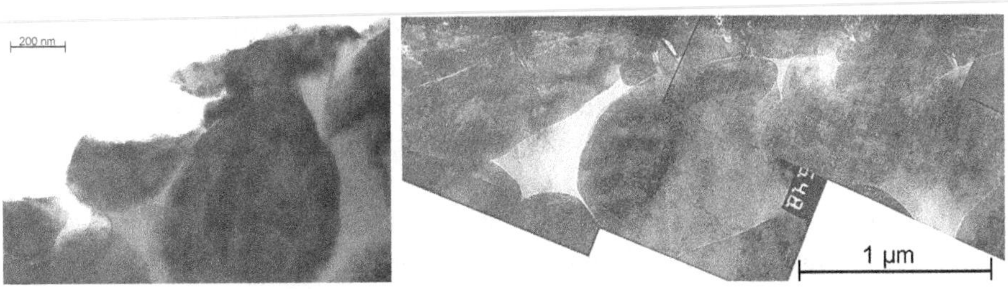

Abb. 2.281: Flüssigphasengesintertes 3Y-TZP-Keramik mit 0,85 Gew.-% Glasphase, TEM-Randzonenaufnahmen nach LuD-Bearbeitung [721]. Die ZrO_2-Körner sind in der Schmelze rundlich gewachsen. Glasphase ist in den Randbereichen in Poren und an Tripelpunkten angereichert.

2.7.12 Andere Oberflächenbearbeitungsprozesse

Erodieren

Nachdem Schleifen, Läppen und Polieren nur planar abtragende Fertigungsverfahren darstellen, bedarf es manchmal auch der Herstellung von dreidimensionalen Konturen. Hierzu sind Erodierverfahren entwickelt worden, die sich in Funkenerosion und Partikelerosion einteilen lassen.

Unter *Funkenerosion* werden elektrothermische Methoden verstanden, die eine elektrische Leitfähigkeit des Werkstückwerkstoffs voraussetzen, wie sie bei Metall-Keramik-Verbundwerkstoffen oder bei halbleitenden Keramiken gegeben ist. Dabei wird das Werkstück als Kathode gepolt und mit dem als Anode geschalteten Werkzeug durch Funkenentladungen abgetragen. Das Werkzeug kann beim Draht- oder Schneiderodieren als kontinuierlich umlaufend gespulter Draht ausgebildet sein oder beim Senkerodieren mit der Negativform der herzustellenden Kontur versehen sein. Im Arbeitsspalt zwischen Werkzeug und Werkstück wird eine dielektrische Flüssigkeit eingebracht, die also elektrisch isolierend, aber gut polarisierbar sein muss. Hierzu dient das Bad, in das das Werkstück und ein Teil des Drahtes bzw. des Gesenkkopfes eingetaucht werden. Bei *Drahterodieren* kann das Dielektrikum auch durch koaxial um den Draht herum angeordnete Strahldüsen eingespritzt werden. Der Erodierzyklus läuft je nach Frequenz des Spannungsaufbaus 10.000–100.000mal pro Sekunde ab und besteht aus Zündphase, Entladephase und Pausenphase. Bei Annäherung beider Oberflächen bildet sich im Arbeitsspalt ein elektrisches Feld aus, das zur Polarisierung der Moleküle des Dielektrikums führt. Ist die Feldstärke hinreichend hoch, kommt es an Rauheitsspitzen beider Oberflächen zur Entstehung eines Entladungskanals, der durch die Freisetzung freier Ionen und Elektronen leitend wird (Zündphase, Abb. 2.282a–b). Damit springt ein Funke über, der durch Stoßprozesse zwischen Ionen, polarisierten Molekülen und freien Elektronen die lokale Verdampfung des Dielektrikums hervorruft und ein Plasma erzeugt. Um den Plasmakanal herum expandieren die freigesetzten Gase, während an den Rauheitsspitzen des Werkstücks die Temperaturen bis weit über dessen Schmelzpunkt auf über 2600 °C steigen. Da die Beschleunigung von Ionen hauptsächlich in Richtung Werkstück geschieht, kommt es dort zum Aufschmelzen und Verdampfen von Material sowie zum Abplatzen von Partikeln in der näheren Umgebung durch Thermoschock, während die Anodenseite nur wenig geschädigt wird (Entladephase, Abb. 2.282c–e). Hat der Vorgang hinreichend lange gedauert, wird die Spannungszufuhr abgeschaltet, der Plasmakanal bricht zusammen. Die Implosion der Gasblase unter dem Umgebungsdruck führt durch Kavitation (siehe Kapitel 7.4.1 in Band 2) zu einer Schockwelle, die einen Materialabtrag der geschmolzenen und mechanisch geschwächten Werkstückoberfläche bewirkt. Durch die seitliche Strömung des Dielektrikums werden die erstarrten Schmelzepartikel sowie die Bruchstücke aus dem Thermoschockprozess weggeschwemmt (Pausenphase,

Abb. 2.282f). Es bleibt ein Krater zurück und der Prozess wiederholt sich an anderer Stelle.

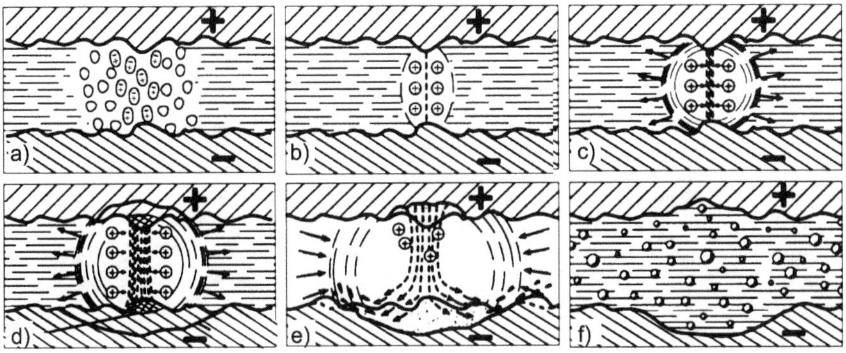

Abb. 2.282: Zyklus der Funkenerosion nach [730], mit freundlicher Genehmigung. Die Werkzeugoberfläche befindet sich oben, die des Werkstücks unten. (a) Polarisation des Dielektrikums durch Anlegen eines elektrischen Feldes; (b) Beschleunigung von Ionen in Richtung Werkstück; (c) Entstehung des Entladungskanals, Bildung und Expansion des Plasmadampfes; (d) weitere Expansion der Dampfblase, Anschmelzen der Werkstoffoberfläche; (e) Aufweitung des Schmelzebereiches; Unterbrechung der Entladung; Kollaps der Dampfblase durch äußeren Druck des Dielektrikums, Entstehung der Schockwelle, Materialabtrag und Erstarrung; (f) Abtransport der erodierten und erstarrten Bruchstücke durch Strömung.

Abbildung 2.283 rechts verdeutlicht den Thermoschockeinfluss beim Funkenerodieren einer Siliciumnitrid-Keramik ohne elektrisch leitende Zweitphase. Glasphase und Si_3N_4-Körner sind stark aufgebrochen. Schmelzerscheinungen sind sowohl bei der Glasphase zu erwarten als auch bei Silicium, in das sich Si_3N_4 bei zu starker Erhitzung unter Entbindung von N_2 zersetzt. Im Teilbild links wurde eine ZTA-Keramik mit Niobcarbid NbC versetzt, um einerseits die mechanischen Eigenschaften zu verbessern und andererseits eine Leitfähigkeit bereit zu stellen. In Abb. 2.284 ist links die Oberfläche einer drahterodierten Beschichtung aus kubischem Bornitrid auf einem Stahlsubstrat dargestellt. Der Drahtvorschub (hier von oben nach unten) ist gut sichtbar. Das rechte Teilbild verdeutlicht im Querschliff die Kraterbildung, die auch bei ZTA-Keramik mit leitendem NbC auftritt.

Die *Partikelerosion* arbeitet mit einer Suspension aus Hartstoffpartikeln (SiC, B_4C, Al_2O_3, Diamant) in Öl oder Wasser, die von einer Sonotrode über einen Gesenkkopf zu longitudinalen Schwingungen im Ultraschallbereich angeregt wird. Abbildung 2.285 illustriert die Anordnung von Schwingungselement, Fokussierung und Übertragung auf das Werkzeug. Abbildung 2.286 zeigt den Kopf des Profilwerkzeugs genauer mit Suspensionszufuhr und Werkstück. Der Materialabtrag entsteht einerseits durch iterativen Schlag der Abrasivpartikel gegen das Werkstück, andererseits durch den andauernden Kollaps von Kavitationsblasen in der Nähe der Bauteiloberfläche. Beide hämmernden Belastungen führen zu Oberflächenzerrüttung durch Mikrorissbildung und -vereinigung, gefolgt von Kornfragmentierung und Ausbruch. Es ist von Vorteil, wenn sich ein Teil der Abrasivpartikel wie beim Läppen mit dem Gesenkkopf mechanisch verklammert. Dadurch ist die Kraftübertragung besser als bei frei schwebendem Korn.

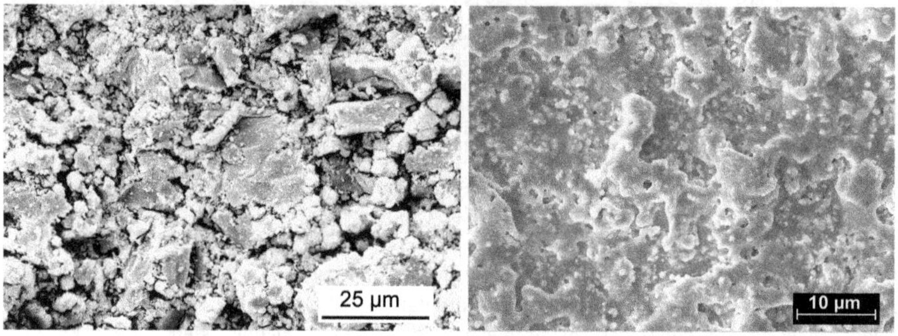

Abb. 2.283: Oberflächen funkenerodierter Keramiken. Links: Siliciumnitrid ohne elektrisch leitende Zweitphasen. Durch Thermoschock sind sowohl Si_3N_4 als auch Glasphase stark fragmentiert. Erodierbehandlung: Fa. Diamant-Ges. Tesch GmbH, Ludwigsburg; Probe und REM-Bild: R. Telle, MPI Stuttgart. Rechts: ZTA-Keramik mit 17 Vol.-% ZrO_2, 51 Vol.-% Al_2O_3 und 32 Vol.-% NbC. Erodierbehandlung: U. Schmitt-Radloff, Inst. Fertigungstechnologie keramischer Bauteile, Univ. Stuttgart, mit freundlicher Genehmigung.

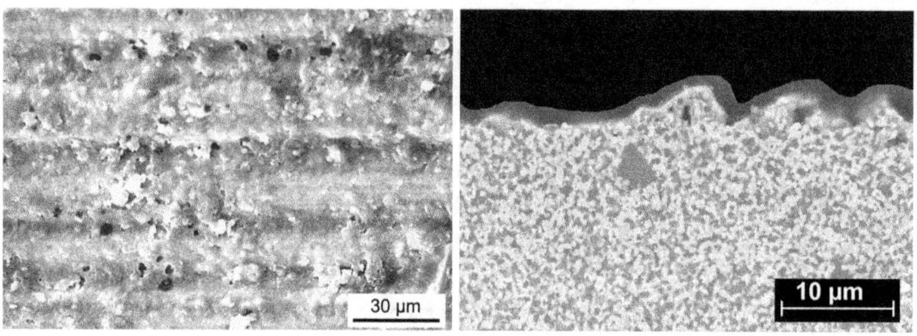

Abb. 2.284: Links: Drahterodierte Schicht aus kubischem Bornitrid (cBN) auf Stahlunterlage. Die Laufkanten des Elektrodendrahtes sind gut zu erkennen, ebenso das partielle Aufschmelzen des Verbundes. Probe und Erodierbehandlung: Fa. Diamant-Ges. Tesch GmbH, Ludwigsburg, Bild: R. Telle, MPI Stuttgart. Rechts: Querschliff durch die ZTA-Keramik von Abb. 2.283. Die Kraterbildung ist gut zu erkennen; der Oberflächenkontrast ist durch das Einbettmittel bedingt. Quelle: U. Schmitt-Radloff, Inst. Fertigungstechnologie keramischer Bauteile, Univ. Stuttgart, mit freundlicher Genehmigung.

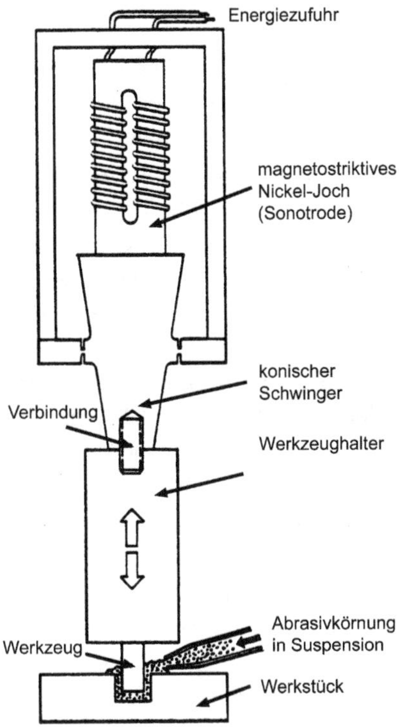

Abb. 2.285: Ultraschallerodier-Maschine nach Richerson [357]. © Taylor & Francis, Abdruck mit freundl. Genehmigung.

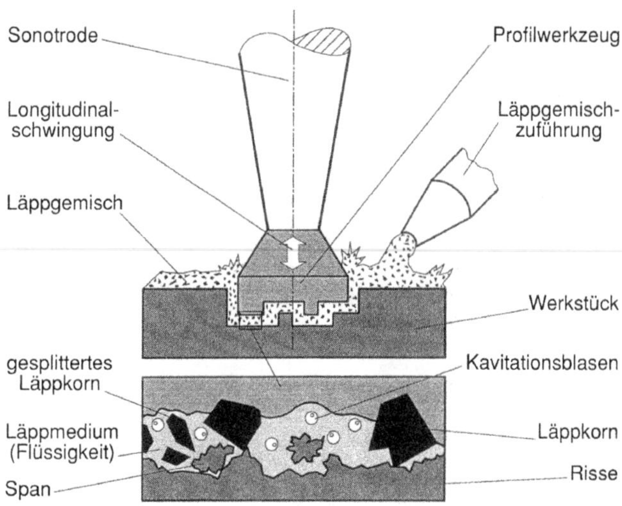

Abb. 2.286: Profilwerkzeug und Materialabtrag beim Ultraschallerodieren nach Spur [669]. © Carl Hanser Verlag, Abdruck mit freundl. Genehmigung.

Kugelstrahlen

Ausgehend von den Beobachtungen, dass eine mechanische Oberflächenbearbeitung plastische Verformungen zur Folge hat und damit festigkeitssteigernde Druckspannungen in die Randzone eingebracht werden können [731], haben Pfeiffer u. M. eine Strategie entwickelt, um keramische Oberflächen durch Kugelstrahlen bzw. Sandstrahlen zu „härten" [732, 733]. Hierbei werden Bauteile mit Kugeln aus ZrO_2 oder Hartmetall mit Durchmessern von 300–700 µm und einem Strahldruck von 0,2–0,4 MPa zwischen 5–22 min beaufschlagt. Die mechanischen Eigenschaften des behandelten Materials können danach mit dem Kugeldrucktest analog zur Brinell-Härteprüfung getestet werden. Das Messergebnis wird jedoch dann durch diejenige kritische Last ausgedrückt, bei der nach statischer oder dynamischer Belastung Risse auftreten, was sehr gut mit Eigenspannungen korreliert werden kann. Abbildung 2.287 verdeutlicht, dass sowohl bei Oxidkeramik (Al_2O_3 von Kennametal-Hertel) als auch bei Si_3N_4 (Starck Ceramics) an der Oberfläche Druckspannungen bis 1250 MPa induziert werden können. Diese lassen sich bei Zunahme des Strahldrucks in 30 µm Tiefe auf einem Niveau von nahezu 2000 MPa stabilisieren. Das Tiefenprofil kann in seiner Lage mit zunehmender Geschwindigkeit, Konzentration, Strahldruck und Durchmesser des Strahlgutes in größere Tiefe und zu höheren Druckspannungen verschoben werden. Die eingebrachten Druckeigenspannungen erlauben eine erhöhte Druckbeaufschlagung, z. B. in Wälzlagern oder bei anderweitigen mit Flächenpressungen verbundenen tribologischen Belastungen (Abb. 2.288). Spezielle Siliciumnitrid-Qualitäten für Lagerrollen (Starck Ceramics) können so durch Kugelstrahlen auf eine nahezu doppelt so hohe Druckbelastbarkeit gebracht werden wie nur geschliffene und polierte (Abb. 2.289).

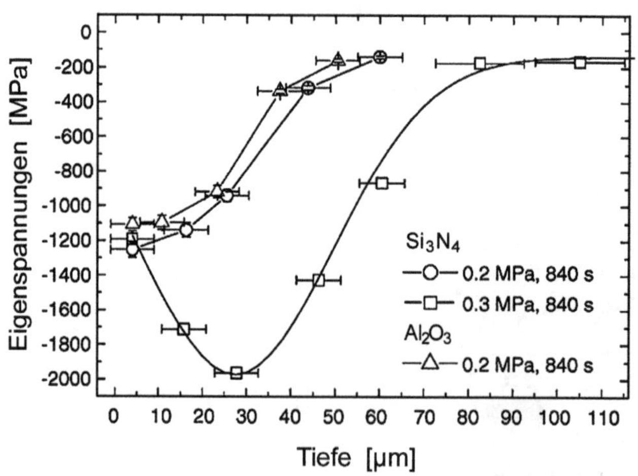

Abb. 2.287: Tiefenprofile der Eigenspannungen kugelgestrahlter Keramikvarianten nach [732]. Mit zunehmendem Strahldruck verschieben sich die maximalen Druckspannungen in größere Tiefe. Abdruck mit freundl. Genehmigung der Autoren.

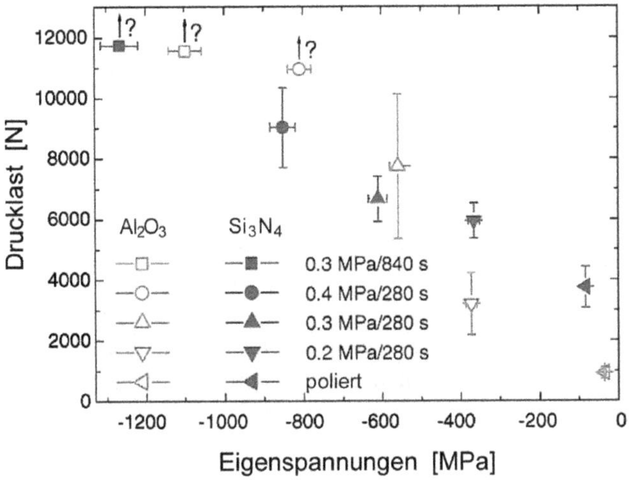

Abb. 2.288: Drucklastaufnahme und Eigenspannungen kugelgestrahlter Keramikvarianten nach [732]. Druckeigenspannungen erhöhen die kritische Drucklast sowohl bei Al_2O_3 als auch bei Si_3N_4. Abdruck mit freundl. Genehmigung der Autoren.

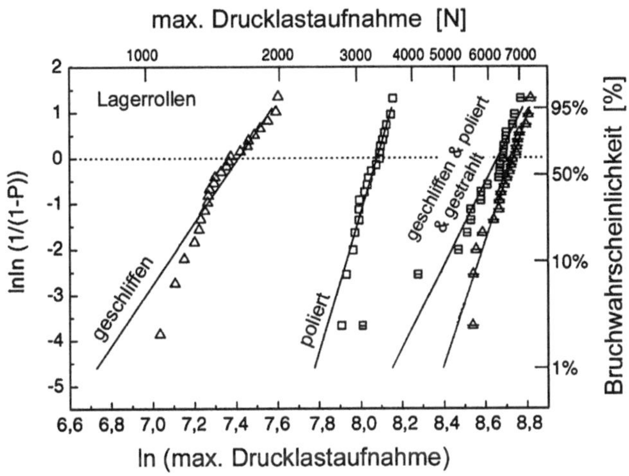

Abb. 2.289: Vergleich der maximalen Drucklastaufnahme (Kugeldruckversuch) von geschliffenen, polierten und kugelgestrahlten Siliciumnitrid-Lagerrollen nach [732]. Abdruck mit freundl. Genehmigung der Autoren.

2.7.13 Schlussfolgerungen

Die Untersuchungen zeigen, dass die heterogene Struktur der Randzone hartbearbeiteter Keramiken nicht alleine durch „oberflächliche“ Betrachtungsweisen charakterisiert werden darf. Ausschlaggebend für das Einsatzverhalten unter mechanischer und korrosiver Belastung sind die Schädigungen der Randzone, die von den bekannten Risssystemen, aber auch von plastischer Verformung geprägt ist. Gerade das – eigentlich unerwartete – plastische Verhalten keramischer Werkstoffe unter Bearbeitungsbedingungen bringt interessante Chancen für innovative Bearbeitungsverfahren mit sich, die gezielt den hohen Energie- und Krafteintrag in den Werkstoff nutzen, um eine hervorragende Oberflächengüte ohne Auslösung von festigkeitsmindernden Rissen zu erzielen. Hierbei sind „Quantensprünge" in der Fertigungstechnik erreicht worden, die maßgeblich zur Serientauglichkeit keramischer Bauteile beigetragen haben. Die Entdeckung, dass gezielt in eine Randzone eingebrachte Druckspannungen eine günstige Wirkung auf die Belastbarkeit keramischer Bauteile zur Folge haben, kann den Einsatz dieser an sich spröden Werkstoffe im Maschinenbau weiter vorantreiben.

Anhang

1 Internationales Einheitensystem (SI)

SI-Basiseinheiten

Physikalische Größe		Einheit	
Name	**Symbol**	**Name**	**Symbol**
Länge	l	Meter	m
Masse	m	Kilogramm	kg
Zeit	t	Sekunde	s
Elektrische Stromstärke	I	Ampere	A
Thermodynamische Temperatur	T	Kelvin	K
Lichtstärke	I_v	Candela	cd
Stoffmenge	n	Mol	mol

Gebräuchliche abgeleitete Einheiten

Physikalische Größe		Einheit		
Name	**Symbol**	**Name**	**Symbol**	**Definition**
Frequenz	ν	Hertz	Hz	s^{-1}
Kraft	F	Newton	N	$kg\,m\,s^{-2} = J\,m^{-1}$
Druck, mechanische Spannung	p	Pascal	Pa	$kg\,m^{-1}\,s^{-2} = N\,m^{-2}$
Energie	E	Joule	J	$kg\,m^2 s^{-2}$
Leistung	P	Watt	W	$kg\,m^2\,s^{-3} = J\,s^{-1}$
Elektrische Ladung	Q	Coulomb	C	A s
Elektrische Potenzialdifferenz	U	Volt	V	$kg\,m^2\,s^{-3}\,A^{-1} = J\,A^{-1}\,s^{-1}$
Elektrischer Widerstand	R	Ohm	Ω	$kg\,m^2\,s^{-3}\,A^{-2} = V\,A^{-1}$
Elektrischer Leitwert	G	Siemens	S	$kg^{-1}\,m^{-2}\,s^3\,A^2 = \Omega^{-1}$
Elektrische Kapazität	C	Farad	F	$kg^{-1}\,m^{-2}\,s^4\,A^2 = C\,V^{-1}$
Magnetischer Fluss	Φ	Weber	Wb	$kg\,m^2\,s^{-2}\,A^{-1} = V\,s$
Induktivität	L	Henry	H	$kg\,m^2\,s^{-2}\,A^{-2} = V\,A^{-1}\,s$
Magnetische Flussdichte	B	Tesla	T	$kg\,s^{-2}\,A^{-1} = V\,s\,m^{-2}$
Lichtstrom	F	Lumen	lm	Cd sr
Beleuchtungsstärke	E	Lux	lx	$Lm\,m^{-2} = cd\,rs\,m^{-2}$
Radioaktivität		Becquerel	Bq	s^{-1}
Absorbierte Dosis		Gray	Gy	$J\,kg^{-1} = m^2\,s^{-2}$

Definitionen der SI-Basiseinheiten

(mit dem Jahr der letzten Revision).

Meter: Ein Meter ist die Länge der Strecke, die Licht im Vakuum in der Zeitspanne von 1/299.792.458 Sekunden zurücklegt (1983).

Kilogramm: Das Kilogramm ist die Einheit der Masse; sie ist gleich der Masse des internationalen Kilogramm-Prototyps (1901).

https://doi.org/10.1515/9783110742398-003

Eine Neudefinition über eine perfekte Kugel aus von 99,994 Masse-% ^{28}Si mit einem Durchmesser von ca. 93,7 mm bei einer Genauigkeit von 30 nm wird angestrebt (2010). Der Einsatz einer kalibrierten Watt-Waage könnte zu einer kräftemäßigen Definition des Kilogramms führen. Ein weiterer Normvorschlag leitet das Kilogramm vom Planckschen Wirkungsquantum h ab.

Sekunden: Eine Sekunde ist das 9.192.631.770fache der Periodendauer der Strahlung, die beim Übergang zwischen den zwei Hyperfeinstruktur-Niveaus des Grundzustands des Caesium^{133}-Atoms emittiert wird (1967).

Ampere: Ein Ampere ist die Stärke des konstanten Stroms, der durch zwei im Vakuum im Abstand 1 m parallel angeordnete, geradlinige unendlich lange Leiter von vernachlässigbarem Querschnitt fließt und zwischen diesen Leitern je 1 m Leiterlänge eine Kraft von 2×10^{-7} Newton hervorruft (1948). Eine Neufassung sieht die Ableitung aus der Elementarladung e vor (2019).

Kelvin: Das Kelvin ist die Einheit der thermodynamischen Temperaturen; dies ist (1/273,16) der thermodynamischen Temperatur des Tripelpunkts des Wassers. (1967). Der Schmelzpunkt von Wasser liegt bei 273,15 K. Eine neue Definition soll über Boltzmann-Konstante k erfolgen (2019).

Candela: Ein Candela ist – in einer gegebenen Richtung – die Lichtstärke einer Lichtquelle, die monochromatische Strahlung mit der Frequenz 540×10^{12} Hertz emittiert und in dieser Richtung eine Strahlungsintensität von (1/683) Watt pro Radiant hat (1979).

Mol: Ein Mol ist die Stoffmenge eines Systems, das sich aus ebenso vielen Elementar-Individuen zusammensetzt, wie in 0,012 kg des Kohlenstoff-Nuklids C^{12} an Atomen enthalten sind. Die Elementar-Individuen müssen bezeichnet werden und können Atome, Moleküle, Ionen, Elektronen, andere Teilchen oder Gruppierungen solcher Teilchen sein. Ein Mol eines Stoffes enthält entsprechend $6{,}02214078 \times 10^{23}$ Teilchen (1971).

Dezimale Teile und Vielfache

Zehnerpotenz	Präfix	Symbol	Abkürz.	Zehnerpotenz	Präfix	Symbol
10^{-1}	dezi	d		10^{1}	deka	da
10^{-2}	zenti	c	%	10^{2}	hekto	h
10^{-3}	milli	m	‰	10^{3}	kilo	k
10^{-6}	mikro	µ	ppm[a]	10^{6}	mega	M
10^{-9}	nano	n	ppb[b]	10^{9}	giga	G
10^{-12}	piko	p	ppt[c]	10^{12}	tera	T
10^{-15}	femto	f	ppq[d]	10^{15}	peta	P
10^{-18}	atto	a		10^{18}	exa	E
10^{-21}	zepto	z		10^{21}	zetta	Z
10^{-24}	yocto	y		10^{24}	yotta	Y

[a]parts per million, [b]billion, [c]trillion, [d]quadrillion: Abkürzungen für Mengenangaben.

Numerische Präfixe

	Griechisch	Lateinisch	IUPAC-Name des Elements*	IUPAC-Symbol des Elements*
0			nil	n
$\frac{1}{2}$	hemi	semi		
1	mono	uni	un	u
$1\frac{1}{2}$		sesqui		
2	di	bi	bi	b
3	tri	ter	tri	t
4	tetra	quadri, quater	quad	q
5	penta	quinque, quin	pent	p
6	hexa	sexi	hex	h
7	hepta	septi	sept	s
8	octa	octa	oct	o
9	ennea	nona	emn	e
10	deca	deci		
viel	poly	multi		

*Für Elemente mit Ordnungszahlen über 100, z. B. Unnilennium (Une) für Element 109.

2 Grundlegende Konstanten (Revision 1986)

Die Zahlen in Klammern sind die Unsicherheiten der letzten Stellen und beziehen sich auf die einfache Standardabweichung.

Name	Symbol	Wert
Avogadro-Konstante: Anzahl der Teilchen je Mol eines reinen Stoffes	N_A	$6{,}0221367(36) \times 10^{23}\ mol^{-1}$ $6{,}02214078(18) \times 10^{23}\ mol^{-1}$ (2010)
Faraday-Konstante	F	$96485{,}309(29)\ C\ mol^{-1}$
Elementarladung	e	$1{,}60217733(49) \times 10^{-19}\ C$
Ruhemasse des Elektrons	m_e	$9{,}1093897(54) \times 10^{-31}\ kg$
Ruhemasse des Protons	m_p	$1{,}6726231(10) \times 10^{-27}\ kg$
Ruhemasse des Neutrons	m_n	$1{,}6749286(10) \times 10^{-27}\ kg$
Atomare Masseneinheit (1/12 der Masse eines C^{12}-Atoms)	$M_u = 1\ u$	$1{,}6605402(10) \times 10^{-27}\ kg$
Planck-Konstante	h	$6{,}6260755(40) \times 10^{-34}\ J\ s$
	$\hbar = h/2\pi$	$1{,}05457266(63) \times 10^{-34}\ J\ s$
Lichtgeschwindigkeit im Vakuum	c_0	$2{,}99792458 \times 10^{8}\ m\ s^{-1}$
Magnetische Feldkonstante im Vakuum	μ_0	$4\pi \times 10^{-7}\ kg\ m\ s^{-2}\ A^{-2}$
Elektrische Feldkonstante im Vakuum	$\varepsilon_0 = \mu_0^{-1} c_0^{-2}$	$8{,}854187816 \times 10^{-12}\ kg^{-1}\ m^{-3}\ s^4\ A^2$
Bohr-Radius	$a_0 = \varepsilon_0 h_2/\pi m_e e^2$	$5{,}29177249(24) \times 10^{-11}\ m$

Name	Symbol	Wert
Hartree-Energie	$E_h = h^2/m_e a_0^2$	$4{,}3597482(26) \times 10^{-18}$ J
Rydberg-Konstante	$R_\infty = m_e e^4/8\varepsilon_0^2 h^3 c_0$	$1{,}0973731534(13) \times 10^7\ m^{-1}$
Rydberg-Konstante (Wasserstoff)	$R_H = R_\infty/(1 + m_e/m_p)$	$1{,}0967758307(13) \times 10^7\ m^{-1}$
Bohr-Magneton	$\mu_B = eh/4\pi m_e$	$9{,}2740154(31) \times 10^{-24}\ A\ m^2$
Gaskonstante	R	$8{,}314510(70)\ J\ K^{-1}\ mol^{-1}$
		$0{,}08205783(70)\ L\ atm\ K^{-1}\ mol^{-1}$
		$82{,}05783(70)\ cm^3\ atm\ K^{-1}\ mol^{-1}$
		$1{,}987216(17)\ cal\ K^{-1}\ mol^{-1}$
Boltzmann-Konstante	k	$1{,}380658(12) \times 10^{-23}\ J\ K^{-1}$
Volumen von 1 mol eines idealen Gases bei 1 atm, 0 °C	V_m	$22{,}41410(19)\ L\ mol^{-1}$
bei 1 bar, 0 °C		$22{,}71108(19)\ L\ mol^{-1}$
bei 1 atm, 25 °C		$24{,}46554(21)\ L\ mol^{-1}$
Loschmidt-Konstante: Anzahl der Moleküle pro Volumen eines Gases unter Normalbedingungen	N_L	$2{,}6867811(15) \times 10^{25}\ m^{-3}$
		$2{,}6867805(24) \times 10^{19}\ cm^{-3}$
Standard-Gravitations-beschleunigung auf der Erde	g_n	$9{,}80665\ m\ s^{-2}$
Basis des natürlichen Logarithmus	e	2,718282
	$\ln x$	$2{,}30259 \log x$
	π	3,141592653

3 Wichtige Umrechnungsfaktoren

Energie

	J	cal	erg	cm^3 atm	eV
1 J	1	0,2390	10^7	9,869	$6{,}242 \times 10^{18}$
1 cal	4,184	1	$4{,}184 \times 10^{-7}$	41,29	$2{,}612 \times 10^{19}$
1 erg	10^{-7}	$2{,}390 \times 10^{-8}$	1	$9{,}869 \times 10^{-7}$	$6{,}242 \times 10^{11}$
1 cm^3 atm	0,1013	$2{,}422 \times 10^{-2}$	$1{,}013 \times 10^6$	1	$6{,}325 \times 10^{17}$
1 eV	$1{,}602 \times 10^{-19}$	$3{,}829 \times 10^{-20}$	$1{,}602 \times 10^{-12}$	$1{,}581 \times 10^{-18}$	1

Energieäquivalente

	$J\ mol^{-1}$	$cal\ mol^{-1}$	erg $Molekül^{-1}$
Wellenzahl von 1 cm^{-1}	11,96	2,859	$1{,}986 \times 10^{-16}$
1 Elektronenvolt (eV) pro Molekül	$9{,}649 \times 10^4$	$2{,}306 \times 10^4$	$1{,}602 \times 10^{-12}$

Druck

	Pa	atm	mm Hg (Torr)	bar	dyn cm^{-2}	lbf in^{-2} (psi)
1 Pa	1	$9{,}869 \times 10^{-6}$	$7{,}501 \times 10^{-3}$	10^{-5}	10	$1{,}450 \times 10^{-4}$
1 atm	$1{,}013 \times 10^{5}$	1	760,0	1,013	$1{,}013 \times 10^{6}$	14,70
1 mm Hg (Torr)	133,3	$1{,}316 \times 10^{-3}$	1	$1{,}333 \times 10^{6}$	1333	$1{,}934 \times 10^{-2}$
1 bar	10^{5}	0,9869	750,1	1	10^{6}	14,50
1 dyn cm^{-2}	10^{-1}	$9{,}869 \times 10^{-7}$	$7{,}501 \times 10^{-4}$	10^{-6}	1	$1{,}450 \times 10^{-5}$
1 lbf in^{-2} (psi)	$6{,}895 \times 10^{3}$	$6{,}805 \times 10^{-2}$	51,71	$6{,}895 \times 10^{-2}$	$6{,}895 \times 10^{4}$	1

Umrechnung in andere Maßsysteme

Größe	Umrechnungsfaktor	
Länge	1 m	= 100 cm = 10^{10} Å= 39,75 inch = 3,281 feet = 1,0936 yards = $0{,}6214 \times 10^{-3}$ miles
Fläche	1 m^2	= 1.550 sq inch = 10,764 sq feet = 1.196 sq yards
Volumen	1 m^3	= 1.000 l = 61.023 cu inch = 35,314 cu feet = 2.114 US pints = 1.760 UK pints = 264,2 US gallons = 8,386 US barrels = 6,11 UK barrels = 28,37 US bushels = 27,51 UK bushels = 4,13 US quarters = 3,44 UK quarters = 0,3532 reg tons
Masse	1 kg	= 1.000 g = 15.432 grains (gr) = 35,273 ounces = 2,2046 pounds (lbs) = $1{,}102 \times 10^{-3}$ US short tons = $0{,}9842 \times 10^{-3}$ UK tons (US long tons) = 0,0220 US cwt = 0,197 UK cwt
Dichte	1 kg/m^3	= 0,001 g/cm^3 = 0,10197 kp s^2/m^4 = 0,6242 lbs/cu ft. = 0,01002 lbs/UK gallon = 0,08344 lbs/US gallon = 436,994 gr/cu ft
Kraft	1 N	= 1 kg m/s^2 = 10^5 g cm/s^2 (dyn) = 0,10197 kp = 7,233 poundal (pdl) = 0,2248 poundweight (lb wt, lbf)
Druck	1 Pa (N/m^2)	= 1 kg/(m s^2) = 10^{-5} bar = 0,10197 kp/m^2 (mm WS) = 10 g/(cm s^2) (dyn/cm^2) = $0{,}10197 \times 10^{-4}$ at (techn.) = $0{,}09694 \times 10^{-4}$ atm (phys.) = $750{,}1 \times 10^{-5}$ Torr (mm QS) = $1{,}4504 \times 10^{-4}$ lbf/sq inch (psi)
	1 at	= 10.000 kp/m^2 (mm WS) = 735,6 Torr = 14,22 lbf/sq inch = 28,96 inch Hg
Arbeit, Energie	1 J	= 1 Nm = 1 Ws = 1 kg m^2/s^2 = 107 g cm^2/s^2 (erg) = 0,10197 kp m = $2{,}3844 \times 10^{-4}$ kcal = $0{,}27778 \times 10^{-6}$ kWh = $9{,}4782 \times 10^{-4}$ BTU = $0{,}37767 \times 10^{-6}$ PSh = $34{,}12 \times 10^{-12}$ t SKE (Steinkohleneinheiten)
	1 kcal	= 4.186,8 J = 426,94 kpm = 3,968 BTU
	1 kWh	= 859,85 kcal = 1,3596 PSh = 3,411 BTU
	1 SKE	= 29,3 MJ = 7.000 kcal

Größe	Umrechnungsfaktor	
Leistung	1 W	= 1 J/s = Nm/s = 1 kg m^2/s^3 = 10^7 erg/s = 0,10197 kp × m/s
		= 1,3596 × 10^{-3} PS = 1,3775 × 10^{-3} HP
	1 PS	= 735,5 W = 75 kp m/s = 632,3 kcal/h = 0,987 HP
Dynamische Viskosität	1 Ns/m^2	= 1 Pa s = 1 kg/m s = 10 g/cm s (Poise) = 0,10197 kp × s/m^2
		= 0,6721 lbs/ft. s = 0,020885 lbf/sq. ft
	1 m Pa s	= 1 cP (Centipoise)
Kinematische Viskosität	1 m^2/s	= 10^4 cm^2/s (Stokes) = 10,764 sq. ft/s
Heizwert, Umwandlungswärme	1 J/kg	= 1 Ws/kg = 1 m^2/s^2 = 2,3884 × 10^{-4} kcal/kg
		= 4,30 × 10^{-4} BTU/lb
Spezifische Wärme	1 J/kg K	= 1 m^2/s^2 K = 2,3884 × 10^{-4} kcal/kg grd
		= 2,3884 × 10^{-4} BTU lb. °F
Wärmeleitzahl	1 W/mK	= 1 kg m/s^3 K = 0,859824 kcal/m h grd
		= 6,934 BTU inch/sq. ft. hr. °F
Wärmeübergangszahl	1 W/m^2 K	= 1 kg/s^3 K = 0,859824 kcal/m^2 h K = 0,1754 BTU/sq ft hr °F
Temperatur	X [K]	= 273,15 + X [°C]
	X [°F]	= 32 + 1,8 X [°C]

4 Das griechische Alphabet

Buchstabe		Name	Transkription	Buchstabe		Name	Transkription
Α	α	Alpha	a	Ν	ν	Ny	n
Β	β	Beta	b	Ξ	ξ	Xi	x
Γ	γ	Gamma	g	Ο	ο	Omikron	o
Δ	δ	Delta	d	Π	π	Pi	p
Ε	ε	Epsilon	e	Ρ	ρ	Rho	r
Ζ	ζ	Zeta	z	Σ	σ	Sigma	s
Η	η	Eta	e	Τ	τ	Tau	t
Θ	θ	Theta	th	Υ	υ	Ypsilon	u
Ι	ι	Iota	i	Φ	ϕ	Phi	ph, f
Κ	κ	Kappa	k	Χ	χ	Chi	ch
Λ	λ	Lambda	l	Ψ	ψ	Psi	ps
Μ	μ	My	m	Ω	ω	Omega	o

5 R-Sätze (Gefahrenhinweise)

Diese Gefahrenhinweise wurden von der HSC (Health and Safety Commission) bestätigt und entsprechen den Festlegungen von CHIP 96. Sie sind zudem im Anhang I der EU-Richtlinie 675/548 für gefährliche Substanzen enthalten, die in der Europäischen Union seit dem 1.9.1996 in Kraft ist.

R-Sätze

Nr.	R-Sätze
1	In trockenem Zustand explosionsgefährlich
2	Durch Schlag, Reibung, Feuer oder andere Zündquellen explosionsgefährlich
3	Durch Schlag, Reibung, Feuer oder andere Zündquellen besonders explosionsgefährlich
4	Bildet hochempfindliche explosionsgefährliche Metallverbindungen
5	Beim Erwärmen explosionsfähig
6	Mit und ohne Luft explosionsfähig
7	Kann Brand verursachen
8	Feuergefahr bei Berührung mit brennbaren Stoffen
9	Explosionsgefahr bei Mischung mit brennbaren Stoffen
10	Entzündlich
11	Leicht entzündlich
12	Hoch entzündlich
14	Reagiert heftig mit Wasser
15	Reagiert mit Wasser unter Bildung hoch entzündlicher Gase
16	Explosionsgefährlich in Mischung mit brandfördernden Stoffen
17	Selbstentzündlich an der Luft
18	Bei Gebrauch Bildung explosionsfähiger/leicht entzündlicher Dampf-Luft-Gemische möglich
19	Kann explosionsfähige Peroxide bilden
20	Gesundheitsschädlich beim Einatmen
21	Gesundheitsschädlich bei Berührung mit der Haut
22	Gesundheitsschädlich beim Verschlucken
23	Giftig beim Einatmen
24	Giftig bei Berührung mit der Haut
25	Giftig beim Verschlucken
26	Sehr giftig beim Einatmen
27	Sehr giftig bei Berührung mit der Haut
28	Sehr giftig beim Verschlucken
29	Entwickelt bei Berührung mit Wasser giftige Gase
30	Kann bei Gebrauch leicht entzündlich werden
31	Entwickelt bei Berührung mit Säure giftige Gase
32	Entwickelt bei Berührung mit Säure sehr giftige Gase
33	Gefahr kumulativer Wirkung
34	Verursacht Verätzungen
35	Verursacht schwere Verätzungen
36	Reizt die Augen
37	Reizt die Atmungsorgane
38	Reizt die Haut
39	Ernste Gefahr irreversiblen Schadens
40	Irreversibler Schaden möglich
41	Gefahr ernster Augenschäden
42	Sensibilisierung durch Einatmen möglich
43	Sensibilisierung durch Hautkontakt möglich
44	Explosionsgefahr bei Erhitzen unter Einschluss
45	Kann Krebs erzeugen
46	Kann vererbbare Schäden verursachen

Nr.	R-Sätze
48	Gefahr ernster Gesundheitsschäden bei längerer Exposition
49	Kann Krebs erzeugen beim Einatmen
50	Sehr giftig für Wasserorganisation
51	Giftig für Wasserorganismen
52	Schädlich für Wasserorganismen
53	Kann in Gewässern längerfristig schädliche Wirkung haben
54	Giftig für Pflanzen
55	Giftig für Tiere
56	Giftig für Bodenorganismen
57	Giftig für Bienen
58	Kann längerfristig schädliche Wirkungen auf die Umwelt haben
59	Gefährlich für die Ozonschicht
60	Kann die Fortpflanzungsfähigkeit beeinträchtigen
61	Kann das Kind im Mutterleib schädigen
62	Kann möglicherweise die Fortpflanzungsfähigkeit beeinträchtigen
63	Kann das Kind im Mutterleib möglicherweise schädigen
64	Kann Säuglinge über die Muttermilch schädigen

Kombinationen von R-Sätzen

Nr.	Kombinationen von R-Sätzen
14/15	Reagiert heftig mit Wasser unter Bildung hoch entzündlicher Gase
15/29	Reagiert mit Wasser unter Bildung giftiger und hoch entzündlicher Gase
20/21	Gesundheitsschädlich beim Einatmen und bei Berührung mit der Haut
20/21/22	Gesundheitsschädlich beim Einatmen, Verschlucken und bei Berührung mit der Haut
20/22	Gesundheitsschädlich beim Einatmen und Verschlucken
21/22	Gesundheitsschädlich bei Berührung mit der Haut und beim Verschlucken
23/24	Giftig beim Einatmen und bei Berührung mit der Haut
23/24/25	Giftig beim Einatmen, Verschlucken und bei Berührung mit der Haut
23/25	Giftig beim Einatmen und Verschlucken
24/25	Giftig bei Berührung mit der Haut und beim Verschlucken
26/27	Sehr giftig beim Einatmen und bei Berührung mit der Haut
26/27/28	Sehr giftig beim Einatmen, Verschlucken und bei Berührung mit der Haut
26/28	Sehr giftig beim Einatmen und Verschlucken
27/28	Sehr giftig bei Berührung mit der Haut und beim Verschlucken
36/37	Reizt die Augen und die Atmungsorgane
36/37/38	Reizt die Augen, die Atmungsorgane und die Haut
36/38	Reizt die Augen und die Haut
37/38	Reizt die Atmungsorgane und die Haut
39/23	Giftig: ernste Gefahr irreversiblen Schadens durch Einatmen
39/23/24	Giftig: ernste Gefahr irreversiblen Schadens durch Einatmen und durch Berührung mit der Haut
39/23/24/25	Giftig: ernste Gefahr irreversiblen Schadens durch Einatmen, durch Berührung mit der Haut und durch Verschlucken
39/23/25	Giftig: ernste Gefahr irreversiblen Schadens durch Einatmen und durch Verschlucken

Nr.	Kombinationen von R-Sätzen
39/24	Giftig: ernste Gefahr irreversiblen Schadens durch Berührung mit der Haut
39/24/25	Giftig: ernste Gefahr irreversiblen Schadens durch Berührung mit der Haut und durch Verschlucken
39/25	Giftig: ernste Gefahr irreversiblen Schadens durch Verschlucken
39/26	Sehr giftig: ernste Gefahr irreversiblen Schadens durch Einatmen
39/26/27	Sehr giftig: ernste Gefahr irreversiblen Schadens durch Einatmen und durch Berührung mit der Haut
39/26/27/28	Sehr giftig: ernste Gefahr irreversiblen Schadens durch Einatmen, durch Berührung mit der Haut und durch Verschlucken
39/26/28	Sehr giftig: ernste Gefahr irreversiblen Schadens bei Einatmen und Verschlucken
39/27	Sehr giftig: ernste Gefahr irreversiblen Schadens durch Berührung mit der Haut
39/27/28	Sehr giftig: ernste Gefahr irreversiblen Schadens durch Berührung mit der Haut und durch Verschlucken
39/28	Sehr giftig: ernste Gefahr irreversiblen Schadens durch Verschlucken
40/20	Gesundheitsschädlich: Möglichkeit irreversiblen Schadens durch Einatmen
40/20/21	Gesundheitsschädlich: Möglichkeit irreversiblen Schadens durch Einatmen und durch Berührung mit der Haut
40/20/21/22	Gesundheitsschädlich: Möglichkeit irreversiblen Schadens durch Einatmen, durch Berührung mit der Haut und durch Verschlucken
40/20/22	Gesundheitsschädlich: Möglichkeit irreversiblen Schadens durch Einatmen und durch Verschlucken
40/21	Gesundheitsschädlich: Möglichkeit irreversiblen Schadens durch Berührung mit der Haut
40/21/22	Gesundheitsschädlich: Möglichkeit irreversiblen Schadens durch Berührung mit der Haut und durch Verschlucken
40/22	Gesundheitsschädlich: Möglichkeit irreversiblen Schadens durch Verschlucken
42/43	Sensibilisierung durch Einatmen und durch Hautkontakt möglich
48/20	Gesundheitsschädlich: Gefahr ernster Gesundheitsschäden bei längerer Exposition durch Einatmen
48/20/21	Gesundheitsschädlich: Gefahr ernster Gesundheitsschäden bei längerer Exposition durch Einatmen und durch Berührung mit der Haut
48/20/21/22	Gesundheitsschädlich: Gefahr ernster Gesundheitsschäden bei längerer Exposition durch Einatmen, durch Berührung mit der Haut und durch Verschlucken
48/20/22	Gesundheitsschädlich: Gefahr ernster Gesundheitsschäden bei längerer Exposition durch Einatmen und durch Verschlucken
48/21	Gesundheitsschädlich: Gefahr ernster Gesundheitsschäden bei längerer Exposition durch Berührung mit der Haut
48/21/22	Gesundheitsschädlich: Gefahr ernster Gesundheitsschäden bei längerer Exposition durch Berührung mit der Haut und durch Verschlucken
48/22	Gesundheitsschädlich: Gefahr ernster Gesundheitsschäden bei längerer Exposition durch Verschlucken
48/23	Giftig: Gefahr ernster Gesundheitsschäden bei längerer Exposition durch Einatmen
48/23/24	Giftig: Gefahr ernster Gesundheitsschäden bei längerer Exposition durch Einatmen und durch Berührung mit der Haut
48/23/24/25	Giftig: Gefahr ernster Gesundheitsschäden bei längerer Exposition durch Einatmen, durch Berührung mit der Haut und durch Verschlucken
48/23/25	Giftig: Gefahr ernster Gesundheitsschäden bei längerer Exposition durch Einatmen und durch Verschlucken

Nr.	Kombinationen von R-Sätzen
48/24	Giftig: Gefahr ernster Gesundheitsschäden bei längerer Exposition durch Berührung mit der Haut
48/24/25	Giftig: Gefahr ernster Gesundheitsschäden bei längerer Exposition durch Berührung mit der Haut und durch Verschlucken
48/25	Giftig: Gefahr ernster Gesundheitsschäden bei längerer Exposition durch Verschlucken
50/53	Sehr giftig für Wasserorganismen, kann in Gewässern längerfristig schädliche Wirkungen haben
51/53	Giftig für Wasserorganismen, kann in Gewässern längerfristig schädliche Wirkungen haben
52/53	Schädlich für Wasserorganismen, kann in Gewässern längerfristig schädliche Wirkungen haben

6 S-Sätze (Sicherheitsratschläge)

1	Unter Verschluss aufbewahren
2	Darf nicht in die Hände von Kindern gelangen
3	Kühl aufbewahren
4	Von Wohnplätzen fernhalten
5	Unter ... aufbewahren (geeignete Flüssigkeit vom Hersteller anzugeben)
6	Unter ... aufbewahren (inertes Gas vom Hersteller anzugeben)
7	Behälter dicht geschlossen halten
8	Behälter trocken halten
9	Behälter an einem gut gelüfteten Ort aufbewahren
12	Behälter nicht gasdicht verschließen
13	Von Nahrungsmitteln, Getränken und Futtermittel getrennt fernhalten
14	Von ... fernhalten (inkompatible Substanzen vom Hersteller anzugeben)
15	Vor Hitze schützen
16	Von Zündquellen fernhalten – nicht rauchen
17	Von brennbaren Stoffen fernhalten
18	Behälter mit Vorsicht öffnen und handhaben
20	Bei der Arbeit nicht essen oder trinken
21	Bei der Arbeit nicht rauchen
22	Staub nicht einatmen
23	Gas/Rauch/Dampf/Aerosol nicht einatmen (geeignete Bezeichnung vom Hersteller anzugeben)
24	Berührung mit der Haut vermeiden
25	Berührung mit den Augen vermeiden
26	Bei Berührung mit den Augen sofort gründlich mit Wasser ausspülen und Arzt konsultieren
27	Beschmutzte, getränkte Kleidung sofort ausziehen
28	Bei Berührung mit der Haut sofort abwaschen mit viel ... (vom Hersteller anzugeben)
29	Nicht in die Kanalisation gelangen lassen
30	Niemals Wasser hinzugießen
33	Maßnahmen gegen elektrostatische Aufladungen treffen
35	Abfälle und Behälter müssen i sicherer Weise beseitigt werden

36	Bei der Arbeit geeignete Schutzkleidung tragen
37	Geeignete Schutzhandschuhe tragen
38	Bei unzureichender Belüftung Atemschutzgerät anlegen
39	Schutzbrille/Gesichtsschutz tragen
40	Fußboden und verunreinigte Gegenstände mit ... reinigen (Material vom Hersteller anzugeben)
41	Explosions- und Brandgase nicht einatmen
42	Bei Rauch/Versprühen geeignetes Atemschutzgerät anlegen (geeignete Bezeichnung(en) vom Hersteller anzugeben)
43	Zum Löschen ... (vom Hersteller anzugeben) verwenden (wenn Wasser die Gefahr erhöht, anfügen: „Kein Wasser verwenden")
45	Bei Unfall oder Unwohlsein sofort Arzt hinzuziehen (wenn möglich dieses Etikett vorzeigen)
46	Bei Verschlucken sofort ärztlichen Rat einholen und Verpackung oder Etikett vorzeigen
47	Nicht bei Temperatur über ... °C aufbewahren (vom Hersteller anzugeben)
48	Feucht halten mit ... (geeignetes Mittel vom Hersteller anzugeben)
49	Nur im Originalbehälter aufbewahren
50	Nicht mischen mit ... (vom Hersteller anzugeben)
51	Nur in gut gelüfteten Bereichen verwenden
52	Nicht großflächig für Wohn- und Aufenthaltsräume zu verwenden
53	Exposition vermeiden – vor Gebrauch besondere Anweisungen einholen
56	Diesen Stoff und seinen Behälter der Problemabfall-Entsorgung zuführen
57	Zur Vermeidung einer Kontamination der Umwelt geeigneten Behälter verwenden
59	Information zur Wiederverwendung/Wiederverwertung beim Hersteller/Lieferanten erfragen
60	Dieser Stoff und sein Behälter sind als gefährlicher Abfall zu entsorgen
61	Freisetzung in die Umwelt vermeiden. Besondere Anweisungen einholen/ Sicherheitsdatenblatt
62	Bei Verschlucken kein Erbrechen herbeiführen. Sofort ärztlichen Rat einholen und Verpackung oder dieses Etikett vorzeigen

Kombination von S-Sätzen

1/2	Unter Verschluss und für Kinder unzugänglich aufbewahren
3/7	Behälter dicht geschlossen halten und an einem kühlen Ort aufbewahren
3/9/14	An einem kühlen, gut gelüfteten Ort, entfernt von ... aufbewahren (die Stoffe, mit denen Kontakt vermieden werden muss, sind vom Hersteller anzugeben)
3/9/14/49	Nur im Originalbehälter an einem kühlen, gut gelüfteten Ort, entfernt von ... aufbewahren (die Stoffe, mit denen Kontakt vermieden werden muss, sind vom Hersteller anzugeben)
3/9/49	Nur im Originalbehälter an einem kühlen, gut gelüfteten Ort aufbewahren
3/14	An einem kühlen, von ... entfernten Ort aufbewahren (die Stoffe, mit denen Kontakt vermieden werden muss, sind vom Hersteller anzugeben)
7/8	Behälter trocken und dicht geschlossen halten
7/9	Behälter dicht geschlossen an einem gut gelüfteten Ort aufbewahren
7/47	Behälter dicht geschlossen und nicht bei Temperaturen über ...°C aufbewahren (vom Hersteller anzugeben)

20/21	Bei der Arbeit nicht essen, trinken oder rauchen
24/25	Berührung mit den Augen und der Haut vermeiden
29/56	Nicht in die Kanalisation gelangen lassen. Diesen Stoff und seinen Behälter der Problemabfall-Entsorgung zuführen
36/37	Bei der Arbeit geeignete Schutzhandschuhe und Schutzkleidung tragen
36/37/39	Bei der Arbeit geeignete Schutzkleidung, Schutzhandschuhe und Schutzbrille/Geschichtsschutz tragen
36/39	Bei der Arbeit geeignete Schutzkleidung und Schutzbrille/Gesichtsschutz tragen
37/39	Bei der Arbeit geeignete Schutzhandschuhe und Schutzbrille/Gesichtsschutz tragen
47/49	Nur im Originalbehälter und nicht bei Temperaturen über ...°C (vom Hersteller anzugeben) aufbewahren

7 DIN-EN-Normen zur Prüfung keramischer Erzeugnisse

7.1 Allgemeine Definitionen

DIN 40680-1 (08.83)	Keramische Werkstücke für die Elektrotechnik; Allgemeintoleranzen für Maße
DIN 40680-2 (08.83)	Keramische Werkstücke für die Elektrotechnik; Allgemeintoleranzen für Form
DIN 40686-1 (08.83)	Oberflächen dichter keramischer Werkstücke für die Elektrotechnik; Allgemeines
DIN 40686 Beiblatt 1 (08.83)	Oberflächen dichter keramischer Werkstücke für die Elektrotechnik; Angabe in Zeichnungen
DIN 40686 Beiblatt 2 (08.83)	Oberflächen dichter keramischer Werkstücke für die Elektrotechnik; Messungen der Rauheit
DIN 40686-4 (08.83)	Oberflächen dichter keramischer Werkstücke für die Elektrotechnik; Prüfung von weichlötbaren Metallbelägen
DIN 40686-5 (08.83)	Oberflächen dichter keramischer Werkstücke für die Elektrotechnik; Prüfung von hartlötbaren Metallbelägen
DIN 40686-6 (08.83)	Oberflächen dichter keramischer Werkstücke für die Elektrotechnik; Hoch- und Niederspannungs-Isolatoren
DIN 40686-7 (08.83)	Oberflächen dichter keramischer Werkstücke für die Elektrotechnik; Isolierteile
DIN EN 12212 (12.02)	Hochleistungskeramik – Einheitliches Verfahren zur Klassifizierung
DIN V ENV 14232 (05.02)	Hochleistungskeramik – Begriffe, Definitionen und Abkürzungen
DIN EN ISO 4287 (2010)	Geometrische Produktspezifikationen – Oberflächenbeschaf-fenheit: Tastschnittverfahren – Benennungen, Definitionen und Kenngrößen der Oberflächenbeschaffenheit.
DIN EN ISO 13565-1 (04.98)	Geometrische Produktspezifikationen (GPS) – Oberflächenbeschaffenheit: Tastschnittverfahren – Oberflächen mit plateauartigen funktionsrelevanten Eigenschaften – Teil 1: Filterung und allgemeine Messbedingungen
DIN EN ISO 13565-2 (04.98)	Geometrische Produktspezifikationen (GPS) – Oberflächenbeschaffenheit: Tastschnittverfahren – Oberflächen mit plateauartigen funktionsrelevanten Eigenschaften – Teil 2: Beschreibung der Höhe mittels linearer Darstellung der Materialanteilkurve

DIN EN ISO 13565-3 (08.98)	Geometrische Produktspezifikationen (GPS) – Oberflächenbeschaffenheit: Tastenschnittverfahren – Oberflächen mit plateauartigen funktionsrelevanten Eigenschaften – Teil 3: Beschreibung der Höhe von Oberflächen mit der Wahrscheinlichkeitsdichtekurve
DIN EN 60672-1 (05.96)	Keramik- und Glasisolierstoffe – Teil 1: Begriffe und Gruppeneinteilung, identisch mit IEC 60672-1
DIN EN 60672-2 (10.00)	Keramik- und Glasisolierstoffe – Teil 2: Prüfverfahren, identisch mit IEC 60672-2
DIN EN 60672-3 (02.99)	Keramik- und Glasisolierstoffe – Teil: Anforderungen für einzelne Werkstoffe – identisch mit IEC 60672-3
DIN ISO 1101 (08.95)	Technische Zeichnungen; Form- und Lagetolerierung; Form-, Richtungs-, Orts- und Lauftoleranzen; Allgemeines, Definitionen, Symbole, Zeichnungseintragungen
DIN ISO 2768-1 (06.91)	Allgemeintoleranzen; Toleranzen für Längen- und Winkelmaße ohne einzelne Toleranzeintragung
DIN ISO 2768-2 (04.91)	Allgemeintoleranzen; Toleranzen für Form und Lage ohne einzelne Toleranzeintragung
DIN ISO 286-1 (11.90)	ISO-System für Grenzmaße und Passungen; Grundlagen für Toleranzen, Abmaße und Passungen
DIN ISO 286-2 (11.90)	ISO-System für Grenzmaße und Passungen; Tabellen der Grundtoleranzgrade und Grenzabmaße für Bohrungen und Wellen
DIN EN ISO 1302 (06.02)	Geometrische Produktspezifikation (GPS) – Angabe der Oberflächenbeschaffenheit in der technischen Produktdokumentation
ISO 9000 (05.90)	Qualitätsmanagement und Qualitätssicherungsnormen; Leitfaden zur Auswahl und Anwendung
ISO 15165 (10.01)	Hochleistungskeramik; Klassifizierungssystem
DVS 3102 (02.93)	Herstellen von Keramik-Keramik- und Keramik-Metall-Verbindungen durch Aktivlöten
VDI/VDE 2603 (09.90)	Oberflächen-Messverfahren; Messung des Flächentraganteils
VDI/VDE 2604 (06.71)	Oberflächen-Messverfahren; Rauheitsuntersuchung mittels Interferenzmikroskopie

7.2 Prüfverfahren für Pulver

DIN EN 725-1 (06.97)	Bestimmung von Verunreinigungen in Aluminiumoxidpulver
DIN EN 725-2 (03.94)	Bestimmung des Gehalts von Verunreinigungen in Bariumtitanat
DIN EN 725-3 (06.97)	Bestimmung des Sauerstoffgehalts in Nichtoxidpulvern mittels Trägergasheißextraktion
DIN EN 725-5 (03.96)	Bestimmung der Teilchengrößenverteilung
DIN EN 725-6 (06.97)	Bestimmung der spezifischen Oberfläche
DIN EN 725-7 (01.96)	Bestimmung der absoluten Dichte
DIN EN 725-8 (05.97)	Bestimmung der Klopfdichte
DIN EN 725-9 (05.97)	Bestimmung der Schüttdichte
DIN EN 725-10 (04.97)	Bestimmung der Verdichtungseigenschaften
DIN V ENV 725-11 (11.93)	Bestimmung des Verdichtungsverhaltens bei natürlichem Sinterbrand
DIN EN 725-12 (06.01)	Chemische Analyse von Zirkoniumoxid

DIN V ENV 14226 (07.02)	Bestimmung von Calcium, Magnesium, Eisen und Aluminium in Siliciumnitrid mittels Flammen-Atomabsorptionsspektroskopie (FAAS) oder Atomemissionsspektroskopie mit induktiv gekoppeltem Plasma (ICP-AES)
DIN V ENV 14273 (09.02)	Bestimmung der kristallinen Phase in Zirkoniumoxid
DIN 51079-1 (04.91)	Chemische Analyse von Siliciumcarbid als Rohstoff und als Bestandteil von Werkstoffen; Soda–Borsäure-Aufschluss
DIN 51079-2 (03.98)	Chemische Analyse von Siliciumcarbid als Rohstoff und als Bestandteil von Werkstoffen; Säure-Druck-Aufschluss
DIN V 51079-3 (03.98)	Chemische Analyse von Siliciumcarbid als Rohstoff und als Bestandteil von Werkstoffen; Aufschluss des freien Kohlenstoffs durch nasschemische Oxidation
Pr DIN 51082 (06.01)	Bestimmung des *p*H-Werts von Suspensionen nichtwasserlöslicher Pulver
ISO 14703 (03.00)	Probenvorbereitung zur Bestimmung der Teilchengrößenverteilung von keramischen Pulvern

7.3 Produktionstechnik, Fügetechnik, Korrosion und Verschleiß

DIN 8589 (09.03)	Fertigungsverfahren Spanen (13 Teile)
DIN 8505-1 (05.79)	Löten; Allgemeines, Begriffe
DIN 8505-2 (05.79)	Löten; Einteilung der Verfahren, Begriffe
DIN 8505-3 (01-83)	Löten; Einteilung der Verfahren nach Energieträgern, Verfahrensbeschreibungen
DIN 50900-2 (06.02)	Korrosion der Metalle – Begriffe – Teil 2: elektrochemische Begriffe
DIN 50320 (1979)	Verschleiß; Begriffe, Systemanalyse von Verschleißvorgängen, Gliederung des Verschleißgebiets
DIN 50321 (1979)	Verschleißmessgrößen
DIN 50322	Verschleiß: Kategorien der Verschleißprüfung
DIN 50323-1 (1988)	Tribologie; Begriffe
DIN 50323-3 (1993)	Tribologie; Reibung; Begriffe, Arten, Zustände, Kenngrößen

Literatur

[1] Reumann, O.: Eigenschaften der keramischen Rohstoffe. In: Handbuch der Keramik, Gruppe I A3. Freiburg i.Br.: Schmid (1968), 1–32.
[2] Singer, F., Singer, S.S.: Industrielle Keramik. Band 1: Die Rohstoffe. Berlin, Göttingen, Heidelberg, New York: Springer (1964).
[3] Worrall, W.E.: Ceramic raw materials, 2. Aufl. Oxford: Pergamon (1982).
[4] Streckeisen, A.: To each plutonic rock its proper name. Earth-Sci. Rev. 12, 1–33 (1976).
[5] Le Bas, M.J., Streckeisen, A.L.: The IUGS systematics of igneous rocks. J. Geol. Soc. Lond. 148, 825–833 (1991).
[6] Kromer, H., Schüller, K.-H.: Eigenschaften von Kaolinen für die Keramik und als Füllstoff. Ber. Dtsch. Keram. Ges. 50 (1973) 15–19, 39–41.
[7] Stentiford, M.J.: Die Rolle organischer Substanzen in Ball Clays. Keram. Z. 32 (1980) 264–266.
[8] Kranz, G., Horte, C.-H., Wiegmann, J.: Struktureller Aufbau, Zusammensetzung und morphologische Ausbildung von Glimmer-Smectit-Wechsellagerungsmineralen aus Kaolinen des Kemmlitzer Reviers. Silikattechnik 29 (1978) 323–326.
[9] Schüller, K.-H.: Die Bedeutung untergeordneter Bestandteile bei technologischen Prozessen. Fortschr. Mineral. 58 (1980) 79–105.
[10] Gruner, E.: Zur Kenntnis der in den Tonen enthaltenen organischen Substanz. Ber. Dtsch. Keram. Ges. 32 (1955) 169–172, 199–203.
[11] Rundschreiben des Bundesverbandes Keramische Rohstoffe: Dioxin in Tonen – Sachstandsbericht, Koblenz, 21.9.1999.
[12] Mannheim, D.: Dioxine durch Vulkanausbrüche. IHK-J. 10 (1999) 24.
[13] Gribble, G.W.: Diversity of naturally occurring organohalogen compounds. Cosmosphere 52 (2003) 289.
[14] Gribble, G.W.: Umweltgifte vom Gabentisch der Natur. Spektrum Wiss. (2005) 38–45.
[15] Millot, G.: Geology of Clays. New York, Heidelberg, Berlin: Springer (1970).
[16] Jasmund, K.: Bildung und Umbildung von Tonmineralien. In: Jasmund, K., Lagaly, G. (Hrsg.) Tonminerale und Tone, Struktur, Eigenschaften, Anwendung und Einsatz in Industrie und Umwelt. Darmstadt: Steinkopf (1993), 168–192.
[17] Gardner, L.R.: Models for incongruent feldspar dissolution. Sci. Geol. Mem. 71 (1983) 55–62.
[18] Barshad, I.: The effect of variation in precipitation on the nature of clay mineral formation in soils from acid and basic igneous rocks. In: Heller, L., Weiss, Ar. (Hrsg.) Proc. Intern. Clay Conf. Vol. I. Jerusalem Program for Scientific Translation (1966) 167–173.
[19] Boettcher, A.L.: Vermiculite, hydrobiotite and biotite in the rainy creek igneous complex near Libby, Montana. Clay Mineral. 6 (1966) 283–296.
[20] Fanning, D.S., Keramidas, V.Z.: In: In, D., Dinauer, C. (Hrsg.) Micas in mineral and soil environments. Madison, USA: Soil Science Soc. of America (1977), 195–258.
[21] Banfield, J.F., Eggleton, R.A.: Analytical transmission electron microscope studies on plagioclase, muscovite and K-feldspar weathering. Clays Clay Miner. 38 (1990) 77–89.
[22] Jeans, C.V.: The neoformation of clay minerals in brackish and marine environment. Clay Miner. 9 (1971) 209–217.
[23] Hower, J.: Some factors concerning the nature and origin of glaukonite. Am. Mineral. 46 (1961) 313–334.
[24] Lanson, B., Champion, D.: The I/S-to-illite reaction in the late stage diagenesis. Am. J. Sci. 291 (1991) 473–506.
[25] Hower, J., Eslinger, E.V., Hower, M.E., Perry, E.A.: Mechanism of burial metamorphism of argillacious sediment. C. Mineralogical and chemical evidence. Bull. Geol. Soc. Am. 725–737 (1976).

https://doi.org/10.1515/9783110742398-004

[26] Störr, M.: Lagerstätten von Tonrohstoffen. In: Jasmund, K., Lagaly, G. (Hrsg.) Tonminerale und Tone, Struktur, Eigenschaften, Anwendung und Einsatz in Industrie und Umwelt. Darmstadt: Steinkopf (1993), 193–211.

[27] Schwertmann, U., Niederbudde, E.-A.: Tonminerale in Böden. In: Jasmund, K., Lagaly, G. (Hrsg.) Tonminerale und Tone, Struktur, Eigenschaften, Anwendung und Einsatz in Industrie und Umwelt. Darmstadt: Steinkopf (1993), 212–265.

[28] Krakow, L., Schunke, F.: Current Clay Potential in Germany, Aktuelles Tonpotenzial von Deutschland. Part 1: General Introduction, Teil 1: Allgemeine Einführung. Ziegelindustrie 2 (2016) 18–25.

[29] Krakow, L., Schunke, F.: Current Clay Potential in Germany, Aktuelles Tonpotenzial von Deutschland. Part 2: Raw materials from the Ordovician and Devonian systems, Teil 2: Rohstoffe aus dem Ordovicium und Devon. Ziegelindustrie 4 (2016) 20–29.

[30] Krakow, L., Schunke, F.: Current Clay Potential in Germany, Aktuelles Tonpotenzial von Deutschland. Part 3: Raw materials from the Carboniferous and Permian systems, Teil 3: Rohstoffe aus dem Karbon und Perm. Ziegelindustrie 7 (2016) 10–21.

[31] Krakow, L., Schunke, F.: Current Clay Potential in Germany, Aktuelles Tonpotenzial von Deutschland. Part 4: Raw materials from the Buntsandstein group/Trias system, Teil 4: Rohstoffe aus dem Buntsandstein/System Trias. Ziegelindustrie 8 (2016) 33–42.

[32] Krakow, L., Schunke, F.: Current Clay Potential in Germany, Aktuelles Tonpotenzial von Deutschland. Part 5: Raw materials from the Keuper group/Trias system, Teil 5: Rohstoffe aus dem Keuper/System Trias. Ziegelindustrie 2 (2017) 24–33.

[33] Krakow, L., Schunke, F.: Current Clay Potential in Germany, Aktuelles Tonpotenzial von Deutschland. Part 6: Raw materials from the Jurassic system, Teil 6: Rohstoffe aus dem System des Jura. Ziegelindustrie 4 (2017) 22–34.

[34] Störr, M.: Die Kaolinlagerstätten der Deutschen Demokratischen Republik. Schriftenr. Geol. Wiss. (Berl.) 18 (1983) 1–226.

[35] Schwerdtner, G., Anger, H., Störr, M.: Die Kaolinlagerstätten des Kemmlitzer Reviers. Bergbau in Sachsen, Bergbaumonographien, Bd. 13. Dresden: Sächsisches Landesamt für Umwelt und Geologie (2007).

[36] Plüschke, R., Valtin, H.J.: Die Tone in Sachsen. Keram. Z. 44 (1992) 15–18.

[37] Hostermann, J.W.: Geology of the clay deposits in parts of Washington and Idaho. Proc. 7th Nat. Conf. Clay and Clay Minerals, Washington, D.C. 20.-23.10.1958. Clays Clay Miner. 5 (1960) 285–292.

[38] Christidis, G.E., Huff, W.D.: Geological Aspects and Genesis of Bentonites. Miner. Soc. Am. 5(2), 93–98 (2009).

[39] Heim, D.: In: Tone und Tonminerale: Grundlagen der Sedimentologie und Mineralogie, Stuttgart: Enke-Verlag (1990).

[40] Heathman, J.H.: Bentonites in Wyoming. Bull. – Geol. Surv. Wyo. 28 (1939) 20.

[41] Williams, F.J., Elsley, B.C., Weintritt, D.J.: The Variation of Wyoming Bentonite Beds as a Function of the Overburden. Clays Clay Miner. 2 (1954) 149–151.

[42] Elzea, J.M., Murray, H.H.: Variation in the mineralogical, chemical and physical properties of the Cretaceous Clay Spur bentonite in Wyoming and Montana (U.S.A.). Appl. Clay Sci. 5 (1990) 229–248.

[43] Ernst, Th., Forkel, W., von Gehlen, K.: Vollständiges Nomenklatursystem der Tone. Ber. Dtsch. Keram. Ges. 36 (1959) 11–18.

[44] Kromer, H., Schüller, K.-H.: Die Anwendung des Nomenklatursystems nach Ernst, Forkel und von Gehlen auf keramische tonige Rohstoffe unter Würdigung der Bedeutung scheinbar untergeordneter Mineralphasen. Ber. Dtsch. Keram. Ges. 52 (1975) 345–349.

[45] Lagaly, G., Köster, H.M.: Tone und Tonminerale. In: Jasmund, K., Lagaly, G. (Hrsg.) Tonminerale und Tone, Struktur, Eigenschaften, Anwendung und Einsatz in Industrie und Umwelt. Darmstadt: Steinkopf (1993), 1–32.

[46] Fripiat, J.J. (Hrsg.): Advanced techniques for day mineral analysis Amsterdam: Elsevier Scientific (1982).
[47] Wilson, M.J.: A handbook of determinative methods in clay mineralogy. Glasgow, London: Blackie (1987).
[48] Köster, H.M., Schwertmann, U.: Beschreibung einzelner Tonminerale. In: Jasmund, K., Lagaly, G. (Hrsg.) Tonminerale und Tone, Struktur, Eigenschaften, Anwendung und Einsatz in Industrie und Umwelt. Darmstadt: Steinkopf (1993), 32–88.
[49] Kohler, E., Wewer, R.: Gewinnung reiner Tonmineralkonzentrate für die mineralogische Analyse. Keram. Z. 32 (1980) 250–252.
[50] Schüller, K.-H.: Möglichkeiten und Grenzen der Elektronenmikroskopie bei der Untersuchung keramischer Roh- und Werkstoffe. Fortschr. Mineral. 45 (1968) 281–312.
[51] Becker, C., Dohrmann, R.: Environmental Scanning Electron Microscopy (ESEM) – A new method in Clay Science. In Rammlmair, et al. (Hrsg.) Appl Miner. Rotterdam: Balkema (2000), 719–722.
[52] Noble, F.R., Rowse, J.B., Golley, C.R.L.: Studies on the mineralogy of ceramic clays. Proc. Br. Ceram. Soc. 28 (1979) 117–126.
[53] Hofmann, U., Weiss, A.: Röntgenographischer Nachweis der Tonminerale und der begleitenden Minerale. In: Handbuch der Keramik, Gruppe IV B1e. Freiburg i.Br.: Schmid (1968), 1–4.
[54] Moore, D.M., Renolds, R.C.: X-ray diffraction and the identification and analysis of clay minerals. New York: Oxford University Press (1989).
[55] Brindley, G.W., Brown, B.: Crystal structures of clay minerals and their X-ray identification. London: Mineral Soc. (1980).
[56] Flehming, W., Kurze, R.: Die quantitative infrarotspektroskopische Phasenanalyse von Mineralgemengen. Neues Jahrb. Mineral. Abh. 119 (1973) 101.
[57] Radczewski, O.E., Rath, R.: Zur Bestimmung des Mineralbestandes von Tonen mit Hilfe der thermischen Analyse (Entwässerungskurven). Ber. Dtsch. Keram. Ges. 29 (1952) 247–252.
[58] Zwetsch, A.: Dilatometrische Messungen an keramischen Rohstoffen. Ber. Dtsch. Keram. Ges. 32 (1955) 63–69.
[59] Aron, J.: Notizblatt 10 (1874) 226.
[60] Hirsch, H., Dawihl, W.: Die Einwirkung von Phosphorsäure auf keramische Rohstoffe sowie gebrannte Erzeugnisse und ein neues Verfahren der rationellen Analyse von Tonen. Ber. Dtsch. Keram. Ges. 13 (1932) 54–60.
[61] Salmang, H.: Die physikalischen und chemischen Grundlagen der Keramik, 3. Aufl. Berlin: Springer (1954).
[62] Krumm, H.: Mineralbestand und Genese fränkischer Keuper- und Lias-Tone. Beitr. Mineral. Petrogr. 11 (1964) 91–137.
[63] Kallauner, O., Matejka, J.: Beitrag zu der rationellen Analyse. Sprechsaal 47 (1914) 423.
[64] Schmidt, K.G.: Der Phosphorsäureaufschluß zur Bestimmung des Gehaltes an freier Kieselsäure. Ber. Dtsch. Keram. Ges. 31 (1954) 402–404.
[65] Urban, H.: Eine Methode zur rechnerischen Bestimmung von Illit und Kaolinit in Tonen und keramischen Massen. Tonind.-Ztg. 102 (1978) 595–600.
[66] Sokoloff, A.M.: Zur Frage des molekularen Zerfalles des Kaolinits im Anfangsstadium des Glühens. Tonind.-Ztg. 36 (1912) 1107–1110.
[67] Colegrave, E.B., Rigby, R.G.: The decomposition of kaolinite by heat. Trans. Br. Ceram. Soc. 51 (1952) 355–367.
[68] Mitra, N.K., Das, D., Mandal, R.K.: Solubility – firing temperature relationship of clay minerals in relation to exchangeable cations. Trans. J. Br. Ceram. Soc. 76 (1977) 108–113.
[69] Hofmann, U., Haacke, H.: Ermittlung des Gehaltes an Kaolinit und Glimmer in einem Ton oder Kaolin. Ber. Dtsch. Keram. Ges. 39 (1962) 41–43.

[70] Lehnhäuser, K.: Chemisches und technisches Rechnen in der Keramik – Keramisches Rechnen, 7. Aufl. Düsseldorf: Expert Fachmedien (2014), 329 S.
[71] Cross, C.W., Iddings, J.P., Pirsson, L.V., Washington, H.S.: A quantitative chemomineralogical classification and nomenclature of igneous rocks. J. Geol. 10 (1902) 555–690.
[72] Kelsey, C.H.: Calculation of the CIPW norm. Mineral. Mag. 34 (1956) 276–282.
[73] Pruseth, K.L.: Calculation of the CIPW norm: New formulas. J. Earth Syst. Sci. 118 (2009) 101–113.
[74] Keeling, P.S., Kirby, E.C., Robertson, R.H.S.: Moisture adsorption and specific surface area. Trans. J. Br. Ceram. Soc. 79(36), 40 (1980).
[75] White, D., Michael, G.P.: A proposed method for the determination of small amounts of smectites in clay mineral mixtures. Proc. Br. Ceram. Soc. 28 (1979) 137–145.
[76] Enslin, H.: Über einen Apparat zur Messung der Flüssigkeitsaufnahme von quellbaren und porösen Stoffen und zur Charakterisierung der Benetzbarkeit. Chem. Fabrik 6 (1933) 147–148.
[77] Lehmann, H., Koltermann, M.: Untersuchungen mit dem Enslin-Gerät. Ber. Dtsch. Keram. Ges. 39 (1962) 222–226.
[78] Mostetzky, H.: Die Wasseraufnahme von Schüttgütern im Enslingerät. Tonind.-Ztg. 100 (1976) 62–68.
[79] Kromer, H., Schüller, K.-H.: Farbigbrennende Tone als keramische Rohstoffe. Keram. Z. 32 (1980) 574–578.
[80] Stettner, G.: Die Lagerstätte des Specksteins von Göpfersgrün-Thiersheim. In: Fichtelgebirge. Geologica Bavarica, Bd. 42. München: Bayer. Geol. Landesamt (1959) 72.
[81] Hecht, L., Freiberger, R., Gilg, H.A., Grundmann, G., Kostitsyn, Y.A.: Rare earth element and isotope (C, O, Sr) characteristics of hydrothermal carbonates: Genetic implications for dolomite-hosted talc mineralization at Göpfersgrün (Fichtelgebirge, Germany). Chem. Geol. 155 (1999) 115–130.
[82] Robert, J.-F.: Le Talc. Datenblatt der Imerys Talc Europe (2011).
[83] Schüller, K.-H.: Untersuchungen an Talken und Specksteinen. Sprechsaal 104 (1971) 421–426.
[84] Schüller, K.-H.: Nachweis und Bestimmung von Begleitmineralen im Speckstein. Stemag-Nachr. 27 (1959) 742–750.
[85] Weiss, R.: Prüfverfahren für SiO_2-Rohstoffe: eine Übersicht. Sprechsaal 114 (1981) 823–827; 115 (1982) 617–620, 964–970, 1006–1017.
[86] Weiss, R.: Zur Situation auf dem Gebiet der SiO_2-Rohstoffe für die keramische Industrie. Ber. Dtsch. Keram. Ges. 55 (1978) 82–91.
[87] Smith, J.V.: Feldspar minerals. Vol. 1: Crystal structures and physical properties, Vol. 2: Chemical and textural properties. Berlin, Heidelberg, New York: Springer (1974).
[88] Deer, W.A., Howie, R.A., Zussman, J.: Rock Forming Minerals. New York: Wiley (1963).
[89] Barth, T.F.W.: Feldspars. Wiley-Interscience (1969).
[90] Schüller, K.-H., Jäger, H.: Chemismus und Eigenschaften von Feldspaten und deren Auswirkungen in Porzellan. Ber. Dtsch. Keram. Ges. 56 (1979) 29–35.
[91] Meyer, H.: Über den Einfluß von stickstoffhaltigen Verbindungen in Feldspaten auf die Blasenbildung. Ber. Dtsch. Keram. Ges. 42 (1965) 248–250.
[92] Wiegmann, J.: Sintering of dense ceramic materials at temperatures below 1000 °C using waste glass as a raw material. In: Vincenzini, P. (Hrsg.) Energy and ceramics. Amsterdam: Elsevier Scientific (1980), 347–359.
[93] Lyng, St., Gamlem, K.: Anorthosite as a ceramic raw material. Trans. J. Br. Ceram. Soc. 73 (1974) 133–142.
[94] Schwiete, H.E., Höfgen, H., Bleckmann, H.: Untersuchung über die Verwendungsmöglichkeit von Hochofenschlacke als Rohstoff in der keramischen Industrie. Keram. Z. 23 (1971) 263–266.

[95] Inzenhofer, A.: Die chemische Herstellung von Rohmaterialien für die Keramik. Sprechsaal 108 (1975) 484–490; 109 (1976) 224–228, 451–454.
[96] Hausner, H.: Synthetische keramische Rohstoffe. Ber. Dtsch. Keram. Ges. 55 (1978) 194–197.
[97] Joger, A.: Die Herstellung keramischer Roh- und Werkstoffe durch naßchemische Verfahren. Silikattechnik 30 (1979) 242–245.
[98] Mazdiyasni, K.S.: Powder synthesis from metal-organic precursors. Ceram. Int. 8 (1982) 42–56.
[99] Gopalakrishnan, J., Uma, S., Kattsthuri Rangan, K., Bhuvanesh, N.S.P.: Soft-chemical routes to synthesis of solid oxide materials. Proc. Indian Acad. Sci., Chem. Sci. 106(3), 609–619 (1994).
[100] Yoshimura, M.: Importance of soft processing fort advanced inorganic materials. J. Mater. Res. 13(4) (1998) 796–802.
[101] Segal, D.: Soft Chemistry Route to Zirconia Ceramics. Key Eng. Mater. 153–154 (1998) 241–250.
[102] Corriu, R.J.P.: Keramiken und nanostrukturierte Materialien aus molekularen Vorstufen. Angew. Chem. 112 (2000) 1432–1455.
[103] Bill, J., Aldinger, F.: Progress in Materials Synthesis. Z. Met.kd. 87(11) (1996) 827–840.
[104] Baldus, H.-P., Jansen, M.: Moderne Hochleistungskeramiken – amorphe organische Netzwerke aus molekularen Vorläufern. Angew. Chem. 109 (1997) 338–354.
[105] Feige, R., Dams, R., Winkhaus, G.: Calciniertes Aluminiumoxid als synthetischer keramischer Rohstoff. Ber. Dtsch. Keram. Ges. 55 (1978) 198–201.
[106] Dörre, E., Hübner, H.: Alumina. Heidelberg: Springer (1987).
[107] Reed, J.S.: Principles of ceramic processing. New York: John Wiley & Sons (1987).
[108] Hart, L.D.: Alumina Chemicals – Science and Technology Handbook. Columbus, Ohio: The Am. Ceram. Soc. (1990).
[109] Hübner, G.: Natural and synthetic materials for technical ceramics. Eur. J. Mineral. 3 (1991) 811–814.
[110] Petzold, A., Ulbricht, J.: Aluminiumoxid – Rohstoff – Werkstoff – Werkstoffkomponente. Leipzig: Dtsch. Verlag für Grundstoffindustrie (1991).
[111] Rice, R.W., Richardson, G.Y., Kunetz, J.M., Schroeter, T., McDonough, J.: Effects of Self-Propagating Synthesis Reactant Compact Character on Ignition, Propagation and Resultant Microstructure. In: Messier, D.R. (Hrsg.) Proc. 10th Ann. Conf. Composites and Advanced Ceramic Materials, Cocoa Beach, FL, Jan. 19–24 (1986). Westerville, Ohio: The Am. Ceram. Soc. (1986), 737–750.
[112] Munir, Z.A., Anselmi-Tamburini, U.: Self-Propagating High-Temperature Synthesis of Hard Materials. In: Riedel, R. (Hrsg.) Handbook of Ceramic Hard Materials, Bd. 1, Kap. 2. Weinheim: Wiley-VCH (2000), 322–373.
[113] Krylov, Yu.I., Bronnikov, V.A., Krysina, V.G., Prislavko, V.V.: Possibilities of Producing Thermite Mixtures Based on B_4C–Metal and SiC–Metal Composites. Sov. Powder Metall. Met. Ceram. 15 (1976) 1000–1003.
[114] Munir, Z.A.: Synthesis of High-Temperature Materials by Self-Propagating Combustion Methods. Am. Ceram. Soc. Bull. 67(2) (1988) 342–349.
[115] McCauley, J.W., Corbin, N.D., Resetar, T., Wong, P.: Simultaneous Preparation and Self-Sintering of Materials in the System Ti–B–C. In: Messier, D.R. (Hrsg.) Proc. 10th Ann. Conf. Composites and Advanced Ceramic Materials, Cocoa Beach, FL, 19.–24. Jan. 1986. Westerville, Ohio: The Am. Ceram. Soc. (1986), 538–554.
[116] Richardson, G.Y., Rice, R.W., McDonough, W.J., Kunetz, J.M., Schroeter, T.: Hot Pressing of Ceramics Using Self-Propagating Synthesis. In: Messier, D.R. (Hrsg.) Proc. 10th Ann. Conf. Composites and Advanced Ceramic Materials, Cocoa Beach, FL, 19.–24. Jan. 1986. Westerville, Ohio: The Am. Ceram. Soc. (1986), 760–770.

[117] Yamada, O., Miyamoto, Y., Koizumi, M.: High Pressure-Self-Combustion Sintering of Silicon Carbide. Am. Ceram. Soc. Bull. 64(2) (1985) 319–321.

[118] Holt, B., Kingman, D.D., Bianchi, G.M.: Kinetics of Combustion Synthesis of TiB_2. Mater. Sci. Eng. 71 (1985) 321–327.

[119] Dunmead, S.D., Munir, Z.A., Holt, J.B.: Temperature profile analysis in combustion synthesis, II: Experimental observations. J. Am. Ceram. Soc. 75 (1992) 180–188.

[120] Lipp, A.: Boron Carbide: Production, Properties, Application. Tech. Rundsch. 57(14) (1965) 5; 57(28) (1965) 19; 57(33) (1965) 5.

[121] Lipp, A.: Boron Carbide: Production, Properties. Application. Techn. Rundschau 58(7) (1966) 3.

[122] Dufek, G., Wruss, W., Vendl, A., Kieffer, R.: A contribution to the production of fine boron carbide powder. Planseeber. Pulvermetall. 24 (1976) 280–283.

[123] Gray, E.G.: Eur. Patent Application 1 152 428 (1980).

[124] Schwetz, K.A., Lipp, A.: Boron Carbide, Boron Nitride, and Metal Borides. In: Ullmanns Encyclopedia of Industrial Chemistry A4. Weinheim: Verlag Chemie (1985), 295–307.

[125] Thevenot, F.: Boron carbide – a comprehensive review. J. Eur. Ceram. Soc. 6 (1990) 205.

[126] Hennige, V.D., Ritzhaupt-Kleissl, H.-J., Haußelt, J.: Manufacturing process for non-shrinking $ZrSiO_4$-ceramics. Keram. Z. 50 (1998) 262–265.

[127] Geßwein, H., Binder, J.R., Ritzhaupt, H.-J., Haußelt, J.: Fabrication of net shape reaction bonded oxide ceramics. J. Eur. Ceram. Soc. 26 (2006) 697–702.

[128] Stuijts, A.L.: New fabrication methods for advanced electronic materials. Sci. Ceram. 5 (1970) 335–362.

[129] Koppens, L.: The decomposition of organometallic precursors for ferrite powders. Sci. Ceram. 8 (1976) 101–109.

[130] Johnson, D.W., Gallagher, P.K.: Reactive powders from solution. In: Onoda, G.Y., Hench, L.L. (Hrsg.) Ceramic processing before firing. New York: Wiley (1978), 125–139.

[131] Schnettler, F.J., Monforte, F.R., Rhodes, W.W.: A cryochemical method for preparing ceramic material. Sci. Ceram. 4 (1968) 79–90.

[132] Aman, J.: Israel. Pat. No. 8722, 11. Dezember (1956).

[133] Kladnig, W.F., Krivaner, H.: Anwendung des Andritz–Ruthner Sprühröstverfahrens für die Herstellung von Weichferrit-Vormaterial. TIZ Int. Powder Mag. 13 (1989) 452–461.

[134] Kladnig, W.F., Karner, W.: Production of oxide raw materials for the ceramic industry. Am. Ceram. Soc. Bull. 69(5) (1990) 814–817.

[135] Kladnig, W.F.: Ceramic Raw Material Production by Pyrohydrolysis Technology. Ber. Dtsch. Keram. Ges. 92(10) (2014) E45–E52.

[136] Kladnig, W.F., Zenger, M.F.: Preparation of fine-grained high-μ ferrites by spray roasting nitrate solutions. J. Eur. Ceram. Soc. 9 (1992) 341–349.

[137] Kurczyk, H.-H.: Diopsid und Wollastonit: synthetische Rohstoffe für die Keramik. Ber. Dtsch. Keram. Ges. 55 (1978) 212–215, 262–265.

[138] Oren, E.E., Tas, A.C.: Hydrothermal Synthesis of Dy-Doped $BaTiO_3$ Powders. Metall. Mater. Trans. 30B(12) (1999) 1089–1093.

[139] Dias, A., Buono, V.T.L., Ciminelli, V.S.T., Moreira, R.L.: Hydrothermal Synthesis and Sintering of Electroceramics. J. Eur. Ceram. Soc. 19 (1999) 1027–1031.

[140] Łencka, M.M., Riman, R.E.: Thermodynamic Modeling of Hydrothermal Synthesis of Ceramic Powders. Chem. Mater. 5(1) (1993) 61–70.

[141] Łencka, M.M., Anderko, A., Riman, R.E.: Hydrothermal Precipitation of Lead Zirconate Titanate Solid Solutions: Thermodynamic Modeling and Experimental Synthesis. J. Am. Ceram. Soc. 78(10) (1995) 2609–2618.

[142] Bradley, D.C., Mehrotra, R.C., Gaur, D.P.: Metal Alkoxides. New York: Academic Press (1978).

[143] Livage, J., Henry, M., Sanchez, C.: Sol–gel chemistry of transition metal oxides. Prog. Solid State Chem. 18 (1988) 259–341.
[144] Corriu, R., Leclercq, D., Vioux, A., Pauthe, M., Phalippou, J.: Some New Possibilities for the Preparation of Silica Gels. In: McKenzie, J.D., Ulrich, D.R. (Hrsg.) Ultrastructure Processing of Advanced Ceramics. New York, Chichester: Wiley (1988), 113–127.
[145] Hammett, L.P., Deyrup, A.J.: A series of simple basic indicators. I. The acidity functions of mixtures of sulfuric and perchloric acids with water. J. Am. Chem. Soc. 54 (1932) 2721.
[146] Szweda, A., Hendry, A., Jack, K.H.: The preparation of silicon nitride from silica by sol–gel processing. Proc. Br. Ceram. Soc. 31 (1981) 107–118.
[147] Yoldas, B.E.: Alumina sol preparation from alkoxides. Am. Ceram. Soc. Bull. 54(289) (1975) 290.
[148] Dislich, H.: Neue Wege zu Mehrkomponentengläsern. Angew. Chem. 83 (1971) 428–435.
[149] Mendonca, A.M.R., Ferreira, J.M.F., Salvado, M.I.M.: Mullite–alumina composites prepared by sol–gel. J. Sol-Gel Sci. Technol. 13(1–3) (1998) 201–205.
[150] Brinker, C.J., Scherer, G.W.: The Physics and Chemistry of Sol–Gel Processing. San Diego, CA: Academic Press (1990).
[151] Sakka, S., Kamiya, K.: Glasses from metal alcoholates. J. Non-Cryst. Solids 42 (1980) 403–421.
[152] Klein, L.C.: Sol–gel processing of silicates. Annu. Rev. Mater. Sci. 15 (1985) 227–248.
[153] Hench, L.L., West, J.K.: The sol–gel process. Chem. Rev. 90 (1990) 33–72.
[154] Chandler, C.D., Roger, C., Hampden-Smith, M.J.: Chemical aspects of solution routes to perovskite-phase mixed-metal oxides from metal-organic precursors. Chem. Rev. 93 (1993) 1205–1241.
[155] Yoshimura, M.: Importance of soft solution processing for advanced inorganic materials. J. Mater. Res. 13(4) (1998) 796–802.
[156] Ghosal, S., Emami-Naeini, A., Harn, Y.-P., Draskovich, B.S., Pollinger, J.P.: A physical model for the drying process of gelcast ceramics. J. Am. Ceram. Soc. 83(3) (1999) 513–520.
[157] Ravindranathan, P., Komarneni, S., Roy, R.: Synthesis of Lithium Aluminate, Mullite, and Coloured Zirconia by a Combustion Process. J. Mater. Sci. Lett. 12 (1993) 369–371.
[158] Zhang, Y., Stangle, G.C.: Preparation of Fine Multicomponent Oxide Ceramic Powder by a Combustion Synthesis Process. J. Mater. Res. 9(8) (1994) 1997–2004.
[159] Muthuraman, M., Arul Dhas, N., Patil, K.C.: Preparation of Zirconia-Based Color Pigments by the Combustion Route. J. Mater. Synth. Process. 4(2) (1996) 115–120.
[160] Fumo, D.A., Morelli, M.R., Segadães, A.M.: Combustion Synthesis of Calcium Aluminates. Mater. Res. Bull. 31(10) (1996) 1243–1255.
[161] Fumo, D.A., Jurado, J.R., Segadães, A.M., Frade, J.R.: Combustion Synthesis of Iron-Substituted Strontium Titanate Perovskites. Mater. Res. Bull. 32(10) (1997) 1459–1470.
[162] Segadães, A.M., Morelli, M.R., Kiminami, R.G.A.: Combustion Synthesis of Aluminum Titanate. J. Eur. Ceram. Soc. 18(7) (1998) 771–781.
[163] Jain, S.R., Adiga, K.C., Pai Verneker, V.R.: A New Approach to Thermochemical Calculations of Condensed Fuel-Oxidizer Mixtures. Combust. Flame 40 (1981) 71–79.
[164] Sigmund, W., Roy, S., Aldinger, F.: Synthese von nanokristallinem Y_2O_3 via Zitrat–Nitrat-Gel-Prozess. In: Schmidt, H., Simon, R.F. (Hrsg.) Werkstoffwoche ’96, Symposium 9: Neue Werkstoffkonzepte. Frankfurt: DGM Informationsges. Verlag (1997), 87–91.
[165] Roy, S., Sigmund, W., Aldinger, F.: Nanostructured yttria powder via gel combustion. J. Mater. Res. 1524–1531 (1999).
[166] Narendar, Y., Messing, G.L.: Kinetic analysis of combustion synthesis of lead magnesium niobate from metal carboxylate gels. J. Am. Ceram. Soc. 80(4) (1997) 915–924.
[167] Verbeek, M., Winter, G.: Chem. Abstr. 81, 50911 (1974).

[168] Yajima, K., Hayashi, J., Omori, M.: Continuous silicon carbide fiber of high tensile strength. Chem. Lett. 931–934 (1975).

[169] Yajima, S., Okamura, K., Hayashi, J., Omori, M.: Synthesis of continuous silicon carbide fibers with high tensile strength. J. Am. Ceram. Soc. 59 (1976) 324–327.

[170] Yajima, S., Hasegawa, Y., Hayashi, J.: Synthesis of continuous silicon carbide fiber with high tensile strength and high Young's modulus. Part 1. Synthesis of polycarbosilane as precursor. J. Mater. Sci. 13 (1978) 2659–2676.

[171] Yajima, S., Okamura, K., Hasegawa, Y., Iwai, T., Yamamura, T.: Synthesis of a polytitanocarbosilane and its conversion into inorganic compounds. J. Mater. Sci. 16 (1981) 1349–1355.

[172] Wynne, K.J., Rice, R.W.: Ceramics via Polymer Pyrolysis. Annu. Rev. Mater. 14 (1984) 297–334.

[173] Fritz, G., Matern, E.: Carbosilanes. Berlin: Springer (1986).

[174] Brenner, W.: Silicon Carbide, A High Temperature Semiconductor. In: O'Connor, J.R., Smiltens, J. (Hrsg.) Silicon Carbide. Oxford: Pergamon (1960), 110–114.

[175] Bonnke, M., Fitzer, E.: Pyrolytic silicon carbide. Ber. Dtsch. Keram. Ges. 43(2) (1966) 180–187.

[176] Fitzer, E., Fritz, W., Gadow, R.: Possibilities of Fibre Reinforcement of Silicon Carbide. In: Sõmiya, S. (Hrsg.) Advanced Ceramics. Tokyo: Terra Scientific Publ. Co. (1987), 80–130.

[177] Carlsson, D.J., Conney, J.D., Gauthier, S., Worsfold, D.J.: Pyrolysis of Silicon-Backbone Polymers to Silicon Carbide. J. Am. Ceram. Soc. 73(2) (1990) 237–241.

[178] Boury, B., Carpenter, L., Corriu, R.: New route to silicon carbide ceramic precursors via catalytic synthesis of a preceramic polymer. Angew. Chem. 108 (1990) 818–820.

[179] Laine, R.M., Babonneau, F.: Preceramic polymer routes to silicon carbide. Chem. Mater. 5 (1993) 260–279.

[180] Boury, B., Corriu, R., Douglas, W.E.: Poly(carbosilane) precursors of silicon carbide: the effect of cross-linking on ceramic residue. Chem. Mater. 3 (1991) 487–489.

[181] Harrod, J.F.: Catalytic Dehydro- and Dehydrosilyl-Coupling: New Routes to Inorganic and Hybrid Organic/Inorganic Polymers. In: Laine, R.M. (Hrsg.) Inorganic and Organometallic Polymers with Special Properties. Dordrecht: Kluwer Academic Publishers (1992) 87.

[182] Riedel, R., Passing, G., Brook, R.J.: Producing monolithic non-oxide ceramics using organo-metallic precursor which is transformed into non-fusible reticular form prior to pyrolysis. Eur. Patent EP-507678-A2, 7.10.1992.

[183] Erny, T., Seibold, M., Jarchow, O., Greil, P.: Microstructural Development of Oxycarbide Composites during Active-Filler-Controlled Polymer Pyrolysis. J. Am. Ceram. Soc. 76(1) (1993) 207–213.

[184] Seyferth, D., Bryson, N., Workman, D.P., Sobon, C.A.: Preceramic Polymers as „Reagents" in the Preparation of Ceramics. J. Am. Ceram. Soc. 74(10) (1991) 2687–2689.

[185] Corriu, R., Gerbier, P., Guérin, C., Henner, B.: Thermal transformation of poly[silylenediacetylene]-metal oxide composites: a new path to β-silicon carbide-metal carbide ceramics. Angew. Chem. 104 (1992) 1228–1230.

[186] Corriu, R., Gerbier, P., Guérin, C., Henner, B.: In: Harrod, J.F., Laine, R.M. (Hrsg.) Applications of Organometallic Chemistry in the Preparation and Processing of Advanced Materials. Dordrecht: Kluwer Academic Publisher (1995) 203.

[187] Verbeek, W.: U.S. Patent 3 853 567 (1974).

[188] Seyferth, D., Wiseman, G.H., Prud'hommes, C.: A Liquid Siliazane Precursor To Silicon Nitride. J. Am. Ceram. Soc. 66 (1983) C13–C14.

[189] Seyferth, D., Wiseman, G.H.: Ultrastructure Processing of Ceramics, Glasses, and Composites. In: Hench, L.L., Ulrich, D.R. (Hrsg.) Silazane Precursors to Silicon Nitride. Proc. Int. Conf. Ultrastructure Processing of Ceramics, Glasses, and Composites. New York: Wiley Interscience (1984), 265–271.

[190] Wannagat, U., Schervan, A., Jansen, M., Baldus, H.P., Eiling, A.: Silicon diimide, its manufacture, and silicon nitride manufactured therefrom. Chem. Abstr. 117, 93153 (1992).

[191] Riedel, R., Passing, G., Schönfelder, H., Brook, R.J.: Synthesis of dense silicon-based ceramics at low temperatures. Nature 355 (1992) 714–717.

[192] Riedel, R., Schaible, S., Klingebiel, U., Noltemeyer, M., Werner, E.: Bis(dichloro-N-trimethylsilyl)cycloaminoalane – crystal structure and thermal decomposition to aluminum nitride. Z. Anorg. Allg. Chem. 603 (1991) 119–127.

[193] Rüssel, C.: Zahneisen, R.: Electrochemically prepared precursors for the formation of non-oxides. J. Electrochem. Soc. 139 (1992) 2424–2428.

[194] Distler, P., Rüssel, C.: Aluminum nitride ceramics prepared by a pyrolytic route. J. Mater. Sci. 27 (1992) 133–138.

[195] Baldus, H.P., Wagner, O., Jansen, M.: New materials in the system Si-(N,C)-B and their characterization. Key Eng. Mater. 89 (1994) 75–80.

[196] Walker, B.E., Rice, R.W., Becher, P.F., Bender, B.A., Coblenz, W.S.: Preparation and properties of monolithic and composite ceramics produced by polymer pyrolysis. Ceram. Bull. 62(8) (1983) 916–923.

[197] Thévenot, F., Doche, C., Mongeot, H., Guilhon, F., Miele, P., Bonnetot, B.: Boron Nitride Obtained from Molecular Precursors: Aminoboranes Used as a BN Source for Coatings, Matrix, and Si_3N_4-BN Composite Ceramic Preparation. J. Solid State Chem. 133 (1997) 164–168.

[198] Riedel, R., Klingebiel, U., Kienzle, A., Schaible, S.: Synthese keramischer Materialien durch Pyrolyse ketten- und ringförmiger Silazanverbindungen. In: Petzow, G., Tobolski, J., Telle R, R. (Hrsg.) Hochleistungskeramiken – Herstellung, Aufbau, Eigenschaften. Weinheim: Verlag Chemie im Auftrag der Dtsch. Forschungsgemeinschaft (1996), 12–23.

[199] McKinnon, I.M., Reuben, B.G.: Synthesis of boron carbide in an RF [radio frequency] plasma. J. Electrochem. Soc. 122(6) (1975) 806–811.

[200] Ploog, K.: Vapor deposition of binary boron-carbon phases at substrate temperatures of 900–1800.deg. I: Tetragonal and orthorhombic boron carbide. II: Rhombohedral boron carbide. J. Less-Common Met. 25 (1974) 115–145.

[201] Wedemeyer, R.: Spritzgießen unplastischer keramischer Werkstoffe. Sprechsaal 109(6) (1976) 347–351.

[202] Shanefield, D.J.: Organic Additives and Ceramic Processing. Boston, Dordrecht, London: Kluwer Academic Publ. (1995).

[203] Kunz, W.: Einsatz von Polymeren in der keramischen Industrie. Sprechsaal 109(6) (1976) 340–342.

[204] Weiand, W., Hölzgen, M., Geis, W., Bast, R.: Additive für die keramische Industrie. Ber. Dtsch. Keram. Ges. 66(10) (1989) 453–455.

[205] Roosen, A.: Organische Additive in der keramischen Fertigung. Ber. Dtsch. Keram. Ges. 68 [10/11] (1991) 519–527.

[206] Weiand, W.: Verflüssigung auf Huminatbasis für Porzellan- und elektrokeramische Massen. Sprechsaal 109(6) (1976) 332–338.

[207] Bast, R.: Organische Additive für Trockenpressverfahren. Keram. Z. 42(3) (1990) 155–156.

[208] Guski, B., Weiand, W.: Hilfsmittel für isostatische Pressmassen. Sprechsaal 112(9) (1979) 640–642.

[209] Guski, B.: Die gebräuchlichsten Dekorverfahren in der keramischen Industrie und ihre Hilfsmittel. Sprechsaal 109(6) (1976) 343–346.

[210] Schulle, W.: Verfahrenstechnische Gesichtspunkte der Porzellanherstellung zur Böttgerzeit. Ber. Dtsch. Keram. Ges. 70 (1993) 190–194.

[211] Schubert, H.: Aufbereitung mineralischer Rohstoffe, Band II, Sortierprozesse, 4. Aufl. Leipzig: Dtsch. Verlag für Grundstoffindustrie (1996), 580 S., 353 Abbildungen.
[212] Beurdeley, M.: In: Porzellan aus China, Compagnie des Indes, München: Bruckmann-Verlag (1962).
[213] Weiss, Ar.: Ein Geheimnis des chinesischen Porzellans. Z. Angew. Chem. 75(16) (1963) 755–762.
[214] Oberlies, F., Pohlmann, G.: Über die Einwirkung von Mikroorganismen auf Ton, Feldspat und Kaolin. In: Feldspat und Kaolin. Abh. d. VI. Int. Keram. Kongresses, Wiesbaden 1958. Verlag DKV e.V. (1958), 149–168.
[215] Glick, D.P.: The Microbiology of Aging Clays. J. Am. Ceram. Soc. 6 (1936) 169–174.
[216] Brémont, P.: Récherche sur le pourrissage des argile. La Céramique 583 (1936).
[217] Völsgen, F.: In: Abschlußbericht zum DFG-Vorhaben „Untersuchung der Wechselbeziehungen zwischen Mikroorganismen bzw. deren Metaboliten und Tonmineralien (Biolaugung von Tonmineralien)“, Ernst-Moritz-Arndt-Universität Greifswald (1995).
[218] Groudev, S.N., Groudeva, V.J.: Biological leaching of aluminium from clays. In: Biotechnolog. Bioeng. Symp. (Biotechnol. Min. Met.-Refin. Fossil Fuel Process Ind.), Bd. 16 (1986), 91–99.
[219] Seki, K., Miyazaki, T., Nakano, M.: Effects of microorganisms on hydraulic conductivity decrease in infiltration. Eur. J. Soil Sci. 49(6) (1998) 231–236.
[220] D'Acqui, L.P.D., Daniele, E., Fornasier, F., Radaelli, L.: Interaction between clay microstructure, decomposition of plant residue and humification. Eur. J. Soil Sci. 49(12) (1998) 579–587.
[221] Köhler, M., Völsgen, F.: Geomikrobiologie – Mikroorganismen in der Biophäre. Weinheim: Wiley-VCH (1998), 1–29.
[222] Fischer, G.R., Manfredo, L.J., McNally, R.N., Doman, R.C.: The eutectic and liquidus in the Al_2O_3–ZrO_2 system. J. Mater. Sci. 16 (1981) 3447–3451.
[223] Krause, E., Berger, I., Schulle, W., Plauel, T.: Technologie der Keramik Band 2: Mechanische Prozesse. Berlin: Verlag für Bauwesen (1988).
[224] Schubert, H.: Aufbereitung fester mineralischer Rohstoffe, Band III: Löse- und Laugeverfahren u.a. Leipzig: VEB Dtsch. Verlag für Grundstoffindustrie (1972).
[225] Schubert, H.: Aufbereitung fester mineralischer Rohstoffe, Band I, 4. Aufl. Leipzig: VEB Dtsch. Verlag für Grundstoffindustrie (1989), 363 S.
[226] Wiegmann, J., Kranz, G.: Einige Beobachtungen über die Veränderungen des Kaolinits beim Mahlen. Silikattechnik 8 (1957) 520–523.
[227] Köhler, E. et al.: Über den Einfluß der Mahlung auf Kaolin und Bentonit. Ber. Dtsch. Keram. Ges. 37(493) (1960) 503.
[228] Petzold, A., Ung, L., Hennek, H.: Tonerdelösbarkeit aus Kaolin. Silikattechnik 28 (1977) 110–111.
[229] Huhn, H.-J., Müller, A., Ludwig, G.: Einfluß von Mineralbestand, Körnungsaufbau und Ordnungsgrad auf strukturelle Veränderungen bei mechanischer Beanspruchung von kaolinitischen Tonen. Silikattechnik 31 (1980) 267–269.
[230] Krahl, K. et al.: Grundlagen und technische Möglichkeiten zum Einsatz granitoider Gesteine als Flußmittel für feinkeramische Massen. Silikattechnik 33 (1982) 99–101.
[231] Jung, O., Bissot, R., Schnabel, U.: Entscheidungskriterien für die Trockenaufbereitung von keramischen Rohstoffen und betriebswirtschaftlicher Vergleich mit dem plastischen Aufbereitungsverfahren. Ziegel-Z. 4(6) (1999) 413–417.
[232] Bissot, R., Schnabel, U.: Trockenaufbereitung in der Ziegellindustrie. Ziegelind. Int. 49(3) (1996) 173–178.
[233] Sillem, H., Schnabel, U.: Trockenaufbereitung keramische Rohstoffe für die Grob- und Feinkeramik. Ber. Dtsch. Keram. Ges. 76(3) (1999) 12–14.
[234] Nassetti, G., Brighenti, G., Schnabel, U.: Innovatives Verfahren zur Trockenaufbereitung von Pulvern für rote und weiße Fliesenmassen. Ber. Dtsch. Keram. Ges. 70(1–29) (1993) 10–13.

[235] Schubert, H., Petzow, G.: Microstructural Investigations on the Stability of Yttria-Stabilized Tetragonal Zirconia. Advances in Ceramics 24: Science and Technology of Zirconia III. Westerville, Ohio: The Am. Ceram. Soc. Inc. (1988) 21–28.
[236] Ullrich, H.: Mechanische Verfahrenstechnik. Berlin, Heidelberg, New York: Springer (1967).
[237] Nold, P., Frey, K.: Rationelle und wirtschaftliche Fertigungsanlagen für Feuerbetone. In: Vortrag XV. Konf. Feuerbetone, Prag, 24.-25.5.2005. Informationsblatt Maschinenfabrik Gustav Eirich, Hardheim (2005).
[238] Nold, P., Löbe, R., Müller, M.: Granulieren – einfach und kostengünstig, Teil 1. Keram. Z. 55(8) (2003) 598–605. Teil 2. Keram. Z. 55(9) (2003) 682–686.
[239] Ziegler, G.: Strukturelle Änderungen beim Mahlen von Aluminiumoxidpulvern. Keram. Z. 33 (1981) 602–605.
[240] Schrader, R., Kneschke, G.: Mechanische Aktivierung von Magnesiumoxid für die Sinterung. Silikattechnik 19 (1968) 172–175.
[241] Schatt, W., Wieters, K.-P. (Hrsg.): Pulvermetallurgie – Technologien und Werkstoffe Düsseldorf: VDI-Verlag (1994).
[242] Hashimoto, H., Abe, T., Sun, Zh-M.: Nitrogen-induced powder formation of titanium aluminides during mechanical alloying. Intermetallics 8 (2000) 721–728.
[243] Li, J.-F., Kawasaki, A., Watanabe, R.: Hot Isostatically Pressed SiC–AlN Powder Mixtures: Effect of Milling on Solid-Solution Formation and Related Properties. J. Am. Ceram. Soc. 81(6) (1998) 1445–1452.
[244] Matteazzi, P., Le Caër, G.: Room-Temperature Mechanosynthesis of Carbides by Grinding of Elemental Powders. J. Am. Ceram. Soc. 74(6) (1991) 1382–1390.
[245] Telle, R., Sigl, L.S., Takagi, K.: Boron-based Hard Materials. In: Riedel, R. (Hrsg.) Hard Materials, Band III, Kapitel 4. Weinheim: Wiley-VCH (2000), 802–943.
[246] Oberacker, R., Proehnitzsch, S., Hofius, H.: The Effect of Different Milling Methods Applied in the Production of Al_2O_3 Ceramics. Ringversuch des Arbeitskreises „Zuverlässigkeit keramischer Herstellungsprozesse“. Ber. Dtsch. Keram. Ges. 78(11–12) (2001) E45–E51.
[247] Capes, C.E.: Particle Size Enlargement. In: Williams, J.C., Allen, T. (Hrsg.) Handbook of Powder Technology, Bd. 1. Amsterdam: Elsevier Scientific Publ. Comp (1980).
[248] Lukasiewicz, S.J.: Spray-Drying Ceramic Powders. J. Am. Ceram. Soc. 72(4) (1989) 617–624.
[249] Masters, K.: Spray Drying Handbook, Bd. 5. New York: Longman Sci. Techn (1991).
[250] Rähse, W., Dicoi, O.: Produktdesign disperser Stoffe: Industrielle Sprühtrocknung. Chem. Ing. Tech. 81(6) (2009) 699–716.
[251] Cal, K., Sollohub, K.: Spray drying technique, I: Hardware and process parameters. J. Pharm. Sci. 99(2) (2010) 575–586.
[252] Rumpf, H.: Grundlagen und Methoden des Granulierens. Chem. Ing. Tech. 30(3) (1958) 144–158.
[253] Rumpf, H.: Particle Adhesion. In: Sastry, K.V.S. (Hrsg.) Agglomeration 77. New York: AIME (1977), 97–129.
[254] Frisch, B., Thiele, W.-R.: Adhesion Effects of Intermediate Layers on the Densification of Ceramic Powders. J. Adhes. 22 (1987) 81–95.
[255] Schulz, P., Pfaff, E., Zografou, C.: Der Einfluß des Bindergehaltes auf Bildung und Eigenschaften von Sprühgranulat. Keram. Z. 34 (1982) 561–564.
[256] Walker, W.J., Reed, J.S.: Influence of Slurry Parameters on the Characteristics of Spray-Dried Granules. J. Am. Ceram. Soc. 82(7) (1999) 1711–1719.
[257] Hidber, P.C., Graule, T.J., Gauckler, L.J.: Competitive Adsorption of Citric acid and Poly(vinyl alcohol) onto Alumina and Its Influence on the Binder Migration during Drying. J. Am. Ceram. Soc. 78(7) (1995) 1775–1780.
[258] Mahdjoub, H., Roy, P., Filiatre, C., Bertrand, G., Coddet, C.: The effect of slurry formulation upon the morphology of spray-dried yttria-stabilised zirconia particles. J. Eur. Ceram. Soc. 23(10) (2003) 1637–1648.

[259] Bertrand, G., Roy, P., Filiatre, C., Coddet, C.: Spray-dried ceramic powders: A quantitative correlation between slurry characteristics and shapes of the granules. Chem. Eng. Sci. 60(1) (2005) 95–102.
[260] Zainuddin, M.I., Tanaka, S., Furushima, R., Uematsu, K.: Correlation between slurry properties and structures and properties of granules. J. Eur. Ceram. Soc. 30(16) (2010) 3291–3296.
[261] Mondragon, R., Jarque, J.C., Julia, J.E., Hernandez, L., Barba, A.: Effect of slurry properties and operational conditions on the structure and properties of porcelain tile granules dried in an acoustic levitator. J. Eur. Ceram. Soc. 32(1) (2012) 59–70.
[262] Walton, D.E., Mumford, C.J.: Spray Dried Products – Characterization of Particle Morphology. Chem. Eng. Res. Des. 77(1) (1999) 21–38.
[263] Walton, D.E.: The Morphology of Spray Dried Particles: A Qualitative View. Dry. Technol. 18(9) (2000) 1943–1986.
[264] Wang, F.J., Wang, C.H.: Effects of fabrication conditions on the characteristics of etanidazole spray-dried microspheres. J. Microencapsul. 19(4) (2002) 495–510.
[265] Wang, A.J., Lu, Y.P., Sun, R.X.: Recent progress on the fabrication of hollow micro-spheres. Mater. Sci. Eng. A 460 (2007) 1–6.
[266] Bertrand, G., Filiatre, C., Mahdjoub, H., Foissy, A., Coddet, C.: Influence of slurry characteristics on the morphology of spray-dried alumina powders. J. Eur. Ceram. Soc. 23(2) (2003) 263–271.
[267] Handscomb, C.S., Kraft, M.: Simulating the structural evolution of droplets following shell formation. Chem. Eng. Sci. 65(2) (2010) 713–725.
[268] Claussen, N., Petzow, G.: Wachstum und Festigkeit kugeliger Agglomerate aus Pulvern hochschmelzender Werkstoffe. High Temp., High Press. 3 (1971) 467–485.
[269] Schubert, H.: Grundlagen des Instantisierens und Dispergierens von Pulvern. Ber. Dtsch. Keram. Ges. (1995) 55–74.
[270] Ries, H.B.: Technologische Lösungen zur Granulierung und Pelletierung. Keram. Z. (2012). Teil 1: 208–211, Teil 2: 279–282.
[271] Frisch, B., Hör, Th., Thiele, W.R., Klemm, U., Sobeck, D., Stolle, W.: Characterization of Ceramic Dry Pressed Bodies – Measurement Techniques and Evaluation. Ber. Dtsch. Keram. Ges. 24–33 (1994).
[272] Oberacker, R., Agniel, Y., Thümmler, F.: Bedeutung der Einzelgranulateigenschaften beim Verpressen von aufbaugranulierten Feinpulvern. In: Kolaska, H. (Hrsg.) Fortschritte bei der Formgebung in Pulvermetallurgie und Keramik. VDI Verlag (1991), 185–208.
[273] Oberacker, R.: Persönliche Mitteilung.
[274] Parks, G.A., de Bruyn, P.L.: The Zero Point of Charge of Oxides. J. Phys. Chem. 66 (1962) 967–973.
[275] Reed, J.: Introduction to the Principles of Ceramic Processing. New York: John Wiley & Sons (1988).
[276] Thiessen, P.A.: Wechselseitige Adsorption von Kolloiden. Z. Elektrochem. 48 (1942) 675–681.
[277] Stern, O.: Zur Theorie der elektrischen Doppelschicht. Z. Elektrochem. 30 (1924) 508–516.
[278] Helmholtz, H.: Studien über elektrische Grenzschichten. Ann. Phys. Chem. 7 (1879) 337–382.
[279] Gouy, G.: Sur la Constitution de la Charge Électrique à la Surface d'un Électrolyte. J. Phys. 9(4) (1910) 457–469.
[280] Chapman, D.L.: A Contribution to the Theory of Electrocapillarity. Philos. Mag. 25 (1913) 475–481.
[281] Horn, R.G.: Particle Interactions in Suspensions. In: Terpstra, R.A., Pex, P.P.A.C., de Vries, A.H. (Hrsg.) Ceramic Processing. London: Chapman & Hall (1995).
[282] Derjaguin, B., Landau, L.: Theory of the Stability of Strongly Charged Lyophobic Sols and of the Adhesion of Strongly Charged Particles in Solutions of Electrolytes. Acta Physicochim. 14 (1941) 633.

[283] Verwey, E., Overbeck, Th.G.: Theory of the Stability of Lyophobic Colloids. Amsterdam: Elsevier (1948).
[284] Visser, J.: On Hamaker constants: A comparison between Hamaker constants and Lifshitz–van der Waals constants. Adv. Colloid Interface Sci. 3 (1972) 331–363.
[285] Doraiswamy, D.: The Origin of Rheology: A Short Historical Excursion. Rheol. Bull. 71(1) (2002).
[286] Eirich, F.R.: Rheology: Theory and applications, Bd. 1. New York: Academic Press (1965) bis Bd. 5 (1969).
[287] Dokumentation Rheologie. Bundesamt für Materialprüfung Berlin und Dtsch. Rheologische Ges. (Hrsg.), jährlich erscheinend.
[288] Reiner, M.: Rheologie in elementarer Darstellung, 2. Aufl. München: Hanser (1970).
[289] Siginer, D.A., De Kee, D., Chhabra, R.P. (Hrsg.): Advances in the Flow and Rheology of Non-Newtonian Fluids, Bd. 8, 1. Aufl. Amsterdam: Elsevier Science (1999), 1514 S.
[290] Chhabra, R.P., Richardson, J.F.: Non-Newtonian Flow and Applied Rheology – Fundamentals and Engineering Applications, 2. Aufl. Amsterdam: Elsevier (2008), 536 S.
[291] Tadros, T.F.: Rheology of Dispersions: Principles and Applications, 1. Aufl. Weinheim: Wiley-VCH (2010), 216 S.
[292] Pahl, M., Geissle, W., Laun, H.-W.: Praktische Rheologie der Kunststoffe und Elastomere. Düsseldorf: VDI-Verlag (1991), 438 S.
[293] Heese, Ch.: Simulation des rheologischen Verhaltens von zementgebundenen Feinkornsystemen. Dissertation, Universität Kaiserslautern (2013).
[294] Haist, M.: Zur Rheologie und den physikalischen Wechselwirkungen bei Zementsuspensionen. Dissertation Universität Karlsruhe 2009. Karlsruher Reihe Massivbau – Baustofftechnologie – Materialprüfung, Heft 66. Karlsruhe: KIT Scientific Publ. (2010), 205 S. zzgl. Anhänge.
[295] Senge, B., Blochwitz, R., Bentlin, S.: Rheologische Stoffkennwerte richtig bestimmen. Dtsch. Milchwirtschaft 7 (2004) 256–260.
[296] Windhab, E.J.: What makes for smooth, creamy chocolate? Phys. Today 59(6) (2006) 82.
[297] Krentz, D.O.: Untersuchung des Flockungsverhaltens von Polyelektrolyten an technischen Trüben und Modellsuspensionen. Dissertation, Techn. Universität Hamburg (2001), 207 S.
[298] Schmidt, R.: Werkstoffverhalten in biologischen Systemen, Bd. 2. Berlin, Heidelberg: Springer (1999).
[299] DIN 1342: Viskosität newtonscher Flüssigkeiten (Dez. 1971).
[300] DIN 13342: Nicht-newtonsche Flüssigkeiten, Begriffe, Stoffgesetze (Juni 1976, Dez. 1978 (Ergänzung)).
[301] Oberst, W.: Elastische und viskose Eigenschaften von Werkstoffen: Grundlagen und Begriffe. Berlin: Beuth (1963).
[302] Faurel, X., Le Bris, Ch., Champion, P.: Classification générale des anomalies de viscosité. Ind. Céram. 203–208 (1982).
[303] Krieger, I.M., Dougherty, T.J.: A Mechanism for Non-Newtonian Flow in Suspensions of Rigid Spheres. J. Rheol. 3 (1959) 137–152 und Krieger, I.M., Dougherty, T.J.: Concentration Dependence of the Viscosity of Suspensions. Trans. Soc. Rheol. 3 (1959) 137–152.
[304] Mooney, M.: The viscosity of a concentrated suspension of spherical particles. J. Colloid Sci. 6 (1951) 162–170.
[305] Quemada, D.: Rheology of concentrated disperse systems and minimum energy dissipation principle. Rheol. Acta 16(1) (1977) 82–94 und: Rheology of concentrated disperse systems, II: A model for non-newtonian shear viscosity in steady flows. Rheol. Acta 17(6) (1978) 632–642.
[306] Einstein, A.: Effect of Suspended Rigid Spheres on Viscosity. Ann. Phys. 19 (1906) 289–306, und: Einstein, A.: Berichtigung. Ann. Phys. 34 (1911) 591–592.

[307] Ovarlez, G., Bertrand, F., Rodts, St.: Local determination of the constitutive law of a dense suspension of non-colloidal particles through MRI. Interner Bericht, Laboratoire des Matériaux et Structures du Génie Civil. Champs-sur-Marne, Frankreich: Institut Navier (2005), 32 S.
[308] Mewis, J., Wagner, N.J.: Thixotropy. Adv. Colloid Interface Sci. 147–148 (2009) 214–227.
[309] Houska, M.: Engineering Aspects of the Rheology of Thixotropic Liquids. Dissertation, Tschechische Technische Universität Prag (1981).
[310] Seffern, P., Klein, G.: Methods of Rheological Measurement for the Characterisation of Silicate Slurries. Ber. Dtsch. Keram. Ges. 96(6) (2019) E24–E29.
[311] Meunier, A.: Clays. Berlin: Springer (2005), 472 S.
[312] Lagaly, G.: Reaktionen der Tonminerale. Kapitel 3. In: Jasmund, K., Lagaly, G. (Hrsg.) Tonminerale und Tone, Struktur, Eigenschaften, Anwendung und Einsatz in Industrie und Umwelt. Darmstadt: Steinkopf (1993), 89–167.
[313] Weiss, Ar.: Neuere Untersuchungen über die Struktur thixotroper Gele. Rheol. Acta 2 (1962) 292–304.
[314] Michaels, A.S.: Rheological Properties of Aqueous Clay Systems. In: Kingery, W.D.: Ceramic Fabrication Processes. New York: John Wiley & Sons, London: Chapman & Hall (1958).
[315] Graule, T.F., Baader, F.H., Gauckler, L.J.: Enzyme Catalysis of Ceramic Forming. J. Math. Educ. 16 (1994) 243–267.
[316] Heinrich, J.: Herstellung von keramischen Portlinern für Kolbenmotoren im Schlickergießverfahren. Keram. Z. 44 (1992) 822–826.
[317] Pels Leusden, C.O.: Zusammenhänge zwischen rheologischen Eigenschaften plastischer, keramischer Stoffe und technischen Daten bei ihrer Verformung. Ber. Dtsch. Keram. Ges. 44 (1967) 506–512.
[318] Haase, T.H.: Untersuchungen zur Bildsamkeit keramischer Massen. Silikattechnik 3 (1952) 265–267.
[319] Moore, F., Hennicke, H.W.: Rheologie in der Keramik. Goslar: Hübner (1967).
[320] Astbury, N.F.: A plasticity model. Trans. Br. Ceram. Soc. 62 (1963) 1–18.
[321] Astbury, N.F., Moore, F., Lockett, J.A.: A cyclic torsion test for the study of plasticity. Trans. Br. Ceram. Soc. 65 (1966) 435–462.
[322] Hennicke, H.W., Kersting, R.: Electronic analogue models for the mechanical behaviour of heterogeneous materials in ceramics. Sci. Ceram. 5 (1970) 263–280.
[323] Hennicke, H.W., Kienow, E.: Organische Plastifizierungsmittel für feinkeramische Werkstoffe. Ber. Dtsch. Keram. Ges. 56 (1979) 67–71, 95–102.
[324] Kobayashi, T. et al.: Rheological properties of plastic clay body: An examination on the Astbury's cyclic torsion test method. J. Ceram. Soc. Jpn. 80 (1972) 64–74.
[325] Jenckel, E.: Zur Verwendung von Modellen für das plastisch-elastische Verhalten. Kolloid-Z. 134 (1953) 47–64.
[326] Haase, Th.: Versuch einer allgemeinen Theorie der Bildsamkeit keramischer Massen. Silikattechnik 3 (1952) 265–267.
[327] Wilson, E.O.: The plasticity of finely ground minerals with water. J. Am. Ceram. Soc. 19 (1936) 115–120.
[328] Mostetzky, H.: Zwei Modellelemente für die Bildsamkeit keramischer Massen. Tonind.-Ztg. 98 (1974) 287–288.
[329] Norton, F.H.: An instrument for measuring the workability of clays. J. Am. Ceram. Soc. 21 (1938) 33–36.
[330] Hofmann, U.: Über die Grundlagen der Plastizität der Kaoline und Tone. Ber. Dtsch. Keram. Ges. 26 (1949) 21–32.
[331] Cölle, D.: Alumosilikat „Made in Germany": Hochtemperaturwerkstoff mit ausgezeichnetem Innovationspotential. Ber. Dtsch. Keram. Ges. 90(3) (2013) D15–D18.

[332] Gupta, S.V.: Viscosimetry for Liquids. Springer Ser. Mater. Sci. 194 (2014) 256.

[333] Klein, G.: Basic Principles of Rheology and the Application of Rheological Measurement Methods for Evaluating Ceramic Suspensions. In: 2005 Yearbook cfi/Jahrbuch der Dtsch. Keram. Ges. . Baden-Baden: Göller-Verlag (2005), 21–42.

[334] Pfefferkorn, K.: Ein Beitrag zur Bestimmung der Plastizität in Tonen und Kaolinen. Sprechsaal 57 (1924) 297–299.

[335] Haase, Th.: Der Pfefferkorn-Apparat als absolutes Meßgerät. Ber. Dtsch. Keram. Ges. 43 (1966) 593–594.

[336] Händle, F.: Extrusion in Ceramics Berlin: Springer (2007), 470 S. ergänzend hierzu: Händle, F.: The Art of Ceramic Extrusion. Berlin: Springer (2019), 140 S.

[337] Dietzel, A.: Messung der Plastizität. Ber. Dtsch. Keram. Ges. 45 (1968) 63–66.

[338] Händle, F., Länger, K.-F.: Measuring the Plasticity of Ceramic Bodies. Teil 1. Ber. Dtsch. Keram. Ges. 98(2) (2021), E19–E27.

[339] Macey, H.H.: Experiments on plasticity. Trans. Br. Ceram. Soc. 43 (1944) 5–28; 47 (1948) 183–190, 259–267, 291–326.

[340] Linseis, M.: Beiträge zur Plastizitätsmessung unter Berücksichtigung praktischer Erfordernisse. Ber. Dtsch. Keram. Ges. 29 (1952) 35–37.

[341] Czerch, W., Frühauf, K., Hofmann, U.: Über die Ursachen der Verflüssigung des Kaolins. Ber. Dtsch. Keram. Ges. 37 (1960) 255–265.

[342] Händle, F.: Beitrag zur sogenannten Plastizität von Ton–Wasser-Systemen. Ziegelindustrie 31 (1978) 472–476.

[343] Laenger, F.: Rheology of Ceramic Bodies. Kapitel 7. In: Händle, F. (Hrsg.) Extrusion in Ceramics. Berlin: Springer (2007), 153–174.

[344] Händle, F., Länger, F.: Wall Slippage of Ceramic Extrusion Bodies. Ber. Dtsch. Keram. Ges. 86(9) (2009) E32–E36.

[345] Laenger, K.-F., Laenger, F., Geiger, K.: Wall Slip of Ceramic Extrusion Bodies – Part 2. Ber. Dtsch. Keram. Ges. 93(4–5) (2016) E43–E48.

[346] Gleißle, W., Graczyk, J.: Rheology and Extrudability of Ceramic Compounds. Kapitel 8. In: Händle, F. (Hrsg.) Extrusion in Ceramics. Berlin: Springer (2007), 175–187.

[347] Link, S.: Uncertainties and Influences in Measurement Techniques for Ceramics. Interceram 56(1) (2007) 10–13.

[348] Mostetzky, H.: Formgebung in der Keramik. In: Handbuch der Keramik, Gruppe I D1. Freiburg i.Br.: Schmid (1978), 1–12.

[349] Kolaska, H., Schulz, P.: Pulvermetallurgie der Hartmetalle. Vorlesungsreihe Fachverband Pulvermetallurgie, Hagen (1992).

[350] Ruys, A.J., Sorrel, C.C.: Slip Casting of High-Purity Alumina Using Sodium Carboxymethylcellulose as Deflocculant/Binder. Am. Ceram. Soc. Bull. 69(5) (1990) 828–832.

[351] Nürnberger, G.: Entwicklung und Einführung des Druckgießverfahrens in der Sanitärkeramik. Keram. Z. 40 (1988) 227–232.

[352] Frassek, L., Hennicke, H.W.: Einige Aspekte zum Schlickerdruckgießen von tonfreien Suspensionen. Ber. Dtsch. Keram. Ges. (1989) 61–72.

[353] Akers, R.J., Ward, A.S.: Liquid filtration theory and filtration pretreatment. In: Orr, C. (Hrsg.) Filtration, Principles and Practices. Part I. Chem. Proc. Eng., Bd. 10. New York, Basel: Marcel Dekker (1979) 169.

[354] Frassek, L.: Formgebung über tonfreie Schlicker in der Keramik. Dissertation TU Clausthal (1988).

[355] Mistler, R.E., Shanefield, D.J., Runk, R.B.: Tape Casting of Ceramics. In: Onada, G.Y. Jr., Hench, L.L. (Hrsg.) Ceramic Processing Before Firing. New York, Chichester, Brisbane, Toronto: John Wiley & Sons (1978), 411–448.

[356] Heinrich, J.: Foliengießen oxidischer und nichtoxidischer keramischer Pulver. Keram. Z. 38 (1986) 79–82.

[357] Richerson, D.W.: Modern Ceramic Engineering, 4. Aufl. New York, Basel: Marcel Dekker (1982). Richerson, D.W., Lee, W.E.: Modern Ceramic Engineering: Properties, Processing, and Use in Design. London, New York: CRC Press (2018) 812 S.

[358] Chou, Y.T., Ko, Y.T., Yan, M.F.: Fluid Flow Model for Ceramic Tape Casting. J. Am. Ceram. Soc. 70(10) (1987) C280–C282.

[359] Williams, J.C.: Doctor-Blade Process. In: Wang, F.F.Y. (Hrsg.) Treatise on Materials Science and Technology, Bd. 9. New York, San Francisco, London: Academic Press (1976), 173–197.

[360] Onada, G.Y. Jr.: The Rheology of Organic Binder Solutions. In: Onada, G.Y. Jr., Hench, L.L. (Hrsg.) Ceramic Processing before Firing. New York, Chichester, Brisbane, Toronto: John Wiley & Sons (1978), 236–251.

[361] Böcker, A., Bunge, H.J., Huber, J., Krahn, W., Ruska, J.: Texture and of α-Al_2O_3 Substrates. Textures Microstruct. 24 (1995) 167.

[362] Kleer, G., Goller, R., Döll, W., Heinrich, J., Rosenfelder, O.: Strength and Crack Propagation Behaviour of Anisotropic Laminated SiC. In: Ziegler, G., Hauser, H. (Hrsg.) Proc. Euro-Ceramics II. Köln: Dtsch. Keram. Ges. e.V. (1991), 1067–1071.

[363] Segerer, H.: Rollerformgebung. In: Handbuch der Keramik, Gruppe I D2.3. Freiburg i.Br.: Schmid (1985), 1–6.

[364] Hülsenberg, D., Krüger, H.-G., Steiner, W.: Keramikformgebung. Leipzig: VEB Dtsch. Verlag für Grundstoffindustrie (1987).

[365] Bayer, B.: Untersuchung eines neuen Formgebungswerkzeugs zur Herstellung von Flachgeschirr. Silikattechnik 19 (1968) 386–392.

[366] Hallmann, E.: Strangpressenberechnung für keramische Stoffe. Sprechsaal 116 (1983) 25–27, 8, 653-662, 10, 895-898, 12, 1075-1077.

[367] Pels-Leusden, C.O.: Ablauf und Beeinflussung der Texturbildung während der Formgebung. Ziegelindustrie 38 (1985) 390–405.

[368] Pels-Leusden, C.O.: Über die Betriebsweise der Arbeitszone einer Schneckenpresse bei der Förderung einiger grobkeramischer Rohstoffe. Dissertation, TH München (1965).

[369] Händle, F.: Formgebung. Ziegelind. Int. 1 (1982) 14–22.

[370] Janney, M.A.: Plastic forming of ceramics: Extrusion and injection moulding. In: Terpstra, R.A., Pex, P.P., de Vries, A.H. (Hrsg.) Ceramic Processing. London: Chapman & Hall (1995).

[371] Mutsuddy, B.C., Ford, R.G.: Ceramic Injection Molding. London: Chapman & Hall (1995).

[372] German, R.M.: Theory of Thermal Debinding. J. Powder Metall. 23(4) (1987) 237–245.

[373] Wada, S., Oyama, Y.: In: Thermal Extraction of Binder Components from Injection Molded Bodies, pp. 480–511. Nagakute, Aichi, Japan: Toyota Central Res. and Dev. Labs. (1989).

[374] Edirisinghe, M.J., Evans, J.R.G.: Review: fabrication of engineering ceramics by injection molding. I. Materials selection. Int. J. High Technol. Ceram. 2 (1986) 1–31.

[375] Edirisinghe, M.J., Evans, J.R.G.: Review: fabrication of engineering ceramics by injection molding. II. Materials selection. Int. J. High Technol. Ceram. 2 (1986) 249–278.

[376] Gastrow, H.: Der Spritzgieß-Werkzeugbau in 100 Beispielen. Lindner, E., Unger, P. (Hrsg.): 4. Aufl. München, Wien: Carl Hanser Verlag (1990).

[377] Frisch, E., Thiele, W.R., Peter, M.: Zum Einfluß von Zwischenschichten auf Preßverdichtung und Scherbeneigenschaften feinkeramischer Massen. Ber. Dtsch. Keram. Ges. 54(7) (1977) 224–229 und (8) 259-263.

[378] Fischmeister, H.F., Arzt, E.: Densification of Powders by Particle Deformation. Powder Metall. 26 (1983) 82–88.

[379] Helle, A.S., Easterling, M.F., Ashby, K.E.: Hot-Isostatic Pressing Diagrams: New Developments. Acta Metall. 33 (1985) 2163–2174.

[380] Zipse, H.: Finite-Element Simulation of the Die Pressing and Sintering of a Ceramic Component. J. Eur. Ceram. Soc. 5 (1997).
[381] Drumm, R., Frisch, B., Hör, T., Martin, J., Thiele, W.R.: Mechanische Eigenschaften von Einzelsekundärkörnern und das Axial-Radialdruckverhalten von keramischen Preßkörpern. Ber. Dtsch. Keram. Ges. 68 (1991) 332–337.
[382] Schulle, W.: Die halbisostatische Preßformgebung in der Keramik. In: Handbuch der Keramik, Gruppe I D3.3. Freiburg i.Br.: Schmid (1991), 1–16.
[383] Heckel, R.W.: Density–pressure relationship in powder compaction. Trans. Am. Math. Soc. 221 (1961) 671–675.
[384] Ullrich, R.: Untersuchungen zum Preß- und Verdichtungsverhalten dünnwandiger feinkeramischer Formlinge nach dem isostatischen Trockenmatrizenverfahren. Dissertation, Bergakademie Freiberg (1985).
[385] Kawakita, K., Lüdde, K.-H.: Some Considerations on Powder Compression Equations. Powder Technol. 4 (1970/71) 61–68.
[386] Schindler, S., Schultze, W.: Plasma Generated Oxide Ceramic Components. Interceram 37(2) (1988) 39–42.
[387] Borisow, S.Yu., Astakhov, E.A., Klimenko, V.S.: Detonationsspritzen: Anlagen, Werkstoffe, Anwendungen. DVS-Berichte, Bd. 130 (1990).
[388] Herziger, G., Loosen, P.: Werkstoffbearbeitung mit Laserstrahlung. München, Wien: Carl Hanser (1993).
[389] Young, A.C., Omatete, O.O., Janney, M.A., Menchhofer, P.A.: Gelcasting of Alumina. J. Am. Ceram. Soc. 24 (1991) 612–618.
[390] Graule, T.J., Baader, F.H., Gauckler, L.J.: Casting uniform ceramics with direct coagulation. Am. Chem. Soc. 31–37 (1995).
[391] Greil, P.: Active-Filler-Controlled Pyrolysis of Preceramic Polymers. J. Am. Ceram. Soc. 78 (1995) 835–848.
[392] Travitzki, N., Bonet, A., Dermeik, B., Fey, T., Filbert-Demut, I., Schlier, L., Schlordt, T., Greil, P.: Additive Manufacturing of Ceramic-Based Materials. Adv. Eng. Mater. 16(6) (2014) 729–754.
[393] Zocca, A., Colombo, P., Gomes, C.M., Günster, J.: Additive Manufacturing of Ceramics: Issues, Potentialities, and Opportunities. J. Am. Ceram. Soc. 98(7) (2015) 1983–2001.
[394] Deckers, J., Meyers, S., Kruth, J.P., Vleugels, J.: Direct selective laser sintering/melting of high density alumina powder layers at elevated temperatures. Phys. Proc. 56 (2014) 117–124.
[395] Deckers, J., Vleugels, J., Kruth, J.-P.: Additive Manufacturing of Ceramics: A Review. J. Ceram. Sci. Tech. 5(4) (2014) 245–260.
[396] Kollenberg, W.: Keramische Komponenten mit variable Mikrogefügedesign und Verfahren zu ihrer Herstellung. Dtsch. Patent Nr. DE 102008028742 B4 (2008).
[397] Kollenberg, W.: Industrielle Fertigung von Keramik mit 3D-Druck. Keram. Z. 01 (2015) 27–31.
[398] Günther, D., Heymel, B., Günther, J.F., Ederer, I.: Continuous 3D-printing for additive manufacturing. Rapid Prototyping J. 20(4) (2014) 320–327.
[399] Mit freundlicher Genehmigung der Voxeljet technology GmbH, Augsburg.
[400] Sachs, E.M., Haggerty, J.S., Cima, M.J., Williams, P.A.: Three-Dimensional Printing: Rapid Tooling and Prototypes Directly from a CAD Model. J. Eng. Ind. Trans. ASME 114(4) (1992) 481–488.
[401] Sachs, E.M., Cima, M.J., Williams, P.A., Branzacio, D., Cornie, J.: Three-Dimensional Printing Techniques. US Patent 5,204,055, 20. April (1993).
[402] Yen, H.C.: Experimental Studying on Development of Slurry-Layer Casting System for Additive Manufacturing of Ceramics. Int. J. Adv. Manuf. Technol. 77 [5–8] (2014) 915–925.
[403] Tang, H.-H., Yen, H.C.: Slurry-Based Additive Manufacturing of Ceramic Parts by Selective Laser Burn-Out. J. Eur. Ceram. Soc. 35(3) (2015) 981–987.

[404] Tian, X., Li, D., Heinrich, J.G.: Net-Shaping of Ceramic Components by Using Rapid Prototyping Technologies. Adv. Ceram. – Synth. Charact. Process. Specif. Appl. (2011).
[405] Mühler, T., Gomes, C.M., Heinrich, J., Günster, J.: Slurry-Based Additive Manufacturing of Ceramics. Int. J. Appl. Ceram. Technol. 12(1) (2015) 18–25.
[406] Cruz, F., Coole, T., Bocking, C., Simoes, J.: Selective laser sintering of customized medical implants using biocomposite materials. Teh. Vjesn. 10(2) (2003) 23–27.
[407] Cruz, F., Simoes, J., Coole, T., Bocking, C.: Direct manufacture of hydroxyapatite based bone implants by selective laser sintering. In: Bártolo, P.J. (Hrsg.) Proc. Int. Conf. Adv. Res. Virtual and Rapid Prototyping (VRAP), Leiria, Portugal (2005), 119–126.
[408] Zocca, A., Colombo, P., Gomes, C.M., Günster, J.: Additive Manufacturing of Ceramics: Issues, Potentialities, and Opportunities. J. Am. Ceram. Soc. 98(7) (2015) 1983–2001.
[409] Kollenberg, W.: Keramik und Multi-Material 3D-Druck (ceramic and multi-material 3D-printing). Keram. Z. 66(4) (2014) 233–236.
[410] Khaliyfa, A., Meyer, W., Schnabelrauch, M., Vogt, S., Richter, H.-J.: Manufacturing of Biocompatible Ceramic Bone Substitutes by 3D-Printing. cfi/Ber. Dtsch. Keram. Ges. 83 (2006) 13.
[411] Maleksaeedi, S., Eng, H., Wiria, F.E., Ha, T.M.H., He, Z.: Property enhancement of 3D-printed alumina ceramics using vacuum infiltration. J. Mater. Process. Technol. 214 (2014) 1301–1306.
[412] Lenk, R., Nagy, A., Richter, H.-J., Techel, A.: Material Development for Laser Sintering of Silicon Carbide. Ber. Dtsch. Keram. Ges. 83(13) (2006).
[413] Kruth, J.-P., Levy, G., Klocke, F., Childs, T.H.C.: Consolidation phenomena in laser and powder-bed based layered manufacturing. CIRP Ann. 56(2) (2007) 730–759.
[414] Hagedorn, Y-Ch., Wilkes, J., Meiners, W., Wissenbach, K., Poprawe, R.: Net Shaped High Performance Oxide Ceramic Parts by Selective Laser Melting. Phys. Proc. 5 (2010) 587–594.
[415] Wilkes, J., Hagedorn, Y-Ch., Meiners, W., Wissenbach, K.: Additive manufacturing of ZrO_2–Al_2O_3 ceramic components by selective laser melting. Rapid Prototyping J. 19(1) (2013) 51–57.
[416] Hebert, R.J.: Viewpoint: Metallurgical aspects of powder bed metal additive manufacturing. J. Mater. Sci. 51 (2016) 1165–1175.
[417] Mills, K.C., Keene, B.J., Brooks, R.F., Shirali, A.: Marangoni effects in welding. Philos. Trans. R. Soc. Lond. A 356 (1998) 911–925.
[418] Laoui, T., Froyen, L., Kruth, J.P.: Effect of mechanical alloying on Selective Laser Sintering of WC-9Co powder. Powder Metall. 42(3) (2000) 203–205.
[419] Maeda, K., Childs, T.H.C.: Laser sintering (SLS) of hard metal powders for abrasion resistant coatings. J. Mater. Process. Technol. 149(1–3) (2004) 609–615.
[420] Gu, D., Hagedorn, Y.-C., Meiners, W., Wissenbach, K., Poprawe, R.: Selective Laser Melting of in-situ TiC/Ti_5Si_3 composites with novel reinforcement architecture and elevated performance. Surf. Coat. Technol. 205 (2011) 3285–3292.
[421] Leong, C.C., Lu, L., Fu, J.Y.H., Wong, Y.S.: In-situ formation of copper matrix composites by laser sintering. Mater. Sci. Eng. A 338 (2002) 81–88.
[422] Sercombe, T.B., Schaffer, G.B.: On the role of magnesium and nitrogen in the infiltration of aluminium by aluminium for rapid prototyping applications. Acta Mater. 52(10) (2004) 3019–3025.
[423] Gahler, A., Heinrich, J.G.: Direct laser sintering of Al_2O_3–SiO_2 dental ceramic components by layer-wise slurry deposition. J. Am. Ceram. Soc. 89(10) (2006) 3076–3080.
[424] Fischer, H., Wilkes, J., Bergmann, C., Kuhl, I., Meiners, W., Wissenbach, K., Poprawe, R., Telle, R.: Bone substitute implants made of TCP/Glass composites using selective laser melting technique. Ber. Dtsch. Keram. Ges. 83 (2006) 57–60.
[425] Heinrich, J.G.: LSD-basiertes selektives Lasersintern. Ber. Dtsch. Keram. Ges. 86(10) (2009) D26–D27.

[426] Wätjen, A.M., Polsakiewicz, D.A., Kuhl, I., Telle, R., Fischer, H.: Slurry deposition by airbrush for selective laser sintering of ceramic components. J. Eur. Ceram. Soc. 29 (2009) 1–6.
[427] Regenfuss, P., Streek, A., Hartwig, L., Klötzer, S., Brabant, Th., Horn, M., Ebert, R., Exner, H.: Principles of laser micro sintering. In: Proc. Annu. Int. Solid Freeform Fabr. Symp. (SFF), Austin (2006) 740–753.
[428] Streek, A., Regenfuss, P., Ullmann, F., Hartwig, L., Ebert, R., Exner, H.: Processing of silicon carbide by laser micro sintering. In: Proc. Annu. Int. Solid Freeform Fabr. Symp. (SFF), Austin (2006), 349–358.
[429] Macedo, Z.S., Hernandes, A.C.: Laser sintering of $Bi_4Ti_3O_{12}$ ferroelectric ceramics. Mater. Lett. 55 (2002) 217–220.
[430] Macedo, Z.S., Hernandes, A.C.: A quantitative analysis of the laser sintering of bismuth titanate ceramics. Mater. Lett. 59(27) (2005) 3456–3461.
[431] Ji, L., Jiang, Y.: Dielectric and microstructure modification of Ta_2O_5 ceramics by laser sintering. Mater. Lett. 60(1) (2006) 86–89.
[432] Ji, L., Jiang, Y.: Laser sintering of transparent Ta_2O_5 dielectric ceramics. Mater. Lett. 60(12) (2006) 1502–1504.
[433] Wu, Y., Du, J., Choy, K.-L., Hench, L.L.: Laser densification of alumina powder beds generated using aerosol assisted spray deposition. J. Eur. Ceram. Soc. 27 (2007) 4727–4735.
[434] Gingter, P.: Entwicklung eines Keramik–Polymer-Kompositgranulates für das Selektive Maskensintern. Dissertation, Institut für Gesteinshüttenkunde, RWTH Aachen, 2006, Aachen: Shaker-Verlag (2017), 168 S.
[435] Igawa, K., Mochizuki, M., Sugimori, O., Shimizu, K., Yamazawa, K.: und 8 weitere Autoren: Tailor-made tricalcium phosphate bone implant directly fabricated by a three-dimensional ink-jet printer. J. Artif. Organs. 9 (2006) 234–240.
[436] Chung, U.-I., Tai, Y.: Manufacturing of Artificial Bones Using 3D Inkjet Printing Technology. Int. J. Autom. Technol. 3(5) (2009) 509–513.
[437] Pisani, M.: Local Motors, Burlington, MA, USA, und: MKS Technology Inc. Naperville, IL, USA.
[438] Zhang, Y., He, X., Han, J., Du, S., Zhang, J.: Al_2O_3 Ceramics Preparation by LOM (Laminated Object Manufacturing). Int. J. Adv. Manuf. Technol. 17 (2001) 531–534.
[439] Cui, X., Ouyang, S., Yu, Z., Wang, C., Huang, Y.: A Study on Green Tapes for LOM with Water-Based Tape Casting Processing. Mater. Lett. 57(7) (2003) 1300–1304.
[440] Kechagias, J.: An Experimental Investigation of the Surface Roughness of Parts Produced by LOM Process. Rapid Prototyping J. 13(1) (2007) 17–22.
[441] Gomes, C.M., Oliveira, A.P.N., Hotza, D., Travitzky, N., Greil, P.: LZSA Glass-Ceramic Laminates: Fabrication and Mechanical Properties. J. Mater. Process. Technol. 206(1–3) (2008) 194–201.
[442] Park, J., Tari, M.J., Hahn, H.Th.: Characterization of the laminated object manufacturing (LOM) process. Rapid Prototyping J. 6(1) (2000) 36–50.
[443] Rapid Prototyping for fabrication of complex parts. ME3261 Term Paper Assignment. Centre for Industrial Technology, National University of Singapore.
[444] Weisensel, L., Travitzky, N., Sieber, H., Greil, P.: Laminated Object Manufacturing (LOM) of SiSiC Composites. Adv. Eng. Mater. 6(11) (2004) 899–903.
[445] Windsheimer, H., Travitzky, N., Hofenauer, A., Greil, P.: Laminated Object Manufacturing of Preceramic-Paper-Derived SiSiC Composites. Adv. Mater. 19(24) (2007) 4515–4519.
[446] Griffith, M.L., Halloran, J.W.: Ultraviolet curing of highly loaded ceramic suspensions for stereolithography of ceramics. In: Proc. Solid Freeform Fabrication Symp. Austin (1994) 396–403.
[447] Brady, G.A., Halloran, J.W.: Stereolithography of ceramic suspensions. Rapid Prototyping J. 3(2) (1997) 61–65.

[448] Dufaud, O., Corbel, S.: Stereolithography of PZT ceramic suspensions. Rapid Prototyp. 8(2) (2002) 83–90.

[449] Felzmann, R., Gruber, S., Mitteramskogler, G., Tesavibul, P., Boccaccini, A.R., Liska, R., Stampfl, J.: Lithography-Based Additive Manufacturing of Cellular Ceramic Structures. Adv. Eng. Mater. 14(12) (2012) 1052–1058.

[450] Homa, J.: Rapid Prototyping of high-performance ceramics opens new opportunities for the CIM industry. Powder Inject. Moulding Int. 6(3) (2012) 65–68.

[451] Schwentenwein, M., Homa, J.: Additive Manufacturing of Dense Alumina Ceramics. Int. J. Appl. Ceram. Technol. 12(1) (2015) 1–7.

[452] Hull, C.W.: Apparatus for production of three-dimensional objects by stereolithography. U.S. Patent 4575330A (1986).

[453] Fouassier, J.P., Lalevée, J.: Photoinitiators for Polymer Synthesis: Scope, Reactivity, and Efficiency. Weinheim: John Wiley & Sons (2013).

[454] de Hazan, Y., Thähnert, M., Trunec, M., Misak, J.: Robotic deposition of 3d nanocomposite and ceramic fiber architectures via UV curable colloidal inks. J. Eur. Ceram. Soc. 32 (2012) 1187–1198.

[455] Agarwala, M.K., van Weeren, R., Bandyopadhyay, A., Whalen, P.J., Safari, A., Danforth, S.C.: Fused deposition of ceramics and metals: An overview (1996).

[456] Çetinel, F.A., Bauer, W., Müller, M., Knitter, R., Haußelt, J.: Influence of dispersant, storage time and temperature on the rheological properties of zirconia–paraffin feedstocks for LPIM. J. Eur. Ceram. Soc. 30 (2010) 1391–1400.

[457] Bellini, A., Shor, L., Guceri, S.I.: New developments in fused deposition modeling of ceramics. Rapid Prototyp. J. 11(4) (2005) 214–220.

[458] Cai, K., Román-Manso, B., Smay, J.E., Zhou, J., Osendi, M.I., Belmonte, M., Miranzo, P.: Geometrically Complex Silicon Carbide Structures Fabricated by Robocasting. J. Am. Ceram. Soc. 95(8) (2012) 2660–2666.

[459] Wray, P.: Additive manufacturing – Turning manufacturing inside out. Am. Ceram. Soc. Bull. 93(3) (2014) 17–23.

[460] Scheithauer, U., Schwarzer, E., Richter, H.J., Moritz, T.: Thermoplastic 3D Printing – An Additive Manufacturing Method for Producing Dense Ceramics. Int. J. Appl. Ceram. Technol. 1–6 (2014).

[461] Scheithauer, U., Bergner, A., Schwarzer, E., Richter, H.-J., Moritz, T.: Studies on thermoplastic 3D printing of steel–zirconia composites. J. Mater. Res. 17 (2014) 1931–1940.

[462] Scheithauer, U., Slawik, T., Schwarzer, E., Richter, H.J., Moritz, T., Michaelis, A.: Additive Manufacturing of Metal–Ceramic-Composites by Thermoplastic 3D-Printing. J. Ceram. Sci. Technol. 6(02) (2015) 125–132.

[463] Scheithauer, U., Schwarzer, E., Haertel, A., Richter, H.J., Moritz, T., Michaelis, A.: Processing of thermoplastic suspensions for Additive Manufacturing of Ceramic- and Metal–Ceramic-Composites by Thermoplastic 3D-Printing (T3DP). In: 11th Int. Conf. Ceramic Materials and Components for Energy and Environmental Applications. Ceramic Trans. Bd. 258. Westerville, Ohio: The Am. Ceram. Soc. (2016).

[464] Lewis, J.A., Smay, J.E., Stuecker, J., Cesarano, J. III: Direct ink writing of threedimensional ceramic structures. J. Am. Ceram. Soc. 89(12) (2006) 3599–3609.

[465] Özkol, E., Ebert, J., Telle, R.: Direct inkjet printing as a novel production method for engineering ceramics. J. Turk. Ceram. Fed. 28 (2009) 106–111.

[466] Mott, M., Song, J.-H., Evans, J.: Microengineering of ceramics by Direct Ink-Jet Printing. J. Am. Ceram. Soc. 82(7) (1999) 1653–1658.

[467] Mott, M., Evans, J.R.G.: Zirconia/alumina functionally graded material made by ceramic ink jet printing. Mater. Sci. Eng. A 271 (1999) 344–352.

[468] Windle, J., Derby, B.: Ink jet printing of PZT aqueous ceramic suspensions. J. Mater. Sci. Lett. 18 (1999) 87–90.

[469] Xiang, Q.F., Evans, J.R.G., Edirisinghe, M.J., Blazdell, P.F.: Solid free-forming of ceramics using a drop-on-demand jet printer. Proc. Inst. Mech. Eng. 211(B) (1997) 211–214.

[470] Mott, M., Evans, J.R.G.: Solid freeforming of silicon carbide by inkjet printing using a polymeric precursor. J. Am. Ceram. Soc. 84(2) (2001) 307–313.

[471] Bhatti, A.R., Mott, M., Evans, J.R.G., Edirisinghe, M.J.: PZT pillars for 1-3 composites prepared by ink-jet printing. J. Mater. Sci. Lett. 20 (2001) 1245–1248.

[472] Slade, C., Evans, J.: Freeforming ceramics using a thermal jet printer. J. Mater. Sci. Lett. 17 (1998) 1669–1671.

[473] Kim, S.J., McKean, D.E.: Aqueous TiO_2 suspension preparation and novel application of ink-jet printing technique for ceramics patterning. J. Mater. Sci. Lett. 17 (1998) 141–144.

[474] Zhao, X., Evans, J.R.G., Edirisinghe, M.J., Song, J.H.: Ink-jet printing of ceramic pillar arrays. J. Mater. Sci. 37 (2002) 1987–1992.

[475] Zhao, X., Evans, J.R.G., Edirisinghe, M.J., Song, J.H.: Direct ink-jet printing of vertical walls. J. Am. Ceram. Soc. 85(8) (2002) 2113–2115.

[476] Seerden, K.A.M., Reis, N., Evans, J.R.G., Grant, P.S., Halloran, J.W., Derby, B.: Ink-jet printing of wax-based alumina suspensions. J. Am. Ceram. Soc. 84(11) (2001) 2514–2520.

[477] Derby, B., Reis, N.: Inkjet printing of highly loaded particulate suspensions. Mater. Res. Soc. Bull. 28 (2003) 815–818.

[478] Ainsley, C., Reis, N., Derby, B.: Freeform fabrication by controlled droplet deposition of powder filled melts. J. Mater. Sci. Lett. 37 (2002) 3155–3161.

[479] Wang, T., Derby, B.: Ink-jet printing and sintering of PZT. J. Am. Ceram. Soc. 88(8) (2005) 2053–2058.

[480] Heinzl, J.: Ink jets. In: Comprehensive microsystems, Vol. 3, Kapitel 11. Amsterdam: Elsevier B.V. (2007) 334–368.

[481] Song, J.H., Nur, H.M.: Defects and prevention in ceramic components fabricated by inkjet printing. J. Mater. Process. Technol. 155(6) (2004) 1286–1292.

[482] Cappi, B., Özkol, E., Ebert, J., Telle, R.: Direct inkjet printing of Si_3N_4: characterization of ink, green bodies and microstructure. J. Eur. Ceram. Soc. 28 (2008) 2625–2628.

[483] Lejeune, M., Chartier, T., Dossou-Yovo, C., Noguera, R.: Ink-jet printing of ceramic micro pillar arrays. J. Eur. Ceram. Soc. 29 (2009) 905–911.

[484] Blazdell, P., Evans, J., Edirisinghe, M., Shaw, P., Binstead, M.: The computer aided manufacture of ceramics using multilayer jet printing. J. Mater. Sci. Lett. 14 (1995) 1562–1565.

[485] Blazdell, P., Evans, J.: Application of a continuous ink jet printer to solid freeforming of ceramics. J. Mater. Process. Technol. 99 (2000) 94–102.

[486] Ebert, J., Özkol, E., Zeichner, A., Uibel, K., Weiss, Ö., Koops, U., Telle, R., Fischer, H.: Direct Inkjet Printing of Dental Prostheses Made of Zirconia. J. Dent. Res. 88(7) (2009) 673–676.

[487] Özkol, E., Ebert, J., Telle, R.: An Experimental Analysis of the Influence of the Ink Properties on the Drop Formation for Direct Thermal Inkjet Printing of High Solid Content Aqueous 3Y-TZP Suspensions. J. Eur. Ceram. Soc. 30(7) (2010) 1669–1978.

[488] Özkol, E., Ebert, J., Uibel, K., Wätjen, A.M., Telle, R.: Development of high solid content aqueous 3Y-TZP suspensions for direct inkjet printing using a thermal inkjet printer. J. Eur. Ceram. Soc. 29 (2009) 403–409.

[489] Cappi, B., Ebert, J., Telle, R.: Rheological Properties of Aqueous Si_3N_4 and $MoSi_2$ Suspensions Tailor-Made for Direct Inkjet Printing. J. Am. Ceram. Soc. 94(1) (2011) 111–116.

[490] Polsakiewicz, D., Kollenberg, W.: Comparison of Silver Sources for Silver/Glass Compounds by Multi-Material 3D-Printing. In: 11th Int. CICMT Conf., 20–23 April 2015. Int. Microelectronics Assembly and Packaging Soc. (2015), 303–313.

[491] Harvey, R.A., Sainz, J.G.: Digital Printing Applied to Ceramic Decoration. In: Proc. 2000 Int. Conf. Digital Printing Techn. Springfield, Virginia: Soc. Imaging Sci. & Techn. (2000) 516–518.
[492] Ebert, J.: Direct Inkjet Printing keramischer Strukturen: Drucksystem und Qualitätsanalyse. Dissertation, Institut für Gesteinshüttenkunde, RWTH Aachen, Aachen: Shaker-Verlag (2016), 271 S.
[493] Lewis, J.A.: Direct-write assembly of ceramics from colloidal inks. Current Opinion in Solid State & Mater. Sci. 6 (2002) 245–250.
[494] Gingter, P., Wätjen, A.M., Kramer, M., Telle, R.: Functionally Graded Ceramic Structures by Direct Thermal Inkjet Printing. J. Ceram. Sci. Technol. 6(02) (2015) 119–124.
[495] Özkol, E., Zhang, W., Ebert, J., Telle, R.: The Potential of the „Direct inkjet printing" method for manufacturing 3Y-TZP based dental restorations. J. Eur. Ceram. Soc. 32 (2012) 2193–2201.
[496] Bauer, J., Schroer, A., Schwaiger, R., Kraft, O.: Approaching theoretical strength in glassy carbon nanolattices. Nat. Mater. 15 (2016) 438–444.
[497] Meza, L.R., Das, S., Greer, J.R.: Strong, light-weight and recoverable three-dimensional nano-lattices. Science 243(6202) (2014) 1322–1326.
[498] Kollenberg, W.: Additive Fertigung. In: Kollenberg, W. (Hrsg.) Technische Keramik, 3. Aufl. Essern: Vulkan-Verlag (2017).
[499] Krischer, O., Kast, W.: Trocknungstechnik. Band 1: Die wissenschaftlichen Grundlagen der Trocknungstechnik, 3. Aufl. Berlin, Heidelberg, New York: Springer (1978).
[500] Kröll, K.: Trocknungstechnik. Band 2: Trockner und Trocknungsverfahren, 2. Aufl. Berlin Heidelberg, New York: Springer (1978).
[501] Keey, R.B.: Drying: Principles and practice. New York: Pergamon (1972).
[502] Hofmann, U., Schembra, F.E. et al.: Die Trockenbiegefestigkeit von Kaolinen und Tonen. Ber. Dtsch. Keram. Ges. 44 (1967) 131–140.
[503] Block, F.R.: Temperatur- und Trocknungsüberwachung bei der Herstellung monolithischer Bauteile und bei der feuerfesten Zustellung metallurgischer Gefäße. 37th Int. Coll. Refractories, Aachen, Stahl und Eisen Special (1994) 210–216.
[504] Tonnesen, Th., Telle, R.: Effective Drying of Pre-Formed Shapes. In: Proc. 44th Int. Coll. Refractories – Refractories in Steelmaking, Aachen, Stahl und Eisen Special (2001) 7–10.
[505] Salmang, H.: Das Gefüge des keramischen Scherbens. Ber. Dtsch. Keram. Ges. 30 (1953) 247–251.
[506] Junge, K., Telljohann, U., Deppe, D.: Trocknung von Ziegelrohlingen – Neues Berechnungsmodell und dessen Auswirkungen (Teil 1 und Teil 2). ZI Int. 8 (2004) 22–29; 9 (2004), 30–35.
[507] Kotrč, M., Uebel, J.: Modellierung und Simulation in der Keramik mittels Partikelmethode PFC. ZI Int. 12 (2005).
[508] Mostetzky, H.: Trocknung keramischer Rohlinge. Ber. Dtsch. Keram. Ges. 56 (1979) 119–122.
[509] Mostetzky, H.: Geschwindigkeit der Kapillarwasserbewegumg und kritischer Kapillarradius am 1. Knickpunkt der Trocknungskurve. Ber. Dtsch. Keram. Ges. 59(284) (1982) 288.
[510] Schrader, A.: Ermittlung optimaler Trocknungsbedingungen bei der Trocknung keramischer Massen. Ber. Dtsch. Keram. Ges. 36 (1959) 64–71.
[511] Bálint, P. et al.: Equilibrium moisture diagrams for the drying of clays. Ceram. Int. 7 (1981) 35–38.
[512] Cooper, A.R.: Quantitative theory of cracking and warping during the drying of clay bodies. In: Onoda, G.Y., Hench, L.L. (Hrsg.) Ceramic processing before firing. New York: Wiley (1978) 261–276.
[513] Schmidt, H.: Hinweise zur Vermeidung von Trockenrissen. Ziegelindustrie 32 (1979) 399–408.
[514] Hermansson, L., Carlsson, R.: An empirical method of measuring the drying sensitivity of ceramic bodies. Trans. J. Br. Ceram. Soc. 78 (1979) 98–102.

[515] Hope, I.C., Gabriel, J., McDowall, I.C.: Moisture movement and readsorption phenomena in dried clay articles. J. Am. Ceram. Soc. 43 (1960) 553–560.
[516] Werkmeister, G.: Das h,x-Diagramm und seine Anwendung in der Trocknungstechnik. Ber. Dtsch. Keram. Ges. 57(4–5) und (9–10) (1980) GW1–GW16.
[517] Weber, H.-B.: Ziegeltrocknung mit Hilfe der optimalen Trockenkurve. Ziegelindustrie 26 (1973) 46–54.
[518] Cullati, M.: Kraft-Wärmekopplung – eine rationelle Alternative für die Ziegelindustrie. Ziegelindustrie 11 (1992) 581–585.
[519] Schroth, H.-H.: Kraft-Wärmekopplung und Abwärmenutzung in Ziegelwerken. Ziegelindustrie 5 (1992) 255–258.
[520] Bender, W.: Die Projektierung grobkeramischer Anlagen/Das Ziegelwerk im Jahr 2000. In: Handbuch für die Ziegelindustrie, Kapitel 27. Freiburg i.Br.: Bauverlag (1982).
[521] Junge, K.: Erhöhung der Rohlingstemperatur zur Verminderung der Trockenrissgefährdung. In: Ziegeleitechnisches Jahrbuch 1993. Freiburg i.Br.: Bauverlag (1993) 11–22.
[522] Hallier, B.: Trocknen und Verfestigen feinkeramischer Geschirrmassen durch Mikrowellen. Keram. Z. 28 (1976) 125–126.
[523] Kohl, H.: Zur Trockenfestigkeit der Tone. Ber. Dtsch. Keram. Ges. 11 (1930) 325–333.
[524] DIN 51030: Prüfung keramischer Roh- und Werkstoffe, Bestimmung der Trockenbiegefestigkeit (Dez. 1954).
[525] Mattyasovszky-Zolnay, T.: Der Einfluß der Trocknungsgeschwindigkeit auf die Eigenschaften von getrockneten Formlingen. Tonind.-Ztg. 101 (1977) 111–112.
[526] Bartusch, R., Schulle, W., Kröckel, O.: Porenraumänderung und Volumenschwindung von stranggepreßten Formkörpern bei der Trocknung. Silikattechnik 32 (1981) 100–103.
[527] Glasson, N.P.: Benefits of non-chemical refined ball clay. Int. Ceram. J. 39–42 (1998).
[528] Kim, U., Carty, W.M.: The effects of clay substitution on the plasticity of a typical whiteware body. Ceram. Eng. Sci. Proc. 19 (1998) 39–47.
[529] Sevagen, A.: Une nouvelle gamme d'argiles cohésives. Ind. Céram. Verr. 968 (2001) 141–144.
[530] Glasson, N.P., Forbes, N.R.: Clay systems for improved performance. Ber. Dtsch. Keram. Soc. 78 (2001) E22–E27.
[531] Petzold, J.: Formgebung feuerfester Massen durch Nutzung der Thixotropie. Keram. Z. 50 (1998) 627–629.
[532] Biehl, N.: Die Mineralanalyse, ein wichtiges Hilfsmittel zur Kennzeichnung der materialbedingten Trocknungsempfindlichkeit grobkeramischer Rohstoffe. Silikattechnik 14 (1963) 250–254.
[533] Störr, M., Schwerdtner, G.: Mineralogische und technologische Untersuchungen des Kaolins Seilitz bei Meißen. Silikattechnik 18 (1967) 150–156.
[534] Balint, P., Todt, K.: Analyse einer Vielzahl von Ziegelton-Kenndaten durch Datenverarbeitung mittels Computer. Tonindustrie Ztg. 97 (1973) 122–125.
[535] Ratzenberger, H.: Studie über Anwendungsmöglichkeiten von Industrieabprodukten bei der Herstellung bau- und grobkeramischer Erzeugnisse. Wiss.-technische Inf. Bau Grobkeramik 1976 (1976) 5–7.
[536] Wiegmann, J.M.: Beziehung zwischen den petrologischen Charakteristika und den keram-technischen Eigenschaften von Kaolinen mit nennenswerten Gehalten an Illit–Smektit-Wechsellagerungensmineralien. Silikattechnik 29 (1978) 263–267.
[537] Wiegmann, J.M.: Ermittlung von Beziehungen zwischen den allgemeinanalytischen Eigenschaften und den technischen Verarbeitungseigenschaften keramischer Rohstoffe. Würzburg: AdW, Institut für Silikatforschung, Abschlußarbeit (1979).
[538] Störr, M.: Kaolinlagerstätten der DDR. Berlin: Akademieverlag (1983) 171–174.
[539] Vertesffy, K., Verdes, S.: Zusammenhang zwischen Trocknung und den Eigenschaften keramischer Rohstoffe und Massen. Keram. Z. 39 (1987) 780–784.

[540] Marx, E.: Untersuchungen zur Korrelation von Trockenbiegefestigkeit und Kationenaustauschkapazität. Silikattechnik 38 (1987) 49–51.
[541] Ratzenberger, H., Strauß, J.: Einfluss unterschiedlicher maschineller Formgebungsarten auf Prüfkörper plastisch verformter toniger Materialien. Silikattechnik 40 (1989) 187–190.
[542] Ratzenberger, H., Vogt, S.: Die Bedeutung der Röntgenphasenanalyse für die Vorausberechnung des Formgebungs-, Trocknungs- und Brennverhaltens tonkeramischer Rohmaterialien. Fortschr.ber. Dtsch. Keram. Ges. 8 (1993) 13–23.
[543] Ratzenberger, H., Vogt, S.: Möglichkeiten zur Vorausberechnung des Formgebungs-, Trocknungs- und Brennverhaltens grobkeramischer Tone und Massen. ZI-Jahrb. 70–111 (1993).
[544] Williamson, W.O.: Oriented aggregation, differential drying-shrinkage and recovery from deformation of a kaolinite–illite clay. Trans. Br. Ceram. Soc. 54 (1955) 413–442.
[545] Baudran, A.: Die Plastizität und ihre Bedeutung für die keramische Industrie. Ber. Dtsch. Keram. Ges. 40 (1963) 625–634.
[546] Hartmann, J., Gugel, E., Wiedenhorn, G.: Untersuchungen zum Gedächtnis keramischer Massen. Ber. Dtsch. Keram. Ges. 43 (1966) 595–599.
[547] Zapp, F.: Richtlinien und Vorschläge des Materialprüfungsausschusses Feinkeramik der Dtsch. Keram. Ges. nach dem Stand vom 19.12.1956. Ber. Dtsch. Keram. Ges. 34 (1957) 12–17.
[548] Szibor, H., Hennicke, H.W.: Zum Zusammenhang von Gefügedaten und mechanischen Eigenschaften von Porzellanwerkstoffen. Ber. Dtsch. Keram. Ges. 58 (1981) 263–269.
[549] Green, A.T., Theobald, L.S.: An investigation of the changes taking place during the industrial burning of fireclay bricks. Trans. Br. Ceram. Soc. 24 (1925) 124–158.
[550] Kröckel, O.: Das Temperatur-Zeit-Verhalten der Sinterung. Silikattechnik 31 (1980) 142–144.
[551] Köther, W., Hilker, E., Hesse, E.: Möglichkeiten zur Verringerung der Brennschwindung und Anhebung der Scherbenfestigkeit durch Massezusätze. Ziegelindustrie 12 (1980) 566–574.
[552] DIN 51063: Prüfung keramischer Roh- und Werkstoffe, Segerkegel (SK) (Sept. 1972).
[553] Fronk, D.A., Vukovich, M.: Deformation behavior of pyrometric cones and the testing of selfsupporting cones. Am. Ceram. Soc. Bull. 53 (1974) 156–158.
[554] Lundin, S.T.: Studies on triaxial whiteware bodies. Diss. Royal Inst. Techn., Stockholm (1959), 197 S.
[555] Brindley, G.W., Udagawa, S., Maroney, D.M.: High-temperature reactions of clay mineral mixtures and their ceramic properties. J. Am. Ceram. Soc. 43 (1960) 59–65, 511-516; 44 (1961) 42–47.
[556] Schüller, K.-H.: Untersuchungen über die Gefügeausbildung im Porzellan. Ber. Dtsch. Keram. Ges. 38 (1961) 150–157, 208–211, 241–246; 40 (1963) 320–326; 41 (1964) 527–531; 42 (1965) 299–307; 47 (1970) 478–484, 614–621.
[557] Schmidt, H.: Chemische und physikalische Reaktionen in grobkeramischen Scherben beim Brennen. Ziegelindustrie 34 (1981) 387–397, 431–442.
[558] Peters, T., Iberg, R.: Mineralogical chances during firing of calcium-rich brick clays. Ceram. Bull. 57 (1978) 503–509.
[559] Cultrone, G., Rodriguez-Navarro, C., Sebastian, E., Cazalla, O., De La Torre, M.J.: Carbonate and silicate phase reactions during ceramic firing. Eur. J. Mineral. 13 (2001) 621–634.
[560] Kromer, H., Schüller, K.-H.: Sintervorgänge bei Kaolinen und Tonen. Neues Jahrb. Mineral. Abh. 122 (1974) 145–185.
[561] Sundius, N.: The temperature at which glass formation begins in feldspathic porcelain. Trans. Br. Ceram. Soc. 59 (1960) 87–89.
[562] Kröckel, O.: Eine phenomenologische Theorie des Sinterprozesses von Quarzporzellan. Silikattechnik 29 (1978) 268–272.
[563] Schüller, K.-H.: Kristallisation von Sekundärmullit beim Brennen von Kaolinen unterschiedlicher Reinheit. Ber. Dtsch. Keram. Ges. 55 (1978) 52–55.

[564] Johnson, S.M., Pask, J.A.: Role of impurities on formation of mullite from kaolinite and Al_2O_3-SiO_2 mixtures. Am. Ceram. Soc. Bull. 61 (1982) 838–842.
[565] Mields, A., Zografou, C.: Cristobalit als Gefügebestandteil im Porzellan. Ber. Dtsch. Keram. Ges. 44 (1967) 453–457.
[566] Berens, L.W., Hennicke, H.W.: Über Einflüsse der Korngröße der Hartmaterialien auf den Porzellanscherben. Tonind.-Ztg. 88 (1964) 245–258.
[567] Mörtel, H.: Porcelain for fast firing. Ceram. Int. 3 (1977) 65–69.
[568] Dietzel, A., Padurow, N.N.: Einfluß verschiedener Rohstoffsorten auf die mineralische Zusammensetzung und die Transparenz von Porzellan. Ber. Dtsch. Keram. Ges. 31 (1954) 7–18.
[569] Brindley, G.W., Ougland, R.M.: Quantitative studies of high-temperature reactions of quartz–kaolinite–feldspar mixtures. Trans. Br. Ceram. Soc. 61 (1962) 599–614.
[570] Liebermann, J.: Über den wichtigen Zusammenhang von Gefügeeigenschaften und Produktqualität bei festigkeitsbeanspruchten Hochspannungsisolatoren – Regeln und Richtwerte für Hersteller und Anwender, Teil I. Keram. Z. 54 (2002) 858–861. Teil II: Keram. Z. 54 (2002) 944–950.
[571] Berger, I., Lange, P., Weigmann, J., Kranz, G.: Veränderungen im Phasenbestand bei der Sinterung von Porzellan und Kaolin. Silikattechnik 30 (1979) 364–366.
[572] Breme, Y., Hennicke, H.W.: Zur Standfestigkeit von Steinzeugmassen in Abhängigkeit vom Mineralgehalt. Ber. Dtsch. Keram. Ges. 58 (1981) 163–171.
[573] Riccardi, M.P., Messiga, B., Duminuco, P.: An approach to the dynamics of clay firing. Appl. Clay Sci. 15 (1999) 393–409.
[574] Dondi, M., Ercolani, G., Fabbri, B., Marsigli, M.: An approach to the chemistry of pyroxenes formed during the firing of Ca-rich silicate ceramics. Clay Miner. 33 (1998) 443–452.
[575] Holland, T.J.B., Powell, R.: An internally consistent thermodynamic dataset with uncertainties and correlations: 2. Data and results. J. Metamorph. Geol. 3 (1985) 343–370.
[576] Rasch, H.: Maßschneidern von Gefügen für den Schnellbrand. Ber. Dtsch. Keram. Ges. 74 (1997) 639–647.
[577] Rasch, H.: Feldspat als Flussmittel in keramischen Scherben. Ber. Dtsch. Keram. Ges. Beilagen 54 (1977) 4 (GW1–GW4), 5 (GW5–GW8), 7 (GW9–GW12).
[578] Schwiete, H.E., Ziegler, G.: Berechnung der Nutzwärme von keramischen Scherben. Ber. Dtsch. Keram. Ges. 33 (1956) 184–194.
[579] Konopicky, K., Köhler, E.: Beitrag zur Ermittlung des Mullits und des Glasanteils in keramischen Erzeugnissen. Ber. Dtsch. Keram. Ges. 35 (1958) 187–193.
[580] Vergano, P.J., Hill, D.C., Uhlmann, D.R.: Thermal expansion of feldspar glasses. J. Am. Ceram. Soc. 50 (1967) 59–60.
[581] Merker, L., Scholze, H.: Der Einfluß des Wassergehaltes von Silikatgläsern auf ihr Transformations- und Erweichungsverhalten. Glastech. Ber. 35 (1962) 37–43.
[582] Fischer, P., Müller, H.A.: Reduktionskerne in Steinzeugrohren. Ber. Dtsch. Keram. Ges. 49 (1972) 47–51.
[583] Thomas, J., Glass, H.D., White, W.A., Trandel, R.M.: Fluoride content of clay minerals and argillaceous earth materials. Clays Clay Miner. 25 (1977) 278–284.
[584] Schmidt, H., Scholze, H., Tünker, G.: Mechanismen der Fluor-Abspaltung beim Brand keramischer Produkte. Sci. Ceram. 11 (1981) 333–339.
[585] Tünker, G., Schmidt, H.: Lösung eines betrieblichen Fluoremissionsproblems bei der Steinzeugherstellung. Ber. Dtsch. Keram. Ges. 58 (1981) 388–393.
[586] Rieke, R., Faust, W.: Die Ursachen gelber Verfärbungen von Porzellan. Ber. Dtsch. Keram. Ges. 10 (1929) 567–576.
[587] Dietzel, A.: Über die „Weiße“ von Porzellan. Ber. Dtsch. Keram. Ges. 46 (1969) 467–468.

[588] Thiede, D.: Formstabilität von Porzellanmassen im Schnellbrand. Keram. Z. 50 (1998) 249–255.
[589] Kingery, W.D., Bowen, H.K., Uhlmann, D.R.: Introduction to ceramics, 3. Aufl. New York, Chichester: John Wiley & Sons (1976).
[590] Krause, E., Berger, I., Kröckel, O., Maier, P.: Technologie der Keramik, Band 3: Thermische Prozesse. Berlin: VEB Verlag für Bauwesen (1985) 255 S.
[591] Schulz, K., Schulle, W., Bittner, H.-G.: Vorteile des Einlagenbrandes gegenüber dem Stapelbrand beim Glühbrand von Porzellan. Gas Wärme Int. 43 (1994) 399–407.
[592] Harkort, D.: Vorteile, Grenzen und Zukunftsaspekte des keramischen Schnellbrands. Glas-Email- Keramo-Tech. 22 (1971) 15–22.
[593] Baudran, A., Ducarre, R.: Les compositions de céramique fine adaptées aux nouvelles tendances technologiques. Bull. Soc. Fr. Céram. 99 (1973) 3–10.
[594] Lehnhäuser, W.: Probleme und Erkenntnisse beim Schnellbrand. Keram. Z. 39 (1987) 227–228.
[595] Harms, W.: Der Schnellbrand von Geschirr aufgrund neuerer Erfahrungen. Keram. Z. 28 (1976) 638–640.
[596] Bull, A.C.: Bodies, glazes and colours for fast firing. Trans. J. Br. Ceram. Soc. 81 (1982) 69–74.
[597] Rasch, H.: Maßschneidern von Gefügen für den Schnellbrand. Ber. Dtsch. Keram. Ges. 74 (1997) 639–647.
[598] Gatzke, H.: Die Entwicklung der KERA-Schnellbrenntechnik für Wandfliesen und andere keramische Produkte. Keram. Z. 18 (1966) 333–336.
[599] Hoppe, A.: Herstellung von Fußbodenfliesen mittels Schnellbrand. Baustoffindustrie 2 (1987) 56–58.
[600] Schulle, W., Hintzen, U.: Betrachtungen zum Schnellbrand von Außenwandkeramik. Silikattechnik 31 (1980) 100–103.
[601] Holmström, N.G.: Fast-firing of triaxial porcelain. Am. Ceram. Soc. Bull. 60 (1981) 470–473.
[602] Mörtel, H.: Schnellbrandporzellan: Möglichkeiten und Grenzen. Ber. Dtsch. Keram. Ges. 59 (1982) 289–298.
[603] Gorn, F.: Schnelleres Brennen von Kanalisationssteinzeug. Sprechsaal 115 (1982) 515–524.
[604] Bode, H.J., Halex, G.: Schnellbrand von Geschirr. Ber. Dtsch. Keram. Ges. 65 (1988) 155–160.
[605] Bittner, H.-G., Weber, H. et al.: Moderner Schnellbrand bei baukeramischen Erzeugnissen. Ziegelind. Int. 45 (1992) 374–382.
[606] Constantinescu, D., Alten, Th.: Porzellan-Schnellbrand im Rollenofen, Erkenntnisse und Entwicklungen. Keram. Z. 44 (1992) 376–382.
[607] Sladek, R.: Gegenwärtiger Stand der Technik im Brennverfahren für sanitärkeramische Produkte. Keram. Z. 47 (1995) 267–270.
[608] Kartal, A., Hennicke, H.W.: Gefügebeeinflussung von Glasurschichten im Porzellanschnellbrand. cfi/Ber. Dtsch. Keram. Ges. 66 (1989) 349–356.
[609] Bittner, H.-G., Halex, G., Kobras, U.: Moderner Schnellbrand bei feinkeramischen Erzeugnissen. Ber. Dtsch. Keram. Ges. 69 (1992) 481–492.
[610] Bittner, H.-G., Halex, G., Alten, T.: Moderne Methoden zur Auslegung von Ofenanlagen. Keram. Z. 43 (1991) 315–317.
[611] Bittner, H.-G., Bartusch, R., Petersohn, B.: Abstimmung der Bindertypen isostatisch gepreßter Artikel für den Schnellbrand. Ber. Dtsch. Keram. Ges. 70 (1993) 455–462.
[612] Kröckel, O. et al.: Der Aufheizvorgang beim Sintern von Porzellan im Bereich des Kaolinitzerfalls. Silikattechnik 29 (1978) 329–331.
[613] Mörtel, H.: Influence of the batch composition on the reaction behaviour and properties fast-fired (2h) porcelain. Sci. Ceram. 9 (1977) 84–91.
[614] Hahn, Ch., Schlegel, R.: Vergleichende Untersuchungen zur Gefügeausbildung von Porzellan herkömmlicher Brennweise und Schnellbrandporzellan im Hinblick auf Unterschiede in den Scherbeneigenschaften. Ber. Dtsch. Keram. Ges. 55 (1978) 56–58.

[615] Gatzke, H.: Schnellbrand: Voraussetzungen, Möglichkeiten, Grenzen. Keram. Z. 21 (1969) 219–224.
[616] Planz, E.: Schnellbrandöfen in der keramischen Fliesenindustrie. Ber. Dtsch. Keram. Ges. 58 (1981) 10–23.
[617] Lehnhäuser, W.: Glasuren und ihre Farben, 2. Aufl. Düsseldorf: Wilhelm Knapp (1973).
[618] Parmelee, C.W.: Ceramic glazes, 3. Aufl. Boston: Cahners Books (1973).
[619] Shaw, K.: Ceramic glazes. Amsterdam: Elsevier Scientific (1971).
[620] Singer, F., Singer, S.S.: Industrielle Keramik. Band 2: Massen, Glasuren, Farbkörper, Herstellungsverfahren. Berlin, Heidelberg, New York: Springer (1969).
[621] Inada, H.: Studies on the glaze fitness of porcelain ware. J. Ceram. Soc. Jpn. 86 (1978) 76–85, 107–114, 170–174, 208–213, 284–291, 299–308, 345–351, 392–397, 458–467.
[622] Matejka, J.: Porzellanglasuren (Tschechisch). Sklář Keram. 21 (1971) 4–9, 37–41, 151–153; 22 (1972) 177–179; 24 (1974) 17–22; 26 (1976) 188–190.
[623] Mathes, W.E.: Keramische Glasuren – Grundlagen, Eigenschaften, Rezepte, Anwendung. Bergisch Gladbach: Rudolf-Müller-Verlag (1985), 499 S.
[624] Rasch, H.: Glasuren und ihre Grenzflächen. Ber. Dtsch. Keram. Ges. 78(11–12) (2001) D27–D31.
[625] Willgallis, A., Heyer, H.: Die Glanztonschicht römischer Terra Sigillata Untersuchungen mit der Elektronenstrahlmikrosonde. Ber. Dtsch. Keram. Ges. 53 (1976) 241–244.
[626] Modarressi-Tehrani, D., Thönnißen, M., Telle, R.: Bronze Smelting Crucibles of the Early Latêne Epoche of Swabia, South Germany. In: Stahl und Eisen special, Proc. 48th Int. Coll. Refractories, Aachen. Düsseldorf: Stahleisen (2005) 16–21.
[627] Teuchert, K.: Grundlagen für den Aufbau und die Zusammensetzung keramischer Glasuren. Keram. Z. 32 (1980) 724–727; 33 (1981) 161–163, 757–760.
[628] Matthes, W.E.: Versuche und Erfahrungen mit Gesteins- und Lehmglasuren. Keram. Z. 30 (1978) 645–646, 703–704.
[629] Hennicke, H.W., Bertram, F., Mansour-Gadalla, L.: Haftung silicatischer Glasuren auf nichtoxidischen keramischen Werkstoffen. Ber. Dtsch. Keram. Ges. 54 (1977) 299–302.
[630] Skuthan, R.: Einfluß der Aufbereitung von Glasuren und ihr Auftragsverfahren auf das Glasurbild. Keram. Z. 32 (1980) 735–736.
[631] Bremond, P.: La viscocité des couvertes, glaçures et émaux céramiques à leur temperature de cuisson. Bull. Soc. Fr. Céram. 11 (1951) 4–13.
[632] Beyersdorfer, K., Eiermann, K.: Methoden zur Qualitätskontrolle von Glasurfritten. Ber. Dtsch. Keram. Ges. 46 (1969) 475–480.
[633] Scholze, H., Müller, J., Hildebrandt, U.: Bildung der Zwischenschicht Glasur/Scherben und Änderung der Glasurzusammensetzung beim Porzellanbrand. Ber. Dtsch. Keram. Ges. 47 (1970) 45–49.
[634] Haberko, M., Haberko, K.: Effect of glaze on strength of high-tension porcelain. Ceram. Int. 1 (1975) 28–32.
[635] Kerstan, W.: Reaktionen zwischen Scherben und Glasur. Keram. Z. 34 (1982) 584–588.
[636] Williamson, W.O.: Bubbles and associated structures in fired glazes Hypotheses and microscopical observations. Trans. Br. Ceram. Soc. 59 (1960) 455–478.
[637] Scholze, H.: Blasen in Glasuren. Ber. Dtsch. Keram. Ges. 44 (1967) 59–63.
[638] Rasch, H.: Bor und sein schleierhaftes Verhalten. Keram. Z. 43(6) (1991) 382–386.
[639] Minner, K., Berger, I.: Lokale Krater- und Blasenbildung in Porzellanglasuren. Keram. Z. 46(6) (1993) 328–330.
[640] Minner, K.: Entstehung von Nadelstichen in Porzellanglasuren. Keram. Z. 43(9) (1991) 663–669.
[641] Elstner, I., Scholze, H.: Massenspektrometrische Untersuchungen zum Einfluß der Brennatmosphäre auf die Blasenbildung in Porzellanglasuren. Ber. Dtsch. Keram. Ges. 49 (1972) 357–362.

[642] Scholze, H., Lowsky, W.: Blasenverteilung in Porzellanglasuren. Keram. Z. 20 (1968) 777–778.
[643] Herrmann, R.: Die Veränderung des Blasenanteils von Porzellanglasuren beim Dekorbrand. Keram. Z. 24 (1972) 590.
[644] Lehmann, H., Kolkmeier, H.: Der Einfluß von Rauchgasen auf das Schmelzverhalten von Porzellanglasuren. Tonind.-Ztg. 80 (1956) 33–38, 69–76.
[645] Teuchert, K., Thomas, R., Kötzner, J.: Der Glasurbildungsprozeß und die Ursache einiger spezieller Glasurfehler auf Hartporzellan. Ber. Dtsch. Keram. Ges. 59 (1982) 142–148.
[646] Elstner, I.: Allgemeine Betrachtungen zur Wiederentdeckung der Salzglasurtechnik. Keram. Z. 25 (1973) 348–349.
[647] Matthes, W.E.: Reduktionsglasuren im Salzbrand. Sprechsaal 112 (1979) 617–619.
[648] Metzel, H.: Wärmeausdehnungen an gefritteten Steingutglasuren: Einfluß einer verschiedenartigen Prüfkörperherstellung. Ber. Dtsch. Keram. Ges. 31 (1954) 179–188.
[649] Zapp, F.: Wärmeausdehnung von Porzellanmassen und Glasuren in Abhängigkeit von der Brennhöhe. Ber. Dtsch. Keram. Ges. 48 (1971) 337–342.
[650] Mellor, J.W.: Das Rissigwerden und Abrollen von Glasuren. Sprechsaal 69, 386, 401, 417, 429, 441, 457, 471, 486, 499, 515, 531, 547 (1936).
[651] Hennicke, H.W., Gollisch-Szibor, H.: Mechanische Eigenschaften glasierter keramischer Oberflächen. Ber. Dtsch. Keram. Ges. 54 (1977) 33–37.
[652] Kalinina, A.M., Tugucheva, I.Ya., Filipovich, V.N.: Dependence of the crystallization kinetics of $ZrSiO_4$ on the degree of disperseness of the particles of the original glass of a zircon glaze. Sov. J. Glass Phys. Chem. 7 (1981) 212–217.
[653] DIN 51092: Prüfung keramischer Roh- und Werkstoffe, Bestimmung der chemischen Beständigkeit der Glasur von glasierten Fliesen und Platten für Wand- und Bodenbelag (Entwurf März 1976).
[654] DIN 51031: Prüfung von Keramik, Glas und Email, Bestimmung der Abgabe gesundheitlich bedenklicher Stoffe aus Bedarfsgegenständen (Dez. 1976).
[655] DIN 51032: Keramik, Glas, Email, Grenzwerte für die Abgabe gesundheitlich bedenklicher Stoffe aus Bedarfsgegenständen, Kaltextraktion (Dez. 1977).
[656] Buldini, P.L.: Influence of coloring oxides on heavy metals release from ceramic glazes. Am. Ceram. Soc. Bull. 56 (1977) 1012–1014.
[657] Halpin, M.K., Carroll, D.M.: Light sensitivity of tests for cadmium on ceramic tableware. Nature 247 (1974) 197.
[658] Frey, E., Scholze, H.: Blei- und Cadmiumlässigkeit von Schmelzfarben, Glasuren und Emails in Kontakt mit Essigsäure und Lebensmitteln und unter Lichteinwirkung. Ber. Dtsch. Keram. Ges. 56 (1979) 293–297.
[659] Beyersdorfer, K.: Dekorieren mit keramischen Farben. In: Handbuch der Keramik, Gruppe I G2. Freiburg i.Br.: Schmid (1981), 1–7.
[660] Kleinschmit, P.: Einschlußpigmente: Farbkörper nach einem neuen Prinzip. Keram. Z. 30 (1978) 688.
[661] Paret, G., Landgraf, G.: Einführung in die wichtigsten Methoden der Dekoration keramischer Oberflächen mit Edelmetallen, die Herstellung der entsprechenden Präparate und deren Anwendung. In: Handbuch der Keramik, Gruppe I G3. Freiburg i.Br.: Schmid (1981), 1–4.
[662] Binns, D.B.: Conducting glazes. Trans. Br. Ceram. Soc. 70 (1971) 253–263; 73 (1974) 7–17.
[663] Wu, C.M., McKinney, K.R.: The Effect of Surface Finishing on the Strength of Commercial Hot Pressed Si_3N_4. In: Hockey, B.J., Rice, R.W. (Hrsg.) The Science of Ceramic Machining and Surface Finishing II. National Bureau of Standards Special Publication, Bd. 562. Washington, D.C.: U.S. Government Printing Office (1979).
[664] Buckley, D.H.: Friction and Wear Behavior of Glasses and Ceramics. In: Frechette, V.D., et al. (Hrsg.) Surfaces and Interfaces of Glasses and Ceramics. Mat. Sci. Res., Bd. 7. New York, London: Plenum Press (1974) 101–126.

[665] Telle, R.: Oberflächengüte und Randzoneneigenschaften von hartbearbeiteten Aluminiumoxid-Keramiken. In: Warnecke, G. (Hrsg.) Schleifen von Hochleistungskeramik, BMFT-Symposium „Schleifen von Hochleistungskeramiken“ Kaiserslautern, Oktober 1994. Kaiserslautern: Eigenverlag der Universität Kaiserslautern (1994) 25.1–25.19.

[666] König, W.: Fertigungsverfahren Band 1: Drehen, Fräsen, Abtragen, 4. Aufl. Düsseldorf: VDI-Verlag (1990), 416 S.

[667] König, W.: Fertigungsverfahren Band 2: Schleifen, Honen, Läppen, 2. Aufl. Düsseldorf: VDI-Verlag (1989), 316 S., 3. Aufl. 1996, zusammen mit F. Klocke.

[668] König, W.: Fertigungsverfahren Band 3: Abtragen, 2. Aufl. Düsseldorf: VDI-Verlag (1990), 220 S.

[669] Spur, G., Linke, K., Sabotka, I., Tio, T.H., Uhlmann, E.: Keramikbearbeitung – Schleifen, Honen, Läppen, Abtragen. München, Wien: Carl Hanser (1989), 540 S.

[670] Tönshoff, H.K., Trumpold, H., Brinksmeier, E., Wobker, H.-G.: Evaluation of Surface Layers of Machined Ceramics. CIRP Ann. 38(2) (1989) 699–708.

[671] Uhlmann, E., Spur, G., Kleinschnitker, M.: Honing and Superfinishing Honen. Kapitel 5. In: Marinescu, J.D., Doi, T.K., Uhlmann, E. (Hrsg.) Handbook of Ceramics Grinding and Polishing, 2. Aufl. Amsterdam: Elsevier (2015) 234–260.

[672] Marinescu, I.D., Rowe, W.B., Dimitrov, B., Inasaki, I.: Tribology of Abrasive Machining Processes. Norwich, New York: William Andrew Publ. Inc. (2004).

[673] Rice, R.W., Speronello, B.K.: Effect of Microstructure on Rate of Machining Ceramics. J. Am. Ceram. Soc. 59(7–8) (1976) 330–333.

[674] Rice, R.W., Mecholsky, J.J.: The Nature of Strength Controlling Machining Flaws in Ceramics. In: Hockey, B.J., Rice, R.W. (Hrsg.) The Science of Ceramic Machining and Surface Finishing II. National Bureau of Standard Special Publication, Bd. 562. Washington, DC: Government Printing Office (1979) 351–378.

[675] Saljé, E., Möhlen, H.: Prozeßoptimierung beim Schleifen keramischer Werkstoffe. IDR 21(4) (1987) 243–247.

[676] Rußner, C.: Hartbearbeitung und erreichbare Oberflächenqualitäten. Kapitel 2.6. In: Technische Keramik in der Praxis. Seminar 2004. Selb: Informationszentrum Technische Keramik IZTK, Verband der Keram. Industrie e.V. (2004) 244–260.

[677] Lawn, B.R., Evans, A.G., Marshall, D.B.: Elastic/plastic indentation damage in ceramics: The median/radial crack system. J. Am. Ceram. Soc. 63(9–10) (1980) 574–581. Lawn, B., Evans, A.G.: The nature of mashining damage in brittle materials. Proc. R. Soc. Lond. Ser. A 385 (1983) 461–475.

[678] Malkin, S., Guo, C.: Thermal Analysis of Grinding. CIRP Ann. 56(2) (2007) 760–782.

[679] Weigmann, U.P.: Honen keramischer Werkstoffe. Berichte aus dem Produktionstechnischen Zentrum Berlin. Dissertation, Techn. Universität Berlin (1997).

[680] Höhne, L.: Honen technischer Keramik. Dissertation, Techn. Universität Braunschweig, Essen: Vulkan-Verlag (1998).

[681] Freund, H. (Hrsg.) Handbuch der Mikroskopie in der Technik, 8 Bände, Frankfurt/Main: Umschau-Verlag (1968).

[682] Sabotka, I.: Planläppen technischer Keramiken. Dissertation, TU Berlin (1991).

[683] Carle, V., Schäfer, U., Täffner, U., Predel, F., Telle, R., Petzow, G.: Keramographie von Hochleistungskeramiken – Werkstoffbeschreibung, Präparation, Ätztechniken und Gefügebeschreibung. Teil I: Keramographisches Ätzen. Prakt. Metallogr. 28 (1991) 359–377.

[684] Carle, V., Schäfer, U., Täffner, U., Predel, F., Telle, R., Petzow, G.: Keramographie von Hochleistungskeramiken – Werkstoffbeschreibung, Präparation, Ätztechniken und Gefügebeschreibung. Teil II: Siliciumcarbid. Prakt. Metallogr. 28(9) (1991) 420–434.

[685] Predel, F., Bazin, J.P., Carle, V., Schäfer, U., Täffner, U., Telle, R., Petzow, G.: Keramographie von Hochleistungskeramiken – Werkstoffbeschreibung, Präparation, Ätztechniken und Gefügebeschreibung. Teil IV: Aluminiumnitrid (AlN). Prakt. Metallogr. 28(10) (1991) 513–526.

[686] Predel, F., Telle, R., Carle, V., Schäfer, U., Täffner, U., Petzow, G.: Keramographie von Hochleistungskeramiken – Werkstoffbeschreibung, Präparation, Gefügebeschreibung. Teil VII: Borcarbid (B_4C). Prakt. Metallogr. 31(5) (1994) 218–233.

[687] Carle, V., Trippel, B., Täffner, U., Schäfer, U., Predel, F., Telle, R., Petzow, G.: Keramographie von Hochleistungskeramiken – Werkstoffbeschreibung, Präparation, Ätztechniken und Gefügebeschreibung: Teil VIII, Aluminiumoxid (Al_2O_3). Prakt. Metallogr. 32(2) (1995) 54–76.

[688] Telle, R., Carle, V., Predel, F., Schäfer, U., Täffner, U., Petzow, G.: Keramographie von Hochleistungskeramiken, Teil IX: Poren und Ausbrüche. Sonderbände der Praktischen Metallographie, Bd. 25. München: Carl Hanser Verlag (1994) 147–166; Prakt. Metallogr. 32(9) (1995) 440–466.

[689] Seibt, H.: Messen von Bearbeitungseigenspannungen an Keramik. Dissertation, Institut für Fertigungstechnik und spanende Werkzeugmaschinen, Universität Hannover, VDI-Fortschrittsberichte, Reihe 2, Nr. 300 (1993).

[690] Tönshoff, H.K., Brinksmeier, E., Wobker, H.-G., Seibt, H., Oberbeck, I.: In: Petzow, G., Tobolski, J., Telle, R. (Hrsg.) Einfluß der Werkstoffbeschaffenheit von Hochleistungskeramiken auf die Anwendbarkeit des Röntgenbeugungsverfahrens. DFG-Berichtssymposium Keramische Hochleistungswerkstoffe: Hochleistungskeramiken – Herstellung, Aufbau, Eigenschaften, Stuttgart, 17.–18.2.1994. Weinheim: Verlag Chemie im Auftrag der Dtsch. Forschungsgemeinschaft (1996) 566–573.

[691] Pfeiffer, W., Sommer, E.: Bewertung der Festigkeitseigenschaften oberflächenbearbeiteter Keramikbauteile. In: Mayr, P. (Hrsg.) Werkstoffkunde: Beiträge zu den Grundlagen und der interdisziplinären Anwendung, Festschrift zum 65. Geburtstag von Prof. Eckard Macherauch. Oberursel: Dtsch. Ges. Materialkde (1991) 575–584.

[692] Schunck, B.: Transmissionselektronenmikroskopische Untersuchungen über die Wechselwirkung von Hartbearbeitungsverfahren und tribologischen Beanspruchungen mit der Randzone keramischer Werkstoffe. Dissertation RWTH Aachen, Institut für Gesteinshüttenkunde (2000), 113 S.

[693] Gee, M.G.: The formation of aluminium hydroxide in the sliding wear of alumina. Wear 153(1) (1992) 201–227.

[694] Gee, M.G., Jennett, N.M.: High-resolution characterisation of tribochemical films on alumina. Wear 193(2) (1995) 133–145.

[695] Olofsson, J., Bexel, U., Jacobson, S.: Tribofilm formation of lightly loaded self-mated alumina contacts. Wear 289 (2012) 39–45.

[696] Zum Gahr, K.-H., Zimmerlin, B., Telle, R., Park, S.-H.: Einfluß der Korngröße auf mechanische Eigenschaften und den ungeschmierten, reversierenden Gleitverschleiß von Al_2O_3-Keramik. Z. Mater.wiss. Werkst.tech. 23 (1992) 329–338.

[697] Telle, R., Op de Hipt, M.: Bruch und plastische Verformung bei der Hartbearbeitung von Sonderkeramiken. In: Telle, R., Quirmbach, P. (Hrsg.) Korrosion und Verschleiß von keramischen Werkstoffen, Kombinierte Belastungsfälle als Anwendungsgrenze. Köln: Dtsch. Keram. Ges. (1994) 298–313.

[698] Roth, P.: Abtrennmechanismen beim Schleifen von Al_2O_3-Keramiken. Dissertation, Institut für Fertigungstechnik und spanende Werkzeugmaschinen, Universität Hannover, VDI-Fortschritts-Berichte, Reihe 2, Fertigungstechnik, Nr. 335 (1995), 146 S.

[699] Telle, R., Park, S.-H.: Spanbildungsmechanismen und Randzonenschädigung bei der Hartbearbeitung von Al_2O_3-Keramiken mit variierter Korngröße. In: Herstellung, A., Eigenschaften, P.G. (Hrsg.) Hochleistungskeramiken – Herstellung, Aufbau, Eigenschaften. Weinheim: Verlag Chemie im Auftrag der Dtsch. Forschungsgemeinschaft (1996) 574–588.

[700] Op de Hipt, M.: Randzonencharakterisierung hartbearbeiteter und tribologisch belasteter Al_2O_3- und SiC-Keramiken. Dissertation, Institut für Gesteinshüttenkunde, RWTH Aachen, VDI-Fortschrittsberichte, Reihe 5: Grund- und Werkstoffe, Nr. 521, Düsseldorf: VDI-Verlag (1998), 163 S.

[701] Pfeiffer, W., Sommer, E.: Bewertung der Festigkeitseigenschaften oberflächenbearbeiteter Keramikbauteile. In: Mayr, P. (Hrsg.) Werkstoffkunde: Beiträge zu den Grundlagen und der interdisziplinären Anwendung, Festschrift zum 65. Geburtstag von Prof. Eckard Macherauch. Oberursel: Dtsch. Ges. Materialkde (1991) 575–584.
[702] Pfeiffer, W., Eigenmann, B.: Röntgenographische Charakterisierung bearbeiteter und tribologisch beanspruchter Randschichten von Hochleistungskeramiken. In: De Paoli, A. (Hrsg.) Tagungsband Symposium 5: Werkstoffe für die Fertigungstechnik 1996, Frankfurt (1997) 123–128.
[703] Pfeiffer, W., Hollstein, T.: Influence of Grinding Parameters on Strength-Dominating Near-Surface Characteristics of Silicon Nitride Ceramics. J. Eur. Ceram. Soc. 17 (1997) 487–494.
[704] Barceinas-Sánchez, J.D., Rainforth, W.M.: On the Role of Plastic Deformation During the Mild Wear of Alumina. Acta Mater. 46(18) (1998) 6475–6483.
[705] Inkson, B.J.: Dislocations and Twinning Activated by the Abrasion of Al_2O_3. Acta Mater. 48(8) (2000) 1883–1895.
[706] Gee, M.G.: Low load multiple scratch test of ceramics and hard materials. Wear 250 (2001) 264–281.
[707] Zhang, B., Tokura, H., Yoshikawa, M.: Study on surface cracking of alumina scratched by single-point diamonds. J. Mater. Sci. 23 (1988) 3214–3224.
[708] Carstanjen, H.D., Föhl, A.: Max-Planck-Institut für Metallforschung, Stuttgart, Institut für Metallphysik, freundl. mündl. Mitteilung zu Rutherford-Rückstreuexperimenten an einkristallinem SiC mit Hilfe des 6 MeV-Pelletronbeschleunigers (1991).
[709] Pfeiffer, W.: Werkstoffmechanische Charakterisierung bearbeiteter und tribologisch beanspruchter Randschichten von Hochleistungskeramiken. In: Kriegesmann, J. (Hrsg.) Technische Keramik. Loseblattausgabe, Bd. 51 Ergänzungslieferung, Kap. 5.2.2.2, Köln: Dtsch. Wirtschaftsdienst (1999) 1–34.
[710] Täffner, U., Hoffmann, M.J., Krämer, M.: Ein Vergleich zwischen verschiedenen physikalisch-chemischen Ätzverfahren für Siliziumnitridkeramiken. Prakt. Metallogr. 27 (1990) 385.
[711] Dimond, C.R., Kirk, J.N., Briggs, J.: The Evaluation of Existing Models for Impact, Erosion and Abrasive Wear of Ceramic Materials. In: Proc. Int. Conf. Wear Materials, Reston, Virginia, 11.–14. April 1983 (1983) 333–339.
[712] Evans, A.G., Marshall, D.B.: Wear Mechanisms in Ceramics. In: Rigney, D.A. (Hrsg.) Fundamentals of Friction and Wear of Materials. Cleveland, Ohio: Am. Soc. Met. (1981).
[713] Mindlin, R.D.: Force at a Point in the Interior of a Semi-Infinite Solid. Physics 7 (1963) 195–202.
[714] Zum Gahr, K.-H.: Microstructure and Wear of Materials. Tribology Series, Bd. 10. Amsterdam: Elsevier (1987), 560 S.
[715] Cho, S.-J., Hockey, B.J., Lawn, B.R., Bennison, S.J.: Grain-Size and R-Curve Effects in the Abrasive Wear of Alumina. J. Am. Ceram. Soc. 1249–1252 (1989).
[716] Evans, A.G., Wilshaw, T.R.: Quasi-Static Solid Particle Damage in Brittle Solids, Part I, Observations, Analysis and Implications. Acta Metall. 24 (1976) 939–956.
[717] Lankford, J.: The Compressive Strength of Strong Ceramics: Microplasticity versus Microfracture. J. Hard Mater. 2 (1991) 55–77. Bzw. Proc. 4th Int. Conf. Sci. Hard Materials 1991, ICSHM4, Madeira, 11.–15. Nov. 1991, Brookes, C.A., Warren, R. (Hrsg.), Bristol, Philadelphia: Inst. Physics Publ. (1994) 341–363.
[718] Moore, M.A., King, F.S.: Abrasive Wear of Brittle Solids. Wear 69 (1980) 123–140.
[719] Hou, Y., Li, C., Liu, G.: Investigation into high-speed/super-high speed grinding. Adv. Mater. Res. 189–193 (2011) 4108–4111.

[720] Wang, X.W., Guo, P.Q., Zhao, H.D., Cao, Y.K.: Review of Quick-Point Grinding Technology. Key Eng. Mat. 499 (2012) 295–300.

[721] Kuhl, I.: Entwicklung von Flüssigphasensintersystemen für das laserunterstützte Drehen von Oxid- und Nichtoxidkeramiken. Dissertation, Institut für Gesteinshüttenkunde, RWTH Aachen (2008).

[722] Ohmori, H., Nakagawa, T.: Mirror Surface Grinding of Silicon Wafers with Electrolytic In-Process Dressing. CIRP Ann. 39(1) (1990) 329–332.

[723] Itoh, N., Ohmori H., u.M.: Finishing characteristics of brittle materials by ELID-lap grinding using metal–resin bonded wheels. Int. J. Mach. Tools Manuf. 38 (1998) 747–762.

[724] König, W., Zaboklicki, A.K.: Laser-Assisted Hot Machining of Ceramics and Composite Materials. In: Int. Conf. Machining Adv. Mater. NIST Spec. Publ., Bd. 847 (1993) 455–463.

[725] König, W., Zaboklicki, A.K.: Laserunterstützte Drehbearbeitung von Silizium-Nitrid-Keramik, VDI-Z. 135(6) (1993) 34–39.

[726] Klocke, F., Bergs, T.: Laser-Assisted Turning of Advanced Ceramics. In: Rapid Prototyping Flexible Manuf. Proc. SPIE, Bd. 3102 (1997) 120–130.

[727] Zaboklicki, A.K.: Laserunterstütztes Drehen von dichtgesinterter Siliciumnitrid-Keramik. Berichte aus der Produktionstechnik Band 16/98, Dissertation RWTH Aachen 1998, Shaker Verlag, Aachen (1998).

[728] Bergs, T.: Analyse der Wirkmechanismen bei laserunterstützen Drehen von Siliziumnitridkeramik. Dissertation, RWTH Aachen (2000).

[729] Telle, R., Klocke, F., Kuhl, I., Bausch, S.: Entwicklung von Flüssigphasensintersystemen zur laserunterstützten Bearbeitung von Oxid- und Nichtoxidkeramiken. AiF-Forschungsvorhaben Nr. 12915 N, Abschlussbericht 01.05.2001–30.04.2003. Köln: Dtsch. Keram. Ges. (2003).

[730] Brömme, M.: Erodier-Talk.de, mit freundlicher Genehmigung. Prager & Schweers Gmbh, Meerane.

[731] Prümmer, R.: Möglichkeiten zur Festigkeitssteigerung von keramischen Werkstoffen durch Oberflächen-Druckeigenspannungen. Keram. Z. 38 (1997) 512–515.

[732] Pfeiffer, W., Frey, T.: Strengthening of ceramics by shot peeling. J. Eur. Ceram. Soc. 26 (2006) 2639–2645.

[733] Pfeiffer, W., Wenzel, J.: Shot Peeling of Brittle Materials – Status and Outlook. Mater. Sci. Forum 638–642 (2010) 799–804.

Stichwortverzeichnis

https://doi.org/10.1515/9783110742398-005

Periodensystem der

Benennung mit Haupt- und Nebengruppen
IUPAC – Empfehlung
Von Chemical Abstracts Service bis 1986 verwendet

Legende	Beispiel	
Relative Atommasse [Massenzahl des langlebigsten Isotops]	**243,0614** *	Künstliches Element
	$[Rn]5f^7 7s^2$	Elektronenkonfiguration
Ordnungszahl	$_{95}$Am	Elementsymbol
	3,4,5,6	Oxidationszahlen (häufigste fett gedruckt)
Schmelzpunkt [°C]	994 ~1.2	Elektronegativität
Siedepunkt [°C]	2607 6.0	Erste Ionisierungsenergie [eV]
Elementname	Americium	

Periode	1 1. Hg IA	2 2. Hg IIA	3 3. Ng IIIB	4 4. Ng IVB	5 5. Ng VB	6 6. Ng VIB	7 7. Ng VIIB	8 8. Ng VIII	8. N…
1	**1,00794** $1s^1$ $_{1}$H **-1,1** -259 2.2 -253 13.6 Wasserstoff								
2	**6,941** $[He]2s^1$ $_{3}$Li **1** 181 1.0 1317 5.4 Lithium	**9,012182** $[He]2s^2$ $_{4}$Be **2** 1278 1.5 2970 9.3 Beryllium							
3	**22,989770** $[Ne]3s^1$ $_{11}$Na **1** 98 1.0 892 5.1 Natrium	**24,3050** $[Ne]3s^2$ $_{12}$Mg **2** 649 1.2 1107 7.6 Magnesium							
4	**39,0983** $[Ar]4s^1$ $_{19}$K **1** 64 0.9 774 4.3 Kalium	**40,078** $[Ar]4s^2$ $_{20}$Ca **2** 839 1.0 1487 6.1 Calcium	**44,955910** $[Ar]\ 3d^1 4s^2$ $_{21}$Sc **3** 1539 1.2 2832 6.5 Scandium	**47,867** $[Ar]\ 3d^2 4s^2$ $_{22}$Ti 3,**4** 1660 1.3 3260 6.8 Titan	**50,9415** $[Ar]\ 3d^3 4s^2$ $_{23}$V 0,2,3,4,**5** 1890 1.5 3380 6.7 Vanadium	**51,9961** $[Ar]3d^5 4s^1$ $_{24}$Cr 0,2,**3**,6 1857 1.6 2482 6.8 Chrom	**54,938049** $[Ar]3d^5 4s^2$ $_{25}$Mn -1,0,**2**,3,4,6,7 1244 1.6 2097 7.4 Mangan	**55,845** $[Ar]3d^6 4s^2$ $_{26}$Fe -2,0,2,**3**,6 1535 1.6 2750 7.9 Eisen	58,9… 2… - 1495 2870 Coba…
5	**85,4678** $[Kr]5s^1$ $_{37}$Rb **1** 39 0.9 688 4.2 Rubidium	**87,62** $[Kr]5s^2$ $_{38}$Sr **2** 769 1.0 1384 5.7 Strontium	**88,90585** $[Kr]4d^1 5s^2$ $_{39}$Y **3** 1523 1.1 3337 6.4 Yttrium	**91,224** $[Kr]4d^2 5s^2$ $_{40}$Zr **4** 1852 1.2 4377 6.8 Zirconium	**92,90638** $[Kr]4d^4 5s^1$ $_{41}$Nb 3,**5** 2468 1.2 4927 6.9 Niobium	**95,94** $[Kr]4d^5 5s^1$ $_{42}$Mo 0,2,3,4,5,**6** 2617 1.3 5560 7.1 Molybdän	**[98]** $[Kr]4d^6 5s^1$ $_{43}$*Tc* **7** 2172 1.4 5030 7.3 Technetium	**101,07** $[Kr]4d^7 5s^1$ $_{44}$Ru -2,0,2,**3**,**4**,6,8 2310 1.4 3900 7.4 Ruthenium	102,… 4 0,1… 1966 3727 Rhod…
6	**132,90545** $[Xe]6s^1$ $_{55}$Cs **1** 28 0.9 690 3.9 Cäsium	**137,327** $[Xe]6s^2$ $_{56}$Ba **2** 725 1.0 1640 5.2 Barium	57 – 71 La-Lu Lanthanoide	**178,49** $[Xe]4f^{14}5d^2 6s^2$ $_{72}$Hf **4** 2150 1.2 5400 7.0 Hafnium	**180,9479** $[Xe]4f^{14}5d^3 6s^2$ $_{73}$Ta **5** 2996 1.3 5425 7.9 Tantal	**183,84** $[Xe]4f^{14}5d^4 6s^2$ $_{74}$W 0,2,3,4,5,**6** 3407 1.4 5927 8.0 Wolfram	**186,207** $[Xe]4f^{14}5d^5 6s^2$ $_{75}$Re -1,2,4,6,**7** 3180 1.5 5627 7.9 Rhenium	**190,23** $[Xe]4f^{14}5d^6 6s^2$ $_{76}$Os -2,0,2,3,**4**,6,8 3045 1.5 5027 8.7 Osmium	192,… [Xe… -1,0… 2410 4130 Iridiu…
7	**[223]** $[Rn]7s^1$ $_{87}$*Fr* **1** 27 0.9 677 4.0 Francium	**[226]** $[Rn]7s^2$ $_{88}$*Ra* **2** 700 1.0 1140 5.3 Radium	89 –103 *Ac-Lr* Actinoide	**[261]** * $[Rn]5f^{14}6d^2 7s^2$ $_{104}$*Rf* Rutherfordium	**[262]** * $[Rn]5f^{14}6d^3 7s^2$ $_{105}$*Db* Dubnium	**[263]** * $[Rn]5f^{14}6d^4 7s^2$ $_{106}$*Sg* Seaborgium	**[264]** * $[Rn]5f^{14}6d^5 7s^2$ $_{107}$*Bh* Bohrium	**[269,1]** * $[Rn]5f^{14}6d^6 7s^2$ $_{108}$*Hs* Hassium	[268… [Rr… 1(Meitr…

6	**138,9055** $[Xe]5d^1 6s^2$ $_{57}$La **3** 920 1.1 3454 5.6 Lanthan	**140,116** $[Xe]4f^2 6s^2$ $_{58}$Ce **3**,4 798 1.1 3257 5.5 Cer	**140,90765** $[Xe]4f^3 6s^2$ $_{59}$Pr **3**,4 931 1.1 3212 5.4 Praseodym	**144,24** $[Xe]4f^4 6s^2$ $_{60}$Nd **3** 1010 1.1 3127 5.5 Neodym	**[145]** $[Xe]4f^5 6s^2$ $_{61}$*Pm* **3** 1080 1.1 2730 5.6 Promethium	**150,36** $[Xe]4f^6 6s^2$ $_{62}$Sm 2,**3** 1072 1.1 1778 5.6 Samarium	151,… 6 822 1597 Euro…
7	**[227]** $[Rn]6d^1 7s^2$ $_{89}$*Ac* **3** 1047 1.0 3197 6.9 Actinium	**[232]** $[Rn]6d^2 7s^2$ $_{90}$*Th* **4** 1750 1.1 4787 7.0 Thorium	**[231]** $[Rn]5f^2 6d^1 7s^2$ $_{91}$*Pa* 4,**5** 1554 1.1 4030 - Protactinium	**[238]** $[Rn]5f^3 6d^1 7s^2$ $_{92}$*U* 3,4,5,**6** 1132 1.2 3818 6.1 Uran	**[237]** $[Rn]5f^4 6d^1 7s^2$ $_{93}$*Np* 3,4,**5**,6 640 1.2 3902 Neptunium	**[244]** $[Rn]5f^6 7s^2$ $_{94}$*Pu* 3,**4**,5,6 641 1.2 3327 5.8 Plutonium	[243… 95 3 994 2607 Ame…

mente

biles Isotop bekannt

10	11	12	13	14	15	16	17	18
Ng VIII	1. Ng IB	2. Ng IIA	3. Hg IIIA	4. Hg IVA	5. Hg VA	6. Hg VIA	7. Hg VIIA	8. Hg VIIIA
								4,002602 $1s^2$ $_2$He -272 - -269 24.6 Helium
			10,811 [He]$2s^2 2p^1$ $_5$B **3** 2300 2.0 2550 8.3 Bor	**12,0107** [He]$2s^2 2p^2$ $_6$C **-4**,2,**4** 3550 2.5 4827 11.3 Kohlenstoff	**14,00674** [He]$2s^2 2p^3$ $_7$N **-3**,2,3,4,5 -210 3.1 -196 14.5 Stickstoff	**15,9994** [He]$2s^2 2p^4$ $_8$O **-2**,-1 -218 3.5 -183 13.6 Sauerstoff	**18,9984032** [He]$2s^2 2p^5$ $_9$F **-1** -220 4.1 -188 17.4 Fluor	**20,1797** [He]$2s^2 2p^6$ $_{10}$Ne -249 - -246 21.6 Neon
			26,981538 [Ne]$3s^2 3p^1$ $_{13}$Al **3** 661 1.5 2467 6.0 Aluminium	**28,0855** [Ne]$3s^2 3p^2$ $_{14}$Si -4,**4** 1410 1.7 2355 8.2 Silicium	**30,973761** [Ne]$3s^2 3p^3$ $_{15}$P -3,3,**5** 44 2.1 280 10.5 Phosphor	**32,066** [Ne]$3s^2 3p^4$ $_{16}$S -2,2,4,**6** 113 2.4 445 10.4 Schwefel	**35,4527** [Ne]$3s^2 3p^5$ $_{17}$Cl **-1**,1,3,5,7 -101 2.8 -35 13.0 Chlor	**39,948** [Ne]$3s^2 3p^6$ $_{18}$Ar -189 - -186 15.8 Argon
,6934 [Ar] $3d^8 4s^2$ $_{28}$Ni 0,**2**,3 i3 1.8 i2 7.6 ckel	**63,546** [Ar] $3d^{10} 4s^1$ $_{29}$Cu **1**,**2** 1084 1.8 2595 7.7 Kupfer	**65,39** [Ar]$3d^{10} 4s^2$ $_{30}$Zn **2** 420 1.7 907 9.4 Zink	**69,723** [Ar]$3d^{10} 4s^2 4p^1$ $_{31}$Ga **3** 30 1.8 2403 6.0 Gallium	**72,61** [Ar]$3d^{10} 4s^2 4p^2$ $_{32}$Ge **4** 937 2.0 2830 7.9 Germanium	**74,92160** [Ar]$3d^{10} 4s^2 4p^3$ $_{33}$As -3,**3**,5 613(subl.) 2.2 - 9.8 Arsen	**78,96** [Ar]$3d^{10} 4s^2 4p^4$ $_{34}$Se -2,**4**,6 217 2.5 685 9.8 Selen	**79,904** [Ar]$3d^{10} 4s^2 4p^5$ $_{35}$Br **-1**,1,3,5,7 -7 2.7 59 11.8 Brom	**83,80** [Ar]$3d^{10} 4s^2 4p^6$ $_{36}$Kr **2** -157 - -152 14.0 Krypton
6,42 [Kr]$4d^{10}$ $_{46}$Pd 0,**2**,4 2 1.4 0 8.3 lladium	**107,8682** [Kr]$4d^{10} 5s^1$ $_{47}$Ag **1**,2 962 1.4 2212 7.6 Silber	**112,411** [Kr]$4d^{10} 5s^2$ $_{48}$Cd **2** 321 1.5 765 9.0 Cadmium	**114,818** [Kr]$4d^{10} 5s^2 5p^1$ $_{49}$In **3** 157 1.5 2080 5.8 Indium	**118,710** [Kr]$4d^{10} 5s^2 5p^2$ $_{50}$Sn **2**,**4** 232 1.7 2270 7.3 Zinn	**121,760** [Kr]$4d^{10} 5s^2 5p^3$ $_{51}$Sb -3,**3**,5 631 1.8 1750 8.6 Antimon	**127,60** [Kr]$4d^{10} 5s^2 5p^4$ $_{52}$Te -2,**4**,6 450 2.0 990 9.0 Tellur	**126,90447** [Kr]$4d^{10} 5s^2 5p^5$ $_{53}$I **-1**,1,5,7 114 2.2 184 10.5 Iod	**131,29** [Kr]$4d^{10} 5s^2 5p^6$ $_{54}$Xe 2,4,6 -112 - -107 12.1 Xenon
5,078 Xe]$4f^{14} 5d^9 6s^1$ $_{78}$Pt 0,**2**,**4** 2 1.4 7 9.0 tin	**196,96655** [Xe]$4f^{14} 5d^{10} 6s^1$ $_{79}$Au **1**,**3** 1064 1.4 2940 9.2 Gold	**200,59** [Xe]$4f^{14} 5d^{10} 6s^2$ $_{80}$Hg 1,**2** -39 1.5 357 10.4 Quecksilber	**204,3833** [Xe]$4f^{14} 5d^{10} 6s^2 6p^1$ $_{81}$Tl **1**,3 304 1.4 1457 6.1 Thallium	**207,2** [Xe]$4f^{14} 5d^{10} 6s^2 6p^2$ $_{82}$Pb **2**,4 328 1.6 1740 7.4 Blei	**208,98038** [Xe]$4f^{14} 5d^{10} 6s^2 6p^3$ $_{83}$Bi **3**,5 271 1.7 1560 7.3 Bismut	**[209]** [Xe]$4f^{14} 5d^{10} 6s^2 6p^4$ $_{84}$*Po* 2,**4**,6 254 1.8 962 8.4 Polonium	**[210]** [Xe]$4f^{14} 5d^{10} 6s^2 6p^5$ $_{85}$*At* **-1**,1,3,5,7 302 2.0 337 9.5 Astat	**[222]** [Xe]$4f^{14} 5d^{10} 6s^2 6p^6$ $_{86}$*Rn* **2** -71 - -62 10.7 Radon
'2,1] * Rn]$5f^{14} 6d^9 7s^1$ $_{110}$*Ds* rmstadtium	**[272,1]** * [Rn]$5f^{14} 6d^{10} 7s^1$ $_{111}$*Rg* Roentgenium	**[277]** $_{112}$*Cn* Copernicium[1]	**[284]** $_{113}$*Nh* Nihonium[1]	**[289]** $_{114}$*Fl* Flerovium[1]	**[288]** $_{115}$*Mc* Moscovium[1]	**[292]** $_{116}$*Lv* Livermorium[1]	**[292]** $_{117}$*Ts* Tennessin[1]	**[2949]** $_{118}$*Og* Oganesson[1]

[1]Die Elemente mit den Ordnungszahlen 112 – 118 wurden noch nicht synthetisiert bzw. von der IUPAC offiziell anerkannt!

7,25 Xe]$4f^7 5d^1 6s^2$ $_{64}$Gd **3** 1 1.1 3 6.1 dolinium	**158,92534** [Xe]$4f^9 6s^2$ $_{65}$Tb **3**,**4** 1360 1.1 3041 5.9 Terbium	**162,50** [Xe]$4f^{10} 6s^2$ $_{66}$Dy **3** 1406 2335 5.9 Dysprosium	**164,93032** [Xe]$4f^{11} 6s^2$ $_{67}$Ho **3** 1470 1.1 2720 6.0 Holmium	**167,26** [Xe]$4f^{12} 6s^2$ $_{68}$Er **3** 1522 1.1 2510 6.1 Erbium	**168,93421** [Xe]$4f^{13} 6s^2$ $_{69}$Tm **2**,**3** 1545 1.1 1727 6.2 Thulium	**173,04** [Xe]$4f^{14} 6s^2$ $_{70}$Yb **2**,**3** 824 1.1 1193 6.3 Ytterbium	**174,967** [Xe]$4f^{14} 5d^1 6s^2$ $_{71}$Lu **3** 1656 1.1 3315 5.4 Lutetium
·7] * [Rn]$5f^7 6d^1 7s^2$ $_{96}$*Cm* **3**,**4** 0 ~1.2 0 rium	**[247]** * [Rn]$5f^9 7s^2$ $_{97}$*Bk* **3**,**4** 986 ~1.2 Berkelium	**[251]** * [Rn]$5f^{10} 7s^2$ $_{98}$*Cf* **3**,**4** 900 ~1.2 Californium	**[252]** * [Rn]$5f^{11} 7s^2$ $_{99}$*Es* **3** 860 ~1.2 Einsteinium	**[257]** * [Rn]$5f^{12} 7s^2$ $_{100}$*Fm* **3** ~1.2 Fermium	**[258]** * [Rn]$5f^{13} 7s^2$ $_{101}$*Md* **3** ~1.2 Mendelevium	**[259]** * [Rn]$5f^{14} 7s^2$ $_{102}$*No* **2**,3 Nobelium	**[262]** * [Rn]$5f^{14} 6d^1 7s^2$ $_{103}$*Lr* **3** Lawrencium

www.ingramcontent.com/pod-product-compliance
Lightning Source LLC
LaVergne TN
LVHW081518300926
849161LV00006B/1212